Neuere Geometrie.

Von

Dr. H. Pfaff,

Lehrer der Mathematik und Privatdocent an der Universität Erlangen.

I. Theil.

Erlangen, 1867.

Verlag von Andreas Deichert.

Druck von E. Th. Jacob in Erlangen.

Gewidmet

Herrn

Prof. Dr. G. K. Chr. v. Staudt.

Wenn ich Ihnen verehrtester Lehrer dieses Buch widme, so geschieht dieses nicht nur aus Antrieb der tiefen Verehrung und der innigen Dankbarkeit, von denen ich persönlich seit einer so großen Reihe von Jahren für Sie erfüllt bin, sondern es schien mir auch in der Natur der Sache zu liegen, daß ein Buch, das dazu bestimmt ist, beizutragen der neueren Geometrie die ihr gebührende Berücksichtigung und Verbreitung zu verschaffen, Ihren Namen an der Spitze trage. Denn nicht nur haben Sie die Grenzen dieses Zweiges der Geometrie wesentlich erweitert, sondern auch das von Ihren Vorgängern auf diesem Gebiete Geleistete in ein nach allen Richtungen wohlgefügtes System gebracht. Was den ersten Punkt betrifft, so sei hier nur die eine folgenreiche Entdeckung hervorgehoben, durch welche das Imaginäre der Geometrie in einer Weise eingefügt wurde, daß man füglich hinsichtlich der Evidenz und Sicherheit in der Behandlung des Imaginären der Geometrie nun den Vorrang vor der Analysis einräumen kann. Was den 2ten Punkt anlangt, so ist nicht genug hervorzuheben und anzuerkennen, welchen Gewinn die systematische Entwicklung der neueren Geometrie aus der konsequent durchgeführten Scheidung dessen gezogen hat, was der Geometrie der Lage d. h. den allgemeinen Lagenverhältnissen der geometrischen Gebilde und dessen, was in das Gebiet der Größenverhältnisse gehört. Zwar hat schon Poncelet durch den Titel seines epochemachenden Werkes sur les propriétes projectives des figures diesen specifischen Unterschied angezeigt, aber weder er noch seine Nachfolger haben diesen Unterschied fest im Auge zu behalten für wünschenswerth oder nothwendig gefunden. Wenn ich selbst, das sei mir noch erlaubt hier anzufügen, diesen Unterschied auch im I. Th. der nachfolgenden Schrift nicht scharf aufrecht erhalten habe, so geschah dieses gewiß nicht aus Verkennung seiner Bedeutung für die systematische Entwicklung, sondern weil der Zweck dieser Schrift selbst, welche ja zeigen soll, wie überaus fruchtbar dieser Zweig der Geometrie gerade bei räumlichen Untersuchungen überhaupt sich erweise, auf eine derartig abweichende Behandlung hinweisen mußte.

Erlangen, den 15. April 1867.

Dr. H. Pfaff.

Vorrede.

Die neuere Geometrie, wie sie von Poncelet gegründet, von Steiner und Anderen fortentwickelt und von v. Staudt zu dem in sich geschlossenen und vollendeten System seiner Geometrie der Lage ausgebildet und gleichsam vollendet wurde, war seit vielen Jahren meine Lieblingsbeschäftigung, und ich hatte mich gewöhnt, keinen Satz, welcher allgemeine Lagenverhältnisse der Gebilde 1ster und 2ter Ordnung betraf, anzutreffen, ohne für ihn die richtige Stelle in der neueren Geometrie ausgemittelt, d. h. ohne den allgemeinen Satz aus dem Gebiete der neueren Geometrie, von dem er als besonderer Fall erscheint, ermittelt und bewiesen zu haben. Die auffallende, mir fast unerklärliche Erscheinung, daß die neuere Geometrie so spärlichen Eingang in mathematischen Kreisen fand, hat mich bestimmt, die Resultate, welche sich der Art bei mir angesammelt hatten, durch den Druck zu veröffentlichen, um so viel an mir lag, die Aufmerksamkeit auf einen mathematischen Zweig zu wenden, dessen Kultivirung für mich schon seit so lange eine reiche Quelle wissenschaftlichen Genusses geworden war. Es ist nicht zu verkennen, daß in neuerer Zeit dieses Feld der mathematischen Wissenschaft mehr und theilnehmender in Angriff genommen zu werden scheint, wie ich denn überhaupt überzeugt bin, daß die Aufnahme der neueren Geometrie in die höheren Schulen eine ebenso segensreiche als nothwendige ist; ich selbst habe die hier einschlägigen Arbeiten theils nicht verfolgen können, theils nicht verfolgen wollen, um nicht in Versuchung zu gerathen, mein schon wiederholt umgearbeitetes Manuskript umzuändern.

Meinen ursprünglichen Plan, bloß die Anwendungen der neueren Geometrie auf die Untersuchung allgemeiner Lagenverhältnisse geometrischer Gebilde zusammenzustellen, und bei den Beweisen mich auf v. Staudt's Geometrie der Lage und Paulus neuere Geometrie zu beziehen, habe ich bald aufgegeben und so wurde denn auch die systematische Entwicklung der neueren Geometrie diesen Anwendungen als I. Th. vorausgeschickt.

Was die Aufgaben und Lehrsätze des II. Theiles anlangt, so sind mit wenigen Ausnahmen die Beweise von mir, was aus ihrer Entstehung sich erklärt, in so ferne sie ursprünglich bloß zu meiner Uebung oder zu meinem Vergnügen für mich zusammengestellt wurden, dieselbe Entstehungsweise erklärt es auch, weßwegen bei einzelnen hervorragenden Sätzen weder der Ort noch der Autor, dem der betreffende Satz entnommen ist, genannt ist, auch bin ich selbständig zu einer großen Anzahl dieser Sätze gelangt, ohne sie gekannt zu haben, wie diese Erfahrung Jeder gemacht oder machen wird, der sich eingehend mit neuerer Geometrie beschäftigt. Ich glaube auch, daß in diesem Buche noch einige interessante neue Sätze enthalten sein werden, wie wohl bei dem Mangel an geometrischen Büchern und Journalen, ich mich hierin auch täuschen könnte, wie ich denn überhaupt wesentlich nicht auf die Sätze selbst, sondern auf die Beweisart und auf die geometrische Gruppirung in die dieselben vom Standpunkte der neueren Geometrie aus gebracht wurden, das Hauptgewicht lege.

Zum Schluß wird der Leser gebeten, die nachfolgend zusammengestellten sinnstörenden Druckfehler korrigiren zu wollen. Sie sind noch stehen geblieben, da der Verfasser nicht nur alle Korrekturen und Revisionen selbst zu besorgen hatte, sondern auch die Figuren selbst zeichnen mußte, 2 Beschäftigungen, die ihm gleichmäßig fremd waren.

Erster Theil.

Seite	Zeile	lies	statt
29	24	BC_1.	A_1C.
41	13	c_2	d_2
44	35	c	c
45	30 u. 31	c	c
46	13 u. 14	m u. m_1	m_1 u. m
47	5	A	A_1
57	26	P	N
64	26, 27, 28 streiche!		
101	20	l. persp.	st. projekt.
101	37	m_1	$\mathfrak{m}_1$
105	17	27	25
105	36	27.b	28
107	3	27.b	27
108	36	E	S
170	18	streiche: entsprechend	
174	14	l.: der unendlich fernen	st.: einer
218	7	den Punkten	dem Punkte
256	33	49.b	49
257	32	50.b	50
258	16	f	b
283	23	154 2c.	54
284	2	154 2c.	54
303	32	B_1	B
304	1	NB_2	NA_2
310	2, 3 u. 6	C	B

Zweiter Theil.

Seite	Zeile	lies	statt
14	18	l. die Ordnunsstr. BM u. BN	st. der Ordnungsstr. BM.
41	22	$\mathfrak{a}(\mathfrak{b}_1$	$\mathfrak{a}(\mathfrak{b}$
52	13	14.b	14
53	22	15b	15
56	36	15c	15
90	16	m.u.n	n u. m
97	1	nach 69	nach
99	33	$\mathfrak{a}\mathfrak{b}$	$\mathfrak{a}_1\mathfrak{b}_1$
105	24	Q	Q_1
107	5	35	10
120	5	C	D
122	17	37b	38
127	13	K_1	K
129	16	S	S_6
134	26	305	308
136	5	MM_1 u. NN_1	MN u. M_1N_1
136	37	310	312

Seite	Zeile	lies	statt
137	36	AC u. BD	AC u. BC
140	20	43	41
141	36	nach 131	nach
152	23	341	342
161	37	K_1	K
162	6	S	E
168	30	$\mathfrak{a}_1 \mathfrak{b}_1$	$\mathfrak{a} \mathfrak{b}_1$
169	26 u. 30	vertausche K u. K_2!	
190	14	l. MN st. NN	
201	1	a_1	$\mathfrak{a}_1$
201	7	M_1	R_1
205	31	$\mathfrak{m}_2$	$\mathfrak{m}_1$
222.	7	SK_1M	SKM
223	26 u. 27	vertausche a_2 u. b_2	
224	34	l. H st. K	
224	37	$\mathfrak{a}_2 \mathfrak{c}_2 \mathfrak{b}_2$	$\mathfrak{a}_2 \mathfrak{b}_2 \mathfrak{c}_2$
228	5	streiche doppelten :	
230	4	l. $\mathfrak{n}$ st. n	
230	28	$\mathfrak{a}_3$	$\mathfrak{a}_2$
235	14	M	m
237	27 u. 29	FP	FR
238	12	$\mathfrak{a}$FN	$\mathfrak{a}$NF

§. 1. Elemente und Grundgebilde.

1. Der unbegrenzte Raum, der Körper, die Fläche, die Linie, der Punkt, sind die Grundbegriffe, auf welche jede geometrische Betrachtung basirt ist.

Den Raum denken wir uns unendlich nach allen Richtungen.

Der Körper ist ein vollständig begrenzter Theil des Raumes; seine Grenzen sind Flächen; die Grenzen der Flächen sind Linien; die Grenzen der Linien sind Punkte.

Wir sagen vom Raum oder vom Körper, er sei räumlich ausgedehnt nach 3 Dimensionen, nach der Höhe, der Breite und der Länge. Die Fläche ist ausgedehnt nach 2 Dimensionen, der Breite und Länge, während ihre Ausdehnung nach der 3ten Dimension unendlich klein ist; die Linie ist ausgedehnt nur nach 1 Dimension, der Länge, während ihre Ausdehnung nach den beiden übrigen Dimensionen unendlich klein ist; der Punkt endlich ist das räumlich unendlich Kleine nach allen Dimensionen.

2. Unter den Linien hebt sich für die geometrische Betrachtung als besonders wichtig die gerade Linie oder Gerade hervor, gegeben d. h. charakterisirt durch den Begriff der Richtung, dessen geometrische Darstellung sie ist. Von einem Punkte A nach einem anderen B können wir uns nur eine einzige Richtung denken, durch 2 Punkte gibt es daher bloß eine einzige Gerade, daher 2 verschiedene Gerade höchstens 1 Punkt mit einander gemein haben können.

Wie die Gerade unter den Linien, so erscheint die Ebene unter den Flächen als besonders wichtig; es ist diejenige Fläche, in welcher nach allen Richtungen hin Gerade sich ziehen lassen, die ganz in ihr liegen. Eine Gerade, die daher mit einer Ebene 2 Punkte gemein hat, liegt ganz in ihr, und eine Ebene ist also durch 3 Punkte ABC, die nicht in einer Geraden liegen, vollständig bestimmt, denn durch 2 Punkte, wie BC, läßt sich eine auf beiden Seiten ins Unendliche sich erstreckende Gerade ziehen die ganz in die Ebene fällt, und durch jeden Punkt dieser Geraden und A ist wieder eine Gerade bestimmt, die ganz in ihr liegt. 2 Ebenen können daher höchstens alle Punkte einer Geraden gemein haben. 2 Ebenen, welche 1 Punkt gemein haben, schneiden einander in einer Geraden, denkt man sich nämlich durch den gemeinschaftlichen Punkt beider eine Gerade gezogen, die bloß in einer der beiden Ebenen liegt, so erstreckt sich diese auf beiden Seiten der anderen ins Unendliche, jede der beiden Ebenen erstreckt sich daher auf beiden Seiten der andern ins Unendliche, woraus unmittelbar folgt, daß beide Ebenen mehr als einen Punkt gemein haben müssen.

3. Der unendliche Raum faßt in sich unendlich viele Ebenen, unendlich viele Gerade und unendlich viele Punkte. Die Ebene enthält unendlich viele Gerade und unendlich viele Punkte. Durch einen Punkt gehen unendlich viele Gerade und unendlich viele Ebenen. In einer Geraden liegen unendlich viele Punkte und durch eine Gerade lassen sich unendlich viele Ebenen legen. Denkt man sich der Art Raum', Ebene, Punkt, Gerade als Träger oder als geometrischen Ort aller in ihnen liegenden oder durch sie gehenden Ebenen, Geraden und Punkten, so sind sie selbst geometrische Gebilde, die als aus Elementen zusammengesetzt zu betrachten sind.

Diesen wichtigen Unterschied hat die neuere Geometrie auch in ihre Terminologie eingeführt: Sie nennt nämlich den Inbegriff aller im unendlichen Raum enthaltenen Ebenen, Punkte und Geraden ein räumliches System; als Elemente eines räumlichen Systems erscheinen demnach Ebenen, Punkte und Gerade. Sie nennt den Inbegriff aller in einer Ebene enthaltenen Punkte und Gerade ein ebenes Gewebe; als Elemente eines ebenen Gewebes erscheinen also Punkte und Gerade. Sie nennt den Inbegriff aller durch einen Punkt gehenden Ebenen und Geraden, einen Strahlenbündel; als Elemente eines Strahlenbündels erscheinen daher Ebenen und Gerade. Den Punkt durch den alle Elemente gehen, nennt sie Centrum des Bündels. Sie nennt den Inbegriff aller durch eine Gerade gehenden Ebenen, Ebenenbüschel und jene Gerade dessen Axe. Elemente des Ebenenbüschels sind Ebenen. Sie nennt den Inbegriff aller in einer Geraden liegenden Punkte, ein gerades Gebilde. Elemente des geraden Gebildes sind Punkte.

Da sehr häufig die Betrachtung aller derjenigen Geraden eines Strahlenbündes, welche zu gleicher Zeit in einer Ebene liegen, von Vortheil ist, so hat auch hiefür die neuere Geometrie eine besondere Bezeichnung als für ein neues geometrisches Gebilde eingeführt.

Sie nennt den Inbegriff aller Geraden einer Ebene, die durch einen Punkt gehen, Strahlenbüschel, dessen Mittelpunkt eben dieser Punkt heißt; Elemente eines Strahlenbüschels sind Gerade.

Alle diese 6 soweit näher charakterisirten geometrischen Gebilde nennt man geometrische Grundgebilde.

Der unendliche Raum, die Ebene, die Gerade heißen die Träger der 3 in ihnen enthaltenen Grundgebilde: des räumlichen Systems, ebenen Gewebes, und geraden Gebildes. Bei den 3 andern Grundgebilden dem Strahlenbündel, Strahlenbüschel und Ebenenbüschel hat, wie schon oben angeführt, die neuere Geometrie eine besondere Bezeichnung festgesetzt für das Element, durch das alle Elemente des Grundgebildes gehen, nämlich Centrum und Axe. Wir werden, wenn wir von Grundgebilden im Allgemeinen sprechen den Ausdruck „Träger" auch in diesen letztern 3 Fällen uns zu gebrauchen erlauben, da eine Unverständlichkeit dadurch nicht wohl entstehen kann.

4. Ein Strahlenbündel erfüllt mit seinen Strahlen den ganzen unendlichen Raum vollständig, der Art, daß durch jeden Punkt des Raumes außer dem Centrum ein einziger Strahl des Bündels geht. Ist nämlich S das Centrum und A ein außerhalb desselben liegender Punkt, so ist durch diese beiden Punkte eine Gerade und somit ein Srahl des Bündels bestimmt, da jede durch S gehende Gerade der Erklärung nach ein Strahlenelement des Bündels darstellt.

Ganz auf dieselbe Weise findet man, daß ein Ebenenbüschel mit seinen Elementen den unendlichen Raum vollständig ausfüllt der Art, daß durch jeden Punkt außer der Axe eine einzige Ebene geht, und daß ein Strahlenbüschel mit seinen Strahlenelementen seinen Träger vollständig ausfüllt, der Art, daß durch jeden Punkt außer dem Centrum ein Strahl geht.

Hat man in einer Ebene einen Strahlenbüschel mit dem Centrum P und ein gerades Gebilde mit dem Träger Q, wobei P kein Element von Q sein soll, so geht offenbar durch jedes Punktelement von Q ein Strahlenelement von P, einen einzigen Strahl ausgenommen, welcher in Q keinen Punkt findet, durch den er geht, und dieses ist derjenige Strahl des Büschels P, welcher mit dem Träger Q parallel läuft. Da dieses von jedem geraden Gebilde und von jedem Strahlenbüschel derselben Ebene gilt, wenn sie nur der obigen Bedingung entsprechen, und wir in einer andern Ebene, welche die erste schneidet, dieselben Betrachtungen in Bezug auf die verschiedenen Strahlenbüschel und dasjenige gerade Gebilde, welches in der Schnittlinie beider liegt, anstellen können, so folgen hier folgende 2 wichtige Punkte.

1) Obwohl die Elemente eines Strahlenbüschels sowohl als eines geraden Gebildes in unendlich großer Anzahl vorhanden sind, so haben doch 1) alle geraden Gebilde und 2) ebenso alle Strahlenbüschel unter sich genau gleich viele Elemente und 3) jeder Strahlenbüschel hat genau ein Strahlenelement mehr als jedes gerade Gebilde Punktelemente hat. Betrachtet man ebenso ein gerades Gebilde und einen Ebenenbüschel, wobei der Träger des ersteren in keinem Ebenenelemente des letzteren liegen darf, und betrachtet man noch schließlich ebenso einen Strahlenbüschel und einen Ebenenbüschel, wobei das Centrum des ersteren in der Axe des zweiten liegen soll, ohne daß der Träger des ersteren ein Element des letzteren ist, so findet man ganz auf dieselbe Weise noch folgende Grundwahrheiten: 4) alle Ebenenbüschel haben gleich viele Elemente, 5) jeder Ebenenbüschel hat genau soviele Elemente als jeder Strahlenbüschel, 6) jeder Ebenenbüschel hat genau 1 Element mehr als ein gerades Gebilde.

Dieses führt uns zu dem eigentlichen Zweck der Entwicklung dieser Nummer: die neuere Geometrie theilt jedem geraden Gebilden in unendlicher Entfernung ein „uneigentliches" Punktelement zu, indem sie sagt, 2 Parallellinien schneiden sich in einem unendlich fernen Punkte. Denken wir uns bei der obigen Vergleichung der Elementenzahl von geradem Gebilde und Strahlenbüschel einen Strahl des Büschels durch stetige Drehung allmählich durch alle Punktelemente des geraden Gebildes sich bewegen, und zwar das eine Mal durch eine Drehung von rechts nach links, das andere Mal durch die entgegengesetzte Drehung von links nach rechts, so ist zu erkennen, daß das uneigentliche Punktelement sowohl links im Unendlichen als rechts im Unendlichen angenommen werden muß d. h. jedes gerade Gebilde schließt sich im Unendlichen zu einer geschlossenen Linie in ihrem einen uneigentlichen Punktelemente zusammen, eine gerade Linie ist nach dieser Vorstellung gleichsam ein Kreis von unendlich großem Halbmesser.

Die Behauptungen die oben unter 3. und 6. aufgestellt wurden, müssen nun offenbar dahin abgeändert werden, daß alle geraden Gebilde, alle Strahlenbüschel und alle Ebenenbüschel genau gleich viele Elemente enthalten.

Stellen wir eine ähnliche Betrachtung mit den Elementen eines ebenen Gewebes und eines Strahlenbündels an, so gelangen wir auf dieselbe Weise zu den uneigentlichen Elementen eines ebenen Gewebes, denn wenn für jede Gerade ein uneigentliches Punktelement in Anspruch genommen wird, so muß nothwendig ein ebenes Gewebe ebenfalls solche uneigentliche Elemente haben. Betrachten wir zu diesem Zweck einen Strahlenbündel, dessen Centrum außerhalb des zu betrachtenden ebenen Gewebes liegt, so geht jeder Strahl des Bündels durch ein eigentliches Punktelement des Gewebes mit Ausnahme aller Strahlen des Strahlenbüschels, der in der Ebene des Strahlenbündels liegt, die mit dem Träger des ebenen Gewebes parallel ist. Wählt man aber in dem ebenen Gewebe eine Gerade P, die selbst mit einem Strahl P des erwähnten Büschels parallel ist (und für jede Gerade des ebenen Gewebes giebt es gerade einen solchen Strahl des Büschels), so enthält P und also auch das ebene Gewebe ein uneigentliches Punktelement, das dem Strahl P ebenfalls angehört.

Hieraus folgt ebenso wie oben S. 4: 1) Alle ebenen Gewebe haben gleich viele Punktelemente, 2) alle Strahlenbündel haben gleich viel Strahlenelemente, 3) die Anzahl der Punktelemente eines ebenen Gewebes ist genau gleich der Anzahl der Strahlenelemente eines Strahlenbündels, 4) die uneigentlichen Punktelemente eines ebenen Gewebes sind in derselben Anzahl vorhanden als die Strahlen eines Strahlenbüschels.

Betrachten wir alle Ebenenelemente eines Strahlenbündels, so schneidet jede Ebene desselben das ebene Gewebe in einem eigentlichen Strahlenelement mit Ausnahme der einzigen Ebene des Bündels, welche mit dem Träger des ebenen Gewebes parallel ist, und in der, wie so eben gefunden, sämmtliche uneigentliche Punktelemente des ebenen Gewebes liegen. Da nun, wenn 2 Ebenen eigentliche Punktelemente gemein haben, diese immer in einer Geraden liegen, so können wir in keinen Widerspruch gerathen, wenn wir sagen: die uneigentlichen Punktelemente eines ebenen Gewebes liegen in einer u n e i g e n t l i c h e n Geraden. Hieraus folgt nun ferner: 1) alle ebenen Gewebe haben gleich viele Strahlenelemente (darunter 1 uneigentliches), 2) alle Strahlenbündel haben gleich viele Ebenenelemente, 3) die Anzahl der Strahlenelemente eines ebenen Gewebes ist genau gleich der Anzahl der Ebenenelemente eines Strahlenbündels. Da in jeder Ebene und in jeder Geraden ein uneigentliches Strahlen- und Punktelement enthalten ist, so kann man schließlich fragen, wie viele uneigentliche Punkt- und Strahlen- und Ebenenelemente ein räumliches System enthält. Betrachten wir zu diesem Zwecke einen beliebigen Strahlenbündel, so hat jeder Strahl desselben mit dem räumlichen System ein einziges uneigentliches Punktelement gemein und außer diesen kann das räumliche System kein uneigentliches Punktelement enthalten, denn wäre z. B. das uneigentliche Punktelement von einer Geraden P, die nicht zum Bündel gehört, noch vorhanden, so würde der Strahl des Bündels, der mit P parallel ist, ja dassebe uneigentliche Punktelement enthalten. Betrachtet man ferner die Ebenenelemente des Bündels so hat jede mit dem räumlichen System ein uneigentliches Strahlenelement gemein, und außerdem kann das räumliche System keine uneigentlichen Strahlenelemente enthalten, denn wäre das uneigentliche Strahlenelement, der nicht zum Bündel gehörigen Ebene P ein solches, so würde die zu P parallele Ebene P des Bündels dasselbe enthalten.

Da im Falle bloß eigentliche Elemente in Betracht kommen, der Inbegriff der Punkte und Strahlen, welche mit einer Geraden nur einen Punkt gemein haben, und die mit jeder Ebene stets eine und nur eine Gerade gemein haben, eine Ebene ist, so haben wir keinen Widerspruch zu befürchten, wenn wir annehmen, daß alle uneigentlichen Punkt- und Strahlenelemente eines räumlichen Systems in einer uneigentlichen Ebene liegen.

Was den großen Nutzen betrifft, den die Einführung dieser uneigentlichen Elemente betrifft, so wird der weitere Verlauf selbst hierüber genügend Aufschluß geben, was aber die Berechtigung zu ihrer Einführung anlangt, so mögen sie vorläufig bloß als Redensarten oder Umschreibungen der bisherigen Begriffe von parallel sein rc. betrachtet werden, die zu gebrauchen so lange nicht verwehrt werden kann, als nicht die Entwicklung selbst dadurch auf Widersprüche geleitet wird.

5. Wir wenden uns zu einer näheren Ausführung dessen, was in der letzten Nummer über die Anzahl der Elemente der verschiedenen Grundgebilde schon gesagt worden ist.

Verstehen wir unter u die unendlich große Zahl, welche die Anzahl der eigentlichen Punktelemente eines geraden Gebildes und daher auch stets genau denselben Werth darstellt, so hat sich schon in der letzten Nummer das Resultat ergeben, daß die Anzahl der Punktelemente eines geraden Gebildes *), der Strahlenelemente eines Strahlenbüschels, der Ebenenelemente eines Ebenenbüschels genau $u + 1$ sind. Um die Anzahl der Punktelemente eines ebenen Gewebes zu ermitteln, wähle man einen Strahlenbüschel derselben Ebene; jeder Punkt des Gewebes muß in irgend einem Strahl des Büschels liegen und durch keinen Punkt des Gewebes geht mehr wie ein Strahl des Büschels mit Ausnahme des Centrums durch den $u + 1$ Strahlen gehen. Betrachtet man daher alle Strahlen des Büschels als gerade Gebilde deren sämmtliche Punkte man zusammenzählt und bedenkt man, daß das Centrum ein gemeinschaftliches Element aller $u + 1$ Strahlen ist, so findet man als genaue Zahl für die Punktelemente eines ebenen Gewebes $(u+1).(u+1) - u$ d. h $u^2 + u + 1$ **). Um die Anzahl der Strahlenelemente

---

*) Und dieses gilt auch für ein uneigentliches gerades Gebilde.

**) Da die Punkte eines ebenen Gewebes eben so viele als die Strahlen

eines ebenen Gewebes zu ermitteln, wähle man ein gerades Gebilde derselben Ebene; jede Gerade der Ebene muß durch einen Punkt desselben gehen und keine Gerade des ebenen Gewebes enthält mehr als einen Punkt jenes geraden Gebildes mit Ausnahme des Trägers desselben der durch alle u + 1 Punkte desselben geht. Betrachtet man daher jeden Punkt des geraden Gebildes als den Mittelpunkt eines Strahlenbüschels dessen Strahlen in dem Träger des ebenen Gewebes liegen, zählt alle Strahlen dieser sämmtlichen Strahlenbüschel zusammen, indem man berücksichtigt, daß der Träger des geraden Gebildes in jedem solchen Strahlenbüschel 1mal, also als Strahl des ebenen Gewebes u + 1mal als Element vorkommt statt blos 1mal, so findet man als Anzahl der Strahlenelemente des ebenen Gewebes (u + 1) . (u + 1) — u d. h. $u^2 + u + 1$.

Zus. Es ist hiebei zu beachten, daß unter den u + 1 Strahlenbüscheln, deren Mittelpunkte die u + 1 Punktelemente des geraden Gebildes sind, auch einer sich befindet, dessen Mittelpunkt das uneigentliche Element des geraden Gebildes ist, die Strahlen eines solchen Büschels sind alle einander parallel, man nennt einen solchen daher wohl auch Parallelstrahlenbüschel. Dem entsprechend nennt man einen Ebenenbüschel, dessen Axe eine uneigentliche Gerade darstellt, und dessen Ebenen daher alle unter sich parallel, einen Parallelebenenbüschel und einen Strahlenbündel dessen Centrum ein uneigentlicher Punkt ist und dessen Strahlen daher alle parallel sind, einen Parallelstrahlenbündel.

Mit der Anzahl der Punkt- und Strahlenelemente eines ebenen Gewebes ist die Anzahl der Strahlen und Ebenenelemente eines Strahlenbündels zugleich erledigt, da diese Zahlen nach 4) entsprechend einander gleich sind.

Was nun die Elemente eines räumlichen Systems anlangt, so verfährt man am einfachsten also: Wählt man einen beliebigen Strahlenbündel, so liegt jeder Punkt des räumlichen Systems auf einem Strahl des Bündels, und durch keinen Punkt des räumlichen Systems geht mehr als 1 Strahl mit Ausnahme des Centrums, durch das alle $u^2 + u + 1$ Strahlen gehn. Zählt man nun alle

---

eines Strahlenbündels sind, so gilt diese Zahl nach 4) auch für die Punktelemente eines uneigentlichen ebenen Gewebes.

Punkte dieser $u^2 + u + 1$ Strahlen zusammen, und bedenkt, daß man das Centrum statt bei allen $u^2 + u + 1$ Strahlen nur bei 1 mit zählen dürfe, so erhält man als Anzahl der Punkte eines räumlichen Systems $(u+1).(u^2+u+1) - (u^2+u)$ d. h. $u^3 + u^2 + u + 1$. Um die Anzahl der Ebenenelemente eines räumlichen Systems zu bestimmen, wähle man eine Ebene; jede Ebene des räumlichen Systems schneidet dieselbe in einem Strahle des in ihr enthaltenen ebenen Gewebes. Wählt man daher sämmtliche $u^2 + u + 1$ Strahlen dieses Gewebes als Axen von Ebenenbüscheln, summirt alle Ebenen dieser Ebenenbüschel zusammen, indem man beachtet, daß der Träger aller dieser Axen in jedem der $u^2 + u + 1$ Ebenenbüschel, unter den Ebenen des räumlichen Systems aber nur 1mal als Element enthalten ist, so findet man als Anzahl der Ebenenelemente eines räumlichen Systems $(u + 1) . (u^2 + u + 1) - (u^2 + u)$ d. h. $u^3 + u^2 + u + 1$.

Die Anzahl aller Strahlenelemente eines räumlichen Systems erhält man am einfachsten, wenn man bedenkt, daß jeder Strahl irgend eine Ebene in 1 ihrer Punkte schneiden muß. Betrachtet man daher jeden Punkt dieser Ebene als Centrum eines Strahlenbündels zählt alle $u^2 + u + 1$ Strahlen dieser $u^2 + u + 1$ Strahlenbündel zusammen, und bedenkt, daß man auf diese Weise jeden Strahl dieser Ebene offenbar $u + 1$mal statt 1mal genommen hat, so erhält man als Anzahl der Strahlenelemente eines räumlichen Systems

$$(u^2 + u + 1) . (u^2 + u + 1) - u(u^2 + u + 1) \text{ d. h.}$$
$$u^4 + u^3 + 2u^2 + u + 1.$$

Hier möge das Resultat dieser Zählung in Kürze zusammengestellt folgen:

Ein	gerades Gebilde	hat	Punkt-Elemente	$u + 1$
„	Strahlenbüschel	„	Strahlen- „	$u + 1$
„	Ebenenbüschel	„	Ebenen- „	$u + 1$
„	ebenes Gewebe	„	Punkt- „	$u^2 + u + 1$
„	„ „	„	Strahlen- „	$u^2 + u + 1$
„	Strahlenbündel	„	Strahlen- „	$u^2 + u \quad 1$
„	„	„	Ebenen- „	$u^2 + u + 1$
„	räuml. System	„	Punkt- „	$u^3 + u^2 + u + 1$
„	„	„	Ebenen- „	$u^3 + u^2 + u + 1$
„	„	„	Strahlen- „	$u^4 + u^3 + 2u^2 + u + 1$

Bei näherer Betrachtung dieser Zusammenstellung fallen 2 Punkte alsbald auf, die als für die Folge besonders wichtig hier besonders hervorgehoben werden sollen:

1) Hinsichtlich der Anzahl ihrer Elemente zerfallen diese Grundgebilde augenscheinlich in 3 Gruppen, der Art, daß die Grundgebilde derselben Gruppe hinsichtlich ihrer Elementenanzahl genau übereinstimmen, wir unterscheiden daher auch Grundgebilde der

I. Ordnung: gerades Gebilde, Strahlenbüschel, Ebenenbüschel,
II. „ ebenes Gewebe, Strahlenbündel,
III. „ räumliches System.

2) ein ebenes Gewebe hat genau eben so viel Punkt= als Strahlen=Elemente, ein Strahlenbündel hat genau eben so viel Strahlen= als Ebenen=Elemente, ein räumliches System hat genau eben so viel Punkt= als Ebenen=Elemente.

6. Nachdem wir bis zu diesem Punkte angekommen sind, können wir das gesammte Gebiet der neueren Geometrie in seinen allgemeinen Umrissen überschauen. Hat man nämlich ein Mittel ausfindig gemacht, wodurch die oben erwähnten Elemente eines ebenen Gewebes so auf die eines andern bezogen werden, daß entweder jedem Punkt des einen ein einziger genau zu bestimmender Punkt des andern oder jedem Punkt des ersten eine einzige genau zu bestimmende Gerade des andern (5. 2) entspricht, so wird auch jedem geometrischen Punktgebilde des ersten entweder ein Punkt oder ein Strahlengebilde des andern entsprechen, und es fragt sich nun, in welcher Weise werden die allgemeinen geometrischen Eigenschaften des einen Gebildes im andern wieder zum Vorschein kommen.

Wie man bei der Ebene Punkt und Punkt, oder Punkt und Gerade einander zuordnen konnte, eben so kann man (nach 5. 2) beim Strahlenbündel, Strahl und Strahl oder Strahl und Ebene, und beim räumlichen System Punkt und Punkt oder Punkt und Ebene einander zuordnen, und auch hier untersuchen, welche Abhängigkeit der allgemeinen Lagenverhältnisse geometrischer Gebilde daraus entspringen.

Je nach dem Mittel, wodurch die Zusammengehörigkeit der Elemente 2er verschiedener Grundgebilde derselben Ordnung fixirt wird, muß auch die Abhängigkeit der geometrischen Gebilde selbst von einander verschieden werden. Es hat die Geometrie in neuerer Zeit mehrere verschiedene Methoden aufzuweisen, wie einem Element ein anderes zugeordnet wird; diejenige, welche die Wissenschaft der Geometrie bei weitem am meisten gefördert hat, und in neuester Zeit zu einem vollkommen in sich abgeschlossenen System ausgearbeitet worden ist, hat sich eben deßwegen vorzugsweise den Namen „neuere Geometrie“ erworben, und soll nun in systematischem Gange entwickelt werden.

§. 2. Projektivische Beziehung der Grundgebilde I. Ordnung.

7. Das einfachste Mittel, die Lage eines Punktes D in einer Geraden zu bestimmen ist die, daß man seine Entfernung von einem als fest angenommenen (Elementar=) Punkte A angiebt, wenn nur noch dafür gesorgt wird, unzweideutig die beiden Hälften oder Seiten der Geraden zu unterscheiden, in welche sie als unendlich gedacht durch jenen (Elementar=) Punkt getrennt oder getheilt ist. *) Bekanntlich hat die Geometrie bisher diese Unterscheidung dadurch unzweideutig erreicht, daß sie die Entfernungen auf der einen (etwa stets der rechten) Seite als positive Zahlen betrachtet und in Rechnung gebracht hat, die auf der andern Seite dagegen als negative Zahlen, d. h. daß die Länge AD positiv ist, wenn D rechts von A aber negativ wenn D links von A. Die neuere Geometrie benützt ein allgemeineres Mittel, um die Lage eines Punktes in einer Geraden zu fixiren. Sie wählt 2 feste (Elementar=) Punkte A und C und bestimmt nun die Lage eines 3ten Punktes eben so unzweideutig dadurch, daß sie den Werth des Verhältnisses AD : CD angiebt, und in Bezug auf die Unterscheidung der Seiten oder Theile, in welche die Gerade getheilt wird, sowohl für A als auch für C, ganz auf dieselbe Weise verfährt, wie es so eben für die Methode, die einen (Elementar=) Punkt annimmt, näher angegeben wurde.

---

*) D. h. die 2 Theile des geraden Gebildes, welche zwischen dem eigentlichen (Elementarpunkt) A und dem unendlich entfernten uneigentlichen Punktelemente zur Rechten von A und zur Linken von A liegen.

Um zu zeigen, daß diese Methode eben so unzweideutig die Lage eines Punktes bestimmt als die bisherige, betrachten wir den Gang der Werthe, welche AD : CD annimmt, wenn der Punkt D das ganze gerade Gebilde stetig in derselben Richtung beschreibend oder durchlaufend gedacht wird.

Bevor wir jedoch an die Lösung dieser Aufgabe schreiten, möge zur Vereinfachung hier einschaltungsweise ein für die ganze weitere Entwicklung wichtiger Punkt näher besprochen werden.

Da nach der in Nr. 4 näher ausgeführten Anschauung ein gerades Gebilde im unendlich fernen uneigentlichen Punktelement zu einer geschlossenen Linie zusammenhängt, so ergeben sich hieraus für die Anschauungsweise der neueren Geometrie unmittelbar folgende wichtige Sätze: *)

Ein einziger in einem geraden Gebilde angenommener Punkt theilt ihre Elemente oder sie nicht in 2 Theile.

2 beliebig angenommene Punkte A und C theilen die Elemente eines geraden Gebildes und resp. dasselbe selbst in 2 Theile, von denen der eine Theil, wir nennen ihn den endlichen, bloß eigentliche Punktelemente enthält, während unter den Elementen des andern Theils, wir nennen ihn den unendlichen, sich das uneigentliche Element des geraden Gebildes befindet.

Man kann von einem Punktelement A zu einem andern Punktelement C eines geraden Gebildes bei einer stetigen Bewegung in stets unveränderter Richtung gelangen, sowohl indem man die endliche, als auch indem man die unendliche Strecke AC durchläuft oder beschreibt. Wir nennen in dem einen der beiden letzt erwähnten Fälle den „Sinn" (Richtung) der Bewegung entgegengesetzt dem „Sinne" der Bewegung im andern.

Durch 2 Punkte einer Geraden AC, von denen der erste als Ausgangspunkt einer stetigen in stets gleichem Sinn geschehenden Bewegung, der letzte als Endpunkt derselben angesehen werden soll, ist daher kein Sinn (Richtung) der Bewegung bestimmt; soll ein Sinn der Bewegung fixirt sein, so muß noch ein 3ter Punkt B der Geraden angegeben sein, über den man von A aus nach C gelangen

*) Der Leser wird gebeten diese einzelnen Punkte sich an dem Bilde eines Kreises zu veranschaulichen.

soll; der Sinn ABC ist identisch mit dem Sinn BCA und CAB aber gerade entgegengesetzt dem Sinn ACB, CBA, BAC, welche 3 letztere wieder identisch sind. Kehren wir nun zurück zur Betrachtung des Gangs des Werthes von AD : CD. Vor Allem ist ersichtlich, daß sich die oben näher bezeichneten Strecken AC, hinsichtlich des Werthes von AD : CD wesentlich unterscheiden, da für alle Punkte der endlichen Strecke AC dieses Verhältniß einen negativen, für alle Punkte der unendlichen Strecke dagegen einen positiven Werth annimmt. Was dagegen den absoluten Zahlenwerth dieses Verhältnisses anlangt, so ändert sich derselbe und zwar für beide Strecken gleichmäßig bei einer stetigen Bewegung in stets gleichem Sinne von A nach C ebenfalls stetig von 0 bis ∞. Der Werth von AD : CD bestimmt also unzweideutig die Lage des Punktes D, wenn A und C fest sind. Denn 1) gehört zu keinen 2 Punkten ein und derselbe Werth dieses Verhältnisses und 2) gehört zu jedem Werth dieses Verhältnisses ein Punkt.

Wir nennen 2 Punkte AC durch einen Punkt B getrennt, wenn man von dem einen A zum andern C bei einer stetigen Bewegung in demselben Sinne der Bewegung nicht gelangen kann, ohne über den letzten B hinweg zu müssen. 2 Punkte AC sind demnach durch einen dritten B nur für den einen Sinn der Bewegung getrennt, will man daher 2 Punkte AC vollständig, d. h. für beide Sinne der Bewegung trennen, so muß man noch einen 4ten Punkt D annehmen, wobei B auf der einen der beiden Strecken AC, D dagegen auf der anderen liegt. Man sagt daher wohl auch, unter 3 Punkten einer Geraden sind keine 2 getrennte, unter 4 Punkten einer Geraden sind 2 Paare, von denen jedes durch das andere getrennt ist.

8. Nachdem so eben das Mittel angegeben, wie die neuere Geometrie die Lage eines Punktes in einer Geraden fixirt, soll nun angegeben werden, in welcher Weise dieselbe hierauf gestützt die Punktelemente 2er geraden Gebilde einander zuordnet. Sind A und C 2 Punkte des ersten und A_1C_1 2 Punkte des 2ten geraden Gebildes, so sind D und D_1 auf unzweideutige Weise als entsprechende Punkte einander zugeordnet, wenn für jedes solche Paar die Gleichung gilt

$$\frac{A_1D_1}{C_1D_1} = m \cdot \frac{AD}{CD}$$

wobei D und D_1 als Repräsentanten eines beliebigen Paares zugeordneter Punkte zu betrachten sind, und m einen beliebigen constanten Werth hat, von dessen Wahl die besondere Art der Beziehung oder Zuordnung eben so abhängig ist, wie von der Wahl der festen Punkte AC A_1C_1.

Wird die Abhängigkeit der Lage entsprechender oder zugeordneter Punkte durch obige Gleichung fixirt, so sagt man „die Elemente der beiden geraden Gebilde seien projektivisch zugeordnet" oder „die beiden geraden Gebilde seien projektivisch auf einander bezogen" oder kurzweg „die beiden geraden Gebilde seien projektivisch." Wir bezeichnen die projektivische Beziehung 2er geraden Gebilde P und P_1 und überhaupt 2er Grundgebilde P und P_1 auf folgende Weise $P[abcd\ldots]\pi P_1[a_1b_1c_1d_1\ldots]$ in welcher Bezeichnung immer zugleich folgende Aussagen enthalten sind 1) P und P_1 sind die beiden Träger (bei Büscheln und Bündeln die Centra, bei Ebenenbüscheln Axen s. Nr. 3) der beiden projektivischen Grundgebilde, 2) abcd... sind Elemente von P, $a_1b_1c_1d_1\ldots$ sind Elemente von P_1, 3) die Elemente abcd entsprechen den Elementen $a_1b_1c_1d_1$ genau in derselben Ordnung, in der sie stehen, also a dem a_1, b dem b_1, c dem c_1 ꝛc. Sollte über den Träger der beiden projektivischen Grundgebilde nach dem Zusammenhange ein Zweifel nicht möglich sein, so werden wir auch wohl den Träger P und P_1 weglassen und einfach schreiben $abcd\ldots\pi a_1b_1c_1d_1\ldots$, wobei aber alsdann immer als selbstverständlich vorausgesetzt ist, daß abcd.. sowohl als $a_1b_1c_1d_1$.. je Elemente eines Grundgebildes darstellen.

9. Wenden wir uns zur Untersuchung, welche Bedeutung die Wahl der 4 festen Punkte AC A_1C_1 und der Größe m für die Art oder den Charakter der projektivischen Beziehung selbst hat.

Fällt D mit A zusammen, so wird AD = o, vermöge obiger Gleichung muß also auch A_1D_1 = o sein, d. h. auch D_1 mit A_1 zusammenfallen: also A und A_1 stellen ein paar entsprechende Punkte dar. Fällt D mit C zusammen, so wird CD = o, nach obiger Gleichung muß also auch C_1D_1 = o werden, d. h. D_1 mit C_1 zusammenfallen: also C und C_1 stellen ein Paar entsprechender

Punkte dar. Zur Bestimmung von m reicht eine Gleichung hin, in der außer m alle darin vorkommende Größen bekannt sind, diese Gleichung erhält man am einfachsten, wenn zu einem bestimmten D, z. B. zu dem Punkte B, das entsprechende D_1 d. h. der entsprechende Punkt B_1 gegeben ist. Man findet alsdann m aus der Gleichung $\frac{A_1B_1}{C_1B_1} = m . \frac{AB}{CB}$, was für m den Werth ergiebt: $m = \frac{A_1B_1}{C_1B_1} : \frac{AB}{CB}$. Setzen wir nun für m diesen Werth in die allgemeine Gleichung der Lagen-Abhängigkeit eines beliebigen Paares ensprechender Punkte DD_1, so erhalten wir diese Gleichung in folgender wichtigen Form

$$\frac{A_1D_1}{C_1D_1} : \frac{A_1B_1}{C_1B_1} = \frac{AD}{CD} : \frac{AB}{CB} \text{ oder } \frac{C_1B_1 . A_1D_1}{A_1B_1 . C_1D_1} = \frac{CB . AD}{AB . CD}$$

Aus dieser Entwicklung ist ersichtlich, 1) daß bei der projektivischen Beziehung 2er geraden Gebilde 3 Elemente des einen und 3 Elemente des andern als entsprechende Punkte beliebig angenommen werden können. 2) Daß aber durch die Annahme 3er entsprechender Punktenpaare die projektivische Beziehung vollkommen fixirt ist.

Erklärung. Nach dem so eben Entwickelten ist alsbald zu ersehen, daß, wenn entsprechende Elemente projektivischer gerader Gebilde ermittelt werden sollen, immer der Inbegriff von 4 Elementen in einer bestimmten Ordnung genommen, der Betrachtung unterworfen werden muß. Der Kürze wegen werden wir daher hiefür eine eigene Bezeichnung einführen, indem wir 4 solche Elemente in der Ordnung genommen, in der sie stehen, einen Wurf nennen. Wir nennen dabei einen Wurf ABCD, einen ordentlichen Wurf, wenn jedes der Elementenpaare AC und BD durch das andere getrennt ist, oder auch, wenn der Sinn ABC, dem Sinn BCD und dem Sinn CDA identisch ist. Wir nennen ferner den Werth des obigen Quotienten $\frac{CB . AD}{AB . CD}$ den Werth des Wurfes ABCD, so daß wir also kurz sagen können, 2 Würfe sind projektivisch*), wenn ihre Werthe gleich sind, und da wir mit

*) Wenn man von projektivischen Würfen ABCD und $A_1B_1C_1D_1$ spricht,

Werthen von Würfen im Verlauf der Entwicklung noch öfter zu thun haben werden, so wollen wir der Bequemlichkeit wegen den Werth eines solchen Wurfes ABCD, also den Werth des Quotienten $\frac{CB \cdot AD}{AB \cdot CD}$ kurz bezeichnen durch (ABCD).

10. So eben in 9. wurde gezeigt, daß die Elemente 2er gerader Gebilde projektivisch zugeordnet sind, wenn zu 3 Elementen ABC des einen, die 3 entsprechenden $A_1B_1C_1$ des andern gegeben sind, insoferne zu jedem D des ersten geraden Gebildes das ihm entsprechende D_1 unzweideutig gefunden ist, wenn $(ABCD) = (A_1B_1C_1D_1)$. Es fragt sich nun aber, ob die projektivische Beziehung der beiden geraden Gebilde dieselbe bleibt, wenn man von 3 andern einander zugeordneten Elementen ausgeht oder mit andern Worten: wenn den 4 Punkten DEFG die 4 Punkte $D_1E_1F_1G_1$ entsprechen, unter der Voraussetzung, daß die projektivische Beziehung der beiden geraden Gebilde durch die 3 entsprechenden Punktenpaare AA_1 BB_1 CC_1 vollzogen ist, ob dann immer auch dem Puntke G der Punt G_1 entspricht unter der Voraussetzung, daß DD_1 EE_1 FF_1 als die entsprechenden Punktenpaare angenommen werden, durch welche die Fixirung der projektivischen Beziehung vollzogen wird.

Die Beantwortung dieser wichtigen Frage zerfällen wir in 2 Abtheilungen, indem wir diese Frage zuerst für bloß 4 Punkte beantworten und wenn das erledigt ist, zu der allgemeinen Aufgabe übergehen.

Nach dem, was oben über die Auffindung eines 4ten entsprechenden Punktes gesagt wurde, wenn 3 Paar entsprechende Punktenpaare die Beziehung festgestellt hatten, geht hervor, daß in den gleichen Werthen der Würfe immer die 3 Punkte durch welche die Fixirung der Beziehung geschieht, voranstehen. (ABCD) = $(A_1B_1C_1D_1)$ bedeutete demzufolge soviel, als: wenn durch die entsprechenden Elemente ABC und $A_1B_1C_1$ die projektivische Beziehung vollzogen ist, so entspricht dem Punkte D der Punkt D_1. Es kann

---

so heißt dieses soviel, als daß man die beiden Träger von ABCD und $A_1B_1C_1D_1$ so projektivisch auf einander beziehen kann, daß den 4 Elementen des einen Wurfs die 4 Elemente des andern in derselben durch den Wurf angegebenen Ordnung entsprechen.

unsere erste Frage daher kürzlich also formulirt werden: Wenn $(ABCD) = (A_1B_1C_1D_1)$, so fragt es sich, ob dem Werthe eines beliebigen Wurfes z. B. (ADCB), den man aus (ABCD) durch beliebige Versetzung der 4 in ihm enthaltenen Elemente erhält, der Werth des Wurfes $(A_1D_1C_1B_1)$ gleich ist, den man aus $A_1B_1C_1D_1$ durch dieselbe Versetzung der entsprechenden Elemente erhält.

Die 24 Würfe, zu welchen sich 4 Elemente ABCD zusammen stellen lassen, zerfallen in 6 Gruppen von je 4 Würfen, deren Werthe stets einander gleich sind; es ergiebt nämlich die einfachste Betrachtung, daß immer $(ABCD) = (BADC) = (CDAB) = (DCBA)$ d. h. jeder Wurf hat gleichen Werth mit einem, den man dadurch erhält, daß man 2 Mal 2 Elemente hinsichtlich ihrer Stellung im Wurf gerade mit einander vertauscht. Wir haben daher die Beantwortung der oben allgemein für alle 24 Würfe gestellten Frage bloß hinsichtlich folgender 6 Würfe durchzuführen, 1) ABCD, 2) ABDC, 3) ACBD, 4) ACDB, 5) ADBC, 6) ADCB, wie sich einfach daraus ergiebt, daß jeder der 24 Würfe unter seiner Gruppe einen hat, der mit A anfängt und daß von den hier angeführten 6 Würfen keiner dem andern gleich ist, wie sich alsbald ergeben wird. Setzen wir nun $(ABCD) = c$, so ist $(ABDC) = 1 - c$, $(ACBD) = \frac{c}{c-1}$, $(ACDB) = \frac{1}{1-c}$, $(ADBC) = \frac{c-1}{c}$, $(ADCB) = \frac{1}{c}$, wie dieses die einfachste Rechnung erkennen läßt, wenn man nur den aus den Elementen der Geometrie bekannten Satz anwendet, daß für die endlichen Strecken, welche bei 4 Punkten ABCD einer Geraden in Betracht kommen, stets $AC.BD = AB.CD + AD.BC$ ist, und dann hinsichtlich der Vorzeichen der in entgegengesetzter Richtung in Betracht gezogenen Strecken das in Nr. 7 hervorgehobene gehörig berücksichtigt, wonach $AB = -BA$. Da nun dieselben Resultate auch für die Würfe $(A_1B_1C_1D_1)$ und die auf ähnliche Weise aus ihm abgeleiteten gilt, so muß unsere oben aufgestellte Frage mit ja beantwortet werden.

Gehen wir nun zur 2ten Frage über, so lautet diese also: Wenn $(ABCD) = (A_1B_1C_1D_1)$, $(ABCE) = (A_1B_1C_1E_1)$, $(ABCF) = (A_1B_1C_1F_1)$ u. $(ABCG) = (A_1B_1C_1G_1)$, ist dann allgemein $(DEFG) = (D_1E_1F_1G_1)$?

Dividirt man (BACD) durch (BACE), so ergibt sich alsbald daraus (BDCE), da also nach dem Vorigen

$(BACD) = (B_1A_1C_1D_1)$ und

$(BACE) = (B_1A_1C_1E_1)$,

so ergiebt sich hieraus unmittelbar durch die erwähnte Division

$(BDCE) = (B_1D_1C_1E_1)$ oder, was hieraus nach dem Vorigen folgt $(DBCE) = (D_1B_1C_1E_1)$. Auf dieselbe Weise erhält man

$(DBCF) = (D_1B_1C_1F_1)$ und

$(DBCG) = (D_1B_1C_1G_1)$.

Wendet man nun hierauf dasselbe Verfahren der Division der beiden Werthe von Würfen an, so verschwindet auch B aus den neuen Würfen, wie hier A verschwunden ist, und so fortfahrend erhält man als letztes Resultat $(DEFG) = (D_1E_1F_1G_1)$ w. z. b. w.

Es sollen nun die Haupteigenschaften und Gesetze, welche die projektivische Beziehung 2er geraden Gebilde näher charakterisiren, entwickelt werden.

11. Legt man die Bedingungsgleichung für die projektivische Beziehung entsprechender Elemente in ihrer einfachsten Form $\frac{A_1D_1}{C_1D_1} = m. \frac{AD}{CD}$ zu Grunde, so ersieht man, daß dem unendlich fernen Punkte des einen geraden Gebildes im Allgemeinen ein eigentlicher Punkt des andern entspricht und umgekehrt. Rückt D ins Unendliche und nennen wir den endlichen ihm dann entsprechenden Punkt M_1 so ist $\frac{A_1M_1}{C_1M_1} = m$. Rückt D_1 ins Unendliche und entspricht ihm M, so ist $\frac{AM}{CM} = \frac{1}{m}$ Die Vergleichung dieser beiden Ausdrücke ergiebt das merkwürdige Resultat, daß stets

$$A_1M_1 . AM = C_1M_1 . CM$$

wo C und C_1 so wie A und A_1 je ein beliebiges Paar entsprechender Punkte darstellen. Die beiden Punkte M u. M_1 führen bei manchen Autoren den Namen „Hauptpunkte" und der vorige Satz lautet: das Produkt der Entfernungen der beiden Hauptpunkte von einem Paare entsprechender Punkte ist konstant. Zu einem ähnlichen, wenn auch weniger allgemeinen Resultat gelangt man, wenn man in den beiden projektivischen geraden Gebilden diejenigen beiden Punkte N u. N_1 sucht, welche je den beiden Mitten von

A_1C_1 u. AC entsprechen, denn auch für sie ist aus ganz ähnlichem Grunde bei jeder Art der projektivischen Beziehung stets

$$N_1A_1 . NA = N_1C_1 . NC.$$

Wird $m = 1$, so fallen M_1 u. M ins Unendliche, d. h. die beiden unendlich fernen Punkte entsprechen einander, in diesem Falle ist zunächst aus 11. $A_1D_1 : AD = C_1D_1 : CD$, da aber selbstverständlich für die gehörige Aenderung der entsprechenden Elemente auch $D_1A_1 : DA = B_1A_1 : BA$, so ist auch allgemein $B_1A_1 : BA = C_1D_1 : CD$ d. h. je 2 entsprechende Strecken stehen in konstantem Verhältniß zu einander; man nennt die geraden Gebilde in diesem besondern Falle **ähnlich**. Umgekehrt sind aber auch die geraden Gebilde immer ähnlich, wenn die unendlich fernen Punkte einander entsprechen, insoferne in diesem Falle m stets den Werth 1 haben muß oder annimmt.

Zusatz. Offenbar falsch dagegen wäre jedoch der Schluß, daß immer, wenn $B_1A_1 : BA = C_1D_1 : CD$, dann auch die geraden Gebilde ähnlich wären, diese Umkehr gilt vielmehr nur dann, wenn die entsprechenden Strecken, die in konstantem Verhältniß stehen, in beiden Geraden denselben einen Grenzpunkt haben, d. h. wenn, wie oben zuerst gefunden, $D_1A_1 : DA = D_1C_1 : DC$.

12. Der Werth eines ordentlichen Wurfes (9.) hat immer einen negativen Werth und umgekehrt, jeder negative Werth gehört immer zu einem ordentlichen Wurf. Nach 7. ist nämlich von den beiden Verhältnissen $AD : CD$ u. $AB : CB$ von denen der Werth des Wurfes ABCD abhängt (9.), stets einer negativ und einer positiv für den Fall, daß AC durch DB getrennt sind, während beide entweder positiv oder beide negativ sind, wenn dieses nicht der Fall ist. Hieraus folgt, daß jedem ordentlichen Wurf in der einen Geraden ein ordentlicher Wurf in der andern entspricht.

Zusatz. Anstatt zu sagen: Jedem ordentlichen Wurf in der einen entspricht ein ordentlicher Wurf in der andern, kann man auch sagen, jedem Sinn in der einen entspricht ein Sinn in der andern der Art, daß, wenn $p[ABCDEF] \pi p_1[A_1B_1C_1D_1E_1F_1]$ der Sinn $A_1B_1C_1$ und $D_1E_1F_1$ identisch ist oder nicht, je nachdem dieses bei dem Sinn ABC und DEF der Fall ist.

13. Dem Wurfe ABCD, dessen Werth $= -1$ ist, hat man wegen seiner sonstigen merkwürdigen Eigenschaften einen besonderen

Namen gegeben, er heißt ein harmonischer Wurf. Ein harmonischer Wurf ist nach 12. immer ein ordentlicher Wurf, daher nennt man wohl auch die Punkte AC durch die Punkte BD harmonisch getrennt. Der Werth des Verhältnisses $\frac{AB}{BC}$ muß abgesehen vom Vorzeichen dem Werthe von $\frac{AD}{CD}$ gleich sein. Nun haben wir Nr. 7 gesehen, daß der Werth von $\frac{AB}{BC}$ für alle Punkte B der endlichen Strecke AC alle Werthe von 0 bis ∞ und eben so der Werth $\frac{AD}{CD}$ für alle Punkte D der unendlichen Strecke AC alle Werthe von 0 bis ∞ annimmt, für jeden Punkt B der endlichen AC, giebt es daher immer gerade einen Punkt D der unendlichen Strecke AC, so daß ABCD ein harmonischer Wurf. Der Mitte von AC entspricht als 4ter harmonischer Punkt das uneigentliche unendlich ferne Punktelement des geraden Gebildes.

14. Sind von einer beliebigen Anzahl gerader Gebilde $p[abc\ldots]$, $p_1[a_1b_1c_1\ldots]$, $p_2[a_2b_2c_2\ldots]$ jedes zu seinem nachfolgenden projektivisch, so ist jedes zu jedem der übrigen projektivisch.

Es genügt den Nachweis für 3 geliefert zu haben. Ist aber 1) $p[abcd..]\ \pi\ p_1[a_1b_1c_1d_1..]$ u. 2) $p_1[a_1b_1c_1d_1..]\ \pi\ p_2[a_2b_2c_2d_2..]$ so folgt aus 1) $(abcd)=(a_1b_1c_1d_1)$ und aus 2) $(a_1b_1c_1d_1)=(a_2b_2c_2d_2)$, also ist auch $(abcd)=(a_2b_2c_2d_2)$ d. h. $[abcd..]\ \pi\ [a_2b_2c_2d_2..]$.

15. Jedem harmonischen Wurfe in einem von 2 projektivischen geraden Gebilden entspricht wieder ein harmonischer Wurf; und umgekehrt ein harmonischer Wurf ist zu jedem harmonischen Wurf nach Anm. zu 9. projektivisch.

16. Ist von den folgenden 8 Würfen 1 ein harmonischer, so sind sie es alle:

ABCD BADC CDAB DCBA
ADCB BCDA CBAD DABC

Die Werthe aller 8 sind nämlich $=-1$, wenn einer derselben diesen Werth hat.

17. Ist $ABCD\ \pi\ A_1B_1C_1D_1$ so ist auch

$ABCD\ \pi\ B_1A_1D_1C_1$
$ABCD\ \pi\ C_1D_1A_1B_1$
$ABCD\ \pi\ D_1C_1B_1A_1$

Denn man findet leicht, daß die Werthe der 4 Würfe rechts einander gleich sind, d. h. eine von den 6 in 10. erwähnten Gruppen bilden.

18. Bisher war angenommen, daß die beiden projektivischen geraden Gebilde in 2 verschiedenen Trägern gelegen seien, wir wollen nun den Fall betrachten, daß diese beiden Träger auf oder in einander gelegt erscheinen, d. h., daß ein und dieselbe Gerade gleichsam doppelt gedacht wird, indem jeder Punkt derselben sowohl als Element des einen als auch als Element des andern geraden Gebildes angesehen werden muß.

Aus 17. folgt unter der so eben gemachten Voraussetzung, daß immer folgende 4 Würfe unter einander projektivisch sind ABCD π BADC π CDAB π DCBA (vergl. 10).

19. Ist ABCD ein harmonischer Wurf, so kommen zu den in 17. erwähnten 4 Würfen noch 4 neue hinzu, so daß dann folgende 8 Würfe alle unter einander projektivisch sind

ABCD BADC CDAB DCBA
ADCB BCDA CBAD DABC

wie aus 16 alsbald folgt.

20. Ist einer der in 19 aufgeführten 4 letzten Würfe einem der 4 ersten projektivisch, so ist der Wurf ein harmonischer, d. h. erhält man aus einem Wurfe ABCD einen ihm projektivischen dadurch, daß man bloß ein Paar getrennter Elemente vertauscht, so ist der Wurf ein harmonischer.

Ist ABCD π ADCB, denn auf diesen 1 Fall lassen sich nach 17 alle andern zurückführen, so hat man
$\frac{CB.AD}{AB.CD} = \frac{CD.AB}{AD.CB}$ d. h. $CB^2.AD^2 = CD^2.AB^2$ d. h.
$\frac{CB.AD}{AB.CD} = \pm 1$, wobei jedoch nur das — Zeichen giltig sein kann, insofern $\frac{CB}{AB}$ nur dann $= \frac{CD}{AD}$ sein kann, nach 7 und 13, wenn A u. C durch B u. D getrennt sind, der Wurf ABCD also ein ordentlicher Wurf ist.

21. Der in 18. enthaltene Satz führt zu einer höchst wichtigen Eigenthümlichkeit der projektivischen Beziehung, die sich also kurz ausdrücken läßt: Fixirt man die projektivische Beziehung 2er

geraden Gebilde desselben Trägers so, daß 2 Elemente AB einander abwechselnd entsprechend, d. h. ist p[ABC..] π p[BAD...] so kommt diese Eigenschaft jedem Paar entsprechender Elemente zu; denn entspricht dem Punkte E als Element des ersten geraden Gebildes der Punkt F als Element des 2ten, so muß auch dem F als Element des ersten der Punkt E als Element des 2ten entsprechen, denn nach 18 ist immer p[ABEF] π p[BAFE].

Man hat dieser Art der projektivischen Beziehung einen besonderen Namen gegeben, indem man die Elemente der Geraden p involutorisch gepaart, das gerade Gebilde selbst wohl ein involutorisches gerades Gebilde nennt, wobei man die beiden in dem Träger p enthaltenen geraden Gebilde gleichsam zu einem Gebilde zusammenfaßt.

Zusatz. Fallen die 2 Hauptpunkte M und M_1 (11) in einem Punkt zusammen, so tritt offenbar der oben erwähnte Fall ein, daß ein Paar Punkte einander abwechselnd entsprechen, und die beiden projektivischen geraden Gebilde bilden daher in diesem Falle stets ein involutorisches Gebilde.

22. Die involutorische Beziehung eines geraden Gebildes ist vollkommen fixirt, wenn zu 2 Elementen AB, die einander nicht entsprechen, die entsprechenden Elemente A_1B_1 gegeben sind.

Denn durch 3 Paare von entsprechenden Punkten AA_1 BB_1 A_1A ist die projektivische Beziehung vollkommen fixirt, und ist p[ABA_1..] π p[A_1B_1A...], so entspricht nach 18. oder 21. auch dem Element B_1 des ersten das Element B des 2ten.

Bei der gewöhnlichen projektivischen Beziehung waren 3 Paare entsprechender Punkte nöthig, um die Beziehung zu fixiren, und es folgte daraus nothwendig, daß bei den Sätzen über projektivische Beziehung meist an den Inbegriff von 4 Punkten jedes geraden Gebildes die Betrachtung sich wendete, für diesen Inbegriff ward daher die Bezeichnung Wurf eingeführt. So sind bei der involutorischen Beziehung 2 Paare entsprechender Punkte nöthig und der Inhalt der Sätze ist daher hier ebenso an den Inbegriff von 3 Paar entsprechender Punkte des involutorischen Gebildes geknüpft, weßwegen auch hiefür eine Bezeichnung eingeführt wurde, indem man diese 3 Paar Punkte eine Involution nannte und sie auch besonders bezeichnete, indem die Involution $AA_1 . BB_1 . CC_1$ soviel bedeutet, als daß AA_1 und BB_1 und CC_1 3 Paare entsprechender Punkte eines involutorischen geraden Gebildes darstellen.

23. Ist $AA_1 . BB_1 . CC_1$ eine Involution, so liegen in dieser Behauptung folgende besondere einzelne Behauptungen: Es ist $ABCA_1 \pi A_1B_1C_1A$; $ABCB_1 \pi A_1B_1C_1B$; $ABCC_1 \pi A_1B_1C_1C$; und $ABA_1C_1 \pi A_1B_1AC$; $ABB_1C_1 \pi A_1B_1BC$; $ABA_1B_1 \pi A_1B_1AB$. Wendet man auf diese einzelnen projektivischen Würfe die Formeln der projektivischen Beziehung in ihren verschiedenen Formen aus 9. und 10. an, so erhält man nach der einfachsten Umgestaltung folgende algebraische Ausdrücke für die Involution.

$$\text{Ia.} \quad \frac{AB.AB_1}{AC.AC_1} = \frac{A_1B.A_1B_1}{A_1C.A_1C_1}$$

$$\text{Ib.} \quad \frac{BA.BA_1}{BC.BC_1} = \frac{B_1A.B_1A_1}{B_1C.B_1C_1}$$

$$\text{Ic.} \quad \frac{CA.CA_1}{CB.CB_1} = \frac{C_1A.C_1A_1}{C_1B.C_1B_1}$$

$$\text{IIa.} \quad AB.B_1C_1.CA_1 = - A_1B_1.BC.C_1A$$

$$\text{IIb.} \quad AB.B_1C.C_1A_1 = - A_1B_1.BC_1.CA$$

$$\text{IIc.} \quad AB_1.BC_1.CA_1 = - A_1B.B_1C.C_1A$$

$$\text{IId.} \quad AB_1.BC.C_1A_1 = - A_1B.B_1C_1.CA$$

Was die Formeln I. anlangt, so springt die Gesetzmäßigkeit ihrer Form von selbst in die Augen. Was die Formeln II. anlangt, so beachte man, daß in jedem solchen Produkt von 3 Faktoren alle 6 Buchstaben vorkommen, daß aber keiner der 3 Faktoren aus einer Strecke bestehen darf, deren Grenzpunkte ein Paar entsprechende Punkte darstellen; die 4 Formeln II. enthalten alle möglichen auf diese Art entstehenden Produkte.

24. Entspricht bei 2 projektivischen geraden Gebilden desselben Trägers dem Punkt A als Element des ersten, derselbe Punkt A als Element des 2ten, so sagt man, die beiden geraden Gebilde hätten das Element A entsprechend gemein.

Da die projektivische Beziehung durch 3 entsprechende Punktenpaare vollkommen bestimmt ist, so folgt, daß 2 gerade Gebilde desselben Trägers entweder alle oder 2 oder 1 oder 0 Elemente entsprechend gemein haben.

Wir betrachten in dieser Beziehung zuerst den besonderen Fall der involutorischen Beziehung näher. Hier gelten folgende für die Folge wichtige Sätze: Ein involutorisches gerades Gebilde hat entweder 2 oder 0 entsprechend gemeinsame Punkte; denn ist M ein solcher Punkt und AA_1 ein Paar entsprechende Punkte, so ist der Punkt N, der von M durch AA_1 harmonisch getrennt ist, ebenfalls ein entsprechend gemeinsamer Punkt des involutorischen geraden Gebildes, weil nach 19. $MANA_1 \pi MA_1NA$ ist, also auch $MAA_1N \pi MA_1AN$.

Bei einem involutorischen geraden Gebilde nennt man die beiden entsprechend gemeinsamen Punktelemente „Ordnungselemente".

Es giebt ein einfaches Kennzeichen, ob ein involutorisches gerades Gebilde Ordnungselemente hat oder nicht. Durchläuft nämlich ein Punkt A, stets als Element des ersten der beiden in der involutorischen Geraden enthaltenen projektivischen geraden Gebilde betrachtet, die Strecke AA_1 stetig, so beschreibt der entsprechende Punkt des 2ten geraden Gebildes die Strecke A_1A stetig, und es fragt sich nun, ob der endlichen Strecke AA_1 die endliche Strecke A_1A oder die unendliche Strecke A_1A der Geraden entspricht, im erstern Falle durchlaufen die beiden entsprechenden Punkte die Gerade im entgegengesetzten Sinne und müssen einander daher sowohl auf der endlichen als auf der unendlichen Strecke AA_1 begegnen, im 2ten Falle durchlaufen sie die Gerade in gleichem Sinne und können einander nie begegnen. Die Punkte, in denen die Begegnung statt findet, sind entsprechend gemein d. h. Ordnungselemente. Man kann daher auch sagen, wenn bei der involutorischen Beziehung zweier Geraden desselben Trägers jeder Sinn des einen, demselben Sinn des andern entspricht, (wir nennen solche gerade Gebilde gleichläufig), so existiren keine Ordnungselemente, wenn dagegen jeder Sinn des einen dem entgegengesetzten Sinn des andern entspricht, (wir nennen solche gerade Gebilde gegenläufig), so existiren 2 Ordnungselemente. Es läßt sich ferner aus einem einfachen Kennzeichen ersehen, ob der eine oder der andere Fall eintritt, denn im ersten Fall ist jedes Paar entsprechender Punkte AA_1 durch jedes andere solche Paar BB_1 getrennt d. h. ABA_1B_1 ein ordentlicher Wurf, im 2ten Falle nicht, d. h. ABB_1A_1 ein ordentlicher Wurf.

Die beiden Ordnungselemente sind, wie aus den obigen Beweisen hervorgeht, durch jedes Paar entsprechender Punkte harmonisch getrennt.

Wir haben oben gesehen, daß die involutorische Beziehung durch 2 Paare entsprechender Punkte fixirt ist; statt eines solchen Paars kann immer ein Ordnungselement auftreten, wir kennzeichnen aber ein solches Ordnungselement dadurch, daß wir es doppelt schreiben, und es wird daher ohne Weiteres die Bezeichnung verständlich sein „Involution $AA_1 . MM . BB_1$ oder Involution $MM . NN . AA_1$."

Wenden wir uns nun zu dem allgemeinen Fall:

Ist $p[ABCD] \pi p[ABC_1D_1]$ d. h. haben 2 projektivische gerade Gebilde desselben Trägers 2 Elemente AB entsprechend gemein, so ist allemal $AB . CD_1 . C_1D$ eine Involution.

Denn es ist $ABCD \pi ABC_1D_1$ nach der Voraussetzung.

$ABC_1D_1 \pi BAD_1C_1$ nach Nr. 10.

also $ABCD \pi BAD_1C_1$ nach Nr, 14, woraus die Richtigkeit folgt nach Nr. 21.

26. Ist also umgekehrt in der Geraden p $AB . CD_1 . C_1D$ eine Involution, so haben die beiden projektivischen geraden Gebilde $p[ACD..] \pi p[AC_1D_1..]$ die beiden Elemente AB entsprechend gemein.

Zusatz. Daß man hier C mit D_1 oder C_1 mit D vertauschen kann, leuchtet ein, denn es ist ja $AB . D_1C . DC_1$ dieselbe Involution wie $AB . CD_1 . C_1D$.

27. Ist $p[ACD..] \pi p[AC_1D_1..]$, und haben die beiden geraden Gebilde bloß das eine Element A entsprechend gemein, so muß $AA . CD_1 . C_1D$ eine Involution, d. h. A ein Ordnungselement der Involution $CD_1 . C_1D$ sein. Denn wenn in dieser letztgenannten Involution dem A das Element B entspräche, so würde nach 26. auch noch B ein entsprechend gemeinsames Element der beiden projektivischen Gebilde sein.

28. Haben die beiden in p enthaltenen projektivischen geraden Gebilde wieder nur A entsprechend gemein, und entspricht dem Punkt B des ersten der Punkt B_1 des 2ten und dem Punkt B_1 als Element des ersten, der Punkt B_2 des 2ten, so daß also $p[ABB_1..] \pi p[AB_1B_2..]$, so ist stets ABB_1B_2 ein harmonischer Wurf, denn nach 27 muß $AA . BB_2 . B_1B_1$ eine Involution sein.

29. Ist umgekehrt in der Geraden p $AA . CD_1 . C_1D$ eine Involution, so haben die projektivischen geraden Gebilde $p[ACD] \pi p[AC_1D_1]$ bloß das Element A entsprechend gemein. Oder ist

in p ABB_1B_2 ein harmonischer Wurf, so haben ebenfalls die projektivischen geraden Gebilde $p[ABB_1] \pi p[AB_1B_2]$ bloß das Element A entsprechend gemein.

Zusatz. Hieraus geht hervor, daß die Aussage, daß die beiden geraden Gebilde desselben Trägers bloß das eine Element A entsprechend gemein haben, für die Fixirung der projektivischen Beziehung beider Gebilde denselben Werth hat, als ob 2 entsprechende Elementenpaare gegeben wären; in A treffen so zu sagen 2 Elemente beider Grundgebilde in einem zusammen, denn ist A das einzige entsprechend gemeinsame Element beider Gebilde und entspricht dem beliebigen Element B des ersten geraden Gebildes das Element B_1 des 2ten, so läßt die 29. immer das dem B_1 als einem Element des ersten entsprechende Element B_2 des 2ten finden, so daß man zu 3 verschiedenen Elementen des einen, die 3 entsprechenden Elemente des andern unmittelbar finden kann. Aus diesem Grunde bezeichnen wir auch von nun an kurz die Lageneigenthümlichkeit, daß die beiden projektivischen Grundgebilde desselben Trägers das Element A allein entsprechend gemein haben durch

$$p[AAB..] \pi p[AAB_1..]$$

30. Will man untersuchen, welche Elemente 2 projektivische gerade Gebilde desselben Trägers entsprechend gemein haben, so hat man folgenden Weg einzuschlagen: Entspricht dem Element B des ersten das Element B_1 des 2ten und dem B_1 als Element des ersten das B_2 des 2ten, so sucht man das Element A_1, so beschaffen, daß $A_1BB_1B_2$ ein harmonischer Wurf. Ist nun A_1 ein entsprechend gemeinsames Element, so ist es nach 29. das einzige entsprechend gemeinsame Element.

Entspricht dagegen dem A_1 des ersten das Element A_2 des 2ten, so kommt es darauf an, ob die Involution $B_1A_1 \therefore B_2A_2$ einem involutorischen geraden Gebilde mit Ordnungselementen angehört oder nicht, d. h. ob A_1B_1 durch A_2B_2 nicht getrennt oder getrennt sind nach Nr. 24., im ersten Falle sind die beiden Ordnungselemente M und N 2 entsprechend gemeinsame Elemente, im 2ten haben die geraden Gebilde überhaupt keine.

Da nämlich so wohl $A_1BB_1B_2$, als auch A_1MB_1N je einen harmonischen Wurf darstellen, so sind $A_1A_1 . B_1B_1 . BB_2 . MN$ entsprechende Elementenpaare eines involutorischen geraden Gebildes und daher $MNBB_1 \pi NMB_2B_1$ also auch $MNBB_1 \pi MNB_1B_2$ nach Nr. 10. Da aber eben so nach der Voraussetzung $MNB_1A_1 \pi MNB_2A_2$ (insofern MA_1NB_1 ebenso wie MA_2NB_2 harmonische Würfe darstellen) so entsprechen in den beiden projektivischen geraden Gebilden $p[MNB_1 \ldots] \pi p[MNB_2 \ldots]$ offenbar die Elemente A_1A_2 und die Elemente BB_1 einander d. h. es ist $p[MNBB_1A_1] \pi p[MNB_1B_2A_2]$ also auch nach Nr. 10. $p[BB_1A_1MN] \pi p[B_1B_2A_2MN]$ w. z. b. w.

Existiren die Ordnungselemente MN nicht, so ist klar, daß die beiden geraden Gebilde auch keine Elemente entsprechend gemein haben können, denn durch Rückschluß läßt sich alsbald darthun, daß diese sonst Ordnungselemente der erwähnten involutorischen Beziehung sein müßten.

31. Es soll hier der Vollständigkeit halber der Gegenstand der letzten Nummern auch noch mit Hülfe der Rechnung näher untersucht werden. Benützen wir zu diesem Zwecke die in Nr. 11. für die beiden Hauptpunkte M und M_1 aufgestellte Relation, so muß für ein entsprechend gemeinsames Element A bei den projektivischen geraden Gebilden die Gleichung statt finden $MA . M_1A = c$, wobei c ein konstanter von der Natur der projektivischen Beziehung abhängiger Werth ist. Wir unterscheiden nun, ob c positiv oder ob es negativ ist; tritt der erste Fall ein, so gibt es stets 2 Punkte, welchen die verlangte Eigenschaft zukommt und die auf der unendlichen Strecke MM_1 gegen M und M_1 symmetrisch liegen, denn stellt B irgend einen Punkt der unendlichen Strecke MM_1 dar, so ändert sich mit der Lage von B, sowohl für den Theil der unendlichen Strecke MM_1, der von M bis in die Unendlichkeit reicht, als auch für den, welcher von der Unendlichkeit in demselben Sinn bis M geht, der Werth des Produktes $MB . M_1B$ stetig und zwar nimmt er dabei alle Werthe von 0 bis ∞ an.

Ist dagegen c negativ, so kommt die absolute Größe von c hier wesentlich in Betracht. Bei einem negativen Werth von c kann nämlich ein entsprechend gemeinsames Element nur auf der endlichen Strecke MM_1 liegen (Nr. 7). Der höchste absolute Werth, welchen aber das Produkt $MB . M_1B$ für einen auf der endlichen Strecke MM_1 liegenden Punkt annehmen kann, ist aber $MN . M_1N$, wenn N der Halbirungspunkt von MM_1 ist. Ist daher c abgesehen vom

Vorzeichen größer als $MN.M_1N$, so giebt es kein entsprechend gemeinsames Element, sind beide Werthe einander gleich, so giebt es ein solches Element, nämlich die Mitte von MM_1 und ist c kleiner so giebt es 2, welche wieder gegen M und M_1 symmetrisch liegen.

Fragt man nach der geometrischen Bedeutung des Unterschiedes im Vorzeichen von c, so erkennt man alsbald, daß ein positives Vorzeichen zur Folge hat, daß die beiden projektivischen geraden Gebilde gegenläufig, ein negatives Vorzeichen dagegen, daß dieselben gleichläufig projektivisch sind.

Bei gegenläufigen projektivischen geraden Gebilden gibt es daher immer 2, bei gleichläufigen kann es 2, 1 oder 0 entsprechend gemeinsame Elemente geben, in allen Fällen liegen sie gegen die Hautpunkte MM_1 symmetrisch.

Bei involutorischer Beziehung fallen M und M_1 zusammen, der obige Grenzwerth MN wird daher 0, und es geht daraus hervor, daß es bloß bei gegenläufiger involutorischer Beziehung 2 Ordnungselemente giebt, im andern Falle dagegen nie solche vorkommen können.

32. Ein involutorisches gerades Gebilde hat einen einzigen Hauptpunkt N (Zus. 21.), der in der Mitte zwischen den beiden Ordnungselementen MM_1 liegt, wenn deren vorhanden sind, da nun für jedes Paar von entsprechenden Punkten AA_1, die durch MM_1 harmonisch getrennt sind, die Relation gilt $NA.NA_1 = NM.NM$, so erhält man allgemein hieraus für je 4 harmonische Punkte eine metrische Relation, die sich in Worte so fassen läßt: halbirt man die Strecke zwischen 2 getrennten Punkten eines harmonischen Wurfes, so ist das Produkt aus den Entfernungen der beiden übrigen Punkte von dem Halbirungspunkt dem Quadrate der halben Strecke zwischen den ersten beiden getrennten Punkten gleich.

33. Ist $p[ABCD] \pi p[ABC_1D_1]$, so ist allemal auch $p[ABCC_1] \pi p[ABDD_1]$ denn nach 25. ist alsdann $AB.CD_1.C_1D$ eine Involution, also $ABCC_1 \pi BAD_1D \pi ABDD_1$ (10.)

Ist 1) $p[ABCDE] \pi p[ABC_1D_1E_1]$ und 2) auch noch $p[ABCDE] \pi p[ABC_2D_2E_2]$, so ist allemal auch $p[ABCC_1C_2] \pi$ $p[ABDD_1D_2] \pi p[ABEE_1E_2]$, denn nach 1) ist in Folge des vorigen Satzes $p[ABCC_1] \pi p[ABDD_1]$, nach 2) aber ist auch noch $p[ABCC_2] \pi p[ABDD_2]$, also ist auch $p[ABCC_1C_2] \pi$

$p[ABDD_1D_2]$ vertauscht man die D mit den E, so erhält man ebenso, daß $ABCC_1C_2$ π $ABEE_1E_2$.

34. Sucht man zu 3 Punkten einer Geraden ABC in jeder Ordnung den 4ten harmonischen Punkt, der Art, daß ABA_1C $ABCB_1$ AC_1BC je einen harmonischen Wurf bilden, so kommen den 6 Punkten $ABCA_1B_1C_1$ hinsichtlich ihrer Lage merkwürdige Eigenschaften zu, die wir hier betrachten wollen.

Es ist 1) ABA_1C π $[ABCB_1$ $\pi]$ BAB_1C nach Nr. 15, u. Nr. 10, also ist $AB.A_1B_1.CC$ eine Involution, deren 2tes Ordnungselement C_1, weil $ACBC_1$ ein harmonischer Wurf ist.

Eben so ist 2) $ACBC_1$ π $[ACA_1B$ $\pi]$ $CABA_1$
also ist $AC.BB.A_1C_1$ eine Involution, deren 2tes Ordnungselement B_1.

Eben so ist 3) BCB_1A π $[BCAC_1$ $\pi]$ CBC_1A,
also ist $BC.B_1C_1.AA$ eine Involution, deren 2tes Ordnungselement A_1.

Hieraus ergiebt sich nun aber unmittelbar folgendes:

Aus 1) ist $ACBC_1$ π $[A_1CB_1C_1$ $\pi]$ $B_1C_1A_1C$ also $AB_1.BA_1.CC_1$ eine Involution.

Aus 2) ist $ABCB_1$ π $[A_1BC_1B_1$ $\pi]$ $C_1B_1A_1B$ also $AC_1.CA_1.BB_1$ eine Involution.

Aus 3) ist $BACA_1$ π $[B_1AC_1A_1$ $\pi]$ $C_1A_1B_1A$ also $A_1C.CB_1.AA_1$ eine Involution.

Wie diese 3 Involutionen aus den 3 ersten abgeleitet wurden, so kann man versuchen, ob man nicht dadurch neue Relationen erhält, daß man oben in den ersten Involutionen ein Paar entsprechender Punkte vertauscht, also z. B in 1) statt der Involution $AB.A_1B_1.CC.C_1C_1$ die Involuton $BA.A_1B_1.CC$ zu Grunde legt, wie schon in Nr. 26. Zusatz angedeutet wurde, allein man findet, daß man auf diesem Wege in allen 3 Fällen stets immer nur zu einer neuen Involution gelangt. Sind nämlich um bei dem eben erwähnten Beispiele zu bleiben $BA.A_1B_1.CC.C_1C_1$ entsprechende Punktenpaare einer Involution,
so ist 4) $BCAC_1$ π $[A_1CB_1C_1$ $\pi]$ $B_1C_1A_1C$ also $AA_1.BB_1.CC_1$ eine Involution.

34. Man kann die Frage aufwerfen, ob die in Nr. 31 betrachteten Fälle von der besonderen Art der projektivischen Bezie-

hung abhängen, oder ob die zufällige Art der Aufeinanderlegung beider gerader Gebilde allein Ursache sei, daß der eine oder der andere Fall eintrete; mit andern Worten, ob man 2 beliebig projektivische gerade Gebilde stets so aufeinander legen könne, daß ein bestimmter der in Nr. 31 durchgeführten Fälle eintrete.

Aus Nr. 21. Zus. geht hervor, daß man 2 beliebig projektivische gerade Gebilde immer so auf einander legen kann, daß sie involutorisch liegen, indem man nur ihre 2 Hauptpunkte zu vereinigen hat, wobei man noch die Wahl hat bezüglich der beiden Seiten der Geraden, die auf einander zu liegen kommen, so daß in dem einen der beiden möglichen Fälle das entstehende projektivische gerade Gebilde gleichläufig ist, und also keine Ordnungselemente besitzt, während in dem andern Falle das gegenläufige involutorische gerade Gebilde 2 Ordnungselemente hat.

Sind die beiden geraden Gebilde beliebig gegenläufig auf einander gelegt, so haben sie immer 2 Punktelemente entsprechend gemein, da bei einer stetigen Bewegung in demselben Sinne die entsprechenden Punkte, die die beiden Gebilde durchlaufen, 2 Mal einander begegnen müssen (vergl. 31).

Um endlich den Fall zu betrachten, daß die Gebilde nicht involutorisch und nicht gegenläufig sind, so denke man sie sich zuerst so auf einander gelegt, daß sie involutorisch sind und 2 Ordnungselemente MN haben. Dreht man nun das eine der beiden geraden Gebilde um einen seiner Punkte und zwar um 180 Grad, so können hinsichtlich des Drehpunktes 3 Fälle eintreten, entweder liegt derselbe auf der endlichen Strecke M N, oder er fällt mit M oder N zusammen, oder er liegt auf der unendlichen Strecke M N im ersten dieser 3 Fälle haben die beiden Gebilde kein Element entsprechend gemein, im zweiten eines, nämlich den Drehpunkt M oder N, im 3ten zwei Elemente. Die Richtigkeit dieser Behauptungen ergiebt sich daraus, daß vor der Drehung 2 entsprechende Punkte AA_1 der beiden geraden Gebilde durch M und N harmonisch getrennt sind, und daß bei 4 solchen harmonischen Punkten $MANA_1$ die Strecke AN, welche einen Theil der endlichen Strecke MN bildet stets absolut genommen kleiner ist als die Strecke A_1N, welche einen Theil der unendlichen Strecke MN bildet, wie solches aus der Formel, die das Grundwesen eines harmonischen Wurfes darstellt, unmittelbar folgt.

Hieraus geht hervor, daß 2 beliebig projektivische gerade Gebilde stets so auf einander gelegt werden können, daß irgend eine der in Nr. 31 erwähnten Lagenverhältnisse Statt findet.

35. Im Vorstehenden sind die wichtigsten Sätze über die projekt. Beziehung der geraden Gebilde entwickelt worden, und wir wenden uns nun zur projektivischen Beziehung der beiden noch übrigen Grundgebilde. I. Ordnung, dem Strahlenbüschel und dem Ebenenbüschel.

Zieht man von einem beliebigen Punkte P außerhalb eines geraden Gebildes p[abc...] nach allen Punktelementen desselben Strahlen, so erhält man einen Strahlenbüschel P[abc...], den wir einen „Schein" des geraden Gebildes (von P aus) nennen. Man kann umgekehrt auch das gerade Gebilde p[abc...] als durch den Büschel P[abc...] entstanden denken, wenn man alle Strahlen des letztern durch eine Gerade p geschnitten denkt, wir nennen bei dieser Art der Betrachtung das gerade Gebilde p einen **„Schnitt"** des Büschels.

36. Alle Schnitte eines Strahlenbüschels sind unter einander projektivisch. Es genügt offenbar bewiesen zu haben, daß ein beliebiger Wurf eines Schnittes p[abcd] projekt. ist einem entsprechenden Wurfe eines beliebigen 2ten Schnittes $p_1[a_1b_1c_1d_1]$.

In Fig. 1 ist aber offenbar

$$\frac{cb \cdot ab}{ab \cdot cb} = \frac{Pc. \dfrac{\sin cb}{\sin pb} \; Pa. \dfrac{\sin ad}{\sin pd}}{Pa. \dfrac{\sin ab}{\sin pb} \cdot Pc. \dfrac{\sin cd}{\sin pd}} = \frac{\sin cb \cdot \sin ad}{\sin ab \cdot \sin cd} \text{*)}$$

Da aus dem Werth des Wurfes (abcd), alle diejenigen Größen, welche die Lage der Geraden p gegen den Strahlenbüschel charakterisiren, von selbst verschwinden, so folgt unmittelbar, daß die Werthe dieser Würfe für jede Lage von p unverändert bleiben, d. h. daß die entsprechenden Würfe aller Schnitte projekt. sind.

Da wir in dem Werthe eines Wurfes stets die Vorzeichen der einzelnen Strecken nach der Festsetzung der Nr. 6 mit in Rechnung zu bringen haben, so muß, wenn die obige Gleichung für

---

*) Unter sinac ꝛc. verstehen wir den sin des Winkels, welchen die Gerade a mit der Geraden c bildet.

alle Fälle richtig sein soll, auch stets für die Winkel dieselbe Voraussetzung im Auge behalten werden, indem man nur einen beliebigen Schnitt zu betrachten hat, und nun im Strahlenbüschel den Winkel ab dann als negativ in Rechnung bringen muß, wenn in dem Schnitte die Strecke ab als negativ erscheint. Denn es ändern sich zwar von einer Geraden zur andern die positiven oder negativen Vorzeichen einzelner Winkel eines Wurfes, aber wie man sich leicht überzeugt stets im Werthe des Wurfes in gerader Anzahl. Wir nennen den Ausdruck $\frac{\sin cb \,.\, \sin ad}{\sin ab \,.\, \sin cd}$ mit gehöriger Berücksichtigung des hier über die Vorzeichen Festgesetzten den Werth des Wurfes P(abcd). Und es folgt hieraus unmittelbar folgendes: Der Werth eines Wurfes eines Strahlenbüschels ist dem Werthe des Wurfes jedes seiner Schnitte gleich; und

der Werth eines Wurfes eines geraden Gebildes ist dem Werth des Wurfes jeder seiner Scheine gleich.

Auch bezeichnen wir den Werth des Wurfes P(abcd), d. h. den Werth des obigen Quotienten kurz durch (abcd).

37. Hat man einen Strahlenbüschel P[abc . .] und legt man durch einen Punkt Q außerhalb seines Trägers und durch seine sämmtlichen Strahlen Ebenen, so erhält man einen Ebenenbüschel, dessen Axe PQ ist, wir nennen den Ebenenbüschel einen Schein des Strahlenbüschels aus PQ, und den Strahlenbüschel einen Schnitt des Ebenenbüschels. Eben so erhält man einen Ebenenbüschel, wenn man durch eine Gerade q und durch sämmtliche Punkte eines geraden Gebildes Ebenen legt, dessen Träger p mit q nicht in einer Ebene liegt, auch hier nennen wir den Ebenenbüschel einen Schein des geraden Gebildes und letzteres einen Schnitt des Ebenenbüschels.

38. Der Werth des Schnittes eines Wurfes q[ABCD] eines Ebenenbüschels durch eine Gerade p ist von der Lage der Gerade p gegen den Ebenenbüschel vollkommen unabhängig.

Schneiden sich nämlich die beiden Geraden, so bestimmt die Ebene, in der sie liegen, durch ihren Schnitt mit dem Ebenenbüschel einen Strahlenbüschel, von dem die beiden geraden Gebilde ebenfalls Schnitte sind, so daß der Fall auf den der Nr. 36 zurückgeführt ist. Schneiden sie sich nicht, so kann man eine 3te Gerade annehmen, die beide schneidet, und wodurch der Fall auf den vorigen sich reducirt.

Hieraus läßt sich unmittelbar schließen, daß derselbe Satz auch gilt für alle Strahlenbüschel, die Schnitte eines Ebenenbüschels sind, insoferne es nach dem eben Bewiesenen von einem beliebigen ihrer Schnitte gilt. Betrachtet man von allen Schnitten eines Ebenenbüschels durch Ebenen einen derjenigen, welcher durch eine zur Axe senkrechte Ebene erzeugt wird, so werden die Winkel, welche 2 Ebenen des Ebenenbüschels bilden, bekanntlich durch die entsprechenden Winkel des Schnittes gemessen. Man hat daher nach dem so eben Entwickelten vollkommen recht den Werth

$\frac{\sin CB \,.\, \sin AD}{\sin AB \,.\, \sin CD}$ als den Werth des Wurfes q[ABCD] zu bezeichnen, wenn nur auch hier wieder die oben gegebene Regel hinsichtlich der Vorzeichen der Winkel gehörig beachtet wird.

Man kann daher auch für Ebenenbüschel den Satz aussprechen: die Wurfwerthe aller Schnitte eines Ebenenbüschels sind unter sich und dem Werthe des Wurfes des Ebenenbüschels selbst gleich.

39. Wir nennen nun 2 Grundgebilde I. Ordnung überhaupt projektivisch, wenn ihre Elemente der Art einander zugeordnet sind, daß die Werthe entsprechender Würfe einander gleich sind.

2 Schnitte eines Büschels, sowie 2 Scheine eines geraden Gebildes sind daher immer sowohl unter sich, als auch zu dem Elementargebilde, von dem sie Schnitt und Schein sind, projektivisch.

Da demnach die projekt. Beziehung der Grundgebilde I. Ordnung überhaupt zurückgeführt ist auf die projekt. Beziehung 2er gerader Gebilde, so kann man füglich im Allgemeinen von der direkten Behandlung der beiden noch übrigen Grundgebilde I. d. h. der beiden Büschel abstehen, und wir begnügen uns, einer Aufzählung der Haupteigenschaften ihrer projekt. Beziehung die wenigen neu hinzutretenden Sätze oder Erklärungen an geeigneter Stelle einzufügen:

39. a) G[abcd...] π $G_1[a_1 b_1 c_1 d_1 \ldots]$ bedeutet nicht nur, daß das Grundgebilde G projekt. auf das Grundgebilde G_1 bezogen ist, sondern daß auch die Elemente des ersten abcd.. und die Elemente des 2ten $a_1 b_1 c_1 d_1$ in der Ordnung, wie sie in dem Ausdruck folgen, einander entsprechen. Kann der Natur der Sache

nach über die beiden Grundgebilde G und G_1, denen die Elemente abcd… und $a_1b_1c_1d_1$… angehören, kein Zweifel sein, so werden deren Bezeichnungen wohl auch weggelassen, so daß es alsdann bloß heißt abcd π $a_1b_1c_1d_1$.

b) Die projekt. Beziehung 2er Grundgebilde I. ist vollkommen und unzweideutig fixirt, wenn zu 3 Elementen des einen die 3 entsprechenden Elemente des andern gegeben sind. Die Bezeichnung G[abcd…] π $G_1[a_1 b_1 c_1 d_1 \ldots]$ soll stets das in sich involviren, daß die projektivische Beziehung beider Grundgebilde als durch die 3 voranstehenden Paare entsprechender Elementenpaare aa_1 bb_1 cc_1 fixirt betrachtet werden soll, während die dann folgenden Elemente durch diese Art der Fixirung einander zugeordnet erscheinen.

c) Gehen daher 3 Elemente eines Grundgebildes I. durch die 3 entsprechenden eines anderen ihm projektivischen, so muß dieses bei allen Elementen der Fall sein, d. h. das eine ein Schnitt des andern sein. Bestimmen ebenso 3 entsprechende Elementenpaare AA_1 BB_1 CC_1 2er projekt. gleichartiger Grundgebilde I. G und G_1 3 Elemente $A_2B_2C_2$ eines und desselben 3ten Grundgebildes I. G_2, so ist dieses mit jedem Paar entsprechender Elemente derselben der Fall, denn nimmt man an $G_2[A_2 B_2 C_2 \ldots]$ π $G_1[A_1 B_1 C_1 \ldots]$ und ebenso $G_2[A_2 B_2 C_2 \ldots]$ π G[ABC…], so findet in beiden Fällen das oben in dieser Nr. c erwähnte Lagenverhältniß Statt.

d) Die beiden in c) erwähnten Lagenverhältnisse 2er ungleichartiger oder 2er gleichartiger projekt. Grundgebilde I spielen im weiteren Verlaufe eine wichtige Rolle, und man hat daher der Kürze wegen für diese besondere Art projekt. Beziehung einen besonderen Namen eingeführt. Man nennt nämlich sowohl 1) 2 verschiedenartige projektivische Grundgebilde I (also gerades Gebilde und Ebenenbüschel, gerades Gebilde und Strahlenbüschel, Ebenenbüschel und Strahlenbüschel), deren Elemente die gegenseitige Lage haben, daß alle Elemente des einen durch die entsprechenden Elemente des andern gehen, als auch 2) 2 gleichartige projekt. Grundgebilde I, (also 2 gerade Gebilde, oder 2 Strahlenbüschel oder Ebenenbüschel) deren Elemente die gegenseitige Lage haben, daß sie durch ihre entsprechenden Elementenpaare ein neues Grundgebilde I bestimmen oder erzeugen, „perspektivisch projektivisch oder kurzweg perspektivisch“.

Wir nennen ferner das gerade Gebilde, das durch die Schnittpunkte entsprechender Strahlenpaare 2er perspekt. Strahlenbüschel erzeugt wird, Axe der perspekt. Beziehung beider Büschel, und das Centrum des Strahlenbüschels, der durch die Verbindungslinie 2er perspekt. geraden Gebilde derselben Ebene erzeugt wird, Centrum der perspekt. Beziehung beider geraden Gebilde.

Zus. Aus d) in Verbindung mit 11 Zus. ergiebt sich, daß 2 parallele Schnitte eines Strahlenbüschels stets ähnlich sind.

e) Nach c) u. d) sind 2 projekt. gleichartige Grundgebilde I perspektivisch, wenn 3 Paare entsprechender Elemente 2er projekt. gleichartiger Grundgebilde I 3 Elemente eines und desselben neuen Grundgebildes I bestimmen. Ein besonderer Fall dieser allgemeinen Eigenschaft verdient besonders hervorgehoben zu werden. Wenn nämlich das gemeinsame Element beider zugleich ein entsprechend gemeinsames Element derselben ist, so findet der oben erwähnte Fall immer Statt. Denn ist ganz allgemein G [A B C...] π G_1 [AB_1 C_1...], wobei A das entsprechend gemeinsame Element von G u. G_1 darstellt, und bezeichnen wir das Element BB_1 durch b das Element CC_1 durch c so ist das Element bc, das wir mit M bezeichnen wollen, der Träger (Centrum, Axe) des neuen zu G u. G_1 perspektivischen Grundgebildes I, denn bezeichnen wir das Element MA durch a so gehen die 3 Elemente abc von M[abc...] durch 3 Paare entsprechender Elemente von G u. G_1. Umgekehrt gilt aber der Satz, daß bei 2 perspektivischen Grundgebilden I das gemeinsame Element derselben stets ein entsprechend gemeinsames Element ist.

f) Das System von 4 Elementen eines Grundgebildes I mit Berücksichtigung der Ordnung, in welcher die Elemente auf einander folgen, nennt man einen Wurf in demselben.

g) Getrennt sind 2 Elemente durch ein 3tes, wenn man bei der stetigen Bewegung in derselben Richtung oder in demselben Sinne von dem einen nicht in die Lage des andern gelangen kann, ohne über das 3te hinweg zu müssen. 2 Elemente sind daher durch ein drittes nur für den einen Sinn der Bewegung getrennt, für den andern Sinn dagegen nicht. Sollen 2 Elemente für jeden Sinn der Bewegung d. h. überhaupt getrennt sein, so sind dazu 2 andere Elemente nothwendig. Wir nennen den Wurf G [abcd] einen ordentlichen, wenn ac durch bd und also auch bd durch ac getrennt sind. 2 Elemente ab bestimmen keinen Sinn der Bewegung in einem Grundgebilde, wohl aber 3 abc. Der Sinn abc ist identisch mit dem Sinn bca u. cab. Dagegen gerade entgegengesetzt mit dem Sinn acb u. cba u. bac.

h) Entsprechende Würfe 2er projekt. Grundgebilde I haben gleiche Werthe.

i) Der Werth jedes ordentlichen Wurfes ist negativ. Es entspricht daher jedem ordentlichen Wurf des einen von 2 projekt. Grundgebilden I wieder ein solcher.

k) Den ordentlichen Wurf, dessen Werth = — 1 ist, nennen wir einen harmonischen. Jedem harmonischen Wurf in dem einen von 2 projekt. Grundgebilden I entspricht wieder ein solcher.

Zus. Unter den harmonischen Würfen im Strahlenbüschel (oder Ebenenbüschel) verdient wegen späterer Anwendung einer besonders hervorgehoben zu werden, nämlich der, bei welchem 2 getrennte Strahlen a u. c (oder Ebenen) auf einander senkrecht stehen, in so ferne sich durch Betrachtung des Werthes des Wurfes, wie er in 36 angegeben wurde, oder auch durch die Betrachtung eines Schnittes desselben durch eine zu a oder c parallele Gerade alsbald erkennen läßt, daß der Winkel der beiden übrigen Strahlen durch jeden der beiden ersten halbirt wird.

l) 2 Grundgebilde, die einem 3ten projekt. sind, sind es auch unter sich.

Gehen 3 Elemente eines von 2 projekt. Grundgebilden I durch die entsprechenden Elemente des andern, so ist dieses mit allen der Fall d. h. beide sind perspekt.

Wenden wir uns nun zu dem besonderen Falle der projekt. Beziehung 2er Grundgebilde I, bei welchem dieselben einem und demselben Träger (Axe, Centrum Nr. 3) angehören oder in einander liegen, so daß die Elemente dieses Trägers gleichsam doppelt d. h. jedes Element desselben sowohl als ein Element des einen als auch als ein Element des andern gedacht werden muß.

m) Es ist stets $G[abcd] \pi G[badc] \pi G[cdab] \pi G[dcba]$.

n) Ist abcd ein harmonischer Wurf, so sind außer den in m) aufgeführten Würfen noch folgende projektivisch abcd, bcda, cbad, dabc.

o) Ist umgekehrt einer der Würfe in n einem der Würfe in m projektivisch, so ist jeder der 8 Würfe ein harmonischer.

Wir nennen 2 in einander liegende Grundgebilde I gegenläufig projekt., wenn dem Sinn abc der ihm entgegengesetzte Sinn bac entspricht, im andern Falle nennen wir sie gleichläufig projekt.

p) 2 in einander liegende projekt. Grundgebilde I haben entweder alle oder 2 oder 1 oder 0 Elemente entsprechend gemein; sind sie gegenläufig projekt., so haben sie stets 2 Elemente entsprechend gemein.

q) Entsprechen 2 Elemente 2er in einander liegender projekt. Grundgebilde I einander abwechselnd, so ist dieses nach m) mit jedem andern Paar entsprechender Elemente der Fall, beide Grundgebilde werden involutorisch liegend genannt, und man nennt wohl auch das System beider ein involutorisches Grundgebilde.

2 involut. liegende Grundgebilde I haben 2 oder 0 entsprechend gemeinsame Elemente, die man Ordnungselemente des involut. Grundgebildes nennt, jenachdem sie gegenläufig projekt. sind oder nicht. Jedes Paar entsprechender Elemente ist durch die Ordnungselemente harmonisch getrennt.

r) Ist $G[abcd]\ \pi\ G[abc_1d_1]$ so ist $ab.cd_1.c_1d$ eine Involution. Ist $G[aacd]\ \pi\ G[aac_1d_1]$ *) so ist $aa.cd_1.c_1d$ eine Involution. Ist $G[aabb_1]\ \pi\ G[aab_1b_2]$ so ist abb_1b_2 ein harmonischer Wurf.

s) Ist $G[abcd]\ \pi\ G[abc_1d_1]$, so ist auch $G[abcc_1]$ $\pi\ G[abdd_1]$. Ist $G[abcde]\ \pi\ G[abc_1d_1e_1]\ \pi\ G[abc_2d_2e_2]$, so ist auch $G[abcc_1c_2]\ \pi\ G[abdd_1d_2]\ \pi\ G[abee_1e_2]$ etc.

t) Sind aba_1c; $abcb_1$; ac_1bc harmonische Würfe, so bilden die 6 Elemente $aa_1\ bb_1\ cc_1$ des Grundgebildes I folgende Involutionen 1) $aa_1.bb_1.cc_1$ 2) $ab_1.ba_1.cc_1$ 3) $ac_1.bb_1.ca_1$ 4) $aa_1.bc_1.cb_1$.

40. Es bleibt uns nun noch die Frage für Grundgebilde I allgemein zu erörtern, die für 2 projekt. in einander liegende gerade Gebilde schon in Nr. 34 beantwortet wurde, nämlich ob bei einer beliebigen Art der projekt. Beziehung der 2 Grundgebilde doch diese stets so in einander gelegt werden können, daß ein beliebiger

*) Ueber die Bedeutung dieser Bezeichnung s. Nr. 29. Zus.

der in p) und q) enthaltenen Fälle eintrete. Es genügt die Entwicklung für den Strahlenbüschel hier ausführlich vorzunehmen. Um zuerst für den Fall der invol. Lage einfach zum Ziele zu gelangen, muß folgender Hilfssatz vorher bewiesen sein:

In 2 beliebig projekt. Strahlenbüscheln giebt es immer gerade ein Paar senkrechte Strahlen in dem einen, denen wieder 1 Paar senkrechte Strahlen im andern entsprechen. Durchlaufen nämlich 2 auf einander senkrechte Strahlen a und m den ersten Strahlenbüschel durch stetige Bewegung der Art, daß während a den rechten Winkel am durchläuft gleichzeitig m in demselben Sinne den rechten Winkel ma beschreibt, so durchlaufen die entsprechenden Strahlen $a_1 m_1$ den andern Büschel ebenfalls der Art, daß während a_1 über alle Elemente des spitzen Winkels $a_1 m_1$ sich hinwegbewegt m_1 alle Elemente des stumpfen Winkels $m_1 a_1$ durchläuft. Da nun die Aenderung des Winkels, welcher so einem rechten Winkel des ersten Büschels entspricht vom spitzen zum stumpfen eine stetige ist, so muß wenigstens einmal ein rechter Winkel als der entsprechende auftreten. Daß aber dieser Fall nur einmal eintreten kann, wenn es nicht immer der Fall ist, in so ferne die Büschel kongruent sind, ergiebt sich also: Würden den beiden Paaren von senkrechten Strahlen ac und bd die beiden Paare senkrechter Strahlen $a_1 c_1$ $b_1 d_1$ entsprechen, so lege man die beiden Büschel so in einander, daß sie ein solches Paar entsprechend gemein haben, also daß z. B. a auf a_1 und c auf c_1 zu liegen kommt, alsdann müßte nach 39. r) $ac.bd_1.b_1d$ eine Involution sein, was nicht möglich ist, da von den beiden entsprechenden Würfen abb_1c und cd_1da der eine ein ordentlicher Wurf ist, der andere nicht. Anschaulicher wird dieser Beweis, wenn man einen Satz aus der Geometrie in Anwendung bringt, auf den wir erst im späteren Verlauf kommen werden, folgender Maßen: Legt man (Fig. 2.) die beiden Büschel CC_1 beliebig perspektivisch und ist m die Axe der perspekt. Beziehung beider Büschel C und C_1, so lege man durch C und C_1 einen Kreis, dessen Mittelpunkt in m liegt; sind nun DE die beiden stets vorhandenen Schnittpunkte des Kreises mit m, so stellen offenbar DC und CE sowie C_1D und C_1E die beiden einzigen Paare entspr. senkrechter Strahlen dar.

Sind nun, um auf unsre Untersuchung zurückzukommen, mn

die beiden auf einander senkrechten Strahlen, denen die beiden ebenfalls auf einander senkrechten Strahlen $m_1 n_1$ entsprechen, so kann man immer m auf n_1 und zugleich n auf m_1 legen, wodurch diese beiden Strahlen einander abwechselnd entsprechen, und also die in einander liegenden Büschel eine involutorische Lage haben. Zugleich erhellet, daß man bei dieser besondern Art der Ineinanderlegung noch die Wahl hat, welche Seiten der beiden Strahlen m und n_1 man auf einander legen will, so daß hiedurch die Möglichkeit sich ergiebt, neben der involutorischen Lage noch darüber zu verfügen, ob die beiden Büschel gegenläufig oder gleichläufig projekt. sein sollen. Man kann daher 2 beliebig projekt. Büschel stets involut. legen, und zwar auf 2erlei Art, wobei einmal Ordnungselemente vorhanden sind, das andere Mal nicht.

Sind die Büschel in der involut. Lage mit Ordnungselementen, und dreht man den einen derselben um irgend einen seiner Strahlen um 180°, so daß sie wieder in einander liegen, so hat man 3 Fälle zu unterscheiden, nämlich ob der eine fest bleibende Strahl in dem spitzen Winkel zwischen den beiden Ordnungstrahlen, ob er einer der Ordnungsstrahlen selbst ist, ob er endlich im stumpfen Winkel zwischen beiden Ordnungsstrahlen liegt, im ersten Fall haben die beiden Büschel in ihrer neuen Lage 0 im 2ten Fall 1 im 3ten 2 entsprechend gemeinsame Strahlen. Sind die beiden Ordnungsstrahlen senkrecht, so tritt die besondere Art der projekt. Beziehung ein, bei der die Büschel kongruent sind, und es fällt alsdann der Unterschied der beiden Winkel, die die senkrechten Ordnungsstrahlen mit einander bilden, weg, in soferne bei jeder Drehung um einen Strahl, der nicht ein Ordnungsstrahl ist, keine entsprechend gemeinsamen Elemente sich ergeben, während bei einer Drehung um einen der beiden Ordnungsstrahlen alle entsprechenden Strahlen in einander fallen. Auch die involutorische Lage ist in diesem Falle nicht wie in dem allgemeinen Falle bloß auf 2erlei Weise zu erzielen, sondern auf unendlich Mal verschiedene Art, da jedem rechten Winkel des einen Büschels ein rechter Winkel im andern entspricht.

41. Aufgabe. Es sind 2 projekt. gerade Gebilde derselben Ebene $p[abc\ldots]\ \pi\ p_1[a_1b_1c_1\ldots]$ gegeben, man soll durch Konstruktion zu einem beliebigen 4ten Punkte d des ersten den entsprechenden Punkt des 2ten durch Konstruktion finden.

Schneiden sich aa_1 bb_1 cc_1 in 1 Punkte P, so schneidet Nr. 39 e) die Gerade Pd den Träger p_1 in dem gesuchten Punkte d_1. Findet aber dieser einfachste Fall der perspekt. Beziehung nicht Statt, so kann man doch durch eine Hilfslinie den allgemeinen Fall auf den eben erwähnten einfachsten zurückführen, indem man (s. Fig. 3) eine 3te Gerade $p_2(a_2 b_2 c_2 \ldots)$ annimmt, die sowohl mit p als mit p_1 perspektivisch ist. Legt man nämlich die p_2 durch a und b_1, so kann man p_2 und p eben so p_2 und p_1 perspektivisch auf einander beziehen, so daß die beiden ersten das Element a die beiden letzteren das Element b_1 entsprechend gemein haben nach Nr. 39 e), man kann dabei nun aber immer noch einen 3ten Punkt c_2 auf p_2 beliebig als das den Punkten c und c_1 auf p und p_1 entsprechende Element annehmen, denn macht man

$$p_2[ab_1c_2\ldots[\ \pi\ p[abc\ldots]\ \pi\ p_1[a_1b_1c_1\ldots],$$

so ist die perspektivische Beziehung von p_2 und p sowohl, als von p_2 und p_1 vollständig und unzweideutig fixirt. Ist nun durch diese doppelte perspekt. Beziehung gefunden

$$p_2[ab_1c_2d_2]\ \pi\ p[abcd] \text{ und } p_1[a_1b_1c_1d_1]\ \pi\ p_2[ab_1c_2d_2]$$

so ist d_1 offenbar der dem d entsprechende Punkt von p_1.

Sind M und M_1 die beiden Centra der perspektivischen Beziehung von p und p_2 einerseits und von p_1 uvd p_2 andererseits, so ändert sich deren Lage mit der Aenderung des willkührlich angenommenen dritten Punktes c_2, allein so viel steht immer fest: 1) M liegt auf der festen Geraden bb_1 und M_1 auf der festen Geraden aa_1 und 2) auf MM_1 liegen immer 3 entsprechende Punkte dd_1d_2 von pp_1p_2. Anstatt daher den Punkt c_2 auf p_2 beliebig anzunehmen zur Bestimmung von M und M_1 kann man durch beliebige Annahme der Verbindungslinie dd_1 zweier entsprechender Punkte von p und p_1 denselben Zweck erreichen.

42. Aufgabe. Es sind 2 projekt. Strahlenbüschel $P[abc\ldots]$ $\pi P_1[a_1b_1c_1\ldots]$ gegeben, man soll zu einem beliebigen 4ten Strahl d des 1sten den ihm entsprechenden Strahl d_1 des 2ten finden.

Liegen die 3 Schnittpunkte aa_1 bb_1 cc_1 in einer Geraden, so schneiden sich alle entsprechenden Strahlenpaare in Punkten dieser Geraden, wodurch d_1 ohne weiteres gefunden wird. Tritt aber dieser einfachste Fall der perspekt. Beziehung nicht ein, so kann man mit Hilfe eines 3ten Strahlenbüschels P_2 den allgemeinen Fall leicht auf den eben erwähnten einfachsten zurückführen, indem man diesen 3ten Büschel P_2 sowohl auf P, als auf P_1 perspekt. bezieht. Wählt man nämlich einen Schnittpunkt 2er nicht entsprechender Strahlen ab_1 als Centrum P_2, so kann man diesen Büschel perspektivisch auf P und P_1 beziehen, indem man P und P_2 das a und P_1 und P_2 das b_1 als entsprechend gemeinsames Element haben läßt nach Nr. 39. e. Dabei kann man nun noch einen 3ten Strahl c_2 in P_2 als das den beiden Strahlen c und c_1 entsprechende Element beliebig wählen. Ist nun durch diese doppelte perspekt. Beziehung gefunden $P[abcd] \pi P_2[ab_1c_2d_2]$ und

$$P_2[ab_1c_2d_2] \pi P_1[a_1b_1c_1d_1],$$

so ist offenbar d_1 das gesuchte dem d entsprechende Element.

Mit der Aenderung von d_2 ändert sich auch die Lage der beiden Axen der perspekt. Beziehung m und m_1, so viel steht aber immer fest: 1) m geht durch den festen Punkt bb_1 und m_1 durch den festen Punkt aa_1 und 2) im Schnittpunkte mm_1 schneiden sich 3 entsprechende Strahlen der 3 Büschel PP_1P_2. Anstatt daher zur Bestimmung von m und m_1 den 3ten Strahl c_2 im Büschel P_2 beliebig anzunehmen, kann man auch den Punkt mm_1 zu demselben Zweck annehmen, nur muß er die 2te der so eben genannten Bedingungen erfüllen.

§. 3. Elementargebilde.

43. In den nachfolgenden Nummern sollen noch auf einem neuen Wege die Lagenverhältnisse entsprechender Elemente der Grundgebilde I. Ordnung näher untersucht werden, wodurch eine viel klarere Einsicht in das Wesen dieser wichtigen Beziehungen möglich gemacht wird; 2 entsprechende Elemente 2er gleichartiger Grundgebilde I werden im Allgemeinen ein neues Element bestimmen, nämlich 2 Punkte eines geraden Gebildes eine Gerade, 2 Strahlen eines Strahlenbüschels eine Ebene oder einen Punkt*) zwei Ebenen eines Ebenenbüschels eine Gerade, und man kann sich nun

*) Selbstverständlich wird dabei vorausgesetzt, daß die Büschel entweder 1 Centrum haben und in verschiedenen Ebenen liegen, oder in 1 Ebene liegen und verschiedene Centra haben.

die Frage vorlegen, welches Gesetz der Inbegriff aller der also neu erhaltenen Elemente hinsichtlich seiner Lagenverhältnisse befolgt.

2 projekt. Gerade p und p_1 derselben Ebene sind perspektivisch, wenn 3 Verbindungslinien entsprechender Punktenpaare sich in einem Punkte M schneiden, und es gehen dann alle Strahlen des Büschels M durch ein Paar entsprechender Punkte. Aber auch das gemeinsame Element N von p und p_1 hat die Eigenschaft, daß jeder durch dasselbe gehende Strahl 2 entsprechende Punktelemente in sich enthält; da N ein entsprechend gemeinsames Element ist. Außer den Strahlenbüscheln M und N giebt es keine Gerade der Ebene von der verlangten Eigenschaft.

Sind p und p_1 nicht perspektivisch, so gehen durch keinen Punkt der Ebene mehr als 2 Verbindungslinien entsprechender Punkte. Durch jeden Punkt der beiden Geraden p oder p_1 selbst gehen 2 solche Verbindungslinien, von denen die eine mit p oder p_1 selbst zusammenfällt, eine einzige Ausnahme hievon machen die beiden Punkte von p und p_1, welche ihrem gemeinsamen Punktelemente N entsprechen, da durch diese bloß je eine Gerade, p oder p_1, gehen, welche die verlangte Eigenschaft besitzen. Den Inbegriff aller dieser Strahlen, deren Anzahl gerade $u + 1$ *) ist, nennen wir einen Strahlenbüschel II. Ordnung.

2 projekt. Strahlenbüschel PP_1 derselben Ebene sind perspektivisch, wenn 3 Schnittpunkte entsprechender Strahlenpaare in einer Geraden m liegen, und es schneiden sich dann in jedem Punkte von m ein Paar entsprechende Strahlen. Aber auch der gemeinsame Strahl n von P und P_1 hat die Eigenschaft, daß durch jeden seiner Punkte ein Paar entsprechender Strahlenelemente gehen, insoferne n ein entsprechend gemeinsames Element beider Büschel ist. Außer m und n giebt es keinen Punkt der Ebene von der verlangten Eigenschaft.

Sind P und P_1 nicht perspektivisch, so liegen in keiner Geraden der Ebene mehr als 2 Schnittpunkte entsprechender Strahlen. In jedem Strahle von P und von P_1 liegen 2 solche Punkte, von denen der eine mit P oder P_1 zusammenfällt, eine einzige Ausnahme macht je der Strahl, der dem gemeinsamen Strahle PP_1 selbst

*) Ueber die Bedeutung des Zahlenwerthes u s. Nr. 5.

entspricht, da von allen seinen Punkten bloß je dem einzigen P oder P_1 die verlangte Eigenschaft zukommt. Den Inbegriff aller dieser Punkte, deren Anzahl gerade u + 1 *) ist, nennen wir ein Punktgebilde II. Ordnung.

2 Ebenenbüschel, deren Axen mm_1 in 1 Ebene liegen, sind perspektivisch, wenn 3 Paare entsprechender Ebenen sich in 3 Strahlen eines Strahlenbüschels pp_1 schneiden, d. h. in 1 Ebene liegen, alsdann kommt jedem Strahle dieses Strahlenbüschels dieselbe Eigenschaft zu; außerdem ist aber auch in der beiden Ebenenbüscheln gemeinsamen Ebene mm_1 ein par entsprechend gemeinsamer Ebenen vereinigt, und also kommt auch den Geraden dieser Ebene (besser sagt man, den Strahlen des in dieser Ebene gelegenen Strahlenbüschels mm_1) die verlangte Eigenschaft zu, außer den Strahlen dieser beiden Büschel aber keinem.

Sind die Ebenenbüschel nicht perspektivisch, so liegen in keiner Ebene mehr als 2 Schnittlinien entsprechender Ebenen von m und m_1, in jeder Ebene der beiden Büschel selbst, liegen 2 solche Schnittlinien von denen m oder m_1 selbst die eine ist, eine einzige Ausnahme hievon machen die beiden Ebenen, welche der gemeinsamen Ebene mm_1 selbst entsprechen, da in dieser nur die einzige solche Gerade nämlich m oder m_1 selbst sich befindet. Den Inbegriff aller dieser Schnittlinien, deren Zahl u + 1 ist, nennen wir einen Strahlenkegel II. Ordnung.

2 concentrische Strahlenbüschel in verschiedenen Ebenen MM_1, sind perspektivisch wenn 3 Verbindungsebenen entsprechender Strahlen 3 Ebenen eines Ebenenbüschels darstellen, d. h. in einer Geraden sich scheiden, alsdann kommt jeder Ebene dieses Ebenenbüschels dieselbe Eigenschaft zu; außerdem ist aber auch in dem gemeinsamen Strahl MM_1 beider Büschel ein entsprechend gemeinsames Strahlenelement derselben vereinigt, und es kommt daher auch jeder Ebene des Ebenenbüschels MM_1 dieselbe Eigenschaft zu, außer den Ebenen dieser beiden Ebenenbüschel aber keiner.

Sind die beiden Büschel dagegen nicht perspektivisch, so gehen durch keine Gerade des Raumes mehr als 2 Ebenen, die ein Paar entsprechende Strahlen der beiden Büschel verbinden; durch jeden Strahl der beiden Büschel selbst gehen 2 solche Ebenen, von denen die eine mit M oder M_1 selbst zusammen fällt, eine Ausnahme hievon machen die beiden Strahlen, welche dem gemeinsamen Strahle MM_1 entsprechen, in so ferne durch diese nur je die einzige M oder M_1 selbst gehen. Den Inbegriff aller dieser Ebenen, deren Anzahl gerade u + 1 ist, nennen wir einen Ebenenbüschel II. Ordnung.

Hat man 2 projekt. gerade Gebilde, deren Träger nicht in einer Ebene liegen, so erzeugen die Verbindungslinien entsprechender Punkte, deren Anzahl u + 1 ist, ein geometrisches Gebilde, das wir Regelschaar nennen.

Hat man 2 projekt. Ebenenbüschel, deren Axen nicht in 1 Ebene liegen, so erzeugen die Schnittlinien der entsprechenden Ebenen, deren Anzahl gerade u + 1 ist, ein geometrisches Gebilde, das schon jetzt ebenfalls den Namen Regelschaar erhalten soll, obwohl die Identität mit dem zuletzt erwähnten erst später sich herausstellen wird.

Den Inbegriff aller der Elemente, welche in den hier oben aufgeführten Fällen durch Verbindung von je einem Paar entsprechender Elemente 2er Grundgebilde I entstehen, nennen wir ein Elementargebilde, und die Entwicklung hat gezeigt, daß außer den 3 Grundgebilden I. Ordnung, welche hier in der Eigenschaft als Elementargebilde erscheinen, noch 5 neue Elementargebilde sich ergeben haben, so daß wir haben:

3 Elementargebilde I. Ordnung nämlich das gerade Gebilde, den Strahlenbüschel und den Ebenenbüschel und außerdem:

5 Elementargebilde II. Ordnung, nämlich den Strahlenbüschel II, das Punktgebilde II, den Strahlenkegel II, den Ebenenbüschel II, und endlich die Regelschaar. Wenden wir uns nun zu der Betrachtung der Haupteigenschaften der einzelnen Elementargebilde.

Strahlenbüschel II. und Punktgebilde II.

44. Betrachtet man das Nr. 41 am Schluß Bemerkte und vergleicht man die beiden Figuren 4a und 4b, welche sich bloß durch die Art der Zeichnung aus einem in die Augen springenden Grunde unterscheiden, so geht hieraus ohne weiteres folgendes hervor: Läßt man die 4te Verbindungslinie dd_1 sich ändern, so ändert sich M und M_1 und c_2, aber immer schneiden sich $c_1 M_1$ und cM auf der festen Geraden ab_1, d. h. für jede Verbindungslinie 2er entsprechen-

der Punkte, die an die Stelle von bb_1 tritt, bildet stets $c a M_1 M b_1 c_1$ ein Sechseck, dessen 3 Diagonalen sich in einem Punkte scheiden. Da die Wahl der entsprechenden Punktenpaare wie $a a_1$ $b b_1$ $c c_1$ (Nr. 10), ebenso auch die 3te Hilfsgerade $a b_1$ beliebig angenommen werden können, so kann man den Satz allgemein so aussprechen: projektivische nicht perspektivische gerade Gebilde derselben Ebene, geben in Verbindung mit 4 Verbindungslinien entsprechender Punktenpaare in beliebiger Ordnung genommen ein 6 Seit für welches die Verbindungslinien der 3 Paar Gegenecken sich in einem Punkte schneiden; in dem 6 Seit, dessen Seiten in der bestimmten Ordnung a b c d e f auf einander folgen, nennt man das Eck zwischen der 1sten und 2ten Seite Gegeneck zu dem zwischen der 4ten und 5ten, das Eck zwischen der 2ten und 3ten Seite, Gegeneck zu dem zwischen der 5ten und 6ten Seite, und das zwischen der 3ten und 4ten Seite, Gegeneck zu dem zwischen der 6ten und 1sten Seite. (Paskal'scher Satz).

45. Dieser ganz allgemeinen Fassung des Satzes scheint eine Beschränkung noch beigefügt werden zu müssen, nämlich die, daß die beiden geraden Gebilde, durch deren projektivische Beziehung der Strahlenbüschel II entsteht, nicht 2 nächst auf einander folgende Seiten des einfachen 6 Seits bilden dürfen; folgender wichtige Satz läßt auch diese Beschränkung als überflüssig erscheinen: Sind Fig. 5 (die sich von der Fig. 4a und 4b wiederum bloß der Bezeichnungsweise nach unterscheidet) $m a d b m_1 c$.. Elemente eines Strahlenbüschels II. Ordnung, der durch die Verbindungslinien entsprechender Punkte der beiden projekt. Geraden $m [abc..] \pi m_1 [a_1 b_1 c_1 ..]$ entstand, und denken wir uns $a m c m_1 b$ fest dagegen das Element d allmählich alle möglichen Lagen der noch übrigen Elemente des fraglichen Elementargebildes durchlaufen, so ändert sich die Lage von M und M_1, jedoch so, daß die Strahlen $c_1 M_1$ und $c M$ der beiden Strahlenbüschel c_1 und c sich immer in einem Punkte der festen Diagonale $a b_1$ schneiden, also perspekt. sind, während zugleich M_1 auf der festen Geraden a und M auf der festen Geraden b liegen muß, woraus hervorgeht, daß die beiden Schnittpunkte M_1 und M des beweglichen Elementes d, nicht nur nach der Voraussetzung auf den beiden Elementen $m m_1$, sondern auch auf den beiden Elementen a b 2 projekt., nicht perspekt. gerade Gebilde erzeugen.

Daraus folgt nun der folgende höchst wichtige Satz: Ein Strahlenbüschel II. Ordnung ist durch 5 Elemente, von denen keine 3 in 1 Punkte sich schneiden, vollkommen bestimmt, indem jedes Paar derselben durch die Paare von Schnittpunkte der übrigen projektivisch auf einander bezogen ist.

46. Betrachtet man eben so das am Schluß der Nr. 42 Gesagte und vergleicht die beiden Figuren Fig. 6 a und b, so erhält man auf ganz ähnliche Weise, wie in Nr. 44 folgendes Resultat: Läßt man den 4ten Schnittpunkt D entsprechender Strahlen $d d_1$ sich ändern, so ändert sich damit die Lage von m und m_1 und c_2, aber immer liegen die Punkte $c_1 m_1$ und c m mit dem festen Punkte $a b_1$ in 1 Geraden, d. h. für jeden Schnittpunkt 2er entsprechender Strahlen, der an die Stelle von D oder dd_1 tritt bildet stets $c a m m_1 b_1 c_1$ ein 6 Seit, dessen 3 Paar Gegenseiten (c und m_1; a und b_1; m und c_1) sich in 3 Punkten einer Geraden schneiden. Da nach Nr. 10 die Wahl der entsprechenden Strahlen $a a_1$ $b b_1$ $c c_1$, ebenso auch die Wahl des Schnittpunktes $a b_1$ 2er sich nicht entsprechender Strahlen beliebig ist, so kann man den Satz allgemein so aussprechen: die Mittelpunkte 2er projekt. nicht perspekt. Strahlenbüschel derselben Ebene bilden mit 4 beliebigen Schnittpunkten entsprechender Strahlen in beliebiger Ordnung genommen, stets ein 6 Eck, von dem die 3 Paar Gegenseiten sich in 3 Punkten einer Geraden schneiden.

Dieser allgemeinen Fassung des Satzes scheint noch eine Beschränkung hinzugefügt werden zu müssen, daß die Mittelpunkte der beiden Strahlenbüschel, durch deren projekt. Beziehung das Punktgebilde II entsteht, nicht 2 auf einander folgende Ecken des 6 Ecks bilden dürfen, allein auch diese Beschränkung erscheint bei Berücksichtigung folgenden wichtigen Satzes als überflüssig.

47. Wählt man in einem Punktgebilde II irgend 2 beliebige Punktelemente als Centra 2er Strahlenbüschel, und nennt solche Strahlen entsprechend, die sich in einem Punkte des Punktgebildes schneiden, so sind die Büschel projektivisch auf einander bezogen. Sind nämlich in Fig. 7 (die sich von Fig. 6a u. b bloß durch die Bezeichnung unterscheidet), $M A D B M_1 C$.. Elemente des Punktgebildes II, das durch die Schnittpunkte entsprechender Strahlen der projekt. Büschel $M (a b c d \ldots) \pi M_1 (a_1 b_1 c_1 d_1 \ldots)$ entsteht, und denken wir uns $A M C M_1 B$ fest, dagegen den Punkt D allmählich

alle übrigen Elemente des Gebildes durchlaufen, so ändert sich mit D die Lage von m und m_1, jedoch so, daß die Schnittpunkte mc und $m_1 c_1$ stets je in einem Strahle des festen Büschels ab_1 liegen, also die geraden Gebilde c[m] und $c_1[m_1]$ projekt. sind, während zugleich m_1 um den festen Punkt A_1, m dagegen um den festen Punkt B sich drehen muß, woraus folgt, daß Büschel A[D] π B[D] w. z. b. w.

Ein Punktgebilde II ist daher durch 5 Punkte, von denen keine 3 in 1 Geraden liegen, vollkommen bestimmt.

48. Ist M irgend ein Punkt eines Punktgebildes II. Ordnung, so hat die Nr. 43 dargethan, daß auf jedem Strahl MA des Büschels außer M noch ein 2tes Punktelement A des Elementargebildes II M liegt, mit Ausnahme eines einzigen Strahles, für welchen die beiden Punkte so zu sagen in einander gefallen sind; wir bezeichnen diesen Strahl durch MM. Denkt man sich zu allen u + 1 Punktelementen des Elementargebildes die Strahlen, denen diese Eigenschaft zukommt, so erhält man ein System von u + 1 solchen Strahlen, das wir den Umhüllungsbüschel des Punktgebildes II nennen wollen.

Ist ebenso m ein Strahlenelement eines Strahlenbüschels II. Ordnung, so geht durch jeden Punkt ma dieser Geraden noch ein Strahlenelement a des Elementargebildes II. mit Ausnahme eines einzigen Punktes, in dem die beiden Elemente in das eine m zusammenfallen, und den wir durch mm bezeichnen, denkt man sich auf allen u + 1 Strahlen die Punkte, denen diese Eigenschaft zukommt, so erhält man ein System von u + 1 Punkten, das wir die Beugungskurve des Strahlenbüschels II nennen wollen.

In Bezug auf diese beiden neuerhaltenen Systeme von Elementen gilt nun der Satz: der Umhüllungsbüschel eines Punktgebildes II ist identisch mit dem Strahlenbüschel II und die Beugungskurve eines Strahlenbüschels II ist identisch mit dem Punktgebilde II.

Um diesen wichtigen Satz zu beweisen, müssen wir auf den Paskal'schen Satz vorher etwas näher eingehen:

Rückt, um bei der Entwicklung von 46 zu bleiben, der bewegliche Punkt D einem der übrigen Punkte z. B dem M unendlich nahe, d. h. fällt er mit ihm zusammen, so geht die Seite DM in die Gerade MM des Umhüllungsbüschels über, insoferne nach Nr. 43 eben der Strahl MM es ist, der in diesem Falle dem Strahle M_1D d. h. M_1M entspricht.

Je nachdem man nun annimmt, daß dieses Zusammenfallen 2er Punktelemente bloß einmal, oder daß es 2 Mal, oder daß es 3 Mal Statt findet, so ergeben sich aus dem allgemeinen Paskal'schen Satze für das Sechseck besondere Sätze für das 5 Eck das 4 Eck und Dreieck, nebst je 1, 2 oder 3 Elementen des Umhüllungsbüschels. Wir werden hier bloß den 2ten und 3ten der 3 erwähnten Fälle näher ins Auge fassen.

Fallen 2 Paare von Ecken des Paskal'schen 6 Ecks je in eines zusammen, so erhält man ein 4 Eck mit 2 Doppelecken d. h. mit 2 Ecken, deren jede Stellvertreter 2er unendlich naher Ecken eines 6 Ecks darstellt; und auch hier scheint die Anwendung des Paskal'schen Satzes zu einer größeren Zahl von besonderen Sätzen zu führen, je nachdem man durch verschiedene Wahl der Aufeinanderfolge der 6 Eckpunkte auf verschiedene Fälle zu stoßen scheint. Man erhält nämlich folgende verschiedene 6 Ecke.

AABBCD AABBDC AACBBD AADBBC AACDBB AADCBB *).

Allein eine einfache Betrachtung läßt erkennen, daß die Anwendung des Paskal'schen Satzes auf diese 6 verschiedenen 6 Ecke bloß zu 2 verschiedenen Resultaten d. h. Sätzen führt, indem für alle Fälle, in welcher die beiden Doppelpunkte AA und BB getrennt erscheinen, durch andere der 6 Elemente, d. h. AA und BB als Gegenseiten auftreten, derselbe Satz als Resultat der Anwendung sich ergiebt, während dasselbe Statt findet für alle übrigen Fälle. Auch von diesen 2 Fällen werden wir bloß den einen und zwar den ersten, als für unsere Untersuchung von Wichtigkeit einer nähern Betrachtung unterwerfen.

Die Betrachtung der beiden 6 Ecke AACBBD und CCADDB Fig. 8 lehrt, daß sowohl der Schnittpunkt der beiden Umhüllungsstrahlen AA und BB, als auch der Schnittpunkt von CC und DD

---

*) Den Fall, daß die unendlich nahen Punkte AA oder BB selbst getrennt erscheinen, lassen wir unbeachtet, da derselbe zu keiner geometrischen Betrachtung Veranlassung giebt.

auf derjenigen Geraden liegt, die durch die Schnittpunkte der 2 Paar Gegenseiten*) AC und BD; AD und BC geht.

Die Betrachtung der beiden 6 Ecke AACDDB und BBDCCA endlich lehrt, daß der Schnittpunkt der beiden Umhüllungsstrahlen AA und DD ebenso, wie der von BB und CC in derjenigen Geraden liegt, welche durch die Schnittpunkte der beiden Paare von Gegenseiten AC und BD; AB und CD bestimmt wird.

Wenden wir nun auf den Theil des Paskal'schen Satzes, der vom 6 Seit handelt, dieselbe Betrachtungsweise an: Rückt der bewegliche Strahl d einem der übrigen z. B. m unendlich nahe, d. h. fällt er mit ihm zusammen, so geht der Eckpunkt dm in den entsprechenden Punkt mm der Krümmungskurve über, insoferne nach Nr. 43 eben mm der Punkt ist, der in diesem Falle dem gemeinsamen Punkte m_1 d, d. h. $m_1 m$ entspricht. Betrachten wir daher auch hier von den verschiedenen besonderen Fällen, zu denen das einfach, doppelte oder dreifache Zusammenfallen je 2er der 6 Seiten des 6 Seits führt, bloß den einen, der dem hier oben für das 6 Eck entwickelten Falle entspricht, so erhalten wir ganz auf demselben Wege, wie dort folgendes Resultat: (Fig. 9). Die Betrachtung der beiden 6 Seite aacbbd ccaddb lehrt, daß die Verbindungslinie der beiden Punkte der Krümmungskurve aa und bb, ebenso wie der beiden Punkte cc und dd durch den Punkt geht, welcher durch die Verbindungslinien der beiden Paare von Gegenecken**) ac und bd, ad und bc bestimmt ist. Die Betrachtung der beiden 6 Seite aabccd und bbcdda dagegen lehrt, daß die Verbindungslinie von aa und cc, ebenso wie die Verbindungslinie von bb und dd durch den Punkt geht, der durch die Verbindungslinien der beiden Paare von Gegenecken ad und bc, ab und cd bestimmt ist. Die Betrachtung der beiden 6 Seite aacddb und bb dcca endlich lehrt, daß die Verbindung der beiden Kurvenpunkte aa und dd, ebenso wie die bb und cc durch den Punkt gehen, der durch die Verbindungslinien von ac und bd; ab und cd bestimmt wird.

Zusatz. 4 Punkte ABCD einer Ebene, von denen keine 3

*) Ueber die Bedeutung des Begriffes Gegenseiten s. den Zusatz.

**) Wegen der Bezeichnung Gegenecke s. den folgenden Zusatz.

in 1 Geraden liegen, bestimmen durch ihre Verbindungslinien 6 Gerade, wir nennen diese 6 Gerade die Seiten des vollständigen 4 Ecks ABCD. Diese 6 Seiten gruppiren sich zu je 2 zu 3 Paar Gegenseiten, indem man jede Seite die Gegenseite derjenigen nennt, die mit ihr keinen der 4 Eckpunkte des 4 Ecks gemein hat; es sind also Gegenseiten AB und CD, AC und BD, AD und BC. Die 3 Paar Gegenseiten schneiden sich in den 3 Eckpunkten eines Dreiecks, das aus später zu entwickelnden Gründen das Poldreieck des vollständigen 4 Ecks genannt wird. Ebenso bestimmen 4 Gerade abcd einer Ebene, von denen keine 3 sich in 1 Punkte schneiden 6 Schnittpunkte, die wir die 6 Ecken des vollständigen 4 Seits abcd nennen; diese 6 Ecken gruppiren sich zu je 2 zu 3 Paaren von Gegenecken, indem man jedes Eck das Gegeneck desjenigen nennt, das mit ihm keine Seite des 4 Seits gemein hat. Die 3 Paare von Gegenecken liegen auf den 3 Seiten eines Dreiecks, das aus später zu entwickelnden Gründen Polardreieck des vollständigen 4 Seits heißt.

Mit Hülfe dieser Bezeichnungsweise lassen sich nun die obigen Resultate über Punktgebilde II und Umhüllungsbüschel, sowie über Strahlenbüschel II und Krümmungskurven also aussprechen: Wählt man 4 beliebige Punkte eines Punktgebildes II, und bestimmt dazu die 4 Strahlen des Umhüllungsbüschels in eben diesen 4 Punkten, so hat man 4 Ecken eines vollständigen 4 Ecks und 4 Strahlen eines vollständigen 4 Seits, welche in der Abhängigkeit zu einander stehen, daß das Poldreieck des ersteren mit dem Polardreieck, des letzteren identisch ist.

Umgekehrt wählt man 4 Strahlen eines Strahlenbüschels II und bestimmt die zu ihnen gehörigen Punkte der Krümmungskurve, so stehen das so erhaltene vollständige 4 Seit und 4 Eck in der Abhängigkeit zu einander, daß ebenfalls das Polardreieck des ersten identisch mit dem Poldreieck des letztern ist.

Fallen, um zu dem 2ten Falle überzugehen 3 Paare von Punkten in je einen zusammen (Fig. 10), so vertritt offenbar die Tangente in jedem dieser 3 Punkte eine Seite des eingeschriebenen 6 Ecks, und hieraus ergiebt sich unmittelbar folgender Satz: Die 3 Seiten eines einem Punktgebilde II eingeschriebenen Dreiecks schneiden die Strahlen des Umhüllungsbüschels in den Gegenecken in 3 Punkten einer Geraden. Geht man dagegen von dem Dreiecke des von 3 Strahlen eines Strahlenbüschels II und den 3 ihnen zugehörigen Punkten der zugehörigen Krümmungskurve aus, so stellen diese letzteren 3 Ecken eines der Krümmungskurve umschriebenen 6 Seits dar, und es ergiebt sich daraus unmittelbar folgender Satz (Fig. 10): 3 Gerade, welche die Ecken eines einer Krümmungskurve II umschriebenen 3 Ecks mit den in den Gegenseiten liegenden Punkten dieser Kurve verbinden, schneiden sich in 1 Punkte.

49. Der Umhüllungsbüschel II eines Punktgebildes II ist ein Strahlenbüschel II, und die Krümmungskurve eines Strahlenbüschels II ist ein Punktgebilde II.

Denken wir uns von dem vollständigen 4 Eck eines Punktgebildes II 3 Punkte ABC, und also auch von dem zugehörigen 4 Seit 3 Seiten abc fest, während der 4te Eckpunkt D allmählig das ganze Punktgebilde durchläuft, so bewegt sich mit D auch die 4te Seite d des zugehörigen 4 Seits und nimmt allmählich die Lage sämmtlicher Strahlen des Umhüllungsbüschels an, und es ist nur noch nachzuweisen, daß das Gesetz dieser Bewegung von d der Art ist, daß 2 der 3 festen Strahlen z. B. a und c dabei in 2 projekt. geraden Gebilden a[a....] π c[c....] geschnitten werden. Bezeichnen wir aber s. Fig. 11 die beiden festen Schnittpunkte ba und bc entsprechend durch M und N, so ist nach dem vorigen Satze offenbar Strahlenbüschel M(c...) π N(a...) nach Nr. 48, in so ferne beide perspekt. zu der festen Geraden AC sind, also ist auch c(c...) π a(a...) w. z. a. w.

Geht man umgekehrt vom Strahlenbüschel aus, in dem man 4 Strahlen abcd und die 4 zugehörigen Punkte ABCD der Krümmungskurve auswählt, so findet man ebenso, daß wenn d allmählich den ganzen Büschel beschreibt, der zugehörige Punkt D bei seiner Beschreibung der Krümmungskurve sich so bewegt, daß die beiden Strahlenbüschel A[D....] und C[D...] projektivisch sind, denn bezeichnet man (s. Fig. 12) die beiden festen Geraden BA und BC durch m und n, so ist nach Nr. 48 offenbar das gerade Gebilde, das auf dem Träger m durch den Büschel C(D...) erzeugt wird, projekt. dem geraden Gebilde, das auf dem Träger n durch den Büschel A(D...) erzeugt wird, insoferne beide perspekt. zu dem

Strahlenbüschel ac sind, und daher ist auch der Büschel C[D...] selbst projekt. zu dem Büschel A[D...] w. z. b. w.

In Folge dieser wichtigen Eigenschaft faßt man das Punktgebilde II und den Strahlenbüschel II gewöhnlich durch eine einzige Bezeichnung zu einem geometrischen Gebilde zusammen, indem man beide eine Kurve II. Ordnung nennt, aber dieser Kurve Punkt und Strahlenelemente zuschreibt; dabei nennt man den Strahl MM oder m der Umhüllungskurve in dem Punkte M der Kurve die Tangente in dem Berührungspunkte mm oder M (vergl. 48 im Anfang).

Zusatz. Es möge hier alsbald eine Eintheilung der Kurven II angeführt werden, welche auf der Anzahl der Punkte beruht, welche eine Kurve II mit der unendlich fernen Geraden der Ebene gemein hat. Man nennt nämlich alle Kurven, welche mit der unendlich fernen Geraden 2 Punkte gemein haben „Hyperbeln", alle Kurven, die die unendlich ferne Gerade in 1 Punkte berühren, „Parabeln" alle Kurven, welche mit der unendlich fernen Geraden kein Punktelement gemein haben „Ellipsen".

50. Eine Ebene schneidet eine Kegelfläche II entweder in einem Punktgebilde II, oder sie hat mit ihr 2 oder 1 Gerade oder 1 Punkt gemein.

Die beiden projekt. Ebenenbüschel, welche die Kegelfläche erzeugen, werden nämlich von der fraglichen Ebene in 2 projekt. Strahlenbüscheln geschnitten, die nicht perspekt. sein können, welche die gemeinsame Ebene beider Ebenenbüschel sich nicht selbst entspricht. Sind daher die beiden so erhaltenen Strahlenbüschel nicht koncentrisch, d. h. geht die schneidende Ebene nicht durch den Schnittpunkt der beiden Axen der Ebenenbüschel, so erzeugen sie das im Satz erwähnte Punktgebilde II, sind sie aber koncentrisch, so treten die letzten 3 Fälle ein, je nachdem sie 2 oder 1 oder keinen Strahl entsprechend gemein haben.

Zusatz. Man erhält daher eine Kegelfläche II, wenn man nach allen Punkten eines Punktgebildes II von einem Punkte außerhalb seines Trägers Strahlen zieht.

51. Der Schein eines Strahlenbüschels II von einem Punkte M aus ist entweder ein Ebenenbüschel II, oder der Strahlenbündel M hat mit dem Büschel nur 2 Strahlen oder 1 Strahl, oder bloß die Ebene des Trägers selbst gemein.

Der Schein der 2 projekt. geraden Gebilde, welche den Strahlenbüschel II erzeugen, bildet nämlich 2 projekt. koncentrische Strahlenbüschel, liegen dieselben nicht in 1 Ebene, so erzeugen sie den im Satz erwähnten Ebenenbüschel II, liegen sie aber in 1 Ebene, d. h. in der Ebene des Strahlenbüschels II selbst, so tritt einer der letzten 3 Fälle ein, je nachdem beide Büschel 2 oder 1 oder 0 Strahlen entsprechend gemein haben.

Zusatz. Man erhält daher einen Ebenenbüschel II, wenn man nach allen Strahlen eines Strahlenbüschels II von einem außerhalb dessen Trägers liegenden Punkte Ebenen zieht.

Zusatz. Die Vergleichung der Resultate von Nr. 50 und Nr. 51 mit dem Satze in Nr. 49 lehrt, daß der Umhüllungsbüschel einer Kegelfläche II ein Ebenenbüschel II, und der Krümmungskegel eines Ebenenübschels II eine Kegelfläche II ist. Man faßt daher auch diese beiden Elementargebilde gewöhnlich unter dem gemeinsamen Namen Kegelfläche II zusammen, indem man ihr Strahlen und Ebenen, Berührungsebenen, genannt als ihre Elemente betrachtet.

52. Jede Regelschaar, welche durch 2 projekt. gerade Gebilde $m[abc\ldots] \pi m_1[a_1b_1c_1\ldots]$ erzeugt wird, kann auch durch 2 projekt. Ebenenbüschel $m_1[a_1b_1c_1\ldots] \pi m[abc\ldots]$ erzeugt werden, d. h. die beiden in Nr. 43 unter dem Namen Regelschaar aufgeführten Elementargebilde sind, wie schon dort angedeutet, nicht von einander verschieden.

Sind d und d_1 2 entsprechende Punkte von m und m_1, so sind md_1 und m_1d 2 entsprechende Ebenen der beiden projekt. Ebenenbüschel. Da der Ebenenbüschel $m_1[abc\ldots]$ perspekt. zum geraden Gebilde $m[abc\ldots]$ und der Ebenenbüschel $m[a_1b_1c_1\ldots]$ perspekt. zum geraden Gebilde $m_1[a_1b_1c_1\ldots]$ ist; also ist der Strahl dd_1 ein Strahl, sowohl des durch die projekt. Beziehung der beiden geraden Gebilde, als auch des durch die projekt. Beziehung der beiden projekt. Ebenenbüschel erzeugten Elementargebildes.

53. Hat man 3 Gerade pqr, von denen keine 2 in 1 Ebene liegen, so bilden alle Gerade, die alle 3 schneiden, eine Regelschaar. Um nämlich eine Gerade zu finden, die 3 Gerade der angegebenen Art zugleich schneidet, verfährt man am besten so: man lege durch eine der 3 Geraden etwa durch p eine Ebene, welche die beiden andern Geraden in den beiden Punkten a und a_1 schneiden muß, aa_1

ist dann immer eine Gerade der verlangten Eigenschaft, da sie nothwendig auch die p schneiden muß. Legt man der Art alle Ebenen durch p, so bilden offenbar die verschiedenen Schnittpunkte q[abc...] und r[$a_1b_1c_1$...] 2 projekt. gerade Gebilde auf q und r, woraus der Satz folgt.

Man kann diesen Satz auch so aussprechen: das System aller Geraden, welche 3 andere Gerade, von denen keine 2 in 1 Ebene liegen, zugleich schneiden, bestimmt in diesen durch die 3 entsprechenden Schnittpunkte 3 projekt. gerade Gebilde.

54. Kein Strahl einer Regelschaar R(abc...) hat mit einem andern einen Punkt gemein, denn schnitten sich ab in M, so müßten die beiden geraden Gebilde pq durch deren projektivische Beziehung p(abc) π q($a_1b_1c_1$) die Regelschaar entstanden ist, in der Ebene Mab liegen, was gegen die Voraussetzung ist. Betrachtet man nun 3 Strahlen abc der Regelschaar, so erfüllen diese offenbar die Bedingung, die in Nr. 53 für die dortigen eine Regelschaar bestimmenden 3 Gerade hingestellt wurde; alle Gerade, welche daher die 3 Strahlen abc schneiden, bilden selbst eine Regelschaar R_1, zu der auch p und q gehören, und umgekehrt kann man die ursprüngliche Regelschaar R ganz auf dieselbe Weise durch 3 beliebige Strahlen pqr der Regelschaar R_1 entstanden denken. Denn in der Regelschaar R_1 (pqr) werden je 2 Strahlen durch die Schnittpunkte der Strahlen der Regelschaar R(abc..) projekt. geschnitten, also auch p und q, da aber abc 3 Strahlen von R sind, und die projekt. Beziehung von p und q durch die 3 Paar Schnittpunkte von a b und c vollkommen fixirt ist, so ist offenbar die Regelschaar, die durch die projektivischen geraden Gebilde p[abc..] π q[$a_1b_1c_1$..] entsteht, mit der durch die Regelschaar pqr erzeugten identisch.

Wir nennen 2 solche Regelschaaren, die in dem hier besprochenen Verhältnisse zu einander stehen, jede die Leitschaar der andern, und beide zusammen nennen wir eine Regelfläche II. Ordn.

Während kein Strahl einer Regelfläche von einem Strahle derselben Regelschaar geschnitten wird, hat er dagegen mit jedem Strahl seiner Leitschaar einen Punkt gemein; und umgekehrt geht durch jeden Punkt der Regelfläche sowohl ein Strahl d der einen als auch ein Strahl s der andern Regelschaar.

Die Regelfläche wird offenbar von jeder der beiden Regelschaaren schon allein gebildet, und es unterscheiden sich die beiden Regelschaaren unter sich, sowie jede von der Regelfläche bloß durch das innere Gefühl ihrer Strahlenelemente.

55. Eine Ebene E hat mit einer Regelfläche R(pqr) entweder sämmtliche Punkte einer Kurve II, oder alle Punkte 2er Geraden, von denen die eine der einen, die andere der andern der beiden Leitschaaren angehört, gemein.

Sind a und b 2 Leitstrahlen von R, so kann man die Regelschaar entstanden denken durch 2 projekt. Ebenenbüschel, deren Axen a und b sind, und kann dabei immer voraussetzen, daß die E weder durch a noch durch b geht. Die beiden Ebenenbüschel schneiden alsdann die E in 2 projekt. Strahlenbüscheln, sind nun diese perspektivisch, so stellen die Axe der perspekt. Beziehung beider, sowie der entsprechend gemeinsame Strahl derselben, die im Satze bezeichneten 2 Geraden dar, sind die Strahlenbüschel nicht perspekt., so erzeugen sie die im Satze erwähnte Kurve II. Von einer Ebene, welche mit einer Regelfläche 2 Strahlen ds gemein hat, sagen wir, daß sie derselben im Punkte ds sich anschmiege oder sie berühre, insoferne jede Gerade, die in der Ebene durch den Punkt ds geht, außer diesem Punkte mit der Regelfläche keinen Punkt gemein hat, vorausgesetzt, daß die Gerade nicht mit d oder s selbst zusammenfällt.

Jede Ebene die mit einer Regelfläche eine Gerade gemein hat, hat mit ihr noch eine 2te gemein.

56. Ein Strahlenbündel M hat mit dem System von Ebenen, die einer Regelfläche R(pqr) sich anschmiegen, entweder alle Ebenen eines Ebenenbüschels II. Ordnung, oder alle Ebenen 2er Ebenenbüschel I gemein.

Betrachtet man 2 Leitstrahlen ab von R, die M nicht enthalten, und läßt R durch die projekt. Beziehung der in a und b enthaltenen geraden Gebilde a[pqr ...] π b[$p_1q_1r_1$ ...] entstehen, so bilden M(pqr...) und M($p_1q_1r_1$...) 2 koncentrische projekt. Strahlenbüschel, die entweder die beiden Axen der im Satze erwähnten Ebenenbüschel durch die Axe ihrer perspekt. Beziehung und das entsprechend gemeinsame Element, oder den Ebenenbüschel II. erzeugen, je nachdem sie perspekt. sind oder nicht. Im ersten Fall ist M ein Punkt von R und die beiden Axen der erwähnten Ebenenbüschel gehören den beiden Regelschaaren von R an, im 2ten liegt M außerhalb R.

Aus dem Beweise des letzten Satzes geht hervor, daß man im 2ten Fall die Ebenen des Ebenenbüschels II dadurch erhält, daß man durch alle Strahlen der einen Regelschaar von M aus Ebenen legt, daher kann man füglich die beiden in 55 und 56. enthaltenen Sätze kurz so aussprechen:

Der Schnitt einer Regelschaar durch eine der Regelfläche sich nicht anschmiegende Ebene ist ein Kurve II und der Schein einer Regelschaar von einem außerhalb der Regelfläche gelegenen Punkte ist ein Ebenenbüschel II.

57. Ein Elementargebilde II ist, wie in den letzten Nummern gezeigt wurde, durch 5 Elemente bestimmt. Für die Lagenabhängigkeit, welche zwischen einem 6ten Elemente und den 5 ersteren besteht, haben wir bisher die beiden wichtigen im Paskal'schen Satze enthaltenen Gesetze kennen gelernt, die neuere Geometrie hat für dieses Gesetz noch einen 3ten ebenso wichtigen Ausdruck aufgefunden, der nun entwickelt werden soll:

Denkt man sich alle Kurven II, die sich durch 4 Punkte ABCD, von denen keine 3 in 1 Geraden liegen, legen lassen, und schneiden wir dieses System von Kurven durch eine Gerade, so geht durch jeden Punkt dieser Geraden nur eine einzige Kurve II nach Nr. 44 und 47, jede Kurve II schneidet diese Gerade im Allgemeinen in 2 Punkten, und zwischen diesen 2 Punkten besteht hinsichtlich ihrer gegenseitigen Lage ein Zusammenhang, der den Inhalt unseres Satzes bildet.

Jene 4 Punkte ABCD bestimmen nämlich ein vollständiges 4 Eck und jede Kurve II, welche durch dessen 4 Ecken geht, schneidet eine Gerade in 2 zugeordneten Punkten eines involutorischen geraden Gebildes, in welchen auch jedes Paar von Schnittpunkten 2er Gegenseiten einander zugeordnet ist. Die Schnittpunkte können imaginär werden, oder auch in einen zusammenfallen, der alsdann ein Ordnungselement des involut. geraden Gebildes darstellt.

Es ist nämlich Fig. 13.

$A[FDCE] \pi B[FDCE]$ nach Nr. 47,

also $F\gamma_1\beta E \pi F\beta_1\gamma E$ also auch nach Nr. 10.

$E\beta\gamma_1 F \pi F\beta_1\gamma E$ und daher $EF \cdot \beta\beta_1 \cdot \gamma\gamma_1$

eine Involution nach Nr. 21, ebenso ist aber auch $A[FDBE] \pi C[FDBE]$ d. h. $F\gamma_1\alpha E \pi F\alpha_1\gamma E$, und also nach Nr. 10 auch

$E\alpha\gamma_1F$ π $F\alpha_1\gamma E$ d. h. nach 21. $EF.\alpha\alpha_1.\gamma\gamma_1$ eine Involution, woraus zu ersehen, daß in dem involutorischen geraden Gebilde, das durch die beiden Paare von zugeordneten Punkten $EF.\gamma\gamma_1$ vollkommen bestimmt ist, sowohl $\alpha\alpha_1$ als auch $\beta\beta_1$ je-ein Paar zugeordneter Elemente darstellen.

Zusatz 1. Dieser Satz gilt auch noch, wenn 2 der 4 Punkte in einen zusammenfallen, d. h. wenn das System von Kurven II durch 3 Punkte ABC geht und in einem derselben eine bestimmte Gerade CC berühren; und ebenso auch noch wenn 2 und 2 Punkte zusammenfallen, d. h. wenn das System von Kurven II durch 2 Punkte geht und in ihnen 2 gegebene Gerade AA BB berührt. Es ist nämlich Fig. 14 C[CEBF] π A[CEBF] d. h. $\alpha_1E\beta_1F$ π $\beta E\alpha F$ also auch nach Nr. 10 $\alpha_1E\beta_1F$ π $\alpha F\beta E$, woraus nun folgt, daß $EF.\alpha\alpha_1.\beta\beta_1$ eine Involution ist.

Ebenso ist in Fig. 15 A[AEFB] π B[AEFB] d. h. $\beta EF\alpha$ π $\alpha EF\beta_1$, also auch nach Nr. 10. $\beta EF\alpha$ π $\beta_1FE\alpha$ d. h. $\alpha\alpha.EF.\beta\beta_1$ eine Involution von den 5 eine Kurve II bestimmenden Punkten können daher auch 2 oder 2 Mal 2 in je 1 zusammen fallen.

Zusatz 2. Geht die schneidende Gerade durch einen Schnittpunkt 2er Gegenseiten, so ist dieser Schnittpunkt ein Ordnungselement des involut. geraden Gebildes. Hieraus folgt unmittelbar folgender wichtige Satz:

Je 2 Eckpunkte des Poldreiecks eines vollständigen 4 Ecks sind durch die beiden Gegenseiten, die sich im 3ten Eckpunkte schneiden, harmonisch getrennt, d. h. in Fig. 16 sind $MENE_1$ $NFPF_1$ $NGMG_1$ 3 harmonische Würfe, wie sich auch leicht direkt beweisen läßt.

58. Wenden wir uns zu den Strahlenelementen einer Kurve II, so erhalten wir einen ganz ähnlichen Ausdruck für das Gesetz, das hinsichtlich der Lagenverhältnisse von 6 Strahlenelementen einer Kurve II besteht. Hat man 4 feste Strahlenelemente abcd, von denen keine 3 in 1 Punkt sich schneiden, und außerhalb derselben einen Punkt P, so lassen sich im Allgemeinen durch denselben an eine Kurve II, die die 4 erstern zu Strahlenelementen hat, noch je 2 Strahlenelemente ziehen; jedes solche Paar hat nun die Eigenschaft, daß es ein Paar zugeordneter Strahlenelemente eines involutorischen Büschels P bildet, indem zugleich je ein Paar Strahlen

einander zugeordnet sind, die nach einem Paar Gegenpunkten des vollständigen 4 Seits abcd gehen.

In Fig. 17 ist nach Nr. 45 a[fdce] π b[fdce], also P[fm_1ne] π P[fn_1me] und also nach Nr. 10 auch P[fm_1ne] π P[emn_1f], d. h. nach Nr. 39 ef . mm_1 . nn_1 ist eine Involution. Ganz eben so ist a[fdbe] π c[fdbe] und also P[fm_1pe] π P[fp_1me]; hieraus wird P[fm_1pe] π P[emp_1f] und ef . mm_1 . pp_1 eine Involution, d. h. in dem involut. Strahlenbüschel, dessen involut. Beziehung durch die 2 Paare entsprechender Strahlen ef. mm_1 fixirt ist, sind auch pp_1 und nn_1 je ein Paar zugeordneter Strahlen.

Zusatz 1. Dieser Satz gilt auch, wenn 2 der 4 Strahlen in einander fallen, d. h. wenn das System der Kurven II 3 Gerade berühren, und zwar eine davon in einem bestimmten Punkte, und ebenso gilt auch der Satz dann noch, wenn der so eben erwähnte Fall 2 Mal eintritt, d. h. wenn das System der Kurven II 2 Gerade in 2 bestimmten Punkten berühren. Es ist nämlich in Fig. 18. c[cebf] π a[cebf], also auch P[m_1enf] π P[n_1emf] demnach P[m_1enf] π P[mfn_1e] und daher mm_1 . ef . nn_1 eine Involution. Ebenso ist in Fig. 19 a[aebf] π b[aebf] hieraus P[m_1epf] π P[pemf] und also P[m_1epf] π P[mfpe] und mm_1 . ef . pp eine Involution. Von den 5 eine Kurve II bestimmenden Tangenten können daher 2 oder 2 Mal 2 in je 1 zusammen fallen.

Zusatz 2. Liegt P auf der Verbindungslinie 2er Gegenecken des vollständigen 4 Seits abcd, so ist diese Verbindungslinie selbst ein Ordnungselement des involut. Strahlenbüschels und ist P der Schnittpunkt 2er solcher Verbindungslinien, so bilden diese die beiden Ordnungselemente, woraus unmittelbar der folgende wichtige Satz folgt: 2 Seiten des Polardreiecks eines vollständigen 4 Seits sind durch die beiden Gegenecken des 4 Seits die auf der 3ten Seite desselben Polardreiecks liegen harmonisch getrennt.

Es sollen hier alsbald 2 Sätze angefügt werden, deren Beweise unmittelbar aus 57. und 58. folgen, da wir dieselben alsbald brauchen werden; der erste lautet:

59. a) Haben 2 Kurven II bloß 3 Punkte gemein, so müssen sie in dem einen derselben ein gemeinschaftliches Strahlenelement haben, d. h. sich in ihm berühren.

Man wähle eine Gerade p (s. Fig. 20), welche die 3 Seiten des eingeschriebenen Dreiecks in 3 verschiedenen Punkten und ebenso die beiden Kurven in 2 Paar Punkten $\alpha\alpha_1$ $\beta\beta_1$ schneidet. In der in p liegenden Involution $\alpha\alpha_1 . \beta\beta_1$ können bloß 2 Schnittpunkte von 2 Dreiecksseiten einander zugeordnet sein, dem Schnittpunkte γ_1 der 3ten Seite AB muß ein außerhalb der Seiten des Dreiecks gelegener Punkt γ entsprechen und es ist dann Cγ stets eine gegemeinschaftliche Tangente beider Kurven in C, denn würde Cγ eine der beiden Kurven noch in D schneiden, so müßte nach 57. die andere Kurve nothwendig auch durch D gehen, und die beiden Kurven also 4 Punkte gemein haben.

59. b) Der zweite Satz lautet: Haben 2 Kurven II 3 und bloß 3 Tagenten gemein, so müssen sie in der einen einen gemeinsamen Berührungspunkt haben.

Man wählt einen Punkt P, von dem aus nach den Ecken des umschriebenen Dreiecks 3 verschiedene Strahlen, und an die beiden Kurven II 2 Paare Tangenten aa_1 bb_1 sich ziehen lassen. In der Involution $aa_1 . bb_1$ kann von den 3 nach den 3 Dreiecksecken gehenden Strahlen bloß 1 Paar zugeordnet sein, und dem 3ten PC entspricht nothwendig ein Strahl c_1 von P, der durch kein Deiecksеck geht und dieser Strahl c_1 schneidet nun die Gegenseite AB des umschriebenen Dreiecks in einem Punkte D, der beiden Kurven gemeinsam ist, d. h. in dem sie sich berühren. Denn würde sich von D aus noch eine 4te Tangente an die eine der beiden Kurven legen lassen, so würde dieselbe nach 58. auch eine Tangente der andern Kurve sein müssen, d. h. sie hätten gegen die Voraussetzung 4 gemeinschaftliche Tangenten.

§. 4. Projektivische Beziehung der Elementargebilde.

60. Aus der Entstehungsweise der Elementargebilde geht hervor, daß die Anzahl ihrer Elemente für alle genau gleich ist. Hierdurch ist nun die Möglichkeit geboten, auch die Elemente der verschiedenen Elementargebilde in ähnlicher Weise, wie es bisher mit den Grundgebilden I. Ordnung geschehen ist, auf einander zu beziehen. Wir nennen zu diesem Zwecke die Elemente eines Elementargebildes perspektivisch auf die eines Elementargebildes I. Ordnung bezogen oder kurzweg das eine perspektivisch zum andern, wenn

das erstere durch das letztere auf die in Nr. 43 angegebene Weise entstanden gedacht werden kann, und dabei jedes Element des einen auf das durch ihn gehende Element des andern bezogen ist. Dem Träger P des Elementargebildes I entspricht das Element PP des Elementargebildes II, oder umgekehrt dem Element PP des Elementargebildes I entspricht das Element P des Elementargebildes II.

Ein Strahlenbüschel I P ist daher perspekt. zu einem Punktgebilde II, wenn 1) P ein Punktelement der Kurve ist, und wenn 2) jedem Punkte D der letzteren der durch ihn gehende Strahl PD des ersteren entspricht. Dem Strahl PP des Büschels entspricht der Punkt P der Kurve.

Ein gerades Gebilde p ist daher perspektivisch einem Strahlenbüschel II, wenn 1) der Träger p ein Strahlenelement des Büschels ist, und wenn 2) jeder Strahl d des Büschels auf den Punkt des geraden Gebildes bezogen wird, durch den er geht, dem Punkte pp des geraden Gebildes entspricht der Strahl p.

Ein Ebenenbüschel ist zu einem Strahlenkegel II perspektivisch, wenn 1) die Axe p des Büschels ein Strahlenelement des Kegels ist, und 2) jedem Strahl d des letzteren die durch ihn gehende Ebene des Büschels entspricht, dem Strahl p des Kegels entspricht die Ebene pp des Büschels.

Ein Strahlenbüschel I und ein Ebenenbüschel II sind perspektivisch, wenn 1) der Träger des ersteren ein Element des letzteren, und 2) auf jeden Strahl des letzteren die durch ihn gehende Ebene des ersteren bezogen wird. Ein gerades Gebilde p ist perspektivisch einer Regelschaar, wenn 1) p ein Leitstrahl derselben, und 2) auf jeden Punkt des ersteren der durch ihn gehende Strahl der letzteren bezogen ist.

Ein Ebenenbüschel p ist perspektivisch einer Regelschaar, wenn 1) p ein Leitstrahl derselben, und 2) auf jeden Strahl derselben die durch ihn gehende Ebene des Büschels bezogen ist.

61. Da alle Elementargebilde I, welche demselben Elementargebilde II perspektivisch sind, unter einander projektivisch sind, so kann man nun einen Schritt weiter thun, und die Elemente eines Elementargebildes II projektivisch auf die eines Elementargebildes I bezogen nennen, wenn ein zu dem ersteren perspektivisches Elementargebilde I zu dem letzteren projektivisch ist, und ebenso kann

man die Elemente 2er Elementargebilde II projektivisch auf einander bezogen nennen, wenn 2 zu ihnen perspektivische Grundgebilde I unter sich projektivisch sind; haben hiebei die beiden Elementargebilde II noch eine solche gegenseitige Lage, daß jedes Element des einen durch das entsprechende Element des ihm projektivischen geht, so nennen wir auch sie perspektivisch projektivisch oder kurzweg perspektivisch.

Hiemit ist die projekt. Beziehung der Elementargebilde II ganz auf die projekt. Beziehung der Elementargebilde I zurückgeführt, und es gehen daher auch die Haupteigenschaften der projekt. Beziehung, sowie die daselbst eingeführten Bezeichnungen auf die projekt. Beziehung der Elementargebilde II über. Es wird daher ohne weiteres verständlich sein, was wir unter einen Wurf, was unter einem ordentlichen, was unter einem harmonischen Wurfe eines Elementargebildes II, was unter entsprechend gemeinsamen Elementen 2er Elementargebilde II desselben Trägers, was unter einem involut. Elementargebilde II verstehen. Alle diese Bezeichnungen gelten nämlich vom Elementargebilde II, wenn sie von 1 und also von allen zu ihm perspekt. Elementargebilde II gelten. Es leuchtet eben so von selbst ein, daß folgende Sätze auch für Elementargebilde II gelten: die projekt. Beziehung ist durch 3 Paar entsprechender Elemente vollkommen fixirt; 2 Elementargebilde II die einem 3ten projekt. sind, sind es auch unter sich; jedem Sinn entspricht ein Sinn, jedem ordentlichen und jedem harmonischen Wurfe wieder ein solcher. Der Wurf ABCD ist stets projekt. den Würfen BADC CDAB DCBA; entsprechen 2 Elemente einander abwechselnd, so ist dieses mit je 2 der Fall, d. h. das Elementargebilde II ist involutorisch; 2 Elementargebilde II desselben Trägers haben entweder 0 oder 1 oder 2 oder alle ihre Elemente entsprechend gemein.

62. Ist der Träger eines Elementargebildes I zugleich ein Element eines Elementargebildes II, und sind beide projekt. auf einander bezogen, so sind sie zugleich perspekt., wenn 3 Elemente des einen durch die entsprechenden Elemente des andern gehen.

Es genügt, den Beweis für ein Paar solcher Elementargebilde geführt zu haben. Ist also z. B. das Centrum M eines Strahlenbüschels I ein Element einer Kurve II K, und entsprechen den 3 Strahlen MA MB MC des ersteren, die in ihnen liegenden

Punkte ABC der letzteren, so nehme man an, es entspreche dem Punkte D von K der nicht durch ihn gehende Strahl MD_1 von M, so müßte M[ABCD] π M[$ABCD_1$] sein, was nicht möglich ist.

Zusatz. Derselbe Satz gilt natürlich auch für einen Ebenenbüschel I und eine Kurve II, wenn die Axe des ersten durch 1 Punkt der letztern geht, eben so für einen Strahlenbüschel I und eine Regelschaar oder Regelfläche, wenn das Centrum des ersten in den fraglichen Flächen liegt 2c. 2c.

63a. Ein Elementargebilde I und II können nicht perspekt. sein, wenn nicht hinsichtlich der gegenseitigen Lage ihrer Träger die so eben in 62. angeführte Bedingung erfüllt ist, nämlich, daß der Träger der Elementargebilte I ein Element des Elementarg. II ist.

Es sei 1) der Mittelpunkt M eines Strahlenbüschels nicht ein Punktelement einer ihm projekt. Kurve II K, und es gehen von den Strahlen desselben 3 MA MB MC durch die ihnen entsprechenden Punkte ABC von K, so muß wenigstens 1 dieser 3 Strahlen z. B. MC, die K in noch einem Punkte s schneiden, alsdann ist s der Mittelpunkt eines zu K perspekt., und daher zu M projekt. Strahlenbüschels, da aber diese letzten beiden den gemeinschaftlichen Strahl M s entsprechend gemein haben, so sind sie perspekt. und AB stellt die Axe der perspekt. Beziehung dar.

Außer MA und MB kann daher kein Strahl von M den entsprechenden Strahl von s in einem Punkte von K begegnen, und daher auch weiter kein Strahl von M durch den entsprechenden Punkt von K gehen. Zugleich erhellet aus diesem Beweise, daß ein Strahlenbüschel M, der zu einer Kurve II projekt. aber nicht perspekt. ist, höchstens 3 Strahlen enthalten kann, die durch die ihnen entsprechenden Punkte von K gehen.

Es sei 2) m ein gerades Gebilde, das kein Element eines ihm projekt. Strahlenbüschels II K darstellt; gehen nun 3 Strahlen abc von K durch die entsprechenden Punkte abc von m, so geht wenigstens von einem dieser 3 Punkte von c noch eine zweite Tangente s an K, betrachtet man nun diese als Träger eines zu K perspekt. geraden Gebildes, so ist dasselbe zu m projekt. und zwar da ihr gemeinsames Element c ein entsprechend gemeinsames Element darstellt, perspektivisch, und der Schnittpunkt ab ist Centrum ihrer perspekt. Beziehung. Außer a und b giebt es aber nun keinen

Punkt in m, der mit seinem entsprechenden Punkten in s auf 1 Tangente von K läge, und daher liegt auch kein Punkt außer abc auf der ihm entsprechenden Tangente von K. Es leuchtet hieraus auch ein, daß wenn m und K nicht perspekt. aber projekt. sind, höchstens 3 Punkte von m in den ihnen entsprechenden Strahlen von K liegen.

Nimmt man von den Gebilden in den so eben unter 1) u. 2) behandelten Fällen den Schein von einem außerhalb der Ebene gelegenen Punkte, und zwar entweder von beiden zugleich oder nur von dem einen der beiden Elementargebilde, so erhält man den Beweis unsers Satzes für 6 weitere Fälle hieraus unmittelbar, und zwar 3) für Ebenenbüschel I und Regelfläche II, 4) für Strahlenbüschel II und Regelfläche II, 5) für Ebenenbüschel I und Kurve II, 6) für Strahlenbüschel I und Ebenenbüschel II, 7) für gerades Gebilde und Ebenenbüschel II, 8) für Strahlenbüschel I und Strahlenbüschel II. Was endlich ein gerades Gebilde und eine Regelschaar, sowie einen Ebenenbüschel und eine Regelschaar anlangt, so sind in diesem Falle offenbar schon, wenn 3 Elemente des einen Elementargebildes in den entsprechenden Elementen des andern liegen, die beiden perspektivisch, in so ferne dadurch von selbst folgt, daß der Träger des Elementargebildes I ein Leitstrahl der Regelschaar ist (62).

Betrachtet man endlich einen Strahlenbüschel I und eine Regelschaar, so reducirt sich dieses offenbar auf den unter 1) betrachteten Fall, wenn man die Schnittkurve der Ebene des Strahlenbüschels mit der Regelschaar in Betracht gezogen wird.

63 b. Es läßt sich daher allgemein der Satz aussprechen: Sind ein Elementargebilde I und ein Elementargebilde II projektivisch und gehen mehr als 3 Elemente des einen durch die entsprechenden Elemente des andern, so sind sie perspektivisch, und der Träger des Elementargebildes I ist daher ein Element des Elementargebildes II (oder geht durch ein solches oder liegt in einem solchen).

64. Betrachtet man die projekt. Beziehung eines Elementargebildes I und II, oder 2 Elementargebilde II, welche der Natur ihrer Elemente nach nicht selbst perspekt., wohl aber zu einem und und demselben Elementargebilde I perspekt. sein können, so giebt die Nr. 62 in Verbindung mit Nr. 38 eine Gruppe von Sätzen wie folgt:

Hat ein gerades Gebilde und eine ihr projekt. Kurve II 2 Punkte AB entsprechend gemein, so erzeugen sie durch die Verbindungslinien entsprechender Punkte einen zu beiden perspekt. Strahlenbüschel I.

Entspricht nämlich dem Punkte C der Geraden der Punkt C_1 der Kurve, und ist s der 2te Schnittpunkt von CC_1 mit der Kurve, so ist offenbar der Strahlenbüschel s zu beiden perspektivisch, dieses gilt offenbar auch dann noch, wenn s mit C zusammenfällt.

2) Hat ein Strahlenbüschel I und ein zu ihm projektivischer Strahlenbüschel II 2 Strahlen ab entsprechend gemein, so erzeugen sie durch die Schnittpunkte entsprechender Strahlen ein zu beiden perspekt. gerades Gebilde.

Entspricht nämlich dem Strahle c des Strahlenbüschels I der Strahl c_1 des Strahlenbüschels II, und ist s der 2te durch den Schnittpunkt cc_1 gehende Strahl des Strahlenbüschels II, so stellt derselbe ein gerades Gebilde dar, das zu beiden Strahlenbüscheln zugleich perspekt. ist. Dasselbe gilt offenbar auch, wenn der Strahl s mit dem Strahle c_1 selbst zusammen fällt.

Nimmt man wieder von den Gebilden in 1) und 2) den Schein aus einem Punkte, und zwar wie in 63. entweder von beiden zugleich, oder nur von dem einen derselben, so erhält man dem entsprechend noch 6 hieher gehörige Sätze, welche selbstverständlich ebenso direkt sich beweisen lassen wie 1) und 2) selbst, und deren Zusammenstellung wir dem Leser überlassen, da es mit der Ausführung in 63. genügt.

65. Wählt man dagegen 2 projekt. Elementargebilde II, die zu einem Elementargebilde I perspekt. sein können, so erhält man wieder nach Nr. 62 eine Gruppe von Sätzen, wie folgt:

Ist ein gerades Gebilde und eine Regelschaar R der Art projektivisch, daß 2 Punkte des erstern in den entsprechenden Strahlen der letzteren liegen, so erzeugen sie durch die entsprechenden Elemente einen Ebenenbüschel II. Entspricht nämlich dem Punkte C der Strahl c, so schneidet die Ebene cC die Regelfläche R in einem Leitstrahl der Regelschaar R, der Axe eines zu beiden perspekt. Ebenenbüschels I ist.

Ist endlich ein Ebenenbüschel I und eine Regelfläche R der Art projektivisch, daß 2 Strahlen der letztern in den entsprechenden

Ebenen des ersten liegen, so erzeugen sie ein zu beiden perspekt. gerades Gebilde, denn entspricht der Ebene C der Strahl c, so geht durch den Schnittpunkt Cc ein Leitstrahl der Regelschaar, der Träger eines zu beiden Elementargebilden perspekt. geraden Gebildes ist. Für diese beiden letzten Fälle ergiebt sich der Beweis unmittelbar aus 62.

65. Wählt man dagegen 2 projekt. Elementargebilde II, die zu einem Elementargebilde I perspekt. sein können, so erhält man wieder nach Nr. 62 eine Gruppe von Sätzen, wie folgt: *)

1) Haben 2 projekt. Kurven II 3 Punkte ABC entsprechend gemein, so sind sie zu einem und demselben Strahlenbüschel I perspekt.

Denn nach Nr. 59 haben die beiden Kurven II immer noch einen 4ten Punkt S gemein, der dem einen C unendlich nahe rücken kann, in welchem Falle die Tangente CC eine gemeinschaftliche Tangente ist; beide Kurven II sind daher dem Strahlenbüschel I S(ABC..) nach Nr. 62 perspekt., d. h. ihre projekt. Beziehung ist so, daß je 2 entsprechende Punkte in demselben Strahle des Büschels S liegen, was auch gilt, wenn SC eine gemeinschaftliche Tangente darstellt.

2) Haben 2 projekt. Strahlenbüschel II 3 Strahlen abc entsprechend gemein, so sind sie zu einem und demselben geraden Gebilde perspektivisch.

Denn nach Nr. 59b. haben die beiden Kurven II noch eine 4te gemeinschaftliche Tangente s, die der einen c unendlich nahe rücken kann, in welchem Falle der Punkt cc ein gemeinschaftlicher Punkt beider Kurven wird. In beiden Fällen sind aber nach 62. die beiden Kurven dem geraden Gebilde s(abc) perspekt., d. h. ihre projekt. Beziehung ist so, daß je 2 entsprechende Strahlen sich in 1 Punkte von s schneiden.

66. Haben daher 2 projektivische Kurven II (oder Strahlenbüschel II oder Kegelflächen II 2c. 2c.) mehr als 3 Elemente entsprechend gemein, so haben sie alle Elemente entsprechend gemein. Denn wenn, um für diesen Fall allein den Nachweis zu liefern, die beiden Kurven II sich in den 4 Punkten ABCD schneiden und

*) Diese 3 Zeilen sind durch ein Versehen des Korrektors auf Seite 64 fälschlich stehen geblieben, und es wird daher der Leser gebeten, sie an jener Stelle zu streichen.

diese 4 Elemente entsprechend gemein haben sollten, so würden sie jedem der 4 Strahlenbüschel ABCD perspekt. sein, was widersinnig. Es soll hier noch darauf aufmerksam gemacht werden, daß in dem oben erwähnten Falle, wenn S ein von C verschiedener 4ter gemeinschaftlicher Punkt beider Kurven II war, dem Punkt S als Punkt der einen Kurve, der von S verschiedene Punkt der anderen Kurve entspricht, der auf der Tangente SS der ersten Kurve liegt.

Auch hier kann ganz wie in den beiden 63. und 64. erwähnten Fällen von einem Punkte aus der Schein der in 1) und 2) erwähnten Gebilde genommen werden, und hier wie dort erhält man hieraus dann wieder 4 neue hieher gehörige Sätze, die hier als Ergänzung von 65 kurz aufgeführt werden sollen.

3) Gehen 3 Strahlen einer zu einer Kurve II projekt. Kegelfläche durch die ihnen entsprechenden Punkte, so erzeugen diese beiden Elementargebilde II durch die Verbindungsebenen entsprechender Elemente einen zu beiden perspekt. Ebenenbüschel I.

4) Haben 2 koncentrische projekt. Kegelflächen II 3 Strahlen entsprechend gemein, so erzeugen diese beiden Elementargebilde II durch die Verbindungsebenen entsprechender Strahlenelemente einen zu beiden perspekt. Ebenenbüschel I.

5) Gehen 3 Ebenen eines zu einem Strahlenbüschel II projekt. Ebenenbüschels II durch die ihnen entsprechenden Strahlen desselben, so erzeugen diese beiden Elementargebilde II durch die Schnittpunkte entsprechender Elemente ein zu beiden perspekt. gerades Gebilde.

6) Haben 2 koncentrische projekt. Ebenenbüschel II 3 Elemente entsprechend gemein, so erzeugen diese beiden Elementargebilde II durch die Schnittlinien entsprechender Elemente einen zu beiden perspekt. Strahlenbüschel I.

Zusatz. Auch für diese 4 hier angeführten Fälle gilt nun offenbar der Nr. 66 entsprechende Satz, daß, wenn die für je 3 Elementenpaare daselbst aufgestellte Voraussetzung für mehr als 3 entsprechende Elementenpaare zutrifft, diese Elementargebilde alsdann perspekt. sind.

67. Jeder Schnitt oder Schein eines Elementargebildes II, der wieder ein Elementargebilde II darstellt, ist eben diesem Elementargebilde perspektivisch.

Da in diesem Falle jedes Element des einen durch ein Element des andern geht, so ist nur noch nachzuweisen, daß wenn man je 1 der Art zusammengehöriges Paar von Elementen auf einander bezieht, alsdann die Beziehung wirklich eine nach unsren Begriffen projektivische ist. Dieser Beweis wird am besten dadurch geführt, daß man nachweist, es gebe ein Elementargebilde I, das zu beiden Elementargebilden II zugleich perspektivisch ist.

Es schneide eine Ebene eine Kegelfläche II in einer Kurve II, wählt man nun einen beliebigen Strahl der Kegelfläche, so bildet derselbe die Axe eines zu beiden Elementargebilden perspekt. Ebenenbüschels I.

Es schneide eine Ebene einen Ebenenbüschel II in einem Strahlenbüschel II, wählt man nun einen Strahl des letzteren, so ist derselbe Träger eines zu beiden Elementargebilden perspekt. geraden Gebildes. Es schneide eine Ebene eine Regelschaar in einer Kurve II, wählt man nun irgend einen Leitstrahl der Regelschaar, so stellt derselbe die Axe eines zu beiden Elementargebilden perspekt. Ebenenbüschels I dar. Es sei von einem Punkte aus als Schein einer Regelschaar (Nr. 56) ein Ebenenbüschel entstanden, wählt man nun irgend einen Leitstrahl der Regelschaar, so stellt derselbe den Träger eines geraden Gebildes dar, das zu beiden Elementargebilden perspektivisch ist.

68. Vergleicht man die in 66. und in 65. erhaltenen Resultate, so folgt hieraus unmittelbar folgendes:

1) und 2) Gehen 3 Strahlen einer zu einer Kurve II projekt. Regelschaar oder Kegelfläche durch die ihnen entsprechenden Punkte, so erzeugen die entsprechenden Elemente einen zu beiden perspekt. Ebenenbüschel I.

3) Gehen 3 Ebenen eines zu einem Strahlenbüschel II projekt. Ebenenbüschels II durch die ihnen entsprechenden Strahlen, so erzeugen sie ein zu ihnen perspektivisches gerades Gebilde.

4) und 5) und 6) Gehen dagegen in den so eben erwähnten 3 Fällen je 4 Elemente durch die ihnen entsprechenden, so sind beide Elementargebilde in allen 3 Fällen perspektivisch.

69. Vergleicht man das in Nr. 67 Entwickelte mit dem Satze 66., so erhält man folgendes:

Ist eine Kurve II ein Schnitt einer Regelschaar, und bezieht man beide Elementargebilde projektivisch so auf einander, daß 3

Punkte der ersten in den ihnen entsprechenden Strahlen der letztern liegen, so sind sie perspektivisch und ferner:

Ist ein Ebenenbüschel II ein Schein einer Regelschaar, und bezieht man beide Elementargebilde projekt. so auf einander, daß 3 Ebenen des erstern durch die ihnen entsprechenden Strahlen des letztern gehen, so sind beide perspektivisch.

Hieran schließen sich unmittelbar 2 Sätze, auf die wir alsbald nämlich am Schlusse von 71 näher zurückkommen werden.

70. Wählt man ähnlich wie in 64. und 65. ein Elementargebilde I und ein Elementargebilde II, welche zu einem Elementargebilde II perspekt. sein können, so giebt die Nr. 62 in Verbindung mit 66 eine neue Gruppe von Sätzen wie folgt:

Ist eine Gerade und eine Regelschaar projektivisch, und schneiden sich 4 Ebenen, welche 4 entsprechende Elementenpaare verbinden, in 1 Punkt, (ohne sich in 1 Geraden zu schneiden, ein Fall, der schon in 64. behandelt wurde), so erzeugen die entsprechenden Elementenpaare einen zu beiden perspektivischen Ebenenbüschel II.

1) Schneiden sich nämlich Aa Bb Cc Dd in einem Punkte M, der nothwendig außerhalb der Regelfläche liegen muß, so ist der Ebenenbüschel II M, welcher als Schein der Regelschaar von M aus sich ergiebt, nach 66. zur Regelschaar perspektivisch, und also zum geraden Gebilde projektivisch, in so ferne dieses selbst zur Regelschaar projekt. ist; da aber von diesem Ebenenbüschel M 4 Ebenen Aa Bb Cc Dd durch die ihnen entsprechenden Punkte ABCD des geraden Gebildes gehen, so ist derselbe nach Nr. 63b auch zu diesem geraden Gebilde perspektivisch, d. h. mit andern Worten: jede Ebene dieses Ebenenbüschels M verbindet einen Strahl der Regelschaar mit dem ihm entsprechenden Punkte des geraden Gebildes.

Zusatz. Es ist daher nach 62. nothwendig, daß der Träger des geraden Gebildes in einer Ebene des Ebenenbüschels II M liegt und also mit der Regelschaar wenigstens 1 Punkt gemein hat.

Dieser hier erwähnte Fall, daß 4 Ebenen in 1 Punkte sich schneiden, tritt dann immer ein, wenn der eine Schnittpunkt A der Geraden und der Regelschaar in dem ihm entsprechenden Strahle a liegt, denn, da die 3 Ebenen Bb Cc Dd sich immer in 1 Punkte M schneiden, so geht in diesem Falle die Ebene Ma als 4te durch ihren entsprechenden Punkt A.

2) Ist ein Ebenenbüschel I und eine Regelschaar der Art projektivisch, daß die 4 Schnittpunkte von 4 Ebenen und ihrer entsprechenden Strahlen in 1 Ebene liegen, so erzeugen die Schnittpunkte der entsprechenden Elementenpaare eine zu beiden Elementargebilden perspekt. Kurve II.

Die Ebene, in welcher jene 4 Punkte liegen, schneidet die Regelschaar in einer ihr perspektivischen Kurve II (66.), die daher auch zu dem Ebenenbüschel I projektivisch ist, und da 4 Ebenen dieses Ebenenbüschels nämlich ABCD durch die ihnen entsprechenden Punkte Aa Bb Cc Dd der Kurve gehen, so ist dieser Ebenenbüschel nach Nr. 63 zu dieser Kurve ebenfalls perspektivisch, d. h. jede Ebene des Büschels schneidet den ihr entsprechenden Strahl der projekt. Regelschaar in einem Punkte der fraglichen Kurve. Es ist daher nach 62. nothwendig, daß die Axe des Ebenenbüschels die Kurve in 1 Punkt schneidet, und daß sie also auch wenigstens 1 Punkt mit der Regelschaar gemein hat.

Zusatz. Der hier erwähnte Fall tritt immer ein, wenn ein Ebenenbüschel I zu einer Regelschaar so projektivisch ist, daß eine seiner Ebenen A durch den ihr entsprechenden Strahl a der Regelschaar geht, die 3 Ebenen BCD des Büschels schneiden die 3 entsprechenden Strahlen bcd der Regelschaar stets in 3 Punkten einer Ebene, der 4te Punkt findet sich dann immer in der Geraden a dazu, d. h. es ist der Schnittpunkt von a und der erwähnten Ebene Bb Cc Dd.

3) Wenn ein Ebenenbüschel I und eine Kegelfläche II so projekt. sind, daß 4 Ebenen ABCD des Büschels die 4 entsprechenden Strahlen abcd in 4 Punkten einer Ebene schneiden, so erzeugen die Schnittpunkte entsprechender Elemente eine zu beiden perspektivische Kurve II.

Die Axe des Ebenenbüschels muß daher in diesem Falle nach 62. nothwendig mit der Kegelfläche 1 Punkt gemein haben.

Der Beweis ist vollständig dem in 2) entsprechend.

Zusatz. Der obige Fall tritt immer dann von selbst ein, wenn ein Ebenenbüschel I zu einem Kegel der Art projektivisch ist, daß 1 seiner Ebenen den ihm entsprechenden Strahl des Kegels in sich enthält.

4) Ist ein Strahlenbüschel II und ein dessen Träger schnei-

bendes gerades Gebilde so projektivisch, daß die 4 Ebenen, welche 4 Punkte ABCD des letzteren mit den entsprechenden Strahlen abcd des ersteren verbinden in 1 Punkte M sich schneiden, so erzeugen sämmtliche Paare entsprechender Elemente einen Ebenenbüschel II M.

Dieser Fall tritt dann immer von selbst ein, wenn dem Schnittpunkt A der Geraden und des Trägers des Strahlenbüschels II ein durch ihn gehender Strahl a des Büschels entspricht, denn ist M der Schnittpunkt von irgend 3 anderen Ebenen, die durch die Verbindung entsprechender Elemente entstehen, nämlich von Bb Cc Dd, so liefert Ma immer die 4te Ebene von der verlangten Beschaffenheit dazu.

5) Ist eine Gerade m und eine Kurve II K, die einen Punkt A gemein haben, so projekt., daß die Verbindungslinie von 4 Paar entsprechenden Punkten B und b C und c D und d E und e 4 Strahlen einer Regelschaar bilden, so sind alle solche Verbindungslinien entsprechender Punkte Strahlen dieser Regelschaar, denn die zu m perspekt. Regelschaar Bb Cc Dd Ee ist zur Kurve K(BCDE) projektivisch, schneidet also die Ebene von K in einer zu ihr perspekt. Kurve K_1, die deßwegen zu K projekt. ist, und da dabei K und K_1 4 Punkte BCDE entsprechend gemein haben, so müssen sie nach 66. alle Punkte entsprechend gemein d. h. identisch sein.

Zusatz 1. Der hier erwähnte Fall tritt dann immer von selbst ein, wenn der Punkt A den K und m gemein haben, zugleich ein entsprechend gemeinsames Element der projektivischen Beziehung beider ist, da je 3 Verbindungslinien entsprechender Punkte eine Regelschaar bestimmen, deren durch A gehender Strahl zu diesen 3 Strahlen den 4ten liefert.

Zusatz 2. Der im Satze erwähnte Fall tritt auch dann immer von selbst ein, wenn die projekt. Beziehung von K und m so vollzogen ist, daß 3 Verbindungslinien von 3 Paar entsprechenden Punkten, nämlich Bb Cc Dd von einer 2ten Geraden n sich schneiden lassen, welche mit der K auch einen Punkt E gemein hat; denn offenbar schneidet in diesem Falle die Regelfläche, zu der die Strahlen Bb Cc Dd gehören, und also auch diese Regelschaar selbst, die Ebene der K in einer zu ihr perspekt. Kurve II, die mit der K die 5 Punkte ABCDE gemein hat, und also mit ihr identisch ist. Hieraus folgt: 2 sich nicht schneidende Gerade und eine

Kurve II, welche jede derselben in einem einzigen Punkt schneidet, bestimmen eine zu allen 3 perspekt. Regelschaar.

6) Ist ein Ebenenbüschel I m und ein Ebenenbüschel II M, die eine Ebene gemein haben, so projektivisch, daß 4 Schnittlinien entsprechender Ebenen in einer Regelschaar liegen, so stellen alle Schnittlinien entsprechender Ebenen Strahlen dieser Regelschaar dar.

Zusatz 1. Der hier erwähnte Fall tritt dann immer von selbst ein, wenn die gemeinsame Ebene zugleich ein entsprechend gemeinsames Element der projekt. Gebilde darstellt. Der Beweis ist wie in 5).

Zusatz 2. Der im Satz erwähnte Fall tritt auch dann immer von selbst ein, wenn die projekt. Beziehung der beiden Büschel der Art ist, daß 3 Schnittlinien Bb Cc Dd entsprechender Elemente sich von einer Geraden schneiden lassen, die in einer Ebene E des Ebenenbüschels II liegt; denn der Schein der Regelfläche und also auch der Regelschaar Bb Cc Dd, von M aus genommen, hat mit dem gegebenen Ebenenbüschel II M außer den 3 Elementen BCD auch noch die Elemente A und E gemein, und ist also mit ihm identisch. Es folgt hieraus: 2 Gerade, die in 2 Ebenen eines Ebenenbüschels II liegen, aber sich nicht schneiden, bestimmen mit diesem Ebenenbüschel II eine Regelschaar.

71. Betrachtet man ferner 2 projekt. Elementargebilde II, die zu einem und demselben Elementargebilde II perspekt. sein können, so ergiebt sich nach 66. wieder eine Gruppe von Sätzen, wie folgt:

2 projekt. Kurven II K und K_1, die in verschiedenen Ebenen liegen, erzeugen eine zu beiden perspekt. Kegelfläche II, oder eine zu beiden perspekt. Regelfläche, wenn die 4 Verbindungslinien von 4 entsprechenden Punktenpaaren 4 Elemente einer Kegelfläche II oder einer Regelfläche darstellen.

Dieser Fall tritt immer dann von selbst ein, wenn die beiden Kurven II mit der Schnittlinie ihrer Träger denselben Punkt A gemein haben, und dieser Schnittpunkt ein entsprechend gemeinsames Element beider darstellt, denn entsprechen den Punkten BCD von K, die Punkte $B_1C_1D_1$ von K_1, so ist die Regel- oder Kegelfläche, der die Elemente BB_1 CC_1 DD_1 angehören, und die zu K perspekt., also zu K_1 projekt. ist, offenbar zu K_1 perspektivisch, insoferne die durch A B C und D gehenden Elemente derselben auch für K_1 durch die ihnen entsprechenden Punkte gehen.

Auf die interessante Frage, wenn eine Regelfläche, und wenn eine Kegelfläche unter gewissen Umständen entsteht, werden wir später wieder zurückkommen und uns auf den hiesigen allgemeinen Fall zu berufen haben.

2 projekt. nicht koncentrische Ebenenbüschel II erzeugen eine zu beiden perspekt. Regelschaar oder einen zu beiden perspekt. Strahlenbüschel II, wenn 4 Schnittlinien entsprechender Elemente entsprechend 4 Strahlen einer Regelschaar, oder eines Strahlenbüschels II bilden.

Dieser Fall tritt immer dann von selbst ein, wenn die beiden Ebenenbüschel ein Element entsprechend gemein haben.

2 projekt. Regelschaaren erzeugen durch die Schnittpunkte entsprechender Strahlen eine zu beiden perspekt. Kurve II, wenn 4 dieser Schnittpunkte in 1 Ebene liegen.

2 projekt. Regelschaaren erzeugen durch die entsprechenden Strahlen einen zu beiden perspekt. Ebenenbüschel II, wenn 4 der fraglichen Ebenen 4 Elemente eines solchen darstellen.

Der Beweis für alle diese letzten Fälle stimmt wesentlich mit dem oben geführten überein.

Auch auf diese letzten Fälle werden wir später wieder zurückkommen.

Sind ferner 2 Regelschaaren K und K_1 derselben Regelfläche beliebig projektivisch auf einander bezogen, so erzeugen die Schnittpunkte entsprechender Strahlen stets eine ihnen beiden perspekt. Kurve II.

Die Schnittpunkte aa_1 bb_1 cc_1 entsprechender Strahlen bestimmen eine Ebene, die die beiden Regelschaaren R und R_1 in je einer perspekt. Kurve II K und K_1 schneidet. Da demnach die beiden Kurven K(abc...) und K_1 ($a_1 b_1 c_1$ ...) projekt. sein müssen, in so ferne sie zu den beiden projekt. Regelschaaren R(abc...) und R_1 ($a_1 b_1 c_1$...) perspektivisch sind, K und K_1 aber identisch sind, so müssen sie alle Punkte entsprechend gemein haben nach Nr. 61, da dieses bei 3en der Fall ist.

2 projekt. Regelschaaren erzeugen durch die Ebenen, welche entsprechende Strahlen verbinden, einen Ebenenbüschel II, denn der Schnittpunkt M der 3 Ebenen aa_1 bb_1 cc_1 ist Mittelpunkt eines

Ebenenbüschels II, der zu beiden Regelschaaren perspekt. ist, und daher als Träger 2er in ihnen enthaltenen projekt. Ebenenbüschel II erscheint, die aber nach 61. alle Elemente entsprechend gemein haben müssen, da es bei den 3 erwähnten der Fall ist.

Zusatz. Da diese beiden Sätze offenbar auch umgekehrt gelten, nämlich, daß die beiden in einer Regelfläche enthaltenen Regelschaaren R und R_1 projektivisch sind, wenn man 2 Strahlen entsprechend nennt, die in einem Punkt einer zu den Regelschaaren perspekt. Kurven II sich schneiden, oder in einer Ebene einer zu den Regelschaaren perspekt. Ebenenbüschel II liegen, so folgt hieraus im Zusammenhalt mit den beiden zuletzt angeführten Sätzen folgendes: Alle Punkte, in welchen sich sämmtliche Ebenen eines zu einer Regelschaar perspekt. Ebenenbüschels der Regelfläche anschmiegen, liegen in einer Kurve II, und umgekehrt.

72. In 63. und 68. wurde untersucht, wenn die projekt. Beziehung in die perspekt. übergeht, zuerst für ein Elementargebilde I und ein Elementargebilde II und dann für 2 Elementargebilde II, von denen das eine als Schnitt oder Schein des andern erscheinen kann. Es bleibt nun der Fall noch übrig, wenn 2 projekt. Elementargebilde II perspekt. werden, welche nicht in dem so eben angegebenen Verhältniß zu einander stehen, und zwar kommen hier in Betracht ein Punktgebilde II mit 1) einem Strahlenbüschel II und 2) Ebenenbüschel II, ferner ein Strahlenbüschel II, 1) mit einem Punktgebilde II, 2) mit einem Strahlenkegel II, 3) mit einer Regelschaar, und endlich eine Kegelfläche II, 1) mit einem Strahlenbüschel II, 2) mit einem Ebenenbüschel II.

In dieser Beziehung gilt nun nachfolgender Satz: Sind 2 Elementargebilde II, deren Elemente die Möglichkeit ausschließen, daß das eine ein Schnitt oder Schein des andern sein kann, der Art projektivisch, daß 5 Elemente des einen durch die ihnen entsprechenden Elemente des anderen gehen, so sind sie perspektivisch.

Es genügt offenbar, den Satz bewiesen zu haben für irgend 1 Paar dieser hieher gehörigen und hier oben näher bezeichneten Elementargebilde, in soferne man dadurch, daß man von ihnen beliebig einen Schnitt oder einen Schein nimmt, zu einem beliebigen anderen Paar gelangt. Am geeignetsten hiezu ist aber ein Punktgebilde II K und ein Ebenenbüschel II M, in soferne man für diese beiden eine Regelschaar finden kann, welche unter der Voraussetzung, daß 5 Elemente des einen Elementargebildes in den entsprechenden Elementen des anderen liegen, zu beiden zugleich perspekt. ist.

Um eine Regelschaar zu erhalten, die zum Punktgebilde II K perspekt. ist, braucht man nach 70. nur eine Gerade m zu wählen, welche die Kurve in 1 Punkte schneidet, und diese so projektivisch auf die Kurve zu beziehen, daß der gemeinsame Punkt a ein entsprechend gemeinsames Element darstellt. Soll nun aber diese Regelschaar zugleich zu dem Ebenenbüschel II M perspektivisch sein, so müssen nach Nr. 63. 4 Strahlen derselben in den entsprechenden Ebenen des Ebenenbüschels liegen, was gleich bedeutend damit ist, daß 4 Punkte der Kurve in den ihnen entsprechenden Ebenen liegen müssen.

Da m Leitstrahl dieser Regelschaar ist, so muß also M auch zu m perspekt. sein, und also entspricht dem Punkte a der Kurve ebenfalls eine durch ihn gehende Ebene A von M, woraus also folgt, daß auf eine perspekt. Beziehung zwischen Kurve II und Ebenenbüschel II erst dann mit Nothwendigkeit geschlossen werden kann, wenn von 5 Punkten nachgewiesen, daß sie in ihren entsprechenden Ebenen liegen. Da m perspekt. zu M sein soll, so muß sie in einer Ebene des Büschels M liegen. Dabei ist selbstverständlich, daß wenn durch die Gerade Ma 2 Ebenen des Ebenenbüschels M gehen, alsdann m in derjenigen von beiden liegen muß, welche dem Punkte a nicht entspricht, in so ferne ja bei einem zu einem Ebenenbüschel II perspekt. geraden Gebilde einem Punkte, durch den 2 Ebenen des Büschels gehen, gerade nicht die Ebene entspricht, in der der Träger des geraden Gebildes liegt.

73a. Nach Nr. 71. Zus. bestimmt der Ebenenbüschel II M und die Regelfläche, in welcher die zu ihm perspekt. Regelschaar liegt durch die Berührungspunkte der einzelnen Ebenen des Büschels eine zur Regelschaar perspekt. Kurve II; diese Kurve II nun, und die in 72. in Betracht gezogene K haben entweder keinen oder zwei oder alle Punkte gemein; in jedem Punkte A, den beide Kurven II gemein haben, berührt die durch A gehende Ebene des Ebenenbüschels II M die Kurve K in dem ihr entsprechenden Punkte A. Durch jeden andern Punkt B von K, der nicht diesen beiden Kurven II gemein ist, geht eine diesem Punkt entsprechende Ebene von M, welche die K noch in einem 2ten Punkte C schneidet.

Hieraus folgt unmittelbar folgendes: Bezieht man auf jeden Punkt einer Kurve II K die zugehörige Tangente, so ist das Punktgebilde II K und der Strahlenbüschel II K projektivisch, d. h. perspektivisch; tritt dagegen bei einem Strahlenbüschel II K_1 der einem Punktgebilde II K perspekt. ist, der so eben erwähnte Fall nicht ein, so können die Kurven K und K_1 sich höchstens in 2 Punkten berühren. Wir überlassen es dem Leser, die entsprechenden Sätze für Kegel II und Strahlenbüschel II, sowie für Ebenenbüschel II und Kurve II sich hier beizufügen.

Hieran schließt sich nun unmittelbar nachfolgende wichtige Betrachtung.

Eine Ebene des zu K perspekt. Ebenenbüschels II M, wie wir sie oben betrachteten, hat im Allgemeinen mit K 2 Punkte B und Q gemein, von denen der eine B der durch ihn gehenden Ebene B_1 entspricht, in eben dieser Ebene B_1 liegen 2 Strahlen b q derjenigen Regelfläche, welcher die obige in die Betrachtung hereingezogene zu K und M perspekt. Regelschaar angehört, und zwar gehört der eine b, der durch B geht, zu der obigen Regelschaar, der andere q, der durch Q geht, zu deren Leitschaar. Nach 71. Zusatz stellen aber je 1 Paar der Art zusammengehöriger Strahlen b u. q entsprechende Strahlen 2er projekt. Regelschaaren dar, und da die beiden Kurvengebilde K(B...) und K(Q...) zu diesen beiden Regelschaaren perspektivisch, also unter sich projektivisch sind, so folgt hieraus der wichtige Satz: die Elemente eines zu einer Kurve II perspekt. Ebenenbüschels II oder Strahlenbüschels II schneiden die Kurve in entsprechenden Punkten 2er projekt. Kurven desselben Trägers.

Es gilt nun aber auch umgekehrt der Satz: Betrachtet man eine Kurve II K als Träger 2er projektivischer Punktgebilde II K[ABC...] π K[$A_1B_1C_1$...], so erzeugen die Verbindungslinien entsprechender Punkte AA_1 BB_1 CC_1... eine zu beiden Punktgebilden II perspekt. Strahlenbüschel II.

Denn ist F irgend eine Regelfläche deren beide Regelschaaren R u. R_1 zu K perspekt. und unter sich so projekt. sind, daß den 3 durch ABC gehenden Strahlen von R die 3 durch $A_1B_1C_1$ gehenden Strahlen von R_1

entsprechen, so erzeugen die entsprechenden Strahlenpaare nach Nr. 71 Zusatz den Ebenenbüschel II, welcher die Ebene von K in dem Strahlenbüschel II schneidet, von dem im Satze die Rede.

Soll daher ein Strahlenbüschel perspekt. auf eine Kurve II bezogen werden, so kann man bloß zu 3 Strahlen, welche mit der Kurve wenigstens 1 Punkt gemein haben, und die sich selbstverständlich nicht in 1 Punkte schneiden dürfen, die 3 in ihnen liegenden Punkte der Kurve II entsprechend annehmen.

Dem Leser bleibt es überlassen, sich die entsprechenden Sätze für Kegel II und Strahlenbüschel II, sowie für Ebenenbüschel II und Kurve II hinzuzufügen.

73 b. Der Ebenenbüschel M und also auch der ihm perspekt. Strahlenbüschel II AA_1 BB_1 CC_1.... war, wie wir sahen, perspektivisch dem Punktgebilde II ABC..., da aber nach 73. a ABC... π $A_1B_1C_1$..., so ist auch der Ebenenbüschel II und der Strahlenbüschel II AA_1 BB_1 CC_1... π $A_1B_1C_1$... und also, da je ein Strahl z. B. D_1D durch den ihm entsprechenden Punkt geht, auch perspektivisch. Dies giebt nun folgenden Satz. Ist ein Strahlenbüschel II abc... perspektivisch einem Punktgebilde II K(ABC...), so ist er auch perspektivisch zu demjenigen Punktgebilde II, das man erhält, wenn man auf jeden Strahl a den Punkt von K bezieht, der ihm außer A mit der Kurve K gemein ist. Offenbar kann man diesen Satz auch in der Weise ausdrücken, daß man hervorhebt, welche Strahlen bei beiden Arten der perspekt. Beziehung einem und demselben Punkte von K entsprechen, wodurch der Satz diese Fassung erhält: Ist ein Punktgebilde II K(ABC...) zu einem Strahlenbüschel II abc perspektivisch, so ist dasselbe auch zu dem Strahlenbüschel II perspekt., den man erhält, wenn man auf jeden Punkt D von K, welchem bei der ersten Art der perspekt. Beziehung der Strahl d entspricht, denjenigen Strahl d_1 des Strahlenbüschels bezieht, der außer d noch durch D geht.

Hieraus folgt aber unmittelbar folgendes:

Ist ein Punktgebilde II perspekt. zu einem Strahlenbüschel II, und bezieht man auf jeden Strahl d des Büschels denjenigen d_1, der mit ihm durch denselben Punkt D des Punktgebildes II geht, so sind die beiden so entstehenden Strahlenbüschel II desselben Trägers projekt., insoferne sie beide zu dem Punktgebilde perspekt. sind.

Will man daher ein Punktgebilde II sich verschaffen, das perspektivisch zu einem Strahlenbüschel II ist, so kann man bloß 3 Punkte ABC, die in 3 Strahlen a b c (oder $a_1 b_1 c_1$) aber nicht in einer Geraden liegen, beliebig annehmen, in so ferne die beiden projektivischen Strahlenbüschel abc π $a_1b_1c_1$ desselben Trägers die verlangte perspekt. Kurve II erzeugen.

74. Auch aus Nr. 72 ergeben sich eine Gruppe von Sätzen, indem man 2 projektivische Elementargebilde II betrachtet, welche beide zu einem anderen Elementargebilde II eben nach 72. perspekt. sein können.

1) Sind eine Kurve II und eine Regelschaar projektivisch, und schneiden sich 5 Ebenen, welche durch 5 Paare entsprechender Elemente gehen, in 1 Punkte M, so ist M die Spitze eines Ebenenbüschels II, der zu beiden Elementargebilden perspekt. ist, vorausgesetzt, daß nicht alle 5 in 1 Geraden sich schneiden, ein Fall der in Nr. 68 schon betrachtet wurde. Der zur Regelschaar perspekt. Ebenenbüschel II M, ist nämlich eben deßwegen auch zur Kurve II projekt. und da 5 Elemente desselben durch die ihnen entsprechenden Elemente gehen, so folgt aus 72., daß derselbe auch zur Kurve II perspekt. ist.

Zusatz. Der hier erwähnte Fall tritt dann immer von selbst ein, wenn 2 und bloß 2 Punkte der Kurve II in den ihnen entsprechenden Strahlen liegen, denn jeder Schnittpunkt von 3 durch 3 Paare entsprechender Elemente bestimmter Ebenen erfüllt dann von selbst die obige Bedingung.

Ist ein Ebenenbüschel II und eine Regelschaar projekt., und liegen 5 Schnittpunkte entsprechender Elementenpaare in 1 Ebene, so erzeugen beide Elementargebilde eine zu beiden perspekt. Kurve II.

Dieser Fall tritt immer dann von selbst ein, wenn 2 und nur 2 Ebenen des Büschels durch die entsprechenden Strahlen der Regelschaar gehen.

Der Beweis fast wörtlich wie im vorigen Fall.

Ein Punktgebilde II und ein ihm projekt. Strahlenbüschel II, die in 2 verschiedenen Trägern liegen, erzeugen einen zu beiden perspekt. Ebenenbüschel II, wenn 5 Ebenen die durch 5 entsprechende Elementenpaare bestimmt sind, in 1 und bloß in 1 Punkte sich schneiden. Dieser Fall tritt dann von selbst ein, wenn 2 und bloß 2 Strahlen durch die ihnen entsprechenden Punkte gehen.

3) Haben 2 projekt. Kurven K und K_1 II einer Ebene 2 Punkte MN entsprechend gemein, so erzeugen die Verbindungslinien entsprechender Punkte einen Strahlenbüschel I oder II.

Denn schneiden sich die 3 Verbindungslinien entsprechender Punkte AA_1 BB_1 CC_1 nicht in 1 Punkte, so ist der zu K perspekt. Strahlenbüschel II, welcher nach 73a. durch diese so eben erwähnten 3 Strahlen völlig bestimmt ist zu K projektivisch, eben weil er zu K perspekt. ist, und da außer den 3 Strahlen AA_1 BB_1 CC_1 auch noch die beiden durch die entsprechend gemeinsamen Punkte MN gehenden Strahlen durch die ihnen entsprechenden Punkte gehen, so ist nach Nr. 72 dieser Strahlenbüschel II auch zu K_1 perspekt.

Gehen aber die 3 Strahlen AA_1 BB_1 CC_1 durch 1 Punkt, so müssen alle Verbindungslinien entsprechender Punkte durch diesen Punkt gehen, denn würde eine einzige derselben DD_1 nicht durch diesen Punkt gehen, so würde sie mit 2en der erwähnten 3 zusammen 3 Gerade bilden, welche die im vorigen Fall behandelte Voraussetzung erfüllen, und es müßten alle Verbindungslinien einen Strahlenbüschel II bilden, was nicht möglich, da keine 3 Strahlen eines solchen in 1 Punkte sich schneiden können.

Zusatz. Offenbar bildet der in Nr. 73a. betrachtete Satz bloß einen besonderen Fall des hier enthaltenen allgemeinen, in so ferne dort die beiden Kurven K und K_1 in 1 Träger enthalten sind. Es kann daher hier noch ergänzend beigefügt werden, daß wenn 2 Kurven II desselben Trägers projekt. sind und 3 Verbindungslinien entsprechender Punkte sich in 1 Punkte S schneiden, alsdann dieses mit allen der Fall ist. Der so entstehende Strahlenbüschel I ist aber, was wohl zu beachten, durchaus nicht zu diesen Kurvengebilden perspektivisch d. h. nicht projektivisch.

In diesem besonderen Falle entsprechen aber offenbar je 2 Punkte der Kurve, die auf demselben Strahle des Strahlenbüschels S liegen, einander in doppeltem Sinne d. h. die Kurve ist Träger 2er involut. liegender Punktgebilde II.

Umgekehrt folgt aber aus der Entwicklung der 73a. und b. indirekt ohne weiteres, daß wenn ein Punktgebilde II involutorisch ist, die Verbindungslinien der entsprechenden Punkte nicht einen

Strahlenbüschel II bilden können, also einen Strahlenbüschel I bilden müssen.

Liegt der Mittelpunkt S innerhalb der Kurve K, so hat das involut. Punktgebilde II keine Ordnungselemente, liegt S außerhalb K, so bestimmen die beiden an K gehenden Tangenten durch ihre Berührungspunkte die beiden Ordnungspunkte.

4) Haben 2 projekt. Strahlenbüschel II aa_1 bb_1 cc_1 2 und nur 2 Elemente mn entsprechend gemein, so erzeugen die Schnittpunkte entsprechender Strahlen ein Punktgebilde I oder II. Liegen nämlich die 3 Schnittpunkte aa_1 bb_1 cc_1 nicht in einer Geraden, so ist die zu dem Strahlenbüschel abcmn perspektivische Kurve II, welche durch die 3 Schnittpunkte aa_1 bb_1 cc_1 nach 73b. vollkommen bestimmt ist, zu dem Strahlenbüschel $a_1b_1c_1$ projektivisch, eben weil sie zum Büschel abc perspektivisch ist, und da 5 Punkte a_1 b_1 c_1 m n in den ihnen entsprechenden Strahlen liegen, auch perspektivisch zu ihnen.

Liegen aber die 3 Schnittpunkte aa_1 bb_1 cc_1 in einer Geraden s, so läßt sich ganz wie in 4) indirekt schließen, daß dann jeder Schnittpunkt entsprechender Strahlen in dieser Geraden liegen muß.

Zusatz. Der Satz in 73b. ist offenbar nur ein besonderer Fall des hier angeführten, insoferne dort die beiden Strahlenbüschel II in einem Träger enthalten sind, es kann daher hier ergänzend beigefügt werden, daß wenn 2 Strahlenbüschel II desselben Trägers projekt. sind, und 3 entsprechende Strahlenpaare sich in 3 Punkten einer Geraden s schneiden, dieses mit allen der Fall ist.

In diesem besonderen Falle entsprechen offenbar je 2 Strahlen die in 1 Punkte von s sich schneiden einander abwechselnd d. h. der Strahlenbüschel II ist involutorisch. Umgekehrt folgt aber aus der Entwicklung von 73a. und b. indirekt ohne weiteres, daß wenn ein Strahlenbüschel II involutorisch ist, alsdann die Schnittpunkte entsprechender Strahlen nothwendig ein gerades Gebilde darstellen müssen.

Hat s mit der vom Strahlenbüschel II umhüllten Kurve II K keinen Punkt gemein, so hat der involut. Strahlenbüschel keine Ordnungselemente, hat aber s mit K 2 Punkte gemein, so bestimmen deren Tangenten die beiden Ordnungsstrahlen.

6) Ist ein Ebenenbüschel II M und ein Strahlenkegel II S

projektivisch, so erzeugen die Schnittpunkte entsprechender Elemente eine zu beiden perspekt. Kurve II, wenn 5 derselben in 1 Ebene liegen; M und S dürfen selbstverständlich dabei nicht zusammenfallen.

Der hier erwähnte Fall tritt dann immer ein, wenn 2 durch die Gerade MS gehenden Ebenen PQ des Ebenenbüschels die ihnen entsprechenden Strahlen p q in sich enthalten, insoferne die Ebene von irgend 3 andern Schnittpunkten entsprechender Elemente stets in den Schnittpunkten mit p und q die übrigen 2 der im Satze erwähnten 5 Punkte in sich enthält.

6) Ein Punktgebilde II K und ein Strahlenbüschel II s, deren Träger Ks nicht zusammen fallen, erzeugen einen ihnen beiden perspekt. Ebenenbüschel II, wenn 5 Verbindungsebenen entsprechender Elemente in 1 Punkte sich schneiden.

Dieser Fall tritt immer dann von selbst ein, wenn 2 in der Schnittlinie Ks gelegene Punkte von K zugleich in den ihnen entsprechenden Strahlen von s liegen.

7) 2 koncentrische projekt. Strahlenkegel II erzeugen durch die Verbindung entsprechender Elemente einen zu beiden perspekt. Ebenenbüschel II oder einen zu ihnen nicht perspekt. Ebenenbüschel I wenn 5 oder resp. 3 dieser so entstehenden Ebenen in einem Ebenenbüschel II, oder resp. in einem Ebenenbüschel I liegen, dessen Axe kein gemeinschaftliches Element beider ist.

Dieser Fall tritt immer dann von selbst ein, wenn die beiden Kegelflächen II, 2 und nur 2 Elemente entsprechend gemein haben. (Der Fall, in welchem sie einen zu ihnen perspekt. Ebenenbüschel I bilden, wurde schon oben besprochen).

8) 2 koncentrische Ebenenbüschel II erzeugen durch die Schnittlinien entsprechender Ebenen einen zu beiden perspekt. Strahlenkegel II, oder ein zu ihnen nicht perspekt. Strahlenbüschel I, wenn 5 solche Schnittlinien in einer Kegelfläche II, oder in einem Strahlenbüschel I liegen, dessen Träger kein gemeinsames Element beider ist. Dieser Fall tritt immer dann von selbst ein, wenn beide Büschel 2 und nur 2 Elemente entsprechend gemein haben. (Der Fall, in dem beide einen zu ihnen perspekt Strahlenbüschel I erzeugen, wurde schon oben behandelt).

7) und 8) ergeben sich aus 3) und 4) dadurch, daß man von dem dortigen Gebilde Scheine nimmt.

75. Ehe wir in unsrer Entwicklung weiter gehen, soll hier als Anhang der projekt. Beziehung der Grundgebilde II an 2 Beispielen auf eine Anwendung dieser Lehre hingewiesen werden, von der im späteren Verlaufe häufiger Gebrauch gemacht wird. Soll nämlich für irgend ein Elementargebilde I oder II ein die projekt. Beziehung im Allgemeinen betreffender Satz bewiesen, oder eine dahin gehörige Aufgabe gelöst werden, so genügt es immer die entsprechende Aufgabe für irgend ein beliebiges der 8 Grundgebilde I oder II gelöst zu haben, und in den meisten Fällen eignet sich von den 8 Grundgebilden gerade eines besonders, um den Beweis oder die Lösung recht einfach und anschaulich zu machen, wie folgende beiden Beispiele darthun werden.

75a. Aufgabe. Es ist eine Gerade p als Träger 2er projekt. geraden Gebilde p[abc...] π p[$a_1b_1c_1$...] gegeben, man soll die entsprechend gemeinsamen Elemente derselben durch Construktion finden.

Man nehme in einer Ebene dieser Geraden p eine beliebige Kurve II, am einfachsten einen Kreis (Fig. 21), wähle einen Punkt seines Umfangs S als Centrum eines zu p(abc...) ebenso wie zu p(a_1 b_1 c_1...) perspekt. Strahlenbüschels, so schneiden diese beiden projekt. Strahlenbüschel S[abc..] π S[$a_1b_1c_1$..] die Kurve II in 2 unter sich projekt. Punktgebilden II; die entsprechend gemeinsamen Punkte dieser letzteren bestimmen die entsprechend gemeinsamen Strahlen der beiden Strahlenbüschel S, und diese beiden wieder die entsprechend gemeinsamen Punkte der in p enthaltenen projekt. geraden Gebilde. Unsere Aufgabe ist daher darauf zurückgeführt, die entsprechend gemeinsamen Punkte 2er projekt. Punktgebilde II abc... π $a_1b_1c_1$... desselben Trägers K zu ermitteln, was mit Hilfe des Lineals sehr einfach erreicht wird, wie folgt. Man wähle 2 beliebige einander entsprechende Punkte von K, z. B. aa_1 (Fig. 22) und nehme nun von jedem dieser beiden Punkte den Schein desjenigen Punktgebildes, für welches er nicht dem anderen Punkte entspricht, d. h. von a aus den Schein von $a_1b_1c_1$... und von a_1 aus den Schein von abc..., so erhält man 2 projekt. und, da a_1a ein entsprechend gemeinsames Element darstellt, 2 perspekt. Strahlenbüschel I a[$a_1b_1c_1$...] π a_1[abc...], die Axe der perspekt. Beziehung dieser beiden Büschel bestimmt nun, wie man sich alsbald überzeugt, die entsprechend gemeinsamen Elemente der beiden Punktgebilde II, so daß diese 0 oder 1 oder 2 entsprechend gemeinsame Elemente enthalten, je nachdem diese perspekt. Axe mit der Kurve K 0 oder 1 oder 2 Punkte gemein hat.

75 b. Lehrsatz. In einem involut. Elementargebilde I oder II, giebt es zu jedem Paare entsprechender Elemente PP_1 stets 2 andere Paare zugeordneter Elemente QQ_1 und RR_1 von der Beschaffenheit, daß Falls Ordnungselemente vorhanden sind, der Wurf PQQ_1P_1, ebenso wie PRR_1P_1, Falls aber keine Ordnungselemente vorhanden sind, der Wurf PQP_1Q_1 und PRP_1R_1 einem beliebigen ordentlichen Wurf $\alpha\beta\gamma\delta$ projekt. ist.

Wir betrachten hier nur den Fall näher, in welchem die Involution ohne Ordnungselemente ist, da der Beweis für den andern Fall mit ganz unwesentlichen Aenderungen derselbe bleibt.

Auch hier wenden wir wieder die Lehre der projekt. Beziehung der Elementargebilde der Art an, daß wir den Beweis für den einen einfachsten Fall führen, in welchem das Elementargebilde ein Punktgebilde II ist, s. Fig. 23.

Wählt man in dem Punktgebilde zu den 2 Elementen PP_1 und dem beliebig angenommenen p ein 4tes Element p_1 so, daß Pp P_1p_1 π $\alpha\beta\gamma\delta$, und sind Q und Q_1 ein Paar entsprechende Elemente des involut. Punktgebildes II von der verlangten Eigenschaft, daß PQP_1Q_1 π $\alpha\beta\gamma\delta$, so ersieht man, Q und Q_1 müssen die Bedingung erfüllen, daß PpP_1p_1 π PQP_1Q_1 π P_1Q_1PQ d. h., daß PP_1 pQ_1 p_1Q eine Involution bilden müssen. Lassen wir nun einen Punkt, den wir mit q bezeichnen wollen, die ganze Strecke PP_1 durchlaufen, so durchläuft sowohl in der Involution $PP_1 . qp_1 . pq_1$ der Punkt, den wir mit q_1 bezeichnen wollen, als auch in der gegebenen Involution $PP_1 . AA_1$ der dem q entsprechende Punkt, den wir mit q_2 bezeichnen wollen, diejenige Strecke PP_1, welche von der vorigen verschieden ist der Art, daß diese beiden Strecken gerade zusammen das ganze Punktgebilde II ausmachen *). Es besteht aber hiebei der

*) Es muß nämlich offenbar, damit den Bedingungen der beiden involut. Beziehungen Genüge geschieht, der Strahlenbüschel $p(q_1 \ldots)$ und der Strahlenbüschel $p_1(q \ldots)$ perspekt. sein in Bezug auf PP_1 als Axe der perspekt. Beziehung, während qq_2 stets durch einen festen Punkt von PP_1, nämlich durch

Unterschied, daß, während q_1 von P nach P_1 in dieser Strecke sich bewegt, gerade q_2 von P_1 nach P, also in entgegengesetztem Sinne diese Strecke zurücklegt, hieraus folgt aber, daß auf dieser Strecke ein Punkt enthalten ist, für welchen q_1 und q_2 zusammen fällt, was aber für diese eine der beiden Strecken PP_1 gilt, gilt natürlich auch für die andere, jeder Punkt aber, in welchem q_1 und q_2 zusammen fallen, entspricht als Q_1 oder R_1 mit dem zugehörigen q als Q oder R der in dem Satze angegebenen Bedingung.

Da die beiden Punkte, welche als Q_1 der obigen Bedingung entsprechen, in den beiden Strecken PP_1 liegen, so ist zu gleicher Zeit bewiesen, daß wenn wir jetzt, wie im Satz geschehen, diese beiden Punkte wirklich mit Q_1 und R_1 bezeichnen wollen, der Sinn des Wurfes PQP_1Q_1 dem Sinne des Wurfes PRP_1R_1 gerade entgegengesetzt ist.

Will man sich die Aufgabe stellen, diese beiden Punkte Q und R wirklich zu finden, so führt folgende Betrachtung zu einer einfachen Lösung derselben: das Punktgebilde q_1 und q_2 sind bei veränderlichem q nicht nur projekt., sondern auch involutorisch, wie sich alsbald ergiebt, wenn man das q einmal mit P, das andere Mal mit P_1 zusammen fallen läßt. Die Ordnungselemente dieser involutorischen Beziehung stellen aber die verlangten beiden Punkte dar; bei der wirklichen Auffindung dieser Punkte benutzt man für die fragliche involutorische Beziehung, deren Ordnungselemente gesucht werden, diejenigen zugeordneten Punktenpaare, von denen p und p_1 je ein Element darstellt und man kann die Auflösung so kurz fassen: zieht man von p und p_1 nach dem Centrum der involut. Beziehung S von $AA_1 . PP_1$ je eine Gerade pr_1 und p_1r, wobei r_1 und r in der Kurve liegen sollen (s. die Fig.) so schneiden sich pr und p_1r_1 in einem Punkte F von PP_1 von dem aus 2 Tangenten an K sich legen lassen, deren Berührungspunkte die gesuchten Ordnungselemente darstellen.

---

das Centrum S der involut. Beziehung $PP_1 . AA_1$ gehen muß, woraus die obige Behauptung alsbald sich als richtig ergiebt.

§. 5. Projektivische Beziehung der Grundgebilde II. und III. Ordnung.

76. In Nr. 6 wurde im Allgemeinen die Methode der geometrischen Behandlungsweise der neueren Geometrie charakterisirt, und es fragt sich nun nur noch, in welcher Weise auch für die Grundgebilde II. und III. Ordnung die Elemente einander zugeordnet werden. Als wesentlich müssen hier folgende 2 Punkte hervorgehoben werden für alle Grundgebilde, 1) daß einem jeden Elemente nur ein einziges vollkommen bestimmtes Element entspreche, und 2) daß, wenn in dem einen Grundgebilde G 2 oder 3 Elemente ABC ein neues Element M bestimmen, alsdann in dem andern Grundgebilde G_1 dem M dasjenige Element M_1 entspreche, welches durch die 2 oder 3 entsprechenden Elemente $A_1B_1C_1$ bestimmt ist. Sehen wir nun, ob und auf welche Weise dieses bei den einzelnen Grundgebilden erreicht werde, und welche weitere Folgen sich daraus ergeben.

Es ist, um vorläufig bei dem ebenen Gewebe stehen zu bleiben, vor Allem zu beachten, ob den Punktelementen des einen ebenen Gewebes wieder Punktelemente des anderen, oder ob ihnen Strahlenelemente zugeordnet werden sollen. Ein Punktelement einer Ebene bestimmt man am einfachsten als Schnittpunkt 2er Strahlen von 2 Strahlenbüscheln, ein Strahlenelement bestimmt man am einfachsten als Verbindungslinie 2er Punkte von 2 geraden Gebilden. Wählt man daher im 2ten der eben erwähnten Fälle in dem einen ebenen Gewebe E 2 Strahlenbüschel P und Q und in dem andern ebenen Gewebe E_1 2 gerade Gebilde p und q bezieht das gerade Gebilde p projektivisch auf den Büschel P und das gerade Gebilde q projektivisch auf den Büschel Q, und nennt einen Punkt M von E und einen Strahl m von E_1 entsprechend, wenn PM und QM den Punkten pm qm entsprechen, so hat man die Beziehungsweise der neueren Geometrie, wenn noch der wichtige Punkt nicht außer Acht gelassen wird, daß wenn den Elementen MN von E die Elemente mn von E_1 entsprechen dann immer auch dem Element (MN) von E das Element (mn) von E_1 entsprechen soll, woraus alsbald sich ergiebt, daß nicht nur dem P das Element p dem Q das Element q, sondern auch dem gemeinsamen Strahle PQ der Schnittpunkt pq entspricht.

Wählt man im ersten der oben genannten beiden Fälle 2 Strahlenbüschel P Q in E und 2 Strahlenbüschel P_1Q_1 in E_1, bezieht P projektivisch auf P_1 und Q projektivisch auf Q_1, so jedoch, daß dem Strahle PQ der Strahl P_1Q_1 entspricht, und nennt M und M_1 entsprechende Punkte, wenn den beiden Strahlen PM und QM die beiden Strahlen P_1M_1 und Q_1M_1 entsprechen, so hat man auch in diesem Falle die Art, wie die neuere Geometrie die Zusammengehörigkeit der Elemente fixirt, wenn auch hier der Punkt im Auge behalten wird, daß wenn den Elementen MN in E die Elemente M_1N_1 in E_1 entsprechen, dann auch dem Elemente (MN) in E das Element (M_1N_1) in E_1 entsprechen soll.

Die hier zuerst behandelte Art der Beziehung nennt man reciprok, die zuletzt erwähnte kollineär, sieht man dagegen von dem Unterschied der Elemente ab, so gebraucht man für beide Fälle den Ausdruck projektivisch.

77. Hat man auf die so eben beschriebene Weise das ebene Gewebe E reciprok auf das ebene Gewebe E_1 bezogen, so ergiebt sich eben aus dieser Art der Beziehung hinsichtlich der allgemeinen Lagenverhältnisse entsprechender Elemente folgendes:

Jedem geraden Gebilde m in E entspricht ein ihm projektivischer Strahlenbüschel M in E_1. Denkt man sich nämlich in E die einzelnen Punkte m (abcd...) des fraglichen geraden Gebildes, wie eben angegeben, durch die Schnittpunkte der Strahlenbüschel P(abcd...) und Q(abcd...) bestimmt, so sind diese dadurch unter sich und dem geraden Gebilde m perspektivisch projektivisch nnd ihr gemeinsamer Strahl PQ ist ein entsprechend gemeinsames Element, da nun aber die entsprechenden Strahlen in E_1 durch die Verbindungslinien der beiden geraden Gebilde p und q bestimmt werden, wobei $p \pi P$ und $q \pi Q$, so ist dadurch unmittelbar auch p und q unter sich, und zu dem dadurch entstehenden Strahlenbüschel M(abcd...) perspektivisch projektivisch, und daher ist auch m[abcd...] π M[abcd...].

Jedem Punkt in E entspricht ein Strahl in E_1, daß dieses mit allen Punkten, die nicht der Geraden PQ angehören in E, und dem entsprechend mit allen Strahlen, die nicht dem Büschel pq angehören in E_1, der Fall ist, ergiebt sich unmittelbar aus 76., daß aber auch jedem Punkte von PQ ein Strahl von pq angehört, ergiebt sich daraus, daß jeder Geraden in E, welche die PQ in einem Punkte m schneidet ein Strahlenbüschel M entspricht, der mit dem Büschel pq den Strahl m gemein hat, wobei nach 76. m und m entsprechende Elemente darstellen.

Jedem Strahlenbüschel von E entspricht ein ihm projektivisches gerades Gebilde in E_1. Denn denkt man sich von einem Punkte M aus Gerade nach allen Punkten eines geraden Gebildes, so entsprechen diesen die Schnittpunkte einer Geraden mit allen Strahlen eines jenem geraden Gebilde projektivischen Büschels.

Hieraus folgt nun unmittelbar: Jedem vollständigen n Eck in dem einen ebenen Gewebe entspricht ein vollständiges n Seit im andern und zwar den Seiten des einen die Ecken des andern und umgekehrt.

Jedem harmonischen Wurf von Punkten im einen ein harmonischer Wurf von Strahlen im andern.

Jeder Kurve II, als einem durch 2 projekt. Strahlenbüschel erzeugten Elementargebilde im einen, eine Kurve II, als ein durch 2 projekt. gerade Gebilde erzeugtes Elementargebilde II im andern, und zwar entsprechen den Punktelementen der einen die Strahlenelemente der andern, einem der einen eingeschriebenen n Eck entspricht ein der andern umschriebenes n Seit.

78. Hieraus ergiebt sich das unter dem Namen „Gesetz der Reciprocität" in die neuere Geometrie eingeführte wichtige Princip, das sich also ausdrücken läßt.

Jeder Satz, welcher sich bloß mit allgemeinen Lagenverhältnissen geometrischer Gebilde beschäftigt, führt alsbald durch eine Art bloßer mechanischer Uebersetzung zu einem ihm reciprok verwandten, indem man bloß folgende Begriffe und Ausdrücke durchaus zu vertauschen hat, um den einen aus dem andern abzuleiten: Punkt und Gerade — n Punkte liegen in 1 Geraden und n Gerade schneiden sich in 1 Punkte — n Eck und n Seit — Verbindungslinie 2er Punkte und Schnittpunkt 2er Geraden — Punktgebilde II und Strahlenbüschel II — Punkt einer Kurve II und Tangente einer Kurve II — u. s. w. Die bisherige Entwicklung hat schon viele solche Beispiele reciprok verwandter Sätze gebracht, weßwegen wir davon Umgang nehmen, hier zur Erläuterung des Gesagten Beispiele anzuführen.

Von 2 solchen reciprok verwandten Sätzen, werden von nun an stets nur 1 bewiesen werden, da auch die Beweise selbstverständlich reciprok verwandt sind, und diese dadurch ermöglichte Abkürzung der Entwicklung war auch der Grund, weßwegen hier in Kürze und vorläufig die reciproke Verwandtschaft vor der kollineären besprochen wurde, wiewohl später erst die reciproke Verwandtschaft der Grundgebilde II als die verwickeltere ausführlicher in Betracht gezogen werden wird.

79. In 2 kollineär projektivischen ebenen Geweben entspricht jedem geraden Gebilde des einen ein ihm projektivisches gerades Gebilde im andern; jedem Punkte im einen ein Punkt im andern; jedem Strahlenbüschel im einen ein ihm projektivischer im andern; jedem harmonischen Wurf im einen ein ihm gleichartiger im andern; n Geraden die sich in 1 Punkte schneiden, n Gerade die sich in dem entsprechenden Punkt schneiden; n Punkten die in 1 Geraden liegen, n Punkte die in der entsprechenden Geraden liegen; einem vollständigen n Eck und n Seit wieder ein solches. Jeder Kurve II wieder eine Kurve II und zwar jedem Punkt und der durch ihn gehenden Tangente der einen wieder ein Punkt und die durch ihn gehende Tangente der andern.

Da die Beweise dieser Sätze vollkommen denen in 77. enthaltenen entsprechen, so wurden hier der Kürze wegen bloß die Resultate zusammengestellt.

80. Wenden wir uns nun ebenfalls in vorläufiger Kürze zu der projekt. Beziehung 2er Strahlenbündel S und S_1. Da der Gang der Entwicklung hier vollkommen derselbe ist, wie bei den ebenen Geweben, ja da man die Sätze aus den dortigen unmittelbar ableiten kann, wenn man von 2 projektivischen ebenen Geweben aus 2 Punkten S und S_1 die Scheine nimmt, so wird es vollkommen genügen, hier nur kurz die Resultate mitzutheilen: Entspricht von 2 Strahlenbündeln jedem Strahle des einen eine Ebene des andern, der Verbindungsebene 2er Strahlen die Schnittlinie der beiden entsprechenden Ebenen, 3 Strahlen, die in 1 Ebene liegen, 3 Ebenen, die einen Strahl gemein haben, so nennt man diese Art der projekt. Beziehung die reciproke. Entspricht dagegen Strahl dem Strahl,

der Ebene 2er Strahlen die Ebene der beiden entsprechenden Strahlen, 3 Strahlen die in 1 Ebene liegen, wieder 3 Strahlen die in 1 Ebene liegen, so nennt man diese Art der projekt. Beziehung die kollineäre.

Die reciproke Beziehung von S und S_1 ist vollständig gegenseitig, einem Strahl irgend eines der beiden Büschel entspricht eine Ebene des andern; jedem Ebenenbüschel des einen entspricht ein ihm projekt. Strahlenbüschel des andern; jedem harmonischen Wurf des einen entspricht ein harmonischer Wurf des andern mit dem Unterschied, daß die 4 Elemente des einen Strahlen, die des andern Ebenen sind; jedem Strahlenkegel II des einen entspricht ein Ebenenbüschel II des andern.

In 2 kollineären Strahlenbündeln entspricht jedem Ebenenbüschel I des einen ein ihm projekt. Ebenenbüschel I des andern; jedem Strahlenbüschel des einen ein ihm projekt. Strahlenbüschel des andern; jedem harmonischen Wurf des einen ein ihm gleichartiger im andern; jedem Strahlenkegel II des einen wieder ein Strahlenkegel II im andern; jedem Strahl a und der ihm zugehörigen Berührungsebene aa ein Strahl a_1, und die ihm zugehörige Berührungsebene $a_1 a_1$; jedem Ebenenbüschel II wieder ein Ebenenbüschel II.

Zusatz. Aus dem über reciproke Beziehung Bemerkten ergiebt sich auch für den Strahlenbündel das „Gesetz der Reciprocität", nach welchem aus jedem Satz über allgemeine Lagenverhältnisse der geometrischen Gebilde eines Strahlenbündels alsbald ein 2ter ihm reciproker Satz sich ohne Weiteres ableiten läßt, wenn nur die in dem Obigen genugsam angedeuteten Vertauschungen ꝛc. vorgenommen werden. Auch von solchen 2 Sätzen werden in der Folge nur einer entwickelt oder bewiesen werden.

81. Endlich soll nun noch in Kürze die Art der Zuordnung der Elemente bei räumlichen Systemen G und G_1 charakterisirt werden. In Nr. 5 hat sich herausgestellt, daß alle räumlichen Systeme genau gleich viele Punkt- und Ebenen-Elemente besitzen; man kann daher auch hier wieder in 2erlei Weise die Zuordnung der Elemente vollziehen, indem man dem Punkte entweder die Ebene, oder dem Punkte wieder den Punkt entsprechen läßt, und es fragt sich nun nur noch, auf welche Weise in beiden Fällen die Zuordnung der

Elemente geschehen müsse, damit die beiden Anfangs der Nr. 76 hervorgehobenen wesentlichen Punkte wirklich erreicht werden. Nimmt man für den 1sten der erwähnten Fälle 3 gerade Gebilde abc, die nicht in 1 Ebene liegen, aber sich in 1 Punkte schneiden, so ist jede Ebene von G, die nicht durch den gemeinsamen Punkt der 3 Geraden abc geht, vollkommen bestimmt durch die 3 Punkte, in welchen sie die 3 geraden Gebilde schneidet; nimmt man nun in dem zweiten räumlichen Systeme G_1 3 Gerade $a_1b_1c_1$, die sich nicht in 1 Punkte schneiden aber in 1 Ebene liegen, als Axen 3er Ebenenbüschel an, so ist jeder Punkt, der nicht in der Ebene $a_1b_1c_1$ liegt, vollkommen bestimmt durch den Schnittpunkt der 3 Ebenen, die durch ihn gehen. Bezieht man nun das gerade Gebilde a projektivisch auf den Ebenenbüschel a_1, ebenso b projekt. auf b_1 und c projekt. auf c_1, so ist jeder Ebene von G, die nicht im Strahlenbündel abc enthalten ist, ein einziger Punkt von G_1, der nicht in dem ebenen Gewebe $a_1b_1c_1$ enthalten, unzweideutig zugeordnet, wenn die 3 Schnittpunkte der ersten mit abc den 3 Ebenen von $a_1b_1c_1$ entsprechen, die im letzteren sich schneiden.

Jedem Ebenenbüschel in G entspricht ein ihm projekt. gerades Gebilde in G_1. Durch das System der Ebenen des Ebenenbüschels werden nämlich die 3 geraden Gebilde in a b und c perspektivisch auf einander bezogen, also werden auch die 3 Ebenenbüschel a_1 b_1 u. c_1 durch das System von Punkten, welches jenen Ebenen entspricht, perspekt. auf einander bezogen, was erkennen läßt, daß diese Punkte ein zu allen 3 Ebenenbüscheln perspekt. gerades Gebilde darstellen; denn die beiden perspekt. Büschel a_1b_1 und ebenso die beiden perspekt. Büschel a_1 und c_1 erzeugen je einen zu ihnen perspekt. Strahlenbüschel I, deren Träger in dem erwähnten geraden Gebilde sich schneiden.

Jedem Strahlenbüschel in G entspricht ein ihm projekt. Strahlenbüschel in G_1. Man kann sich nämlich jeden Strahlenbüschel in G entstanden denken durch 2 perspekt. Ebenenbüschel, diesen entsprechen aber 2 perspekt. gerade Gebilde, welche den entsprechenden Strahlenbüschel erzeugen, der jenem projekt. ist, insoferne die beiden geraden Gebilde, zu denen er perspekt. ist, den Ebenenbüscheln projektivisch sind, durch die der erste Büschel entsteht. Jeder Geraden als Element entspricht daher wieder eine Gerade.

Jedem Punkt in G entspricht eine Ebene in G_1 Betrachtet man nämlich 3 Ebenen von G, die sich einem Punkte schneiden, so müssen diesen 3 Punkte entsprechen, welche nicht in 1 Geraden liegen, (weil sonst die Ebenenbüschel $a_1 b_1 c_1$ und in Folge dessen gegen die Voraussetzung die 3 geraden Gebilde abc perspekt. auf einander bezogen wären), und daher die entsprechende Ebene bestimmen.

Es entspricht daher jedem Strahlenbündel von G ein ihm projekt. ebene Gewebe von G_1 und umgekehrt.

Jeder' Kurve II eine Kegelfläche II und umgekehrt, und dabei jedem Punkte der Kurve II eine Ebene der Kegelfläche und jeder Tangente der Kurve II ein Strahl der Kegelfläche.

Jeder Regelschaar eine Regelschaar.

Daß dieses Alles auch noch gelte für das ebene Gewebe $a_1 b_1 c_1$ und den entsprechenden Strahlenbündel abc, geht daraus hervor, daß die Ebene $a_1 b_1 c_1$ dem Punkt abc und jedem Strahlenbündel in G ein ihm projekt. ebene Gewebe in G_1 und dem Schein eines solchen ebenen Gewebes von Punkt abc aus der Schnitt des projektivischen Strahlenbündels mit $a_1 b_1 c_1$ entspricht.

Hieraus ergiebt sich nun auch für die räumlichen Systeme ein Gesetz der Reciprocität, wie wir es schon bei den Grundgebilden II. Ordnung kennen gelernt haben, dahin lautend: aus jedem Satze über allgemeine Lagenverhältnisse geometrischer Gebilde läßt sich unmittelbar, durch eine Art mechanischer Uebersetzung ein 2ter Satz bilden, wenn man nur je mit einander folgende Begriffe oder Aussagen vertauscht: Punkt und Ebene; gerades Gebilde und Ebenenbüschel; n Punkte liegen in einer Geraden und n Ebenen schneiden sich in 1 Geraden; Kurve II und Kegelfläche II 2c. 2c.

Von solchen 2 reciprok verwandten Sätzen werden im späteren Verlaufe je bloß der eine bewiesen oder näher ausgeführt werden.

Will man jedoch die Elemente 2er räumlicher Systeme so zuordnen, daß Punkt dem Punkt und Ebene der Ebene entspricht, so beziehe man 3 Ebenenbüschel abc, deren Axen sich in 3 verschiedenen Punkten schneiden, auf 3 derselben Bedingung unterworfene Ebenenbüschel $a_1 b_1 c_1$ projektivisch, und man erhält ganz auf dieselbe Weise, wie in der letzten Entwicklung näher ausgeführt, folgende Resultate: Jeder Ebene entspricht eine Ebene; jedem Strahle ein Strahl; jedem Punkte ein Punkt; Jedem Grundgebilde I und II ein ihm projekt. gleichartiges; jedem Elementargebilde II ein ihm gleichartiges projekt. 2c. 2c.

Auch hier nennt man die zuletzt angeführte Art der Beziehung die kollineäre, die erstere die reciproke, beide, abgesehen von der Wahl der Elemente, die projekt. Beziehung räumlicher Systeme.

Nachdem so im Allgemeinen die Natur der projekt. Beziehung auch der Grundgebilde II. und III. Ordnung gekennzeichnet ist, wenden wir uns ganz entsprechend dem Gange, den wir bei der projekt. Beziehung der Grundgebilde I. Ordnung eingeschlagen haben, zur näheren Betrachtung dieser Beziehung, und zwar zuerst zur kollineären Beziehung 2er ebenen Gewebe.

82. Aufgabe. Es soll untersucht werden, welche Annahmen hinsichtlich der entsprechenden Elemente nothwendig und ausreichend sind, damit die kollineäre Beziehung 2er ebenen Gewebe vollkommen und unzweideutig fixirt ist.

Offenbar genügen alle Bedingungen, die gerade hinreichen, daß 2 Strahlenbüschel von E durch sie vollständig projekt. auf 2 entsprechende Strahlenbüschel in E_1 bezogen sind, ohne daß durch sie noch außerdem willkührliche Annahmen in Betreff entsprechender Elemente festgestellt werden. Hieraus geht hervor, daß verschiedene Annahmen dem fraglichen Zweck entsprechen. Es sollen nun hier die wesentlichsten in Kürze aufgeführt werden:

a) Wenn zu 4 Punkten ABCD in E die entsprechenden Punkte $A_1B_1C_1D_1$ gegeben sind, wobei jedoch weder von den einen noch von den andern dieser 4 Punkte 3 in 1 Geraden liegen dürfen. Denn man hat dann $A[BCD...] \pi A_1[B_1C_1D_1...]$ und $B[ACD...] \pi B_1[A_1C_1D_1...]$.

Zusatz. Es könnte zweifelhaft erscheinen, ob die Wahl der Mittelpunkte derjenigen Strahlenbüschel, durch welche nach 76. die Fixirung der projekt. Beziehung geschieht, auf diese Beziehung selbst keinen Einfluß ausübt, allein da nach 79. jedes Paar entsprechender Punkte Mittelpunkte 2er projekt. Strahlenbüschel darstellen, deren entsprechende Strahlen nach entsprechenden Punkten gehen, so ist bei der soeben erwähnten Art der Fixirung auch $C[ABD] \pi C_1[A_1B_1D_1]$ eben so wie $A[BCD] \pi A_1[B_1C_1D_1]$ gewesen wäre, wenn die beiden Büschel C und C_1 bei der ursprünglichen Fixirung der Projektivität statt A und A_1 benützt worden wären.

b) Wenn zu 3 Punkten ACE, die nicht in 1 Geraden liegen und einer Geraden p die durch keinen dieser Punkte geht, die entsprechenden Elemente $A_1C_1E_1p_1$, die dieselben Bedingungen erfüllen, gegeben sind. Denn wird die p von CE und AE in den Punkten B und D geschnitten, so genügen die 4 Punkte ABCD ganz nach a) der Aufgabe.

c) Wenn 1 Punkt A und 3 Geraden p q r die sich nicht in 1 Punkte schneiden, und von denen auch keine durch A geht, die entsprechenden Elemente, die denselben Bedingungen genügen, gegeben sind, denn die 3 Ecken des Dreiseits p q r bilden mit A 4 Punkte von der in a) verlangten Beschaffenheit.

d) *) Wenn zu 4 Geraden pqrs, von denen keine 3 durch 1 Punkt gehen, die entsprechenden von derselben Beschaffenheit gegeben sind, denn 2 Paar Gegenecken der dadurch bestimmten vollständigen 4 Seite sind Punkte von der in a) verlangten Beschaffenheit.

e) Wenn zu einer Kurve II K eine Kurve II K_1 entsprechend angenommen wird, und außerdem noch 3 Punkten ABC der einen 3 beliebige Punkte $A_1B_1C_1$ der andern zugeordnet werden. Denn offenbar ist der Aufgabe vollkommen Genüge geschehen, wenn man, wie es nach 79. sein muß, setzt:

$$A[ABC] \, \pi \, A_1[A_1B_1C_1] \text{ und } B[ABC] \, \pi \, B_1[A_1B_1C_1]$$

wobei nach der in 48. eingeführten Bezeichnungsweise AA die Tangente in A, BB die Tangente in B bedeutet.

Hiebei entspricht nun aber offenbar auch der K die K_1, und den 3 Punkten ABC von K die 3 Punkte $A_1B_1C_1$ von K_1, in so ferne K durch die 3 Punkte ABC und die beiden Tangenten in A und B, ebenso K_1 durch die entsprechenden Punkte $A_1B_1C_1$ und die entsprechenden Tangenten in A_1 und B_1 vollkommen bestimmt ist nach 57. Zusatz 1.

83. Denken wir uns die beiden kollineären ebenen Systeme so auf einander gelegt, daß ihre Träger in einander fallen, und also eine einzige Ebene als Träger 2er verschiedener kollineärer Systeme erscheint, so kann man zuerst die Frage aufwerfen, welche

---

*) 2 Punkte und 2 Gerade mit ihren entsprechenden Elementen genügen offenbar nicht, da sie in 1 Hinsicht zu viel (4 Strahlen eines Strahlenbüschels) in anderer Hinsicht zu wenig (2 Strahlen eines Büschels) bestimmen.

entsprechende Elemente auf einander zu liegen kommen können oder müssen.

Es entspreche dem Punkt A der Punkt A_1, und also dem Strahlenbüschel A der ihm projekt. Strahlenbüschel A_1, diese beiden projekt. Büschel erzeugen nun nach Nr. 43 entweder eine Kurve II K oder 2 gerade Gebilde.

Betrachtet man im ersten Falle die K als ein im ersten ebenen Gewebe enthaltenes Elementargebilde, so entspricht ihm eine Kurve II K_1 im andern ebenen Gewebe. Beide Kurven haben den Punkt A_1 gemein, aber in diesem Punkte 2 verschiedene Tangenten d. h. ihre Tangenten, und also auch sie, schneiden sich in diesem Punkte, denn die Tangente p von K in A_1 ist die Gerade von E_1, welche der AA_1 von E entspricht, und die Tangente p_1 von K_1 in A_1 ist die Gerade von E_1, welche der Tangente von K in A_1 entspricht, und p und p_1 können nicht zusammen fallen, da diese Gerade sonst ein entsprechend gemeinsames Element beider Gewebe sein müßte, was gegen die Voraussetzung ist, daß die beiden Büschel A und A_1 eine Kurve II erzeugen sollen. Nun gelten aber für Kurve II folgende Sätze:

Eine Kurve II ist eine in sich geschlossene krumme Linie, welche von jedem Punkte aus durch eine stetige Bewegung in demselben Sinne durchlaufen werden kann, so daß man zu dem Anfangspunkt wieder gelangt, nachdem man über jeden Punkt hinweggekommen, ohne einem Punkte mehr als einmal zu begegnen.

Diese Kurve theilt das System der in ihrer Ebene enthaltenen Geraden in 2 Gruppen, von denen die eine mit der Kurve keinen Punkt gemein hat, die andere sie in 2 Punkten schneidet; die beiden Strecken, welche durch diese beiden Schnittpunkte in einer solchen Geraden bestimmt werden, unterscheiden sich dadurch, daß von allen Punkten der einen je 2 Tangenten an die Kurve II gehen, von den Punkten der andern aber keine. Die Grenze dieser beiden Gruppen von Geraden bildet das System der Tangenten an die Kurve II, welche mit der Kurve bloß je einen Doppelpunkt gemein haben, so daß hier die eine der beiden erwähnten Strecken auf den einen Doppelpunkt sich reducirt, durch den bloß 1 Tangente an die Kurve geht.

Ebenso theilt diese Kurve das System aller Punkte ihrer

Ebene in 2 Gruppen, von denen eine bloß Punkte enthält, von denen je 2 Tangenten an die Kurve gehen, (Punkte außerhalb der Kurve), während durch die Punkte der andern keine solche Tangente geht (Punkte innerhalb der Kurve). Der Strahlenbüschel jedes solchen Punktes der ersten Gruppe zerfällt in 2 Theile, von denen der eine nur Strahlen enthält, welche mit der Kurve 2 Punkte gemein haben, während die Strahlen des andern Theils mit der Kurve keinen Pnnkt gemein haben. Die Grenze dieser beiden Theile bilden 2 Tangenten; die Grenze der obigen beiden Gruppen von Punkten bilden die Punkte der Kurve selbst. Diese Wahrheiten ergeben sich direkt aus der Entwicklung von Nr. 43 2c., werden aber in einem spätern Abschnitte (s. ebenes Polarsystem) noch weiter erörtert werden, weßwegen das Gesagte hier genügen möge.

Es folgt aber unmittelbar hieraus folgendes für unsere vorliegende Untersuchung wichtige Resultat. Ein Punkt gelangt durch eine stetige Bewegung nicht von einem Punkte außerhalb einer Kurve zu einem Punkte innerhalb derselben, ohne daß man wenigstens einmal über einen Punkt der Kurve sich hinweg bewegt hat, und eben so gelangt eine Gerade durch eine stetige Bewegung nicht aus der Lage einer Geraden der einen der oben erwähnten beiden Gruppen in die Lage einer Geraden der andern Gruppe, ohne wenigstens in die Lage einer Tangente gekommen zu sein. Es ergiebt sich dieser Satz in seiner Allgemeinheit, insoferne er nach dem Obigen für die stetige Bewegung eines Punktes in einer Geraden, und für die stetige Drehung einer Geraden um einen Punkt gilt, und jede krumme Bewegung betrachtet werden kann als eine Summe unendlich vieler unendlich kleiner gerader Bewegungen.

Hieraus folgt aber nun wieder direkt der Satz: Haben 2 Kurven II einen Punkt gemein, in dem sie sich schneiden, so müssen sie nothwendig wenigstens noch einen Punkt gemein haben, und haben 2 Kurven II eine Tangente gemein, ohne dieselbe in 1 Punkte zu berühren, so haben sie wenigstens noch 1 Tangente gemein.

Da aber jeder von A_1 verschiedene gemeinsame Punkte von K u. K_1 ein entsprechend gemeinsames Punktelement beider ebenen Gewebe ist, und umgekehrt, jedes entsprechend gemeinsame Punktelement der beiden Gewebe auch ein gemeinsamer Punkt der beiden Kurven II sein muß, so folgt hieraus für den so eben behandelten ersten Fall, daß 2 ebene Gewebe desselben Trägers wenigstens ein entsprechend gemeinsames Punktelement M haben müssen, daß sie aber deren auch 2 M und N oder auch 3 M N und P haben können.

Sind, um zu dem 2ten der oben erwähnten Fälle überzugehen, die beiden Büschel A und A_1 perspektivisch, so können 2 wesentlich verschiedene Fälle eintreten, von denen jedoch der eine nur durch die zufällige Wahl von A ein von dem vorhin Betrachteten verschiedenes Resultat ergiebt, während er wesentlich mit ihm identisch ist. Es entspricht die Gerade AA_1 in diesem Falle offenbar sich selbst, bezeichnen wir nun die Axe der perspekt. Beziehung der beiden Büschel mit q, und mit q_1 die Gerade, welche der q als einem Elemente des ersten ebenen Gewebes im 2ten entspricht, so können in Bezug auf die gegenseitige Lage 2 Fälle eintreten 1) q und q_1 sind verschieden oder 2) sie fallen zusammen.

Schneiden sich dabei $q q_1$ im 1sten Falle außerhalb $A A_1$ in M, so ist M das außer AA_1 allein existirende entsprechend gemeinsame Punktelement, deren es auf AA_1 selbst noch 2 oder 1 oder 0 geben kann, schneiden sich qq_1 auf AA_1 selbst, so ist dieser Schnittpunkt ein entsprechend gemeinsames Punktelement beider Gewebe, dabei kann es auf $A A_1$ noch einen oder keinen 2ten entsprechend gemeinsamen Punkt geben, aber außerhalb $A A_1$ giebt es keinen weiteren entsprechend gemeinsamen Punkt. Fällt dagegen q_1 mit q zusammen, so haben die ebenen Gewebe offenbar alle Punktelemente des geraden Gebildes q entsprechend gemein.

84. Aehnlich wie mit den entsprechend gemeinsamen Punktelementen verhält es sich nun auch mit den entsprechend gemeinsamen Strahlenelementen 2er ebenen Gewebe, und zwar könnte der Beweis hiefür ebenso geführt werden wie in der vorigen Nummer, wobei man offenbar nur die der dortigen reciproke Entwicklung erhalten würde. Zur besseren Einsicht in die Sache fassen wir die jetzige Entwicklung in folgenden Lehrsatz zusammen: 2 ebene Gewebe desselben Trägers haben genau eben so viele Strahlen- als Punkt-Elemente entsprechend gemein.

I. Die beiden Gewebe haben bloß das einzige Punktelement A entsprechend gemein. Sind nun ab 2 Strahlen des Büschels A und entsprechen ihnen im 2ten ebenen Gewebe die Strahlen $a_1 b_1$, so gehören $a_1 b_1$ ebenfalls dem Büschel A an, und sowohl a und a_1

als auch b und b_1 sind perspekt. projekt., ist nun M das Centrum der perspekt. Beziehung für a und a_1 und M_1 das von b und b_1, so kann vor allem M und M_1 nicht zusammen fallen, denn sonst wäre gegen die Voraussetzung offenbar M ein zweites gemeinsames Punktelement beider Gewebe, und ebenso jeder Strahl des Büschels M wäre ein gemeinsames Element beider. In Bezug auf die Lage von M und M_1 können aber nur 2 Fälle eintreten, 1) MM_1 ist kein Strahl des Büschels A, dann ist MM_1 der entsprechend gemeinsame Strahl, denn den Schnittpunkten von MM_1 mit a und b entsprechen die Schnittpunkte von MM_1 mit a_1 und b_1. Daß es außer MM_1 nicht noch einen entsprechend gemeinsamen Strahl geben kann, folgt daraus, daß in diesem Falle gegen die Voraussetzung ihr Schnittpunkt ebenfalls ein entsprechend gemeinsames Punktelement wäre. 2) MM_1 ist ein Strahl des Büschels A. Wäre nun eben dieser Strahl MM_1 nicht ein entsprechend gemeinsames Strahlenelement beider Büschel, sondern entspräche ihm ein anderer Strahl m_1, so wären auch diese perspektivisch, und M_2, ihr Centrum, läge außerhalb beider Strahlen. In diesem Falle wären dann ganz wie bei der Voraussetzung unter 1) sowohl MM_2 als auch M_1M_2 2 entsprechend gemeinsame Strahlen, und also ihr Schnittpunkt gegen die Voraussetzung ein ferneres entsprechend gemeinsames Punktelement beider Gewebe. Sollte aber in diesem Falle außer dieses Strahles MM_1 es noch einen entsprechend gemeinsamen Strahl geben, so müßte dieses nothwendig ein 2ter Strahl des Büschels A sein.

Nun lassen sich aber allgemein einfach folgende 2 reciprok verwandte Sätze beweisen, welche diese Annahme als unmöglich erscheinen lassen: Sind ab 2 entsprechend gemeinsame Strahlen 2er projektivischer ebener Gewebe, ohne daß alle Strahlen dieses Büschels entsprechend gemeinsame Elemente sind, so kann höchstens einer derselben den gemeinsamen Schnittpunkt allein als entsprechend gemeinsames Punktelement enthalten, und: sind AB 2 entsprechend gemeinsame Punktelemente 2er projekt. ebenen Gewebe desselben Trägers, ohne daß alle Punkte dieses geraden Gebildes entsprechend gemeinsame Elemente darstellen, so kann höchstens 1 der beiden Büschel den gemeinsamen Strahl AB als einziges entsprechend gemeinsames Strahlenelement enthalten.

Nehmen wir nämlich an (s. Fig. 24), der Strahl AB, den wir mit a bezeichnen wollen, sei für beide Büschel der einzige entsprechend gemeinsame Strahl, so erkennt man dieses nach Nr. 28 am einfachsten daraus, daß im Büschel A A ($aa_1\ a_2\ a_3$) und im Büschel B je B ($ab_1b_2b_3$) einen harmonischen Wurf darstellen, wenn sowohl den Strahlen $a a_1 a_2$ als auch $a b_1 b_2$ des einen Gewebes die Strahlen $a a_2 a_3$ und $a b_2 b_3$ des andern entsprechen; da demnach $a a_1 a_2 a_3$ perspekt. zum Wurf $a b_1 b_2 b_3$ wäre (15.), so müßten die Schnittpunkte $a_1 b_1$; $a_2 b_2$; und $a_3 b_3$ in einer Geraden liegen, da aber den beiden ersten dieser 3 Schnittpunkte als Elementen des ersten Gewebes die beiden letzten als Elemente des 2ten entsprechen, so stellte diese Gerade und folglich auch ihr Schnittpunkt mit AB ein weiteres entsprechend gemeinsames Element beider Gewebe dar, was wider die Voraussetzung ist, daß im Strahle a bloß die 2 Punkte AB als entsprechend gemeinsame Elemente enthalten sein sollen.

II. Haben die beiden ebenen Gewebe bloß die beiden Punktelemente A und B entsprechend gemein: so haben sie 1stens den Strahl AB entsprechend gemein; daß aber entweder durch A oder durch B noch ein entsprechend gemeinsamer Strahl gehen muß, hat der so eben bewiesene Satz dargethan; daß ferner ein weiterer Strahl nicht mehr vorhanden sein kann, folgt aus den kommenden Fällen III und IV. (resp. aus den ihnen reciproken.)

III. Haben die ebenen Gewebe bloß die 3 Punkte ABC, welche also nicht in einer Geraden liegen können, entsprechend gemein, so haben sie offenbar auch die 3 Seiten des Dreiecks ABC entsprechend gemein, daß sie keine 4te Gerade p entsprechend gemein haben können, folgt daraus, daß sie sonst entweder alle Elemente entsprechend gemein haben müßten, wenn p durch keinen der 3 Punkte ABC geht, oder daß der folgende Fall IV in der reciproken Fassung einträte, wenn p durch einen der 3 Punkte ABC gienge.

IV. Haben die ebenen Gewebe alle Punkte einer Geraden p entsprechend gemein, so haben sie auch alle Strahlen eines Strahlenbüschels P gemein, und umgekehrt.

Entspricht nämlich dem außerhalb p liegenden Punkte A der Punkt A_1, so ist nothwendig die Gerade AA_1 eine entsprechend gemeinsame Gerade der beiden Gewebe; alle die unendlich vielen der Art sich selbst entsprechenden Geraden müssen sich in 1 Punkt P schneiden, denn würden sich 3 in 3 verschiedenen Punkten schneiden, so müßten wenigstens 2 dieser Punkte M und N außerhalb p liegen, und entsprechend gemeinsame Punkte sein; jede Gerade die daher einen dieser beiden Punkte mit einem Punkte von p verbindet, wäre in diesem Falle ein entsprechend gemeinsames Element beider Gewebe, d. h. alle Punkt- und Strahlenelemente würden entsprechend gemeinsame Elemente sein, eine Art der projekt. Beziehung, die wir natürlich ausschließen müssen, obwohl auch für sie der eben bewiesene Satz gilt. Fällt P außerhalb p, so haben die Gewebe außer den Punkten von p noch P, und ebenso außer den Strahlen von P noch p entsprechend gemein, fällt P in p, so ist dieses bloß mit den Elementen von p und P der Fall. In beiden Fällen nennt man 2 derartig projekt. ebene Gewebe perspektivisch und p Axe P Centrum der perspekt. Beziehung.

85. Man kann nun auch hier wieder die Frage aufwerfen, ob diese eben aufgeführten 4 Fälle durch die besondere Art der projekt. Beziehung beider Gewebe bedingt sind, oder ob bei jeder Art der Beziehung durch passende Verschiebung des einen Gewebes diese verschiedenen Lagenverhältnisse jedesmal erzielt werden können (vergl. 34. und 40). Diese Frage soll nun erörtert werden: Legt man 2 entsprechende Punkte $A A_1$ so auf einander, daß die entsprechenden Strahlenbüschel A und A_1 keinen Strahl entsprechend gemein haben, so tritt offenbar der Fall I 1) ein. Legt man 2 entsprechende Punkte $A A_1$ so auf einander, daß ihre entsprechenden Strahlenbüschel A und A_1 einen Strahl entsprechend gemein haben, so tritt entweder der Fall I 1) oder II ein. Legt man die Ebenen wieder so, daß der Fall I 1) eintritt, und dreht dann den Träger des einen Gewebes um die Gerade, welche vom entsprechend gemeinsamen Punkt senkrecht auf die entsprechend gemeinsame Gerade sich fällen läßt, so tritt offenbar der Fall III ein. Diese 4 soeben besprochenen Fälle haben weiter keine Wichtigkeit; wohl aber ist die Frage von Interesse, ob man 2 beliebig projekt. ebene Gewebe stets so auf einander legen könne, daß sie perspekt. sind. Um diese Frage gründlich beantworten zu können, müssen vorher einige damit im Zusammenhange stehenden Punkte erörtert werden.

86. Der unendlich fernen Geraden in E entspricht im Allgemeinen eine endliche Gerade v in E_1 und dann auch immer der

unendlich fernen Geraden in E_1 eine endliche Gerade u in E*) (der Kürze wegen nennen wir diese beiden Geraden u und v die Gegenaxen der beiden ebenen Gewebe); jedem Strahlenbüschel in E, dessen Mittelpunkt in u liegt, entspricht ein Parallelstrahlenbüschel in E_1 und umgekehrt, jedem Parallelstrahlenbüschel in E_1 entspricht ein gewöhnlicher Strahlenbüschel in E dessen Mittelpunkt in u liegt, ein einziges Paar entsprechender Strahlenbüschel macht hievon eine Ausnahme, nämlich dasjenige, dessen Strahlen den beiden Gegenaxen u und v selbst parallel sind.

Tritt jedoch dieser allgemeine Fall nicht ein, sondern entsprechen die beiden unendlich fernen geraden Gebilde einander, so kommen dieser besonderen Art der projekt. Beziehung einige Eigenthümlichkeiten zu, die der Beachtung werth sind, weßwegen man dieser Beziehung auch einen besondern Namen gegeben hat, nämlich den der affinen Beziehung oder der Affinität. In 2 affinen ebenen Geweben entspricht jedem Parallelstrahlenbüschel wieder ein solcher und je 2 entsprechende gerade Gebilde sind ähnlich (s. Nr. 11).

Als eine besondere Art der Affinität erscheint nun wieder die Aehnlichkeit der ebenen Gewebe. Während nämlich bei der bloß affinen Beziehung die unendlich fernen geraden Gebilde bloß projektivisch sind, und daher, wenn beide Gewebe ineinander liegen, höchstens 2 Punkte entsprechend gemein haben können, so sind bei 2 ähnlichen ebenen Gewebe diese uneigentlichen geraden Gebilde kongruent, und die ebenen Geweben können daher immer so auf einander gelegt werden, daß sämmtliche uneigentliche Punktelemente entsprechend gemeinsame Elemente darstellen. Hieraus folgt nothwendig, daß in ähnlichen ebenen Geweben alle entsprechenden Strahlenbüschel kongruent sind, oder daß jeder Winkel, den 2 Gerade bilden, dem

*) Hier muß noch nachgewiesen werden, ob die willkührliche Annahme von Nr. 4., daß sämmtliche uneigentliche Punktelemente eines ebenen Gewebes in 1 Geraden liegen, hier nicht zu einem Widerspruch führt, d. h. ob wirklich sämmtlichen uneigentlichen Punken eines ebenen Gewebes E die Punkte einer Geraden in einem 2ten projekt. ebenen Gewebe E_1 entsprechen. Bezieht man aber in E 2 Strahlenbüschel so perspekt. projekt. auf einander, daß je 2 entsprechende Strahlen parallel sind, so wird dieses mit den entsprechenden Strahlenbüscheln in E_1 im Allgemeinen nicht der Fall sein, obwohl auch sie perspekt. sind, woraus die Richtigkeit obiger Annahme erwiesen ist.

Winkel gleich ist, den die entsprechenden Geraden bilden, und daß daher jeder Figur in E eine ihr ähnliche Figur in E_1 entspreche. Während daher in allen affinen Geweben alle entsprechenden geraden Gebilde ähnlich sind, so ist das Verhältniß entsprechender Stücke bei bloß affinen Geweben für die verschiedenen geraden Gebilde verschieden, während bei ähnlichen ebenen Geweben, das Verhältniß entsprechender Strecken für alle geraden Gebilde durchaus dasselbe bleibt. Auch kann in 2 bloß affinen, ebenen Gewebe kein Dreieck, also überhaupt kein n Eck seinem entsprechenden ähnlich sein, weil sonst immer die beiden Gewebe so auf einander gelegt werden könnten, daß die unendlich fernen Geraden 3 und somit alle ihre Punkte entsprechend gemein haben.

Eine besondere Art der Aehnlichkeit ist endlich die Kongruenz 2er ebenen Gewebe, bei welcher nämlich das Verhältniß entsprechender Strecken der Einheit gleich ist; alle entsprechenden Figuren sind in diesem Falle einander kongruent.

In 2 bloß kollineären ebenen Geweben giebt es, wie schon oben erwähnt, bloß einen Parallelstrahlenbüschel, dessen sämmtliche Strahlen den entsprechenden Strahlen, die wieder einen Parallelstrahlenbüschel bilden, ähnlich sind, jeder anderen Geraden entspricht eine ihr bloß projektivische. Denn da bei 2 ähnlichen Geraden Gebilden die beiden uneigentlichen Punktelemente einander entsprechen müssen, aber in 2 bloß kollineären ebenen Geweben den beiden uneigentlichen geraden Gebilden 2 eigentliche gerade Gebilde (die beiden Gegenaxen) entsprechen, so sind die beiden uneigentlichen Punktelemente der beiden Gegenaxen die beiden einzigen uneigentlichen Elemente, die einander entsprechen, die beiden erwähnten Parallelstrahlenbüschel sind daher offenbar den beiden Gegenaxen parallel.

Wir können nun zum eigentlichen Zweck dieser Betrachtung zurückkehren, indem wir uns die Frage vorlegen, giebt es unter den so eben erwähnten n + 1 ähnlichen, entsprechenden geraden Gebilden auch kongruente oder nicht, denn es ist offenbar, daß jedes gerade Gebilde, das seinem entsprechenden kongruent ist, durch bloße Verschiebung der beiden kollineären Gewebe die Rolle der Axe der persp. Beziehung einnehmen könne. Schneidet man zu diesem Zwecke sämmtliche Strahlen des soeben erwähnten Parallelstrahlenbüschels durch 2 beliedige parallele Gerade a b, so entsprechen diesen 2 Strahlen a_1 b_1, die sich auf der Gegenaxe schneiden, da nun die endliche Strecke sämmtlicher Parallelstrahlen zwischen a und b der endlichen Strecke der Parallelstrahlen zwischen a_1 und b_1 entspricht, so folgt hieraus nothwendig, daß es zu beiden Seiten der Gegenaxe, und zwar gleich weit von ihr entfernt, je einen Strahl (m und n) des Parallelstrahlenbüschels gebe, der seinem entsprechenden (m_1 und n_1) kongruent ist; es sind dieses nämlich diejenigen beiden Strahlen des Parallelstrahlenbüschels, bei welchen die endliche zwischen a b eingeschlossene Strecke der endlichen zwischen a_1 b_1 eingeschlossenen Strecke gleich ist. Wählt man nun m oder n als Axe der perspektivischen Beziehung, so läßt sich für jede derselben die Beziehung noch auf 2erlei Weise fixiren, indem man jede der beiden Seiten von E auf die eine Seite von E_1 legen kann, 2 Lagen, von denen die eine aus der andern hervorgeht, indem man das eine der beiden ebenen Gewebe um die feste Axe der perspekt. Beziehung um 180° dreht. In dem einen Fall ist die perspekt. Beziehung eine gleichläufige, im andern eine gegenläufige, so daß demnach je 2 projekt. ebenen Gewebe stets auf 4erlei Weise projekt. gelegt werden können.

Um die Centra der projekt. Beziehung zu ermitteln, könnte man denselben Weg einschlagen, wie soeben, und die Mittelpunkte derjenigen entsprechenden Strahlenbüschel suchen, die zugleich kongruent sind; der nachfolgende Weg ist geeignet, über die gegenseitige Lage von Axe und Centrum in allen 2 Fällen besseren Aufschluß zu geben. Betrachtet man denjenigen Parallelstrahlenbüschel P von E, der senkrecht auf der Gegenaxe steht, so entspricht demselben ein eigentlicher Strahlenbüschel in E_1 dessen Centrum P_1 auf der Gegenaxe liegt. In P_1 giebt es einen einzigen Strahl p_1, der auf seiner Gegenaxe senkrecht steht und der daher auch überhaupt mit seinem entsprechenden p allein die Eigenschaft gemein hat, daß beide zugleich auf ihren Gegenaxen und daher auch auf m n und m_1 n_1 senkrecht stehen. Bei jeder der 4 Arten der perspekt. Beziehung ist daher p und p_1 ein Paar entsprechender Strahlen, und es müssen daher die Centra der perspekt. Beziehung auf p und resp. p_1 liegen.

Legt man nun die beiden Gewebe so auf einander, daß die beiden Gegenaxen und außerdem p und p_1 auf einander zu liegen kommen, so haben die Gewebe und in ihnen m n und m_1 n_1

offenbar die in der Fig. 25 angedeutete, gegen die Gegenaxen symmetrische Lage. Die Gerade p ist dabei nothwendig involutorisch (nach Nr. 21, Zus. u. 34), da P_1 in doppelter Weise dem unendlich fernen Punkte von p entspricht, daher entsprechen sowohl m m_1 und n n_1 als auch ihre Schnittpunkte S S_1 und T T_1 einander abwechselnd. Verschiebt man nun E_1 so, daß m_1 auf m zu liegen kommt, d. h. daß m und m_1 die perspekt. Axe darstellen, so fällt nothwendig T mit T_1 zusammen, so daß T und resp. T_1 das Centrum der perspekt. Beziehung darstellt. Dreht man aber bei dieser Lage E_1 um diese Axe m oder m_1 um 180°, so fällt nothwendig das Element S von E_1 auf das ihm entsprechende S_1 von E, so daß S und resp. S_1 das Centrum der perspekt. Beziehung darstellt. Ganz dasselbe Resultat erhält man, wenn man n und n_1 zur perspekt. Axe nimmt. Und es ergiebt sich also als Resultat unserer Betrachtung: 2 beliebig projekt. ebenen Gewebe können immer auf 4erlei Weise so auf einander gelegt werden, daß sie perspektivisch sind, dabei haben sie jedoch nur 2 verschiedene Axen und nur 2 Centra der perspekt. Beziehung, die ersteren sind parallel der Gegenaxe und stehen gleich weit von ihr ab, die letzteren liegen auf einer zur Gegenaxe senkrechten Geraden und ihre Lage ist durch die merkwürdige Eigenschaft charakterisirt, daß die beiden Centra in der einen Ebene so weit von der Gegenaxe abliegen, als die Axen in der anderen.

Es kann der Fall eintreten, daß m_1 und n_1 ebenso weit von einander abstehen, als m und n, legt man in diesem Fall m und m_1 als perspekt. Axe auf einander, so fallen bei der einen Lage auch immer n und n_1 auf einander, s. Fig. 26, dabei sind deren Schnittpunkte S und T die Ordnungselemente des involutorischen geraden Gebildes p und resp. p_1, dreht man daher, um für dieselbe Axe m oder m_1 die 2te perspekt. Lage zu erhalten, E_1 um diese Axe um 180°, so kann nach Nr. 34 die entsprechend gemeinsame Gerade p oder p_1 kein weiteres Punktelement als S haben, daher das Centrum der perspekt. Beziehung in diesem, aber auch nur in diesem Falle, auf der Axe selbst liegt. Dasselbe findet Statt mit n und n_1.

Es soll hier noch erwähnt werden, daß wenn m und m_1 so auf einander gelegt sind, daß sie gleichläufig projektivisch sind, dann allemal die auf einander liegenden n und n_1 gegenläufig sind, wie sich dieses auch leicht aus der Betrachtung der einander entsprechenden Strahlenbüschel P und P_1 von oben direkt ergiebt.

Unsere Entwicklung paßt nicht mehr für den besondern Fall der Affinität, in so ferne hier eine Gegenaxe nicht existirt, und es soll daher dieser besondere Fall der Vollständigkeit wegen hier noch besonders betrachtet werden.

Sind in 2 bloß affinen, ebenen Geweben die beiden entsprechenden Geraden a und a_1 einander kongruent, so gilt dieses von jedem Paar mit ihnen paralleler entsprechender Geraden, wie sich dieses alsbald erkennen läßt, wenn man in E einen Parallelstrahlenbüschel, der die a schneidet, und den entsprechenden Parallelstrahlenbüschel in E_1, der die a_1 schneidet, annimmt. Es kann bloß 2 solche Parallelstrahlenbüschel geben, deren sämmtliche endliche Strahlen ihren entsprechenden kongruent sind, denn gäbe es 3, so müßte jedes Dreieck, dessen 3 Seiten 3en Strahlen dieser 3 Büschel angehörten, seinem entsprechenden kongruent sein, daher dessen 3 Winkel einander gleich sein, also die unendlich entfernten Geraden und somit die ebenen Gewebe ebenfalls kongruent sein. Man kann nun die Frage aufwerfen, ob immer solche kongruente Gerade vorhanden sein müssen und ob somit 2 affine Gewebe immer perspekt. gelegt werden können. Nehmen wir zu diesem Zwecke in E einen Kreis an, so entspricht demselben in E_1 nothwendig eine Ellipse, wobei die beiden Mittelpunkte entsprechende Punkte darstellen, wie leicht zu erkennen. Legt man nun beide mit ihren Mittelpunkten auf einander, so können 3 Fälle eintreten: 1) die Ellipse schneidet den Kreis in den 4 Endpunkten 2er Durchmesser, oder 2) sie berührt ihn in den beiden Enden einer Axe, oder 3) sie hat keinen Punkt mit ihm gemein, im 1sten Fall giebt es 2 der erwähnten beiden Durchmesser parallele Parallelstrahlenbüschel der verlangten Art, im 2ten nur 1, im 3ten gar keinen, und es können daher im 1sten Fall die Gewebe für jede der 2 u kongruenten Geraden, im 2ten für jede der u kongruenten Geraden, im 3ten gar nicht perspekt. gelegt werden, das Centrum der perspekt. Beziehung liegt in jedem Falle im Unendlichen, in so ferne die unendlich ferne Gerade ein entsprechend gemeinsames Element darstellt (vergl. hiezu Nr. 100).

2 bloß ähnliche ebene Gewebe können keine 2 endliche kongruente Gerade haben, dagegen stellt für jedes Paar entsprechender

Punkte als Centrum der perspekt. Beziehung die unendlich ferne Gerade die Axe dar, insoferne ja die Aehnlichkeit von der Affinität gerade dadurch sich unterscheidet, daß im letzteren Falle die einander entsprechenden, unendlich fernen Geraden kongruent sind.

Bei 2 kongruenten ebenen Geweben sind je 2 entsprechende Gerade kongruent, und es kann daher jede solche Gerade als Axe der perspekt. Beziehung erscheinen, dabei kann dann immer noch die perspekt. Beziehung in doppelter Art erscheinen, nämlich bei der einen Art können alle Punkte des einen Gewebes auf die entsprechenden des andern zu liegen kommen, während bei der andern Art jede Hälfte auf die ihr nicht entsprechende des andern Gewebes zu liegen kommt; im 1sten Falle können alle Punkte als Centrum der perspekt. Beziehung betrachtet werden, im 2ten Falle bloß der eine im Unendlichen liegende Punkt, der durch einen auf der Axe senkrechten Strahl bestimmt ist, diese letztere Art der perspekt. Beziehung hat man wohl auch symmetrische Gleichheit genannt, und es geht die eine Art stets dadurch in die andere über, daß man das eine ebene Gewebe um die Axe der persp. Beziehung um 180° dreht.

87. Die perspekt. Beziehung ist vollständig fixirt, wenn Axe und Centrum und außerdem ein Paar entsprechender Punkte, das jedoch mit dem Centrum in 1 Geraden liegen muß, gegeben sind.

Die perspekt. Beziehung ist auch fixirt, wenn das Centrum und außerdem 3 Paare entsprechender Punkte, die jedoch je mit dem Centrum in 1 Geraden liegen müssen, oder wenn die Axe und 3 Paare entsprechender Geraden, die sich jedoch je auf der Axe schneiden müssen, gegeben sind. Diese letzte Art der Fixirung führt, von einer andern Seite betrachtet, zu einem merkwürdigen Satze, der also lautet: Liegen die 3 Paar Ecken 2er Dreiecke auf 3 Geraden, die sich in 1 Punkte (dem Centrum) schneiden, so schneiden sich die 3 Paare entsprechender Seiten in 3 Punkten 1 Geraden (der Axe) und umgekehrt. Man nennt solche Dreiecke selbst perspektivische Dreiecke, insofern sie entsprechende Figuren 2er perspekt. ebenen Gewebe darstellen.

Jeder Kurve II in 1 von 2 perspekt. liegenden ebenen Geweben entspricht wieder eine Kurve II, hat die erste mit der Axe 2 Punkte gemein, so geht die 2te durch dieselben beiden Punkte, und lassen sich vom Centrum 2 Tangenten an die eine ziehen, so berühren dieselben 2 Geraden auch die andere in entsprechenden Punkten. Umgekehrt ist daher auch die perspekt. Lage 2er ebenen Gewebe fixirt, entweder 1) wenn man 2 Kurven II K und K_1, die in denselben Winkel m S n Fig. 27 eingeschrieben sind, in Bezug auf die Spitze S dieses Winkels als perspekt. Centrum als entsprechende Gebilde betrachtet, vorausgesetzt, daß man in Bezug auf die 2 Paar Schnittpunkte a b $a_1 b_1$, in denen ein Strahl des Büschels beide schneidet, entscheidet, in welcher Ordnung die beiden Schnittpunkte der einen den Schnittpunkten der andern entsprechen sollen, oder 2) wenn man eine gemeinschaftliche Sekante beider Kurven K und K_1, der die Eigenschaft zukommt, daß man von ihren Punkten an beide Kurven zu gleicher Zeit entweder 2 oder 1, oder keine Tangente ziehen kann, als Axe der perspekt. Beziehung betrachtet, vorausgesetzt, daß man in Bezug auf die 2 Paar Tangenten a b $a_1 b_1$, die sich von einem Punkte dieser Axe an beide Kurven legen läßt, noch entscheidet, in welcher Ordnung die beiden Tangenten der einen den Tangenten der andern entsprechen sollen. Denn bezieht man (Fig. 25) beide ebenen Gewebe so projekt. auf einander, daß den 4 Punkten S m n a die 4 Punkte S $m_1 n_1 a_1$ entsprechen, so sind 1) die Gewebe perspektivisch und 2) entspricht einer Kurve II, die die S m in m, die S n in n berührt und durch a geht, eine Kurve II, die die S m_1 in m_1, die S n_1 in n_1 berührt und durch a_1 geht, d. h. der Kurve K die K_1 und umgekehrt.

88. Wir knüpfen nun an die Entwicklung in Nr. 83 wieder an.

Fallen die beiden Träger E und E_1 in eine Ebene zusammen, so wird im Allgemeinen dem Punkte M als einem Elemente von E ein anderer Punkt entsprechen, als ihm als einem Elemente von E_1 entspricht; fallen jedoch diese letzten beiden Punkte wirklich in 1 M_1 zusammen, so ist M M_1 ein entsprechend gemeinsames Element beider Gewebe, und stellt als solches ein involutorisches gerades Gebilde dar. Findet derselbe Fall in Bezug auf noch 2 Punkte N N_1 Statt, die jedoch nicht in der Geraden M M_1 liegen, so findet es in Bezug auf je 2 entsprechende Punkte Statt, d. h. je 2 solche Punkte entsprechen einander doppelt; in dem vollständigen Viereck M M_1 N N_1 (Fig. 28) entsprechen nämlich offenbar die 3 Ecken des Poldreiecks sich selbst, und es stellt daher S das Centrum und Q R die Axe der perspekt. Beziehung beider Gewebe dar, und da sowohl die Geraden RM und RM_1, als auch die Geraden QM und QM_1 einander abwechselnd entsprechen, so wird jeder Strahl des Büschels S in 1 involutorischen geraden Gebilde geschnitten, mit andern Worten läßt sich dieses auch so ausdrücken: jeder Strahl des Centrums S ist Träger eines involutorischen geraden Gebildes, dessen 1 Ordnungselement das Centrum ist, während das andere in der Axe liegt und jeder Punkt der Axe QR ist Mittelpunkt eines involut. Büschels, dessen 1 Ordnungselement die Axe ist, während das andere durch das Centrum geht.

2 projekt. ebene Gewebe, deren entsprechende Elementenpaare die so eben beschriebene Eigenthümlichkeit der gegenseitigen Lage haben, nennt man involut. liegend, auch sagt man wohl kurz, daß der Inbegriff beider Gewebe ein involut. ebenes System bilde.

Aus dem obigen Beweis geht hervor, daß 2 involut. liegende ebene Gewebe stets perspekt. sein müssen; umgekehrt ist aber auch jedes System 2er perspekt. ebenen Gewebe ein involut. System, wenn auf einem Strahle des Centrums S 2 solche Punkte $M\,M_1$ einander entsprechen, welche durch Centrum und Axe harmonisch getrennt sind, denn in diesem Falle entsprechen M und M_1 einander in doppeltem Sinne, also ist dieses auch mit jedem Strahlenpaar der Fall, das von M und M_1 nach demselben Punkte der Axe p gehen, woraus die Richtigkeit sich ergiebt.

Ein involut. System ist daher vollkommen fixirt, wenn sein Centrum und seine Axe gegeben sind, insoferne eben je 2 einander zugeordnete Punkte oder Strahlen durch Axe und Centrum harmonisch getrennt sein müssen. Ein involut. System ist ferner fixirt, wenn zu 2 Punkten M N die zugeordneten $M_1\,N_1$ gegeben sind, wobei jedoch $M\,N\,M_1\,N_1$ ein Viereck bilden müssen, denn es entsprechen alsdann den 4 Punkten $M\,N\,M_1\,N_1$ von E die 4 Punkte $M_1\,N_1\,M\,N$ von E_1. Eine weitere, höchst wichtige Art, die involut. Beziehung 2er ebenen Gewebe zu fixiren ist die, daß man eine Kurve II als entsprechend gemeinsames Gebilde beider Gewebe annimmt, und nun zu 2 Punkten MN der Kurve die beiden zugeordneten Punkte $M_1\,N_1$ beliebig annimmt. Der Schnittpunkt von $M\,M_1$ und

NN_1 ist Centrum und die Verbindungslinie der beiden andern Polecken des zu MNM_1N_1 gehörigen Poldreiecks, nämlich QR ist Axe der perspekt. resp. involut. Beziehung. Ist nämlich Fig. 27 ST ein beliebiger 3ter Strahl des Büschels S (wobei T auf QR liegen soll), so wird diese ST durch je 2 Gegenseiten des vollständigen Vierecks MNM_1N_1 und durch die Kurve II in zugeordneten Punktenpaaren eines involut. geraden Gebildes geschnitten (nach Nr. 57), da aber ST sowohl durch die beiden Gegenseiten QM_1 und QM, als auch durch die beiden Gegenseiten RM_1 und RM harmonisch getrennt sind, so sind sie es auch durch die beiden Schnittpunkte der Kurve, d. h. je 2 Punkte der Kurve, die mit S in 1 Geraden liegen, sind einander zugeordnet. Lassen sich vom Schnittpunkte S 2 Tangenten an die Kurve ziehen, so sind deren Berührungspunkte entsprechend gemeinsame Elemente beider ebenen Gewebe, d. h. sie liegen auf der Axe.

Da die Tangenten in zugeordneten Punkten einer Kurve II selbst zugeordnete Gerade darstellen, so folgt aus der letzten Entwicklung zugleich folgender Satz: Schneidet man eine Kurve II durch eine beliebige Zahl von Strahlen eines Strahlenbüschels S, und legt an jedes zusammengehörige Paar von Schnittpunkten ein Paar Tangenten, so schneiden sich diese in Punkten einer festen Geraden, diese Gerade ist die gemeinschaftliche Seite der Poldreiecke allen der Kurve eingeschriebenen, vollständigen Vierecke, welche S zum 3ten Eck des Poldreiecks haben. Wir werden diesem Satze alsbald bei einer andern Gelegenheit wieder begegnen.

89. Auch hier kann man die Frage aufwerfen, ob die Möglichkeit der involut. Lage 2er projekt. Gewebe wesentlich von der Art der projekt. Beziehung selbst abhängt, oder ob man bei jeder Art der Beziehung durch gehöriges Aufeinanderlegen beide Gewebe zu einem involut. System vereinigen kann. Da aber bei der involut. Lage jeder Geraden dieselbe Gerade in doppeltem Sinne entsprechen muß, und bei jeder Verschiebung der beiden Gewebe die unendlich ferne Gerade beider stets auf einander zu liegen kommt, so muß dieses nothwendig auch mit den beiden Gegenaxen der Fall sein, da ferner die beiden Gewebe noch perspektivisch liegen müssen, d. h. da ferner ein Paar der kongruenten geraden Gebilde auch noch auf einander zu liegen kommen müssen, so leuchtet ein, daß

diese beiden Forderungen nur dann zugleich erfüllt werden können, wenn nach der Bezeichnung von Nr. 68 m und n in ihrer Ebene ebenso weit von ihrer Gegenaxe entfernt sind, als m_1 und n_1 in ihrer Ebene von der ihrigen, d. h. 2 projektivische ebene Gewebe können nur dann und dann immer auf 2erlei Weise in involut. Lage gebracht werden (m oder n kann als Axe benützt werden), wenn der in 68 angeführte Ausnahmsfall eintritt, daß die daselbst näher charakterisirten Parallelstrahlen m n ebenso weit von einander abstehen, als m_1 n_1. Zu gleicher Zeit erhellet, daß stets in dem Nr. 68 in Zus. erwähnten, besondern Falle bei 2 der 4 perspekt. Lagen beider Gewebe, immer zugleich die involut. Lage eintritt, oder mit andern Worten, daß wenn man bei 2 perspekt. ebenen Geweben, deren Centrum auf der Axe liegt, das eine Gewebe um 180° um die Axe dreht, man stets ein involut. System erhält.

90. Wir wenden uns nun zur näheren Betrachtung der reciproken Beziehung 2er ebenen Gewebe.

Mit Bezug auf das allgemeine Gesetz der Reciprocität (76 und 77) sind wir berechtigt, hier in Kürze die Resultate der Nr. 82 für die reciproke Beziehung anzuführen: die reciproke Beziehung 2er ebenen Gewebe ist fixirt, wenn gegeben sind

a) zu 4 Punkten in E die 4 entsprechenden Geraden in E_1,

b) zu 3 Punkten und 1 Geraden die entsprechenden Geraden und 1 Punkt,

c) zu 1 Punkt und 3 Geraden die entsprechende 1 Gerade und 3 Punkte,

d) zu 4 Geraden die entsprechenden 4 Punkte,

e) zu einer Kurve II und 3 Punkten derselben die entsprechende Kurve II und 3 Tangenten derselben.

91. Wir denken uns nun auch hier zur näheren Untersuchung der allgemeinen Eigenschaften der reciproken Beziehung die beiden Träger E und E_1 der reciproken ebenen Gewebe in 1 Ebene vereinigt (wir nennen hiebei der Analogie wegen den Inbegriff von E und E_1 ein reciprokes System) und fragen wieder zuerst, welche Punktelemente von E liegen in den zugeordneten Strahlen von E_1 und umgekehrt.

Entspricht dem Punkte a von S der Strahl a_1 von E_1, so kann man im Allgemeinen annehmen, daß demselben Punkte a, als einem Elemente von E_1, ein von a_1 verschiedener Strahl a von E entspreche*), a und a_1 mögen sich in m schneiden, alsdann entsprechen umgekehrt dem Punktelemente m 2 Strahlen $m m_1$, die sich in a schneiden (s. Fig. 28), dem Strahl $a a_1$ entsprechen nun nothwendig die beiden Punkte $M M_1$, in denen sich a m und $a_1 m_1$ schneiden, dabei ist dieses gerade Gebilde $a a_1$ als Punktgebilde sowohl von E als auch von E_1 zu seinem zugeordneten Strahlenbüschel involutorisch, insoferne in beiden Fällen den beiden Punkten $a a_1$ die beiden Strahlen, die durch $a_1 a$ gehen, zugeordnet sind. Entspricht daher dem Punkte b von $a a_1$ als Element von E der Strahl b_1 von E_1, der die $a a_1$ in b_1 schneidet, so entspricht auch dem Punkte b_1 als Element von E der Strahl n_1 von E_1, der durch b geht, und daher auch dem Punkte b als Element von E_1 der Strahl b von E, der durch b_1 geht, und dem Punkte b_1 als Element von E_1 der Strahl n von E, der durch b geht, d. h. durchläuft ein Punkt a die Gerade $a a_1$, so beschreiben die beiden ihm zugeordneten Strahlen $a a_1$ 2 perspektivische Strahlenbüschel, deren perspekt. Axe eben dieselbe $a a_1$ ist und dabei sind $a a_1$ zugeordnete Punkte eines involut. geraden Gebildes. Dem gemeinsamen Strahle $M M_1$ entspricht daher ein und derselbe Punkt P von $a a_1$ und offenbar kommt diesem Punkte P auf $a a_1$ allein die Eigenschaft zu, daß ihm in beiden ebenen Geweben eine und dieselbe Gerade p entspricht.

Wenden wir nun dieselben Schlußfolgerungen noch einmal an, aber indem wir von einem Punkte c ausgehen, der nicht in der Geraden $a a_1$ liegt, so erhalten wir eine 2te Gerade $c c_1$, der dieselben Eigenschaften zukommen wie der $a a_1$, nämlich 1) jedem Punkte b derselben sind 2 Strahlen zugeordnet, die sich in einem Punkte b_1 derselben Geraden schneiden; 2) die der Art verbundenen Punktenpaare $c c_1$ .. $b b_1$ .. bilden ein involut. gerades Gebilde; 3) auf $c c_1$ giebt es einen einzigen Punkt P_1, dem die Eigenschaft zukommt, daß ihm in beiden Geweben eine und dieselbe Gerade p_1 entspricht. Nun läßt sich noch leicht nachweisen, daß P und P_1 und also auch p und p_1 nothwendig zusammenfallen müssen, denn wäre dieses nicht

---

*) Den Fall, in dem diese Annahme nicht gestattet ist, werden die nächsten Nummern ausführlich erörtern.

der Fall, so müßten sich die erwähnten Geraden $\mathfrak{a}\,\mathfrak{a}_1$ und $\mathfrak{c}\,\mathfrak{c}_1$ in einem 3ten Punkte Q schneiden, diesem Punkte müßten aber nach der obigen Entwicklung 2 Strahlen entsprechen, die sich 1) in einem und demselben Punkte von $\mathfrak{a}\,\mathfrak{a}_1$ und 2) in einem und demselben Punkte von $\mathfrak{c}\,\mathfrak{c}_1$ schneiden, d. h. es müßte ihm ein und dieselbe durch diese 2 Schnittpunkte bestimmte Gerade zugeordnet sein, was nicht möglich ist, da in $\mathfrak{a}\,\mathfrak{a}_1$ und $\mathfrak{c}\,\mathfrak{c}_1$ außer P und P_1 kein Punkt enthalten ist, dem dieselbe Gerade zugeordnet wäre. Wir nennen der Kürze wegen solche zusammengehörige Punktenpaare wie $\mathfrak{a}\,\mathfrak{a}_1$, $\mathfrak{b}\,\mathfrak{b}_1$, $\mathfrak{c}\,\mathfrak{c}_1$, $\mathfrak{d}\,\mathfrak{d}_1$ Gegenpunkte des reciproken Systems.

Der reciproke Satz lautet: Sind der Geraden a 2 Punkte $\mathfrak{a}$ und $\mathfrak{a}_1$ zugeordnet, so sind umgekehrt der Geraden $\mathfrak{a}\,\mathfrak{a}_1$ oder a_1 2 Punkte von a zugeordnet, der Schnittpunkt von $a\,a_1$ ist Mittelpunkt eines involut. Strahlenbüschels $a\,a_1$. $b\,b_1$. der Art, daß jedem Strahle wie a b und c je ein Paar Punkte entsprechen, welche auf dem zugeordneten Strahle a_1 b_1 c_1 liegen. Dabei giebt es in dem fraglichen Büschel $a\,a_1$ einen einzigen Strahl p, welcher ein und demselben Punkte P in beiden Geweben entspricht, und dem die Eigenschaft zukommt, daß alle der Art zusammengehörige Gerade wie $a\,a_1$ $c\,c_1$, die man erhält, indem man statt von a von Strahlen c etc. ausgeht, die nicht zum Strahlenbüschel $a\,a_1$ gehören, auf diesem Strahle p sich schneiden; es leuchtet dabei ein, daß das jetzige p und P von dem obigen nicht verschieden sein kann. Der Art zusammengehörige Strahlen wie $a\,a_1$ $b\,b_1$ $c\,c_1$ nennen wir Gegenstrahlen des reciproken Systems.

2 Gegenpunkte liegen daher immer mit P in 1 Geraden und 2 Gegenstrahlen liegen immer mit p in 1 Strahlenbüschel, und der Gegenpunkt von P liegt immer in p und der Gegenstrahl von p geht immer durch P.

92. Lehrsatz. Sucht man zu allen Punkten einer Geraden q die Gegenpunkte, so liegen diese auf einer Kurve II, welche stets durch P geht, und in diesem Punkte die Gerade berührt, welche P mit dem Schnittpunkte p q verbindet, auch die Punkte $Q\,Q_1$, welche der q entsprechen, liegen auf dieser Kurve, und zwar berühren in diesen Punkten die Kurve diejenigen beiden Geraden, die den Schnittpunkten von P Q und P Q_1 mit q entsprechen (s. Fig. 29). Durchläuft nämlich ein Punkt α die Gerade q, so beschreiben die entspre-

chenden Strahlen Q $(\alpha_1 ..)$ und Q_1 $(\alpha_1 ..)$, die sich im Gegenpunkte α_1 von α schneiden, 2 projektivische Strahlenbüschel, die im Allgemeinen eine Kurve II erzeugen, die durch Q und Q_1, und da dem Schnittpunkt pq nothwendig die beiden Strahlen QP und Q_1P entsprechen, auch durch P geht, wobei zugleich den 3 Strahlen QQ_1, QP, Q_1P die 3 oben erwähnten Tangenten entsprechen.

Zusatz. Die erwähnte Kurve II geht in 1 (resp. 2) Gerade über, wenn die Gerade q durch einen Punkt geht, der derselben Geraden in doppeltem Sinne entspricht, insoferne die projekt. Büschel Q und Q_1 alsdann zugleich perspektivisch liegen.

93. Wir haben gesehen, daß außerhalb p kein von P verschiedener Punkt existiren könne, der derselben Geraden in doppeltem Sinne entspräche; es fragt sich nun, wie es sich in dieser Beziehung mit den Punkten von p selbst verhalte.

Vor Allem läßt sich zeigen, daß kein Punkt Q von p derselben Geraden q in doppeltem Sinne entsprechen könne, wenn nicht zugleich q durch Q geht; denn schnitte q die p in R, so würde dem Dreieck PQR die Eigenschaft zukommen, daß jeder der 3 Strahlenbüschel P Q R mit dem ihm entsprechenden geraden Gebilde der Gegenseite involutorisch liegt, daher jeder Geraden, die 2 Seiten dieses Dreiecks schnitte, ein und derselbe Punkt in doppeltem Sinne entspräche, was gegen unsere jetzige Voraussetzung ist, aber später näher betrachtet werden wird.

Es können daher in Bezug auf die Punktelemente von p nur folgende 4 Fälle eintreten.

1) jeder Punkt von p liegt in dem ihm entsprechenden Strahle des Büschels P;

2) 2 Punkte von p liegen in den ihnen entsprechenden Strahlen von P;

3) 1 Punkt von p liegt in dem ihm entsprechenden Strahle von P;

4) kein Punkt von p liegt in dem ihm entsprechenden Strahle von P*).

Untersuchen wir nun, um zu unserer eigentlichen Aufgabe

*) Den Fall, daß P selbst in die Gerade p fällt, wollen wir unten besonders betrachten.

jetzt zurückzukehren (Nr. 90), in diesen einzelnen 4 Fällen, welche Punkte außerdem noch auf ihren entsprechenden Strahlen liegen können oder müssen.

1. Fall. Ist p als Gebilde von E seinem entsprechenden Strahlenbüschel P perspektivisch, so gilt dieses auch von p als Gebilde von E_1, d. h. sämmtliche Punkte von p entsprechen den durch sie gehenden Strahlen von P in doppeltem Sinne. Außer den Punkten von p giebt es keinen Punkt mehr, der auf seiner entsprechenden Geraden liegt, denn läge der Punkt A außerhalb p auf der ihm entsprechenden Geraden a, so müßte der Schnittpunkt a p der Geraden A P entsprechen, was nicht möglich ist, wenn A außerhalb p liegt.

2. Fall. Entsprechen den beiden Punkten Q und R von p die beiden durch sie gehenden Strahlen P (Q) und P (R), so findet dieses offenbar in doppeltem Sinne, d. h. für beide ebene Gewebe Statt, legt man nun durch Q eine 3te Gerade q (s. Fig. 30) und sucht zu allen ihren Punkten die zugehörigen Gegenpunkte, so liegen diese nach 91, Zusatz in 1 Geraden q_1, die, wie man sich leicht durch Betrachtung des Schnittpunktes von P R und q überzeugt, durch R gehen muß, dabei ist nun offenbar der Schnittpunkt von $q q_1$ ein solcher Punkt, der, und zwar für beide Gewebe, auf der ihm entsprechenden Geraden liegt, da die Geraden q und q_1, in Bezug auf die zu ihnen gehörigen Gegenpunkte in Wechselbeziehung stehen, d. h. da, wenn die Gegenpunkte von q auf q_1 liegen, dann umgekehrt, immer die von q_1 auf q liegen; dreht sich q um Q, so dreht sich q_1 um R. Da aber jeder Strahl des Büschels P stets von 2 der Art zusammengehörigen Geraden wie q und q_1 in 2 Gegenpunkten geschnitten wird, welche nach Nr. 90 zugeordnete Punkte des in jenem Strahl enthaltenen, mehr erwähnten involut. geraden Gebildes sind, so sind diese Büschel Q (q...) und R (q_1...) projektivisch und erzeugen eine Kurve II, insoferne sie nicht perspektivisch sein können; diese Kurve II berührt in den Punkten Q R offenbar die beiden Geraden P Q und P R, da dem gemeinsamen Strahle Q R bei der projektivischen Beziehung die beiden Strahlen Q P und R P entsprechen.

Alle Punkte, welche in Bezug auf beide Gewebe in ihren entsprechenden Geraden liegen, bilden daher in diesem Fall eine Kurve II

K, und umgekehrt findet man nach dem Gesetz der Reciprocität in diesem Falle, daß auch alle Strahlen, welche durch ihre entsprechenden Punkte gehen, eine Kurve II K_1 umhüllen, und zwar sind K und K_1 entsprechende Gebilde beider Gewebe, und berühren einander in den beiden Punkten Q und R. Betrachtet man diese beiden entsprechenden Gebilde K und K_1 näher, so ergiebt sich alsbald folgendes (s. Fig. 31): Jedem Punkt A der Kurve K entspricht als Element von E die eine der beiden an K_1 möglichen Tangenten a_1 und als Element von E_1 die andere der beiden möglichen Tangenten a, und umgekehrt jeder Tangente b von K_1 entspricht als Element von E der eine Schnittpunkt B_1 von K und als Element von E_1 der andere Schnittpunkt B von K.

Fallen die beiden Kurven K und K_1 in eine zusammen, so tritt der besondere Fall ein, daß jeder Punkt der Ebene derselben Geraden in doppeltem Sinne entspricht, eine Lage, deren Eigenthümlichkeiten alsbald unter dem Namen des Polarsystems näher untersucht werden sollen.

3. Fall. Hat p bloß einen einzigen Punkt Q, der auf seinem entsprechenden Strahl PQ liegt, so entsprechen diese beiden Elemente einander wieder in doppeltem Sinne. Zieht man nun durch Q eine Gerade q, so geht die Gerade q_1, welche alle Gegenpunkte von q enthält, durch den Punkt Q selbst, denn würde q_1 die p in einem von Q verschiedenen Punkt R schneiden, so würde dem R dieselbe Eigenschaft wie dem Q zukommen, und der jetzige Fall gegen die Annahme mit dem vorigen zusammen fallen. Es können nun 2 Fälle eintreten, nämlich q und q_1 sind durch P und p getrennt, alsdann giebt es außer Q in dem Systeme keinen Punkt, der auf seiner entsprechenden Geraden liegt, oder q und q_1 sind durch P und p nicht getrennt, alsdann giebt es 2 Gerade m und m_1, deren sämmtliche Punkte die verlangte Eigenschaft haben, und zwar als Elemente sowohl von E als von E_1 betrachtet. Man findet diese beiden Geraden als die Ordnungsstrahlen des involut. Strahlenbüschels, in dem PQ und p einerseits und q q_1 andererseits zugeordnete Strahlen sind.

Der reciproke Satz lehrt, daß es auch bloß 2 Strahlenbüschel giebt, deren Strahlen durch die ihnen entsprechenden Punkte der beiden Geraden m m_1 gehen, und man findet ihre Centra M M_1

(s. Fig. 32) als Ordnungspunkte derjenigen Involution, welche durch irgend einen involutorischen Strahlenbüschel von Wechselstrahlen (Nr. 91) auf PQ erzeugt wird. MM_1 sind daher durch PQ, ebenso wie mm_1 durch Pp harmonisch getrennt, und während den 4 Elementen $Pmpm_1$, als zu E gehörig, die 4 Elemente $pMPM_1$ entsprechen, so entsprechen denselben Elementen, als zu E_1 gehörig, die Elemente pM_1PM.

4. Fall. Enthält p keinen Punkt, der auf dem entsprechenden Strahl von P liegt, so können 2 Fälle eintreten, nämlich entweder enthält überhaupt kein Strahl des Systems den ihm entsprechenden Punkt, oder es giebt, wie im 2. Fall, eine Kurve II, deren sämmtliche Punkte auf den ihnen entsprechenden Strahlen liegen, wobei die Kurve II mit p keinen Punkt gemein hat und den Punkt P einschließt, so daß jeder Strahl des Büschels P 2 solche Punkte enthält, welche die Ordnungselemente des in ihm enthaltenen involut. Gebildes von Gegenpunkten enthält. Da dieser Fall wesentlich von dem 2ten Fall sich nicht unterscheidet, sondern mit ihm zusammenfällt, für den Fall, daß die geometrische Betrachtung durch Einführung von imaginären Elementen erweitert werden wird, so soll darauf hier verwiesen werden.

5. Fall. Bei dieser unserer ganzen letzten Entwicklung wurde eine Möglichkeit außer Augen gelassen, nach welcher P in p selbst zu liegen kommt; da für diesen Fall die bisherige Entwicklung nicht mehr zuläßig ist, so soll nun dieser Fall noch besonders untersucht werden. Fällt P mit dem Schnittpunkt von aa_1 und MM_1 zusammen, d. h. liegt P auf der ihm entsprechenden Geraden p, so ist offenbar P selbst für jeden Strahl des Büschels P der eine Ordnungspunkt des in ihm enthaltenen involut. Gebildes von Gegenpunkten, und es liegt daher in jedem solchen Strahle noch 1 solcher Punkt, der auf seiner entsprechenden Geraden liegt, sei Q dieser 2te Punkt auf aa_1, so ist MQ der ihm in E entsprechende Strahl, sucht man nun zu allen Punkten [n..] von MQ die Gegenpunkte [n_1..], so liegen diese in einer Kurve II, welche die MQ in Q und die p in P berührt, da die beiden Strahlen Qn_1 und Pn_1, durch deren Schnittpunkt der Gegenpunkt von n bestimmt wird, entsprechende Strahlen 2er projekt. Büschel darstellen; es ist nämlich P [n..] π p [N...]. Will man nun auf Pn den 2ten Ordnungspunkt Q_1 finden, so muß

$Pn_1\ Q_1 n$ ein harmonischer Wurf sein, und es kann daher in Betreff der Lage der Ordnungspunkte Q_1, Q_2 etc. die Untersuchung in folgender Aufgabe zusammengefaßt werden. Es ist gegeben eine Kurve II, zieht man nun von einem ihrer Punkte P Strahlen, welche die Kurve und eine feste Tangente QM derselben schneiden, so soll der Ort des Punktes gefunden werden, der durch diese Schnittpunkte von P harmonisch getrennt ist. Nach der Aufgabe muß (Fig. 33) $Pn_1\ Q_1 n\ \pi\ P p_1\ Q_2 p$ sein, denkt man sich n_1 also auch Q_1 fest, so hat man, da $n_1\ p_1$ und $Q_1\ Q_2$ für jedes p_1 sich auf der festen Geraden MQ treffen müssen, Strahlenbüschel P $[p_1 \ldots]\ \pi\ n_1\ [p_1 \ldots]\ \pi\ Q_1$ $[Q_2 \ldots]$, und also auch Strahlenbüschel P $[Q_2 \ldots]\ \pi\ Q_1\ [Q_2 \ldots]$, d. h. die verschiedenen gesuchten Ordnungspunkte $Q_1\ Q_2 \ldots\ldots$ müssen auf einer Kurve II liegen, die durch Q_1 und P geht, und wie man sich leicht überzeugt, in P die p berührt.

Dieser besondere Fall ergiebt sich offenbar aus dem 2ten, wenn man die beiden Punkte Q und R auf p unendlich nahe rücken, d. h. in 1 Punkt zusammenfallen läßt, wobei dann auch immer P sich mit ihnen vereinigt.

94. Wir haben gesehen, daß bei der reciproken Beziehung im Allgemeinen nur 1 Punkt P, der nicht auf seiner entsprechenden Geraden liegt, und nur 2 oder alle Punkte eines geraden Gebildes, die je auf ihren entsprechenden Geraden liegen, ihr in doppeltem Sinne entsprechen können, tritt daher der Fall ein, daß 2 Punkte, die nicht auf ihrer entsprechenden Geraden liegen, oder die 3 Eckpunkte eines Dreiecks, die auf ihren entsprechenden Geraden liegen, denselben in doppeltem Sinne entsprechen, so muß dieses mit jedem Punkte des Systems der Fall sein, und wir nennen in diesem besonderen Falle das reciproke System ein Polarsystem, so daß also das Polarsystem zu dem reciproken System in demselben Verhältniß steht, wie die involutorische Beziehung zur kollineären.

Wir nennen in einem Polarsysteme jeden Punkt den Pol der ihm entsprechenden Geraden und diese die Polare ihres entsprechenden Punktes. Liegt der Pol A von a auf seiner Polare a selbst, so geht die Polare jedes von A verschiedenen Punktes von a durch A, und es giebt daher auf a weiter keinen Punkt, dem dieselbe Eigenschaft zukäme. Liegt dagegen A nicht auf seiner Polare a, so ist das Punktgebilde a zu dem ihm entsprechenden Strahlenbüschel

A involutorisch; daher liegen auf keiner Geraden mehr als 2 Punkte (die Ordnungspunkte der Involution), die auf ihren Polaren liegen.

Liegt A nicht auf seiner Polare a, so geht die Polare b von jedem Punkte B von a durch A; 2 solche Punkte, von denen jeder auf der Polare des andern liegt, nennen wir konjugirt, ebenso wie wir 2 Strahlen, von denen jeder durch den Pol des andern geht, konjugirt nennen. Einem Punkte sind daher alle Punkte seiner Polaren und einer Geraden alle Strahlen ihres Poles konjugirt, nennt man daher einen Punkt sich selbst konjugirt, so muß er auf seiner Polaren liegen, sowie eine sich selbst konjugirte Gerade durch ihren Pol gehen muß.

Jeder Strahlenbüschel liegt mit seinem entsprechenden geraden Gebilde involutorisch.

Je 2 konjugirte Punkte 2er beliebiger Geraden bilden entsprechende Punkte 2er projekt. gerader Gebilde, die der Art in diesen Geraden erzeugt werden.

Schneidet unter Voraussetzung der so eben gebrauchten Bezeichnung die b die a in C, so entspricht jedem Eckpunkt des Dreiecks ABC die Gegenseite, und je 2 Ecken, sowie je 2 Seiten sind einander konjugirt. Wir nennen ein solches Dreieck ein Polardreieck, oder auch wohl ein absolutes Polardreieck.

Solcher absoluter Polardreiecke giebt es unendlich viele in jedem Polarsystem. Entsprechen dagegen den 3 Eckpunkten des Dreiecks ABC die 3 Seiten $a_1 b_1 c_1$ des von ihm verschiedenen Dreiecks $A_1 B_1 C_1$, so nennen wir beide relative Polardreiecke; auch solcher giebt es in jedem Polarsystem unendlich viele.

95. In einem Polarsystem liegt entweder kein Punkt auf seiner Polare oder alle Punkte einer Kurve II, wobei die sämmtlichen Polaren Tangenten des Punktgebildes II darstellen, die mit der Kurve die ihnen entsprechenden Pole gemein haben, d. h. sie in diesen berühren.

Wir haben gesehen, daß wenn ein Punkt A auf seiner Polare a liegt, alsdann außer A keinem Punkt von a diese Eigenschaft zukommt, während es auf jedem von a verschiedenen Strahl von A noch einen 2ten Punkt giebt, der auf seiner Polare liegt, und es ist also nur zu beweisen, daß diese Punkte sämmtlich auf einer Kurve 2 liegen oder umgekehrt, daß ihre Polaren sämmtlich einen Strahlenbüschel II bilden.

Es seien (Fig. 34) $A_1 B_1 C_1 D_1$ 4 Punkte, die auf ihren Polaren AB BC CD DA liegen, so ist jedes Eck des vollständigen 4Seits, das diese 4 Polaren bilden, der Pol einer der 6 Seiten des vollständigen Vierecks $A_1B_1C_1D_1$. Insonderheit ist S der Pol von $B_1 D_1$ und T der Pol von $A_1 C_1$, also der Schnittpunkt P dieser beiden Geraden der Pol von S T, da aber in dem vollständigen Viereck $A_1 B_1 C_1 D_1$ die Gerade QP von R sowohl durch B_1 und C_1 als auch durch A_1 und D_1 harmonisch getrennt ist, jedes solche Punktenpaar aber auf RB_1 und RA_1 die Ordnungselemente der durch die einzelnen konjugirten Punktenpaare dargestellten Involution darstellen, so muß QP die Polare von R und ganz ebenso RP die Polare von Q sein, d. h. P der Pol von QR, also muß QR und S T in eine Gerade zusammenfallen*). Q ist aber auch als Schnittpunkt von $C_1 D_1$ und $A_1 B_1$ der Pol von der Verbindungslinie BD und ebenso R als Schnittpunkt von $B_1 C_1$ und $D_1 A_1$ der Pol von A C, also muß A C durch Q und BD durch R gehen, woraus hervorgeht, daß PQR das Poldreieck des vollständigen Vierecks $A_1 B_1 C_1 D_1$ und das Polardreieck des vollständigen 4Seits ABCD darstellt, und es folgt daher ganz wie in Nr. 49, daß die 4 erwähnten Polaren Tangenten einer Kurve II darstellen, deren Berührungspunkte $A_1 B_1 C_1 D_1$ sind. Da aber schon durch 3 Tangenten und ihre Berührungspunkte die Kurve II vollkommen bestimmt ist, so berühren alle sich selbst konjugirten Geraden dieselbe Kurve II, welche die **Ordnungskurve** des Polarsystems heißt.

Es hat sich herausgestellt, daß in Bezug auf das vollständige 4Eck und auf das vollständige 4Seit $A_1 B_1 C_1 D_1$ im Poldreieck jedes Eck der Pol der entsprechenden Gegenseite ist, hieraus erklärt sich nachträglich (s. Nr. 48, Zus.) die Wahl des Namens Pol und Polar-Dreieck.

96. Ein Polarsystem ist vollkommen fixirt, wenn ein Dreieck ABC als absolutes Polardreieck angenommen und außerdem zu einem Punkte D, der in keiner Seite des Dreiecks liegt, die entsprechende Gerade d gegeben ist, die durch keinen Eckpunkt des Dreiecks geht.

Durch die Annahme, daß den 3Ecken von ABC die 3 Gegen-

*) Daß sie in dieser Geraden einen harmonischen Wurf bilden, folgt aus der bekannten Eigenschaft des vollständigen 4Ecks.

seiten entsprechen, ist nach 94 das System nothwendig ein Polarsystem, und da die reciproke Beziehung im Allgemeinen durch 4 Punkte und ihre entsprechenden Geraden vollständig fixirt ist, wenn keine 3 Punkte und keine 3 Strahlen einem und demselben Grundgebilde I angehören, so ist auch in unserem Falle die Beziehung vollständig fixirt durch ABCD und die ihnen entsprechenden Strahlen.

97. Lehrsatz. 2 relative Polardreiecke ABC $A_1 B_1 C_1$ (s. Fig. 35) müssen immer perspektivisch liegen (s. Nr. 87). CC_1 ist die Polare des Schnittpunktes c von AB und $A_1 B_1$, ebenso BB_1 die Polare des Schnittpunktes b von AC und $A_1 C_1$, also ihr Schnittpunkt P der Pol der Geraden b c oder p. Bezeichnet man nun die Schnittpunkte von p und PB, PC und PA mit $b_1 c_1 a_1$ und die Schnittpunkte von p und AB AC BC mit c b a, so ist wegen des 4Ecks PABC (nach Nr. 57) $cc_1 . bb_1 . aa_1$ eine Involution bezeichnet man den Schnittpunkt von PA_1 und p durch x, so muß wegen der Involution konjugirter Punkte in p ebenso $cc_1 . bb_1 . ax$ eine Involution sein, d. h. a_1 und x zusammenfallen, woraus ersichtlich, daß die Gerade PA identisch ist mit der Geraden PA_1, wie z. b. w.

98. Ein Polarsystem ist vollkommen fixirt, wenn 2 perspektivische Dreiecke als relative Polardreiecke angenommen sind, vorausgesetzt, daß von den Eckpunkten eines derselben nicht 2 in einer Seite des andern liegen.

Fixirt man nämlich die reciproke Beziehung so, daß den 4 Punkten a b A B (Fig. 36) von E die 4 Geraden Pa_1 Pb_1 $B_1 C_1$ $A_1 C_1$ von E_1 entsprechen, so entspricht nothwendig auch dem Punkt c von E die Gerade Pc_1 von E_1, da aber $aa_1 . bb_1 . cc_1$ eine Involution, so liegt der Strahlenbüschel P und das entsprechende gerade Gebilde p involutorisch, daher auch den 3 Punkten $a_1 b_1 c_1$ die 3 Strahlen Pa Pb Pc entsprechen. Es entsprechen daher auch den 3 Geraden $a_1 A$ $b_1 B$ $c_1 C$ die 3 Punkte a b c, d. h. das gerade Gebilde p und der Strahlenbüschel P entsprechen einander in doppeltem Sinne und liegen dabei involutorisch, woraus nach Nr. 94 nothwendig folgt, daß das System ein Polarsystem darstellt. Die obige Bedingung, daß keine 2 Ecken auf 1 Seite des entsprechenden Dreiecks liegen dürfen, mußte deßwegen hinzugefügt werden, weil sonst die Involution $aa_1 . bb_1 . cc_1$ nicht mehr bestünde, und somit der Beweis keinen Sinn hätte, wohl paßt aber der Beweis noch vollständig für den Fall, daß 1 oder 2, ja selbst 3 Ecken des einen Dreiecks auf je 1 oder je 2 oder je 3 Seiten des andern liegen, wobei jedes Eck stets nur auf der ihm entsprechenden Seite liegen kann, weil sonst nothwendig der vorige Fall eintreten müßte.

98. Ein Polarsystem ist vollständig fixirt, wenn man eine Kurve II K als Ordnungskurve annimmt. Wählt man nämlich zu 3 Punkten ABC von K die 3 zugehörigen Tangenten, welche das umschriebene Dreieck $A_1B_1C_1$ bilden, als entsprechende Gerade, so sind ABC und $A_1 B_1 C_1$ nach Nr. 48 2 perspektivische Dreiecke, wählt man also diese beiden Dreiecke als relative Polardreiecke, so ist nach 98. hierdurch ein Polarsystem bestimmt, da aber in diesem die 3 Punkte ABC auf ihren Polaren $B_1 C_1$ $A_1 C_1$ $A_1 B_1$ liegen, so muß dessen Ordnungskurve diese 3 Geraden in ABC berühren, also mit K identisch sein.

Diese letzte Art der Fixirung ist vor allem wichtig, und es soll darum bei der Betrachtung der Eigenschaften der Kurven II, soferne sie als Ordnungskurven eines Polarsystems erscheinen, etwas verweilt werden.

99. Der Schnittpunkt P 2er Tangenten ist der Pol der Verbindungslinie p ihrer Berührungspunkte (wir nennen sie kurz die Berührungssehne).

Zieht man daher durch P (s. Fig. 37) eine Gerade, die mit der Kurve die beiden Punkte CD gemein hat, so schneiden sich die beiden Tangenten in C und D auf der Geraden p.

Jedes solche Punktenpaar wie CD oder EF wird durch P und p harmonisch getrennt, insoferne C und D die Ordnungspunkte der durch die konjugirten Punkte gebildeten Involution darstellen. Man kann dieses so ausdrücken, zieht man von einem Punkte P aus Sekanten an eine Kurve II, und sucht je zu P und den beiden Schnittpunkten den 4ten dem P zugeordneten harmonischen Punkt, so liegen diese alle in 1 Geraden p.

CDEF bildet ein der Kurve II eingeschriebenes 4 Eck und seine 2 Paar Gegenseiten CF und DE, sowie CE und DF müssen sich wie schon Nr 49. gefunden auf p schneiden. Hieraus ergiebt sich ein einfaches Mittel, bloß mit Hilfe des Lineals zu einem gegebenen Punkte die Polare für eine gegebene Ordnungskurve zu finden; und soll umgekehrt zu einer Geraden der zugehörige Pol gefunden werden, so sucht man zu 2 Punkten derselben die Polaren die alsdann durch ihren Schnittpunkt den gesuchten Pol liefern.

Wir weisen hier noch einmal zurück auf die 3te in Nr. 87 angegebene Art, ein involutorisches System zu fixiren und können uns jetzt kurz so fassen: Wählt man irgend einen Pol und seine Polare zu Centrum und Axe der perspekt. Beziehung 2er ebenen Gewebe, und nennt je 2 mit dem Pol in 1 Geraden liegende Punkte der Kurve II zugeordnet, so erhält man ein involutorisches System, in welchem die Kurve ein entsprechend gemeinsames Gebilde darstellt.

Hat ein Polarsystem eine Ordnungskurve, so ist jeder Pol von seiner Polare durch je 2 mit ihm in einer Geraden liegenden Punkte der Ordnungskurve harmonisch getrennt, liegt daher ein Punkt innerhalb der Kurve II, so liegen alle Punkte seiner Polare außerhalb derselben, liegt ein Punkt außerhalb der Kurve, so liegt ein Theil seiner Polare innerhalb, ein Theil außerhalb, und diese Theile sind durch die Berührungspunkte der beiden an die Kurve vom fraglichen Punkte aus zu ziehenden Tangenten getrennt.

Jedes absolute Polardreieck hat einen Eckpunkt, der innerhalb der Ordnungskurve liegt und 2 Eckpunkte, die außerhalb derselben liegen, dabei schneiden 2 der 3 Seiten die Kurve und eine Seite nicht, denn da je 2 Eckpunkte eines absolut. Polardreiecks konjugirte Punkte darstellen, so können jedenfalls keine 2 derselben innerhalb der Kurve liegen, sondern je 2 müssen durch die beiden Schnittpunkte ihrer Verbindungslinie mit der Kurve harmonisch getrennt sein, ist daher P ein solcher außerhalb der Kurve liegender Punkt, so muß seine Polare dieselbe in 2 Punkten schneiden, und die übrigen Ecken des Polardreiecks müssen durch diese Schnittpunkte harmonisch getrennt sein, daher einer Q innerhalb einer R außerhalb liegt. Die Polare von Q liegt nach dem Vorigen ganz außerhalb der Kurve.

Lehrsatz. Die 6 Ecken A B C und A_1 B_1 C_1 von 2 absoluten Polardreiecken liegen stets auf einer Kurve II (Fig. 38). Den 4 Strahlen des Büschels A die nach B C A_1 B_1 gehen, entsprechen im Polarsysteme die 4 Punkte von BC, die auf den Geraden AC AB B_1C_1 A_1C_1 liegen, also ist $A[BCA_1B_1]$ π CBDE, also auch $A[BCA_1B_1]$ π C_1 [CBDE] π $C_1[CBB_1A_1]$ π C_1 $[BCA_1B_1]$, woraus der Satz folgt, insoferne die beiden projektivischen Büschel $A[BCA_1B_1] \pi C_1[BCA_1B_1]$ die fragliche Kurve II erzeugen.

100. Der unendlich fernen Geraden entspricht als Pol ein Punkt, den wir den Mittelpunkt des Systems nennen wollen. Liegt der Mittelpunkt auf der ihm entsprechenden unendlich fernen Geraden selbst, so hat das System eine Ordnungskurve II, der die unendlich Ferne als Tangente angehört, einen Fall, den wir alsbald näher betrachten werden. Ist der Mittelpunkt ein eigentlicher Punkt, so kann das System eine Ordnungskurve haben oder nicht. Jede Gerade, die durch den Mittelpunkt des Systems geht, d. h. jede Polare eines unendlich fernen Punktes, nennen wir Durchmesser des Systems. Wir nennen ferner 2 Durchmesser konjugirt, wenn sie durch 2 einander konjugirte Punkte der unendlich fernen Geraden gehen; liegt der Mittelpunkt im Unendlichen, so gehen alle Durchmesser durch den Pol der unendlich fernen Geraden selbst, d. h. sie sind unter einander parallel, und es kann daher in diesem Falle von konjugirten Durchmessern nicht die Rede sein, in allen andern Fällen bilden die konjugirten Durchmesserpaare einen involutorischen Strahlenbüschel. In diesem involutorischen Büschel von konjugirten Durchmesserpaaren existirt nach Nr. 40 immer gerade 1 Paar auf einander senkrechter, und diese nennt man die Axen des Systems.

Diese Begriffe finden besonders dann praktische Anwendung, wenn das System eine Ordnungskurve hat, weßwegen wir diesen Fall hier noch besonders ins Auge fassen wollen:

Ist vom Mittelpunkt einer Kurve II K die Rede, so versteht man darunter den Pol der unendlich fernen Geraden in demjenigen Polarsystem, das durch die Ordnungskurve K fixirt ist. Jede Gerade, welche durch diesen Mittelpunkt geht, heißt Durchmesser der Kurve; 2 Durchmesser, von denen jeder durch den Pol des andern geht, heißen konjugirte Durchmesser, diejenigen beiden konjugirten Durchmesser, welche zugleich auf einander senkrecht stehen, Axen; sämmtliche Paare konjugirter Durchmesser bilden die entsprechenden Strahlenpaare eines involutorischen Strahlenbüschels, hat dieser involutorische Büschel von konjugirten Durchmessern 2 Ordnungsstrahlen, so nennt man die Kurve II eine Hyperbel, hat er keine Ordnungsstrahlen, so heißt die Kurve Ellipse. Fragt man nach der geometrischen Bedeutung des Unterschiedes, ob der involut. Büschel Ordnungselemente hat oder nicht, so ist klar, daß nur ein solcher Durchmesser sich selbst konjugirt sein kann, der durch seinen im Unendlichen liegenden Pol geht; die Hyperbel hat demnach 2 Punkte mit der unendlich fernen Geraden gemein, in denen sie von den Polaren dieser Punkte, eben den sich selbst konjungirten Durchmessern, berührt wird. Die Ellipse hat mit der unendlich fernen Geraden keinen Punkt gemein; man nennt die beiden sich selbst konjugirten Durchmesser einer Hyperbel die Asymptoten derselben. Da die unendlich ferne Gerade die Hyperbel schneidet, die Ellipse aber nicht, so liegt ihr Pol, d. h. der Mittelpunkt der Kurve bei der Hyperbel außerhalb der Kurve, bei der Ellipse innerhalb. Jeder Durchmesser, also auch beide Axen einer Ellipse schneidet daher dieselbe, während von je 2 konjugirten Durchmessern, also auch von den beiden Axen einer Hyperbel der eine sie schneidet der andere nicht. Je 2 Schnittpunkte eines Durchmessers mit der Kurve II stehen vom Mittelpunkt gleichweit ab, insoferne sie durch ihn und den unendlich fernen Punkt des Durchmessers harmonisch getrennt sind.

Liegt der Mittelpunkt eines Polarsystems im Unendlichen selbst, so hat das System nothwendig eine Ordnungskurve, da eben der Mittelpunkt auf seiner Polaren liegt, diese Ordnungskurve heißt in diesem Falle Parabel. Alle Durchmesser einer Parabel sind parallel, und es kann in diesem Falle von konjugirten Durchmessern nicht mehr die Rede sein; doch nennt man auch bei der Parabel den einen immer existirenden Durchmesser, der zu den ihm konjugirten Geraden senkrecht ist, Axe der Parabel, und deren Schnittpunkt mit der Parabel den Scheitel derselben Kurven II.

Die Mitten aller unter einander parallelen Sehnen einer beliebigen Kurve II liegen in demjenigen Durchmesser, der konjugirt ist demjenigen, der zu den Sehnen ebenfalls parallel ist, weil alle diese Mitten offenbar dem unendlich fernen Punkte aller dieser Sehnen konjugirt sind, auch erhellet, daß die beiden Tangenten in den beiden Schnittpunkten eines Durchmessers und einer Kurve unter sich, und mit dem konjugirten Durchmesser parallel sein müssen. Die Tangenten in den Schnittpunkten einer Axe und der Kurve (Scheitel der Kurve genannt) stehen daher auf diesem senkrecht.

Betrachtet man irgend einen Durchmesser einer Parabel, oder

irgend eine zu einer Asymptote einer Hyperbel parallele Gerade, so sind je 2 konjugirte Punkte auf diesen Geraden von dem endlichen Schnittpunkte mit der Kurve gleich weit entfernt, insoferne sie ja durch die beiden Schnittpunkte der Geraden mit der Kurve, von denen einer der unendlich ferne Punkt ist, harmonisch getrennt sein müssen.

Zusatz. Diesen Fundamentalsätzen, welche für Kurven II als Ordnungskurven von Polarsymen gelten, soll hier noch ein Satz beigefügt werden, der als unmittelbare Folge daraus sich ergiebt, und auf den wir uns in der nächsten Entwicklung stützen müssen; er lautet:

Hat man irgend 3 Tangenten a b c einer Kurve II in den Punkten A B C, und zieht man von einem dieser Punkte A nach dem Schnittpunkte der beiden Tangenten b c eine Gerade a_1, so ist a und a_1 durch die beiden Punkte B C harmonisch getrennt *).

101. In Uebereinstimmung mit dem bei den früheren Untersuchungen eingeschlagenen Gange legen wir uns auch hier die Frage zur Beantwortung vor, ob die verschiedenen in Nr. 92 und 93 ermittelten Möglichkeiten Betreff der Lagenverhältnisse 2er reciproker Systeme jedesmalige Folge der besondern Art der Beziehung selbst sind, oder ob man bei jeder Art der reciproken Beziehung beide ebenen Gewebe durch gehörige Verschiebung in eine beliebige der erwähnten möglichen Lagen bringen kann. Nimmt man ein beliebiges gerades Gebilde m in E, so kann man, wie hier alsbald bewiesen wird, E_1 immer auf 2 Arten so auf E legen, daß sämmtliche Strahlen des entsprechenden Strahlenbüschels M_1 durch die ihnen entsprechenden Punkte von m gehen, so daß also immer entweder der Fall eintritt, daß sämmtliche Punkte 2er Geraden auf den ihnen entsprechenden Geraden liegen, oder der Fall, daß dieses bloß mit der einen Geraden m der Fall ist. Wir werden unten beweisen, daß der hier zuletzt erwähnte Fall überhaupt höchstens nur mit 8 Geraden, d. h. also bei 8erlei Lage der beiden ebenen Gewebe eintrete, so daß in allen andern Fällen der erste Fall eintreten muß.

Daß man wirklich ein gerades Gebilde p und einen ihr be-

*) Wir nennen 2 Elemente AB eines Elementargebildes durch 2 ihnen ungleichartige Elemente M N eines andern harmonisch getrennt, wenn diese beiden Elementargebilde durch ihren Schnitt 2 neue Elemente bestimmen, die durch A B harmonisch getrennt sind.

liebig projekt. Strahlenbüschel I S in perspekt. Lage bringen kann, folgt also: Entsprechen den 3 Punkten a b c 3 Strahlen a b c, so beschreibe man über a b als Sehne einen Kreisabschnitt, der den spitzen Winkel a b faßt, ebenso über b c einen solchen Kreisabschnitt, der den spitzen Winkel b c faßt, der von b verschiedene immer existirende 2te Schnittpunkt dieser beiden Kreisabschnitte bildet den Mittelpunkt eines Strahlenbüschels, der, wenn man ihn perspekt. auf das gerade Gebilde a b c bezieht, zu dem gegebenen Strahlenbüschel kongruent ist, insoferne die 3 Strahlen a b c dieselben Winkel einschließen. Solcher Punkte erhält man aber 2, nämlich zu jeder Seite von a b c einen.

Dieser Beweis stützt sich auf einen Elementarsatz vom Kreise, den wir der Anlage der Schrift nach erst in unserm 2ten Theile bringen werden, einen hievon unabhängigen Beweis begnüge ich mich in seinen Umrissen hier kurz anzugeben. Wählt man Fig. 39 auf dem Strahl a einen festen Punkt a_1, und läßt man eine Gerade sich um diesen Punkt aus der Lage a stetig drehen, so gilt hinsichtlich des Verhältnisses $a_1 b_1 : b_1 c_1$ folgendes: Wenn die bewegliche Gerade alle Lagen von a bis in die zu c parallele Lage durchläuft, so ändert sich der Werth dieses Verhältnisses stetig entweder wachsend von $-\infty$ bis 0, oder abnehmend von $+\infty$ bis 0, vorausgesetzt, daß man Betreff des Vorzeichens der Strecken a b und b c, die in Nr. 7 aufgestellte Regel gelten läßt, je nachdem die Drehung in dem einen oder in dem andern Sinne geschieht. Es giebt daher nothwendig unter allen diesen Geraden gerade e i n e, welche, wenn man ihren zum Strahlenbüschel S perspekt. Schnitt als zu p (abc) projekt. betrachtet, zugleich zu ihm ähnlich ist nach Nr. **11. Zusatz.** Alle zu dieser fraglichen Geraden parallele Schnitte des Strahlenbüschels sind aber unter sich und also auch zu p (a b c . .) ähnlich, und unter ihnen muß es daher stets gerade 2 gegen den Mittelpunkt S symmetrisch liegende Gerade geben, deren Schnitte zu p (abc . .) zugleich kongruent sind.

Um zu ermitteln, ob 2 reciproke ebenen Gewebe sich stets zu einem Polarsystem vereinigen lassen, beachte man, daß alsdann jeder Geraden, also auch der unendlich fernen Geraden derselbe Punkt in doppeltem Sinn entsprechen müsse, es müssen daher nothwendig vor allem die beiden Mittelpunkte auf einander gelegt werden, damit die fragliche Bedingung wenigstens für dieses Paar entsprechender Elemente erreicht ist, das hier die Stelle von P und p in Nr. 92 vertritt, und die der erwähnten Bedingung unterworfen bleiben, man mag die eine Ebene um den gemeinsamen Mittelpunkt drehen, wie man will. Ob aber die involutorische Lage wirklich erreicht ist, dafür haben wir in Nr. 93 und 95 verschiedene Kennzeichen aufgeführt; eines führt jedoch hier am kürzesten zum Ziele, nämlich das, daß der Strahlenbüschel P und das entsprechend gerade Gebilde involutorisch liegen, die Punkte von p werden aber in diesem Falle angedeutet durch die Strahlen eines Strahlenbüschels, dessen Mittelpunkt ebenfalls in P gedacht werden kann, so daß P als Träger 2er projekt. Strahlenbüschel zu betrachten ist, deren entsprechende Strahlen in dem Verhältniß zu einander stehen, daß jeder Strahl des ersten dem unendlich fernen Punkte von dem entsprechenden Strahl des 2ten entspricht; diese beiden projektivischen Büschel können aber nach Nr. 40 immer auf 4erlei Art involutorisch gelegt werden; bezeichnen wir nämlich die beiden Paare senkrechter Strahlen, die einander entsprechen, durch $a\,b$ oder $a_1\,b_1$ und unterscheiden ihre beiden Hälften durch beigesetzte $\mathfrak{a}$ und $\mathfrak{b}$ von einander, so muß stets b_1 auf a und b auf a_1 gelegt werden. Dabei kann aber immer $\mathfrak{a}_\mathfrak{a}$ auf $\mathfrak{b}_{1\mathfrak{a}}$ oder auf $b_{1\mathfrak{b}}$ zu liegen kommen, und ebenso $b_\mathfrak{a}$ auf $a_{1\mathfrak{a}}$ oder auf $\mathfrak{a}_{1\mathfrak{b}}$ in 2 der 4 möglichen Lagen haben die beiden involutorischen Büschel Ordnungselemente **m n**, in den beiden andern nicht, wie dies Alles die Fig. 40 ohne weitere Erklärung anschaulich machen wird. In den beiden Fällen, in denen die beiden Strahlenbüschel Ordnungselemente haben, liegen offenbar 2 unendlich ferne Punkte auf ihren Polaren, und das Polarsystem hat daher 2 Hyperbeln zu Ordnungskurven. Diese beiden Hyperbeln haben denselben Mittelpunkt dieselben Asymptoten und Axen, und unterscheiden sich nur dadurch, daß die eine in den einen der beiden Asymptotenwinkel beschrieben ist, die andere in den andern, wie man alsbald daraus erkennt, daß ein Durchmesser, der die eine der beiden Hyperbeln schneidet, also 2 Ordnungselemente für die Involution konjugirter Punkte hat, die andere nicht schneidet, da die fragliche Involution konjugirter Punkte im 2ten Falle keine Ordnungselemente besitzt. In den beiden andern Fällen, in denen keine Ordnungsstrahlen vorhanden sind, hat das System entweder keine Ordnungskurve, oder dieselbe ist durch eine Ellipse dargestellt. Um zu unterscheiden, wann der eine und wann der andere dieser beiden Fälle eintritt, geht man am besten von einer derjenigen beiden Lagen aus, in welchen die Ordnungskurve eine Hyperbel ist. Dreht man nämlich in diesem Falle das eine Gewebe um irgend eine der beiden Axen der Hyperbel, so bleibt offenbar in beiden Fällen das System ein Polarsystem, allein keinesfalls kann die Ordnungskurve eine Hyperbel sein, weil der Anblick der Figur 41 alsbald ergiebt, daß durch eine solche Drehung sowohl aus dem 2ten, als auch aus dem 3ten Fall stets entweder der 1ste oder der 4te sich ergiebt. Allein das Resultat ändert sich wesentlich, je nachdem man die reelle *) Axe der Hyperbel oder die ideelle (oder imaginäre) als Drehaxe wählt, im ersten Fall haben für beide Arten die Involution von konjugirten Punkten Ordnungselemente, also erhält das Polarsystem eine Ordnungskurve, die beide Axen des Systems schneidet, also eine Ellipse, im 2ten Falle hat keine Involution von konjugirten Punkten auf den beiden Axen Ordnungselemente und es kann daher auch keine Ordnungkurve geben.

Dieser Beweis ist offenbar bloß giltig für den Fall, daß die unendlich ferne Gerade die beiden ihr entsprechenden Punkte nicht in sich enthält, findet dieses aber Statt, so überzeugt man sich, daß es im Allgemeinen nicht möglich ist, die beiden ebenen Gewebe so auf einander zu legen, daß ein Polarsystem entsteht, denn bringt man die Ebenen in die Lage, daß die beiden der unendlich fernen Geraden entsprechenden Punkte in einem Punkt U sich vereinigen, was ja stets nothwendig ist, so müssen, wenn jeder Strahl des Parallelstrahlenbüschels, dessen Mittelpunkt jener Punkt U ist, dem ihm entsprechend unendlich fernen Punkte in doppeltem Sinne entsprechen soll, jene Parallelstrahlenbüschel in solche Lage gebracht werden können, daß außer der unendlich fernen Geraden noch 2 Strahlen (weil dann alle), die denselben beiden unendlich fernen Punkten entsprechen, auf einander zu liegen kommen; schon dieses ist offenbar im Allgemeinen nicht möglich, und trotzdem reicht nicht einmal die-

*) Man nennt „reelle" Axe einer Hyperbel diejenige, welche die Kurve in 2 Punkten schneidet, und die ihr konjugirte die ideelle, Ausdrücke die sich auf die Größe des zwischen den Schnittpunkten der Kurve enthaltenen Axenstückes beziehen.

ses hin, um ein Polarsystem zu erhalten, insoferne bekanntlich ein reciprokes System dadurch noch durchaus nicht ein Polarsystem ist, wenn einem geraden Gebilde ein Strahlenbüschel, dessen Mittelpunkt auf dessen Träger liegt, in doppeltem Sinne entspricht. Die Bedingung, welche noch erfüllt sein muß, läßt sich also einfach so ausdrücken: Betrachtet man einen Durchmesser als Träger eines geraden Gebildes des einen Gewebes, so bestimmt der demselben entsprechende Parallelstrahlenbüschel auf dem Durchmesser des andern ebenen Gewebes, der demselben unendlich fernen Punkte wie der vorige entspricht, durch seinen Schnitt ein gerades Gebilde, das dem ersteren ähnlich ist; geht die Aehnlichkeit in Kongruenz über (und wenn dies bei 2 der Art zusammengehörigen Durchmesser der Fall ist, so ist es bei allen der Fall) so ist ein Polarsystem möglich, ist das nicht der Fall, so ist auch kein Polarsystem möglich.

Um nun noch die oben berührte Frage zu erledigen, wann in dem zuerst betrachteten Falle 2 gerade Gebilde ihren entsprechenden Strahlenbüscheln perspektivisch sind, und wann nur eine, so kehren wir lieber die Sache um, und setzen voraus, daß das reziproke System bloß eine einzige Gerade p enthalte, die perspekt. zu ihrem entsprechenden Strahlenbüschel P, und zwar in doppeltem Sinne ist. Fällt man nun von P auf p einen Perpendikel, und dreht das eine ebene Gewebe um diesen Perpendikel um 180°, so erhält man offenbar ein Polarsystem, insoferne die p dem P, und ebenso der fragliche Perpendikel dem in ihm enthaltenen Fußpunkt Q und ebenso die parallel p durch P gezogene Gerade r dem in ihr enthaltenen unendlich fernen Punkt von p in doppeltem Sinne entsprechen. Das so erhaltene Polarsystem hat somit eine Ordnungskurve und zwar nothwendig eine Hyperbel, deren eine Asymptote r, und deren eine Tangente der Perpendikel PQ ist s. Fig. 41.

Auch bei diesem Beweise wurde vorausgesetzt, daß der Punkt P nicht auf der unendlich fernen Geraden liege, um zu untersuchen, in welchem Fall einem unendlich fernen Punkte P die Eigenschaft zukommen könne, daß die durch ihn gehenden Parallelstrahlen durch die ihnen entsprechenden Punkte der Geraden p gehen, und daß P und p dabei einander in doppeltem Sinne entsprechen, was zur Folge hat, daß dem Büschel P und dem geraden Gebilde p diese Eigenschaft allein zukommt, beachte man folgendes: Vor Allem muß in diesem Falle der unendlich fernen Geraden der unendlich ferne Punkt von p entsprechen; ferner muß aber auch von den beiden Bedingungen, welche hier oben aufgestellt wurden, wenn ein reciprokes System wie das hier betrachtete zu einem Polarsystem solle werden können, die 2te hier zutreffen, ist aber diese Bedingung erfüllt, so kann man jede zu p parallele Gerade p_1 des einen Gewebes so auf die zu p parallele Gerade p_2 des andern, welche demselben unendlich fernen Punkt wie p_1 entspricht, legen, daß mit ihnen der fragliche Fall wirklich eintritt.

Es kann daher in den beiden reciproken Geweben bloß 8 Gerade p geben, denen die Eigenschaft zukommt, daß bei einer gehörigen Drehung der beiden Gewebe sie allein und zwar in doppeltem Sinne ihrem entsprechenden Strahlenbüschel perspekt. sind, und die auf folgende Art gefunden werden: man lege Fig. 41 die Gewebe so, daß sie ein Polarsystem mit einer Hyperbel als Ordnungskurve haben, ziehe an diese Hyperbel eine Tangente, die zugleich senkrecht auf einer ihrer Asymptoten steht, die Gerade, welche durch den Berührungspunkt Q parallel derselben Asymptote gezogen wird, ist eine von den 8 der Art möglichen Geraden p.

Zusatz. Aus diesem Beweise folgt jedoch bloß, daß wenn der erwähnte Fall (1ste Fall in Nr. 93) überhaupt eintreten solle, dann bloß diese 8 also bestimmten Geraden die Rolle von p übernehmen können, und es muß daher noch nachgewiesen werden, daß wenn man das eine Gewebe um den Perpendikel PQ um 180^0 dreht, dann auch allemal dieser Fall wirklich eintrete; dieses folgt aber mit Nothwendigkeit daraus, daß je 2 konjugirte Punkte wie a a_1 von p von dem Berührungspunkte Q gleichweit abstehen, insoferne sie durch Q und den unendlich fernen Punkt auf p harmonisch getrennt sind, und also nothwendig nach der Drehung durch jeden Punkt die ihm entsprechende Gerade geht.

Sind die beiden Asymptoten auf einander senkrecht, so stellen sie selbst die oben erwähnten Tangenten dar, und es ist daher nur bei 2erlei Lage der beiden ebenen Gewebe das fragliche Resultat zu erzielen, daß alle Punkte einer Geraden in den ihnen entsprechenden Strahlen liegen, und auch diese beiden Lagen unterscheiden sich bloß scheinbar, insoferne man sich leicht überzeugt, daß bei der Drehung um eine der beiden senkrechten Asymptoten stets sämmtliche Punkte der unendlich fernen Geraden auf den ihnen entsprechenden Strahlen liegen.

Liegt der Mittelpunkt im Unendlichen, und hat also das Polarsystem, zu dem man die beiden Gewebe zusammenfügen kann, eine Parabel als Ordnungskurve, so hat offenbar die Tangente, welche im Scheitel der Parabel an sie gezogen werden kann, ebenfalls die Eigenschaft, daß, wenn man um sie das eine Gewebe dreht, alsdann alle Punkte einer Geraden, nämlich alle Punkte der Axe in den ihnen entsprechenden Geraden liegen, denn auch in diesem Falle sind ja je 2 konjugirte Punkte der Axe stets in gleicher Entfernung vom Scheitel gelegen. Das Centrum desjenigen Strahlenbüschels, der für beide Gewebe der Axe als seinem entsprechenden geraden Gebilde perspekt. ist, liegt in diesem Falle im Unendlichen auf der Scheiteltangente.

Sind, um in unsrer Untersuchung einen Schritt weiter zu gehen, die beiden Gewebe wieder in die Lage eines Polarsystems mit einer Ordnungskurve gebracht, und dreht man das eine um eine beliebige Tangente q der Ordnungskurve um 180^0, so handelt es sich darum, ob es Tangenten derselben giebt, welche zu jener festen Tangente senkrecht sind, ist dieses der Fall, so tritt immer hinsichtlich der Lage der reciproken Gewebe nach der Drehung der Fall ein, daß für die beiden Gewebe alle Punkte 2er Geraden a b in den entsprechenden Strahlen 2er Strahlenbüschel A B liegen, wobei jedoch für das eine Gewebe die 2 Geraden a b den Strahlenbüscheln A B, für das andere dagegen umgekehrt den Strahlenbüscheln B A entsprechen. Die beiden Geraden a b sind diejenigen Geraden, welche von dem Berührungspunkte Q auf q nach den Berührungspunkten M und N der beiden auf q senkrechten Tangenten m und n gehen. Die beiden Mittelpunkte A B liegen auf q und in den beiden senkrechten Tangenten, d. h. sie sind im Polarsystem vor der Drehung die Pole von a b, die im Berührungspunkte Q auf der Tangente senkrechte Gerade p entspricht dem Punkte P von q, der vor der Drehung ihr Pol war, auch nach der Drehung in doppeltem Sinne, dabei ist sowohl q a p b, als auch Q A P B ein harmonischer Wurf.

Der Beweis ergiebt sich also: offenbar ist p (s. d. Fig. 43 und vergl. die obige Bezeichnung) die einzige Gerade, welche auch nach der Drehung um q noch dem Punkte P in doppeltem Sinne entspricht (91), dabei können nach der Drehung keine 2 vorher konjugirte Punkte von p auf einander zu liegen kommen, da das vor Drehung involutorische gerade Gebilde p um einen seiner beiden Ordnungspunkte gedreht wurde (Nr. 34); die beiden senkrechten Tangenten m und n gehen durch ihre entsprechenden Punkte, und zwar entspricht der m als einem Elemente des einen Gewebes der Punkt M selbst, während ihm als Element des andern Gewebes der Punkt M_1 entspricht, der von q oder B eben so weit absteht als M. Die 4 Strahlen qapb bilden deßwegen einen harmonischen Wurf, weil die 4 Punkte PNRM, die nothwendig in 1 Geraden liegen, einen harmonischen Wurf bilden, da aber pq auf einander senkrecht stehen, so halbirt p und q den Winkel ab, daher muß dann M_1 in b und N_1 in a liegen. Hiedurch sind alle im obigen Satze angeführten Behauptungen bewiesen nach 93.

Ist die Ordnungskurve eine Ellipse, so giebt es für jede Tangente p 2 zugehörige senkrechte m und n. Ist sie eine Hyperbel, so giebt es entweder keine solche Tangente q, wenn der Asymptotenwinkel, in dem die Hyperbel liegt, ein stumpfer ist, oder es giebt eine bloß beschränkte Zahl. Die Grenze dieser Tangenten führen zu den oben entwickelten Fällen, in welchen man bloß 1 Gerade erhält, die ihrem in doppeltem Sinne zugeordneten Strahlenbüschel perspekt. ist; ist die Ordnungskurve eine Parabel Fig. 44, so giebt es zu jeder Tangente immer nur eine zu ihr senkrechte m, und es scheint daher die obige Beweisführung nicht mehr zu passen; allein man überzeugt sich doch bald, daß auch hier der fragliche Fall eben so eintritt; die 2te senkrechte Tangente n wird hier so zu sagen von der unendlich fernen Tangente der Parabel vertreten, weßwegen auch die 2te Gerade b nach dem Berührungspunkt dieser unendlich fernen Geraden geht, d. h. in dem Durchmesser durch Q übergeht, und ebenso der 2te Mittelpunkt B ins Unendliche hinausrückt, während A in die Mitte zwischen P und Q zu liegen kommt. Da nämlich m und p parallel sind, so ist die Polare PM ihres Schnittpunktes ein Durchmesser, daher ist aus demselben Grunde, wie bei dem entsprechenden Theile des vorigen Beweises, der Wurf paqb ein harmonischer, wenn b den Durchmesser in Q bedeutet; der Winkel ab wird also wieder durch p und q halbirt. Da ferner je 2 konjugirte Punkte des Durchmessers vor der Drehung von Q gleich weit abstehen und die Polare eines jeden derselben parallel der Drehaxe q ist, so ist hieraus ersichtlich, daß nach der Drehung jeder Punkt von a und b auf der ihm entsprechenden Geraden des Parallelstrahlenbüschels, dessen Mittelpunkt der unendlich ferne Punkt von q ist, liegt, die Punkte von b jedoch als Elemente desjenigen Gewebes, welches nicht um q gedreht wurde, die von a dagegen als Elemente desjenigen Gewebes, das um q gedreht worden; daß A das Centrum des 2ten Strahlenbüschels ist, der zu den beiden Geraden a und b ebenfalls perspekt. ist, läßt sich zwar ebenfalls leicht direkt beweisen, folgt aber unmittelbar daraus, weil die beiden Strahlen m und q durch die ihnen entsprechenden Punkte von a und b gehen.

Hat man die Gewebe wieder so gelegt, daß sie ein Polarsystem mit einer Ellipse oder Hyperbel als Ordnungskurve bilden, wählt in der Ebene einen festen Punkt Q, und dreht um diesen nun die eine Ebene auf der andern um 180^0, so bleibt 1) das Polarsystem ein Polarsystem, wenn der Drehpunkt Mittelpunkt der Kurve war, und hat ebenfalls eine Ordnungskurve; 2) kein Punkt des reciproken Systems liegt auf der ihm entsprechenden Geraden, wenn der Drehpunkt ein innerhalb der Kurve gelegener Punkt war; 3) eine Gerade p (der zum Drehpunkt gehörige Durchmesser) entspricht in doppeltem Sinne demselben Punkte P (dem unendlich Fernen auf der zugehörigen Tangente q), und auf dieser Geraden p giebt es einen einzigen Punkt Q, der auf der ihm entsprechenden Geraden q liegt, wenn der Drehpunkt auf der Kurve selbst liegt; 4) alle Punkte einer Kurve II liegen auf ihren entsprechenden Geraden, wenn Q außerhalb der Kurve liegt, und zwar ist diese Kurve eine Ellipse oder Hyperbel, je nachdem die Ordnungskurve eine Ellipse oder Hyperbel war, in beiden Fällen aber ist der Drehpunkt Q der Mittelpunkt der fraglichen Kurve.

Die Richtigkeit für den Fall 1) ergiebt sich unmittelbar aus der Betrachtung, die hier oben angestellt wurde zum Beweise, daß 2 reciproke Gewebe immer ein Polarsystem bilden können, für 2) wird der Nachweis also geliefert: zieht man durch Q irgend eine Gerade (s. Fig. 45), so können nach der Drehung bloß solche konjugirte Punkte auf einander zu liegen kommen, (und hierauf kommt es ja offenbar an, wenn eine Gerade nach der Drehung durch den ihr entsprechenden Punkt auf a b gehen soll), die vor der Drehung, d. h. im Polarsystem auf entgegengesetzten Seiten von Q lagen, es kommen daher bei dieser Untersuchung nur die Punkte von a b in Betracht, welche zwischen Q und der Mitte der Sehne a b liegen. Sind nun M und M_1 Fig. 45 2 solche konjugirte Punkte im Polarsystem so ist, da M a M_1 b ein harmonischer Wurf, M a größer als M_1 a, also um so mehr QM größer als QM_1 und M und M_1 können daher nie auf einander zu liegen kommen, wenn die eine Ebene um Q gedreht wird; für 3) ist der Beweis derselbe wie in dem Falle, wo die eine Ebene um eine Tangente umgeklappt wurde, nur ist Normale und Durchmesser zu vertauschen; für 4) endlich ergiebt sich die Richtigkeit aus einer ganz ähnlichen Betrachtung wie für 2) auf jeder durch Q gehenden Geraden erhält man nämlich ein Paar konjugirte Punkte M M_1 die von Q gleich weit abstehen, so daß, wenn eine der beiden Ebenen gedreht wird, sowohl die durch M, als die durch M_1 gehende Gerade alsdann durch ihren entsprechenden Punkt M_1 und M geht. War die Ordnungskurve eine Hyperbel, so liegen offenbar ihre beiden unendlich fernen Punkte auch auf der neuen Kurve und umgekehrt, hat die neue Kurve 2 unendlich ferne Punkte, so müssen diese vor der Drehung ebenfalls auf der Ordnungskurve gelegen sein.

Wenn, um auch diesen Fall noch zu betrachten, die Ordnungskurve eine Parabel, so bleibt das System ein Polarsystem, wenn man die eine Ebene beliebig längs eines (d. h. aller) Durchmesser verschiebt. Dabei bleibt immer eine neue Parabel Ordnungskurve, die der früheren in Allem gleich ist, und sich bloß der Lage nach von ihr unterscheidet der Art, daß die erste mit der zweiten genau zusammen fallen würde, wenn man mit ihr dieselbe Art der Verschiebung vornehmen würde, aber nur um die halbe Strecke wie vorhin. Dreht man das eine ebene Gewebe um einen Punkt Q der Parabel um 180°, so hat das entstehende reciproke System die oben betrachtete Lage, daß alle Punkte des durch Q gehenden Durchmessers auf den ihnen in doppeltem Sinne entsprechenden Parallelstrahlen liegen. Liegt endlich der Drehpunkt Q nicht auf der Parabel, so ist der durch Q gehende Durchmesser die einzige Gerade die ihrem Punkte in doppeltem Sinne entspricht, und die unendlich ferne Gerade die einzige Gerade, die durch den ihr entsprechenden Punkt dieses Durchmessers geht.

Bringt man endlich das reciproke System wieder in eine Lage, daß es eine Ordnungskurve hat (wenn dies möglich), und dreht man das eine Gewebe um eine Gerade um 180°, welche auf einer Tangente Q im Berührungspunkte senkrecht steht, so erhält man offenbar hinsichtlich der Lage des entstehenden reciproken Systems den Fall, welcher oben als der letzte am Schluß noch besprochen wurde, in dem nämlich die eine einzige Gerade q ihrem in ihr liegenden Punkte Q in doppeltem Sinne entspricht, wobei außer dem alle Punkte einer Kurve II, die die q in Q 4punktig berührt, auf ihren entsprechenden Geraden liegen.

102. Es bleibt uns jetzt noch die Untersuchung übrig, welches Gebilde durch die Verbindung entsprechender Elemente 2er projektivischer Grundgebilde II erzeugt werde (vergl. Nr. 43). Ehe wir jedoch zu dieser Untersuchung uns wenden, soll noch aus später zu erwähnenden Gründen die projekt. Beziehung 2er Strahlenbündel näher in Betracht gezogen werden.

Da jedoch nach Nr. 81 der Strahlenbündel im räumlichen System dem ebenen Gewebe reciprok ist, so genügt es hier vollständig, in Kürze die in dem Nr. 82 ꝛc. erhaltenen Haupt-Resultate nach dem Gesetz der Reciprocität vom ebenen Gewebe auf den Strahlenbündel zu übertragen.

Die kollineäre Beziehung 2er Strahlenbündel ist vollkommen fixirt, a) wenn zu 4 Strahlen, von denen keine 3 demselben Strahlenbüschel angehören, des einen die 4 entsprechenden Strahlen des andern, welche dieselbe Bedingung erfüllen, gegeben sind, b) wenn zu 3 Strahlen, welche nicht einem Strahlenbüschel angehören und 1 Ebene die entsprechenden 3 Strahlen und die entsprechende Ebene gegeben sind, c) wenn zu 1 Strahl und 3 Ebenen, die nicht demselben Ebenenbüschel angehören, der entsprechende Strahl und die entsprechenden Ebenen gegeben sind, d) wenn zu 4 Ebenen, von denen keine 3 demselben Ebenenbüschel angehören, die entsprechenden Ebenen gegeben sind, e) wenn zu einer Kegelfläche II K und zu 3 ihrer Strahlen oder zu 3 ihrer Berührungsebenen die entsprechende Kegelfläche II und die entsprechenden Strahlen oder Berührungsebenen gegeben sind.

Haben 2 kollineäre Strahlenbündel denselben Mittelpunkt, so haben sie wenigstens 1 Strahl und 1 Ebene entsprechend gemein, sie können aber 2 Strahlen und 2 Ebenen oder 3 Strahlen und 3 Ebenen, oder alle Strahlen eines Strahlenbüschels und alle Ebenen eines Ebenenbüschels entsprechend gemein haben.

So viele Strahlen 2 derartige Strahlenbündel entsprechend gemein haben, ebenso viel Ebenen haben sie auch entsprechend gemein.

2 kollineäre Strahlenbündel, welche alle Strahlen eines Strahlenbüschels, und also auch alle Ebenen eines Ebenenbüschels entsprechend gemein haben, werden perspektivisch genannt.

Die perspekt. Beziehung 2er Strahlenbündel ist fixirt, wenn die Ebene des entsprechend gemeinsamen Strahlenbüschels E und die Axe des entsprechend gemeinsamen Ebenenbüschels m, und außerdem noch zu einem Strahl, der nicht in E liegt, der entsprechende Strahl gegeben ist.

Sind 2 Kegelflächen II in denselben Flächenwinkel AB beschrieben, so kann man sie immer als entsprechende Gebilde 2er perspekt. Strahlenbündel betrachten, für welche die Gerade AB die Axe des entsprechend gemeinsamen Ebenenbüschels darstellt, und die Beziehung ist vollständig fixirt, wenn noch festgesetzt wird, in welcher Ordnung die beiden Strahlen, in welchen eine Ebene des Ebenenbüschels AB die eine Kegelfläche schneidet, den beiden Strahlen entsprechen, in welchen die andere Kegelfläche von derselben Ebene geschnitten wird.

Schneiden sich 2 Kegelflächen in den beiden Strahlen a b, und liegt von den beiden Nebenwinkeln, in die der Strahlenbüschel a b getheilt wird, derselbe innerhalb beider Kegelflächen *), so kann man diese Kegelflächen als entsprechende Gebilde 2er perspektivischer Strahlenbündel betrachten, für welche der Strahlenbüschel a b entsprechend gemeinsam ist, und die perspekt. Beziehung ist vollständig fixirt, wenn noch festgesetzt wird, in welcher Ordnung die beiden Tangentialebenen, welche sich von einem Strahle des Büschels a b

*) Was man unter Strahlen innerhalb und außerhalb einer Kegelfläche versteht, wird ohne weiteres aus der Vergleichung der entsprechenden Ausdrücke bei Kurven II sich ergeben, wenn man eine Kegelfläche als Schein einer Kurve betrachtet.

an die eine Kegelfläche legen lassen, den beiden Tangentialebenen entsprechen, die durch denselben Strahl an die andere gelegt werden können.

103. Entsprechen in 2 Strahlenbündeln, die denselben Mittelpunkt haben, 2 Paare von Strahlen, die nicht demselben Strahlenbüschel angehören, einander in doppeltem Sinne, so ist dieses mit jedem entsprechenden Strahlenpaare der Fall, und man nennt den Inbegriff 2er solcher Bündel ein involutorisches System im Strahlenbündel. Die beiden Bündel eines solchen Systems liegen stets perspektivisch, dabei enthält jede Ebene des entsprechend gemeinsamen Ebenenbüschels einen involutorischen Strahlenbüschel mit 2 Ordnungsstrahlen, und jeder Strahl des entsprechend gemeinsamen Strahlenbüschels ist die Axe eines involutorischen Ebenenbüschels mit 2 Ordnungselementen.

Jedes involutorische System ist bestimmt durch die beiden entsprechend gemeinsamen Elementargebilde.

Eine besonders wichtige Art die involutorische Beziehung 2er Strahlenbündel zu fixiren, ist die, daß man eine Kegelfläche II als entsprechend gemeinsames Elementargebilde betrachtet, und zu 2 Strahlen $m\,n$ desselben die entsprechenden Strahlen $m_1\,n_1$ annimmt. Der Strahl, in welchen $m\,m_1$ und $n\,n_1$ sich schneiden, ist die Axe des entsprechend gemeinsamen Ebenenbüschels, und die beiden Strahlen, in denen sich $m\,n_1$ und $m_1 n$, sowie $m\,n$ und $m_1 n_1$ schneiden, gehören dem entsprechend gemeinsamen Strahlenbüschel an.

104. Haben 2 reciproke Strahlenbündel denselben Mittelpunkt, so sagen wir, sie bilden ein reciprokes System.

In einem reciproken System entspricht ein Strahl im Allgemeinen 2 verschiedenen Ebenen; daß ein Strahl einer Ebene in doppeltem Sinn entspricht, ist entweder bei allen Strahlen der Fall, und dann nennen wir das System ein Polarsystem, oder es tritt einer der nachfolgenden Fällen ein.

A. Es entspricht einem Strahl p dieselbe nicht durch ihn gehende Ebene P in doppeltem Sinn, und in diesem Falle kann noch 1) jeder Strahl des in P enthaltenen Strahlenbüschels derselben durch ihn gehenden Ebene des Büschels p in doppeltem Sinn entsprechen, oder 2) es findet dieses bei 2 Strahlen q und r oder 3) bei einem Strahl q oder 4) bei keinem Strahl Statt. B. Es entspricht einem einzigen Strahl p dieselbe durch ihn gehende Ebene P in doppeltem Sinne.

Untersucht man nun noch, welche Strahlen des Systems außer den oben schon genannten in allen diesen aufgeführten Fällen in ihren entsprechenden Ebenen liegen können, so findet man: im 1sten Fall keines; im 2ten alle Strahlen einer Kegelfläche, welche durch q und r geht und in diesen Strahlen von den Ebenen qp und pr berührt wird, dabei entsprechen jedem Strahle als Element der beiden Bündel die 2 Tangentialebenen, die sich durch ihn an die jener ersten Kegelfläche entsprechende Kegelfläche des Systems legen lassen, und umgekehrt jeder Tangentialebene dieser letzteren als Element beider Bündel die 2 Strahlen, in welchen sie die erste Kegelfläche schneidet, in q und r fallen diese sonst verschiedenen Elemente je in 1 zusammen; im 3ten Fall giebt es entweder keinen weiteren Strahl, der in seiner entsprechenden Ebene liegt, oder es giebt 2 Strahlenbüschel M N, die zu ihren entsprechenden Ebenenbüscheln mn perspektivisch sind; entspricht dabei dem M als Gebilde des einen Bündels der Büschel m, so entspricht ihm als Gebilde des andern der Büschel n; M und N sind durch die Ebenen P und qp, m und n durch die Strahlen p und q harmonisch getrennt; im 4ten Fall findet dasselbe Statt, wie im 2ten, nur haben die beiden Kegelflächen kein Element gemeinschaftlich und p wird von beiden umschlossen; oder kein Strahl liegt in seiner Ebene.

105. Entspricht, wie oben erwähnt, bei dem reciproken System jeder Strahl derselben Ebene in doppeltem Sinn, so nennen wir das System ein Polarsystem im Strahlenbündel, und behalten dabei dieselben Bezeichnungen bei, wie sie in Nr. 93 für ebene Polarsysteme festgesetzt wurden.

Jedes Polarsystem hat unendlich viele absolute Polardreikante; 2 relative Polardreikante liegen perspektivisch.

In einem Polarsystem liegt entweder kein Strahl auf seiner Polare oder alle Strahlen einer Kegelfläche II, die wir die Ordnungsfläche des Systems nennen. Ist a b c d ein der Ordnungsfläche eines Polarsystems eingeschriebenes vollständiges 4 Kant so ist jede Kante des zugehörigen Polardreikants der Pol seiner Gegenseite.

Jeder Ebenenbüschel des Systems liegt mit seinem entsprechenden Strahlenbüschel involutorisch. — Ein Polarsystem ist voll=

kommen fixirt, wenn ein absolutes Polardreikant und außerdem zu einem Strahl, der in keiner Seite desselben liegt, die entsprechende Ebene; 2) ebenso, wenn 2 perspekt. Dreikante als relative Polardreikante; oder 3) wenn eine Kegelfläche II als Ordnungsfläche gegeben sind.

Alle Polaren zu Strahlen, die innerhalb der Ordnungsfläche liegen, schneiden diese nicht, alle, die zu Strahlen gehören, die außerhalb liegen, schneiden sie. Jedes absolute Polardreikant hat eine Kante, die innerhalb der Ordnungsfläche liegt.

Die 6 Kanten 2er absoluter Polardreikante liegen stets in einer Kegelfläche II.

106. Wenden wir uns nun zu der letzten Untersuchung, nämlich zur Ermittelung derjenigen geometrischen Gebilde, welche durch die Verbindung entsprechender Elemente 2er projekt. Grundgebilde II entstehen, wenn dieselben nicht in demselben Träger enthalten sind, da auch hier (ähnlich wie in Nr. 43 ꝛc.) sich theilweise aus der Betrachtung dieser neuen Gebilde selbst eine klarere Einsicht in das innere Gefüge der projekt. Grundgebilde gewinnen läßt.

Für jedes der beiden Grundgebilde III würden sich hier 3 Aufgaben unsrer Behandlung darbieten. Bei 2 ebenen Geweben wäre nämlich zu ermitteln 1) für die kollineäre Beziehung a) wie ist das System von Strahlen beschaffen, das durch die entsprechenden Punktenpaare der beiden Gewebe erzeugt wird, b) wie ist das System von Ebenen beschaffen, die durch entsprechende Strahlenpaare beider Gewebe gelegt werden können, 2) für die reciproke Beziehung, wie ist das System von Ebenen beschaffen, das durch die entsprechenden Elementenpaare, Punkt und Strahl, bestimmt ist. Bei 2 Strahlenbüscheln würden sich dieselben 3 Fälle unterscheiden lassen, insoferne jede der hier genannten Aufgaben nach dem Gesetze der Reciprocität der räumlichen Systeme in reciproker Fassung erscheinen würde.

Von diesen 6 Aufgaben haben wir auch nur 3 zu lösen, und zwar werden wir bei jeder einzelnen uns die Wahl offen lassen, ob wir von 2 projekt. ebenen Geweben, oder von 2 projekt. Strahlenbündeln ausgehen wollen, bei welcher Wahl uns die Rücksicht auf die Anschaulichkeit maßgebend sein soll; ein geometrisches Gebilde, das aus einer kontinuirlichen Aufeinanderfolge von Punkten besteht, liegt nämlich unserer Anschauung näher und ist leichter in seinem Gefüge zu überschauen, als eine kontinuirliche Aufeinanderfolge von Ebenen ja sogar von Linien, und dieser Gesichtspunkt war es, der uns bestimmen mußte, die Strahlenbündel bei dieser Untersuchung mit hereinzuziehen (s. Nr. 102, Anfang).

Ehe wir jedoch zu dieser Untersuchung schreiten, soll noch ausdrücklich folgendes bemerkt werden: Von den 3 hier oben erwähnten Aufgaben haben nur die 2 letzten für die nachfolgende Entwicklung wesentliches Interesse, während die erste nur einiges theoretisches Interesse gewähren dürfte und hier einestheils der Vollständigkeit und Consequenz wegen, anderntheils des Umstands wegen doch in nähere Betrachtung gezogen wurde, weil auch durch sie einiges weitere Licht über das innere Gefüge der projekt. Beziehung verbreitet wird.

107. Sind im Fall 1) a) sämmtliche Punkte der Schnittlinie 2er kollineärer ebener Gewebe entsprechend gemeinsame Elemente, so liegen je 2 entsprechende Punkte mit 1 festen Punkte je in 1 Geraden, d. h. die beiden ebenen Gewebe sind Schnitte eines Strahlenbündels M. Sind a b c 3 Punkte von E, die jedoch nicht in 1 Geraden liegen sollen und a_1 b_1 c_1 die 3 entsprechenden Punkte in E_1, so muß nothwendig jede der 3 Geraden aa_1 bb_1 cc_1 jede der andern schneiden, weil jede der 3 Seiten des Dreiecks a b c ihrer entsprechenden Seite des Dreiecks a_1 b_1 c_1 perspektivisch sein muß, eine Bedingung, die nur dann erfüllt sein kann, wenn alle 3 durch denselben Punkt M gehen; wir nennen die ebenen Gewebe in diesem Falle perspektivisch.

Enthält EE_1 keinen entsprechend gemeinsamen Punkt, so kann man sich sämmtliche Punkte in E enthalten denken in sämmtlichen Strahlen eines Strahlenbüschels M, die entsprechenden Punkte in E_1 sind dann in dem entsprechenden Strahlenbüschel M_1 enthalten, hieraus ist zu ersehen, daß sich das ganze System der fraglichen Strahlen $(u^2 + u + 1)$ an der Zahl, stets gruppiren läßt in $u + 1$ Regelschaaren, die alle 2 Strahlen, nämlich MM_1 und EE_1 enthalten, und diese Art der Gruppirung läßt sich auf $u^2 + u + 1$ verschiedene Weisen vornehmen, da die Wahl von MM_1 willkührlich ist, nur ist zu beachten, daß wenn M in EE_1 liegt, alsdann eine oder 2 der $u + 1$ Regelschaaren in 1 oder 2 Strahlenbüschel II übergehen, die in E und E_1 liegen. Dabei giebt es überhaupt $u^2 + u + 1$ solche verschiedene Regelschaaren, die durch einen Theil der fraglichen Strahlen gebildet werden, und außerdem noch 2 Strahlenbüschel II in E und E_1; jede der erwähnten Regelschaaren hat mit jeder anderen 2 Strahlen gemein, wovon einer EE_1 ist.

Hat die Gerade EE_1 einen entsprechend gemeinsamen Punkt Q beider Gewebe, so läßt sich das ganze System von Strahlen noch auf eine sehr einfache Weise in einzelne Gruppen abtheilen, wenn man Q selbst als den Mittelpunkt des Strahlenbüschels betrachtet, der alle Punkte von E enthält, je 2 entsprechende Strahlen von Q erzeugen einen Strahlenbüschel I. Die Mittelpunkte aller dieser Strahlenbüschel I liegen in einer Geraden und die Träger aller dieser Strahlenbüschel I bilden einen Ebenenbüschel II, der dieser Geraden perspektivisch ist. Sind nämlich e und e_1 die beiden Geraden, welche der Schnittlinie EE_1 in beiden Geweben entsprechen und die sich nothwendig in Q schneiden, so erzeugen die Geraden, welche die entsprechenden Punkte von EE_1 und e_1 sowohl, als die von E_1E und e verbinden, je einen Strahlenbüschel I M und M_1. Dabei sind offenbar M und M_1 entsprechende Punkte von E und E_1, zieht man daher von M und M_1 2 Strahlen nach demselben Punkte von EE_1, so stellen diese 2 entsprechende Gerade von E und E_1 dar, alle Verbindungslinien entsprechender Punkte dieser Geraden erzeugen einen Strahlenbüschel II, dem stets die Gerade MM_1 angehört, alle Strahlen, welche 2 entsprechende Punkte verbinden, schneiden daher die MM_1, woraus denn folgt, daß die Mittelpunkte aller der oben erwähnten Strahlenbüschel I in der Geraden MM_1 liegen müssen, da aber die beiden Strahlenbüschel I Q in E und E_1 projekt. aber nicht perspekt. sind, so bilden die Ebenen, welche je 2 entsprechende Strahlen derselben verbinden, und die also die Träger jener Strahlenbüschel I darstellen, einen Ebenenbüschel II, der mit MM_1 perspektivisch ist, weil QMM_1 ebenfalls eine Ebene desselben darstellt.

Hieraus geht hervor, daß man das fragliche System von Strahlen auch noch auf eine andere Weise in einzelne Strahlengruppen gliedern kann, es besteht nämlich ebenso gut aus $u + 1$ Strahlenbüscheln II, deren Ebenen einen Ebenenbüschel I mit der Axe MM_1 bilden.

Haben endlich die beiden Gewebe 2 Punkte P und **Q** der Schnittlinie EE_1 entsprechend gemein, so läßt das innere Gefüge des fraglichen Systems von Verbindungslinien folgende Gesetzmäßigkeit erkennen: die beiden Paare projektivischer Büschel P und Q sind perspektivisch, daher bilden die Ebenen, welche durch entsprechende Strahlen derselben gehen, 2 Ebenenbüschel I p und q, außerdem ist aber noch jedes Paar entsprechender Strahlen a und a_1, b und b_1 der beiden Büschel P und Q ebenfalls perspektivisch, daher sämmtliche Verbindungslinien ihrer entsprechenden Punkte je einen Strahlenbüschel I A und B bilden. Sind nun $\mathfrak{a}$ und $\mathfrak{a}_1$ ein Paar entsprechender Punkte von E und E_1, so entspricht der Geraden $P\mathfrak{a}$ die $P\mathfrak{a}_1$ und der $Q\mathfrak{a}$ die $Q\mathfrak{a}_1$, daher die Verbindungslinie $\mathfrak{a}\mathfrak{a}_1$ 1) sowohl in dem Strahlenbüschel I A, als auch in dem Strahlenbüschel I B liegen muß und 2) sowohl die Axe p, als auch die Axe q schneiden muß, dieses ist aber nur dann möglich, wenn das perspekt. Centrum wie A für jedes Paar entsprechender Strahlen des Büschels P in der Axe q und umgekehrt jedes perspekt. Centrum wie B 2er entsprechender Strahlen des Büschels Q in der Axe p liegt.

Das soeben erhaltene Resultat kann auch so ausgedrückt werden: Sind p und q 2 beliebige Gerade, welche 2 Ebenen E und E_1 in 2 Punkten P und Q ihrer Schnittlinie schneiden, und man zieht von allen Punkten $\mathfrak{a}$ der einen Ebene E Gerade, welche p und q zugleich schneiden, so begegnen diese Geraden der andern Ebene in Punkten $\mathfrak{a}_1$ von der Lagenbeschaffenheit, daß $\mathfrak{a}\mathfrak{a}_1$ je ein Paar entsprechender Punkte der kollineär auf einander bezogenen ebenen Gewebe E und E_1 darstellen.

Durch einen beliebigen Punkt des Raumes gehen entweder alle Strahlen des Systems oder 3, oder 2, oder 1, oder 0. Den Fall, in dem alle Strahlen des Systems durch einen Punkt des Raumes gehen, haben wir oben betrachtet. Untersucht man nun, durch welche Punkte des Raumes 3 oder 2 Strahlen des Systems gehen, so gelangt man zu der 2ten der in 106 angeführten Aufgaben, nämlich zu der, das System derjenigen Ebenen aufzusuchen, welche durch entsprechende Strahlenpaare beider Gewebe E und E_1 sich legen lassen, denn sollen auch nur 2 Strahlen des Systems durch einen Punkt gehen, so ist die durch sie bestimmte Ebene eine Ebene des so eben erwähnten Systems.

§. 6. Linien und Ebenenbüschel III. Ordnung.

108. Wenden wir uns nun zu dieser zweiten an sich interessanten und für unsere spätere Entwicklung wichtigen Aufgabe, und stellen uns zu diesem Zwecke aus dem oben 106 angeführten Grunde die zu der eben erwähnten Aufgabe reciproke: Es sollen bei 2 kollineären Strahlenbündeln S und S_1 diejenigen entsprechenden Strahlenpaare ermittelt werden, welche sich schneiden, d. h. je in 1 Ebene liegen.

Es entspreche dem gemeinsamen Strahle SS_1, als einem Elemente von S, der Strahl s_1 von S_1 und demselben Strahle $S_1 S$, als Element von S_1, der Strahl s von S, so entspricht auch dem Ebenenbüschel SS_1 einmal der Ebenenbüschel s_1 das andere Mal der Ebenenbüschel s. Wir unterscheiden nun folgende 2 Fälle:

I. s und somit auch s_1 fällt mit SS_1 selbst zusammen.

In diesem Falle kann nun der Ebenenbüschel SS_1 alle, oder 2, oder 1, oder 0 Ebenen entsprechend gemein haben, jeder Strahl aber, der in einer solchen entsprechend gemeinsamen Ebene liegt, schneidet den ihm entsprechenden, und die Schnittpunkte liegen offenbar im 1sten Fall in einer Ebene (die Strahlenbündel sind perspektivisch), im 2ten in 2, im 3ten in 1 Geraden, während im letzten außer SS_1 kein Strahl mit seinem entsprechenden einen Punkt gemein hat.

II. s und s_1 sind unter sich verschieden; hier können 2 Fälle eintreten: 1) ss_1 liegen in einer Ebene, die entsprechenden Ebenenbüschel SS_1 und s_1 einerseits und $S_1 S$ und s andererseits sind perspekt. Die beiden Strahlenbüschel, welche durch diese perspekt. Ebenenbüschel erzeugt werden, stellen den einen Theil der Strahlen dar, welche in diesem Falle die ihnen entsprechenden Strahlen schneiden, den andern Theil bilden die Strahlen 2er projekt., nicht perspekt. Strahlenbüschel in der entsprechend gemeinsamen Ebene ss_1. In diesem Falle liegen also die fraglichen Schnittpunkte entsprechender Strahlen in einer Kurve II und einer sie und ihren Träger in 1 Punkte schneidenden Geraden.

2) Die Strahlen $s s_1$ liegen nicht in 1 Ebene und die beiden Ebenenbüschel s und s_1 sind dem ihnen entsprechenden Ebenenbüschel $S_1 S$ und $S S_1$ nicht perspekt. In diesem Falle erzeugen diese beiden Paare projekt. Ebenenbüschel 2 Kegelflächen II, deren sämmtliche Strahlen die ihnen entsprechenden schneiden.

Betrachten wir nun die Lage der Schnittpunkte auf diesen beiden Kegelflächen selbst näher, indem wir der Kürze wegen sie jetzt schon die gesuchte Schnittkurve nennen.

109. Die beiden fraglichen Kegelflächen II werden in dem ihnen gemeinschaftlichen Strahl $S S_1$ von 2 verschiedenen Ebenen berührt, die Kegelfläche S wird nämlich nach 43 von der Ebene $S_1 S$ s_1 berührt, da diese Ebene es ist, welche der Ebene $s\ S S_1$ des Ebenenbüschels s entspricht, und ganz aus demselben Grunde wird die Kegelfläche S_1 im Strahle $S_1 S$ von der Ebene $S_1 S$ s berührt.

Jeder Strahl der Kegelfläche S enthält außer S noch einen 2ten Punkt der gesuchten Schnittkurve, mit Ausnahme des Strahles s, von dem wir deßwegen sagen, er schmiege sich der fraglichen Schnittkurve in S an, oder habe mit ihr den Doppelpunkt S S gemein; ebenso schmiegt sich der Strahl s_1 unserer Schnittkurve im Punkte S_1 an.

Jede Ebene des Ebenenbüschels $S S_1$ hat mit unserer Schnittkurve außer S und S_1 noch einen Punkt S_3 gemein, mit Ausnahme der beiden Ebenen, die durch die Strahlen s und s_1 gehen, wir sagen die eine derselben $S S_1$ s_1 berühre die Schnittkurve im Punkte S_1 oder habe mit ihr den Doppelpunkt $S_1 S_1$ gemein uud schneide sie in S, die andere $S_1 S$ s berühre sie im Punkte S, habe mit ihr den Doppelpunkt S S gemein und schneide sie in S_1.

Jede Ebene des Ebenenbüschels s hat mit der Schnittkurve außer S noch einen zweiten Punkt S_1 oder S_2 gemein, mit Ausnahme derjenigen Ebenen, welche die obige Kegelfläche II S in ihrem Strahle s berührt, wir sagen von dieser Ebene, daß sie der Schnittkurve im Punkte S sich anschmiege oder mit ihr den 3fachen Punkt S gemein habe, ebenso schmiegt sich die Ebene des Büschels s_1, welche in s_1 die obige Kegelfläche II S_1 berührt, der Schnittkurve im Punkte S_1 sich an.

110. Eine beliebige Ebene E hat mit unserer Schnittkurve höchstens 3 und mindestens 1 Punkt gemein.

Geht nämlich die Ebene durch S (oder S_1), so hat sie mit der obigen Kegelfläche II S (oder S_1) höchstens 2 Strahlen gemein, auf jedem liegt außer S (oder S_1) nur noch 1 Punkt unserer Schnittkurve, woraus für diesen Fall die Richtigkeit folgt. Geht aber E weder durch S noch durch S_1, so erzeugen die beiden Strahlenbündel S und S_1, durch deren projekt. Beziehung unsere Schnittkurve entsteht, durch ihre Schnitte in E 2 projekt. ebene Gewebe, jedes entsprechend gemeinsame Punktelement beider ist ein Punkt unserer Schnittkurve, so daß wir in E 3, oder 2, oder 1 solcher Punkte begegnen nach Nr. 83, insoferne die perspekt. Beziehung hier ausgeschlossen bleibt, da sonst der Fall II. 1. in Nr. 108 sich herausstellen würde.

Die so eben bewiesene Eigenschaft ist die Veranlassung gewesen, weßwegen unsere Schnittkurve den Namen unebene Kurve III. Ordnung erhielt, wiewohl auch der Name unebener oder räumlicher Kegelschnitt auf sie gut paßt und in der Folge wohl auch von uns gebraucht werden wird.

Zusatz. Hat eine Ebene mit einer Kurve III K 3 Punkte gemein, so kann sie in keinem dieser Punkte die K berühren oder sich ihr anschmiegen, wie dieses unmittelbar aus 109 folgt.

Erklärung. Entsprechend der Bezeichnungsweise, wie sie bei den bisher in Betracht gezogenen geometrischen Gebilden in Anwendung gebracht wurde, mögen der Kürze wegen für die Folge nachstehende Bezeichnungen hiemit eingeführt werden. Wir nennen eine Kurve III, ein Elementargebilde III, so daß wir nun mit den in Nr. 43 aufgeführten 9 Elementargebilde haben; wir bezeichnen eine Kurve III oder ein solches Elementargebilde III als aus $u+1$ Punktelementen bestehend, durch einen einzigen Buchstaben, für unsere jetzige Entwicklung mit K; wir nennen eine Kegelfläche II, deren Spitze S ein Punktelement von K ist und deren Strahlen nach sämmtlichen Punkten von K gehen, einen Schein von K aus S, und bezeichnen diese Kegelfläche durch SK.

111. Lehrsatz. Ist S_2 ein beliebiger 3ter Punkt unserer Kurve III und verbindet man S_2 mit allen übrigen Punkten $S_3 S_4 S_5 \ldots$ der Kurve, so bilden diese Geraden ebenfalls eine Kegelfläche II S_2.

In unseren beiden projekt. Strahlenbündeln S und S_1 entspricht nämlich offenbar dem Strahl $S S_2$ der Strahl $S_1 S_2$ und dem Ebenenbüschel $S S_2 [S_3 S_4 S_5 ..]$ der Ebenenbüschel $S_1 S_2 [S_3 S_4 S_5 ...]$, diese beiden projekt. Ebenenbüschel erzeugen aber die im Satze erwähnte Kegelfläche II S_2.

Da je 2 von den 3 Kegelflächen II $S K$ $S_1 K$ $S_2 K$ zu einem und demselben Ebenenbüschel perspekt. sind, so sind sie unter sich projekt., d. h. entsprechende Elementargebilde 3er projekt. Strahlenbündel S S_1 S_2. Hieraus folgt aber, daß man dieselbe Kurve III auch erhält, wenn man die Strahlenbündel S (oder S_1) und S_2 projekt. so auf einander bezieht, daß den 4 Strahlen $S [S_1 S_3 S_4 S_5]$ die 4 Strahlen $S_2 [S_1 S_3 S_4 S_5]$ entsprechen. Was daher in 109 und 110 von den beiden Punkten S und S_1 bewiesen wurde, gilt nun ganz allgemein von jedem 3ten Punkte der Kurve III K; wir heben hier wieder folgende Punkte als für die Folge wichtig hervor: Jeder Strahl der Kegelfläche II $S_2 K$ enthält außer S_2 noch einen Punkt der Kurve III K mit Ausnahme eines einzigen Strahles s_2, welcher bloß den Punkt S_2 mit ihr gemein hat, und von dem wir sagen, daß er sich der Kurve III in S_2 anschmiegt; jede Ebene des Ebenenbüschels s_2, wie z. B. $s_2 [S_1]$ berührt die Kurve im Punkte S_2 und schneidet sie in einem 2ten Punkte S_1, wobei sie zugleich die Kegelfläche II $S_1 K$ im Strahle $S_2 S_1$ berührt, eine einzige Ausnahme hievon macht diejenige Ebene, welche zugleich die Kegelfläche $S_2 K$ in ihrem Strahle s_2 berührt, und von der wir sagen, daß sie sich der Kurve III in ihrem Punkte S_2 anschmiegt.

112. Lehrsatz. 2 Kegelflächen II S und S_1, welche einen gemeinsamen Strahl haben, in diesem aber von 2 verschiedenen Ebenen berührt werden, schneiden sich immer in einem unebenen Kegelschnitt, d. h. in einer Kurve III K.

Nach Nr. 102 sind die beiden Strahlenbündel S und S_1 stets dadurch kollineär auf einander zu beziehen, daß man die Kegelfläche II S der Kegelfläche II S_1 entsprechen läßt und dann noch zu 3 Strahlen der ersteren die 3 entsprechenden Strahlen der letzteren beliebig annimmt. Wählt man nun in unserem Falle die 3 Paare entsprechender Strahlen von S und S_1 so, daß sie in 3 Ebenen des Ebenenbüschels $S S_1$ liegen, so sind beide Kegelflächen nach Nr. 65 zu eben diesem Ebenenbüschel $S S_1$ perspekt., woraus der Satz unmittelbar folgt.

113. In den Nrn. 108 und 112 sind 2 der Form nach verschiedene Entstehungsweisen der Kurven III mitgetheilt, es läßt sich nun noch ein 3ter Ausdruck für das Gesetz, welches die Punktelemente eines Elementargebildes III zu einem geometr. Gebilde vereinigt, angeben, das also lautet:

Sind 3 Ebenenbüschel I, von deren 3 Axen p q r wenigstens die eine q von den beiden andern in 2 verschiedenen Punkten $S S_1$ geschnitten wird, projekt. aber nicht perspekt. auf einander bezogen, so erzeugen die Schnittpunkte je 3er entsprechender Ebenen eine Kurve III K, zu deren Punkten auch S und S_1 gehören.

Es erzeugt nämlich der Ebenenbüschel q sowohl mit dem Büschel p als mit dem Büschel r je eine Kegelfläche II, welche die in 112 angegebenen Bedingungen erfüllt.

Zusatz. Schneiden sich hiebei p und r in einem 3ten Punkte S_2, so gehört dieser auch der Kurve III K an. Es möge in diesem Falle hier rekapitulirend hinsichtlich der 3 projekt. Strahlenbündel $S S_1 S_2$, welche nach Nr. 111 die Kurve erzeugen, als auch hinsichtlich der 3 projekt. Ebenenbüschel p q r, welche die Kurve nach 113 erzeugen, folgendes noch beigefügt werden: den 3 Axen p q r entsprechen in den 3 projekt. Strahlenbündeln $S S_1 S_2$ die 3 Strahlen $s s_1 s_2$, welche sich der Kurve III K in den 3 Punkten $S S_1 S_2$ anschmiegen, der Art, daß z. B. s als Strahlenelement von S dem Strahl $S_1 S$ (oder q) des Bündels S_1 und dem Strahl $S_2 S$ (oder p) des Bündels S_2 entspricht. Der gemeinsamen Ebene der 3 Ebenenbüschel p q r entsprechen je die Ebenen der 3 Ebenenbüschel, welche durch die 3 Strahlen $s s_1 s_2$ und je durch dasjenige Eck des Dreiecks $S S_1 S_2$ gehen, das in der fraglichen Axe nicht liegt, der Art, daß dieser Ebene p q r in jedem der 3 Ebenenbüschel je ein Paar Ebenen entsprechen, insoferne jeder der 3 Ebenenbüschel zu jedem der beiden anderen projekt. ist; so entspricht z. B. in dem Ebenenbüschel $S S_1$ der Ebene p q r, als Element des Ebenenbüschels $S_1 S_2$, die Ebene $S_1 s$, dagegen derselben Ebene, als Element des Büschels $S_2 S$, die Ebene $S s_1$. Dabei berührt die Ebene $s S_2$ die Kegelfläche $S_2 K$ in dem Strahl $S_2 S$, die Ebene $s S_1$ die Kegelfläche $S_1 K$ in dem Srahle $S_1 S$. Ebenso die Ebene $s_2 S$ die Kegelfläche $S K$ in dem Strahle $S S_2$ und die Ebene $s_2 S_1$ die Kegelfläche $S_1 K$

in dem Strahl $S_1 S_2$, die Ebene $s_1 S$ die Kegelfläche SK im Strahl SS_1 und die Ebene $s_1 S_2$ die Kegelfläche $S_2 K$ im Strahle $S_2 S_1$.

Schneiden sich p und r nicht, so ist folgendes zu beachten: Entspricht der Ebene qp als Element vom Büschel q eine Ebene des Büschels r, welche die p in einem vom Schnittpunkt qp oder S verschiedenen Punkte S_2 schneidet, so ist S_2 ein 3ter Punkt von K, geht aber diese Ebene durch S, d. h. entspricht der Ebene q [r] die Ebene r [q], so hat p mit der Kurve K keinen Punkt außer S gemein, da aber p ein Strahl der Kegelfläche II S ist, welche mit der Kegelfläche II S_1 nach 112 die Kurve K erzeugen, so ist p offenbar der Strahl, welcher in S der K sich anschmiegt, und den wir bisher mit s bezeichnet haben. Was so von p gilt, gilt selbstverständlich auch von r.

114. Ganz entsprechend dem Gange der Entwicklung von 61 ꝛc. führt die Erzeugung der Kurven III, wie sie in 112 und 113 angegeben wurde, zur projekt. Beziehung der Elementargebilde III sowohl mit den Elementargebilden I als II, als auch III, wie mit Bezugnahme auf die erwähnte frühere Entwicklung nun möglichst kurz dargethan werden soll.

Eine Kegelfläche II S nennen wir zu einer Kurve III K perspekt. projekt. oder kurz perspekt., wenn das Centrum S derselben ein Punktelement von K ist, und jeder Strahl von S auf den 2ten in ihm enthaltenen Punkt von K bezogen ist, dem Punkte S von K selbst entspricht dabei der Strahl von SK, der in S der K sich anschmiegt, d. h. der Strahl s. Sämmtliche zu K perspekt. Kegelflächen II sind nach 111 zu einander projekt.

Jeder Ebenenbüschel I, dessen Axe die Kurve III K in 2 Punkten SS_1 schneidet, oder in 1 Punkte S_2 sich ihr anschmiegt, nennen wir zu dieser Kurve perspekt. projekt., oder kurz perspekt., wenn jeder Ebene des Büschels der von SS_1 oder von S_2 verschiedene 3te in ihr enthaltene Punkt von K entspricht, dabei entspricht im 1sten Falle dem Punkt S diejenige Ebene, welche die K in S berührt, d. h. welche durch s geht, und ebenso dem Punkte S_1 die Ebene, die die K in S_1 berührt, d. h. die durch s_1 geht; im 2ten Falle entspricht dem Punkte S_2 die Ebene, welche im Punkte S_2 der K sich anschmiegt.

Alle Ebenenbüschel I, welche derselben Kurve III perspekt.

sind, sind unter sich projekt. Denn schneiden sich ihre beiden Axen in einem Punkte von K, so folgt der Satz unmittelbar aus 113, findet dieses aber nicht Statt, so ziehe man eine 3te Gerade, welche jede der beiden Axen in einem Punkte von K schneidet und betrachte sie als Axe eines 3ten zu K perspekt. Ebenenbüschels, alsdann ist der Fall unmittelbar auf den vorigen oder auf den in 113 betrachteten zurückgeführt.

Jeder zu einer Kurve III K perspekt. Ebenenbüschel I ist zu jeder zu K perspekt. Kegelfläche II S_1 K projekt. Denn ist S ein Punkt, der der K und der Axe des Ebenenbüschels gemeinschaftlich ist, so ist die Kegelfläche II SK nach dem Bisherigen zum Ebenenbüschel perspekt. und zu S_1 K projekt.

115. 2 zur Kurve III K perspekt. Ebenenbüschel erzeugen, wenn ihre Axen pq sich schneiden, eine zu K perspekt. Kegelfläche II. Es ist nämlich leicht zu erkennen, daß der Schnittpunkt auf K selbst liegen müsse, die Axen müssen nämlich nach 114 mit der Kurve entweder 2 Punkte gemein haben, oder in 1 Punkte sich ihr anschmiegen; nun haben wir aber in Nr. 108 2c. gesehen, 1) daß eine Ebene mit K höchstens 3 Punkte gemein haben kann; 2) daß eine Ebene, welche durch eine der K sich anschmiegende Gerade geht, außer dem Berührungspunkte nur noch 1 Punkt mit K gemein haben könne; 3) daß 2 der K sich anschmiegende Gerade keinen Punkt mit einander gemein haben können, woraus in Verbindung mit 113 die Richtigkeit der obigen Behauptung unmittelbar folgt.

Schneiden sich dagegen die beiden Axen p und q der zu K perspekt. Ebenenbüschel I nicht, so sind sie doch nach 114 unter sich projekt. und erzeugen somit eine Regelschaar R. Diese Regelschaar ist nun zu jedem der beiden sie erzeugenden Büschel perspekt.; sollen daher die Fundamentalsätze über projekt. und perspekt. Beziehung der Elementargebilde auch auf die Elementargebilde III ausgedehnt werden, so müssen wir die Regelschaar R auch zu K projekt., und da offenbar jeder Strahl derselben durch den ihm entsprechenden Punkt von K geht, zu K perspekt. nennen.

Die zu K perspekt. Regelschaar R hat die charakteristische Eigenthümlichkeit, daß keiner ihrer Strahlen mit K mehr als einen Punkt gemein hat, und daß auch keiner der K sich anschmiegt. Denn würde der Strahl a z. B. diese Eigenschaft nicht besitzen, so würde sowohl die Ebene ap als auch die Ebene aq einen der oben unter 1) 2) 3) aufgeführten Fundamentalsätze umstoßen.

Zusatz. Außerdem ist ersichtlich, daß jede zu K perspekt. Regelschaar auch zu jeder zu K perspekt. Kegelfläche II und zu jedem zu K perspekt. Ebenenbüschel I projekt. ist, insoferne sie zu den beiden sie erzeugenden Ebenenbüscheln I perspekt. ist, die ihrerseits zu allen den erwähnten Elementargebilden nach dem oben Bewiesenen projekt. sind; d. h. alle zu K perspekt. Elementargebilde sind unter sich projekt.

116. Gestützt auf diese Sätze über die perspekt. Beziehung eines Elementargebildes III und der erwähnten 3 Elementargebilde I und II, gehen wir nun einen Schritt weiter, indem wir ein Elementargebilde III K projekt. zu einem beliebigen andern Elementargebilde F nennen, wenn ein zu K perspekt. Elementargebilde zu einem zu F perspektivischen projekt. ist.

Denn daß hiebei die Wahl der zu K perspekt. Elementargebilde gleichgiltig ist, geht aus 115 Zusatz hervor.

Da somit die projekt. Beziehung eines Elementargebildes III auf die projekt. Beziehung der Elementargebilde I oder II zurückgeführt ist, so gelten nun auch für die projekt. Beziehung dieser neu hinzugekommenen Elementargebilde alle Fundamentalsätze der projekt. Beziehung überhaupt. Insonderheit wird nun ohne weitere Erklärung verständlich sein, was von nun an für Kurven III unter einem Wurfe *), was unter einem ordentlichen Wurfe, was unter einem harmonischen Wurfe, was unter dem Sinne (der Bewegung), was unter projekt. Kurven III desselben Trägers, was unter entsprechend gemeinsamen Elementen 2er projekt. Kurven III desselben Trägers, was unter einem involutorischen Elementargebilde III zu verstehen ist.

Die übrigen Fundamentalsätze hier aufzuzählen, scheint überflüssig, indem die Aufzählung in Nr. 39 genügt.

117. Lehrsatz. Hat die Axe p eines zu einer Kurve III K projekt. Ebenenbüschels mit K einen Punkt A gemein, so ist derselbe zu K immer zugleich perspekt., wenn mehr als 3 Ebenen desselben durch die ihnen entsprechenden Punkte gehen.

*) Unter dem Werthe eines Wurfes einer Kurve III verstehen wir den Werth des entsprechenden Wurfes irgend eines zu K perspekt. (oder resp. projekt.) Elementargebildes I (oder II).

Nach 116. ist der Ebenenbüschel projekt. zu der der K perspekt. Kegelfläche II AK. Jede Ebene von p, welche durch den entsprechenden Punkt von K geht, geht aber auch durch den entsprechenchenden Strahl von AK und umgekehrt. Gehen aber mehr als 3 Ebenen von p durch die entsprechenden Strahlen von AK, so ist dieses nach 63. b. mit allen der Fall; die Axe p stellt nothwendig einen Strahl von AK dar, hat also mit K entweder noch einen Punkt gemein, oder schmiegt sich in A der K an, woraus die Richtigkeit des Satzes in Uebereinstimmung mit 114. folgt.

Zusatz. Hieraus folgt nun folgender wichtige Satz: Jeder Leitstrahl p einer zu K perspekt. Regelschaar R hat mit K entweder 0 oder 2 Punkte gemein, die sich jedoch in einem Anschmiegungspunkte vereinigen können.

Der Ebenenbüschel p ist nämlich zu K projekt., weil er zu R perspekt. ist, und da außerdem alle Ebenen durch die ihnen entsprechenden Punkte von K gehen, so erhellet die Richtigkeit aus obigem Satze.

118. Lehrsatz. Ist a eine Gerade, welche mit einer Kurve III K bloß den Punkt A gemein hat, ohne sich in ihm der K anzuschmiegen, so stellen sämmtliche Gerade, welche die a schneiden, und zugleich mit der K entweder 2 Punkte gemein haben, oder in 1 Punkte sich ihr anschmiegen, Strahlen einer und derselben Regelschaar R_1 dar; wiewohl nicht umgekehrt alle Strahlen von R_1 mit der K einen Punkt gemein haben müssen. Betrachtet man die Kegelfläche II AK, so giebt es bei jeder Lage von a unendlich viele Ebenen des Ebenenbüschels a, welche mit AK 2 Strahlen und also nach 100 mit K außer A noch je 2 Punkte BB_1 CC_1 DD_1 gemein haben. Wählt man nun in 2 solchen Ebenen die Verbindungslinien der 2 von A verschiedenen Punkte wie BB_1 und CC_1 als Axen 2er zu K perspektivischen Ebenenbüschel, so erzeugen sie eine zu K perspektivische Regelschaar R, zu welcher auch a als Element gehört. Die Leitschaar R_2 dieser Regelschaar R bildet nun die im Satze erwähnte Regelschaar R_1. Nimmt man nämlich an, es gäbe eine Gerade m, welcher die im Satze angeführte Eigenschaft zukäme, daß sie die a schneidet und mit der K 2 Punkte MN oder den Doppelpunkt MM gemein hätte, ohne der Regelschaar R_2 anzugehören, so gelangt man folgender Maßen zu einem Widerspruch mit den Grundeigenschaften

der Linien III: durch M geht jedenfalls auch ein Strahl m_1 der Regelschaar R_2, welcher die a schneidet und entsprechend entweder mit K den Doppelpunkt MM oder 2 Punkte MN_1 gemein hat. In der Ebene Ma wären daher entweder 4 Punkte oder 3 Punkte, worunter ein Doppelpunkt, enthalten, was nicht möglich nach 110.

Zusatz 1. Aus der Entwicklung des vorigen Satzes geht unmittelbar noch folgendes hervor: Liegt die Gerade A innerhalb der Kegelfläche AK, so giebt es keine Ebene des Ebenenbüschels a, welche dic Kegelfläche nicht in 2 Strahlen schnitte, und daher schneidet auch jeder Strahl der Regelschaar R_1 die K in 2 Punkten. Liegt dagegen a außerhalb der Kegelfläche AK, so zerfallen die Ebenen des Ebenenbüschels a in 3 Gruppen, die Ebenen der 1sten Gruppe schneiden sämmtlich die A K in 2 Strahlen, die der 3ten haben mit AK keinen Strahl gemein, die Grenze dieser beiden Gruppen bilden 2 Ebenen, welche die AK in je 1 Strahle berühren. Demzufolge zerfallen nun auch die Strahlen von R_1 in 3 Gruppen, indem jeder Strahl der 1sten Gruppe mit K 2 Punkte, jeder Strahl der 3ten 0 Punkte gemein hat, während 2 Strahlen, welche die beiden erstgenannten Gruppen von einander trennen, der K in je 1 Punkte sich anschmiegen.

Zusatz 2. Ist a wiederum eine Gerade, welche mit der Kurve III K bloß den einen Punkt A gemein hat, ohne in ihm sich ihr anzuschmiegen, so giebt es nur 1 Regelschaar, die zu K perspekt. ist und a als Element enthält, denn würde es noch eine 2te derartige Regelschaar geben, so würde es nach 117. Zus. eine 2te Regelschaar, die Leitschaar derselben, geben, welcher die im obigen Satze angeführte Eigenschaft zukäme.

Wir wollen diese Regelschaar durch aK bezeichnen.

119. In 118. hat sich gezeigt, daß es auch Leitstrahlen qr... einer zu K perspekt. Regelschaar R geben könne, welche mit K keinen Punkt gemein haben.

Betrachtet man nun einen solchen zu R perspekt. Ebenenbüschel q oder r, so ist derselbe zu der der R perspekt. K projekt.; da aber außerdem jede Ebene desselben durch den entsprechenden Punkt von K geht, so muß der Begriff der perspekt. Beziehung, wie er in 114. aufgestellt wurde, etwas erweitert werden, dahin lautend, jeder Ebenenbüschel, dessen Axe ein Leitstrahl einer zu K perspekt. Regelschaar ist, ist zu K perspekt.

Aus 118. ist zu ersehen, daß für die zu K perspekt. Regelschaar aK in keiner Ebene M des Ebenenbüschels a mehr als eine Gerade q enthalten ist, welche eine Axe eines zu K perspekt. Ebenenbüschels darstellen könnte.

Fragen wir nun, ob dieses auch für den Fall richtig ist, wenn die fragliche Ebene M mit K bloß den Punkt A gemein hat.

Ist b eine zweite Gerade des in M enthaltenden Strahlenbüschels A, so ist in ihr ein Leitstrahl q_1 der zu K perspekt. Regelschaar bK enthalten und es fragt sich, ob q und q_1 zusammen fallen. Würde aber q und q_1 verschieden sein, so würden die beiden zu K perspekt. Ebenenbüschel q und q_1, insoferne sie perspekt. zu den projekt. Regelschaaren aK und bK sind, projekt. und zwar perspekt. projekt. sein, insoferne sie die gemeinsame Ebene M entsprechend gemein hätten; sie würden also einen ebenen Strahlenbüschel erzeugen, dessen Centrum qq_1 wäre, und dessen sämmtliche Strahlen nach den einzelnen Punkten von K giengen, was unmöglich, da K keine ebene Kurve ist.

Die beiden Leitstrahlen der Regelschaaren aK und bK in M fallen daher in einen zusammen. Hieraus erhellet zugleich, daß je 2 Strahlen der beiden Regelschaaren aK und bK, welche sich in 1 Punkte schneiden, mit q in 1 Ebene liegen, d. h. mit andern Worten: man mag von einem beliebigen Paare entsprechender Strahlen der beiden zu K perspekt Regelschaaren aK und bK ausgehen, stets findet man in ihrer Ebene denselben gemeinsamen Leitstrahl q oder was dasselbe ist, die beiden Regelschaaren aK und bK haben außer ihren Schnittpunkten K nur den einen Leitstrahl q gemein.

120. Lehrsatz. Bezieht man die Punktelemente einer Kurve III K involutorisch auf einander, so stellen die Verbindungslinien entsprechender Punkte Strahlen einer und derselben Regelschaar R_1 dar, deren Leitstrahlen eine zu K perspekt. Regelschaar R bilden. Die beiden einzigen Strahlen von R_1, welche nach 118 Zus. der K sich anschmiegen können, thun dieses in den beiden Ordnungselementen der Involution.

Sind AA_1 und BB_1 2 zugeordnete Punkte des involutorischen Kurvengebildes, und ist m eine der immer existirenden Geraden, welche die AA_1 die BB_1 und die K (in M_1) zugleich schneiden, so kommt dieser Geraden m die in 118. verlangte Eigenschaft zu;

außerdem aber müssen nothwendig je 2 entsprechende Punkte des involutorischen Kurvengebildes mit a in 1 Ebene liegen, wie sich dieses alsbald ergiebt, wenn man die zu dem involutorischen Kurvengebilde perspekt. und daher selbst involut. Kegelfläche II MK betrachtet. Nach dem zu 88. reciproken Satze müssen nämlich die Verbindungsebenen entsprechender Strahlen MAA_1 MBB_1 MCC_1... sich in 1 Strahle schneiden, und dieser ist eben der Strahl m; und dadurch ist nun offenbar der Satz auf den in 118. zurückgeführt.

121. Lehrsatz. Auf jeder Regelfläche F sind unendlich viele Kurven III enthalten.

Wählt man nämlich 3 Gerade a b m, von denen 2, a und b, der einen p der beiden in F enthaltenen Regelschaaren angehören, während die 3te m sie beide schneidet, ohne ein Strahl von F zu sein, und bezieht die 3 Ebenenbüschel a b m, so projekt. auf einander, daß die beiden Büschel a und b die Regelfläche, resp. ihre eine Regelschaar erzeugen, so schneiden sich die entsprechenden Ebenen nach 113. in den Punkten einer Kurve III, die nothwendig ganz in F liegt.

Zusatz. Berücksichtigt man die Nr. 115. Zus., so läßt sich der Satz von 121. auch in folgender Fassung aufstellen:

Bezieht man einen Ebenenbüschel I, dessen Axe m mit einer Regelschaar R 2 Punkte gemein hat, auf dieselbe projekt. so, daß keine Ebene des Ebenenbüschels durch einen entsprechenden Strahl von R geht, so erzeugen sie eine Kurve III.

122. Liegt eine Kurve II auf einer Regelfläche F, so haben sämmtliche Strahlen der einen in F enthaltenen beiden Regelschaaren R mit K je nur einen einzigen Punkt, während die Strahlen der andern Regelschaar R_1 mit F entweder 0 oder 2 Punkte gemein haben, die in einen Doppelpunkt zusammenfallen können.

Denn geht der Strahl p von R_1 durch 2 Punkte von F, oder schmiegt er sich ihr an, so kann kein Strahl von R mit K mehr als einen einfachen Punkt gemein haben, denn würde der Strahl a von R mit K 2 Punkte gemein haben, oder sich ihr anschmiegen, so würde die Ebene ap mit K 4 Punkte gemein haben, von denen 1 Paar oder 2 Paare je in einen Doppelpunkt übergehen könnten, was nach 115. nicht möglich ist.

Daß aber für jeden Punkt M von K nothwendig einer der

beiden durch M gehenden Strahlen b und q von F mit K 2 Punkte gemein hat oder sich ihr anschmiegt, folgt also:

Wählt man 2 Punkte M und N von K, die nicht in einem Strahle p von F liegen, und durch die daher 2 Paar Strahlen bq und cr von F gehen, so ist der Ebenenbüschel I MN sowohl zu der Kegelfläche II MK, als auch zur Kegelfläche II NK perspekt., dabei liegt in jeder Ebene des Ebenenbüschels MN je noch ein 3ter von MN verschiedener Punkt von K, mit Ausnahme der 2 Ebenen, welche in M und N die K berühren.

Es liegt daher auch in der Ebene von MN, welche durch q (und also nothwendig auch durch c) geht, und ebenso in der Ebene, welche durch r (und also nothwendig auch durch b) geht, noch je ein Punkt Q und R von K, es sei denn, daß die fragliche Ebene, wie so eben bemerkt, die K berühre.

Tritt der 1ste Fall ein, d. h. berührt die Ebene MNq die K nicht, so muß der erwähnte 3te Punkt Q auf q liegen, da nach dem Obigen die Strahlen der Regelschaar abc mit K je nur 1 Punkt (M oder N) gemein haben können; ebenso muß R auf r liegen.

Berührt aber die Ebene MNq die K in M, so muß nothwendig die q der K in M sich anschmiegen, denn ändert man den Punkt N, in dem man dieselben Schlußfolgerungen jetzt auf die beiden Punkte MP und die Strahlenkegel MK und PK anwendet, so muß, wenn auf q kein von M verschiedener Punkt von K liegen soll, auch die Ebene qP die K in M berühren, woraus nach 111. folgt, daß die q der K in M sich anschmiegt.

Zusatz. Aus diesem Beweise folgt, daß jede zu K perspekt. Kegelfläche wie MK mit der F, auf welcher K liegt, einen Strahl q gemein hat.

123. Lehrsatz. Liegt eine Kurve III K auf einer Regelfläche F, so ist sie stets zu der einen Regelschaar R von F perspekt., während jeder Leitstrahl von R der mit K einen Punkt gemein hat, die K in noch einem Punkte schneidet, oder sich ihr anschmiegt, und außerdem jeder Leitstrahl, der mit K keinen Punkt gemein hat, doch immer Axe eines zu K perspekt. Ebenenbüschels darstellt.

Nach 122. giebt es unendlich viele Leitstrahlen von R, welche mit K 2 Punkte gemein haben, oder ihr sich in 1 Punkte anschmiegen, betrachtet man nun 2 derselben als Axen 2er zu K perspekt.

Ebenenbüschel I, so erzeugen sie eine zu K perspekt. Regelschaar nach 115., und diese ist mit F nothwendig identisch.

124. Liegt K auf der Regelfläche F, und wählt man 2 Punkte MN von K, so kann man den Ebenenbüschel MN projekt. auf jede der beiden in F enthaltenen Regelschaaren beziehen, und zwar dabei noch die Bestimmung treffen, daß 3 Ebenen durch 3 ihnen entsprechende Punkte ABC von K gehen, alsdann ergeben sich mit Hilfe der in den letzten Nummern bewiesenen Sätze hieraus folgende Resultate:

Da die K zu einer der beiden Regelschaaren perspekt. ist, so ist sie auch zum Ebenenbüschel MN projekt., und da die Axe MN mit der K 2 Punkte MN gemein hat, und 3 Ebenen MNA MNB MNC durch die ihnen entsprechenden Punkte ABC gehen, so ist der Ebenenbüschel zu K perspekt.

Ganz anders verhält es sich mit der andern Regelschaar R_1 von F, denn da diese zu K nicht perspekt. ist, so erzeugen die Schnittpunkte des zu ihr projekt. Ebenenbüschels MN mit den entsprechenden Strahlen nach 121. Zus. eine zweite Kurve III K_1, die aber offenbar ebenfalls durch die 5 Punkte ABCMN geht. Hieraus folgt nun aber folgender Satz: durch 5 Punkte einer Regelfläche, von denen keine 4 in 1 Ebene liegen, können gerade 2 Kurven III gelegt werden.

125. In Nr. 118 wurde bewiesen, daß die Leitschaar R_1 einer zur Kurve III K perspekt. Regelschaar R höchstens 2 Strahlen enthalten könne, welche der K sich anschmiegen. Die Richtigkeit dieses Satzes läßt sich auch direkt in nachfolgender Weise darthun:

Es seien a b c 3 der K in den Punkten ABC sich anschmiegende Strahlen; wählt man nun 2 dieser 3 Strahlen z. b. a u. b als die Axen der Ebenenbüschel, durch deren projekt. Beziehung die perspekt. Regelschaar R entsteht, so folgt aus Nr. 111, daß der Ebene bA des Büschels b diejenige Ebene des Büschels a entspricht, welche der K im Punkte A sich anschmiegt, d. h. in den Punkten A oder B, in welchen der Leitstrahl a oder b einer zu K perspekt. Regelschaar R oder K sich anschmiegt, fällt die Ebene, welche der Regelschaar R sich anschmiegt zusammen mit der Ebene, welche der Kurve K sich anschmiegt.

Nun läßt sich aber alsbald erkennen, daß dieses Zusammenfallen der beiden Anschmiegungsebenen nicht öfter als bei 2 Punkten eintreten könne. Schneidet man nämlich die zu K perspektivische Kegelfläche C K durch eine Ebene E, welche durch A B aber nicht durch C geht, so erhält man eine Kurve II, welcher hinsichtlich der Lage der in ihr enthaltenen Elemente von K folgende Eigenthümlichkeiten zukommen s. Fig. 46: die Ebene, welche der K im Punkte C sich anschmiegt und also durch c geht, berührt diese Schnittkurve im Punkte C_1, dem Schnittpunkte von c und E, diese Ebene ist also CC_1C_1. Die Ebene C b berührt nach Nr. 111 die Kegelfläche CK, und also auch die Schnittkurve im Punkte B, und ebenso die Ebene C a die Kegelfläche und die Schnittkurve im Punkte A. Betrachtet man nun die zu K perspekt. Regelschaar, so findet man den Leitstrahl derselben, welcher durch C geht, offenbar als Schnittlinie der beiden erwähnten Ebenen C a und C b, derselbe ist also nach dem Vorigen offenbar CN, wenn N der Schnittpunkt der beiden Tangenten AA und BB ist, die Ebene, welche sich der Regelschaar a b c in C anschmiegt, ist daher CC_1N, während die Ebene, welche sich der K in C anschmiegt die Ebene $C C_1 C_1$ ist, 2 Ebenen, die nicht identisch sein können w. z. b. w.

Zusatz. Nach Nr. 100. Zus. ist in der Schnittkurve die Gerade C_1C_1 und die Gerade C_1N durch die beiden Punkte A und B harmonisch getrennt, und es sind daher auch die beiden Ebenen CC_1C_1 und CC_1N durch die beiden Punkte A und B harmonisch getrennt. Dieses führt zu folgendem wichtigen Satze:

Hat die Leitschaar einer zu einer Kurve III K perspekt. Regelschaar R 2 Strahlen a und b, welche der K in den Punkten A und B sich anschmiegen, so gilt für jeden 3ten Punkt C von K folgendes: die Ebene, welche der K im Punkte C sich anschmiegt, und die Ebene, welche der R im Punkte C sich anschmiegt, sind durch die beiden festen Punkte A und B von K stets harmonisch getrennt.

Zusatz. Die 3 Strahlen abc können, wie so eben nochmals bewiesen wurde, nicht zugleich Leitstrahlen einer zu K perspekt. Regelschaar darstellen, wohl aber bestimmen einestheils je 2 derselben eine zu K perspekt. Regelschaar, anderntheils bestimmen alle 3 eine 4te Regelschaar, da ja keine 2 derselben in 1 Ebene liegen können. Diese 4te Regelschaar R hat nun mit jeder der 3 ersteren je einen

Strahl gemein, nämlich mit der durch a b bestimmten Regelschaar den Strahl p der durch C geht, mit der durch a c bestimmten Regelschaar, den Strahl q der durch B geht, und mit der durch b c bestimmten Regelschaar den Strahl r, der durch A geht.

126. Hieraus ergiebt sich nun unmittelbar folgender wichtige Satz:

Die 3 Ebenen, welche einer Kurve III K in den 3 Punkten ABC sich anschmiegen, schneiden sich immer in einem Punkte der Ebene A B C.

Bezeichnet man nämlich unter Beibehaltung der im letzten Zusatze angeführten sonstigen Bezeichnungsweise die dort erwähnte Regelschaar, welche durch die 3 Anschmiegungsstrahlen a b c in den Punkten A B C bestimmt ist, durch R_2, und betrachtet man einen Schnitt derselben durch die Ebene ABC oder E, so ergiebt sich für denselben folgendes s. Fig. 47: die Schnittkurve II wird von der Ebene ar im Punkte A von der Ebene bq im Punkte B, und von der Ebene c p im Punkte C berührt; die 3 Ebenen $A_1B_1C_1$, welche der K in den Punkten A B C sich anschmiegen, sind von den eben genannten 3 Ebenen, mit denen sie durch einen der 3 Punkte ABC gehen, je durch die beiden andern Punkte harmonisch getrennt, d. h. die a r von der A_1 durch B und C, die b q von der B_1 durch A und C, die c p von der C_1 durch A und B, daher sind auch die Schnittlinien der a r und der A_1 mit der E durch B und C, die Schnittlinien der c p und der C_1 mit der E durch A und B etc. harmonisch getrennt. Da nun, wie oben hervorgehoben, die Schnittlinien der 3 Ebenen a r b q c p mit E die 3 Tangenten der Schnittkurve darstellen, so stellen nach Nr. 100 Zus. die 3 Geraden AD BE CF die 3 Schnittlinien der 3 Anschmiegungsebenen $A_1B_1C_1$ mit E dar, da aber diese 3 Geraden nach Nr. 48 sich in 1 Punkte S schneiden, so schneiden sich auch die 3 Ebenen A_1 B_1 C_1 selbst in diesem Punkte w. z. b. w.

127. Ein Kegelschnitt im Raum ist bestimmt, wenn 2 Strahlenbündel projekt. auf einander bezogen sind, ohne daß sie eine entsprechend gemeinsame Ebene enthalten, oder auch in anderer Fassung, wenn man 2 Kegelflächen II kennt die einen Strahl gemein haben, in dem sie nicht von derselben Ebene berührt werden. Man kann nun umgekehrt die Frage aufwerfen, wie viele Bestimmungsstücke

eines solchen räumlichen Kegelschnitts gegeben sein müssen, damit derselbe vollkommen bestimmt ist. Die Antwort hierauf lautet nun einfach also, daß die Bestimmungsstücke gerade hinreichen müssen, die nöthige Anzahl entsprechender Elemente 2er kollineärer Strahlenbündel oder 2er Kegelflächen II, die ihre Centren in je 1 Punkte des räumlichen Kegelschnitts haben, zu fixiren: Diese Bedingungen können nun auf verschiedene Weise erfüllt werden, und zwar lassen sich die einzelnen hieher gehörigen Fälle unschwer ermitteln, wenn man die verschiedenen Möglichkeiten, wie die kollineäre Beziehung 2er Strahlenbündel, oder wie 2 Kegelflächen fixirt werden, mit dem vergleicht, welche geometrische Bedeutung die einzelnen Bestimmungsstücke eines räumlichen Kegelschnitts besitzen. In dieser Beziehung ist nun nach Nr. 108 u. s. w. folgendes im Auge zu behalten:

Jeder Punkt der K kann als Mittelpunkt eines der beiden Strahlenbündel oder eines der beiden Kegelflächen II betrachtet werden, es müssen daher unter den Bestimmungsstücken von K wenigstens 2 Punkte enthalten sein.

Ist eine Berührungsebene in einem Punkte A gegeben, so bedeutet dieses so viel, als daß in ihr derjenige Strahl des zu K perspekt. Strahlenkegels AK gelegen ist, der in A der Kurve sich anschmiegt, und daß ihr in dem 2ten Strahlenbündel B diejenige Ebene entspricht, welche durch den gemeinschaftlichen Strahl BA geht.

Ist die Anschmiegungsebene in A gegeben, so berührt sie im eben erwähnten Anschmiegungsstrahle a die Kegelfläche AK, und es entspricht ihr in B die Ebene, welche im gemeinsamen Strahle AB die Kegelfläche BK berührt. Ist der Anschmiegungsstrahl a in A gegeben, so entspricht demselben im Bündel B der gemeinsame Strahl BA. Ist in einem 3ten Punkte C der Anschmiegungsstrahl c gegeben, so entspricht der Ebene Ac die Ebene Bc und die erste berührt die Kegelfläche AK in AC die 2te die Kegelfläche BK in BC.

Hieraus ergiebt sich nun folgendes: Eine Kurve III ist vollkommen bestimmt, 1) wenn 6 Punkte ABCDEF, von denen keine 4 in 1 Ebene liegen, gegeben sind, denn man hat A[CDEF] π B[CDEF].

2) wenn 5 Punkte ABCDE und in 1 A der Anschmiegungs-

strahl a, den wir mit AA bezeichnen wollen, gegeben ist, denn man hat A[ACDE] π B[ACDE].

3) Wenn 4 Punkte ABCD und in 2 A und B, die beiden Anschmiegungsstrahlen a oder AA, und b oder BB gegeben sind, denn man hat A[BACD] π B[BACD].

4) Wenn 2 Punkte AB und 4 Anschmiegungsstrahlen cdef gegeben sind, denn man hat A[cdef] π B[cdef].

Es kann hiebei einer aber nur einer der 4 Anschmiegungsstrahlen a in einem der beiden gegebenen Punkte der K sich anschmiegen, denn man hat dann die Ebenenpaare Ad und Bd, Ae und Be, Af und Bf, und die beiden Strahlen a oder AA und BA als entsprechende Elemente.

5) Wenn 5 Punkte ABCDE und ein Anschmiegungsstrahl f gegeben sind, denn man hat die 3 Strahlenpaare AC und BC, AD und BD, AE und BE, und außerdem das Ebenenpaar Af und Bf als entsprechende Elementenpaare. Geht f durch einen der gegebenen Punkte, so ist der Fall auf 2) zurückgeführt.

6) Wenn 5 Punkte BACDE und in 2en A und B derselben die Anschmiegungsebenen M und N gegeben sind, denn es entspricht dann der Kegelfläche A, welche die M berührt, die Strahlen AB AC AD AE enthält die Kegelfläche B, welche die N berührt, und die 4 Strahlen [BA] [BC] [BD] [BE] enthält, und zwar entsprechen den Strahlen AC AD AE die 3 Strahlen BC BD BE.

7) Wenn 2 Punkte AB, ihre Anschmiegungsstrahlen ab und ihre Anschmiegungsebenen MN und außerdem 1 Anschmiegungsstrahl c gegeben ist, denn die Kegelfläche A, welche die Ebene M im Strahl a, und die Ebene ABb im Strahl AB, und außerdem die Ebene Ac berührt, soll entsprechen der Kegelfläche B, welche die Ebene N im Strahl b, die Ebene ABa im Strahl BA, und außerdem die Ebene Bc berührt, und dabei sollen den Tangentialebenen M, BAb, Ac die 3 Tangentialebenen ABa, N, Bc entsprechen.

Man kann sich nun die Aufgabe stellen, in allen diesen einzelnen Fällen den Nachweis zu liefern, wie aus den gegebenen Stücken beliebige Elemente der K gefunden werden können.

Soll nun ein in einer gegebenen Ebene liegender Punkt von K gefunden werden, so kommt die Auflösung stets darauf hinaus, die entsprechend gemeinsamen Elemente 2er projekt. ebenen Gewebe desselben Trägers zu finden, und diese Aufgabe ist nach Nr. 83 wieder identisch mit der, die Schnittpunkte 2er Kurven II zu finden, wenn 1 Schnittpunkt A, der kein entsprechend gemeinsamer Punkt der beiden ebenen Gewebe ist, gegeben ist. Ist hiebei die Aufgabe so gestellt, daß in einer Ebene die durch 2 bekannte Punkte M und N von K geht, der 3te Punkt gesucht wird, so sind von den Schnittpunkten der beiden Kurven II 3 AMN bekannt, und der 4te gesucht. Ist sie so gestellt, daß die Ebenen durch einen bekannten Punkt M von K gehen solle, und die beiden übrigen in ihr liegenden Punkte von K gesucht werden, so sind von den beiden Kurven II 2 Schnittpunkte AM bekannt und die beiden übrigen gesucht, ist endlich die Ebene ganz beliebig gedacht, so kennt man von den beiden Kurven II nur 1 Schnittpunkt A und die 3 übrigen sind gesucht.

Im ersten Falle ist die Aufgabe vom 1sten Grad, im 2ten vom 2ten Grade, und die betreffenden Auflösungen werden im folgenden 2ten Theile ausführlich mitgetheilt werden, im 3ten Falle dagegen ist die Aufgabe vom 3ten Grade, und ihre geometrische Lösung ist weder linear, noch mit Hülfe eines festen Kreises und des Lineals lösbar.

128. Der Grund, warum der räumliche Kegelschnitt unebene Kurve III genannt wurde, ist wohl schon daher zu entnehmen, daß eine Ebene mit ihr im Allgemeinen 3 Punkte gemein hat, die nachfolgende Entwicklung wird diese Bezeichnungsweise noch mehr zu rechtfertigen geeignet sein.

2 Kegelflächen II schneiden sich, wenn sie eine Spitze haben, im allgemeinen in 4 Strahlen, von denen 2 oder 3 oder 4 oder 2 u. 2 zusammen fallen können, in welchem Falle die entsprechenden Strahlen 2 3 oder 4fach zu zählen sind. Auch können einzelne dieser Strahlen imaginär werden. 2 Kegelflächen F und F_1 die verschiedenen Mittelpunkte aber 1 Strahl p gemein haben und sich in diesem berühren, schneiden sich in noch einer Kurve II, denn schneiden die 3 Strahlen a b c der F die F_1 in den 3 Punkten ABC, so schneidet die Ebene ABC beide Kegelflächen in 2 Kurven II, die jedoch identisch sein müssen, da sie beide durch ABC gehen, und im gemeinsamen Schnittpunkte von p dieselbe Gerade berühren.

Lehrsatz. 2 Kegelflächen II S und S_1, welche sich in 1 Kurve II K schneiden, berühren sich entweder in einem Strahle, oder sie schneiden sich in noch einer Kurve II K_1. Liegt nämlich die Spitze S_1 auf einem Strahle p von S, so kann die Ebene, welche die eine Kegelfläche S im Strahle p berührt auch mit der andern S_1 außer p keinen Strahl gemein haben, weil sie mit K keinen Punkt mehr gemein hat, berührt also auch S_1. Liegt dagegen S_1 außerhalb S, so mögen die 3 Strahlen S_1A S_1B S_1C, wobei ABC in K liegen, die S noch in den 3 Punkten A_1 B_1 C_1 schneiden, legt man nun durch A_1 B_1 C_1 eine Ebene, so sind, wie aus der Betrachtung der vollständigen Vierecke in der Schnittfig. 48 alsbald hervorgeht, stets die beiden Ebenen, in denen ABC und $A_1B_1C_1$ liegt, durch SS_1 harmonisch getrennt. Die zweiten Schnittpunkte des zu K perspekt. Kegels S_1 (A B C...) müssen also alle in einer Ebene liegen, d. h. in einer 2ten Kurve II, in der diese Ebene die Kegelfläche S schneidet.

Lehrsatz. 2 Kegelflächen II, welche sich in einem Strahle schneiden und verschiedene Mittelpunkte haben, schneiden sich in einer unebenen Kurve III. Der Beweis dieses Satzes ist in Nr. 112 schon geführt.

Erklärung. Haben 2 Regelflächen einen Strahl gemein, und schmiegt jede Ebene des Ebenenbüschels p den beiden Regelflächen in demselben Punkte sich an, was immer dann der Fall ist, wenn die 2 Strahlen aa_1 der beiden Regelflächen, welche durch denselben Punkt von p gehen in 1 Ebene liegen, so sagt man die beiden Regelflächen berühren sich in p, da jede Gerade, welche die eine derselben in einem Punkte von p berührt, auch die andere in demselben Punkte berührt, wenn sie nicht ganz in ihr liegt.

Lehrsatz. 2 Regelflächen R u. R_1, welche in 2 Strahlen p q derselben Regelschaar sich schneiden, oder in 1 Geraden p sich berühren, haben im Allgemeinen noch 2 Gerade d e der Leitschaar von p q gemein; denn schneiden die 3 Strahlen a b c von R und die 3 Strahlen a_1 b_1 c_1 von R_1 die p in demselben Punkt, so ist q [a b c] π q [$a_1b_1c_1$] und diese beiden projekt. geraden Gebilde haben im Allgemeinen 2 Punkte entsprechend gemein, durch welche die gemeinsamen Strahlen d e gehen; beide Strahlen können, wie auch p u. q in 1 zusammen fallen, in welchem Falle sich die Regelschaaren in ihnen berühren, sie können aber auch imaginär werden.

129. Lehrsatz. 2 Regelflächen R R_1, welche sich in 2 Geraden a p schneiden, die nicht derselben Regelschaar angehören, schneiden sich noch in 2 Geraden b q, oder haben eine Kurve II gemein.

Denn 3 von a p verschiedene Strahlen von R, die derselben Regelschaar angehören, schneiden die R_1 außer in 3 Punkten von a oder p in noch 3 Punkten M N P. Liegen nun diese in einem Strahle von R_1, so gehört dieser offenbar auch der R an. Liegen aber diese Schnittpunkte nicht in einem Strahle von R_1, so schneidet die durch sie gelegte Ebene die R_1 und die R je in einer Kurve II, die aber von einander nicht verschieden sein können, da sie außer MNP auch die Schnittpunkte der schneidenden Ebene mit a p gemein haben. Die Schnittpunkte MNP können mit dem in a oder p gelegenen Punkte zusammenfallen, in welchem Falle der fragliche Strahl die R_1 berührt. Ist dieses nun bei allen 3en der Fall, so berühren sich R und R_1 in a oder p, wo nicht, so berührt die gemeinsame Kurve die R und R_1 in den fraglichen Punkten.

130. Lehrsatz. Eine Kegelfläche S und eine Regelfläche, die in 2 Strahlen a p sich schneiden, haben noch eine Kurve II gemein, denn sind wieder MNP 3 Schnittpunkte von R durch 3 Strahlen von S, wobei S und a p identisch, so schneidet, wie soeben bewiesen, die Ebene MNP die R und die S in derselben Kurve II.

131. Lehrsatz. 2 Regelflächen die 1 Kurve II K gemein haben, schneiden sich entweder noch in 2 Geraden, die nicht derselben Regelschaar angehören, oder sie haben noch eine Kurve II gemein, oder sie berühren sich in obiger Kurve K.

Schmiegen sich in den 3 Punkten A B C von K 3 Ebenen der Kegelfläche II S (ABC) den beiden Regelflächen zugleich an, so findet dieses mit allen Ebenen der zu K und den beiden Regelflächen perspekt. Kegelfläche II S Statt, denn die beiden Kurven II, in denen die Kegelfläche S den beiden Regelflächen sich anschmiegt, geht durch die 3 Punkte ABC und berührt in ihnen dieselben 3 Geraden nach Nr. 71. Schmiegen nicht alle Ebenen, welche der einen Regelfläche in den Punkten von K sich anschmiegen, auch der anderen Regelfläche in denselben Punkten sich an, so ist dieses höchstens mit 2en der Fall, und man kann daher stets annehmen, daß alle Strahlen der einen Regelfläche, 4 höchstens ausgenommen, die andere je in einem außer K gelegenen Punkte schneiden. 2 solche Strahlen a p von R, die in einem Punkte A von K sich schneiden, können nie die R_1 in einem und demselben Strahle a_1 schneiden, denn die Ebene a p berührt die K in A, kann also nicht durch den von A verschiedenen Schnittpunkt, von K und a_1 gehen. Wählt man nun 2 solche Strahlenpaare von R, a p und b q, die in 2 der R u. K in A und B sich anschmiegenden Ebenen liegen, so können 2 Fälle eintreten, entweder a und b schneiden 1 Strahl p_1 von R_1, und dann schneiden auch p und q einen Strahl a_1 von R_1, oder dieses findet nicht Statt; im ersten Falle haben R und R_1 auch a_1 und p_1 gemein, im zweiten die Kurve II KK_1, welche in der Ebene liegt, die durch 3 jener Punkte sich legen läßt. Denn schneidet die Ebene der K_1 die Kurve K in 2 Punkten, so haben die Schnitkurven eben dieser Ebene mit R und mit R_1 5 Punkte gemein, sind also identisch, dasselbe findet Statt, wenn K von dieser Ebene berührt wird, da beide Schnittkurven alsdann 4 Punkte und eine Tangente gemein haben, schneidet dagegen jene Ebene die Ebene der K in einer Geraden m, die mit der K keinen reellen Punkt gemein hat, so stehen doch beide Schnittkurven zu m in einem Lagenverhältniß, welches genau gleichkommt dem Gegebensein 2er reeller Schnittpunkte; den Beweis dieser letzteren Behauptung werden wir im nächsten Abschnitte entwickeln, da er dort im naturgemäßen Zusammenhang von selbst sich darbietet, hier jedoch mehrere nicht hieher gehörige Hülfssätze erst nöthig machen würde.

132. Lehrsatz. 2 Regelflächen, die sich in 1 Geraden schneiden, schneiden sich entweder a) in noch 3 Geraden, oder b) sie schneiden sich in 1 und berühren sich in einer andern Geraden, oder c) sie schneiden sich in noch 1 Geraden und einer Kurve II nach 129., oder endlich d) sie schneiden sich noch in einer unebenen Kurve III.

Da sich nämlich die Regelschaaren in der Geraden a schneiden, so enthält der Ebenenbüschel a höchstens 2 Ebenen, welche beiden Flächen zugleich sich anschmiegen. Alle Strahlen p von R, die der Regelschaar angehören, zu der a nicht gehört, mit der Ausnahme von höchstens 2, schneiden daher die R_1 in einem zweiten nicht in a liegenden Punkt; liegen nun 3 Schnittpunkte, nämlich die der Strahlen p q r in einem 2ten Strahle b von R_1, so ist b offenbar auch ein Strahl von R, da b offenbar die 3 Strahlen p q r schneidet, und also ein Leitstrahl der Regelschaar p q r ist, dabei tritt nun der oben schon erwähnte Fall ein, daß die Regelschaar p q r im Allgemeinen noch 2 Strahlen enthält, die zugleich in R_1 liegen.

Liegen die erwähnten 2ten Schnittpunkte von pqr nicht in einem gemeinschaftlichen Strahle b beider Regelflächen, so sei b der Leitstrahl der Schaar p q r, der zur Fläche R gehört und durch den Schnittpunkt von p mit R_1 geht; bezieht man nun den Ebenenbüschel b projekt. auf den Ebenenbüschel a, so daß beide die Regelschaar R erzeugen, so ist dieser Ebenenbüschel auch projekt. auf den zu R_1 perspekt. Büschel a bezogen, und es tritt hier offenbar der in Nr. 121. Zus. hervorgehobene Fall ein, daß die Ebenen des Büschels b die entsprechenden Strahlen der zum Büschel a perspekt. Regelschaar R_1 in den Punkten einer Kurve III schneiden; diese Schnittpunkte liegen aber alle in den Strahlen der Regelschaar pqr, da ja je 2 Ebenen von a und b sich in einem solchen Strahle schneiden.

133. Lehrsatz. Hat eine Regelfläche und eine Kegelfläche bloß eine Gerade gemein, so haben sie auch noch eine unebene Kurve III gemein.

Der Beweis ist vollkommen derselbe wie der soeben geführte für 2 Regelflächen.

134. Haben 2 Kegelflächen eine Kurve III gemein, so haben sie auch eine Gerade gemein.

Um dieses zu beweisen, hat man nur darzuthun, daß ihre beiden Spitzen in der Kurve selbst enthalten sein müssen, oder mit andern Worten, daß keine unebene Kurve III von einem Punkte S außer ihr durch eine Kegelfläche II projektirt werden könne. Dieses erhellet aber also: von S aus giebt es nach 119. immer gerade eine Gerade m, welche die Axe eines zu K perspekt. Ebenenbüschels darstellt. Sind ABC.. T die einzelnen Punkte von K, so wäre der Ebenenbüschel m (ABC...) projekt. zum Ebenenbüschel S T (ABC...) da sie die Kegelfläche II S (ABC...) erzeugen, also auch der Ebenenbüschel S T (ABC..) und somit die Kegelfläche II S (ABC..) zu K (ABC...) und also auch zu der Kegelfläche II T (ABC...) projekt., woraus folgt, daß S auf K liegen muß.

Zusatz. Dieser letzte Satz läßt sich auch also ausdrücken, sind eine Kegelfläche S und eine unebene Kurve III projekt., ohne daß S in K selbst liegt, so gehen höchstens 4 Strahlen der Kegelfläche durch die ihnen entsprechenden Punkte von K.

135. Lehrsatz. 2 Regelflächen oder eine Regelfläche und eine Kegelfläche, welche eine unebene Kurve III gemein haben, schneiden sich auch noch in einer Geraden.

Nach Nr. 123 ist von der Regelfläche, welche durch eine unebene Kurve III K geht, die eine der darin enthaltenen Regelschaaren R zu K perspekt., während jeder Strahl der Leitschaar R_1 die K entweder in 2 Punkten schneidet, oder in einem sich ihr anschmiegt, oder keinen mit ihr gemein hat. Ist nun S eine zu K perspekt. Kegelfläche, so muß demnach durch S gerade ein einziger Strahl der Regelschaar R_1 gehen der in S sich der K entweder anschmiegt, oder sie in noch einem zweiten Punkte schneidet, in beiden Fällen gehört derselbe nach Nr. 122. Zus. auch der zu K perspekt. Kegelfläche II an. Sind dagegen R u. R_1 2 zu K perspekt. Regelschaaren, so gehen durch jeden Punkt von K 2 Strahlen $a a_1$ derselben, und in der Ebene $a a_1$ liegt ein Leitstrahl p und p_1 sowohl der einen als auch der anderen der erwähnten Regelschaaren, diese beiden Leitstrahlen müssen aber zusammen fallen. Schneidet nämlich die Ebene $a a_1$ die K noch in 2 Punkten BC, so ist BC dieser gemeinsame Strahl. Berührt die aa_1 die K im Punkte B, so ist der der K in B sich anschmiegende Strahl b der beiden gemeinsame. Berührt die $a a_1$ die K in A und schneidet sie in B, so ist BA der gemeinsame Strahl. Schmiegt sie sich in A der K an, so ist der in A der K sich anschmiegende Strahl der gemeinsame, und hat sie endlich mit K den Punkt A allein gemein, ohne in ihm die K zu berühren oder sich ihr anzuschmiegen, so ergiebt sich die Richtigkeit aus dem in Nr. 119 entwickelten Satze.

136. Wir wenden uns nun mit Bezugnahme auf das am Anfange dieses § Nr. 108 Bemerkte zu der reciproken Betrachtung, wobei wir jedoch die Sätze ohne alle Begründung anführen, und auch hinsichtlich der Ordnung des Materials uns durchaus nicht an die Entwicklung der letzten Nummern halten.

a) 2 kollineäre ebene Gewebe E und E_1 mögen die einzige Gerade EE_1 gemein haben. Ist nun EE_1 ein entsprechend gemeinsames Element beider Grundgebilde, so sind 3 Fälle zu unterscheiden, 1) sämmtliche Punkte von EE_1 sind entsprechend gemeinsame

Punkte, alsdann liegt jedes Paar entsprechender Gerader in je 1 Ebene eines Strahlenbündels S, beide Gewebe sind Schnitte dieses Bündels, und wir nennen sie zu S und unter sich perspekt., 2) in der EE_1 liegen 2 entsprechend gemeinsame Punkte; sämmtliche Paare von Geraden, die in diesem Falle in je 1 Ebene liegen, bilden 2 Ebenenbüschel, 3) in der EE_1 liegt ein entsprechend gemeinsamer Punkt; alle Ebenen, welche entsprechende Gerade enthalten, bilden in diesem Falle einen Ebenenbüschel.

Ist aber EE_1 keine entsprechend gemeinsame Gerade, sondern entsprechen ihr als Element von E und von E_1 die beiden verschiedenen Geraden e und e_1, so sind 2 Fälle zu unterscheiden, 1) ee_1 schneiden sich in 1 Punkte von EE_1 der alsdann ein entsprechend gemeinsamer Punkt von E und E_1 ist, das System der Ebenen, welche durch entsprechende Gerade erzeugt werden, ist in diesem Falle dargestellt durch den Inbegriff aller Ebenen eines Ebenenbüschels II und eines Ebenenbüschels I, dessen Axe in einer Ebene des ersteren liegt.

2) Schneiden sich dagegen e und e_1 nicht in einem Punkte von EE_1, so nennen wir den Inbegriff aller Ebenen, welche je 1 Paar entsprechender Gerader enthalten einen Ebenenbüschel III K, dessen innere Struktur und dessen geometrische Eigenschaften nun kurz in den folgenden Nummern zusammengestellt werden:

b) Die beiden Ebenen E und E_1 gehören mit zu den Elementen des Ebenenbüschels III K.

Jede Ebene von E und E_1 des Ebenenbüschels III K wird von allen übrigen in den Strahlen eines Strahlenbüschels II geschnitten, jedoch berührt die Schnittlinie EE_1 die beiden umhüllten Kurven in E und E_1 in 2 verschiedenen Punkten.

2 beliebige Kurven, d. h. Strahlenbüschel II E_1 und E_2 2er verschiedener Träger E_1 u. E_2, welche einen Strahl d. h. eine Tangente gemein haben, aber in ihr 2 verschiedene Berührungspunkte haben, erzeugen einen Ebenenbüschel III. Wir nennen die beiden Strahlenbüschel II E_1 und E_2, durch welche auf die hier angegebene Weise der Ebenenbüschel III K erzeugt wird zu K perspekt. Zu gleicher Zeit sind sie unter sich projekt., und können immer als entsprechende Elementargebilde 2er kollineärer ebener Gewebe E_1 und E_2 betrachtet werden.

c) Durch jeden Strahl eines zu einem Ebenenbüschel III perspekt. Strahlenbüschels II E gehen außer dem Träger E selbst je noch eine Ebene von K, einen einzigen Strahl ausgenommen, durch den bloß der Träger E geht, und den man als denjenigen Strahl erhält, der dem gemeinsamen Strahle EE_2 als Element von E entspricht, in dem Falle, daß man die K entweder durch die kollineäre Beziehung der Gewebe E_2 und E, oder der projekt. Strahlenbüschel II E_2 und E entstanden sich denkt, in diesem Strahl e fallen gleichsam 2 unendlich nahe Ebenen E E des Ebenenbüschels in 1 zusammen. Durch jeden Punkt von e geht noch eine einzige von E verschiedene Ebene E_1 von K, und dieser Punkt liegt dabei immer auf der zu K perspekt. Kurve II E_1, die wir entsprechend der Nr. 110 durch E_1 K bezeichnen wollen. Hievon macht ein einziger Punkt von e eine Ausnahme, durch den bloß eine Ebene des Systems geht; es ist dieses derjenige Punkt von e, in welchem die Kurve II EK von e berührt wird, in diesem Punkte fallen gleichsam 3 Ebenen des Ebenenbüschels in 1 zusammen.

Hiebei ist es nun sehr wichtig, folgendes zu beachten: derselbe Ebenenbüschel III K kann durch beliebige 2 zu ihm perspekt. Strahlenbüschel II E K E_1 K E_2 K &c. erzeugt werden. Dabei bleibt der Strahl e in E, dessen Eigenschaft wir so eben betrachteten, ganz derselbe, man mag die K erzeugen durch EK und E_1K, oder durch EK und E_2K. Ebenso bleibt der eine Punkt in e, durch welchen bloß 1 Ebene von K geht, derselbe, man mag die eine oder die andere Art der Erzeugung wählen. Der Inbegriff aller dieser letzterwähnten Punkte bildet eine räumliche Kurve, von der wir sagen, sie schmiege sich in ihren Punkten der K an, dabei wollen wir kurz diese $u+1$ Punkte selbst Anschmiegungspunkte nennen, und der Inbegriff aller Strahlen wie e bilden einen räumlichen Strahlenbüschel, von dem wir sagen, daß er der so eben erwähnten Kurve in ihren einzelnen Punkten sich anschmiege, und die wir daher kurz Anschmiegungsstrahlen nennen wollen.

d) Durch einen beliebigen Punkt im Raume gehen höchstens 3 und wenigstens 1 Ebene des Ebenenbüschels III, und liegt ein Punkt auf einem der erwähnten Anschmiegungsstrahlen $e\, e_1\, e_2 \ldots$, so gehen durch ihn höchstens 2 Ebenen von K; dabei können 2 Strahlen dieses Strahlensystems wie $e\, e_1$ nicht in 1 Ebene liegen.

Hieraus folgt nun mit Nothwendigkeit, daß es in einer beliebigen Ebene im Raum höchstens 1 Gerade gebe, in der sich 2 Ebenen von K schneiden, die sich aber auch in 1 vereinigen können, wobei diese Gerade in einen Anschmiegungsstrahl übergeht.

e) Je 2 zu einem Ebenenbüschel III perspekt. Strahlenbüschel II E_1K und E_2K sind unter sich projekt., insoferne sie ja zu 1 und demselben geraden Gebilde $E_1 E_2$ perspekt. sind.

Jedes gerade Gebilde E_2E_1, welches zu einem Strahlenbüschel II E_1 oder E_2 perspekt. ist, der selbst zu einem Ebenenbüschel III K perspekt. ist, nennen wir auch zu K selbst perspekt., wobei jedem Punkt von $E_1 E_2$ die 3te durch ihn gehende von E_1 u. E_2 verschiedene Ebene von K entspricht; dabei entspricht dem Schnittpunkte von $E_1 E_2$ und e_1 die Ebene E_1, und dem Schnittpunkte von $E_1 E_2$ und e_2 die Ebene E_2. Betrachtet man e_1 (der e_2) selbst perspekt. zu K, so entspricht die Ebene E_1 dem Anschmiegungspunkte in e_1. Wir nennen ein beliebiges Elementargebilde I oder II oder III projekt. zu einem Ebenenbüschel III, wenn es projekt. zu einem zu K perspekt. Elementargebilde I oder II ist; liegt dabei jedes Element des einen noch in der entsprechenden Ebene von K, so nennen wir noch außerdem beide perspekt.; man kann daher auch einen Ebenenbüschel III auf sich selbst projekt., involut. ꝛc. beziehen.

f) 2 zu einem Ebenenbüschel III K perspekt. gerade Gebilde erzeugen einen zu K perspekt. Kegelfläche oder Regelschaar, je nachdem ihre Axen sich schneiden oder nicht.

Durch keinen Strahl einer zu K perspekt. Regelschaar R geht mehr als eine der Ebenen des Büschels. Anders verhält es sich mit der Leitschaar R_1 von R, von ihr kommt nämlich entweder jedem Strahl die Eigenschaft zu, daß der durch ihn bestimmte Ebenenbüschel I mit K 2 Ebenen gemein hat, oder die Strahlen von R_1 werden durch 2 ihrer Strahlen m n in 2 Gruppen getheilt, von denen die eine m p n bloß Strahlen der eben erwähnten Art hat, während durch keinen Strahl der andern m q n irgend eine Ebene von K geht, die beiden Grenzstrahlen stellen dabei 2 Anschmiegungsstrahlen in den Punkten M und N von K dar.

Durch eine Gerade a, durch welche bloß eine Ebene A von K geht, und deren es in A unendlich viele giebt, indem allen Gerade von A, welche nicht deren Strahlenbüschel II AK angehören, diese Eigenschaft zukommt, ist eine einzige zu K perspekt. Regelschaar bestimmt, die wir durch aK bezeichnen.

2 solche zu K perspekt. Regelschaaren aK u. a_1K haben immer gerade einen Leitstrahl gemein, der in der Ebene aa_1 liegt, dabei können statt a und a_1 irgend ein beliebiges Paar von Strahlen beider Regelschaaren gewählt werden, nur müssen sie sich in 1 Punkte von K schneiden. Durch diesen einen Leitstrahl gehen entweder 2 oder keine Ebene von K (die beiden können in 1 zusammen fallen, wenn der Leitstrahl ein Anschmiegungsstrahl ist), dabei ist er aber stets Träger eines zu K perspekt. geraden Gebildes.

g) Die Schnittlinien entsprechender Ebenen eines involut. Ebenenbüschels III K sind in einer Regelschaar enthalten, deren Leitschaar zu K perspekt. ist.

h) Ist ein beliebiger Strahlenbüschel II oder eine beliebige Regelfläche gegeben, so giebt es stets unendlich viele Ebenenbüschel III, deren sämmtliche Elemente durch die Elemente dieser Elementargebilde II gehen.

Liegen nun sämmtliche Strahlen einer Regelschaar R in den Elementen eines Ebenenbüschels III K, so ist dies stets auch mit der Leitschaar R_1 der Fall, und dabei ist nun nothwendig entweder R oder R_1 zu K perspekt.

i) Durch 5 Ebenen, welche einer Regelfläche sich anschmiegen, und von denen keine 4 durch 1 Punkt gehen, sind gerade 2 Ebenenbüschel III bestimmt.

k) 3 Anschmiegungspunkte $A_1 B_1 C_1$ (s. c) in den 3 Ebenen ABC von K bestimmen eine Ebene, die durch den Schnittpunkt ABC selbst geht.

§. 7. Flächen II. Ordnung.

Es bleibt nun noch übrig, diejenigen geometrischen Gebilde näher zu untersuchen, welche entstehen, einerseits durch das System von Punkten, in welchen sich je 2 entsprechende Elemente 2er nicht koncentrischen reciproken Strahlenbündel schneiden, andererseits durch das System von Ebenen, in denen je 2 entsprechende Elemente 2er reciproker ebenen Gewebe von verschiedenen Trägern liegen. Auch hier soll wieder aus dem in Nr. 106 angeführten

Grunde die Betrachtung der reciproken Strahlenbündel der näheren Entwicklung zu Grunde gelegt werden, und es dem Leser überlassen, für reciproke ebene Gewebe die Resultate nach dem Gesetze der Reciprocität sich zusammen zu stellen.

137. Vor allem wichtig ist folgender Satz: Sind M und M_1 die beiden reciproken Strahlenbündel, so ist es für das zu ermittelnde System von Punkten vollständig einerlei, ob man die Schnittpunkte der Strahlen von M mit den entsprechenden Ebenen von M_1, oder umgekehrt die Schnittpunkte der Strahlen von M_1 mit den entsprechenden Ebenen von M sucht.

Schneidet nämlich ein Strahl p von M die entsprechende Ebene P von M_1 in dem zum System gehörigen Punkte A, so entspricht dem Strahle M_1 A von M_1 als einem in der Ebene P gelegenen Strahle eine durch dem Strahl p gehende Ebene von M und diese beiden entsprechenden Elemente haben daher nothwendig den Punkt A ebenfalls gemein.

138. Ist P eine beliebige Ebene im Raum, die weder dem Bündel M noch dem Bündel M_1 angehört, so stellen die Schnitte dieser beiden Bündel in derselben 2 reciproke ebene Gewebe desselben Trägers dar, und es folgt daher aus Nr. 93 unmittelbar folgender Satz: eine beliebige Ebene im Raum hat mit dem in Frage stehenden Systeme von Punkten entweder keinen oder einen oder alle Punkte einer Geraden, oder alle Punkte 2er Geraden, oder alle Punkte einer Kurve II gemein.

Geht dagegen eine Ebene P durch einen der beiden Mittelpunkte, z. B. M, so hat sie mit dem System von Punkten entweder alle Punkte einer Kurve II oder 2er Gerader oder 1 Geraden oder den Punkt M allein gemein.

Entspricht nämlich der P ein von M_1M verschiedener Strahl p von M_1, so ist der in P enthaltene Strahlenbüschel von M seinem entsprechenden Ebenenbüschel p von M_1 entweder perspektivisch oder nicht, im ersten Fall enthält P 2 Gerade des Systems, nämlich die Axe der perspekt. Beziehung und den in der Ebene pM gelegenen Strahl von M; im 2ten Falle erzeugen beide entsprechende Büschel eine im System enthaltene Kurve II. Entspricht dagegen der P der Strahl M_1 M von M, so hat der Strahlenbüschel P entweder 2 oder 1 oder kein Element, das in der entsprechenden Ebene des Ebenenbüschels p liegt und also P 2 oder 1 Gerade des Systems, oder bloß den Punkt M. Geht die Ebene P endlich durch beide Mittelpunkte M und M_1, so hat sie mit dem System entweder alle Punkte einer Kurve II oder 2er Geraden, oder 1 Geraden (MM_1) gemein. Denn entspricht der P ein von MM_1 verschiedener Strahl p, so ist der Strahlenbüschel in P zum Ebenenbüschel p perspekt. oder nicht, und beide erzeugen daher entweder ein Paar von Geraden (worunter MM_1) oder eine Kurve II. Fällt dagegen p mit M_1M zusammen, so gehört die Gerade MM_1 nothwendig zu dem Systeme, und es fragt sich nur noch, ob der Ebene P des Ebenenbüschels M_1M in dem Strahlenbüschel P der Strahl MM_1 selbst, oder ein von ihm verschiedener p entspricht, im ersten Falle hat P mit dem System bloß MM_1, im 2ten auch noch den Strahl p gemein.

139. Untersucht man nun die allgemeinen Lagenverhältnisse, welche das System dieser Schnittpunkte charakterisiren, so müssen hier folgende 4 wesentlich verschiedene Fälle unterschieden werden:

Von dem entsprechend gemeinsamen Ebenenbüschel MM_1 gehen

1) alle Ebenen durch die ihnen entsprechenden Strahlen
2) 2 „ „ „ „ „ „
3) 1 „ „ „ „ „ „
4) 0 „ „ „ „ „ „

Zu 1) Ist Ebenenbüschel MM_1 als zum Bündel M gehörig seinem entsprechenden Strahlenbüschel in M_1 perspekt., so ist er auch als zum Bündel M_1 gehörig seinem entsprechenden Strahlenbüschel in M perspekt.; denn entspricht die Ebene A des Bündels M dem Strahle a_1 von M_1, der in ihr liegt, so entspricht auch umgekehrt jeder durch a_1 gehenden Ebene von M_1, also auch der A ein in A gelegener Strahl von M. Sind nun M(abc...) und M_1 ($a_1b_1c_1$...) diese beiden zu ihren entsprechenden Ebenenbüscheln perspekt. Strahlenbüschel, so leuchtet einerseits ein, daß jeder Punkt derselben zu dem von uns betrachteten Systeme gehört, und andererseits ist leicht zu erkennen, daß keinem Punkte außerdem diese Eigenschaft zukommt, denn ist P irgend ein in M enthaltener Strahlenbüschel, dessen Träger p_1 dem gemeinsamen Ebenenbüschel MM_1 nicht angehört, so entspricht ihm ein Ebenenbüschel, der zu ihm perspekt. ist, da der Strahl d, in dem P und der Strahlenbüschel M(abc...)

sich schneiden, in der ihm entsprechenden Ebene $d d_1$ von p_1 liegt. Die entsprechenden Elemente von P und p_1 haben daher die Punkte von 2 Geraden gemein, (von denen eine der erwähnte Strahl d ist) diese beiden Geraden können daher keine anderen sein, als die beiden Schnittlinien von P mit $M(abc\ldots)$ und $M_1(a_1 b_1 c_1\ldots)$. Das System aller Schnittpunkte entsprechender Elemente von M und M_1 besteht daher aus dem System der beiden ebenen Gewebe $M(ab..)$ $M_1(a_1 b_1..)$.

Zu 2) Sind A und B die beiden Ebenen des Ebenenbüschels MM_1, denen die Eigenschaft zukommt, daß ihre beiden Paare entsprechender Strahlen $a a_1$ und $b b_1$ in ihnen liegen, so gehören offenbar sämmtliche Punkte dieser 4 Strahlen, die ein windschiefes 4Eck bilden, oder 2 Paar Gegenkanten ($a b_1$ und $b a_1$) eines Tetraeders darstellen, zu dem fraglichen Systeme von Punkten. Ist nun C irgend eine 3te Ebene eines der beiden Bündel M oder M_1 die keinen der 4 Ebenenbüschel $a a_1$ $b b_1$ angehört, so liegen in ihr die sämmtlichen zum Systeme gehörigen Punkte in einer Kurve II, während jede Ebene, welche einem dieser 4 Ebenenbüschel angehört, mit dem fraglichen Systeme noch eine 2te Gerade gemein hat, und zwar schneidet jede solche neue Gerade entweder die beiden Gegenkanten $a b_1$, oder die beiden Gegenkanten $b a_1$ des oben erwähnten Tetraeders.

Im ersten Falle liegt nämlich kein Strahl des in C gelegenen Strahlenbüschels von M in der ihm entsprechenden Ebene, und die Schnittpunkte der Strahlen dieses Büschels C mit seinen entsprechenden Ebenen liegen daher stets in einer Kurve II nach Nr. 43 etc. Im 2ten Falle dagegen ist der Strahlenbüschel C immer zu dem ihm entsprechenden Ebenenbüschel perspekt., weßwegen sie ein gerades Gebilde durch die Schnittpunkte entsprechender Elemente darstellen. Ist nun aber in diesem Falle C eine Ebene des Ebenenbüschels a, so schneidet sie die Gegenkanten von a nämlich b_1 in einem Punkte c, der nothwendig zum fraglichen Systeme gehört, denn dem Strahle Mc, in welchem sich die C und die B schneiden, entspricht offenbar die Ebene $c_1 b_1$, welche die der C und der B entsprechenden Strahlen verbindet, also schneidet der Strahl Mc die $c_1 b_1$ im Punkte c der in b_1 liegt; die a aber muß selbstverständlich mit der in C liegenden Geraden des Systems einen Punkt gemein haben.

Betrachtet man nun auf die hier beschriebene Weise die Geraden des Systems, welche in allen Ebenen des Büschels a liegen, so gelangt man auf folgende Weise einfach zu dem Gesetze, das ihre Lage charakterisirt. Bezeichnet man die sämmtlichen Geraden, welche die Gegenkanten ab_1 schneiden, durch m n q 2c., so liegt jede dieser Geraden sowohl in einer Ebene des Ebenenbüschels a, als auch in einer Ebene des Ebenenbüschels b_1. Schneidet man nun das System unserer Punkte durch eine von A und B verschiedene Ebene des Ebenenbüschels MM_1, so schneidet diese das System von Geraden m n p q.... in einer Kurve II m n p q, die auch durch M und M_1 geht; bezieht man daher die beiden Ebenenbüschel $a b_1$ so auf einander, daß solche Ebenen einander entsprechen, welche sich je in 1 Geraden des Systems m n p q.... schneiden, so sind sie projekt. auf einander bezogen, insoferne sie entsprechend perspekt. sind zu den beiden Strahlenbüscheln M(mnpq...) und M_1(mnpq...), welche beide zu der erwähnten Kurve II perspekt. und also unter sich projekt. sind. Unser fragliches System von Punkten besteht also aus einer Regelschaar.

Zu 3) Sind a und a_1 die beiden Strahlen, welche in der ihnen entsprechenden Ebene von MM_1 liegen, so schneidet wieder wie in 2) jede Ebene der beiden Ebenenbüschel a und a_1 das System der fraglichen Punkte in 2 Geraden (wovon a oder a_1 je eine), während jede andere Ebene mit derselben eine Kurve II gemein hat. Um die Lagenverhältnisse aller dieser Geraden zu erkennen, schlagen wir einen Weg ein, der schon im vorigen Falle hätte zur Anwendung gebracht werden können, insoferne er den 2ten und 3ten Fall unter einem gemeinsamen Gesichtspunkt zusammen faßt.

Betrachtet man nämlich 2 von A und B verschiedene Ebenen des Büschels MM_1, so schneiden diese das System in 2 Kurven II K und K_1; jede von a verschiedene Gerade, die wie oben angegeben in einer Ebene des Büschels a liegt, schneidet die beiden Kurven K u. K_1 in einem Paare entsprechender Punkte 2er projekt. Kurvengebilde, insoferne diese beiden Kurvengebilde perspekt. sind zu dem Ebenenbüschel a, dessen Axe beide in demselben Punkte M schneidet; und wie es mit a ist, so ist es auch mit a_1, b und b_1. Nach Nr. 71 bildet daher dieses System von Geraden, entweder eine zu beiden Kurven perspekt. Regelschaar, oder eine zu beiden perspekt.

Kegelfläche II, und es ist ohne weiteres klar, daß im Fall 2) nothwendig eine Regelschaar im Fall 3) eine Kegelfläche gebildet werde.

Es kann auch der Fall eintreten, daß einer der beiden Strahlen a und a_1 mit dem gemeinsamen Strahl MM_1 zusammen fällt; es ändert sich hiebei in der letzten Entwicklung nichts, und es ist daraus zu ersehen, daß die Spitze des Kegels mit dem Mittelpunkt M_1 des einen Bündel zusammenfällt. Auch beide Strahlen a und a_1 können mit dem gemeinsamen Strahl MM_1 zusammen fallen, und auch hier ersieht man ganz auf die bisherige Weise, daß das fragliche System von Punkten ebenfalls eine Kegelfläche II darstellt, deren Spitze auf MM_1 liegt.

Zu 4) Liegt endlich kein Strahl eines der beiden Bündel M und M_1 in der entsprechenden Ebene des Ebenenbüschels MM_1, so enthält das System von Punkten überhaupt kein gerades Gebilde in sich, sondern jede Ebene, welche durch M oder M_1 geht, schneidet dasselbe in 1 Kurve II mit Ausnahme von 2 Ebenen, welche bloß je 1 Punkt nämlich M oder M_1 mit dem System gemein haben.

Würde nämlich eine Ebene A des Bündels M mit dem System ein gerades Gebilde gemein haben, so würde der in A enthaltene Strahlenbüschel des Bündels M mit dem ihm entsprechenden Ebenenbüschel perspektivisch sein und also gegen die Voraussetzung ein Strahl von M in der ihm entsprechenden Ebene von M_1 liegen, also müssen die in A enthaltenen Punkte des Systems nach den zu 2) erwiesenen in einer Kurve II liegen, eine Ausnahme bilden nur die Ebenen R und R_1 von M und M_1, welche dem gemeinsamen Strahle MM_1 entsprechen, und die offenbar bloß diesen einzigen Schnittpunkt von dem System enthalten können. Legt man durch MM_1 irgend eine Ebene A, so schneidet dieselbe das System in einer Kurve II und zwar liegt die Gerade, welche diese Schnittkurve in M wie in M_1 berührt, in den beiden Ebenen R und R_1, wie aus der projekt. Beziehung der in A enthaltenen Strahlenbüschel ihrer entsprechenden Ebenenbüschel nach Nr. 43 hervorgeht. Man sagt daher R und R_1 und jeder Strahl der in R und R_1 enthaltenen Strahlenbüschel von M und M_1 berühren die krumme Fläche II in M und M_1.

Wir sehen daher, daß das System von Schnittpunkten entsprechender Elemente 2er nicht koncentrischer Strahlenbüschel II zu geometrischen Gebilden führt, welche im Allgemeinen mit einer Ebene eine Linie II gemein haben, und man nennt daher diese geometrischen Gebilde Flächen II. Ordnung. Sie zerfallen nach dieser hier entwickelten Entstehungsweise in 4 Klassen, nämlich 1) das System 2er ebener Gewebe, 2) die Regelfläche, 3) die Kegelfläche, 4) allseitig krumme Flächen II.

Entsprechend der Eintheilung der Kurven II kann man auch hier noch in den einzelnen Abtheilungen einzelne Gattungen unterscheiden, indem man als Unterscheidungsmerkmal hiefür die unendlich fernen Elemente annimmt, die diesen Flächen II zukommen.

1) 2 ebene Gewebe haben entweder 2 oder 1 Gerade mit der unendlich fernen Ebene gemein, schneiden sich daher entweder in einer endlichen Geraden, oder sind parallel.

2) Eine Regelfläche hat mit einer Ebene entweder eine Kurve II oder 2 Gerade gemein. Man nennt nun eine Regelfläche der erstern Art ein einfächriges oder gewöhnliches Hyperboloid, eine Regelfläche der 2ten Art ein hyperbolisches Paraboloid. Das erste wird von einer Ebene entweder in 2 Geraden oder in einer Ellipse oder in einer Hyperbel geschnitten, denn eine Ebene, welche die im Unendlichen liegende Kurve des Hyperboloids berührt, hat mit demselben 2 parallele Gerade gemein. Das zweite enthält 2 Regelschaaren, deren Strahlen je einer Ebene parallel sind, und wird von einer Ebene entweder in 2 Geraden oder in einer Hyperbel oder in einer Parabel geschnitten, letzteres von allen Ebenen, welche der Schnittlinie der so eben erwähnten beiden Ebenen, welche die Richtung der beiden Regelschaaren bestimmen, parallel sind.

3) Eine Kegelfläche hat mit der unendlich fernen Ebene entweder eine Kurve II oder einen Punkt (den Mittelpunkt) oder einen Strahl oder 2 Strahlen gemein. Im ersten Fall nennt man die Fläche eine gewöhnliche Kegelfläche II, die mit einer Ebene entweder 1 Punkt, oder 2 Geraden, oder 1 Gerade, oder eine Ellipse, oder eine Parabel, oder eine Hyperbel gemein hat; im 2ten Fall elliptischer Cylinder, der mit einer Ebene entweder 1 oder 2 Gerade oder eine Ellipse gemein hat; im 3ten Fall parabolischer Cylinder, der mit einer Ebene entweder 1 oder 2 Gerade oder eine Parabel gemein hat; im 4ten Fall hyperbolischer Cylinder, der mit einer Ebene entweder 1 oder 2 Gerade oder eine Hyperbel gemein hat.

4) Eine durchaus krumme Fläche II hat mit der unendlich fernen Ebene entweder keinen oder einen Punkt oder alle Punkte einer Kurve II gemein, im 1sten Fall heißt die Fläche ein Ellipsoid, das mit einer Ebene entweder keinen oder einen oder alle Punkte einer Ellipse gemein hat; im 2ten ein elliptisches Paraboloid, das mit einer Ebene entweder keinen, oder einen, oder alle Punkte einer Ellipse, oder alle Punkte einer Parabel gemein hat; im 3ten ein elliptisches oder zweifächriges Hyperboloid, das mit einer Ebene entweder keinen, oder einen, oder alle Punkte einer Ellipse, oder alle Punkte einer Hyperbel gemein hat. Die in 2) 3) und 4) aufgeführten 9 Flächen werden vorzugsweise Flächen II. Ordnung genannt, sie sollen hier krumme Flächen II heißen.

140. Lehrsatz. Eine krumme Fläche II ist vollkommen bestimmt, wenn 2 Kurven II, in denen sie von 2 Ebenen geschnitten wird, und ein außerhalb dieser beiden Kurven II liegender Punkt M derselben gegeben sind.

Denn legt man durch M eine Ebene, welche die beiden Kurven II in 4 Punkten schneidet, so liegen diese 4 Schnittpunkte mit M in einer neuen Kurve II, die auf der Fläche II liegt, obwohl sie in besondern Fällen in das System 2er Geraden übergehen kann, die der Fläche II angehören.

141. Lehrsatz. Ist eine krumme Fläche II gegeben, so lassen sich 2 beliebige Punkte derselben als die Mittelpunkte 2er Strahlenbündel betrachten, durch deren reciproke Beziehung auf die in den letzten Nummern erwähnte Weise die Fläche II entsteht.

Sind unter Beibehaltung der hier oben eingeführten Bezeichnungsweise A und B 2 Ebenen des Bündels M, welche die krumme Fläche II in 2 Kurven II K_1 und K_2 schneiden, die außer M noch den 2ten Punkt N gemein haben mögen, so entsprechen diesen beiden Ebenen in M_1 2 Strahlen a und b, welche die K_1 und K_2 in 2 Punkten P und P_1 schneiden, welchen die Lage zukommen muß, daß die Ebene $M_1 P P_1$ durch den Punkt N gehen muß, da ja die Ebene $M_1 P P_1$, d. h. die Ebene a b der Schnittlinie von A B, d. h. M N entspricht, also nach der Voraussetzung N als Punkt der Fläche II in der Ebene $M_1 P P_1$ liegen muß.

Ist nun umgekehrt die krumme Fläche II gegeben, so kann man

$MABM_1$ und die Ebene M_1PP_1 willkürlich wählen, nur müssen sie den hier eben angeführten Bedingungen entsprechen, daß M_1 nicht in der Schnittlinie A B liegt, und die Ebene M_1PP_1 durch den von M verschiedenen Schnittpunkt N von A und B geht. Denn bezieht man die Bündel M und M_1 so reciprok auf einander, daß den beiden zu M gehörigen Strahlenbüscheln in A und B die beiden Ebenenbüschel M_1 P und $M_1 P_1$ entsprechen, so daß beide entsprechende Elementargebilde zu den beiden Kurven von K und K_1 perspekt. sind, so ist einerseits die reciproke Beziehung beider Bündel vollkommen fixirt, anderntheils erzeugen aber diese beiden Bündel nach Nr. 137 etc. eine Fläche II, welche die K und K_1 und den Punkt M_1 enthält, und daher nach Nr. 140 mit der gegebenen identisch ist. Zugleich leuchtet aus diesem Beweise ein, daß man die beiden beliebigen Strahlenbündel noch auf unzählige Arten reciprok auf einander beziehen kann, ohne daß sie eine andere als die gegebene Fläche II durch die Schnittpunkte entsprechender Elemente erzeugen.

Nachdem man nun beliebige Punkte einer Fläche II als Mittelpunkte der reciproken Strahlenbündel betrachten kann, so gilt das über Berührungsebenen und berührende Gerade in einem Punkte der Fläche II in Nr. 139 erwähnte ganz allgemein für jeden Punkt der Fläche II.

142. Sind in einer Fläche II, die, wie so eben näher aus einander gesetzt, durch die reciproke Beziehung 2er Strahlenbündel M und M_1 erzeugt worden, nach einem und demselben 3ten Punkte N der Fläche die 2 Strahlen M N und M_1 N gezogen, so haben die beiden Ebenen A und B, die diesen beiden Strahlen entsprechen, bei jeder Art der reciproken Beziehung von M und M_1, durch welche diese Fläche II F entstehen kann, doch immer die gegenseitige Lage, daß sie sich in einer Tangente a der Fläche II schneiden, denn hätte die Schnittlinie a mit F noch einen 2ten Punkt N_1 gemein, so müßte nothwendig den beiden Strahlen MN_1 und M_1N_1 dieselben beiden Ebenen A und B entsprechen.

Denkt man sich nun eine Ebene des Ebenenbüschels MM_1, welche die F in einer Kurve II K schneidet, und zieht in beiden Strahlenbündeln die sämmtlichen Ebenenpaare, die den beiden zu K perspektivischen Strahlenbüscheln entsprechen, so erzeugen dieselben eine Regelschaar R, deren sämmtliche Strahlen nach dem so eben Bewiesenen Tangenten an F in den einzelnen Punkten von K darstellen. Aber auch die Leitschaar R_1 dieser Regelschaar muß die F in sämmtlichen Punkten von K berühren, denn hätte ein Leitstrahl mit F noch einen außerhalb der K gelegenen Punkt gemein, so müßte dieser gegen die Voraussetzung auch in einem Strahle der ersteren Regelschaar liegen.

Denken wir uns alle Ebenen, welche der Regelschaar R oder R_1 in den Punkten von K sich anschmiegen, so stellen diese, da sie ja durch 2 Tangenten von F gehen, die Berührungsebenen in diesen Punkten dar, und aus Nr. 56 ist zu ersehen, daß alle diese Ebenen eine Kegelfläche II bilden. Wenn man nun hiebei noch beachtet, daß die geführte Entwicklung gilt, für 2 beliebige Punkte M und M_1 und für alle durch sie beide, also überhaupt für alle Ebenen, welche die F in einer Kurve II schneiden, so folgt hieraus folgender wichtige Satz: Alle Berührungsebenen einer Fläche II. Ordnung, deren Berührungspunkte in der Schnittkurve II mit einer Ebene liegen, bilden eine Kegelfläche II.

Denkt man sich M und M_1 fest und durch MM_1 alle Ebenen des Ebenenbüschels MM_1 gelegt, so erhält man eben so viele Kegelflächen II, welche genau sämmtliche Berührungsebenen der Fläche II in sich enthalten (in besondern Fällen kann 1 oder 2 Kegelflächen durch je ein Paar Ebenenbüschel I ersetzt werden), die Spitzen aller dieser Kegelfläche II liegen in einer Geraden p (der Schnittlinie der Berührungsebenen in M und M_1), und bilden in ihr ein zum Ebenenbüschel MM_1 projekt. gerades Gebilde, denn legt man durch p eine Ebene P, welche die F in einer Kurve II schneidet, so läßt die Betrachtung der Schnittfigur 49, soferne sie in P ein ebenes Polarsystem bestimmt, nach 94. die Richtigkeit dieser Behauptung alsbald erkennen.

143. Wenden wir uns zur reciproken Entwicklung, so erhalten wir folgende Resultate:

Sind E und E_1 die beiden reciproken ebenen Gewebe, so gelangt man zu demselben System von Ebenen, man mag die Punkte von E mit den entsprechenden Strahlen von E_1, oder umgekehrt die Punkte von E_1 mit den entsprechenden Geraden von E verbinden. Wählt man ein beliebiges Paar Ebenen F und F_1 des fraglichen Systems, so kann man beide auf unendlich verschiedene Weise stets so reciprok auf einander beziehen, daß sie genau dasselbe System von Ebenen erzeugen, das man durch die reciproke Beziehung von E und E_1 erhalten hatte.

Wählt man in E oder E_1, oder F oder F_1 irgend einen Punkt A, so stellen alle Ebenen des Systems, welche durch A gehen, im Allgemeinen eine Kegelfläche II dar, ein einziger Punkt ist hievon ausgenommen, nämlich der, welcher der gemeinsamen Geraden EE_1 oder FF_1 entspricht und durch den im Allgemeinen bloß die 1 Ebene E oder E_1, oder F oder F_1 geht, während in besondern Fällen auch alle Ebenen 2er oder 1es Ebenenbüschels I durch ihn gehen können.

Wir sagen von dem System aller dieser so eben besprochenen Punkte, daß sie eine Fläche II. Klasse bilden, welche jenem Systeme von Ebenen in eben diesen Punkten sich anschmiegt oder von ihm umhüllt wird. Hinsichtlich dieser Anschmiegungspunkte gilt nun aber folgendes: Alle Anschmiegungspunkte solcher Ebenen des Ebenensystems, welche, wie oben bemerkt, eine Kegelfläche II bilden, liegen in einer Kurve II.

Denkt man sich 2 Ebenen GG_1 des Systems fest, und betrachtet man sämmtliche Punkte ihrer Schnittlinie als Spitzen solcher Kegelflächen II, so erhält man auf diese Weise ebenso viele Kurven II als Träger von Anschmiegungspunkten; alle diese Kurven II liegen in Ebenen eines Ebenenbüschels II der jenem geraden Gebilde der Kegelspitzen projekt. ist.

Da dieses nun aber für je 2 beliebige Ebenen des Systems gilt, so lassen diese letzten Sätze im Zusammenhalt mit den Sätzen über Flächen II, insonderheit mit dem was Nr. 140 über die Fixirung einer Fläche II festgestellt wurde, und zwar deutlich erkennen, daß Flächen II. Ordnung und II. Klasse identisch sind.

144. Die beiden Ebenenbüschel, welche in Nr. 142 die R erzeugen, haben zu ihren Axen die beiden Strahlen kk_1 von M u. M_1, welche der gemeinsamen Ebene K entsprechen, und die daher nach der Voraussetzung 1) in dieser Ebene nicht liegen können, 2) aber ebenfalls Tangenten der F in M u. M_1 darstellen, die beiden Tangenten k und k_1 in M und M_1 werden daher von jedem Strahle der Regelschaar geschnitten, d. h. sie gehören der Leitschaar R_1 an.

Hieraus ergiebt sich nun unmittelbar folgender Satz für die

Flächen II. Ordnung. Zieht man in 2 Punkten M und M_1 einer krummen Fläche II F 2 Tangenten k und k_1 die nicht in 1 Ebene liegen, und zieht an dieselbe Fläche II alle Tangenten die jene beiden zugleich schneiden, so bilden sie 2 der Fläche II umschriebene Regelschaaren, welche dieselbe Fläche in 2 Kurven II berühren, die die Punkte M und M_1 gemein haben; die beiden festen Tangenten selbst werden durch die übrigen in 2 projekt. geraden Gebilden geschnitten. (Liegen die beiden festen Tangenten in 1 Ebene, so fallen beide Regelschaaren in einen Strahlenbüschel II zusammen).

Denn zieht man von einem Punkte S von k irgend eine Tangente a, welche die F im Punkte N berührt und die k_1 schneidet (und solcher giebt es immer 2, nämlich die 2 von S an die Schnittkurve der Ebene SK und der F von S aus zu ziehenden Tangenten), so bestimmt die Ebene MNM_1 die obige Ebene K, und es braucht nur die reciproke Beziehung von M und M_1 so gewählt zu werden, daß dem Strahle k und k_1 die gemeinsame Ebene MNM_1 entspricht, wobei bei jeder Wahl der übrigen noch nöthigen Bestimmungsstücke der fraglichen Beziehung, welche zur Folge hat, daß beide Bündel gerade die Fläche F erzeugen nach Nr. 141 stets die Anwendung des obigen Satzes die Richtigkeit unsrer Behauptung erkennen läßt.

§. 8. Nähere Betrachtung der projektivischen Beziehung der Grundgebilde III.

145. Auch hier betrachten wir wieder zuerst die kollineäre Beziehung 2er räumlicher Systeme näher, indem wir uns dabei auf die allgemeine Entwicklung der Nr. 81 zurück beziehen. Daselbst wurde als allgemeinstes Gesetz der kollineären Beziehung 2er räumlicher Systeme angegeben, daß jedem Grundgebilde I. und II. Ordnung und jedem Elementargebilde I. und II. Ordnung ein ihm kollineäres entspricht, es muß hier nun noch hinzugefügt werden, daß auch jedem Elementargebilde III. Ordnung ein ihm kollineäres und ebenso jeder Fläche II. Ordnung wieder eine Fläche II. Ordnung entspricht, wobei noch jeder berührenden oder sich anschmiegen-

den Ebene oder Geraden des einen Gebildes je wieder eine berührende oder sich anschmiegende Ebene oder Gerade des andern entspricht.

146. In Nr. 81 wurde angegeben, daß die kollineäre Beziehung 2er räumlicher Systeme R und R_1 am einfachsten entweder dadurch fixirt werde, daß man 3 Ebenenbüschel in R projekt. auf 3 Ebenenbüschel in R_1 bezieht, wobei jedoch in beiden Fällen die 3 Axen in 3 Punkten sich schneiden müssen, und die gemeinsame Ebene als Element aller 3 Büschel in R der gemeinsamen Ebene der Büschel in R_1 entsprechen muß; oder reciprok dadurch, daß man 3 Strahlen eines Strahlenbündels in R projekt. auf 3 Strahlen eines Strahlenbündels in R_1 bezieht, wobei jedoch in beiden Fällen die 3 Strahlen nicht in einer Ebene liegen dürfen, und dem gemeinsamen Punkte derselben in R als Punktelement aller 3 Strahlen der gemeinsame Punkt in R_1 entsprechen muß.

Diese fundamentale Fixirungsweise der Beziehung kann aber nun auf sehr mannichfache Art abgeändert werden, jedoch sind alle diese verschiedenen Arten der Fixirung strenge genommen nur der äußern Form nach von der soeben angegebenen verschieden, und muß sich stets die Identität beider nachweisen lassen. Es mögen hier einige der hauptsächlichsten besonderen Formen angeführt werden.

Die kollineäre Beziehung 2er räumlicher Systeme R und R_1 ist in folgenden Fällen vollkommen fixirt.

1) Wenn zu 5 Punkten von R die entsprechenden Punkte von R_1 gegeben sind, wobei jedoch in R wie in R_1 keine 4 Punkte in 1 Ebene liegen dürfen. Wählt man nämlich 3 entsprechende Punktenpaare A B C und $A_1 B_1 C_1$, so kann man sie je als die Schnittpunkte der 3 Axen von 3 Ebenenbüscheln betrachten, deren projekt. Beziehung genau fixirt ist, indem außer der gemeinsamen Ebene in jedem Büschel von R noch je 2 Ebenen, nämlich denen, welche nach den beiden übrigen der 5 Punkte D und E gehen, ihre entsprechenden Ebenen in R_1 zugewiesen sind. Man könnte auch hier (wie in Nr. 82) die Frage aufwerfen, ob die kollineäre Beziehung hiebei unabhängig von der Wahl der 3 Punkte, welche die Axen bestimmen, sei; allein hier ergiebt sich die Bejahung dieser Frage sehr einfach aus der Betrachtung, daß die kollineäre Beziehung jeder der 10 Ebenen, welche durch die 5 Punkte A B C D E sich legen lassen, und ihrer entsprechenden, bei jeder möglichen Wahl der frag-

lichen 3 Punkte genau dieselbe bleibt, denn außer den 3 in ihr enthaltenen Punkten z. B. ABC bleibt stets auch der Schnittpunkt der durch die beiden übrigen der 5 Punkte (DE) bestimmten Geraden demselben Punkte zugeordnet.

2) Wenn zu 5 Ebenen von R die entsprechenden von R_1 gegeben sind, was zu 1 reciprok ist.

3) Wenn man 2 Ebenen G und H von R projekt. auf 2 Ebenen G_1 und H_1 von R_1 bezieht, so jedoch, daß die projekt. Beziehung der Schnittlinie GH und der Schnittlinie $G_1 H_1$ als eine entsprechende Gerade für G und G_1 sowohl, als auch für H und H_1 auf dieselbe Weise fixirt ist. Es läßt sich nämlich leicht die Identität dieser Fixirungsweise und der unter 1) (oder 2)) darthun. Sind AB 2 Punkte der Schnittlinie von GH, CD 2 Punkte von G und EF 2 Punkte von H, und schneiden sich die beiden Geraden CD und EF in einem 3ten von A und B verschiedenen Punkte der Schnittlinie GH, so erfüllen die entsprechenden Punkte und Geraden von G_1 und H_1 nach der oben gemachten Bedingung eben dieselben Bedingungen. Ist nun M der Schnittpunkt der Geraden CE und DF, M_1 der Schnittpunkt der entsprechenden Geraden $C_1 E_1$ und $D_1 F_1$ und bezieht man nun R und R_1 kollineär so auf einander, daß den 5 Punkten ABCFM die 5 Punkte $A_1 B_1 C_1 F_1 M_1$ entsprechen, so erfüllen diese 5 Punkte die in 1) angegebenen Bedingungen und die Ebenen GG_1 und HH_1 sind dabei auf die ursprünglich angenommene Weise projekt. auf einander bezogen.

4) Wenn man 2 Paare Strahlenbündel GG_1 und HH_1 projekt. auf einander bezieht, so jedoch, daß der gemeinsame Ebenenbüschel von GH als Elementargebilde des einen wie des andern Bündels dem gemeinsamen Ebenenbüschel $G_1 H_1$, als entsprechendem Elementargebilde, in derselben Weise projekt. ist. Dieses ist der 3) reciprok.

5) Wenn zu 4 Eckpunkten eines Tetraeders ABCD und einer Ebene M, die durch keinen dieser 4 Punkte geht, die entsprechenden Elemente $A_1 B_1 C_1 D_1$ und M_1 gegeben sind.

Diesen Fall führt man einfach auf den vorigen 3) zurück. Die Ebene ABC schneidet die M in einer Geraden a, welche der Schnittlinie a_1 von $A_1 B_1 C_1$ und M_1 entsprechen muß, bezieht man nun die beiden Ebenen ABC und $A_1 B_1 C_1$ dadurch projekt. auf einander, daß den Punkten $A B C$ und der Geraden a die Punkte $A_1 B_1 C_1$ und die Gerade a_1 entsprechen, und die Ebenen M und M_1 projekt. so auf einander, daß den 3 Schnittpunkten $N P Q$, welche in den Strahlen DA DB DC liegen, die 3 Schnittpunkte $N_1 P_1 Q_1$, die in den Strahlen $D_1 A_1$ $D_1 B_1$ $D_1 C_1$ liegen, und der Geraden a die Gerade a_1 entspricht, was nach Nr. 82 immer geschehen kann, so sind die beiden Ebenenpaare ABC und $A_1 B_1 C_1$ M und M_1 der Art projekt. auf einander bezogen, daß die in 3) angegebene Bedingung von ihnen erfüllt ist, da die 3 Seiten der beiden Dreiecke ABC und NPQ die a, und ebenso die 3 Seiten der beiden Dreiecke $A_1 B_1 C_1$ und $N_1 P_1 Q_1$ die a_1 je in denselben Punkten schneiden.

6) Wenn zu 1 Punkte und 4 Ebenen eines Tetraeders, von denen keine durch den gegebenen Punkt geht, die entsprechenden Elemente gegeben sind. Dieses ist reciprok zu 5).

3 Ebenen und 2 Punkte, oder 2 Ebenen und 3 Punkte bestimmen einestheils zu viel anderntheils zu wenig, da dadurch in jeder der gegebenen Ebenen 2 Punkte und 2 Strahlen als Elemente bestimmt sind (vergl. Nr. 82).

7) Wenn zu einer Regelfläche F die entsprechende Regelfläche F_1 und zu je 3 Strahlen einer jeden der beiden in F enthaltenen Regelschaaren die 3 entsprechenden Strahlen in F_1 gegeben sind. Sind nämlich $a b c$ und $p q r$ je die 3 gegebenen Strahlen der beiden in F enthaltenen Regelschaaren, und $a_1 b_1 c_1$ $p_1 q_1 r_1$ die entsprechenden Strahlen der beiden in F_1 enthaltenen Regelschaaren, und läßt man in den beiden räumlichen Systemen den 5 Punkten ap bp aq bq cr die 5 Punkte $a_1 p_1$ $b_1 p_1$ $a_1 q_1$ $b_1 q_1$ $c_1 r_1$ entsprechen, so entsprechen offenbar die 4 Paare von Strahlen $a a_1$ $b b_1$ $p p_1$ $q q_1$ einander, da von jedem Paar 2 entsprechende Punkte gegeben sind, da aber nach Nr. 81 jeder Regelschaar in R eine projekt. Regelschaar in R_1 entsprechen muß, und da, wenn von einer Regelschaar 2 Strahlen gegeben sind von einem außerhalb beider liegenden Punkte nur ein Strahl der Leitschaar möglich ist, so entsprechen die beiden Strahlenpaare $c c_1$ und $r r_1$ einander ebenfalls. Der Fall 7) ist also wesentlich identisch mit 1).

Versucht man es ganz allgemein durch 2 Flächen II und eine Anzahl ihrer Elemente die kollineäre Beziehung 2er räumlicher

Systeme zu fixiren, so findet man vor Allem, daß nur Flächen, welche einer und derselben der 3 in Nr. 139 angeführten Arten angehören, einander entsprechen können, und ferner, daß hinsichtlich der Zahl der Elemente keine so einfache Norm aufgestellt werden kann, insoferne man findet, daß 3 Punktelemente zu wenig 4 schon zu viel bestimmen, so daß das 4te Element stets einer gewissen Bedingung genügen muß; wir begnügen uns daher mit dieser Andeutung.

8) Wenn zu einer Kurve III und 3 in ihr enthaltenen Punkten ABC in R eine Kurve III K_1 und 3 in ihr enthaltene Punkte in R_1 als entsprechende Gebilde und Elemente gegeben sind.

Sind nämlich MM_1 u. NN_1 2 Paare entsprechender Punkte der projekt. Gebilde $K(ABC\ldots)\ \pi\ K_1(A_1B_1C_1\ldots)$ und bezieht man nun die beiden Paare von Strahlenbündeln M und M_1 N und N_1 so projekt. auf einander, daß $M(ABCN..)\ \pi\ M_1(A_1B_1C_1N_1..)$ und $N(ABCM\ldots)\ \pi\ N_1(A_1B_1C_1M_1\ldots)$, so tritt der in 4) erwähnte Fall ein, daß der gemeinsame Ebenenbüschel MN dem entsprechenden Ebenenbüschel M_1N_1 in derselben Weise projekt. ist, man mag ihn als zu M oder N gehörig betrachten, so daß 8) und 4) identisch sind.

9) Wenn man eine Kurve II K und eine sie und ihre Ebene schneidende Gerade p auf die entsprechenden Gebilde derselben Art K_1 u. p_1 projekt. bezieht, (wobei selbstverständlich dem Punkt Kp der Punkt K_1p_1 entsprechen muß). Denn durch die projekt. Beziehung von K und K_1 sind ihre Träger nach Nr. 82 projekt. auf einander bezogen, wenn man nun durch p eine Ebene pq legt die die Ebene der K in q schneidet, so entspricht ihr die Ebene p_1q_1 und dabei sind pq und p_1q_1 ebenfalls projekt. auf einander bezogen, und zwar entsprechen hiebei die Schnittlinien q und q_1 hinsichtlich ihrer projekt. Beziehung der in Nr. 3 angeführten Bedingung.

147. Wenden wir uns nun entsprechend dem bisher eingehaltenen Gange (vergl. Nr. 83) zu der Untersuchung, wie viele Elemente 2 kollineäre räumliche Systeme*) entsprechend gemein

*) Die Bedingung, daß sie in demselben Träger enthalten sein müssen, fällt hier und bei den späteren Untersuchungen von selbst weg, da es nur 1 unendlichen Raum giebt, der als Träger aller räumlichen Systeme gedacht werden muß.

haben können oder müssen, so ist es passend der eigentlichen Untersuchung folgenden Satz voranzustellen.

2 räumliche Systeme haben genau eben so viele Punkte als Ebenen entsprechend gemein.

Haben die räumlichen Systeme R und R_1 keinen Punkt entsprechend gemein, so können sie auch keine Ebene entsprechend gemein haben, denn nach Nr. 83 muß jede entsprechend gemeinsame Ebene wenigstens 1 Punkt entsprechend gemein haben.

Haben R und R_1 1 Punkt A entsprechend gemein, so sind je 2 entsprechende Strahlen des Strahlenbündels A perspekt. projekt., wählt man nun 3 solche Paare von entsprechenden Strahlenpaaren $m m_1$ $n n_1$ $p p_1$, wobei jedoch $m n p$ und also auch $m_1 n_1 p_1$ nicht in 1 Ebene liegen dürfen, so liegen die 3 Centra $C\,C_1\,C_2$ der perspekt. Beziehung in 1 Geraden oder sie bilden ein Dreieck; im 1sten Fall sind sämmtliche Ebenen der fraglichen Geraden entsprechend gemeinsame Elemente, und in jeder derselben müßte nach Nr. 38 gegen die Voraussetzung noch ein entsprechend gemeinsamer Punkt von $R\,R_1$ liegen, im zweiten Fall ist die Ebene dieses Dreiecks die entsprechend gemeinsame Ebene von RR_1, wobei für unsern Fall noch wohl zu beachten, daß diese Ebene durch A selbst gehen muß, weil in ihr sonst noch ein 2ter entsprechend gemeinsamer Punkt von R und R_1 liegen müßte.

Haben R und R_1 2 Ebenen *) A und B entsprechend gemein, so ist die Schnittlinie eine entsprechend gemeinsame Gerade.

Hat nun diese Gerade A B alle Punkte entsprechend gemein, so ist jedes Paar entsprechender Ebenen des Ebenenbüschels AB perspekt. (s. Nr. 107). Sind C und C_1 die perspekt. Centra von 2 Paaren entsprechender Ebenen, so muß man hinsichtlich der Lage von CC_1 2 Fälle unterscheiden, 1) CC_1 schneidet die AB in 1 Punkte M, alsdann ist offenbar jede Ebene, welche durch CC_1 geht, ein entsprechend gemeinsames Element von RR_1, also ist auch der Strahl CC_1 entsprechend gemein, und daher auch die durch ihn gehende Ebene des Ebenenbüschels AB, da demnach dieser letztere 3 Ebenen entsprechend gemein hat, so hat er alle seine Ebenen entsprechend ge-

*) Auch hier bedienen wir uns der Freiheit, der größern Anschaulichkeit wegen den reciproken Beweis zu geben, vergl. 106.

mein, und daraus folgt, daß jeder durch M gehende Strahl als Schnittlinie 2er Ebenen der Büschel $C C_1$ und $A B$ ebenfalls ein entsprechend gemeinsames Element von R und R_1 ist; denkt man sich nun irgend eine Ebene die nicht durch M geht, so entspricht ihr eine ihr perspekt. demzufolge ihre Schnittlinie alle Punkte entsprechend gemein hat, diese Schnittlinie hat mit der AB einen Punkt gemein und die Ebene, welche durch sie beide bestimmt ist, hat nothwendig alle Punkte entsprechend gemein: die beiden Systeme haben also in diesem Fall alle Punkte einer Ebene und alle Ebenen eines Strahlenbündels, d. h. genau so viele Punkte als Ebenen entsprechend gemein, die räuml. Systeme nennt man in diesem Falle perspekt.

2) $C C_1$ schneidet die beiden Ebenen A B in 2 verschiedenen Punkten $M M_1$, alsdann ist M und M_1 und also auch die Gerade $M M_1$ je ein entsprechend gemeinsames Element, und jede Ebene des Ebenenbüschels $M M_1$ entspricht sich selbst, und hat außer den beiden Punkten $M M_1$ noch den Schnittpunkt mit der Geraden A B entsprechend gemein. R und R_1 haben in diesem Falle alle Punkte des geraden Gebildes A B, und außerdem noch M und M_1 sowie alle Ebenen des Ebenenbüschels $M M_1$, und außerdem noch A und B d. h. genau gleich viel Punkte und Ebenen entsprechend gemein.

Hat die Schnittlinie A B nicht alle Punkte entsprechend gemein, so sind in A wie in B je 2 entsprechende Strahlenbüschel mit verschiedenen in AB liegenden Mittelpunkten perspekt., und es gilt hinsichtlich der perspekt. Axen offenbar folgendes: entweder sie fallen alle in 1 Gerade zusammen, oder sie bilden einen Strahlenbüschel, dessen Centrum wieder entweder außerhalb A B oder in A B liegen kann, im ersten Fall sind sämmtliche Punkte der perspekt. Axe entsprechend gemeinsame Elemente, im 2ten Fall ist das Centrum des fraglichen Strahlenbüschels ein entsprechend gemeinsames Element. Nehmen wir nun sämmtliche Möglichkeiten durch: 1) in beiden Ebenen fallen die perspekt. Axen je in 1 Gerade zusammen, wobei dieselben noch die A B in 2 Punkten oder in demselben Punkte schneiden können; im ersten dieser beiden Fälle haben die räuml. Systeme alle Punkte und alle Ebenen dieser beiden Geraden entsprechend gemein, im 2ten Falle alle Punkte der durch die beiden Geraden bestimmten Ebene und alle Ebenen eines Strahlenbündels, dessen Mittelpunkt in $A A_1$ und entweder im Schnittpunkt von $A A_1$ und jener Ebene, oder in einem 2ten entsprechend gemeinsamen Punkte von AA_1 liegt; die räuml. Systeme sind in diesem Falle perspekt.

2) In 1 Ebene A fallen die perspekt. Axen in 1 Gerade zusammen, in der andern B schneiden sie sich in 1 Punkte. Dieser Fall führt offenbar zu einer ganz ähnlichen Untersuchung wie die vorige Annahme, daß sämmtliche Punkte der Geraden AB entsprechend gemein sind, denn sind ganz allgemein alle Punkte einer Geraden MN entsprechend gemeinsame Elemente 2er räumlicher Systeme R und R_1, so können folgende Fälle eintreten:

A. Alle Ebenen des Ebenenbüschels MN sind ebenfalls entsprechend gemeinsame Elemente, und es stellt also jede ein perspekt. ebenes Gewebe dar, haben nun a) 2 dieser perspekt. ebenen Gewebe ihre Centra in demselben Punkte S von MN, so ist dies bei allen der Fall und S ist das Centrum eines Strahlenbündels, dessen sämmtliche Strahlen und Ebenen entsprechend gemeinsame Elemente darstellen, die räumlichen Systeme sind perspekt., und man findet eine durch MN gehende Ebene, deren sämmtliche Punkt- und Strahlenelemente ebenfalls entsprechend gemein sind.

Haben b) 2 dieser perspekt. ebenen Gewebe die Centra ihrer perspekt. Beziehung außerhalb MM_1, so ist dieses offenbar mit allen der Fall, und R und R_1 haben in diesem Falle alle Elemente 2er geraden Gebilde und 2er Ebenenbüschel, deren Träger dieselben 2 Geraden darstellen, sowie alle Strahlen, die diese beiden Geraden schneiden, entsprechend gemein.

Haben c) 2 der perspekt. Ebenen ihre Centra in 2 verschiedenen Punkten von MN, so findet dieses mit allen übrigen Statt, R und R_1 haben alle Punkte und Ebenen von MN, und außerdem in jeder Ebene des Ebenenbüschels MN alle Strahlen eines Strahlenbüschels, die jedoch sämmtlich verschiedene Mittelpunkte enthalten (s. Zusatz).

Zusatz. Die beiden unter b) und c) angeführten Fälle verdienen wohl noch näher beleuchtet zu werden. Bestimmt man aber nach Nr. 146 die kollineäre Beziehung 2er räumlicher Systeme dadurch, daß man 2 Regelschaaren einer Regelfläche beliebig projekt. auf 2 Regelschaaren einer als entsprechend angenommenen Regelfläche bezieht, so kann man vor Allem diese beiden Regelflächen in einander fallen lassen; läßt man ferner alle Strahlen der einen

Regelschaar mit ihren entsprechenden Strahlen zusammen fallen, und wählt die projekt. Beziehung der andern Schaar so, daß sie 2 Strahlen entsprechend gemein haben, so hat man den unter b) angeführten Fall, läßt man aber beide nur einen Strahl entsprechend gemein haben, so hat man den unter c) angeführten Fall.

Man könnte noch die Möglichkeit aufstellen, daß von 2 Ebenen die eine ihr perspekt. Centrum außerhalb MN, die andere in MN habe, allein man erkennt alsbald, daß man durch diese Annahme zu einem Widerspruch geführt würde.

B. Der Ebenenbüschel MN hat 2 entsprechend gemeinsame Elemente A und B, auch in diesem Falle bedingt die Verschiedenheit der Lage der beiden perspekt. Centra dieser 2 perspekt. ebenen Gewebe eine wesentliche Verschiedenheit der kollineären Beziehung von R und R_1. Liegen die beiden Centra außerhalb MN, so ist ihre Verbindungslinie Axe eines Ebenenbüschels, dessen sämmtliche Ebenen entsprechend gemeinsame Elemente darstellen. Liegt ein perspekt. Centrum C von A außer MN, eines C_1 von B in MN, so ist CC_1 die Axe eines Ebenenbüschels, dessen sämmtliche Ebenen entsprechend gemeinsame Elemente darstellen, R und R_1 haben alle Punkte von MN, und außerdem C, so wie alle Ebenen von CC_1, und außerdem B entsprechend gemein. Fallen die beiden Centra in 1 Punkt C von MN zusammen, so sind sämmtliche Strahlen und Ebenen des Bündels C entsprechend gemeinsame Elemente, und man findet auf die oben angegebenen Weise noch eine durch MN gehende Ebene, deren sämmtliche Punkte und Strahlen ebenfalls entsprechend gemeinsame Elemente darstellen. Die Annahme, daß die beiden Centra CC_1 in 2 verschiedene Punkte von MN zu liegen kommen, führt zu einem mit der Voraussetzung in Widerspruch stehenden Resultat, denn ist C_2 ein 3ter Punkt von MN, so hätten in A und B die beiden entsprechend gemeinsamen Strahlenbüschel C_2A und C_2B bloß den einen Strahl MN entsprechend gemein, man würde also stets (nach Nr. 28) in A 3 Strahlen $a a_1 a_2$ und in B 3 Strahlen $b b_1 b_2$ finden, so daß den Strahlen $a a_1$ die Strahlen $a_1 a_2$ und den Strahlen $b b_1$ die Strahlen $b_1 b_2$ entsprächen, und also nach 39 r. $(MN)\, aa_1a_2$ und $(MN)\, bb_1b_2$ je einen harmonischen Wurf darstellen. Die 3 Ebenen $a b$ $a_1 b_1$ $a_2 b_2$ würden sich in 1 Strahle von C_2 schneiden der außerhalb A und B läge, und doch als Schnittlinie von 2 Paar entsprechenden Ebenen a b, $a_1 b_1$ und $a_1 b_1$, $a_2 b_2$ ein entsprechend gemeinsames Element darstellen würde, das in Folge dessen mit MN eine 3te entsprechend gemeinsame Ebene des Ebenenbüschels MN gegen die Voraussetzung bestimmen würde.

C. Hat der Ebenenbüschel MN bloß 1 Ebene A entsprechend gemein, so haben R u. R_1 nothwendig auch alle Ebenen entsprechend gemein, denn sind C u. C_1 2 perspekt. Centra von 2 Paar entsprechenden perspekt. Ebenen des Büschels MN, so haben R u. R_1 alle Ebenen des Ebenenbüschels CC_1 entsprechend gemein; dabei leuchtet ein als die perspekt. Centra je 2er entsprechender Ebenen des Büschels MN in derselben Geraden CC_1 liegen müssen.

D. Der Fall, daß der Büschel MN 0 Ebenen entsprechend gemein hat, führt zu einem Widerspruch.

Haben R und R_1 3 Punkte (oder 3 Ebenen) ABC entsprechend gemein, so läßt sich nachweisen, daß bloß 1 der 3 Ebenenbüschel AB AC und BC die einzige Ebene ABC entsprechend gemein haben kann, denn hätten z. B. die beiden ersten AB und AC je bloß die einzige Ebene ABC entsprechend gemein, so würde man stets (nach Nr. 39 r) in beiden Büscheln zur Ebene ABC 3 Ebenen ABD ABD_1 ABD_2 und ACD ACD_1 ACD_2 finden können, so daß den Ebenen ABD ABD_1 die Ebenen ABD_1 und ABD_2, ebenso den Ebenen ACD und ACD_1 die Ebenen ACD_1 und ACD_2 entsprächen, und sowohl AB (CDD_1D_2) als auch AC (BDD_1D_2) je 1 harmonischen Wurf darstellten, so daß die Ebene, in der sich die beiden perspekt. Ebenenbüschel AB (CDD_1D_2) und AC (BDD_1D_2) schneiden, eine entsprechend gemeinsame Ebene beider räumlicher Systeme wäre, welche die BC in einem 4ten entsprechend gemeinsamen Punkte von ABC gegen die Voraussetzung schnitte. Die räumlichen Systeme müssen also in diesem Falle außer ABC noch 2 Ebenen entsprechend gemein haben, hätten dagegen alle 3 Ebenenbüschel AB AC BC außer der gemeinsamen Ebene ABC je noch 1 Ebene entsprechend gemein, so würde gegen die Voraussetzung ihr Schnittpunkt ein 4ter entsprechend gemeinsamer Punkt von R und R_1 sein.

Haben R und R_1 die 4 Punkte eines Tetraeders gemein, so haben sie auch dessen 4 Seiten und 6 Kanten entsprechend gemein.

Alle übrigen Fälle, in welchen die Systeme alle Punkte 1 Geraden, oder alle Punkte 2er sich nicht schneidender Geraden, oder alle Punkte eines ebenen Gewebes entsprechend gemein haben, sind in dem Bisherigen schon besprochen.

148. Es entsprechen nun, um in unsrer Untersuchung fortzufahren dem Punkte M von R der Punkt M_1 von R_1, und dem Punkte M_1 von R der Punkt M_2 von R_1, wobei stets angenommen werden kann, daß M M_1 und M_2 verschiedene Punkte darstellen. Es können nun 2 Fälle eintreten, nämlich I M M_1 M_2 liegen in 1 Geraden, die sich dann selbst entspricht, oder II sie bilden ein Dreieck.

Zu I. In diesem Falle unterscheiden wir wieder 4 Möglichkeiten, da der entsprechend gemeinsame Ebenenbüschel 1) alle 2) 2 3) 1 4) 0 Elemente entsprechend gemein haben kann.

Zu I 1) In jeder entsprechend gemeinsamen Ebene des Ebenenbüschels MM_1 sind alle entsprechenden Strahlenbüschel wie M und M_1, M_1 und M_2, deren Mittelpunkte in der Axe M M_1 liegen perspekt. projekt., und es können dabei hinsichtlich der Axen der perspekt. Beziehung nur folgende 2 Fälle eintreten, daß sie entweder alle in einem Punkte sich schneiden und einen Strahlenbüschel bilden, oder daß sie alle in derselben Geraden zusammen fallen, im 1sten Falle hat die entsprechend gemeinsame Ebene außer diesem Schnittpunkte außerhalb M M_1 keinen Punkt entsprechend gemein, während in M M_1 noch 1 oder 2 solche Punkte liegen können, im zweiten alle Punkte der fraglichen perspekt. Axe. Betrachtet man nun in eben dieser Beziehung die entsprechend gemeinsamen Ebenen des Büschels MM_1 überhaupt, so erkennt man, daß der eine oder der andere der beiden erwähnten Fälle stets für alle diese Ebenen eintritt, denn tritt er für 2 ein, so tritt er stets für alle ein. Hat nun jede Ebene eine solche Gerade, deren sämmtliche Punkte entsprechend gemein sind, so müssen diese Geraden für die verschiedenen Ebenen des Büschels MM_1 in 1 Ebene liegen, deren sämmtliche Punkte entsprechend gemein sind, d. h. die beiden räumlichen Systeme sind perspekt., und die Nr. 147 hat gezeigt, daß sie stets auch immer einen Strahlenbündel entsprechend gemein haben. Bilden in jeder Ebene des Büschels M M_1 die oben erwähnten Axen einen Strahlenbüschel, so liegen alle die Centra derselben in 1 Geraden, deren sämmtliche Punkte entsprechend gemein sind, und jede Ebene des Büschels M M_1 hat entweder 3, oder 2, oder 1 Punkt, und 3, oder 2, oder 1 Strahl entsprechend gemein, je nachdem in

MM_1 2, oder 1, oder 0 entsprechend gemeinsame Punkte enthalten sind. Außer den hier erwähnten entsprechend gemeinsamen Elementen enthalten die beiden Gewebe weiter keine.

Zusatz. Man könnte versucht sein hier noch den Fall ins Auge zu fassen, daß unter der hier zuletzt gemachten Voraussetzung der Schnittpunkt sämmtlicher perspekt. Axen auf MM_1 selbst zu liegen käme, es läßt sich leicht erkennen, daß dieser Schnittpunkt ein entsprechend gemeinsamer Punkt von MM_1 sein muß und zwar der einzige, und ferner, daß für alle übrigen Ebenen des Büschels MM_1 derselbe Punkt als Schnittpunkt der perspekt. Axen erscheinen würde, so daß die beiden Systeme alle Ebenen des Ebenenbüschels MM_1 außerdem die Axe MM_1 selbst und in ihr den fraglichen Schnittpunkt entsprechend gemein hätten und sonst nichts, die Nr. 147 hat aber gezeigt, daß diese Annahme unstatthaft ist, und es wird sich zeigen, daß nur in unserm 2ten und 3ten Fall, in welchem MM_1 2 oder 1 einzige entsprechend gemeinsame Ebene haben, diese Voraussetzung zu keinem Widerspruch führt.

Zu I 2) Bei dieser Voraussetzung scheinen hinsichtlich der oben in Bezug auf die Lage der perspekt. Axen angeführten Möglichkeiten folgende Kombinationen in Betracht gezogen werden zu müssen, 1stens in beiden entsprechend gemeinsamen Ebenen fallen die perspekt. Axen in 1 Gerade zusammen, dieser Fall würde zu dem in I 1) behandelten der perspekt. Lage beider Gewebe führen, d. h. der Büschel MM_1 hätte alle seine Ebenen entsprechend gemein, wenn die beiden Geraden sich in 1 Punkte von MM_1 schneiden, treffen sie jedoch die MM_1 in 2 verschiedenen Punkten, so haben die räumlichen Systeme alle Punkte dieser beiden Geraden und alle Ebenen die durch sie gehen, sowie dann auch jede Gerade, welche beide Gerade zugleich schneidet entsprechend gemein. 2tens in einer der beiden Ebenen fallen alle perspekt. Axen in 1 zusammen in der andern schneiden sie sich alle in 1 Punkte der außerhalb MM_1 liegt. Dieser Fall führt zu keinem Widerspruch (vergl. Nr. 147) wenn MM_1 2 entsprechend gemeinsame Punkte enthält, von denen der eine in der erwähnten gemeinsamen Axe liegt, der andere bildet mit dem ebenfalls angeführten Schnittpunkte der perspekt. Axe und der andern Ebene, die Axe eines entsprechend gemeinsamen Ebenenbüschels beider räuml. Systeme, so daß dieser Fall im Resultat zusammenfällt mit dem in I 1) angeführten. 3tens in beiden Ebenen schneiden sich die perspekt. Axen in 2 außerhalb MM_1 liegenden Punkten, ihre Verbindungslinie bildet eine entsprechend gemeinsame Gerade, deren Ebenenbüschel 2, oder 1, oder 0 Ebenen entsprechend gemein hat, je nachdem in MM_1 2 1 oder 0 entsprechend gemeinsame Punkte enthalten sind. 4tens. In 1 Ebene fallen die perspekt. Axen in 1 Gerade zusammen, in der andern schneiden sie sich in 1 Punkte von MM_1. Da nun beide Gewebe sämmtliche Punkte dieser einen perspekt. Axe entsprechend gemein haben, so muß dies auch noch mit allen Ebenen eines Ebenenbüschels der Fall sein, und zwar muß dessen Axe in der 2ten der hier erwähnten Ebenen liegen, es ist daher nothwendig, daß durch den gemeinsamen Schnittpunkt der perspekt. Axen der einen Ebene noch ein 2ter von MM_1 verschiedener entsprechend gemeinsamer Strahl geht, welcher die Axe des entsprechend gemeinsamen Ebenenbüschels darstellt. Alle Ebenen dieses entsprechend gemeinsamen Ebenenbüschels haben je 2 Punkte und 2 Strahlen entsprechend gemein, und dieser Fall ist identisch mit dem einen in I 1) angeführten. 5tens. In beiden Ebenen schneiden sich die perspekt. Axen in 1 Punkte von MM_1. Da die beiden räuml. Syst. nach 147. 2 Punkte entsprechend gemein haben müssen, die zugleich nothwendig in MN liegen, und da außerdem in jeder der entsprechend gemeinsamen Ebenen noch 1 entsprechend gemeinsame Gerade sein muß, die nothwendig durch den Schnittpunkt der perspekt. Axen geht, so folgt, daß MM_1 2 entsprechend gemeinsame Punkte enthält, in deren einem sich sämmtliche Axen der einen entsprechend gemeinsamen Ebene und in deren anderem sich sämmtliche Axen der andern entsprechend gemeinsamen Ebene schneiden, und dabei hat (nach Nr. 84) jeder der beiden entsprechend gemeinsamen Strahlenbüschel, der durch diese perspekt. Axen gebildet wird, außer MM_1 je noch einen Strahl entsprechend gemein, so daß die beiden räumlichen Systeme 2 Ebenen 2 Punkte und 3 Gerade entsprechend gemein haben.

Zu I 3). In diesem Falle kann diese eine Ebene 3, 2, 1 Punkte entsprechend gemein haben, hat sie 3 Punkte ABC, von denen 2 AB in MM_1 liegen müssen, gemein, so haben die räumlichen Systeme 3 Punkte 3 Ebenen und 4 Gerade entsprechend gemein. Die Gerade CD schneidet in C die Ebene ABC und die Ebenen, welche die Systeme außer ABC entsprechend gemein haben sind ACD und BCD, dabei hat ABC 3 Punkte und 3 Gerade, die beiden übrigen Ebenen je 2 Punkte und 2 Gerade entsprechend gemein; hat sie 2 Punkte AB gemein, so müssen diese in MM_1 liegen, durch den einen geht dann noch eine 2te entsprechend gemeinsame Gerade in der zwar weiter kein Punkt, durch die aber noch eine Ebene geht, die entsprechend gemeinsam ist, diese letztere Ebene hat dann 1 Punkt A entsprechend gemein; hat sie bloß 1 Punkt A gemein, so haben die räumlichen Systeme ebenfalls nur 1 Punkt, 1 Gerade, und 1 Ebene entsprechend gemein.

Zu I 4) In diesem Fall hat R u. R_1 0 Punkte und 0 Ebenen entsprechend gemein.

Zu II. Wenn die Gerade MM_1 nicht sich selbst entspricht, so erzeugen die beiden projekt. Strahlenbündel MM_1 eine unebene Kurve III. Betrachten wir die Kurve III K als zu R gehörig, und entstanden durch die beiden ihr perspekt. Kegel II M und M_1, so entspricht ihr eine Kurve III K_1 in R_1, welche entsteht durch 2 ihr perspekt. Kegel II $M_1 M_2$, von denen der erste M_1 offenbar identisch ist mit dem 2ten M_1 von K. Hiebei ist nun klar, daß alle gemeinsamen Punkte dieser beiden Kurven III, welche auf demselben Kegel II M_1 liegen, mit Ausnahme der Spitze M_1 dieses Kegels, entsprechend gemeinsame Punkte von R und R_1 darstellen, und umgekehrt, daß jeder entsprechend gemeinsame Punkt beider Systeme auf diesen beiden Kurven III zugleich liegen müsse. Diese beiden Kurven III können aber außer M_1 entweder 0, oder 1, oder 2, oder 3, oder 4 Punkte entsprechend gemein haben, da erst durch 6 Punkte eine Kurve III bestimmt ist.

Zusatz. Es kann hier nur der Einwurf gemacht werden, daß erst noch ermittelt werden müßte, daß 2 unebene Kurven III KK_1, welche zu derselben Kegelfläche F perspekt. sind, die Spitze dieser Kegelfläche wirklich als einzigen gemeinschaftlichen Punkt haben können.

Es seien, um dieses zu beweisen, M und M_1 2 Punkte von K und K_1, welche nicht auf demselben Strahle von F liegen, bezieht man nun die Kegelfläche MK und M_1K_1 perspekt. auf die Kegelfläche F, so sind die beiden ersten projekt., und zwar ganz beliebig projektivisch, da nun aber in jedem von F verschiedenen gemeinsamen Punkte der beiden Kurven KK_1 2 entsprechende Strahlen der Kegelflächen MK und M_1K_1 den entsprechenden Strahl von F in demselben Punkte schneiden müßten, so ist unsere Frage darauf zurückgeführt, ob 2 beliebig projekt. Kegelflächen II M und M_1 stets ein Paar entsprechende Strahlen haben müssen, die sich schneiden oder nicht. Die beiden projekt. Strahlenbündel M und M_1, von denen die beiden Kegelflächen II M und M_1 entsprechende Elementargebilde sind, erzeugen im Allgemeinen eine unebene Kurve III K_2 so daß MK_2 und $M_1 K_2$ 2 neue Kegelflächen sind, die je mit den beiden gegebenen Kegelflächen II M und M_1 zwar koncentrisch sind aber sonst beliebig gegen sie liegen können, sollen nun die beiden projekt. Kegelflächen M und M_1 wirklich entsprechende Strahlen haben, die in 1 Ebene liegen, so müssen diese als entsprechende Strahlen der projekt. Strahlenbündel M und M_1 auch der Kurve III K_2 angehören, und daher müssen sowohl die koncentrischen Kegelflächen M und MK_2, als auch M_1 und $M_1 K_2$ eben so viele Strahlen gemeinsam haben, woraus denn zu ersehen ist, daß bei der ganz beliebigen gegenseitigen Lage von M und MK_2 oder M_1 und $M_1 K_2$ der fragliche Fall wirklich entweder bei 0, 1, 2, 3 oder 4 verschiedenen Strahlen eintreten kann, w. z. b. w.

Von diesen besonderen Möglichkeiten hinsichtlich der gegenseitigen Lage entsprechender Punkte 2er kollineärer räuml. Systeme verdienen besonders Beachtung, 1) die perspekt. Beziehung und 2) der Fall, in welchem beide Systeme 2 gerade Gebilde, die sich nicht schneiden entsprechend gemein haben, und es sollen daher hier für diese beiden Arten der kollineären Beziehung die in der Folge wichtigen Punkte noch kurz aufgeführt und besprochen werden.

149. a) Die perspekt. Beziehung 2er räumlicher Systeme ist vollständig fixirt, wenn das perspekt. Centrum S und die Ebene E der perspekt. Beziehung, und außerdem entweder auf einem Strahle von S ein Paar entsprechender Punkte, oder von einer Geraden m in E ein Paar entsprechender Ebenen gegeben sind.

b) Da die perspekt. Beziehung natürlich auch dadurch fixirt werden kann, daß man zu den 5 Punkten SABCD die 5 Punkte $SA_1B_1C_1D_1$ als entsprechende giebt, wenn nur AA_1 BB_1 CC_1 DD_1 je in 1 Strahle des Bündels S liegen, so erhält man folgenden Satz: Wenn von 2 Tetraedern ABCD und $A_1 B_1 C_1 D_1$ die 4 Paare entsprechender Ecken AA_1 BB_1 CC_1 DD_1 in 4 Strahlen eines Strahlenbündels liegen, so schneiden sich die 4 Paare entsprechender Seiten wie ABC $A_1B_1C_1$ ꝛc. in den 4 Geraden einer Ebene.

c) Sind PP_1 und QQ_1 2 Paare entsprechender Punkte von 2 Strahlen des perspekt. Centrums S, und dabei SM und SN die beiden Paare sich selbst entsprechender Punkte dieser Strahlen, so ist stets $SPP_1M \;\pi\; SQQ_1N$, denn da PQ und P_1Q_1 als ein Paar entsprechender Strahlen sich in 1 Punkte der Ebene E schneiden müssen, so sind die beiden erwähnten Würfe stets perspekt.

d) In 2 perspekt. räuml. Systemen entspricht jeder Fläche II eine Fläche II, welche mit ihr zu derselben der in Nr. 139 angeführten 3 verschiedenen Arten von Flächen II gehört, dabei hat keine der beiden Flächen mit der perspekt. Ebene einen Punkt gemein, der nicht auch der andern angehört, und keine hat mit dem perspekt. Centrum (als Träger eines Strahlenbündels) eine Berührungsebene gemein, die nicht auch die andere hätte. Dieses läßt sich nun aber mit der dabei nöthigen Beschränkung auch umkehren, und zwar: Schneiden sich 2 Kegelflächen in 1 Kurve II K (vergl. hiezu Nr. 128), so lassen sie sich stets als entsprechende Gebilde 2er perspekt. räumlicher Systeme betrachten; denn betrachtet man sämmtliche Punkte von K als entsprechend gemeinsame Punkte, und läßt der Spitze des einen Kegels die Spitze des andern entsprechen, so tritt der erwähnte Fall stets ein, und dabei läßt sich noch auf der Verbindungslinie der beiden Spitzen das Centrum S der perspekt. Beziehung beliebig annehmen nach a).

Haben 2 Regelflächen R und R_1 2 sich schneidende Gerade a p (eine Linie II. Ordnung) oder eine Kurve II. Ordnung K gemein, so lassen sie sich immer als entsprechende Gebilde 2er perspekt. räuml. Systeme betrachten; denn nach Nr. 146 kann man die kollineäre Beziehung 2er räuml. Systeme stets durch die projekt. Beziehung 2er Regelflächen in der Art fixiren, daß man zu je 3 Strahlen beider Regelschaaren einer Regelfläche 3 entsprechende Strahlen beliebig annimmt, wählt man also für R u. R_1 je solche 3 Strahlen jeder Regelschaar als entsprechend, die sich im 1sten Fall in denselben 3 Punkten von a u. p, oder im 2ten Fall in denselben 3 Punkten der K schneiden, so haben die räuml. Systeme stets sämmtliche Elemente des ebenen Gewebes ap oder K entsprechend gemein, und sind also perspekt.

Schneiden sich 2 Regelschaaren in 2 Paar Strahlen, oder in 2 Kurven II, oder in 1 Paar Strahlen und 1 Kurve II, so kann selbstverständlich jedes dieser Gebilde II. Ordnung als entsprechend gemeinsames Gebilde beider betrachtet, und die perspekt. Beziehung daher auf verschiedene Weise vollzogen werden.

Haben 2 krumme Flächen II eine Kurve II K gemein und so, daß der innerhalb K liegende Theil des Trägers von K auch zu gleicher Zeit für beide Flächen II innerhalb liegt, so lassen sich beide als entsprechende Gebilde 2er räuml. Systeme betrachten, denn betrachtet man alle Punkte von K als entsprechend gemeinsame Punkte beider Flächen II, zieht ferner durch eine Gerade außerhalb K an beide Flächen II eine Tangentialebene und betrachtet die beiden Berührungspunkte derselben als entsprechende Punkte, so ist, wie man sich leicht überzeugt, die projekt. Beziehung der räuml. Systeme in einer Weise bestimmt, daß die in 146. erwähnte Bedingung durch die entsprechenden Elemente der beiden entsprechenden Flächen II wirklich erfüllt ist, und dabei sind die räumlichen Systeme auch wirklich perspekt.

150. Die 2te Art der kollineären Beziehung 2er räumlicher Systeme, welche von Interesse ist, ist die, daß beide Systeme alle Elemente 2er sich nicht schneidender Geraden m n entsprechend gemein haben; wir wollen der Kürze wegen eine solche Lage 2er kollineärer räuml. Systeme die geschaart kollineäre Lage nennen; für sie ergiebt sich:

a) In 2 geschaart kollineären räuml. Systemen hat jedes Paar entsprechender Punkte PP_1 die Eigenschaft, daß ihre Verbindungslinie PP_1 beide Gerade m n schneidet. Denn zieht man durch einen beliebigen Punkt P eine Gerade, welche die m und n zugleich schneidet, (und solcher Linien giebt es für jeden Punkt gerade 1), so entspricht diese offenbar sich selbst, weßwegen auch der dem P entsprechende Punkt P_1 in ihr liegen muß.

b) In 2 geschaart kollineären räuml. Systemen entspricht jeder Geraden, welche bloß die 1 der beiden Geraden m oder n schneidet eine von ihr verschiedene Gerade, welche ebenfalls bloß dieselbe Gerade m oder n und zwar in demselben Punkte schneidet.

c) In 2 geschaart kollineären räumlichen Systemen entspricht jeder Geraden, welche keine der beiden Geraden m n schneidet eine

13 *

Gerade p_1, welche ebenso keine derselben schneidet, und dabei sind $p m p_1 n$ 4 Strahlen einer Regelschaar, deren sämmtliche Leitstrahlen entsprechend gemeinsame Gerade des Systems sind.

d) In 2 geschaart räuml. Systemen ist jeder Wurf, den 2 entsprechende Punkte $P P_1$ mit den beiden Schnittpunkten der Geraden $P P_1$ mit m und n (nach a)) bilden, jedem andern durch 2 entsprechende Punkte Q und Q_1 ähnlich gebildeten Wurfe projekt. Denn nach dem Satze in c) sind PQ m $P_1 Q_1$ n 4 Strahlen einer Regelschaar, und da die beiden in unserem Satze erwähnten Würfe zu diesem Wurfe in der Regelschaar perspekt. sind, so gilt der Satz.

151. Im Gang unsrer Entwicklung stehen wir nun an dem Punkte, die Frage aufzuwerfen, ob die verschiedenen in 147. aufgeführten besonderen Lagenverhältnisse 2er kollineärer räuml. Systeme von der besonderen Art der Beziehung selbst abhängig seien, oder ob bei jeder Art der Beziehung die räuml. Systeme stets in eine solche Lage gebracht werden können, daß einer der daselbst erwähnten Fälle eintritt. Es sollen von der hieher gehörigen Untersuchung nur die wichtigsten Punkte hier in allgemeinster möglichst selbständiger Weise näher erörtert werden.

Der unendlich fernen Ebene von R entspricht im Allgemeinen eine gewöhnliche Ebene U_1 von R_1; wir betrachten hier ausschließlich diesen Fall, indem wir wegen des besondern Falles, in dem die unendlich ferne Ebene ein entsprechend gemeinsames Element ist, auf den ähnlichen Fall in 86. verweisen. Der unendlich fernen Ebene von R_1 entspricht dann immer auch eine gewöhnliche Ebene U von R. Allen Parallelstrahlenbündeln und Parallelstrahlenbüscheln und Parallelebenenbüscheln entsprechen gewöhnliche Bündel und Büschel mit Ausnahme aller derer, deren Elemente den beiden Ebenen U und U_1 parallel sind, denn den unendlich fernen Geraden von U und U_1 allein entsprechen wieder unendlich ferne Gerade.

Hieraus folgt nun nach Nr. 86 unmittelbar: jede Ebene von R ist der entsprechenden Ebene von R_1 bloß projekt., die einzige Ausnahme hievon machen sämmtliche der U parallele Ebenen, welche ihren entsprechenden affin sind. Ist unter dem Parallebenenbüschel in R, dessen Ebenen ihren entsprechenden in R_1 affin sind, eine einzige, die ihrer entsprechenden zugleich ähnlich ist, so findet dieses für alle Statt.

Sind nämlich ABC und $A_1B_1C_1$ 2 entsprechende Dreiecke in den fraglichen beiden ähnlichen Ebenen, so sind diese Dreiecke ebenfalls ähnlich, zieht man nun in R von den 3 Ecken ABC nach einem beliebigen Punkte S von U 3 Strahlen, so entsprechen diesen 3 Strahlen in R_1 3 parallele Gerade die durch $A_1B_1C_1$ gehen, alle entsprechende Ebenenpaare der beiden als affin nachgewiesenen Ebenenbüschel, schneiden dieses 3 Kant einerseits und Prisma anderseits in ähnlichen Dreiecken die wieder einander entsprechen, woraus der Satz folgt.

Lehrsatz. Sind die entsprechenden Ebenen der beiden entsprechenden Parallelebenenbüschel wirklich ähnlich, so giebt es stets 2 Paar entsprechender Ebenen, die zugleich kongruent sind. Da nämlich in 2 ähnlichen ebenen Geweben nicht nur sämmtliche entsprechende Gerade ähnlich sind, sondern auch für alle Paare derselbe das Verhältniß entsprechender endlicher Stücke gleich ist (s. Nr. 86), so handelt es sich nur darum nachzuweisen, daß es unter den Paaren ähnlicher Ebenenpaare eines giebt, für welches dieses Verhältniß $=1$ ist. Denkt man sich aber in R ein Paar Gerade die sich in U schneiden, so entspricht ihnen ein Paar parallele Gerade in R_1; die Strecken, welche in sämmtlichen entsprechenden Ebenenpaaren zwischen den beiden fraglichen Geraden enthalten sind, geben durch ihr Verhältniß, das so eben erwähnte Verhältniß, in welchem alle entsprechenden Strecken in je einem solchen Paare zu einander stehen, da aber bei den ersten beiden Paaren diese Strecken zu beiden Seiten von U von 0 bis ∞ zunehmen, während sie bei den Parallellinien konstant dieselben bleiben, so leuchtet die Richtigkeit des Lehrsatzes ein, und zugleich ersieht man, daß die beiden Ebenen sowohl in R (als auch in R_1) von der Ebene U (resp. U_1) gleich weit abstehen.

Wie es unter der Voraussetzung des letzten Lehrsatzes in R (oder R_1) 2 Ebenen giebt, die ihren entsprechenden Ebenen in R_1 (oder R) kongruent sind, ebenso giebt es nach Nr. 147 auch 2 Strahlenbündel in R (oder R_1) die ihren entsprechenden in R_1 (oder R) kongruent sind.

Es giebt, um sie zu ermitteln, in R immer gerade einen Strahl p, der senkrecht auf U steht und einem Strahl p_1 in R_1 entspricht, der senkrecht auf U_1 steht, denn dem Parallelstrahlenbündel in R, der senkrecht auf U steht, entspricht in R_1 ein gewöhnlicher Strahlenbündel, dessen Mittelpunkt in U_1 liegt, und der einen einzigen Strahl p_1 enthält, der senkrecht auf U_1 steht. Legt man nun R und R_1 so in einander, daß sowohl U und U_1, als auch p u. p_1 in einander zu liegen kommt, und sind A und B die beiden parallelen Ebenen in R, welche den entsprechenden beiden Ebenen A_1 und B_1 in R_1 kongruent sind, so entspricht dem Strahlenbündel von R, dessen Strahlen aus dem Schnittpunkt von pA nach den einzelnen Punkten von A_1 gehen, der Strahlenbündel in R_1, dessen Strahlen von dem Schnittpunkt p A_1 nach den einzelnen entsprechenden Punkten von A gehen, weil nach Nr. 21. Zus. das gerade Gebilde p, und somit auch der zu demselben senkrechte Parallelebenenbüschel bei dieser Anordnung involut. liegt; diese beiden Strahlenbündel sind daher offenbar kongruent, da A und A_1 kongruent sind, ebenso aber verhält es sich mit den beiden Strahlenbündeln, deren Centra in pB und p_1 B_1 liegen, und zugleich leuchtet hieraus ein, daß die beiden Centra S T (oder S_1 T_1) der kongruenten Strahlenbündel in R (oder R_1) gleich weit von U (oder U_1) abstehen und ferner, daß jedes dieser erwähnten Centra S oder T in R (oder R_1) von U genau soweit abstehe, als jede der Ebenen $A_1 B_1$ in R_1 (oder R) von U_1 und umgekehrt.

Aus dieser Entwicklung ergiebt sich nun unmittelbar, daß man 2 räuml. Systeme im Allgemeinen nicht in perspekt. Lage bringen kann, daß aber, wenn es bei unsrer Anfangs gemachten Voraussetzung überhaupt geht, es nur auf 2 ganz bestimmte Arten geht.

Die weitere Untersuchung, wie die entsprechenden kongruenten Ebenenpaare und Strahlenbündelpaare bei der perspekt. Lage gegen einander liegen, überlassen wir dem Leser, indem wir auf die ganz ähnliche Entwicklung der Nr. 86 verweisen.

152. Stellen wir uns nun die weitere Frage, welche geraden Gebilde von R sind ihren entspr. geraden Gebilden kongruent.

Behalten wir wieder die gegenseitige Lage von R und R_1, und die Bezeichnung der vorigen Nummer bei, und denken wir uns in R einen zu U senkrechten Cylinder, der U und sämmtliche zu U parallele Ebenen in Kreisen schneidet, deren Mittelpunkte in p liegen, so entspricht nach Nr. 139. 3) diesem Cylinder in R_1 ein Kegel II, dessen Spitze im Schnittpunkt von p und U (oder U_1) liegt, und der alle zu U (und U_1) parallelen Ebenen entweder in lauter Kreisen oder in lauter Ellipsen schneidet *), die jedoch stets ihre Mittelpunkte ebenfalls in p haben. Sind diese Figuren Kreise, so tritt derselbe Fall ein, den wir in Nr. 151 näher betrachtet haben, daß alle zu U (und U_1) parallelen Ebenen ähnlich sind, und alle kongruenten Geraden sind in den beiden kongruenten Ebenen A und B enthalten. Tritt aber dieser Fall nicht ein, so ergiebt sich folgendes Resultat. So lange in den Ellipsen, die durch den Schnitt der erwähnten Kegelfläche mit den Parallelebenen entstehen, die große Axe kleiner ist als der Halbmesser der durch den Schnitt mit dem Cylinder entstehenden Kreise, und sowie die kleinere Axe derselben Ellipsen größer ist, als derselbe Halbmesser, so lange giebt es in diesen Ebenen kein gerades Gebilde, das seinem entsprechenden kongruent wäre. In der Ebene, in welcher die Ellipse in den Endpunkten ihrer großen Axe den Kreis von innen berührt, bestimmt der Berührungsdurchmesser die Richtung eines Parallelstrahlenbüschels in der fraglichen Ebene von R_1, dessen sämmtliche Strahlen ihren entsprechenden kongruent sind, in dem Falle, wo die Ellipse in den Endpunkten der kleinen Axe den Kreis von außen berührt, bestimmt der fragliche Durchmesser wiederum die Richtung eines Parallelstrahlenbüschels, dessen sämmtliche Strahlen ihren entsprechenden kongruent sind, in allen Ebenen, die zwischen diesen beiden liegen, bestimmen die beiden Durchmesser deren 4 Endpunkte Kreis und Ellipse gemein haben, die Richtungen 2er Parallelstrahlenbüschel, deren sämmtliche Strahlen ihren entsprechenden Geraden kongruent sind. Die Richtigkeit dieser Behauptungen geht unmittelbar daraus hervor, daß der Mittelpunkt jedes Schnittkreises dem Mittelpunkt einer Schnittellipse und jeder Halbmesser des ersteren einem Halbmesser der letzteren entsprechen nach Nr. 100.

Jede Ebene, die durch eine solche Gerade geht, enthält stets noch eine zweite solche Gerade in sich, wie dies aus der symmetri-

---

*) Es wird hier vorausgesetzt, daß der Kreis wirklich eine Kurve II darstellt; obwohl wir nun erst später diesen Punkt erörtern werden, so glaubte ich doch nicht, deßwegen diese Betrachtung hier übergehen zu sollen, da ja der Leser leicht diese Lücke sich selbst ausfüllen kann; der Kreis entsteht nämlich durch 2 ihm perspekt. kongruente Strahlenbüschel.

schen Lage der oben in Betrachtung gezogenen Kegel und Cylinder gegen U hervorgeht; beide Gerade in einer solchen Ebene sind parallel und stehen gleich weit von U ab. Da die Schnittpunkte, in welchen die Ellipsen den Kreis schneiden, offenbar auf alle Durchmesser zwischen den beiden Axen, d. h. auf alle überhaupt vertheilt sind, so kommen den fraglichen Parallelstrahlenbüscheln selbst alle Richtungen zu, d. h. jede Ebene die zu U nicht parallel ist, enthält 1 oder resp. 2 solche Gerade, die ihren entsprechenden kongruent sind, und zieht man durch eine Gerade q von U alle möglichen Ebenen, so liegen die Paare von Geraden, die ihren entsprechenden kongruent sind in 2 Ebenen E und E_1 und die Mittelpunkte der Strahlenbüschel, die ihren entsprechenden kongruent sind in 1 Kreis, dessen Mittelpunkt in q liegt, und dessen Halbmesser die senkrechte Entfernung derjenigen 2 parallelen Linien ist, in welchem die 2 Ebenen, welche der E u. E_1 entsprechen, von denjenigen parallelen Ebenen geschnitten werden, die den einzelnen Ebenen des Ebenenbüschels q entsprechen, wie aus Nr. 86 alsbald hervorgeht, wenn man das dort über die Lage der perspekt. Centra Gesagte beachtet.

Wir begnügen uns mit dieser Entwicklung derjenigen Grundlagen, von denen aus die obige Frage in ihrem Detail näher behandelt werden müßte, da die weitere Entwicklung der einzelnen Fälle (mit Ausnahme des oben in Betracht gezogenen Falles der perspekt. Beziehung) bloß theoretischen Werth haben könnte, und dabei weitläufige einzelne Untersuchungen veranlassen würde.

153. Auch die Frage, welche nach dem bisherigen Gange der Entwicklung noch in nähere Betrachtung gezogen werden sollte, nämlich die nach den Lagenverhältnissen derjenigen Elemente, welche durch die Verbindung von je 2 entsprechenden Elementen 2er kollineärer räuml. Systeme entstehen, hat rein theoretisches Interesse, und wir würden diesen Gegenstand unberührt bei Seite lassen, wenn damit nicht eine interessante Eigenschaft der Linien III. Ordnung eng in Verbindung stände. Um dieser letzterwähnten Rücksicht wegen greifen wir auch noch einmal weiter zurück, und stellen uns die Frage: wenn 2 kollineäre ebene Gewebe in demselben Träger enthalten sind, was ist über die gegenseitige Lage entsprechender Punkte im Allgemeinen zu sagen.

Bei der perspekt. Lage, von der wir hier natürlich absehen,

liegt jedes Paar entsprechender Punkte mit dem einen perspekt. Centrum je in 1 Geraden, fragen wir nun ganz allgemein, welche Punkte des einen von 2 kollineären ebenen Geweben E und E_1 desselben Trägers haben die Eigenschaft, daß sie mit ihren entsprechenden Punkten Gerade bestimmen, die durch einen festen Punkt M dieses Trägers gehen.

Es entspreche dem Punkte M von E der Punkt M_1 von E_1, alsdann erzeugen die beiden entsprechenden Strahlenbüschel M u. M_1 im Allgemeinen eine Kurve II K, betrachtet man nun deren Punkte als zu E_1 gehörig, so entsprechen ihnen in E lauter Punkte der Strahlen des Büschels M (und betrachtet man sie als zu E gehörig, so entsprechen ihnen lauter Punkte der Strahlen des Büschels M_1) und es leuchtet also ein, daß alle Punkte der Kurve K, die verlangte Eigenschaft haben, und ferner, daß es außerhalb derselben keinen Punkt giebt, dem dieselbe Eigenschaft zukäme.

Die fragliche Kurve kann in besondern Fällen, von denen wir jedoch absehen können, da es uns bloß um Einsicht in die gegenseitige Lage der entsprechenden Punkte zu thun ist, in das System 2er Geraden, oder in 1 Gerade übergehen, oder auch bloß auf den Punkt M selbst sich beschränken, wenn M und M_1 eine entsprechend gemeinsame Gerade, oder M ein entsprechend gemeinsamer Punkt beider Gewebe ist.

Da eine beliebige Gerade des gemeinschaftlichen Trägers beider Gewebe von jeder Verbindungslinie 2er entsprechender Punkte geschnitten werden muß, so braucht man nur eine solche Gerade p des gemeinsamen Trägers, die weder sich selbst entspricht, noch durch einen entsprechend gemeinsamen Punkt beider Gewebe geht, zu wählen, und in Bezug auf alle ihre Punkte die so eben in Bezug auf M angestellte Untersuchung zu wiederholen, um in Bezug auf beide Gewebe einen vollständigen Ueberblick der gegenseitigen Lage entsprechender Punkte zu haben.

Für jeden Punkt M von p erhält man eine Kurve II K, welche alle Punkte enthält, die mit ihren entsprechenden je eine durch M gehende Gerade bilden. Alle diese für die verschiedenen Punkte von p sich ergebenden Kurven II gehen, 1) durch den Schnittpunkt von p und der ihr entsprechenden Geraden p_1, und 2) durch sämmtliche entsprechend gemeinsame Punkte von E und E_1, und jede schneidet die p und p_1 in 2 entsprechenden Punkten. Außer den in 1) und 2) erwähnten allen den Kurven gemeinsamen Punkten, können keine 2 einen weiteren Punkt gemein haben, denn würden sich 2 solche Kurven, die man für die beiden Punkte Q und R von p erhielte, in dem Punkte A schneiden, so müßte offenbar dem Punkte A als Element von E_1 sowohl ein Punkt des Strahles QA, als auch des Strahles RA entsprechen, was unmöglich, wenn A nicht ein entsprechend gemeinsamer Punkt von EE_1, oder nicht der Punkt pp_1 ist.

Haben die ebenen Gewebe die 3 Punkte ABC entsprechend gemein, so gehen alle die fraglichen Kurven II durch die 4 Punkte ABC pp_1, und schneiden außerdem die p und p_1 in 2 entsprechenden Punkten; für eine neue Gerade q erhält man ein neues solches System von Kurven II, die ebenfalls durch ABC gehen; für jede Gerade wie p (oder q) erfüllen die Kurven die ganze Ebene EE_1, so daß durch jeden 5ten Punkt F derselben gerade eine einzige Kurve II geht, der dann auch ein einziger bestimmter Punkt von p entspricht, sucht man auf dieselbe Weise zu F die Kurve II, welche zu dem Kurvensysteme von q gehört, so entspricht dieser Kurve ebenso ein bestimmter Punkt von q, und diese beide liegen mit M in 1 Geraden. In wieferne diese Entwicklung auch gilt, wenn die E und E_1 nicht gerade 3 Punkte entsprechend gemein haben, darauf werden wir zurückkommen müssen, wenn die Theorie der imaginären Elemente entwickelt sein wird. Für jetzt ergiebt sich uns für den hier betrachteten Fall der 3 reellen entsprechend gemeinsamen Punkte ABC folgender wichtige Satz: Alle Kurven II, welche durch 4 feste Punkte gehen, schneiden 2 Gerade pp_1, die durch 1 D der 4 festen Punkte ABCD gehen in 2 projekt. geraden Gebilden, denn man kann in dem Träger ABC immer 2 kollineäre ebene Gewebe annehmen, die die 3 Punkte ABC entsprechend gemein haben, und für welche p und p_1 entsprechende Gerade darstellen.

Verfolgen wir nun in Bezug auf 2 kollineäre räuml. Systeme R u. R_1 denselben Gang, indem wir zuerst untersuchen, welche Punkte haben die Eigenschaft, daß sie mit ihren entsprechenden Gerade bestimmen, die durch einen festen Punkt M gehen.

Ganz wie bei der so eben für ebene Gewebe durchgeführten Untersuchung erhält man auch hier, daß alle fraglichen Punkte als Elemente von R_1 betrachtet mit M in einer Kurve III liegen, die auch durch den dem M entsprechenden Punkt M_1 geht. Legt man alle Punkte einer Ebene M, die kein sich selbst entsprechendes Element von R und R_1 enthält, einer ähnlichen Betrachtung zu Grunde, so erhält man einen vollständigen Ueberblick über die gegenseitigen Lagenverhältnisse entsprechender Punkte, da jede solche Verbindungslinie durch einen Punkt von E gehen muß.

Sämmtliche Kurven III, welche man für die verschiedenen Punkte der Ebene E erhält, haben alle Punkte entsprechend gemein, welche den beiden räuml. Systemen entsprechend gemein sind, außerhalb der E können keine 2 noch einen Punkt gemein haben, denn hätten 2 Kurven III, die man für die beiden Punkte Q und R in E erhält, den Punkt S gemein, so müßte dem Punkte S als Element von R_1, sowohl ein Punkt des Strahles Q S, als auch des Strahles R S entsprechen, was unmöglich. Dagegen schneiden sich, wenn E_1 die der E entsprechende Ebene in R_1 ist, in jedem Punkte der Schnittlinie von EE_1 gerade doppelt so viele solcher Linien III, als ein gerades Gebilde Punkte enthält, denn entspricht dem Punkte T_1 der Schnittlinie als Element von R_1 (oder E_1) der Punkt T von R oder E, so gehen offenbar alle Linien III, welche man für die einzelnen Punkte M von TT_1 erhält, durch den Punkt T_1. Allein jede solche Linie geht außerdem noch durch einen zweiten Punkt der Schnittlinie EE_1, denn liegt der Punkt M außerhalb der Geraden e, welche in E der Schnittlinie EE_1 entspricht, so giebt es nach Nr. 48 von M aus außer TT_1 noch 1 Strahl, welcher durch 2 entsprechende Punkte von EE_1 und e geht, und dieser Strahl schneidet dann offenbar die EE_1 in dem fraglichen Punkte; liegt aber M d. h. T in der Geraden e, so liegt außer T_1 offenbar immer auch der Schnittpunkt von EE_1 und e in der fraglichen Kurve III, und dabei ist aus dem geführten Beweis selbst noch ohne weiteres klar, daß es hinsichtlich der beiden erwähnten Schnittpunkte, die eine solche Kurve III mit EE_1 gemein hat, gar keine Beschränkung giebt, der Art, daß jedes beliebige Paar T_1 U immer gerade auch in einer solchen Linie liegen muß, oder mit andern Worten, daß es unter dem System von Linien III, welche durch den festen Punkt T_1 von EE_1 gehen, immer gerade eine geben muß, die durch den ganz beliebig angenommenen 2ten Punkt U von EE_1 geht. Hieraus ergiebt sich nun der merkwürdige Satz: Alle Kurven III, welche durch 4 feste Punkte A B C D gehen, und eine Gerade p, welche mit keinen 2 jener 4 Punkte in 1 Ebene liegt, in 2 Punkten schneiden, bestimmen durch ihre Schnittpunkte, die sie außerdem noch mit einem beliebigen Paare von Ebenen EE_1, die durch p gehen, gemein haben, 2 projekt. ebene Gewebe; denn man kann immer 2 räuml. Systeme so kollineär auf einander beziehen, daß sie die Punkte ABCD entsprechend gemein haben, und der E die E_1 entspricht. (Die Bedingung, daß p nicht mit 2 der 4 gegebenen Punkten in 1 Ebene liegen dürfen, ist deßwegen nothwendig, weil sonst gegen die Voraussetzung die Schnittlinie EE_1 oder p einen entsprechend gemeinsamen Punkt haben würden).

Man kann auch von diesem allgemeinen Satze so zu sagen einen Theil abgesondert für sich betrachten und als Satz hinstellen: so ist aus dem obigen zu erkennen, daß alle Kurven III, welche die EE_1 in dem Schnittpunkte von EE_1 und e schneiden, außerdem mit der Ebene E noch 2 entsprechende Punkte (T_1T) von EE_1 und e gemein haben, dieses führt nun zu dem Satze:

Wählt man auf einer Linie III K 5 beliebige Punkte ABCDE und zieht man durch einen derselben 2 Gerade $(e\,e_1)$ nach 2 beliebigen neuen Punkten von K, so schneiden alle Kurven III, welche durch ABCDE gehen, und die e schneiden auch die e_1, und zwar sind durch diese Schnittpunkte e u. e_1 projekt. auf einander bezogen.

Indem wir sowohl die reciproken Sätze der letzten Entwicklung, als auch die Untersuchung, welche Gerade mit ihren entsprechenden in 1 Ebene liegen, hier unerörtert bei Seite lassen, wenden wir uns nun zu der wichtigen Untersuchung der involut. Beziehung 2er räuml. Systeme.

154. Entspricht in 2 kollineären räuml. Systemen R u. R_1 dem Punkt A der Punkt A_1, so wird im Allgemeinen dem Punkt A_1 als einem Elemente von R ein von A verschiedenes Element A_2 von R_1 entsprechen. Entsprechen jedoch in einem besondern Falle wirklich die Punkte A und A_1 einander gegenseitig oder abwechselnd, so ist AA_1 eine entsprechend gemeinsame Gerade beider Systeme und dabei involut.

Tritt dieser Fall bei 3 Paaren entsprechender Punkte AA_1 BB_1 CC_1, die nicht alle in derselben Ebene liegen, ein, so tritt er bei jedem Paare ein, und man nennt den Inbegriff 2er derartig kollineärer räuml. Systeme ein involut. räuml. System.

Liegen, um dieses zu beweisen, 2 Paare der erwähnten 3 z. B. AA_1 und BB_1 in 1 Ebene, so ist diese eine sich selbst entsprechende Ebene, und zwar bildet sie ein involut. ebenes Gewebe, dessen Centrum (Involutionscentrum) S und dessen Axe (Involutionsaxe) p sein möge, die sich selbst entsprechende Gerade CC_1 muß sie nun nothwendig in 1 sich selbst entsprechenden Punkte schneiden *), und es können daher 2 Fälle eintreten, entweder geht nämlich die CC_1 durch das Centrum S, oder sie geht durch einen Punkt der Axe p; findet das erste Statt, so sind SA SB SC 3 involut. Strahlen des Strahlenbündels S die nicht in 1 Ebene liegen, und sind $S_1 S_2 S_3$ ihre 3 von S verschiedenen 2ten Ordnungselemente, so stellt offenbar jedes der 3 ebenen Gewebe SS_1S_2 SS_1S_3 SS_2S_3 ein involut. System dar, deren 3 perspekt. Axen S_1S_2 S_1S_3 S_2S_3 sind; das ebene Gewebe $S_1S_2S_3$ hat daher alle seine Punkte entsprechend gemein, die räuml. Systeme sind perspekt. und je 2 durch das perspekt. Centrum S und die Ebene $S_1S_2S_3$ harmonisch getrennte Punkte entsprechen einander abwechselnd (nach Nr. 149 c)) w. z. b. w.

Geht dagegen CC_1 durch einen Punkt der perspekt. Axe p, so stellt pC eine entsprechend gemeinsame Ebene dar, die perspekt. ist, und da CC_1 sich abwechselnd entsprechen, ebenfalls ein involut. System darstellt, dessen Axe p und dessen Centrum S_1 sein möge. Da jede Ebene des Büschels SS_1 ein involut. Gewebe mit der Axe SS_1 ist, so erhält man die Art der kollineären Beziehung, welche wir in 150. kurzweg die geschaart kollineäre genannt haben, wobei SS_1 das 2te entsprechend gemeinsame gerade Gebilde darstellt, und da jedes der 3 Paare entsprechender Punkte PP_1 QQ_1 RR_1 durch die beiden Geraden p und SS_1 harmonisch getrennt ist, so findet dieses nach 150. d) bei jedem Paar entsprechender Punkte Statt.

Liegen endlich keine 2 der entsprechenden 3 Punktenpaare in 1 Ebene, so bilden AA_1 (oder p) BB_1 (oder q) CC_1 (oder r) 3 Strahlen einer Regelschaar, welche, da pqr sich selbst entsprechende Gerade darstellen, sich selbst entspricht der Art, daß jeder Strahl ein entsprechend gemeinsames Element darstellt. Dabei müssen den 3 Leitstrahlen abc, welche durch ABC gehen, die 3 Leitstrahlen

*) Woraus zugleich ersichtlich, daß die Wahl aller 3 Paare entsprechender Punkte bei der Fixirung der Beziehung durchaus nicht willkürlich ist.

$a_1 b_1 c_1$ entsprechen, welche durch $A_1 B_1 C_1$ gehen und umgekehrt, so daß auch in diesem Falle die Wahl der 3 Paare entsprechender Punkte durchaus nicht ganz willkürlich ist. Jeder Ebenenbüschel z. B. p oder q oder r, der zu dieser Leitschaar $a a_1 . b b_1 . c c_1$ perspekt. ist, ist involut., und daher entspricht jedem Punkt im Raum, als einem Schnittpunkt 3er Ebenen von 3 solchen involut. Ebenenbüscheln (pqr), der Punkt, in welchem sich die 3 entsprechenden Ebenen derselben Büschel p q r schneiden, doppelt oder abwechselnd.

In dem letzten hier behandelten Falle sind wieder die 2 Unterabtheilungen zu unterscheiden, daß in der involut. Leitschaar $aa_1 . bb_1 . cc_1$ 2 Ordnungselemente m n vorhanden sind oder nicht.

Sind 2 Ordnungsstrahlen m und n vorhanden, so ist jeder Punkt und jede Ebene derselben ein entsprechend gemeinsames Element von R und R_1, hat aber die involut. Leitschaar $aa_1 . bb_1$ keine Ordnungsstrahlen, so giebt es in den beiden räuml. Systemen überhaupt keinen Punkt und keine Ebene, die beiden entsprechend gemein wäre. Offenbar ist der erste der hier erwähnten und der 2te der oben angeführten Fälle identisch.

155. Bei der involut. Beziehung 2er räuml. Systeme R u. R_1 hat man daher hinsichtlich der Anordnung entsprechender Elemente folgende 3 Arten zu unterscheiden.

1) R und R_1 sind perspekt. 2) R R_1 sind geschaart kollineär. 3) R und R_1 haben gar kein Element entsprechend gemein. Die beiden letzten Arten, so verschieden sie auch auf den ersten Anblick zu sein scheinen, bieten doch einen wesentlichen Unterschied nicht dar, weßwegen in der That nur 2 Arten involut. Beziehung unterschieden werden, nämlich 1) die perspekt. involut. Beziehung und 2) die geschaart involul. Beziehung, welche letztere dabei 2 Ordnungsstrahlen haben kann oder nicht.

Entspricht in einem involut. räuml. System ein Elementargebilde sich selbst, und sind dabei seine Elemente involut. gepaart, so sagen wir, dasselbe sei ein im System enthaltenes involut. Elementargebilde.

In einem perspekt. involut. räuml. Systeme schneidet jede Gerade, die sich nicht selbst entspricht, die ihr entsprechende, und zwar in einem Punkte der perspekt. Ebene und beide Gerade liegen mit dem perspekt. Centrum (Involutionscentrum) in 1 Ebene.

In einem geschaart involut. Systeme giebt es unendlich viele Paare entsprechender Gerader, die sich nicht schneiden; ist nämlich A eine sich nicht selbst entsprechende Ebene, so schneidet sie die ihr entsprechende Ebene A_1 in einer Geraden a, die sich selbst entspricht, und ein im System enthaltenes involut. gerades Gebilde darstellt; entspricht nun dem Punkte a von a der Punkt a_1, so entspricht jeder Geraden der Ebene A die durch a geht, eine Gerade der Ebene A_1 die durch a_1 geht, und jedes solche Paar kann nicht in 1 Ebene liegen. In einem perspekt. involut. räuml. Systeme giebt es 2erlei Arten sich selbst entsprechender Gerader, nämlich 1) Strahlen des Involutionscentrums, welche sämmtlich Träger von im System enthaltenen involut. geraden Gebilden und Axen von Ebenenbüscheln darstellen, deren sämmtliche Elemente entsprechend gemein sind, und 2) Gerade der perspekt. Ebene, welche sämmtliche Axen von im System enthaltenen involut. Ebenenbüscheln und Träger von geraden Gebilden darstellen, deren sämmtliche Punkte entsprechend gemein sind.

In einem geschaart involut. räuml. System hat man in dieser Beziehung besonders zu beachten, wenn dasselbe 2 Ordnungsstrahlen m und n hat, insoferne alle Punkte und alle Ebenen dieser beiden Geraden entsprechend gemeinsame Elemente darstellen; sieht man von diesen beiden Geraden ab, so ist in einem geschaart involut. räuml. System jede sich selbst zugeordnete Gerade Träger eines im System enthaltenen involut. geraden Gebildes und eines im System enthaltenen involut. Ebenenbüschels.

Erklärung. Da solche Gerade in der Folge eine wichtige Rolle spielen, so hat man für sie eine besondere Bezeichnung eingeführt, und man nennt daher in einem geschaart involut. räuml. System jede entsprechend gemeinsame Gerade, welche zugleich Träger eines im System enthaltenen involut. geraden Gebildes und Axe eines im System enthaltenen involut. Ebenenbüschels darstellt, einen Leitstrahl des Systems.

156. Lehrsatz. In jedem geschaart involut. räuml. Systeme giebt es unendlich viele Regelschaaren, deren sämmtliche Strahlen Leitstrahlen des Systems sind, und deren Leitschaaren im System enthaltene involut. Regelschaaren darstellen.

Es seien den Punkten a b c d der Geraden a die 4 Punkte

$a_1 b_1 c_1 d_1$ von a_1 zugeordnet, wobei vorausgesetzt wird, daß a und a_1 einander nicht schneiden, alsdann sind $a a_1$ $b b_1$ $c c_1$ $d d_1$ 4 Strahlen einer Regelschaar, deren sämmtliche Strahlen offenbar Leitstrahlen des Systems sind; da nun aber jeder Geraden, welche 3 sich selbst entsprechende Strahlen (also 3 Leitstrahlen des Systems) schneidet, eine Gerade entspricht, welche dieselben 3 Strahlen schneidet, so entspricht die Leitschaar der eben erwähnten Regelschaar sich selbst, und da die beiden Strahlen $a a_1$ derselben einander abwechselnd entsprechen, so ist dieses bei jedem Paare der Fall, d. h. eben diese Regelschaar ist eine im System enthaltene involut. Regelschaar.

157. **Lehrsatz.** In jedem geschaart involut. räuml. System giebt es ferner unendlich viele im System enthaltene involut. Regelschaaren, deren Leitschaaren nicht wie in dem eben besprochenen Falle aus lauter Leitstrahlen des Systems bestehen, sondern ebenfalls im System enthaltene involut. Regelschaaren darstellen.

Behalten wir die Bezeichnug der letzten Nummer bei, so ist nach Nr. 17 auch $a b c d \ \pi \ c_1 d_1 a_1 b_1$, daher stellen nach Nr. 43 auch die 4 Geraden $a c_1$ $b d_1$ $c a_1$ $d b_1$ 4 Strahlen einer Regelschaar dar. Den 4 Strahlen $a c_1$ $b d_1$ $c a_1$ $d b_1$ entsprechen aber die 4 Strahlen $a_1 c$ $b_1 d$ $c_1 a$ $d_1 b$, d. h. diese Regelschaar entspricht sich selbst, und ist dabei involut.; da aber ferner jeder Geraden, welche die 3 Strahlen $a c_1$ $b d_1$ $c a_1$ schneidet, eine Gerade entsprechen muß, welche die 3 Geraden $a_1 c$ $b_1 d$ $c_1 a$ schneidet, d. h. da jedem Leitstrahl der erwähnten Regelschaar wieder ein Leitstrahl derselben entsprechen muß, und die beiden Leitstrahlen $a a_1$ einander abwechselnd entsprechen, so stellt auch diese Leitschaar eine im System enthaltene involut. Regelschaar dar.

158. Hat ein geschaart involut. räuml. Systeme 2 Ordnungsstrahlen m n, so schneidet jeder Leitstrahl des Systems beide, und umgekehrt, jede Gerade, welche die beiden Ordnungsstrahlen m n schneidet, ist ein Leitstrahl des Systems, die Schnittpunkte mit m n stellen dabei die beiden Ordnungspunkte des in dem Leitstrahl enthaltenen involut. geraden Gebildes und die beiden Ebenen, welche m und n enthalten, die Ordnungselemente des durch den Leitstrahl bestimmten involut. Ebenenbüschels dar.

159. **Lehrsatz.** Hat ein geschaart involut. räuml. System

keine Ordnungsstrahlen, so enthält jedes ebene Gewebe A und jeder Strahlenbündel M gerade einen Leitstrahl des Systems.

Denn entspricht der Ebene A die Ebene A_1, so ist die Schnittlinie $A A_1$ ein Leitstrahl, und ebenso stellt $M M_1$ einen solchen dar, wenn M_1 der Punkt ist, welcher der M entspricht. Daß aber in einer Ebene oder in einem Strahlenbündel keine 2 Leitstrahlen des Systems enthalten sein können, ist deßwegen unmöglich, weil das durch sie bestimmte entsprechend gemeinsame ebene Gewebe als ein involut. eine sich selbst entsprechende Gerade, d. h. einen Ordnungsstrahl des involut. Systems enthalten müßte.

160. Nach dem Bisherigen lassen sich nun auch die einfachsten Mittel angeben, die involut. Beziehung 2er räuml. Syst. zu fixiren, denn schon in Nr. 154 hat sich herausgestellt, daß die Bedingung, welche erfüllt sein muß, wenn 2 kollineäre räuml. Syst. involut. sein sollen, für die Fixirung der Beziehung selbst zu viele Bestimmungsstücke in sich enthält, da man nicht zu 6 Punkten die entsprechenden beliebig annehmen kann.

Sollen 2 räuml. Systeme perspekt. involut. auf einander bezogen werden, so braucht man nur das perspekt. Centrum und die Ebene der perspekt. Beziehung beliebig anzunehmen und 2 Punkte einander entsprechend nennen, welche durch beide harmonisch getrennt sind.

Sollen 2 räuml. Systeme geschaart involut. auf einander bezogen werden, so wähle man entweder 2 involut. Regelschaaren $a a_1 . b b_1 . c c_1$ und $p p_1 . q q_1 . r r_1$, von denen jede die Leitschaar der andern ist und betrachte sie als 2 im System enthaltene involut. Regelschaaren, oder man wähle eine involut. Regelschaar $d d_1 . e e_1 . f f_1$ als eine im System enthaltene, deren Leitstrahlen $l m n$ sämmtlich Leitstrahlen des Systems darstellen (nach Nr. 156).

Bezieht man nämlich im 1sten Falle die räuml. Systeme kollineär so auf einander, daß den Strahlen $a\ a_1\ b\ p\ p_1 q$ die Strahlen $a_1\ a\ b_1\ p_1\ p\ q_1$ entsprechen, so sind die Systeme wirklich involut. da jeder zu einer der beiden Regelschaaren perspekt. Ebenenbüschel involut. ist (vergl. Nr. 154), und da die entsprechenden Geraden $a a_1\ b b_1\ p p_1$ etc. einander nicht schneiden, so sind sie auch geschaart involut., wobei die beiden involut. Regelschaaren im System enthaltene involut. Regelschaaren sind.

Läßt man aber im 2ten Falle den Geraden $d\ d_1\ e\ l\ m\ n$ die

Geraden $d_1 d\ e_1$ lmn entsprechen, so ist wieder jeder zur ersten Regelschaar perspekt. Ebenenbüschel involut., und also die Systeme wirklich und zwar geschaart involut., wobei die Strahlen der Leitschaar lmn Träger von im System enthaltenen involut. geraden Gebilden und Ebenenbüscheln, also Leitstrahlen des Systems darstellen.

161. Man kann nun noch die Frage aufwerfen, wann ein geschaart involut. System bei den so eben beschriebenen Fixirungsmethoden Ordnungsstrahlen hat, und wann nicht.

Für die 2te der angegebenen Methoden beantwortet sich diese Frage alsbald, denn da die Ebenenbüschel deren Axen die Leitstrahlen lmn des Systems sind, beiden räuml. Systemen entsprechend gemeinsam sind, so müssen diese involut. Ebenenbüschel Ordnungselemente haben, und damit dieses der Fall ist, muß die im System enthaltene involut. Regelschaar $d d_1 . e e_1$ Ordnungsstrahlen haben. Hat umgekehrt diese involut. Regelschaar $d d_1 . e e_1$ die Ordnungsstrahlen st, so ist jeder Punkt und jede Ebene derselben ein entsprechend gemeinsames Element beider räuml. Systeme, d. h. sie selbst sind die Ordnungsstrahlen des involut. räuml. Systems.

Zusatz. Es erhellet hieraus zugleich, daß im Falle ein geschaart involut. räuml. System Ordnungsstrahlen hat, jede im System enthaltene involut. Regelschaar, deren Leitstrahlen sämmtlich Leitstrahlen des Systems sind, diese Ordnungsstrahlen unter ihren Elementen enthalten muß. Jedes Paar zugeordneter Strahlen ist also durch die Ordnungsstrahlen harmonisch getrennt.

Für die 1ste der beiden angewandten Methoden führt der eben betretene Weg nicht zum Ziel, da in diesem Falle keiner der involut. Ebenenbüschel ein entsprechend gemeinsames Grundgebilde darstellt. Haben in diesem Falle die beiden im System enthaltenen involut. Regelschaaren 2 Ordnungsstrahlen nämlich de und st, so stellen offenbar die 4 Ecken des durch sie gebildeten unebenen 4 Ecks 4 entsprechend gemeinsame Punktelemente dar, und da offenbar keiner dieser 4 Strahlen selbst ein Ordnungsstrahl des Systems sein kann, so bilden sie 2 Paare Gegenkanten eines Tetraeders, von welchem das 3te Paar die fraglichen Ordnungsstrahlen bildet.

Hat die eine der beiden Regelschaaren 2 Ordnungsstrahlen de die andere nicht, so kann kein Punkt ein entsprechend gemeinsames Element sein, denn 1) enthält weder d noch e einen solchen

Punkt, und 2) enthalten die involut. Ebenenbüschel d und e keine Ordnungselemente, weßwegen auch kein außerhalb d und e liegender Punkt sich selbst zugeordnet sein kann.

Haben endlich beide Regelschaaren keine Ordnungselemente, so überzeugt man sich auf nachfolgende Weise davon, daß in diesem Falle wie in dem zuerst betrachteten das involut. System wirklich Ordnungsstrahlen hat.

Eine Ebene bestimmt mit den beiden fraglichen involut. Regelschaaren 2 involut. Kurve II desselben Trägers, deren involut. Beziehung jedoch im Allgemeinen verschieden sein wird; wählt man dagegen nach Nr. 75 b. in den beiden Regelschaaren die beiden Würfe $a a_1$ $b b_1$ und $p p_1$ $q q_1$ so, daß sie projekt. sind und $a a_1$. $b b_1$. $p p_1$. $q q_1$, je ein Paar entsprechender Strahlen darstellen, so liegen nach Nr. 71 die 4 Schnittpunkte $a p$ $a_1 p_1$ $b q$ $b_1 q_1$ in einer Ebene, d. h. in einer Kurve II, für welche die involut. Beziehung in Bezug auf beide Regelschaaren dieselbe ist, den 4 Punkten $a p$ $a_1 p_1$ $b q$ $b_1 q_1$ entsprechen die 4 Punkte $a_1 p_1$ $a p$ $b_1 q_1$ $b q$ d. h. diese Schnittkurve ist eine im System enthaltene involut. Kurve II K und ihr Träger ein entsprechend gemeinsames Element beider Gewebe, was bloß dann möglich ist, wenn Ordnungsstrahlen vorhanden.

Hiebei leuchtet nun alsbald ein, daß die Gerade m, in welcher die Schnittpunkte entsprechender Strahlen des involut. Strahlenbüschels II K, die wir die Involutionsaxe des involut. Elementargebildes K nennen werden Nr. 74. 4), den einen Ordnungsstrahl des involut. räuml. Systems darstellt, und daß der Punkt, in dem sich die Verbindungslinien entsprechender Punkte der involut. Kurve II K schneiden, und den wir Involutionscentrum nennen werden Nr. 74. 3), in dem zweiten Ordnungsstrahl n liegen müsse.

Legt man durch m eine neue Ebene, so ist sie stets Träger eines im System enthaltenen involut. ebenen Gewebes, dessen Axe m ist, und dessen Centrum in n liegt, die beiden involut. Regelschaaren werden in einer und derselben im System enthaltenen involut. Kurve II geschnitten, deren Involutionsaxe ebenfalls m ist, und deren Centrum ebenfalls in n liegt.

Je ein Paar zugeordneter Strahlen der beiden involut. Regelschaaren, werden durch die beiden Ordnungsstrahlen harmonisch getrennt.

162. Die letzte Entwicklung giebt uns abermals ein einfaches Mittel an die Hand, 2 räuml. Systeme geschaart involut. auf einander zu beziehen. Man nimmt nämlich eine Regelfläche als entsprechend gemeinsames Elementargebilde beider räuml. Systeme an, und wählt eine sie nicht schneidende Gerade als einen Ordnungsstrahl. Wie nun in 158. die besondere Art der involut. Beziehung der Regelschaaren die Ordnungsstrahlen hat finden lassen, so ist hier umgekehrt durch die Annahme des Ordnungsstrahles die involut. Beziehung der beiden Regelschaaren und somit die involut. Beziehung der räuml. Systeme fixirt, indem jede Ebene, welche durch den Ordnungsstrahl gelegt wird, die Regelfläche in einer Kurve II schneidet, die der Art involut. sein muß, daß jener Ordnungsstrahl ihre Involutionsaxe darstellt, während ihr Involutionscentrum einen Punkt des zweiten Ordnungsstrahles bestimmt.

Die hier näher betrachteten Eigenschaften kommen den beiden Ordnungsstrahlen eines geschaart involut. Systems gegenüber allen im System enthaltenen involut. Regelschaaren, deren Leitschaaren ebenfalls solche im System enthaltene involut. Regelschaaren sind, zu.

Man hat häufig Gelegenheit, 2 zusammengehörige involut. Regelschaaren desselben Trägers in nähere Betrachtung zu ziehen, ohne daß man das geschaart involut. System berücksichtigt, das dadurch fixirt werden kann, und da spielen denn auch die Geraden, welche zu ihnen in dem Verhältnisse stehen, wie es von den Ordnungsstrahlen des dadurch fixirten involut. Systems so eben näher entwickelt wurde, eine besonders wichtige Rolle; für diesen Fall hat man denn auch für diese Geraden eine besondere Bezeichnung eingeführt, indem man sie *zusammengehörige Involutionsaxen* der beiden zusammengehörigen involut. Regelschaaren nennt.

163. Zum Schlusse seien noch 2 Methoden erwähnt, die geschaart involut. Beziehung 2er räuml. Systeme zu fixiren: Wählt man eine unebene Kurve III K als entsprechend gemeinsames Gebilde des involut. Systems und giebt zu 2en Punkten a b von K die zugeordneten a_1 b_1 an, so ist das involut. System vollkommen bestimmt, denn bezieht man die beiden in dem involut. System enthaltenen räuml. Systeme kollineär so auf einander, daß K ein entsprechend gemeinsames Gebilde ist, und den 3 Punkten a b a_1 von K die 3 Punkte a_1 b_1 a entsprechen, so ist nach 146. die kollineäre Beziehung vollständig fixirt, und da offenbar je 2 Punkte von K

einander abwechselnd entsprechen, so ist das räuml. System nothwendig ein involut. und zwar ein geschaart involut. Hat dabei das involut. Kurvengebilde K Ordnungselemente, so hat das involut. räuml. System Ordnungsstrahlen, welche der K in ihren Ordnungselementen sich anschmiegen.

Wählt man endlich 2 Strahlen m n als die Ordnungsstrahlen eines involut. räuml. Systems, so ist dessen Beziehung auch vollständig fixirt, denn jede Gerade die m und n schneidet, ist ein Leitstrahl des Systems und je 2 Punkte eines Leitstrahls, die durch m und n harmonisch getrennt sind, sind einander zugeordnet.

Wir wenden uns nun noch zur näheren Betrachtung der reciproken Beziehung 2er räuml. Systeme, indem wir die frühere allgemeine Entwicklung von Nr. 81 als Grundlage benützen, oder vielmehr an sie anknüpfen.

164. Welches Gesetz befolgen diejenigen Punktelemente, welche in ihren entsprechenden Ebenen liegen. Liegt der Punkt a von R in der ihm entsprechenden Ebene A von R_1, so muß nothwendig auch der Punkt a_1, welcher der Ebene A als Element von R entspricht, in dieser Ebene liegen, und es können folgende 2 Fälle eintreten, entweder a und a_1 fallen in 1 Punkt zusammen, d. h. die Elemente a und A entsprechen einander in doppeltem Sinne, oder a und a_1 sind 2 verschiedene Punkte. Wir lassen den ersten Fall einstweilen unberücksichtigt und wenden uns der näheren Betrachtung des 2ten zu.

Dem in A enthaltenen Strahlenbüschel a von R entspricht der in A gelegene Strahlenbüschel a_1 von R_1 der Art, daß allen Punkten eines Strahles von a alle Ebenen des entsprechenden Strahles von a_1 entsprechen; dem Schnittpunkte 2er entsprechender Strahlen aa_1, als Element beider räuml. Systeme betrachtet, entsprechen daher 2 Ebenen der beiden Büschel a_1 und a, d. h. 2 Ebenen, die ebenfalls die Eigenschaft besitzen, daß sie ihren entsprechenden Punkt in sich enthalten, ohne daß er ihnen in doppeltem Sinne entspräche. Da nun aber die beiden entsprechenden Strahlenbüschel a und a_1 projekt. sind, so liegen die Schnittpunkte entsprechender Strahlen entweder in einer Kurve II, oder sie bilden das System 2er Geraden, woraus folgender Satz sich ergiebt.

Enthält eine Ebene den ihr entsprechenden Punkt in sich, ohne daß er ihr in doppeltem Sinne entspräche, so liegen in derselben Ebene stets entweder sämmtliche Punkte einer Kurve II K, oder sämmtliche Punkte 2er Geraden a und p, denen dieselbe Eigenschaft zukommt, daß sie 1) ihren entsprechenden Punkt in sich enthalten und 2) als Element von R einen andern Punkt als entsprechenden haben denn als Element von R_1.

Legt man durch eine der beiden Geraden p oder a eine Ebene, so folgt ganz auf dieselbe Weise wie in dem eben geführten Beweis, daß in ihr stets noch eine 2te Gerade liegen müsse, deren sämmtliche Punkte in ihren entsprechenden Ebenen liegen; legt man aber durch 2 Punkte von K oder von a und p eine Ebene, welche die ihr entsprechenden Punkte nicht in sich enthält, so erzeugt dieselbe durch den Schnitt mit dem ihr entsprechenden Strahlenbündel ein reciprokes ebenes Gewebe, für welches offenbar der 2te in Nr. 93 betrachtete Fall eintritt, daß sämmtliche Punkte einer Kurve II in den ihr entsprechenden Geraden liegen. Bedenkt man nun, daß alle Punkte dieses ebenen reciproken Gewebes, die in ihren entsprechenden Geraden liegen als Elemente des räuml. reciproken Systems in ihren entsprechenden Ebenen liegen, so erhält man den Satz:

Haben 2 reciproke räuml. Systeme einen einzigen Punkt, der in seiner entsprechenden Ebene liegt, ohne ihr jedoch in doppeltem Sinne zu entsprechen, so haben alle Punkte einer Fläche II F die Eigenschaft, daß sie alle in den ihnen entsprechenden Ebenen liegen, dabei müssen diese Punkte im Allgemeinen je 2 verschiedenen durch sie gehenden Ebenen, und jede solche Ebene im Allgemeinen 2 verschiedenen in ihr enthaltenen Punkten entsprechen, insoferne nach Nr. 93 in einem ebenen reciproken Gewebe im Allgemeinen gerade 2en Punkten der Kurve II, deren Punkte sämmtlich in den ihnen entsprechenden Geraden liegen, die Eigenschaft zukommt, daß sie derselben Geraden in doppeltem Sinne entsprechen, und also auch für unser räuml. System in einer Ebene ebenfalls nur 2en Punkten diese Eigenschaft zukommen kann.

Die reciproke Entwicklung giebt ganz auf dieselbe Weise: Haben 2 reciproke räuml. Systeme eine einzige Ebene, welche durch den ihr entsprechenden Punkt geht, ohne daß sie demselben in doppelter Weise entspricht, so haben alle Berührungsebenen einer 2ten Fläche II F_1 die Eigenschaft, daß sie alle durch die ihnen entsprechenden Punkte gehen, wobei im Allgemeinen diese Ebenen als Elemente der beiden räuml. Systeme betrachtet je 2 verschiedenen in ihnen enthaltenen Punkten entsprechen. Dabei ist einleuchtend, daß diese beiden Flächen II, F und F_1, einander entsprechen.

Zusatz. Diese Fläche II F kann in das System 2er ebenen Gewebe übergehen, denn entspricht die Gerade a sich selbst, so liegt in jeder Ebene des Ebenenbüschels a je noch eine Gerade, welcher die Eigenschaft zukommt, daß ihre sämmtlichen Punkte in den ihnen entsprechenden Geraden liegen, und hinsichtlich dieses Systems von Geraden können nun 2 Fälle eintreten, entweder sie liegen sämmtlich in 1 Ebene, oder sie bilden eine Regelfläche, wie sich dieses daraus ergiebt, daß in jeder Ebene die ihren zugeordneten Punkt nicht in sich enthält, nach Nr. 93 entweder alle Punkte einer Kurve II, oder alle Punkte 2er, oder 1 Geraden sein müssen, wenn wie hier überhaupt bei einem es der Fall ist *). Liegen die Geraden alle in 1 Ebene E, so entspricht dieser Ebene derselbe in ihr aber außerhalb a liegende Punkt P in doppeltem Sinne, und P bildet den Mittelpunkt eines Strahlenbüschels, dessen sämmtliche Strahlen sich selbst zugeordnet sind, legt man nun durch einen solchen Strahl eine neue Ebene E_1, so liegt in ihr noch eine 2te Gerade, deren sämmtliche Punkte in ihren zugeordneten **) Geraden liegen, diese Gerade schneidet die a und bildet mit ihr eine 2te Ebene, deren sämmtlichen Punkten eben diese Eigenschaft zukommt.

Wir werden unten in 165. B auf diesen Fall zurück kommen.

165. Bei der letzten Entwicklung gingen wir von der Voraussetzung aus, daß der Punkt a seiner Ebene A nicht in doppeltem Sinne entspricht. Wenden wir uns nun dieser Seite der Betrachtung zu und stellen uns ganz Allgemein die Frage, welche

---

*) Daß die fraglichen Geraden nicht in einer Kegelfläche liegen können, ergiebt die einfachste Betrachtung.

**) Statt des Wortes „entsprechende" Elemente ꝛc. werden wir wohl auch das Wort „zugeordnet" in Anwendung bringen und zwar werden wir diese Bezeichnung besonders bei solchen projekt. Gebilden anwenden, welche in demselben Träger enthalten sind, und daher gleichsam als ein zusammengesetztes Gebilde anzusehen sind, also bei involut. Grundgebilden und Elementargebilden, reciproken Systemen, Polarsystemen und Nullsystemen.

Punktelemente eines reciproken räuml. Systems können ihren entsprechenden Ebenen in doppeltem Sinne entsprechen.

Denken wir uns jeden Punkt des Raumes gleichsam doppelt, betrachten wir ihn nämlich, sowohl als Element von R als auch als Element von R_1, so bilden die entsprechenden Ebenen von R_1 und R 2 zu einander kollin. räuml. Systeme und offenbar bestimmen sämmtliche Elemente, welche diese beiden kollin. räuml. Systeme entsprechend gemein haben, solche Elemente, welche ihren entsprechenden in doppeltem Sinne entsprechen, so daß unsre jetzige Untersuchung auf die der Nr. 148 zurückgeführt ist.

Es können daher die nachfolgenden Fälle eintreten:

A. Die beiden kollin. räuml. Systeme haben alle Elemente entsprechend gemein, und es entspricht daher jedes Element des recipr. räuml. Systems seinem Element in doppeltem Sinne. Die Systeme werden in diesem Falle involut. genannt, ein Fall, der als der weitaus wichtigste unten besonders betrachtet werden muß.

B. Die beiden kollineären räuml. Systeme sind perspekt. In beiden recipr. räuml. Systeme entsprechen in diesem Falle allen Punkte und Strahlenelementen eines ebenen Gewebes alle Ebenen und Strahlenelemente eines Strahlenbündels in doppeltem Sinne.

Es sind hier die 2 Fälle zu unterscheiden, daß das Centrum S der perspekt. Beziehung der kollineären räuml. Systeme in dem entsprechend gemeinsamen ebenen Gewebe E derselben liegt, oder daß dieses nicht der Fall ist. Der 2te Fall ist durch die Natur der reciproken Beziehung selbst ausgeschlossen, denn da in diesem Falle jeder Ebenenbüschel, dessen Axe in E liegt, zu dem ihm in doppeltem Sinne entsprechenden geraden Gebilde des Strahlenbüschel S involut. ist, so entspricht jede Ebene eines solchen Ebenenbüschels also überhaupt jede Ebene demselben Punkte in doppeltem Sinne, d. h. es muß unter dieser Voraussetzung immer der Fall A eintreten.

Was nun den 1sten Fall betrifft, so möge folgendes erläuternd beigefügt werden: Sind ABN 3 Punkte der Geraden p und CDC_1D_1S 5 Punkte der Geraden q, welche die p nicht schneidet, und bestimmt man die recipr. Beziehung der räuml. Systeme dadurch, daß den Punkten ABCD und einem Punkt von SN der weder in p noch in q liegt, die Ebenen qA qB pC_1 pD_1 und eine durch SN gehende Ebene entspricht, so entsprechen offenbar alle Punkte von p und noch S denselben durch sie gehenden Ebenen in doppeltem Sinn und außerdem liegt jeder Punkt der Ebene pS in einer durch ihn gehenden Ebene des Strahlenbündels S; es sind aber hiebei nun folgende 2 Fälle zu unterscheiden: es giebt außer S in q keinen 2ten Punkt, der derselben durch ihn gehenden Ebene in doppeltem Sinn entspricht, oder es giebt einen solchen 2ten Punkt T so beschaffen, daß dem Punkte T, als Elemente beider räuml. Systeme, dieselbe Ebene pT entspricht. Im 2ten Falle entsprechen allen Punkten von p und noch dem S und T dieselben durch sie gehenden Ebenen in doppeltem Sinn aber sonst keinem Punkte, außerdem kommt allen Punkten der beiden Ebenen p S und p T die Eigenzu, daß sie in den ihnen entsprechenden Ebenen liegen (vergl. Nr. 164); im 1sten Fall haben die entsprechenden Elementenpaare die oben erwähnte Lage, daß alle Punkte der Ebene p S den durch sie gehenden Ebenen, und ebenso alle Ebenen des Strahlenbündels S den in ihnen enthaltenen Punkten in doppeltem Sinne entsprechen, was aus Vergleichung der Nr. 93 alsbald sich ergiebt, wenn man ein ebenes Gewebe E und seinen Schnitt mit dem enspréchenden Strahlenbündel betrachtet, man erhält dadurch ein recipr. ebenes Gewebe in E, für welches der Fall 1 in Nr. 93 eintritt; das dortige p ist hier die Schnittlinie von E und pS und das dortige P liegt hier in demjenigen Strahle von S, der der so eben bezeichneten Schnittlinie in doppeltem Sinne entspricht.

C. Die beiden kollineären räuml. Systeme haben sämmtliche Punkte und Ebenen von 2 einander nicht schneidenden Geraden gemein, d. h. in beiden recipr. räuml. Systemen entsprechen sämmtlichen Punkten 2er sich nicht schneidender gerader Gebilde deren Ebenen in doppeltem Sinne, wobei zugleich erhellet, daß die Axen der Ebenenbüschel und die Träger der entsprechenden geraden Gebilde in dieselben 2 Geraden p und q zusammenfallen müssen, wenn nicht wieder der Fall A eintreten soll. In Bezug auf jeden dieser beiden Ebenenbüschel p oder q hat man nun zu unterscheiden, ob er mit dem ihm entsprechenden geraden Gebilde q oder p perspekt., oder ob er mit ihm involut. liegt, woraus für diesen Fall C sich 3 Unterabtheilungen ergeben nämlich 1) beide Ebenenbüschel sind den ihnen entsprechenden geraden Gebilden perspekt. In diesem

Falle ist jede Gerade, welche die beiden Strahlen p und q schneidet, sich selbst zugeordnet, so daß jedem Punkte einer jeden solchen Geraden, also überhaupt jedem Punkte des Raumes, eine durch ihn gehende Ebene zugeordnet ist. Dieses kann aber nur dann der Fall sein, wenn jeder Punkt seiner Ebene in doppeltem Sinne entspricht, da nach Nr. 164 in einer Ebene, welcher 2 verschiedene in ihr enthaltene Punkte entsprechen nur dem Punkte einer Kurve II oder 2er Geraden die Eigenschaft zukommt, daß ihre zugeordneten Ebenen durch sie gehen. Dieser 1ste Fall gehört also unter A und wir werden ihn weiter unten unter der Bezeichnung eines Nullsystems ausführlicher zu betrachten haben.

2) Beide Ebenenbüschel pq liegen mit ihren zugeordneten geraden Gebilden qp involut., indem dem Ebenenbüschel p $(\alpha \beta \alpha_1 \beta_1)$ das gerade Gebilde q $(\alpha_1 \beta_1 \alpha \beta)$ und dem Ebenenbüschel q $(a b a_1 b_1 ..)$ die Gerade p $(a_1 b_1 a b ..)$ zugeordnet ist, dann ist offenbar der Geraden $a\alpha$ die Geraden $\alpha_1 a_1$ zugeordnet und zwar ist der Ebenenbüschel, dessen Axe die eine Gerade, stets involut. zu dem geraden Gebilde, dessen Träger die andere Gerade ist, da dieses nun mit jedem Paar zugeordneter Geraden, welche die p und q schneiden, der Fall ist, so ist überhaupt jeder Punkt als Schnittpunkt 3er Ebenen derselben Ebene als Verbindungsebene 3er Punkte in doppeltem Sinne zugeordnet, d. h. auch dieser 2te Fall gehört unter A, und wir werden ihn weiter unten unter der Bezeichnung eines gewöhnlichen Polarsystems näher zu betrachten haben. Sollen daher die recipr. räuml. Systeme nicht alle ihre zugeordneten Elemente in doppeltem Sinn entsprechend haben, so bleibt bloß folgender letzter Fall übrig.

3) Der eine der beiden Ebenenbüschel ist zu seiner zugeordneten Geraden perspekt. der andere involut.

D. Die kollineären räuml. Systeme haben alle Punkte einer Geraden und alle Ebenen eines Ebenenbüschels gemein, d. h. in dem recipr. räuml. Systeme entsprechen allen Punkten eines geraden Gebildes q die Ebenen eines Ebenenbüschels p in doppeltem Sinne; in diesem Falle kann der Ebenenbüschel zu seinem zugeordneten geraden Gebilde perspekt. oder auch involut. liegen. Bei jeder Ebene des Ebenenbüschels p stellt p die Gerade dar, die wir in Nr. 93 ebenfalls mit p bezeichnet haben, und der Schnittpunkt derselben mit q übernimmt die Rolle des dortigen P; daraus erhellet zugleich, daß in der Axe p noch 2 oder 1 oder 0 Punkte enthalten sein können, die ihren Ebenen in doppeltem Sinne entsprechen aber in ihnen liegen müssen, außerhalb dieser beiden Geraden p und q kann es keinen Punkt mit der verlangten Eigenschaft geben.

E. Die kollineären räuml. Systeme haben 4 Punkte u. 4 Ebenen entsprechend gemein, d.h. in dem recipr. räuml. Systeme entsprechen 4 Punkte ihren Ebenen in doppeltem Sinne. Sollen überhaupt bloß eine endliche Anzahl von Punkten ihren Ebenen in doppeltem Sinne entsprechen, so leuchtet vor Allem das ein, daß unter ihnen höchstens 1 Punkt sich befinden kann, der diese Eigenschaft besitzt und dabei außerhalb der ihm entsprechenden Ebene liegt, denn würde den Punkten a und b die beiden nicht durch sie gehenden Ebenen A und B zugeordnet sein, so läge das gerade Gebilde a b mit dem ihm zugeordneten Ebenenbüschel AB involut. und es würde daher jeder Punkt von a b und jede Ebene von AB die fragliche Eigenschaft mit a b und resp. AB theilen.

Nehmen wir an, von den 4 Punkten a b c d die ihren Ebenen ABCD in doppeltem Sinne zugeordnet sind, gäbe es einen a, der außerhalb seiner Ebene A läge, alsdann wäre der Strahlenbündel a zu seinem ihm zugeordneten ebenen Gewebe A nothwendig involut. und es wäre der Fall identisch mit dem in B betrachteten. Sollen daher 2 räuml. recipr. Systeme bloß 4 Punkte enthalten, die ihren Ebenen in doppeltem Sinne zugeordnet sind, so müssen die 4 Punkte in ihren 4 entsprechenden Ebenen liegen.

Betrachtet man nun ferner irgend 3 jener 4 Punkte z. B. a b c und ihre entsprechenden Ebenen ABC, so kann man hinsichtlich ihrer gegenseitigen Lage folgende 3 Fälle unterscheiden:

1) Die 3 Ebenen ABC schneiden sich in einem Punkte außerhalb der Ebene a b c, in diesem Falle würden wir den so eben von unsrer Betrachtung ausgeschlossenen Fall erhalten, der identisch B wäre.

2) Die 3 Ebenen ABC schneiden sich in einem Punkte S der Ebene a b c, der jedoch mit keinem dieser 3 Punkte zusammenfällt, in diesem Falle wäre jeder Strahl des in a b c gelegenen Strahlenbüschels S sich selbst zugeordnet, d. h. jedem Punkte dieser Ebene entspräche eine durch ihn gehende Ebene, ein Fall, der identisch C 1) ist.

3) Die 3 Ebenen ABC schneiden sich in einem der 3 Punkte abc ein Fall der da 1) u. 2) nothwendig ausgeschlossen werden mußte, allein übrig bleibt, und zu folgendem Resultat führt: da je 3 der 4 Ebenen ABCD in einem der 4 Punkte abcd sich schneiden müssen, so ist nothwendig, daß diese 4 Ebenen keine anderen sein können, als die 4 Seiten des Tetraeders abcd und es fragt sich nun noch, in welcher Ordnung die 4 Seiten des Tetraeders den 4 Ecken desselben entsprechen können, wenn die bisher aufgestellten Bedingungen erfüllt sein sollen, und die Fixirung keinen Widerspruch in sich enthalten soll. Es leuchtet aber ohne Weiteres ein, daß hiebei nur einer der folgenden 3 Fälle überhaupt möglich ist: den 4 Ebenen abc abd cda cdb entsprechen.

	abc	abd	cda	cdb
1. die 4 Punkte	a	b	c	d
2. „	b	a	d	c
3. „	c	d	a	b

Es ist hieraus zu ersehen, daß wenn 2 recipr. räuml. Systeme bloß 4 Punkte enthalten sollen, die ihren Ebenen in doppeltem Sinne zugeordnet sind, alsdann diese 4 Punkte entweder zu 2 und 2 auf 2 sich selbst zugeordneten Geraden liegen müssen, oder daß sie zu 2 und 2 auf 2 einander gegenseitig zugeordneten Geraden liegen müssen, wobei noch in beiden Fällen jede der 4 zugeordneten Ebenen durch 3 der 4 Punkte gehen muß.

Es ist umgekehrt einleuchtend, daß wenn den 4 Ebenen abc abd cda cdb die 4 Punkte abcd in irgend einer der unter 1. 2. 3. angeführten Ordnung entsprechen, dann stets von selbst folgt, daß diese Elemente einander in doppeltem Sinne zugeordnet sind, so daß um die reciproke Beziehung zu fixiren, allemal zu einem 5ten Punkte, der mit keinen 3 der gegebenen in einer Ebene liegt, eine 5te Ebene, die mit keinen 3 der gegebenen in 1 Punkte sich schneidet, beliebig angenommen werden kann; von der Wahl dieser beiden zugeordneten Elemente hängt es dann ab, ob das System ein Nullsystem oder ein gewöhnliches Polarsystem darstelle, oder ob bloß der hier in unsrer Nummer betrachtete Fall eintrete.

F. Haben die kollineären Systeme 3 Punkte und 3 Ebenen entsprechend gemein, so sind in dem recipr. räuml. Systeme 3 Punkte ihren Ebenen in doppeltem Sinne zugeordnet, und es müssen in diesem

Falle aus denselben in E angegebenen Gründen 2 der 3 Punkte in der einen von 2 einander zugeordneten Geraden der 3te in der andern liegen, so daß die beiden den ersten 2 Punkten zugeordneten Ebenen 2 die 3te Ebene 3 der fraglichen Punkte in sich enthält.

G. Haben die kollineären räuml. Systeme bloß 2 Punkte und 2 Ebenen entsprechend gemein, so entsprechen in dem recipr. räuml. Systeme 2 Punkte ihren Ebenen in doppeltem Sinne. Auch hier müssen aus den oben angegebenen Gründen diese beiden zugeordneten Elementenpaare die gegenseitige Lage haben, daß der eine Punkt a außerhalb der ihm zugeordneten Ebene A, der andere b in der ihm zugeordneten Ebene B und in A zugleich liegen muß.

H. Haben endlich die kollineären räuml. Systeme 1 Punkt und 1 Ebene entsprechend gemein, so entspricht in dem recipr. räuml. Systeme 1 Punkt a seine Ebene A in doppeltem Sinne; in diesem Falle muß der Punkt a in A liegen, weil sonst nach Nr. 93 in A nothwendig ein 2ter Punkt P wäre, der seiner Ebene a p in doppeltem Sinne entspräche, wenn dem Punkt P und der Geraden p die Bedeutung der Nr. 93 zukommt.

166. Ueber die Fixirung der recipr. Beziehung 2er räuml. Systeme R und R_1 läßt sich dasselbe sagen, was Nr. 146 über die Fixirung der kollineären Beziehung gesagt wurde, indem jede Art der Fixirung der kollineären Beziehung zu einer Fixirung der recipr. Beziehung führt, unter einfacher Anwendung des Gesetzes der Reprocikität (Nr. 81) für die Elemente des einen räuml. Systems. Demnach sind 2 räuml. Systeme reciprok auf einander bezogen, wenn

1) 5 Punkten des einen, von denen keine 4 in 1 Ebene liegen 5 Ebenen des andern zugeordnet sind, von denen keine 4 durch 1 Punkt gehen.

2) Wenn 4 Punkte, die nicht in 1 Ebene liegen, und einer Ebene, die durch keinen jener 4 Punkte geht, 4 Ebenen, die sich nicht in 1 Punkte schneiden, und 1 Punkt, der in keiner der 4 Ebenen liegt, zugeordnet sind.

3) Wenn 2 Ebenen GH reciprok auf 2 Strahlenbündel G_1H_1 bezogen werden, wobei jedoch das gerade Gebilde GH als Element von G in derselben Weise seinem zugeordneten Ebenenbüschel G_1H_1 projekt. sein muß wie als Element von H.

4) Wenn zu einer Regelfläche R und zu je 3 Strahlen

abc und pqr ihrer beiden Regelschaaren die zugeordnete Regelfläche R_1 und die 3 zugeordneten Strahlen $a_1 b_1 c_1$ und $p_1 q_1 r_1$ gegeben sind, wobei selbstverständlich dem Punktelement a p von R die Ebene $a_1 p_1$ von R_1 entspricht und umgekehrt.

5) Wenn zu einer Kurve III und 3 ihrer Punkte der entsprechende Ebenenbüschel III und 3 seiner Ebenen gegebenen sind.

167. Wir wenden uns nun zu dem Falle, in welchem bei 2 räuml. Systemen alle Punkte ihren Ebenen in doppeltem Sinne entsprechen.

Obwohl in der vorigen Nummer auf diesen Fall als auf eine besondere Art der reciproken Beziehung schon hingedeutet war, so soll doch hier noch besonders nachgewiesen werden, daß eine derartige reciproke Beziehung auch wirklich möglich ist.

Bezieht man 2 räuml. Systeme R und R_1 reciprok so auf einander, daß den 4 Ecken eines Tetraeders die 4 Gegenseiten entsprechen, so tritt stets der erwähnte Fall ein, daß jeder Punkt seiner Ebene in doppeltem Sinne entspricht, da jeder der 6 Ebenenbüschel deren Axen die 6 Kanten des Tetraeders darstellen, seinem zugeordneten geraden Gebilde, der Gegenkante, involut. ist, und es muß, um die Fixirung der reciproken Beziehung vollständig zu machen, noch zu einem 5ten Punkte, der mit keinen 3 der 4 Eckpunkte des Tetraeders in 1 Ebene liegt, die entsprechende Ebene gegeben werden, welche durch keines der 4 Ecken desselben Tetraeders geht.

Bezieht man dagegen R und R_1 reciprok so auf einander, daß den 4 Punkten p(a) p(b) $q(a_1)$ $q(b_1)$ die 4 Ebenen q(a) q(b) $p(a_1)$ $p(b_1)$ und ferner dem außerhalb der Geraden p und q gelegenen 5ten Punkte d eine Ebene entspricht deren beide Schnittpunkte c und c_1 mit p und q in einer Geraden mit d liegen, so tritt der 1te Fall von 165. C. ein, daß jedem Punkte seine Ebene in doppeltem Sinne zugeordnet ist, daß dabei aber jeder Punkt in seiner entsprechenden Ebene selbst liegt. Denn da außer dem Punkte a b von p und $a_1 b_1$ von q offenbar auch noch die Punkte c und c_1 derselben Geraden in den ihnen entsprechenden Ebenen liegen, so ist dieses mit jedem Punkte von p und q als Elemente von R der Fall, daher ist jede Gerade, welche die beiden Geraden p und q schneidet, sich selbst zugeordnet, weil offenbar der Schnittlinie der beiden Ebenen $p(e_1)$ und q(e) die Gerade $e e_1$ zugeordnet ist; daraus folgt aber nothwendig, daß jeder Punkt des Raumes in der ihm zugeordneten Ebene liegen müsse. Es fehlt daher an der Vollständigkeit unsres Beweises nur noch der Nachweis dafür, daß auch jedem Punkte eine durch ihn gehende Ebene in doppeltem Sinne entspreche. Ist aber aa_1 eine sich selbst zugeordnete Gerade, und entsprechen einer durch sie gehenden Ebene M als Element von R der Punkt m_1, und als Element von R_1 der von m_1 verschiedene Punkt m der Geraden aa_1, so würde nach Nr. 164 in der Ebene M nur den Punkten 2er Geraden die Eigenschaft zukommen können, daß ihre zugeordneten Ebenen durch sie gehen, was gegen das bewiesene Resultat streitet, daß bei unsrer Voraussetzung alle Punkte des Systems in ihren zugeordneten Ebenen liegen. Wie schon angeführt, nennen wir 2 reciproke räuml. Systeme der 1sten Art ein gewöhnliches räuml. Polarsystem; dagegen 2 reciproke räuml. Systeme der 2ten Art ein Nullsystem.

Betrachten wir nun diese beiden Arten involut. reciproker räuml. Systeme näher.

168. In einem gewöhnlichen Polarsystem nennen wir einen Punkt den Pol der ihm zugeordneten Ebene, und letztere die Polarebene, oder kurz die Polare des ersteren. Liegt der Punkt b in der Polare A des Punktes a, so liegt immer auch umgekehrt der Punkt a in der Polare B des Punktes b; wir nennen 2 solche Punkte, von denen jeder in der Polare des andern liegt, und ebenso 2 solche Ebenen, von denen jede durch den Pol der andern geht, konjugirte Punkte und Ebenen, der Schnittlinie AB 2er Ebenen ist die Verbindungslinie ab der Pole dieser Ebenen zugeordnet, der Art, daß der Pol jeder Ebene der einen Geraden in der anderen, und die Polare jedes Punktes der einen durch die andern geht; wir nennen 2 solche Gerade konjugirte Gerade (94). Ein Punkt heißt demnach sich selbst konjugirt, wenn er in seiner eigenen Polare liegt, und eine Gerade heißt sich selbst konjugirt, wenn dem in ihr enthaltenen geraden Gebilde der Ebenenbüschel zugeordnet ist, dessen Axe sie selbst ist.

169. Liegt in einem gewöhnlichen räuml. Polarsystem ein Punkt a außerhalb seiner Polare A, so liegt der Strahlenbündel a mit dem ihm zugeordneten ebenen Gewebe involut., und das ebene Gewebe A, (oder der Strahlenbündel a) liegt mit dem Schnitte

des Strahlenbündels a (oder dem Scheine des ebenen Gewebes) involut. Ebenso ist jedes gerade Gebilde, dessen Träger die konjugirte Gerade nicht schneidet, involut. zu dem Schnitte des entsprechenden Ebenenbüschels, und unter derselben Voraussetzung jeder Ebenenbüschel zu dem Scheine des entsprechenden geraden Gebildes; der Art entstehende involut. Grundgebilde I oder II nennen wir durch das räuml. Polarsystem bestimmt.

Liegt dagegen a in seiner Polare A, so entspricht jedem Strahl des in A gelegenen Strahlenbüschels a ein Strahl desselben Büschels, und die sämmtlichen Paare derartig konjugirter Strahlenpaare bilden einen involut. Strahlenbüschel, und man hat daher hier noch zu unterscheiden, ob derselbe Ordnungsstrahlen hat oder nicht *).

Hat der Büschel keine Ordnungsstrahlen, so liegt außer a kein Punkt von A in seiner Polare, dagegen enthält jede weitere Ebene, welche durch a geht, sämmtliche Punkte einer Kurve II, die in ihren Polaren liegen, denn da jede solche Ebene Träger eines durch das Polarsystem bestimmten ebenen Polarsystems ist, und in ihm der eine Punkt a in seiner Polare AB liegt, so liegen nach Nr. 95 nothwendig alle Punkte einer Kurve II in ihren Polaren.

Hat dagegen der Büschel a 2 Ordnungsstrahlen m n, so liegen alle ihre Punkte in ihren Polaren, jede weitere Ebene B, welche durch a aber weder durch m noch durch n geht, enthält eine Kurve II, deren sämmtlichen Punkten dieselbe Eigenschaft zukommt, und zwar aus demselben Grunde, wie so eben in dem gleichen Falle angeführt wurde; jede Ebene endlich die durch m oder n geht, enthält noch eine 2te Gerade, deren Punkten dieselbe Eigenschaft zukommt, denn auch in ihr ist ein involut. Strahlenbüschel b, der nothwendig Ordnungsstrahlen haben muß, da m oder n den einen davon schon darstellt.

Hieraus geht nun deutlich hervor: Liegt in einem gewöhnlichen Polarsystem ein Punkt a in seiner Polare A, so findet dieses

---

*) Man könnte versucht sein, noch die 3te Möglichkeit zu statuiren, daß jeder Strahl des Büschels sich selbst konjugirt wäre, allein eine einfache Betrachtung läßt erkennen, daß man es in diesem Falle mit einem Nullsystem zu thun habe, dessen nähere Betrachtung später folgen wird.

mit allen Punkten einer Fläche II Statt, welche entweder eine durchaus krumme Fläche II, oder eine Regelfläche ist, je nachdem a der einzige Punkt von A ist, dem diese Eigenschaft zukommt oder nicht. Man nennt die Fläche II, welcher in Bezug auf ein Polarsystem diese Eigenschaft zukommt, die Ordnungsfläche des Polarsystems.

Zusatz. Bei 2 reciproken räuml. Systemen haben wir gesehen, daß im Allgemeinen sämmtliche Punkte einer Fläche II F in ihren zugeordneten Ebenen liegen, und daß dieser Fläche II F eine von ihr verschiedene Fläche II F_1 zugeordnet ist, vorausgesetzt, daß F keine Regelfläche darstellt, wobei F und F_1 höchstens 2 Punkte gemein haben können, in denen sie sich aber stets berühren; fallen F und F_1 in 1 Fläche II zusammen, so geht die reciproke Beziehung immer in die eines gewöhnlichen Polarsystems über.

170. Hat ein gewöhnliches räuml. Polarsystem eine Regelfläche zur Ordnungsfläche, so ist jeder Geraden, welche die Ordnungsfläche in 2 Punkten ap bq schneidet, eine Gerade konjugirt, welche die Regelfläche ebenfalls in 2 Punkten, nämlich aq bp schneidet. Denn die Polare des Punktes ap ist ja die Ebene ap, und die Polare von bq die Ebene bq, diese beiden Ebenen enthalten aber offenbar die beiden erwähnten Punkte aq bp, die ebenfalls in der Regelfläche liegen, in ihrer Schnittlinie.

Die beiden konjugirten Geraden bilden 1 Paar Gegenkanten eines Tetraeders, dessen übrige 4 Kanten in 4 Strahlen der Regelfläche liegen.

Aus dem so eben bewiesenen Satze folgt aber mit Nothwendigkeit, daß wenn ein gewöhnliches räuml. Polarsystem eine Regelfläche zur Ordnungsfläche hat, dann allemal umgekehrt jeder Geraden, welche mit der Ordnungsfläche keinen Punkt gemein hat, wieder eine solche Gerade entspricht, denn daß jeder Geraden, welche mit ihr nur einen Punkt a p gemein hat, ein Strahl desselben Strahlenbüschels ap konjugirt ist, der von ihm durch a und p harmonisch getrennt ist, wurde schon oben Nr. 169 erwiesen.

In einem gewöhnlichen räuml. Polarsysteme, das eine Regelfläche als Ordnungsfläche besitzt, haben daher von 2 konjugirten Geraden entweder beide ein Paar sich selbst konjugirte Punkte oder keine.

171. Hat ein gewöhnliches räuml. Polarsystem eine durchaus krumme Fläche II zur Ordnungsfläche, so ist jeder Geraden, welche dieselbe in 2 Punkten a b schneidet, ein Gerade konjugirt, welche mit derselben keinen Punkt gemein hat.

Denn da die beiden Polaren A und B von a b außer ihrem Pole keinen Punkt mit der Ordnungsfläche gemein haben (Nr. 139) so gilt dieses selbstverständlich auch von ihrer Schnittlinie A B.

Um zu untersuchen, ob unter eben dieser Voraussetzung auch umgekehrt jeder Geraden, welche mit der Ordnungsfläche keinen Punkt gemein habe, eine Gerade zugeordnet sei, welche mit ihr 2 Punkte gemein hat, schlagen wir den umgekehrten Weg ein, und untersuchen, was für Schlüsse auf das innere Gefüge eines räuml. Polarsystems daraus folgen, daß 2 konjugirte Gerade p und p_1 beide keinen sich selbst konjugirten Punkt in sich enthalten. Sind $a a_1 . b b_1$ 2 Paare konjugirter Punkte von p, so läßt sich nach Nr. 75 b) zu jedem Paar konjugirter Punkte $m m_1$ von p_1 gerade 2 Paare anderer konjugirter Punkte $n n_1$ oder $p p_1$ finden, von der Beschaffenheit, daß der Wurf $a b a_1 b_1$ dem Wurfe $m n m_1 n_1$ projekt. ist. Die 4 Strahlen $a m$ $b n$ $a_1 m_1$ $b_1 n_1$, die wir entsprechend durch $a b a_1 . b_1$ bezeichnen wollen, bilden daher 4 Strahlen einer Regelschaar, da $p p_1$ sich nicht schneiden können, insoferne sonst ihr Schnittpunkt sich selbst konjugirt wäre, und da offenbar die Geraden a und a_1, ebenso wie die Geraden b und b_1 je ein Paar konjugirter Gerader darstellen, so ist die durch sie bestimmte Regelschaar eine im System enthaltene*) involut. Regelschaar $a a_1 . b b_1$. Aber da auch jeder Geraden, welche 1 Paar konjugirte Gerade schneidet, eine solche Gerade konjugirt ist, welche dieselben beiden konjugirten Geraden schneidet, so ist offenbar jeder Geraden, welche sowohl a und a_1 als auch b und b_1 schneidet, d. h. jedem Leitstrahl q der involut. Regelschaar $a a_1 . b b_1$ eine Gerade, der dieselbe Eigenschaft zukommt, d. h. wieder ein Leitstrahl q_1 dieser Regelschaar konjugirt, so daß also auch die Leitschaar von $a a_1 . b b_1$ eine im System enthaltene involut. Regelschaar darstellt.

Die involut. Regelschaar $a a_1 . b b_1 \ldots$ kann keine Ordnungsstrahlen haben, weil p und p_1 nach der Voraussetzung keine sich

*) Wegen der Bedeutung dieses Ausdrucks vergl. Nr. 169.

selbst konjugirte Punkte enthalten, und es fragt sich daher, ob die im System enthaltene involut. Regelschaar $pp_1 . qq_1 \ldots$ 2 Ordnungsstrahlen hat oder nicht. Hat nun diese Regelschaar 2 Ordnungsstrahlen m und n, so sind diese auch im Polarsysteme 2 sich selbst konjugirte Gerade. Dasselbe hat also eine Ordnungsfläche, und diese ist nothwendig eine Regelfläche von der m und n ein Paar Strahlen darstellen. Hat dagegen auch die involut. Regelschaar $pp_1 . qq_1 \ldots$ keine Ordnungsstrahlen, so giebt es überhaupt keinen Punkt, welcher sich selbst konjugirt wäre, d. h. in seiner Polare läge. Denn wäre A ein solcher Punkt, so könnte man immer die Gerade a, d. h. die a m durch diesen Punkt A gehen lassen, da es ja nach dem Satze Nr. 75 b für die Schlußfolge des obigen Beweises durchaus ohne Einfluß ist, wie die zugeordneten Elemente $\mathfrak{a}\mathfrak{a}_1$ in p, und ebenso die zugeordneten Elemente $\mathfrak{m}\mathfrak{m}_1$ in p_1, d. h. $\mathfrak{a}$ und $\mathfrak{m}$ gewählt werden. Da aber alsdann die der A zugeordnete Ebene durch A selbst gehen muß, so müßte der durch A gehende Strahl der Regelschaar $pp_1 . qq_1$ sich selbst zugeordnet sein.

172. Wir fassen die Resultate der letzten 2 Nummern hier noch einmal in folgenden Sätzen zusammen.

Ein gewöhnliches räuml. Polarsystem hat entweder keinen Punkt, der in seiner Polare liegt, oder alle Punkte einer Regelfläche, oder alle Punkte einer durchaus krummen Fläche II.

Im 1sten dieser 3 Fälle enthält selbstverständlich keine von 2 konjugirten Geraden einen sich selbst konjugirten Punkt.

Im 2ten Falle enthält von 2 einander konjugirten Geraden entweder keine oder alle beide ein Paar sich selbst konjugirter Punkte.

Im 3ten Falle enthält von 2 konjugirten Geraden stets eine 2 sich selbst konjugirte Punkte und die andere keinen.

In dem 3ten der hier angeführten Fälle giebt es in dem räuml. Polarsystem keine im System enthaltene involut. Regelschaar; giebt es aber in einem gewöhnlichen räuml. Polarsystem konjugirte Gerade, von denen keine einen sich selbst konjugirten Punkt enthält, (d. h. in den beiden ersten der obigen 3 Fälle), so enthält das Polarsystem unendlich viele in dem System enthaltene involut. Regelschaaren. In diesem Falle ist nothwendig die Leitschaar jeder solchen im System selbst enthaltenen involut. Regelschaar ebenfalls eine im System enthaltene involut. Regelschaar. Enthält dabei das räuml. Polarsystem eine Regelfläche als Ordnungsfläche, so muß von 2 im System enthaltenen involut. Regelschaaren, von denen jede die Leitschaar der andern ist, wenigstens 1 2 Ordnungsstrahlen haben.

Umgekehrt bestimmen in jedem räuml. Polarsystem, dessen Ordnungsfläche eine Regelfläche ist, je 2 konjugirte Gerade f und f_1 mit einem Strahle m der Regelfläche, der mit f und f_1 keinen Punkt gemein hat, eine im System enthaltene involut. Regelschaar R_1 die mit der Ordnungsfläche noch einen 2ten Strahl n gemein hat, wobei m und n die Ordnungsstrahlen dieser involut. Regelschaar R_1 darstellen, so daß f m f_1 n einen ordentlichen harmonischen Wurf bilden. Die Leitschaar dieser involut. Regelschaar hat dabei mit der Ordnungsfläche ebenfalls 2 Strahlen gemein oder nicht, je nachdem f und also auch f_1 die Ordnungsfläche schneiden oder nicht.

Zusatz. Bleiben unter Beibehaltung der hier zuletzt eingeführten Bezeichnungsweise f u. f_1 fest, und läßt man den Strahl m der Ordnungsfläche sich ändern, so ändert sich auch n; denkt man sich nun durch f eine Ebene gelegt, so schneidet sie die Ordnungsfläche R in einer Kurve II und die f_1 in einem Punkte S, und dabei müssen die Schnittpunkte von je einem zusammengehörigen Paar Strahlen m und n stets mit S in 1 Geraden liegen, weil ja f m f_1 n stets 4 Strahlen einer Regelschaar bilden. Hieraus ist nun zu erkennen, daß je ein Paar Strahlen m und n der Ordnungsfläche R, die mit 2 konjugirten Geraden f und f_1 in 1 Regelschaar liegen, ein Paar zugeordnete Strahlen 1er von 2 der Art involut. Regelschaaren in R darstellen, daß f und f_1 in Bezug auf sie zusammengehörige Involutionsaxen darstellen. Diese Betrachtung lehrt einfach zu einer Geraden die konjugirte Gerade, und somit zu jedem Punkt die zugehörige Polare finden.

Zusatz 2. Haben die beiden im System enthaltenen involut. Regelschaaren derselben Regelfläche Ordnungsstrahlen, so bilden diese als 4 Strahlen der Ordnungsfläche nach Nr. 171 2 Paar Gegenkanten eines Tetraeders. Man kann aber nun umgekehrt von diesen 2 Paar Gegenkanten eines beliebigen Tetraeders als den 2 Paar Ordnungsstrahlen 2er solcher im System enthaltener involut.

Regelschaaren ausgehen und erhält auf diese Weise folgenden ganz allgemein für ein Tetraeder geltenden Satz: Schneidet man 2 Gegenkanten pq eines Tetraeder durch 2 Gerade cd in solchen Punkten cd und $c_1 d_1$, die je durch die beiden Eckpunkte AC und BD jener Kanten harmonisch getrennt sind, so liegen diese Geraden mit jedem der beiden übrigen Paare von Gegenkanten in einer Regelschaar und zwar sind sie durch sie harmonisch getrennt. Es geht dieses auch direkt bei Betrachtung der Figur 49 daraus hervor, daß Ac Cd π Dc_1 Bd_1 und auch Ac Cd π Bc_1 Dd_1, insoferne jeder ein harmonischer Wurf.

173. In Nr. 167 haben wir gesehen, daß ein gewöhnliches räuml. Polarsystem fixirt ist, wenn außer einem der unendlich vielen in ihm enthaltenen absoluten Polartetraeder noch zu einem Punkte, der in keiner Seite desselben liegt, eine Ebene, die durch keinen Eckpunkt desselben geht, als entsprechende Polare gegeben ist. Bei dieser Art der Fixirung läßt sich stets höchst einfach die Frage wegen des Vorhandenseins und der Art einer Ordnungsfläche beantworten.

Bedenkt man nämlich, 1) daß je 3 Eckpunkte des Polartetraeders ein Polardreieck eines durch das räuml. Polarsystem bestimmten absoluten ebenen Polarsystems darstellen, und daß daher, wenn dieses letztere eine Ordnungskurve hat, sie und somit die Ordnungsfläche des räuml. Polarsystems 2 seiner Seiten schneiden müsse; und hält man 2) damit zusammen, daß falls eine durchaus krumme Fläche II Ordnungsfläche sein soll, von 2 konjugirten Geraden (also von 2 Gegenkanten des Polartetraeders) je 1 2 sich selbst konjugirte Punkte haben muß, 3) daß aber, wenn eine Regelfläche Ordnungsfläche ist, von 2 Gegenkanten entweder keine oder beide ein Paar sich selbst konjugirte Punkte haben müssen; so ergiebt sich hieraus mit Nothwendigkeit folgendes Resultat: Hat ein gewöhnliches räuml. Polarsystem gar keine Ordnungsfläche, so enthält keine seiner Kanten einen sich selbst konjugirten Punkt; hat dasselbe eine durchaus krumme Fläche II zur Ordnungsfläche, so enthalten 3 Kanten, welche in 1 Ecke des Polartetraeders zusammen stoßen, je 1 Paar sich selbst konjugirter Punkte, die 3 andern in den Gegenseiten gelegenen nicht, jenes Eck liegt ganz innerhalb der Ordnungsfläche, diese Gegenseiten ganz außerhalb derselben; ist endlich eine Regelfläche Ordnungsfläche, so enthalten 2 Gegenkanten keinen sich selbst konjugirten Punkt, die 4 andern Kanten je ein Paar solcher Punkte. Untersuchen wir nun, wodurch sich diese 3 verschiedenen Fälle bei der eben angeführten Art der Fixirung des räuml. Polarsystems charakterisiren.

Zu diesem Zwecke soll folgende Betrachtung hier vorausgeschickt werden: Bedenkt man, daß durch 2 Punkte einer Geraden auf ihr 2 Strecken bestimmt werden, so ist leicht zu erkennen, daß 3 Gerade, welche sich in 3 eigentlichen Punkten einer Ebene schneiden, die sämmtlichen Punkte dieser Ebene in 4 Dreiecke theilen, von denen das eine (Dreieck 1ster Art) s. Fig. 50 3 endliche Strecken zu Seiten hat, während jedes der 3 anderen (Dreiecke der 2ten Art) je 1 endliche und 2 unendliche Strecken zu Seiten haben *). Hierauf gestützt gelangt man auf ganz ähnliche Weise zu dem Resultat, daß 4 Ebenen, die sich in 4 eigentlichen Punkten schneiden sämmtliche Punkte des Raumes in 5 Tetraeder theilen; eines davon (ein Tetraeder 1ster Art) ist von 4 Dreiecken 1ster Art begrenzt, während die 4 übrigen (Tetraeder 2ter Art) von je 1 Dreieck 1ster und von 3 Dreiecken 2ter Art begrenzt sind, wobei diese Dreiecksseiten die Tetraeder-Kanten genannt werden oder darstellen, so daß auch diese entweder von den endlichen oder von den unendlichen Strecken ihrer Geraden gebildet werden *).

Ein Punkt des Raumes liegt innerhalb eines Tetraeders, wenn die Ebenen, welche man von ihm nach den 6 Kanten des Tetraeders zieht, je die Gegenkante des fraglichen Tetraeders wirklich schneidet. Ist m ein Punkt des Raumes, und M seine Polare, so hat die Kante cd des Polartetraeders abcd 2 Ordnungselemente, wenn die Ebene abm und die Ebene M die Gerade cd entweder beide auf ihrer endlichen oder beide auf ihrer unendlichen Strecke schneiden, oder mit andern Worten, wenn die Ebene M die in der Geraden cd gelegene Kante des Tetraeders, in welchem m liegt, schneidet oder nicht.

Hinsichtlich der Lage der Ebene M gegenüber dem von den

---

*) Je nachdem man 1 oder 2 oder 3 Ecken eines Dreiecks, oder 1 oder 2 oder 3 Ecken eines Tetraeders ins Unendliche fallen läßt, erhält man außerdem noch 4 Arten von Dreiecken und 5 Arten von Tetraedern, deren nähere Betrachtung dem Leser überlassen bleiben möge.

5 durch abcd bestimmten Tetraedern, in welchem m liegt, giebt es aber, wie man sich durch Betrachtung des Schnittes von M mit den 4 Begränzungsdreiecken alsbald überzeugt, nur folgende 3 Möglichkeiten, 1) die Ebene M schneidet keine seiner 6 Kanten, 2) sie schneidet 3 seiner 6 Kanten die in 1 seiner 4 Ecken zusammenlaufen, 3) sie schneidet 4 seiner 6 Kanten, welche 2 Paar Gegenkanten darstellen.

Diese 3 Möglichkeiten entsprechen aber vollkommen den 3 so eben angeführten 3 Fällen, daß das Polarsystem 1) keine Ordnungsfläche, 2) eine krumme Fläche II, 3) eine Regelfläche als Ordnungsfläche besitzt.

174. Man kann die Fixirung eines gewöhnlichen räuml. Polarsystems natürlich auch noch auf andere Weise vornehmen. Von praktischer Wichtigkeit in dieser Beziehung sind folgende 2 Methoden:

Man giebt die Ordnungsfläche des Polarsystems: man findet in diesem Falle leicht die Polare zu einem gegebenen Punkte, wenn man bedenkt, daß jede Ebene die man durch ihn legt, und die der Ordnungsfläche sich nicht anschmiegt, ein durch das Polarsystem bestimmtes ebenes Polarsystem enthält, von dem man, wenn die Ebene die Ordnungsfläche schneidet, die Ordnungskurve hat.

Man giebt 2 zusammengehörige involut. Regelschaaren als im System enthaltene, wobei jedoch als selbstverständlich angesehen werden kann, daß eine derartige Fixirung bloß zu derartigen räuml. Polarsystemen führen kann, die entweder keine Ordnungsfläche oder eine Regelfläche als solche enthalten nach Nr. 172. Ist nämlich $aa_1 . bb_1$ die eine und $pp_1 . qq_1$ die andere der beiden involut. zusammengehörigen Regelschaaren, und bezieht man die räuml. Systeme reciprok so auf einander, daß jede der beiden zusammengehörigen Regelschaaren sich selbst zugeordnet ist, jedoch so, daß den Strahlen aa_1b, sowie den Strahlen pp_1q des ersten räuml. Systems die Strahlen $a_1 a b_1$ sowie $p_1 p q_1$ des 2ten räuml. Syst. zugeordnet sind, so ist die reciproke Beziehung nach Nr. 166 nicht nur vollständig fixirt, sondern es entspricht offenbar auch jeder Punkt seiner Ebene in doppeltem Sinne, d. h. die reciproken Systeme bilden ein Polarsystem.

Noch sei hier angeführt, daß man ein Polarsystem auch dadurch fixiren kann, daß man eine unebene Kurve III als ein sich selbst zugeordnetes Elementargebilde und zu 2 seiner Punkte 2 der ihr sich anschmiegenden Ebenen als Polaren beliebig annehmen kann, man braucht zu diesem Zwecke nach Nr. 166 nur den 3 Punkten aa_1b von K die 3 ihr in a_1ab_1 sich anschmiegenden Ebenen zugeordnet sein zu lassen, wodurch die reciproke Beziehung nicht nur vollständig fixirt ist (nach Nr. 166) sondern auch jedem Punkte von K dieselbe Ebene in doppeltem Sinne zugeordnet ist, was nur in einem Polarsystem möglich *).

175. Man nennt den Pol der unendlich fernen Ebene den Mittelpunkt; jede Gerade, die durch diesen Mittelpunkt geht, einen Durchmesser oder Diameter, und jede Ebene, die durch denselben geht, eine Diametralebene des räuml. Polarsystems. Der Mittelpunkt kann im Unendlichen selbst liegen, alsdann hat das Polarsystem stets eine Ordnungsfläche und alle Durchmesser sind parallel. Liegt der Mittelpunkt nicht auf seiner unendlich fernen Polare selbst, so entspricht jedem unendlich fernen Punkte eine durch den Mittelpunkt gehende Ebene, die Diametralebene heißt; dabei nennt man einen Durchmesser einer Diametralebene konjugirt, wenn er durch ihren Pol geht. In jeder Diametralebene ist ein durch das räuml. Polarsystem bestimmtes ebenes Polarsystem gelegen, dessen Mittelpunkt und Durchmesser mit denen des räuml. Polarsystems zusammenfallen; wir nennen 2 in einem solchen ebenen Polarsystem einander konjugirte Durchmesser auch im räuml. Polarsystem konjugirt; von 3 einander gegenseitig konjugirten Durchmessern ist jeder zu der Diametralebene konjugirt, die durch die beiden andern bestimmt ist. Jeder Durchmesser und die ihm konjugirte Diametralebene bilden ein Paar zugeordneter Elemente eines Polarsystems im Strahlenbündel.

176. **Lehrsatz.** Die Durchmesser eines räuml. Prlarsystems mit eigentlichem Mittelpunkt stehen entweder alle auf ihren konjugirten Diametralebenen senkrecht, oder es giebt bloß 3 konjugirte Durchmesser abc, denen diese Eigenschaft zukommt.

---

*) Für ein ebenes Polarsystem hätte in Nr. 98 ein ähnlicher Satz hervorgehoben werden können lautend: ein ebenes Polarsystem ist fixirt, wenn zu einer Kurve II und 2 ihrer Punkte dieselbe Kurve II und 2 ihrer Tangenten als entsprechende Elemente gegeben werden.

Ist nämlich in dem polaren Strahlenbündel M dem Strahle a die zu ihm senkrechte Polarebene A zugeordnet, so giebt es nach Nr. 40 und 100 in A immer noch ein Paar senkrechter Strahlen b und c, denen diese Eigenschaft zukommt.

Sind dagegen m und n 2 Strahlen des Bündels M, die auf ihren konjugirten Diametralebenen senkrecht sind, ohne daß sie selbst auf einander senkrecht stehen, so müssen sämmtliche Strahlen des Strahlenbüschels mn diese Eigenschaft zukommen, denn in dem involut. Strahlenbüschel konjugirter Durchmesser in mn kann nach 100. nur 1 Paar zugeordneter Strahlen auf einander senkrecht stehen, wenn dieses nicht bei allen solchen Paaren Statt findet. Existirt nun außer den oben erwähnten 3 auf einander senkrechten konjugirten Durchmesser abc noch 1 m, so müssen nach dem oben Bewiesenen alle Strahlen der Büschel ma, mb, mc und in Folge dessen alle Strahlen einer beliebigen Diametralebene, zu ihren konjugirten Diametralebenen senkrecht sein.

Es bleibt, um unsern Beweis zu vervollständigen, nun nur noch übrig, nachzuweisen, daß es überhaupt 1 Strahl a von der verlangten Beschaffenheit giebt.

Bezeichnen wir zu diesem Zweck den Strahlenbündel aller Durchmesser durch M den Strahlen- resp. Ebenen-Bündel aller der konjugirten Diametralebenen durch M_1, so müssen M und M_1 vereint einen polaren Strahlenbündel bilden. Denken wir uns ferner zu jedem Strahl von M die zu ihm senkrechte Ebene, so erhalten wir noch einen 3ten Strahlen- resp. Ebenen-Bündel M_2, der seinerseits mit M vereint ebenfalls einen polaren Bündel bildet, indem M_2 nicht bloß projekt., sondern kongruent M ist, und außerdem jedes Paar entsprechender Elemente einander in doppeltem Sinne entspricht. Demnach sind M_1 und M_2 projekt.; da nun aber jedem entsprechend gemeinsamen Ebenenelement von M_1 und M_2 als Element von M_1 die verlangte Eigenschaft zukommt, daß es auf dem zugeordneten Strahle von M senkrecht steht, und 2 projekt. Strahlenbündel desselben Trägers wenigstens 1 Ebene entsprechend gemein haben müssen, so ist auch dieser letzte Theil unsres Beweises erledigt.

177. Diese letzten Begriffe haben besonders dann ein Interesse, wenn das Polarsystem eine Ordnungsfläche hat, und es

sollen nun hier die wichtigsten Eigenschaften der Flächen II, soferne sie als Ordnungsflächen räuml. Polarsysteme erscheinen, in Kürze besprochen werden.

Spricht man vom Mittelpunkt, Durchmesser, Diametralebene, konjugirten Durchmessern 2c. einer krummen Fläche II, so versteht man darunter Mittelpunkt, Durchmesser 2c. desjenigen räuml. Polarsystems, von dem jene Fläche die Ordnungsfläche darstellt. Die 3 senkrechten konjugirten Durchmesser einer krummen Fläche II nennt man deren Axen *). Schneidet ein Durchmesser eine Fläche II, so halbirt der Mittelpunkt, als Pol der unendlich fernen Ebene, die endliche Strecke zwischen den Schnittpunkten.

Schneidet man eine Fläche II durch Strahlen, die alle zu einander parallel sind, so liegen die Halbirungspunkte aller in denselben enthaltenen endlichen Strecken in einer Diametralebene, der Polare des auf jenen Strahlen gelegenen unendlich fernen Punktes. Von einem absoluten Polartetraeder ABCD schneiden 3 in 1 Eck A zusammen stoßende Kanten AB AC AD die Ordnungsfläche, während die 3 andern Kanten mit ihr keinen Punkt gemein hat, für den Fall, daß die Ordnungsfläche eine durchaus krumme Fläche II ist nach Nr. 173; dagegen schneiden 2 Paare von Gegenkanten die Ordnungsfläche, während das 3te Paar mit ihr keinen Punkt gemein hat für den Fall, daß die Ordnungsfläche eine Regelfläche ist. Im 1sten Falle kann die Ebene BCD mit der Fläche II keinen Punkt gemein haben, denn da BCD ein absolutes Polardreieck des durch das räuml. Polarsystem bestimmten ebenen Polarsystems in BCD ist, so müßten nach Nr. 99 2 Seiten des Dreiecks BCD die Ordnungskurve und somit die Ordnungsfläche des räuml. Polarsystems schneiden, während jeder Strahl des Strahlenbündels A mit der Ordnungsfläche 2 Punkte gemein haben muß, da man ihn stets als eine der 3 Kanten eines absoluten Polardreikants betrachten kann, von dem 3 Kanten in der Ebene BCD und also 1 Eck in A liegt. Im 2ten Falle dagegen schneidet jede Seite des Tetraeders ABCD die Ordnungsfläche in einer Kurve II und von jedem Punkte des Tetraeders, also überhaupt von jedem Punkte aus lassen

*) Sind sämmtliche konjugirte Durchmesser auf einander senkrecht, so stellt, wie wir später sehen werden, die Ordnungsfläche eine Kugel dar.

sich sowohl solche Gerade ziehen, welche die Ordnungsfläche schneiden, als auch solche, die mit ihr keinen Punkt gemein haben.

Eine durchaus krumme Fläche II theilt daher das System aller Punkte des Raums in 2 Theile, von denen der eine innerhalb der Fläche II, der andere außerhalb liegt, die Grenze dieser beiden Abtheilungen bilden die Punkte der Fläche selbst, ebenso werden sämmtliche Ebenen des Raumes durch eine solche Fläche in 2 Theile geschieden, von denen der eine die Fläche schneidet, während der andere ganz außerhalb derselben liegt, die Grenze bilden die Ebenen, welche die Fläche II berühren. Von keinem Punkte innerhalb einer solchen Fläche II läßt sich eine Berührungsebene an dieselbe legen, durch jeden Punkt außerhalb gehen alle Ebenen einer Kegelfläche II durch ihre Pole, in denen sie die Fläche II berühren, durch die Punkte der Fläche selbst geht je bloß 1 solche berührende Ebene. Bei einer Regelfläche fällt jeder Unterschied hinsichtlich der Punkte und Ebenen weg, wenn man diejenigen Punkte und Ebenen außer Acht läßt, welche der Fläche selbst angehören, oder sich ihr anschmiegen.

Zieht man durch einen Punkt eine die Ordnungsfläche schneidende Gerade, so ist der Punkt von seiner Polare durch die beiden Schnittpunkte harmonisch getrennt.

Hat die Ordnungsfläche mit der unendlich fernen Ebene keinen Punkt gemein (Ellipsoid), so schneiden alle Durchmesser dieselbe. Hat sie mit derselben eine Kurve II gemein (1fächriges und 2fächriges Hyperboloid), so schneiden von je 3 gegenseitig konjugirten Durchmessern 2 die Fläche, 1 dagegen nicht. Betrachtet man nämlich das in der unendlich fernen Ebene liegende durch das räuml. Polarsystem bestimmte ebene Polarsystem, so bestimmen je 3 der Art konjugirte Durchmesser in demselben ein absolutes Polardreieck, dessen 1 Eck innerhalb der Schnittkurve liegen muß, woraus die Richtigkeit obiger Behauptung unmittelbar folgt; 2 der 3 Diametralebenen, welche durch jene 3 konjugirten Durchmesser bestimmt werden, schneiden die krumme Fläche je in einer Hyperbel die 3te in einer Ellipse.

Schneidet ein Durchmesser eine krumme Fläche II, so nennt man wohl auch die endliche Strecke zwischen den Schnittpunkten im engern Sinne des Wortes Durchmesser, wobei man sich wohl auch der Ausdrücke reeller und ideeller Durchmesser bedient, je nachdem derselbe die Fläche schneidet oder nicht, auf gleiche Weise spricht man von reellen und ideellen Axen einer krummen Fläche II. Liegt der Mittelpunkt auf seiner Polare selbst, so ist natürlich von konjugirten Durchmessern nicht mehr die Rede, da sie alle unter sich parallel sind, doch giebt es in diesem Falle immer gerade 1 Durchmesser, der zu der seinem unendlich fernen Punkte zugeordneten Polare senkrecht ist, wir nennen diesen Durchmesser ebenfalls Axe der krummen Fläche. Jeden Schnittpunkt einer Axe mit ihrer krummen Fläche, sie mag nun 1 oder 3 Axen haben, nennt man Scheitel dieser Fläche.

178. Wir wenden uns zu dem 2ten Falle, in dem jeder Punkt seiner Ebene in doppeltem Sinne entspricht, nämlich zu dem, bei welchem jeder Punkt zugleich in seiner Polare liegt, einen Fall, in dem man sagt, die beiden der Art reciproken Systeme bilden ein Nullsystem. (Nr. 165 C), und man nennt jeden Punkt den Nullpunkt der ihm entsprechenden oder zugeordneten Ebene, und umgekehrt jede Ebene die Nullebene des ihr zugeordneten Punktes.

Daß eine derartige Beziehung 2er reciproker räuml. Syst. wirklich möglich ist, wurde oben in Nr. 165 schon dargethan, und wir halten uns dabei hier nicht weiter auf, da etwas weiter unten dieser Gegenstand von selbst sich noch einmal der Betrachtung aufdrängen wird.

Entspricht dem Punkte a in einem Nullsystem die Ebene A, so ist jeder Strahl a des Strahlenbüschels aA sich selbst konjugirt, dagegen ist jede Gerade b, welche in A liegt, ohne durch a zu gehen einer Geraden b_1 konjugirt, welche durch a geht aber nicht in A liegt und umgekehrt, dabei ist sowohl der Ebenenbüschel b als der Ebenenbüschel b_1 seinem entsprechenden geraden Gebilde in b_1 oder in b perspekt., wie dieses bei den beiden zugeordneten Geraden p und p_1 in Nr. 165 C der Fall war.

179. Entspricht dem Punkt a die Ebene A und dem Punkte b die Ebene B, so ist die Gerade ab stets der Geraden AB konjugirt, liegt dabei b in A, so fällt ab mit AB zusammen, wo nicht, so schneiden diese beiden einander nicht und stellen ein Paar Gerade dar, denen dieselbe Eigenschaft wie den so eben erwähnten beiden konjugirten Geraden b und b_1, oder den beiden Geraden p und p_1 in Nr. 165 C zukommt.

Zusatz. Es giebt daher in jedem Nullsystem unendlich viele sich selbst konjugirte Gerade, und eben so unendlich viele Gerade, welchen eine mit ihnen nicht in 1 Ebene liegende Gerade konjugirt ist; obwohl die Anzahl dieser Geraden für die weitere Entwicklung keine weitere Bedeutung hat, so möge doch hier angeführt werden, daß die Anzahl der ersteren Geraden genau gleich der Anzahl der im Raume vorhandenen Punktelemente oder Ebenenelemente, also nach unsrer Bezeichnung von Nr. 5 genau $u^3 + u^2 + u + 1$, während die der 2ten Art in Folge dessen gerade $u^4 + u^2$ beträgt. Durch jeden Punkt des Raumes gehen nämlich gerade $u + 1$ solche sich selbst konjugirte Gerade, da aber auch in jeder Geraden $u + 1$ Punkte liegen, so darf man, um das richtige Resultat zu erhalten, durch jeden Punkt offenbar bloß 1 rechnen statt $u + 1$.

Jeder Geraden a, welche bloß eine p von 2 einander konjugirten Geraden p und p_1 schneidet, ist eine Gerade a_1 konjugirt, welche bloß die andere p_1 derselben schneidet. Denn dem Schnittpunkte pa ist die Ebene A des Ebenenbüschels p_1 zugeordnet, welche durch denselben Punkt pa geht, daher kommt der Geraden a in Bezug auf diese Ebenen und ihren Pol pa die oben erwähnte Eigenschaft zu, daß sie zwar durch den Pol pa geht, aber nicht in der Polare A selbst liegt, weßwegen ihr eine nicht durch pa gehende aber in A liegende Gerade entspricht, die daher die Gerade p_1 aber nicht die p schneidet.

180. Lehrsatz. Sind $p\,p_1$ und $q\,q_1$ 2 Paare konjugirter Gerader, ohne daß q mit p oder mit p_1 (und also auch mit q_1) einen Punkt gemein hat, so stellen diese 4 Geraden stets 4 Strahlen einer Regelschaar dar.

Es leuchtet nämlich ohne Weiteres ein, 1) daß jede Gerade a, welche 2 einander konjugirte Gerade schneidet, sich selbst konjugirt ist, und 2) daß jede sich selbst konjugirte Gerade, welche 1 von 2 einander konjugirten Geraden schneidet, auch die andere schneiden müsse. Hieraus folgt aber nun unmittelbar, daß jede Gerade, welche 3 der obigen 4 Geraden schneidet, auch die 4te schneidet.

Die Regelschaar $p\,p_1 \,.\, q\,q_1$ entspricht offenbar sich selbst der Art, daß dem Punkte pa die Ebene $p_1 a$ und dem Punkte $p_1 a$ die Ebene pa zugeordnet ist, so daß diese Regelschaar ein im Nullsystem enthaltene involut. Regelschaar darstellt, während von ihrer Leitschaar, wozu a gehört, jeder Strahl sich selbst konjugirt ist.

Es dürfte hier am Platze sein, kurz zusammenzustellen, was die letzteren Entwicklungen über die in den verschiedenen projekt. räuml. Systemen enthaltenen involut. Regelschaaren haben ersehen lassen:

1) In einem geschaart involut. räuml. Systeme hat man 2erlei Arten im Systeme enthaltener involut. Regelschaaren zu unterscheiden, nämlich solche, deren Leitschaaren wieder im System enthaltene involut. Regelschaaren bilden, und solche, deren Leitstrahlen alle sich selbst zugeordnet, d. h. solche, deren Leitstrahlen sämmtlich zugleich Leitstrahlen des Systems darstellen.

Jedes Paar zugeordneter Gerader bestimmt durch die Verbindungslinien zugeordneter Punkte, oder durch die Schnittlinien zugeordneter Ebenen gerade eine Regelfläche der zuletzt angegebenen Art. Dieser Satz läßt sich mit andern Worten so ausdrücken: alle Leitstrahlen eines geschaart involut. Systems, welche dieselbe sich nicht selbst zugeordnete Gerade schneiden, liegen in einer Regelschaar oder auch alle Leitstrahlen, die in den Ebenen eines Ebenenbüschels I liegen, dessen Axe eine sich nicht selbst zugeordnete Gerade ist, liegen in einer Regelschaar.

2) Was das gewöhnliche Polarsystem betrifft, so muß man wiederum unterscheiden, ob dasselbe eine durchaus krumme Fläche II zur Ordnungsfläche hat oder nicht, im letztern Falle giebt es stets unendlich viele im System enthaltene involut. Regelschaaren, und zwar ist stets die Leitschaar ebenfalls eine im System enthaltene involut. Regelschaar.

3) Im Nullsystem giebt es stets unendlich viele im System enthaltene involut. Regelschaaren, und zwar ist jeder Leitstrahl derselben sich selbst konjugirt.

181. Dieses führt uns zu der Betrachtung der verschiedenen Arten, ein Nullsystem zu fixiren.

In Nr. 165 C haben wir gesehen, daß ein reciprokes System stets in ein Nullsystem übergeht, wenn 2 Ebenenbüschel, deren Axen konjugirte Gerade aa_1 darstellen, ihren zugeordneten geraden Gebilden $a_1 a$ perspekt. sind, allein dadurch ist die Beziehung noch nicht fixirt, man muß nämlich noch außerdem zu einem Punkt a die zugeordnete durch ihn gehende Ebene A geben, wobei aber nothwendig diese Ebene die a und a_1 in 2 Punkten schneiden muß, die mit a in 1 Geraden liegen.

Eine 2te einfache Art der Fixirung ist die, daß man eine im System enthaltene involut. Regelschaar $aa_1 . bb_1$ giebt, deren Leitstrahlen pqr alle sich selbst konjugirt sind, denn nach Nr. 166 ist die reciproke Beziehung vollkommen fixirt, wenn man den Geraden $a b a_1 p q r$ die Geraden $a_1 b_1 a p q r$ entsprechen läßt der Art, daß dem Punkte ap die Ebene $a_1 p$ und umgekehrt entspricht, und daß außerdem noch bei dieser Art der Fixirung das System ein Nullsystem darstellt, ergiebt sich sowohl aus der Entwicklung von 165. als auch daraus, daß den beiden konjugirten Geraden $a a_1$ hier dieselbe Eigenschaft zukommt wie den konjugirten Geraden $a a_1$ bei der letzten Art der Fixirung.

Eine 3te nicht weniger interessante Art der Fixirung besteht darin, daß man eine unebene Linie III K als ein sich selbst konjugirtes Gebilde annimmt der Art, daß jedem Punkt derselben die ihr in diesem Punkte sich anschmiegende Ebene entspricht. Denn die reciproke Beziehung ist vollkommen fixirt, wenn man einer Linie III und 3 ihrer Punkte eine beliebige 2te Linie III und 3 ihrer Anschmiegungsebenen entsprechen läßt; läßt man daher die beiden Linien III in eine K zusammen fallen, und wählt die 3 Ebenen so, daß sie in den ihnen entsprechenden Punkten ABC der Linie III sich anschmiegen, so ist dieses, weil mit 3en nothwendig mit jedem Paar solcher zugeordneter Elemente der Fall, und es ist daher nur noch darzuthun, daß das reciproke System in diesem Falle kein gewöhnliches reciprokes System oder Polarsystem darstellen kann. Da aber nach Nr. 126 der Schnittpunkt S der 3 in ABC sich der Kurve III anschmiegenden Ebenen in der Ebene ABC selbst liegt, so sind die Strahlen SA SB SC, und somit alle Strahlen des Strahlenbüschels S sich selbst konjugirt, und da außerdem noch alle Punkte der K sich selbst konjugirt sind, so folgt, daß das System weder ein gewöhnliches reciprokes System nach Nr. 165 noch ein gewöhnliches Polarsystem nach Nr. 169 sein kann und also ein Nullsystem sein muß.

Es verdient besonders hervorgehoben zu werden, wie nach dieser letzten Entwicklung die räuml. Kegelschnitte dem Nullsystem gegenüber eine ähnliche Rolle spielen, wie die ebenen Kegelschnitte dem ebenen Polarsystem gegenüber, indem sie gleichsam als Ordnungskurven eines Nullsystems auftreten, nur ist der wesentliche Unterschied nicht zu übersehen, daß ein Nullsystem unendlich viele solche Ordnungskurven III hat.

§. 9. Geometrie des Imaginären.

182. Bei allen involut. Gebilden hatten wir immer zu unterscheiden, ob Ordnungselemente vorhanden waren oder nicht. Es ist jedoch von dem höchsten Interesse, für den Fall, daß keine Ordnungselemente vorhanden sind, solche dennoch anzunehmen, aber zu sagen, sie seien imaginär; hiedurch wird eine neue Art von Punkt- Strahlen- und Ebenen-Elementen in die Geometrie eingeführt, und die nachfolgenden Entwicklungen werden darthun, wie fruchtbar die Einführung dieser imaginären Elemente für sie geworden ist. Wie stellt man nun solche imaginäre Elemente dar? die reellen Ordnungselemente eines involut. Gebildes können als gegeben betrachtet werden, wenn die involut. Beziehung durch 2 Paar entsprechende Elementenpaare $aa_1 . bb_1$ gegeben ist, ebenso betrachten wir nun auch die imaginären Ordnungselemente als gegeben, wenn die involut. Beziehung, für welche sie Ordnungselemente darstellen, gegeben ist, wir bezeichnen daher ein imaginäres Element durch aba_1b_1, was so viel bedeuten soll, als daß dieses imaginäre Element ein Ordnungselement der Involution $aa_1 . bb_1$ darstellt; aba_1b_1 muß hier nothwendig ein ordentlicher Wurf sein. Es drängt sich aber hier die wichtige Frage auf, wie man die beiden imaginären Ordnungselemente der Involution $aa_1 . bb_1$ von einander unterscheiden könne. Das Beispiel von involut. Gebilden $aa_1 . bb_1$ mit reellen Ordnungselementen M und N möge auf die Fixirung dieses wichtigen Unterschiedes hinleiten: Es ist offenbar für jedes Paar zugeordneter Elemente der Sinn aMa_1 gerade entgegengesetzt dem Sinne aNa_1, und so soll denn auch bei den imaginären Ordnungselementen der Sinn es sein, wodurch die beiden Ordnungselemente unterschieden werden, indem wir durch aba_1b_1 das eine, und durch ab_1a_1b das andere der beiden Ordnungselemente bezeichnen. Wir

nenen 2 derartig zusammengehörige imaginäre Elemente.

Anmerkung. Obige Analogie macht durchaus keinen Anspruch auf Beweiskraft, sie soll nur die Verschiedenheit der Anschauung näher bringen; der Beweis für die Richtigkeit der Sache selbst muß und kann einzig aus den nachfolgenden Entwicklungen selbst hervorgehen, und ist jedenfalls eine derartige Annahme erlaubt, so lange sie nicht in ihrer Entwicklung zu Widersprüchen führt. Uebrigens ist zu beachten, daß gerade dieser Unterschied der beiden imaginären Ordnungselemente durch den Sinn des sie darstellenden ordentlichen Wurfes einer der fruchtbarsten Gedanken war, mit dem die Wissenschaft der neueren Geometrie in neuerer Zeit bereichert wurde.

183. Welche Arten von imagin. Elementen ergeben sich nun aus den möglichen involut. Gebilden, wie wir sie bisher kennen gelernt?

Ein involut. gerades Gebilde bestimmt 2 konjungirte imagin. Punkte derselben reellen Geraden.

Ein involut. Strahlenbüschel bestimmt 2 konjungirte imagin. Strahlen, die durch das reelle Centrum dieses Strahlenbüschels gehen, und in derselben Ebene mit ihr liegen.

Ein involut. Ebenenbüschel bestimmt 2 konjungirte imagin. Ebenen, die durch die reelle Axe des Ebenenbüschels gehen.

Eine involut. Kurve II bestimmt keine neue Art von imagin. Elementen, denn man kann eine solche Kurve immer als ein sich selbst entsprechendes Gebilde eines involut. ebenen Gewebes betrachten, und seine Ordnungselemente müssen daher nothwendig in der Axe der perspekt. Beziehung des involut. Systems, also in einer reellen Geraden liegen; hierüber näheres unten.

Eine involut. Regelschaar bestimmt 2 konjungirte imagin. Gerade, welche sich nicht schneiden, und daher von den oben angeführten imagin. Geraden im Strahlenbüschel wesentlich verschieden sind. Wir nennen sie konjungirte imagin. Gerade II. Da man eine involut. Regelschaar stets als in einem involut. räuml. Syst. enthalten betrachten kann, und die Ordnungsstrahlen derselben immer zugleich die Ordnungsstrahlen des involut. räuml. Systems darstellen, wenn man jeden Leitstrahl der Regelschaar sich selbst entsprechen läßt, so stellen immer die imagin. Ordnungselemente einer involut.

Regelschaar zugleich die imagin. Ordnungselemente eines involut. räuml. Systems dar, d. h. das letztere führt durch seine imagin. Ordnungselemente zu keinen neuen imagin. Elementen.

Eine involut. Kurve III führt ebenfalls zu keinem neuen imagin. Element, insoferne, wie unten alsbald näher gezeigt wird, je 2 ihrer imagin. Punkte in einer reellen Geraden liegen. Man erhält daher nur 4erlei imagin. Elemente.

Imaginäre konjungirte Punkte einer reellen Geraden.
" " Strahlen eines reellen Punktes und einer reellen Ebene (imagin. Gerade I.)
" " Ebenen einer reellen Geraden.
" " Strahlen die keinen reellen Punkt und keine reelle Ebene gemein haben (imagin. Gerade II.)

184. Es soll nun untersucht werden, inwieferne diesen neuen Elementen, Punkten wie Linien, die allgemeinsten und wesentlichen Eigenschaften der entsprechenden reellen Elemente, Punkte wie Linien, wirklich zukommen.

Ehe aber die hier einschlägigen Fragen beantwortet werden können, muß folgender wichtige Punkt näher in Betracht gezogen werden:

Ein imagin. Element ist als gegeben zu betrachten, wenn ein ordentlicher Wurf $a\,b\,a_1\,b_1$ eines einfachen Elementargebildes gegeben ist, wobei alsdann vorausgesetzt wird, daß die in diesem Wurfe getrennten Elemente $a\,a_1$ und $b\,b_1$ zugeordnete Elemente einer Involution darstellen, deren ein Ordnungselement, durch den Sinn des Wurfes $a\,b\,a_1\,b_1$ näher bestimmt oder charakterisirt, eben das fragliche imagin. Element ist. Diesen Wurf $a\,b\,a_1\,b_1$ nennt man eine Darstellung des dadurch bestimmten imagin. Elementes. Es leuchtet nun aber unmittelbar ein, daß es von demselben imagin. Elemente stets unendlich viele Darstellungen gebe, in soferne je 2 Paare zugeordneter Elemente der fraglichen Involution zu einer solchen Darstellung führen. Es muß daher in der Folge bei allen Untersuchungen über imagin. Elemente stets nachgewiesen werden, daß die erhaltenen Resultate durchaus unabhängig sind von der Wahl der Darstellung der in Betracht gezogenen imagin. Elemente.

In Bezug auf diese verschiedenen Darstellungen imagin. Elemente sollen für die folgenden Entwicklungen einige besondere Bezeichnungen, als für die Kürze der Darstellung vortheilhaft, hier eingeführt werden: Man sagt die Darstellung $a b a_1 b_1$ eines imaginären Elementes gehe von dem reellen Elemente a aus, wenn a in dem das Element darstellenden ordentlichen Wurfe die erste Stelle einnimmt.

Nach Nr. 75. b giebt es zu jedem zugeordneten Elementenpaar $a a_1$ eines involut. Elementargebildes ohne Ordnungselemente stets gerade ein anderes Paar $c c_1$, so daß der Wurf $a c a_1 c_1$ einem gegebenen ordentlichen Wurfe projekt. und der Sinn $a c a_1$ einem gegebenen Sinne $m n p$ desselben Elementargebildes identisch ist. Da nun jedes imagin. Element durch einen ordentlichen Wurf dargestellt wird, so giebt es zu jeder Darstellung eines imagin. Elementes, stets eine einzige Darstellung eines anderen imagin. Elementes, die 1) von einem beliebigen reellen Element seines Trägers ausgeht, und 2) der Darstellung des ersteren projekt. ist. Man nennt solche 2 Darstellungen 2er verschiedener imagin. Elemente projekt. Darstellungen derselben. Ein jedes imagin. Element hat eine einzige von einem bestimmten reellen Element ausgehende harmonische Darstellung, eine Bezeichnung, deren Bedeutung wohl ohne nähere Erklärung verständlich ist.

185. Wenden wir uns nun zu dem wichtigen Punkte der Untersuchung, ob auch nach dieser Erweiterung des Begriffes Punkt, Gerade, Ebene die Fundamentalsätze, welche für diese Elemente in ihrer gegenseitigen Verbindung bestehen, noch Giltigkeit besitzen. In dieser Beziehung ist vor Allem die Frage zu erledigen, wann liegt ganz allgemein ein Punkt in einer Geraden oder in einer Ebene, und wann eine Gerade in einer Ebene, auch wenn unter den fraglichen Elementen imaginäre enthalten sind.

Hat ein involut. Elementargebilde 2 reelle Ordnungselemente und gehen 2 Paare seiner zugeordneten Elemente durch 2 Paar zugeordnete Elemente eines anderen involut. Elementargebildes, so gehen immer auch die Ordnungselemente des ersteren durch die Ordnungselemente des 2ten. Uebertragen wir dieses auf involut. Elementargebilde ohne Ordnungselemente so führt es uns unmittelbar zur Beantwortung der aufgeworfenen Frage.

Ist insonderheit $S\ (a b a_1 b_1)$ eine Darstellung einer imagin.

Geraden I, so schneidet jede Gerade p die in derselben Ebene wie der Büschel S (a b) liegt jene imagin. Gerade in einem Punkt, der reell ist und mit S zusammenfällt, wenn p durch S geht, und der imagin. ist, wenn p den Wurf S(a b $a_1 b_1$) des Büschels S in dem Wurfe p (a b $a_1 b_1$) schneidet; dabei nennen wir die Darstellung a b $a_1 b_1$ des imagin. Punktes perspektivisch zur Darstellung a b $a_1 b_1$ der imagin. Geraden, ist c d $c_1 d_1$ eine andere Darstellung des imagin. Punktes, so sagt man, er liegt in der imagin. Geraden a b $a_1 b_1$, da oder insoferne es eine Darstellung der letzteren giebt, die zu der Darstellung c d $c_1 d_1$ perspekt. ist. Dasselbe gilt nun auch von Punkt und Ebene und Gerade I und Ebene. Ein imagin. Punkt oder eine imagin. Gerade I liegt in einer imagin. Ebene, wenn es eine Darstellung der letzteren giebt, die zu der Darstellung des Punktes oder der Geraden perspekt. ist. Jede reelle Gerade schneidet daher eine imagin. Ebene, mit deren Axe sie keinen Punkt gemein hat, in einem imagin. Punkt, und jede reelle Ebene schneidet eine imagin. Ebene deren Axe *) nicht in jener liegt, in einer imagin. Geraden I. Außerdem hat noch jede imagin. Gerade I ihr Centrum und jede imagin. Ebene ihre Axe als einziges reelles Element.

Hat ein involut. Syst. 2 Ordnungsstrahlen, so ist jede Gerade, die beide zugleich schneidet sich selbst zugeordnet und umgekehrt jede sich selbst zugeordnete Gerade schneidet die beiden Ordnungsstrahle und zwar stellen die beiden Schnittpunkte die Ordnungselementen des in der Geraden enthaltenen involut. geraden Gebildes dar. Dieses auf die imagin. Ordnungsstrahlen eines geschaart involut. räuml. Systems angewendet führt zu dem Resultate, daß jede sich selbst zugeordnete Gerade d. h. jeder Leitstrahl des Systems (Nr. 155), die beiden konjungirten imagin. Geraden II in 2 imagin. Punkten schneide, welche als imagin. Ordnungselemente des in dem fraglichen Leitstrahl a enthaltenen involut. geraden Gebildes erscheinen. Betrachtet man endlich einen Leitstrahl a des Systems als Axe eines reellen Ebenenbüschels und zieht durch 2 Paar zugeordnete Strahlen p p_1 q q_1, welche diesen Leitstrahl

*) Wir sprechen hier der Kürze wegen von Axe einer imagin. Ebene und verstehen hierunter die Axe des sie bestimmenden involut. Ebenenbüschels.

schneiden und daher eine Darstellung $p\,q\,p_1\,q_1$ der imagin. Geraden bilden, die 4 Ebenen ap aq ap_1 aq_1, so stellen diese eine imagin. Ebene dar, welche durch die imagin. Gerade $p\,q\,p_1\,q_1$ geht, in so ferne jeder Leitstrahl des Systems diesen ordentlichen Wurf a $(p\,q\,p_1\,q_1)$ in einem imagin. Punkt schneidet, der in der imagin. Geraden liegt.

Jeder Leitstrahl eines geschaart involut. Systems mit imagin. Ordnungsstrahlen m n ist daher Träger 2er konjungirter Punkte wie 2er konjungirter imagin. Ebenen der beiden konjungirten Geraden II m und n, und außer diesen reellen Geraden giebt es weiter keine, welcher dieselbe Eigenschaft zukommt.

186. Es sollen nun für den Fall, daß imagin. Elemente mit in Betracht kommen folgende Fundamentalsätze über die einfachsten Elemente erwiesen werden:

1) 2 Punkte bestimmen stets eine Gerade.

a) Ist ein Punkt S reell und einer imaginär $a\,b\,a_1\,b_1$, so ist zu unterscheiden, ob der reelle Punkt in dem reellen Träger des imaginären liegt oder nicht, im ersteren Falle stellt der reelle Träger des imagin. Punktes selbst die fragliche Gerade dar, im 2ten Fall stellt der Wurf S $(a\,b\,a_1\,b_1)$ eine imagin. Gerade dar, welche nach dem Obigen beide Punkte enthält.

b) Sind beide Punkte $a\,b\,a_1\,b_1$ $\alpha\,\beta\,\alpha_1\,\beta_1$ imaginär, so lasse man ihre Darstellungen von dem Schnittpunkte M der reellen Träger a b und $\alpha\beta$ ausgehen und außerdem dieselben projekt. sein, diese Darstellungen seien $\mathfrak{M}\,a\,m_1\,a_1$ und $\mathfrak{M}\,\alpha\,\mu_1\,\alpha_1$, alsdann schneiden sich $a\,\alpha$ $m_1\,\mu_1$ $a_1\,\alpha_1$ in einem Punkte S und S $(\mathfrak{M}\,a\,m_1\,a_1)$ ist die Darstellung einer imagin. Geraden, die beide Punkte in sich enthält, und offenbar kann es keine 2te Gerade geben, welcher dieselbe Eigenschaft zukommt. Sind die beiden imagin. Punkte konjungirt, so ist ihr reeller Träger die fragliche Gerade.

2) 2 Gerade derselben Ebene bestimmen einen Punkt.

a) Eine Gerade ist reell die andere imaginär; in diesem Falle ist offenbar der Schnitt der reellen Geraden mit jeder Darstellung der imaginären eine Darstellung eines und desselben Punktes der reell ist, wenn der reelle Träger (Centrum) der imagin. Geraden in der reellen Geraden liegt, sonst aber imaginär.

b) Beide Gerade sind imaginär M $(a\,b\,a_1\,b_1)$ und M_1 $(\alpha\,\beta\,\alpha_1\,\beta_1)$

läßt man in diesem Falle ihre Darstellungen von ihrem gemeinsamen Strahl MM_1 ausgehen und projekt. sein, so schneiden sich die perspekt. Würfe der Büschel M und M_1 in einem Wurfe einer Geraden, welcher eine Darstellung eines imagin. Punktes bildet der in beiden Geraden liegt. Einen weiteren solchen Punkt giebt es offenbar nicht, wenn auch noch unendlich viele andere Darstellungen desselben. Sind die beiden Geraden konjungirt, so ist ihr reeller Träger (Centrum) der fragliche Punkt.

3) 1 Punkt und 1 Gerade bestimmen eine Ebene.

a) Der Punkt S ist reell und die Gerade ist eine imagin. Gerade I P $(a b a_1 b_1)$ liegt dabei der Punkt in dem reellen Träger der imagin. Geraden, so stellt derselbe die fragliche Ebene dar. Liegt S außerhalb der Ebene P (a b), so ist die Gerade SP Axe eines Ebenenbüschels von dem der Wurf SP $(a b a_1 b_1)$ eine zur imagin. Geraden perspekt. Darstellung der gesuchten imagin. Ebene ist.

b) Der Punkt ist imagin. $a b a_1 b_1$ die Gerade p reell; sind in diesem Falle die Geraden a b und p in 1 Ebene, so stellt diese die gesuchten dar, wo nicht so ist p $(a b a_1 b_1)$ eine zur Darstellung $a b a_1 b_1$ perspekt. Darstellung der gesuchten Ebene.

c) Punkt und Gerade I *) sind imagin., in diesem Falle können wieder ihre beiden reellen Träger in 1 Ebene zusammenfallen, welche alsdann die gesuchte Ebene darstellt, ist dieses aber nicht der Fall, so lasse man die Darstellung des Punktes von dem Schnittpunkt der reellen Träger ausgehen und die Darstellung der Geraden von dem Strahle der nach demselben Schnittpunkt geht, außerdem aber noch diese Darstellungen projekt. sein; diese beiden Darstellungen erzeugen alsdann offenbar einen ordentlichen Wurf eines reellen Ebenenbüschels, welcher die Darstellung einer imagin. Ebene bildet, die zu den Darstellungen des Punktes und der Geraden perspekt. ist. Für den Fall, daß der Schnittpunkt der beiden reellen Träger in den Mittelpunkt des imagin. Strahlenbüschels fällt, dessen einen Ordnungsstrahl die gegebene imagin. Gerade darstellt, paßt die so gegebene Lösung nicht, in diesem Falle stellt aber

---

*) Den Fall, daß die Gerade eine Gerade II darstellt, betrachten wir unten.

auch der reelle Träger des imagin. Punktes die Axe eines reellen Ebenenbüschels dar, von welchem je ein ordentlicher Wurf, welcher einer Darstellung der imagin. Geraden perspekt. ist, die gesuchte imagin. Ebene darstellt.

4) Durch 2 Ebenen ist eine Gerade bestimmt.

a) Ist eine Ebene reell, so stellt ihr Schnitt mit jeder Darstellung der andern imagin. Ebene eine Darstellung der gesuchten Geraden dar.

b) Sind beide imaginär, so fragt es sich, ob ihre reelle Träger (Axen) sich schneiden oder nicht. Im 1sten Falle lasse man ihre Darstellung von ihrer gemeinsamen Ebene ausgehen und projekt. sein, alsdann erzeugen die perspekt. projekt. Würfe ihrer Darstellungen einen ordentlichen Wurf eines Strahlenbüschels, der eine Darstellung der gesuchten Geraden bildet. Schneiden sich die beiden Axen nicht, so lasse man die Darstellungen projekt. sein, alsdann schneiden sich die entsprechenden Ebenen der beiden Darstellungen, in den 4 Strahlen einer Regelschaar, die einen ordentlichen Wurf bilden, und von der die beiden Axen Leitstrahlen darstellen. Dieser ordentliche Wurf in der Regelschaar ist daher die Darstellung einer imagin. Geraden II, welche nach der letzten Entwicklung in beiden Ebenen liegt.

5) Ein Punkt und eine imaginäre Gerade II erzeugen eine Ebene.

a) Ist der Punkt reell, so geht durch ihn ein Leitstrahl des involut. Systems, von dem die gegebene Gerade ein Ordnungsstrahl ist, und das eben durch diesen und seinen ihm konjungirten 2ten Ordnungsstrahl vollkommen fixirt ist (nach Nr. 160). Dieser Leitstrahl stellt aber die Axe einer imagin. Ebene dar, die durch die imagin. II geht nach der obigen Entwicklung dieser Nummer, und die auch den reellen Punkt in sich enthält.

b) Ist der Punkt imagin., so fragt es sich, ob er in einem Leitstrahl des involut. räuml. Syst. liegt, oder nicht, im ersten Fall ist diejenige imagin. Ebene, deren reelle Axe jener Leitstrahl ist, und die durch die imagin. Gerade II geht, die gesuchte Ebene, ist aber die Gerade p, in welcher der imagin. Punkt liegt, kein Leitstrahl des Systems, so zieht man von irgend einem in ihr gelegenen Punkte P den Leitstrahl q des involut. Systems und nehme nun vom Schnittpunkte P ausgehend in p eine Darstellung des imagin. Punktes $P a p_1 a_1$, und in q von P ausgehend eine zu der vorigen projekt. Darstellung des in q gelegenen Punktes der imagin. Geraden II $P b q_1 b_1$, so schneiden sich $a b$ $p_1 q_1$ $a_1 b_1$ in 1 Punkte S, und wählt man nun den durch S gehenden Leitstrahl des involut. Systems zur Axe einer durch die imaginäre Gerade II gehenden Ebene, so geht diese auch durch den imaginären Punkt (insoferne der sie darstellende Wurf die Ebene pq in den 4 Strahlen $S(P a p_1 a_1)$ schneidet. Dieser Fall enthält in Verbindung mit 3) die Lösung des Falles: 3 Punkte bestimmen eine Ebene.

6) Eine imagin. Gerade II und eine Ebene, die nicht durch sie geht, bestimmen einen Punkt.

a) Ist die Ebene reell, so liegt in ihr ein Leitstrahl des durch die imagin. Gerade und ihre konjungirte als Ordnungsstrahlen bestimmten involut. räuml. Systems, und dieser enthält den fraglichen imagin. Punkt.

b) Ist die Ebene imagin., so erhält man ganz auf dem zu 5 b) reciproken Wege folgende Lösung: ist die Axe p der imagin. Ebene ein Leitstrahl des involut. Systems, so ist der in ihr enthaltene Punkt der imagin. Geraden II der gesuchte Punkt. Ist dieses nicht der Fall, so wähle man in irgend einer durch p gehenden Ebene den Leitstrahl q des Systems, lasse von der gemeinschaftlichen Ebene pq ausgehend, sowohl die gegebene Ebene, als auch die durch q und die imagin. Gerade II gehende Ebene durch projekt. Würfe dargestellt sein, so erzeugen diese als perspekt. projekt. eine Ebene, deren Leitstrahl des involut. Systems den gesuchten Punkt enthält.

7) Eine imagin. Gerade II f, und eine andere Gerade die einen Punkt gemein haben, bestimmen eine Ebene. Ist die Gerade reell, so muß sie ein Leitstrahl des durch f bestimmten involut. räuml. Systems sein, und eben dieser Leitstrahl stellt dann den Träger (Axe) der gesuchten imagin. Ebene dar; ist die Gerade imagin. so ist jede ihrer Darstellungen $S(a b a_1 b_1)$ perspekt. zu einer Darstellung $a b a_1 b_1$ des in ihrem reellen Träger enthaltenen imagin. Punktes von f; der Leitstrahl des involut. Systems der durch S geht, und der demnach nicht in der Ebene $S(a b)$ liegen kann, stellt alsdann den reellen Träger (Axe) der gesuchten imagin. Ebene dar.

8) 2 imagin. Gerade II f und g die 1 Punkt gemein haben,

bestimmen eine Ebene. Liegt nämlich der ihnen gemeinsame Punkt in der Geraden a, so muß diese ein gemeinsamer Leitstrahl der beiden involut. räuml. Systeme sein, welche einerseits durch f und seine konjungirte Gerade, andererseits durch g und seine konjungirte Gerade als Ordnungsstrahlen bestimmt sind, und es giebt daher für jedes dieser involut. räuml. Systeme unendlich viele im System enthaltene involut. Regelschaar die a zum Leitstrahl haben, berühren sich nun 2 dieser involut. Regelschaaren in a, so ist a die reelle Axe der imagin. Ebene, welche durch f und g zugleich geht, berühren die beiden Regelschaaren sich jedoch nicht in a, so haben die involut. räuml. Syst. und die beiden involut. im System enthaltenen Regelschaaren noch einen 2ten Leitstrahl b gemein, welcher alsdann die Axe der gesuchten imagin. Ebene darstellt. Nach Nr. 132 könnten nämlich die beiden Regelflächen, welche den Strahl a gemeinsam haben, außerdem auch noch eine Linie III, oder 3 Gerade Linien (von denen 2 in 1 zusammen fallen können), oder 1 Gerade Linie und eine Kurve II gemein haben, daß aber hier nur der Fall eintreten kann, daß beide Regelflächen noch 3 Gerade gemein haben, von denen 2, welche die a (und b) schneiden in eine zusammen fallen oder imagin. werden können, ergiebt sich aus folgender Betrachtung: um eine im System enthaltene involut. Regelschaar, deren imagin. Ordnungsstrahlen die beiden konjungirten Geraden f und f_1 oder g und g_1 darstellen, und die die a als Leitstrahl enthält, zu erhalten, braucht man nur zu 2 beliebigen Geraden pq, welche die Gerade a aber nicht sich schneiden, die entsprechenden $p_1 q_1$ (für das System ff_1) und $p_2 q_2$ (für das System gg_1) dazu zu nehmen, die involut. Regelschaar $pp_1 . qq_1$ im ersten System, und die involut. Regelschaar $pp_2 . qq_2$ im 2ten System stellen ein Paar der erwähnten involut. Regelschaaren dar (oder mit andern Worten pq $p_1 q_1$ ist eine Darstellung von f und pq $p_2 q_2$ eine Darstellung von q). Diese Regelschaaren haben aber offenbar die 3 Geraden apq gemein, und müssen daher, wenn sie sich nicht in a berühren noch in einem Strahle b schneiden.

9) 2 imagin. Gerade II f und g, die in 1 Ebene liegen, bestimmen einen Punkt. Der Beweis hiefür wird auf dieselbe Weise geführt, wie der in 8); sollen nämlich f und g in 1 Ebene liegen, so müssen die beiden involut. räuml. Systeme, welche durch ff_1 und

gg_1 oder umgekehrt, durch welche ff_1 und gg_1 bestimmt sind, entweder einen Leitstrahl b, in dem sie sich berühren, oder 2 Leitstrahlen b und a gemein haben; im ersten Fall liegt der gesuchte Punkt in b, im 2ten Falle in a, der Beweis ist derselbe wie in 8) nur so zu sagen in umgekehrter Ordnung, indem dort a hier b durch die Voraussetzung gegeben ist.

Es ist aus dieser Entwicklung ersichtlich, daß hinsichtlich der Fundamentaleigenschaften bei ihrer gegenseitigen Verbindung die imagin. Elemente von den reellen sich nicht unterscheiden.

187. Nach dem der Art eine ganz neue Art von Elementen in die geometrische Betrachtung aufgenommen ist, müssen Modifikationen und Erweiterungen der früheren Begriffe eintreten, wenn unsre Entwicklung auch auf diese neuen Elemente ausgedehnt werden soll.

Betrachten wir nun entsprechend der Entwicklung der Nr. 5 was über die Anzahl der Elemente, welche die einzelnen Grundgebilde enthalten, zu sagen ist.

a) Elemente eines reellen Elementargebildes I. Wir bezeichnen wieder die Anzahl der reellen Punkte einer Geraden mit $u+1$ dem entsprechend erhält man die Anzahl der in einem reellen Elementargebilde enthaltenen imagin. Elemente durch folgende Betrachtung:

Jeder ordentliche Wurf in dem Elementargebilde bestimmt zwar ein imagin. Element, allein wollte man alle solche ordentlichen Würfe als Darstellungen imagin. Elemente gelten lassen, so würde man für jedes einzelne derselben unendlichmal unendlich viele Darstellungen mit aufgenommen haben, es ist daher dafür zu sorgen, daß jedes solche imagin. Element auch nur einmal erhalten werde, dieses erreicht man aber dadurch, daß man 1) alle Darstellungen von einem festen Punkte a ausgehen läßt, und 2) daß man jede Darstellung einem bestimmt gegebenen ordentlichen Wurfe $A B A_1 B_1$ projekt. sein läßt. Der Wurf $a b a_1 b_1$ stellt also alle in dem reellen Elementargebilde enthaltenen imagin. Elemente dar, wenn a fest und $a b a_1 b_1 \; \pi \; A B A_1 B_1$ ist, woraus folgt, daß a_1 und b 2 ganz beliebige von a verschiedene Elemente darstellen können, damit ein solches imagin. Element erhalten wird. Die Anzahl dieser verschiedenen Möglichkeiten ist aber offenbar $u . (u-1)$, d. h. gleich der Anzahl der möglichen Verbindungen je 2er verschiedener reeller Elemente außer a. Die Anzahl aller Elemente eines reellen Elementargebildes I ist also $u^2 + 1$.

b) Anzahl der Elemente einer imagin. Geraden I. Eine solche Gerade hat einen reellen Punkt, und wird außerdem von jeder reellen Geraden, die in ihrem reellen Träger liegt, aber nicht durch ihren reellen Punkt geht, in einem imagin. Punkte geschnitten, solcher Gerader giebt es aber nach Nr. 5 gerade u^2, daher enthält eine solche imagin. Gerade I im Ganzen $u^2 + 1$ Punkte.

c) Anzahl der Elemente eines imagin. Ebenenbüschels, dessen Axe eine imagin. Gerade I ist.

Jeder solche Ebenenbüschel enthält eine reelle Ebene, nämlich den Träger der imagin. Axe, außerdem aber bestimmt jede reelle Gerade, welche die imagin. Axe und ihre reelle Ebene in ihrem reellen Centrum schneidet, die reelle Axe einer imagin. Ebene, welche durch die gegebene imagin. Gerade I geht, d. h. dem fraglichen Ebenenbüschel als Element angehört. Solcher Gerader giebt es aber nach Nr. 5 genau u^2, daher ist die gesuchte Anzahl aller Elemente des Ebenenbüschels wiederum $u^2 + 1$.

d) Anzahl der Elemente eines imagin. Strahlenbüschels, dessen Mittelpunkt A reell, dessen Ebene aber imaginär ist. Die reelle Axe p der imagin. Ebene ist ein reeller Strahl desselben, außerdem schneidet jede reelle Ebene des Strahlenbündels A, die nicht zugleich durch p geht die Ebene in einem imagin. Strahl des fraglichen Büschels, solcher Ebenen giebt es aber nach Nr. 5 gerade u^2, daher ist die Anzahl aller Strahlen gleich $u^2 + 1$.

e) Anzahl der Elemente einer imagin. Geraden II. Offenbar hat eine imagin. Gerade II so viele imagin. Punkte, als das involut. räuml. System, dessen einen Ordnungsstrahl sie bildet, Leitstrahlen enthält (vgl. Nr. 155 und 185); um aber deren Anzahl zu finden, wähle man eine beliebige reelle Ebene, so ist in ihr gerade ein Leitstrahl f des Systems enthalten, während durch jeden außerhalb dieser Geraden gelegenen Punkt dieser Ebene auch gerade ein Leitstrahl des Systems geht (nach Nr. 159) solcher Punkte außerhalb des fraglichen Leitstrahls f giebt es aber nach Nr. 5 genau u^2, so daß also ein imagin. Gerade II genau $u^2 + 1$ Punkte enthält. Da ferner jeder Leitstrahl des Systems auch die Axe einer imagin. Ebene darstellt, die durch die fragliche imagin. Gerade II geht, so ist auch ganz ebenso

f) die Anzahl der Ebenen eines imagin. Ebenenbüschels, dessen Axe eine imagin. Gerade II ist, gerade gleich $u^2 + 1$.

g) Anzahl der Elemente eines Strahlenbüschels, dessen Mittelpunkt und Ebene imaginär ist. Es sind hier 2 Fälle zu unterscheiden, nämlich entweder liegt der reelle Träger des imagin. Mittelpunktes in dem reellen Träger (Axe) p der imagin. Ebene, in der der Strahlenbüschel liegt oder nicht. Tritt der erste Fall ein, so enthält der Strahlenbüschel einen reellen Strahl, nämlich den reellen Träger des Centrums p selbst, alle übrigen Strahlen dagegen sind imagin. Gerade II, und zwar findet man deren Anzahl am einfachsten, wenn man von dem gegebenen Centrum nach allen Punkten einer Geraden in der Ebene Strahlen zieht, zu diesem Zwecke schneiden wir die imagin. Ebene durch eine reelle Ebene, so bestimmt diese mit derselben eine imagin. Gerade I, welche nach 1) gerade u^2 imagin. Punkte enthält, so daß als Anzahl der Strahlenelemente für diesen 1sten Fall sich ergeben $u^2 + 1$. Liegt dagegen das imagin. Centrum $a\,b\,a_1\,b_1$ nicht in der reellen Axe p der imagin. Ebene, so enthält der Strahlenbüschel bloß imagin. Gerade, und zwar I. oder II. Ordnung, je nachdem der fragliche Strahl die reelle Axe p in einem reellen, oder in einem imagin. Punkte schneidet, und da jeder Punkt der Axe p in Verbindung mit $a\,b\,a_1\,b_1$ einen Strahl des fraglichen Büschels liefert, so erhält man wieder $u^2 + 1$ Strahlen (nämlich $u + 1$ imagin. Gerade I, und $u^2 - u$ imagin. Gerade II).

h) Anzahl der Elemente eines reellen Grundgebildes II (ebenes Gewebe und Strahlenbündel). Nach Nr. 5 enthält ein reelles ebenes Gewebe $u^2 + u + 1$ reelle Punkte; außerdem enthält es in jeder reellen Geraden noch $u^2 - u$ imagin. Punkte, da es aber solcher reeller Geraden nach Nr. 5 auch $u^2 + u + 1$ enthält, so ist die Summe aller seiner Punktelemente $u^2 + u + 1 + (u^2 + u + 1)(u^2 - u)$ d. h. $u^4 + u^2 + 1$.

Ganz auf demselben resp. auf dem reciproken Wege erhält man, daß auch die Anzahl aller Strahlenelemente eines ebenen Gewebes $u^4 + u^2 + 1$ ist.

Dasselbe Resultat hinsichtlich der Anzahl der Elemente gilt

nun selbstverständlich auch für den Strahlenbündel hinsichtlich seiner Strahlen und Ebenenelemente.

i) Anzahl der Elemente eines imagin. ebenen Gewebes. In der reellen Axe p der imagin. Ebene sind enthalten u^2+1 Punkte, wählen wir nun einen in der Ebene enthaltenen Strahlenbüschel, dessen Centrum ein reeller Punkt A der Axe p ist, indem wir die imagin. Ebene durch alle Ebenen des Ebenenbündels A, welche nicht zugleich durch p gehen, schneiden und zählen alle imagin. Punkte aller Strahlen dieses Büschels zusammen, so erhalten wir die gesuchte Anzahl in derselben Weise wie wir in Nr. 5 die Zahl der reellen Punktelemente eines ebenen Gewebes uns verschafften. Der fragliche imagin. Strahlenbüschel A hat aber nach d) u^2 imagin. Strahlen, und jeder dieser Strahlen u^2 imagin. Punkte, so daß als Anzahl aller Punktelemente einer imagin. Ebene sich ergiebt u^4+u^2+1.

Sucht man die Anzahl der Strahlen einer imagin. Ebene, so thut man am besten, für jeden Punkt der reellen Axe p dieser imagin. Ebene die imagin. Strahlen zu suchen, die durch ihn gehen, alle diese zusammen gezählt, geben mit der einzigen reellen Geraden p die richtige Anzahl. Durch jeden der u^2+1 Punkte von p gehen aber u^2 imagin. Gerade, und man erhält daher als Ausdruck für die Gesammtzahl der Strahlenelemente u^4+u^2+1.

Betrachtet man den Schein eines ebenen Gewebes aus einem imagin. Punkt außerhalb dieser Ebene, so erhält man ohne Weiteres, daß auch ein Strahlenbündel mit imagin. Mittelpunkt genau u^4+u^2+1 Strahlen, und ebenso viele Ebenenelemente enthält.

k) Anzahl der Elemente eines räuml. Systems. Nach Nr. 5 hat ein räuml. System u^3+u^2+u+1 reelle Punkte, in jeder seiner $u^4+u^3+2u^2+u+1$ (nach Nr. 5) reeller Geraden, enthält es ferner u^2-u imagin. Punkte, daher ist die Anzahl der Punktelemente überhaupt $u^6+u^4+u^2+1$. Durch die reciproke Betrachtung erhält man ohne Weiteres als Anzahl der Ebenenelemente im Raume ebenfalls $u^6+u^4+u^2+1$. Um endlich die Strahlenelemente des Raumes zu finden, bedient man sich am einfachsten einer Hilfsebene A, welche nothwendig von jeder Geraden des Raumes geschnitten werden muß. Durch jeden Punkt von A (er mag reell oder imaginär sein) gehen nach c) u^4+u^2+1 Strahlen und die

Ebene A selbst hat u^4+u^2+1 Punkte, multiplicirt man nun diese beiden Ausdrücke, so hat man offenbar jeden der u^4+u^2+1 Strahlen in der Ebene A als Element aller der Strahlenbündel, deren Centra in ihm liegen, also u^2+1 mal gezählt, während er bloß 1 mal gezählt werden darf, man erhält daher als wahren Ausdruck für die Zahl der Strahlenelemente $(u^4+u^2+1).(u^4+u^2+1)-u^2.(u^4+u^2+1)$ d. h. $u^8+u^6+2u^4+u^2+1$.

Fassen wir nun das Resultat dieser Entwicklung zusammen, indem wir unter Elementen nun nicht mehr unterscheiden, ob reell oder imaginär, so erhält man folgendes:

1) Sämmtliche Elementargebilde I haben gleich viel Elemente und zwar ist ihre Anzahl gleich u^2+1.

2) Jedes ebene Gewebe hat genau so viel Punkte als Strahlen, und jeder Strahlenbündel hat genau so viel Strahlen als Ebenen, und zwar ist diese Anzahl für alle Grundgebilde II genau gleich u^4+u^2+1.

3) Das räuml. System hat genau so viele Punkte als Ebenen, und ist diese Zahl gleich u^4+u^2+1, und dasselbe hat Strahlen $u^8+u^6+2u^4+u^2+1$.

188. Nachdem so auch nach Erweiterung des Begriffes Element dennoch dasselbe Resultat, hinsichtlich der Anzahl der Elemente der verschiedenen Grundgebilde als giltig sich herausgestellt hat, welches wir in Nr. 5 für die Elemente derselben aufgefunden, und das uns die Möglichkeit gewährte, die Grundgebilde überhaupt projekt. auf einander zu beziehen, so benutzen wir dieses Resultat auch jetzt nach Einführung der imagin. Elemente, um die projekt. Beziehung der Grundgebilde mit Einschluß dieser imagin. Elemente möglichst allgemein zu vollziehen. Wir gehen auch hier wieder von der Betrachtung der Grundgebilde I aus, und legen der nachfolgenden Betrachtung das gerade Gebilde zu Grunde, da die entsprechenden Sätze und Beweise für Strahlenbüschel und Ebenenbüschel zu denen für das gerade Gebilde reciprok verwandt sind.

Wir nannten bisher den Wurf eines Grundgebildes I harmonisch, wenn sein Werth $=-1$ ist; in Nr. 39. 0 haben wir gesehen, daß diese Definition vollständig ersetzt werden kann durch folgende: ein Wurf ist harmonisch, wenn er projekt. ist einem Wurfe, den man erhält, wenn man 2 getrennte Elemente des ersten mit einander vertauscht.

Wir nannten bisher 2 Würfe projekt., wenn sie gleiche Werthe haben; aus der Entwicklung der Nr. geht hervor, daß die projekt. Beziehung der Grundgebilde I sich stets auf die perspekt. Beziehung derselben zurückführen lasse.

Da nun für den Fall, daß imagin. Elemente mit in Betracht gezogen werden sollen, von Zahlenwerthen der Würfe keine Rede mehr sein kann, so müssen demgemäß die so eben besprochenen Definitionen entsprechend abgeändert werden. Wir nennen daher ganz allgemein den Wurf abcd harmonisch, wenn er projekt. ist dem Wurfe adcb oder cbad, und wir nennen ferner 2 Würfe projekt., wenn sie einer Reihe von Würfen angehören, von denen jeder zu seinem nachfolgenden perspekt. ist.

189. Es soll zuerst gezeigt werden, daß für die Art der projekt. Beziehung 2er gerader Gebilde (oder der Grundgebilde I) wie wir sie in §. 2. kennen gelernt und seither in Anwendung gebracht haben, und die wir die reell projekt. nennen werden, alle die Fundamentalsätze wie sie eben daselbst entwickelt wurden, auch noch gelten, wenn unter ihren Elementen die imagin. berücksichtigt werden sollen.

a) 2 Würfe (und also überhaupt 2 Grundgebilde) sind projekt., wenn sie einem und demselben 3ten Wurfe projekt. sind.

Ist nämlich sowohl ABCD, als auch $A_1B_1C_1D_1$ zu MNPQ projekt., so muß nach 146. ABCD der erste und MNPQ der letzte in einer Reihe von Würfen sein oder sein können, von denen jeder zu seinem nachfolgenden perspekt. ist, und ebenso muß MNPQ der erste, $A_1 B_1 C_1 D_1$ der letzte in einer Reihe von Würfen sein oder sein können, von denen jeder zu seinem nächsten perspekt. ist, also sind auch ABCD und $A_1B_1C_1D_1$ in einer Reihe von Würfen enthalten, von denen jeder zu seinem nachfolgenden perspekt. ist.

b) Es entspricht jedem imagin. Punkte der einen Geraden ein einziger bestimmter imagin. Punkt des andern.

Da nämlich jedem ordentlichen Wurf $a b a_1 b_1$ in der einen ein ordentlicher Wurf $A B A_1 B_1$ in der andern entspricht, so entspricht auch dem imagin. Punkte aba_1b_1 der imagin. Punkt ABA_1B_1

und es fragt sich daher nur noch ob, wenn cdc_1d_1 eine Darstellung desselben imagin. Punktes wie aba_1b_1, dann auch der entsprechende Wurf CDC_1D_1 in der 2ten Geraden auch eine Darstellung desselben imagin. Punktes wie ABA_1B_1 ist. Da aber nach der Voraussetzung $ABA_1B_1CDC_1D_1 \ \pi \ aba_1b_1cdc_1d_1$

und $A_1B_1ABC_1D_1CD \ \pi \ a_1b_1abc_1d_1cd$

und da ferner $aba_1b_1cdc_1d_1 \ \pi \ a_1b_1abc_1d_1cd$ sein muß, wenn aba_1b_1 und cdc_1d_1 2 Darstellungen desselben imagin. Punktes sein sollen, so muß auch $ABA_1B_1CDC_1D_1 \ \pi \ A_1B_1ABC_1D_1CD$ sein, woraus die Richtigkeit der obigen Behauptung sich ergiebt.

Zusatz 1. Das Wesentliche dieser letzten Beweisführung läßt sich kurz so in Worte fassen: ist $p(abcda_1b_1c_1d_1\ldots) \ \pi \ P(ABCDA_1B_1C_1D_1\ldots)$ und sind die Elemente $aa_1 . bb_1 . cc_1 . dd_1 \ldots$ involut. gepaart, so ist dieses auch mit den Elementen $AA_1 . BB_1 . CC_1 . DD_1\ldots$ der Fall.

Zusatz 2. Aus diesem Beweise geht zugleich hervor, daß in 2 reell projekt. geraden Gebilden p und p_1 jeder Darstellung eines imagin. Punktes eine ihr projekt. Darstellung des entsprechenden imagin. Punktes der andern entspreche; es gilt nun aber auch umgekehrt folgendes: entspricht dem imagin. Punkte aba_1b_1 von p der imagin. Punkt ABA_1B_1 von p_1, ist dabei $aba_1b_1 \ \pi \ ABA_1B_1$ und entspricht dem reellen Punkte a von p der reelle Punkt A von p_1, so sind immer auch ba_1b_1 und BA_1B_1 entsprechende Punkte, denn würden den Punkten ba_1b_1 die von BA_1B_1 verschiedenen Punkte NM_1N_1 entsprechen, so wäre ANM_1N_1 ebenfalls eine zu aba_1b_1 projekt. Darstelluug des entsprechenden imagin. Punktes, und es würde daher von 1 reellen Punkte aus 2 zu einem bestimmten ordentlichen Wurfe projekt. Darstellungen eines imagin. Punktes geben, was nach 75. b. und 180. unmöglich ist.

c) Jedes Paar aa_1 reeller zugeordneter Elemente eines involut. geraden Gebildes ist durch die Ordnungselemente MN harmonisch getrennt, auch wenn diese imaginär sind.

Es sei Fig. 49 aba_1b_1 die von a ausgehende harmonische Darstellung von M, so ist ab_1a_1b die von a ausgehende harmonische Darstellung von N. Es seien ferner in einer 2ten durch a gehenden reellen Geraden $a\beta\alpha_1\beta_1$ und $a\beta_1\alpha_1\beta$ 2 harmonische Darstellungen 2er anderer konjungirter imagin. Punkte M_1N_1, so scheiden sich nach Nr. 39. e. die 3 Geraden $b\beta$ $a_1\alpha_1$ $b_1\beta_1$ in 1 Punkte P, und ebenso die 3 Geraden $b\beta_1$ $a_1\alpha_1$ $b_1\beta$ in 1 Punkte Q, d. h. nach Nr. 185 die 2 Geraden MM_1 und NN_1 einerseits, und die 2 Geraden MN_1 und NM_1 anderseits, stellen je ein Paar konjungirter imagin. Gerader dar. Projicirt man nun den Wurf $aM_1\alpha_1N_1$ einmal von P und das andere Mal von Q auf die Gerade ab_1, so erhält man nach 146. das 1ste Mal

$aMa_1N \;\pi\; aM_1\alpha_1N_1$, und das 2te Mal

$aNa_1M \;\pi\; aM_1\alpha_1N_1$, woraus folgt nach a)

$aMa_1N \;\pi\; aNa_1M$ was nach 146. identisch ist damit, daß aa_1 durch MN harmonisch getrennt sind.

d) Entspricht in 2 reell projekt. geraden Gebilden p und p_1 dem imagin. Punkte M der imagin. Punkt M_1, so entspricht immer nothwendig auch dem dem M konjungirten imagin. Punkte N der dem M_1 konjungirte imagin. Punkt N_1, denn ist aba_1b_1 eine Darstellung von M, so ist ab_1a_1b eine Darstellung von N, entsprechen nun den Punkten aba_1b_1 von p die Punkte ABA_1B_1 in p_1, so entspricht offenbar dem Punkte aba_1b_1 der Punkt ABA_1B_1 und dem Punkt ab_1a_1b der Punkt AB_1A_1B w. z. b. w.

e) Sind 2 Gerade perspekt. projekt. hinsichtlich ihrer reellen Punktelemente, so ist das Centrum der perspekt. Beziehung auch in jeder Geraden enthalten, welche 2 entsprechende imagin. Punkte derselben verbindet. Denn stellt man die entsprechenden Punkte durch projekt. Darstellungen aba_1b_1 und $a\beta\alpha_1\beta_1$, welche vom Schnittpunkte beider Geraden ausgehen, dar, so sind nach b) Zusatz 2. $b\beta$ $a_1\alpha_1$ $b_1\beta_1$ je entsprechende reelle Punkte beider Geraden, und ihre Verbindungslinien gehen daher durch das Centrum der perspekt. Beziehung w. z. b. w.

f) 2 Schnittpunkte RQ von 2 Paar Gegenseiten AD BC und AB CD eines vollständigen 4Ecks ABCD werden durch die 2 noch übrigen Gegenseiten AC und BD harmonisch getrennt. Die Fig. 50 soll, da sie bloß reelle Punkte in Berücksichtigung zieht, nur dazu dienen, einen bequemen Anhaltspunkt für die Anschauung zu bieten, offenbar geht aber die Richtigkeit des Beweises unter der Voraussetzung, daß beliebige der 4 Eckpunkte imagin. sind, daraus hervor, daß alles, worauf sich dieser Beweis stützt, auf denjenigen Fundamentalsätzen über einfache Elemente beruht, welche als für reelle wie imagin. Elemente gleichmäßig giltig in Nr. 186 nachgewiesen wurden.

Denn projicirt man den Wurf CPAM einmal von B und das andere Mal von D auf die Gerade RQ, welche weder durch B noch durch D gehen kann, während nothwendig auch die Gerade MC und MR 2 verschiedene Gerade darstellen, so erhält man CPAM π RNQM, und das andere Mal CPAM π QNRM, woraus RNQM π QNRM w. z. b. w.

g) Es ist stets abcd π badc π cdab π dcba. Von den 4 Würfen abcd $ab_1c_1d_1$ dSd_2d_1 und dcba ist s. Fig. 51 der 2te eine Projektion des ersten aus S, der 3te eine Projektion des 2ten aus b, der 4te eine Projektion des 3ten aus c_1, daher der erste auch mit dem 4ten projekt. w. z. b. w.; auf dieselbe Weise werden auch die übrigen Behauptungen des Satzes bewiesen, nur muß man die erste Gerade, auf welche aus S die Projektion Statt findet, durch einen andern Punkt als a legen. Auch für diese Figur gilt das in b) wegen der reellen und imagin. Punkte Bemerkte.

h) Aus g) folgt nun unmittelbar der wichtige Satz, daß wenn in 2 einfachen Elementargebilden desselben Trägers 2 Elemente, sie mögen beide reell oder sie mögen beide imaginär sein, einander abwechselnd entsprechen, so gilt dieses von je 2 entsprechenden Elementen, d. h. die beiden Elementargebilde bilden zusammen ein involut. Gebilde.

i) Sind M N die reellen oder imagin. Ordnungselemente eines involut. Grundgebildes I, so sind sie durch jedes Paar reeller oder imagin. zugeordneter Elemente harmonisch getrennt. Denn sind A und A_1 ein solches Paar, und ist G dasjenige Element, welches den Wurf AMA_1G zu einem harmonischen macht, so muß, da M sich selbst entspricht, und AMA_1G π A_1MAG ist, nothwendig auch G sich selbst entsprechen, d. h. mit N zusammen fallen.

Entspricht einem imagin. Element P das ihm konjungirte Q, so hat das involut. Elementargebilde nothwendig 2 reelle Ordnungselemente. Denn da die beiden projekt. Elementargebilde, welche das involut. Gebilde erzeugen in diesem Falle nothwendig gegenläufig projekt. sind, so haben sie nothwendig 2 Elemente M und N entsprechend gemein, ist nun $MaGa_1$ eine harmonische Darstellung von P, so ist Ma_1Ga die harmonische Darstellung des entsprechenden konjungirten Elementes Q, da aber M ein entsprechend gemeinsames Element beider darstellt, so müssen nach b) Zusatz 2 den Elementen $\mathfrak{a} G \mathfrak{a}_1$ die Elemente $\mathfrak{a}_1 G \mathfrak{a}$ entsprechen, d. h. G mit N zusammen fallen, woraus folgt, daß M und N durch P und Q und $\mathfrak{a}\mathfrak{a}_1$ harmonisch getrennt sind.

Sind 2 zugeordnete Punkte eines involut. einfachen Elementargebildes PQ einander nicht konjungirt, so kann dasselbe reelle Ordnungselemente haben oder nicht, je nachdem der Sinn, wodurch P bestimmt wird, dem Sinne, wodurch Q bestimmt wird, gleich oder entgegengesetzt ist.

k) 2 projekt. einfache Elementargebilde desselben Trägers haben stets entweder ein Element oder 2 Elemente entsprechend gemein, die entweder reell oder konjungirt imaginär sind. Denn nach c) und d) gelten nun die Schlüsse von Nr. 25 bis Nr. 31 ganz allgemein, nur gilt die Annahme, daß das daselbst erwähnte involut. gerade Gebilde keine Ordnungselemente enthalte, jetzt nicht mehr, da ja nach den jetzigen Festsetzungen jedes involut. gerade Gebilde Ordnungselemente hat, die entweder reell oder konjungirt imagin. sind.

l) Die reell projekt. Beziehung eines Grundgebildes I ist vollkommen fixirt, wenn zu 3 Elementen des einen die 3 entsprechenden Elemente des andern gegeben sind, wenn auch imagin. Elemente unter denselben enthalten sind, wobei jedoch immer das im Auge behalten werden muß, daß wenn ein imagin. Element $\mathfrak{a}\mathfrak{b}\mathfrak{a}_1\mathfrak{b}_1$ des einen einem imagin. Element $\alpha\beta\alpha_1\beta_1$ des andern entspricht, dann nach d) allemal von selbst auch das dem ersten konjungirte imagin. Element $\mathfrak{a}\mathfrak{b}_1\mathfrak{a}_1\mathfrak{b}$ dem dem andern konjungirten Element $\alpha\beta_1\alpha_1\beta$ entspricht; so daß also jedes imagin. Element stets die Bedeutung von 2 Elementen besitzt.

Es entspreche dem reellen Elemente $\mathfrak{a}$ das reelle Element α und 2 konjungirten imagin. Elementen PQ des ersten 2 konjungirte imagin. Elemente P_1Q_1 des 2ten. Wählt man nun eine von $\mathfrak{a}$ ausgehende Darstellung $\mathfrak{a}\mathfrak{b}\mathfrak{a}_1\mathfrak{b}_1$ von P (oder Q), und ebenso die derselben projekt. und von α ausgehende Darstellung $\alpha\beta\alpha_1\beta_1$ von P_1 (oder Q_1), so müssen nach Nr. 189. b) Zus. 2 nothwendig die reellen Elemente $\mathfrak{b}\mathfrak{a}_1\mathfrak{b}_1$ den reellen Elementen $\beta\alpha_1\beta_1$ entsprechen, wodurch die projekt. Beziehung also vollständig fixirt ist.

m) Sind unter den Elementen, welche die reell involut. Beziehung eines Grundgebildes I fixiren, imaginäre, so hat man nach der oben hervorgehobenen Beschränkung, d. h. nach d) 2 Fälle zu unterscheiden. Sind nämlich unter den Elementen 1 Paar reelle aa_1, so kann das 2te Paar PQ nur ein Paar konjungirter imagin. Elemente sein, denn wären PQ nicht konjungirt, so würden ihre konjungirten als 2 ebenfalls zugeordnete Elemente, das 3te Paar zugeordneter Elemente der Involution darstellen, d. h. es wären in diesem Falle für die Fixirung zu viele entsprechende Elementenpaare gegeben. Sind dagegen gar keine reellen zugeordneten Elemente gegeben, so können und müssen 2 Paar imagin. zugeordnete Elemente gegeben sein, unter denen entweder keines oder die beide konjungirte imagin. Elemente darstellen. Ist im ersten Falle $a\,b\,a_1\,b_1$ eine von a ausgehende harmonische Darstellung von Q, so entspricht da aa_1 ein Paar entsprechende reelle Punkte und die Darstellungen zugleich projekt. sind, nach b) Zus. 2 dem b das Element b und dem b_1 das Element b_1, d. h. b und b_1 sind die reellen Ordnungselemente des involut. Elementargebildes. Ist im 2ten Fall die involut. Beziehung fixirt durch die entsprechenden Elementenpaare $PP_1 . QQ_1$, so lehrt folgender Hilfssatz, diesen zusammengesetzteren Fall auf den so eben behandelten einfacheren, in dem reelle zugeordnete Punkte gegeben sind, zurückführen.

Lehrsatz. Sind in einem und demselben reellen Träger 2 reell involut. Elementargebilde gegeben, nämlich $aa_1 . bb_1 \ldots$ und $AA_1 . BB_1 \ldots$ von denen wenigstens das eine keine Ordnungselemente hat, so giebt es immer gerade 1 Paar reeller Punkte, welche sowohl in dem einen als auch in dem andern involut. Gebilde einander zugeordnet sind.

Nach 75. genügt es, diesen Satz für irgend ein Elementargebilde bewiesen zu haben, und wir wählen auch hier der größeren Anschaulichkeit wegen eine Kurve II K als den Träger der beiden involut. Elementargebilde. Die Verbindungslinien zugeordneter Punkte desjenigen involut. Kurvengebildes II, das keine reellen Ordnungselemente enthält, schneiden sich in einem Punkte S (Involutionscentrum) der innerhalb der Kurve liegt, ist nun S_1 das Involutionscentrum für das 2te involut. Kurvengebilde, so schneidet SS_1 die Kurve K stets in 2 reellen Punkten MN, welche für beide involut. Kurvengebilde zugeordnete Punkte darstellen.

Sind nun, um in unsrer Untersuchung fortzufahren, PP_1 und dann nothwendig auch QQ_1 ein Paar konjungirter imagin. Punkte, so giebt es nach dem soeben bewiesenen Satze stets ein Paar reeller Elemente, welche sowohl in dem involut. Elementargebilde, wodurch die imagin. Elemente PP_1 als auch in dem involut. Elementargebilde, wodurch die imagin. Elemente QQ_1 bestimmt werden, einander zugeordnet sind, d. h. welche nach c) sowohl durch die Elemente PP_1 als auch durch die Elemente QQ_1 harmonisch getrennt sind, und welche daher die Ordnungselemente des involut. Elementargebildes darstellen.

Sind dagegen die Elemente PP_1 und also auch QQ_1 nicht konjungirt, so muß nothwendig, wenn für die Fixirung der involut. Beziehung nicht zu viele entsprechende Elemente gegeben sein sollen, das eine der beiden zugeordneten Paare von Elementen, also QQ_1 dem ersten Paare konjungirt sein, d. h. P und Q ebenso wie P_1 und Q_1 müssen je ein Paar konjungirter Elemente darstellen. Sind nun M und N ebenso wie bei der letzten Betrachtung die beiden einzigen reellen Punkte, welche sowohl durch P und Q, als auch durch P_1 und Q_1 harmonisch getrennt sind, so ist MPNQ und MP_1NQ_1 je ein harmonischer Wurf, daher MPNQ π NP_1MQ_1, daher $MN . PP_1 . QQ_1$ eine Involution; wodurch dieser Fall auf den ersten zurückgeführt ist.

190. Nachdem so die Fundamentalsätze über die reell projekt. Beziehung der Grundgebilde I als giltig erwiesen sind auch für den Fall, daß die imagin. Elemente derselben mit in Betracht gezogen werden, gelten nun auch und zwar nicht nur für diese Grundgebilde I, sondern auch für die Grundgebilde II und III, und für die Elementargebilde II und III alle die Sätze, welche sich auf diese Fundamentalsätze stützen, und es sollen nun in Kürze die hauptsächlichsten hieher gehörigen Sätze zusammengestellt werden, wobei immer vorausgesetzt wird, daß die projekt. Beziehung die bisher betrachtete sei, bei der jedem reellen Element wieder ein reelles entspricht, und die wir die reell projekt. nennen.

Ein involut. Elementargebilde I hat stets 2 Ordnungselemente, die reell oder konjungirt imaginär sind.

2 projekt. Elementargebilde I desselben Trägers haben entweder 2 reelle oder 2 konjungirte imagin. Punkte, oder 1 Punkt

entsprechend gemein (nach Nr. 30) im letztgenannten Falle vereinigen sich 2 reelle oder 2 konjungirte imagin. entsprechend gemeinsame Punkte in dem 1 (vergl. Nr. 34). Alle Elementargebilde I und II und III haben genau gleich viele reelle und gleich viele imagin. Elemente.

Jedes involut. Elementargebilde hat 2 Ordnungselemente.

2 projekt. Elementargebilde desselben Trägers haben 1 oder 2 entsprechend gemeinsame Elemente.

Die projekt. sowie die involut. Beziehung 2er Elementargebilde II oder III desselben Trägers ist auch vollkommen fixirt, wenn unter den entsprechenden Elementen imagin. sich befinden, wenn nur die Nr. 189. d) hervorgehobene Beschränkung im Auge behalten wird.

Bei 2 projekt. ebenen Geweben desselben Trägers wurde hinsichtlich der entsprechend gemeinsamen Elemente der Fall hervorgehoben, daß sie 1 Punkt und 1 nicht durch ihn gehende Gerade entsprechend gemein haben könnten, dieses muß nun dahin abgeändert werden, daß sie 3 Punkte und 3 Gerade, von denen je 2 imaginär sind, entsprechend gemein haben.

Jede reelle Gerade eines Polarsystems enthält 2 sich selbst konjugirte Punkte, die also in der Ordnungskurve liegen, diese mag reell oder imagin. sein, diese Punkte sind die Ordnungspunkte des durch die konjugirten Punkte der Geraden bestimmten involut. geraden Gebildes in derselben. Daher hat auch jedes Polarsystem eine Ordnungskurve.

Ebenso gehen durch jeden sich nicht selbst konjugirten Punkt eines ebenen Polarsystems 2 Strahlenelemente der Ordnungskurve.

Jede Ebene A eines räuml. Polarsystems enthält entweder 2 gerade Gebilde, oder alle Punkte einer Kurve II, deren sämmtliche Punkte sich selbst konjugirt sind, und die daher in der immer existirenden Ordnungsfläche liegen. Ist nämlich die A sich selbst konjugirt, d. h. liegt ihr Pol a in ihr, in welchem Falle eine reelle Ordnungsfläche vorhanden ist, so bilden die sämmtlichen konjugirten Geraden des Strahlenbüschels a in A einen involut. Strahlenbüschel (vergl. Nr. 169), dessen Ordnungsstrahlen die oben erwähnten beiden Geraden in A darstellen, oder in A ist durch das räuml. Polarsystem ein ebenes Polarsystem bestimmt, dessen Ordnungskurve die oben erwähnte Kurve II darstellt.

Ebenso gehen durch einen Punkt eines räuml. Polarsystems 2 Gerade deren Ebenen sämmtlich sich selbst konjugirt sind, oder alle Ebenen einer Kegelfläche II, denen dieselbe Eigenschaft zukommt.

Jede sich selbst konjugirte Gerade enthält gerade 2 Punkte der Ordnungsfläche, denn die konjugirten Punkte derselben bilden ein involut. Punktgebilde, dessen Ordnungspunkte die beiden in ihr enthaltenen Punkte der Ordnungsfläche darstellen.

Ebenso gehen durch jede sich nicht selbst konjugirte Gerade eines räuml. Polarsystems 2 Ebenen der Ordnungsfläche.

Jede krumme Fläche II K, mit Ausnahme der Kegelflächen II, muß als Regelfläche betrachtet werden. Ist nämlich K eine durchaus krumme Fläche II, so kann sie stets als Ordnungsfläche eines räuml. Polarsystems betrachtet werden; in jeder sich selbst konjugirten Ebene giebt es nach dem soeben Bewiesenen 2 Gerade, die in der Ordnungsfläche liegen, und es muß daher nur noch bewiesen werden, daß diese Geraden in 2 Schaaren zerfallen, von denen alle Strahlen der einen Schaar von jeder Geraden der andern geschnitten werden, ohne daß alle Strahlen in 1 Ebene liegen. Sind aber A und B 2 beliebige sich selbst konjugirte Ebenen, a b ihre beiden Pole $a a_1$ und $b b_1$ die beiden Paare von Strahlen in ihnen, die der Ordnungsfläche angehören, so schneiden sich die beiden Ebenen A und B in einer Geraden, in der gerade 2 sich selbst konjugirte Punkte enthalten sind, diese Punkte müssen aber sowohl in a und a_1 als auch in b und b_1 liegen, und daher a und b sich in dem einen, a_1 und b_1 sich in dem andern schneiden, woraus die Richtigkeit des Behaupteten alsbald folgt.

Jedem Grundgebilde I entspricht ein ihm reell projekt., auch wenn die imagin. Elemente derselben mit in Betracht gezogen werden, daher entspricht auch jedem Elementargebilde II ein ihm projekt. und jedem Paar konjungirter imagin. Element desselben wieder ein Paar konjungirter imagin. Elemente, wobei wir unter einem imagin. Elemente eines Elementargebildes II (oder III) den Schnitt 2er imagin. entsprechender Elemente von 2 zu ihnen perspekt. Grundgebilde I verstehen.

Da jedem vollständigen 4 Eck ein vollständiges 4 Eck oder 4 Seit entspricht, so entspricht auch jedem harmonischen Wurf wieder ein harmonischer Wurf.

Es entspricht in 2 kollineären ebenen Geweben jedem Paar konjungirter imagin. Punkte und jedem Paar konjungirter imagin. Geraden I je wieder ein solches Paar, der Verbindungslinie 2er imagin. Punkte die Verbindungslinie der entsprechenden imagin. Punkte, und dem Schnittpunkte 2er imagin. Geraden der Schnittpunkt der entsprechenden imagin. Geraden. Die Richtigkeit dieser Behauptungen ergiebt sich daraus, daß die ordentlichen Würfe, welche diese einzelnen imagin. Elemente bestimmen, in den ebenen Geweben einander in der oben angegebenen Weise entsprechen.

Auf dieselbe Weise findet man, daß bei der reciproken Beziehung 2er ebener Gewebe jedem Paar konjungirter imagin. Punkte ein Paar konjungirter imagin. Gerader und der Verbindungslinie 2er imagin. Punkte der Schnittpunkt der entsprechenden imagin. Geraden entspreche.

In die Bestimmungsstücke 2er projekt. ebener Gewebe können imagin. Punkte oder Gerade mit aufgenommen werden, wobei ein imagin. Element denselben Werth oder dieselbe Bedeutung hat als ein reelles, wenn man nur auch hier wieder beachtet, daß wenn dem imagin. Punkt P das imagin. Element P_1 entspricht, dann immer von selbst der dem P konjungirte Punkt dem dem P_1 konjungirten Elemente entsprechen müsse, so daß also jedes Paar entsprechender imagin. Elemente sozusagen den Werth von 2 Paaren gegebener entsprechender Elemente hat.

Wir begnügen uns den Beweis für die kollineäre Beziehung zu führen: Sind unter den 4 Punkten ABCD, welche die kollineäre Beziehung fixiren, 1 Paar konjungirte imagin. Punkte AB mit den entsprechenden Elementen A_1B_1 des andern Gewebes gegeben, so bestimmen diese ein Paar reelle Gerade p und p_1 die einander ebenfalls entsprechen, dem Schnittpunkt von p und CD entspricht dabei der Schnittpunkt von p_1 und C_1D_1, wodurch nach Nr. 189 b) und l) die reell projekt. Beziehung von p und p_1 sowohl, als von CD und C_1D_1 vollkommen fixirt ist. Sind dagegen sowohl AB als auch CD konjungirte imagin. Punkte, so müssen sie in 2 verschiedenen Trägern enthalten sein, deren reeller Schnittpunkt dem auf dieselbe Weise durch $A_1B_1C_1D_1$ bestimmten entspricht, wodurch diese beiden Paare reeller Träger wieder vollkommen unzweideutig projekt. auf einander bezogen sind nach Nr. 189.

Die Bedingung, welche von den entsprechenden Elementen 2er kollineärer ebener Gewebe erfüllt sein muß, damit die entsprechenden Elemente involut. gepaart sind, d. h. damit ein involut. System entstehe, bleibt ebenfalls dieselbe, wenn auch statt je ein Paar reeller Elemente ein Paar konjungirte imagin. Elemente in sie aufgenommen wird.

Entsprechen die 2 Punktenpaare AA_1 BB_1 die in verschiedenen Geraden liegen einander abwechselnd, so können folgende Fälle eintreten, 1) AA_1 sind reell, dann müssen BB_1 konjungirt imagin. sein, alsdann ist der Träger BB_1 ebenfalls reell involut., 2) AA_1 und BB_1 stellen je ein Paar konjungirter imagin. Punkte dar, alsdann sind ihre Träger ebenfalls reell involut.

3) AA_1 sind beide imaginär aber nicht konjungirt, alsdann müssen nothwendig die beiden Punkte B u. B_1 den Punkten A u. A_1 konjungirt sein. Sind nun aba_1b_1 und $a\beta\alpha_1\beta_1$ die beiden von dem entsprechend gemeinsamen Schnittpunkt ihrer reellen Träger ausgehenden projekt. Darstellungen von A und A_1 so entsprechen offenbar die Punkte $b\beta$ $a_1\alpha_1$ $b_1\beta_1$ einander abwechselnd, woraus die Richtigkeit ebenfalls sich ergiebt.

Auf dieselbe Weise wird die Bedingung, unter der ein reciprokes System ein Polarsystem wird, nicht geändert, wenn Statt ein Paar reeller Punkte ein Paar konjungirter imagin. Punkte aufgenommen werden.

Ist nämlich ABC das absolute Polardreieck, dessen 2 Ecken BC konjungirt imagin. sind, so folgt doch aus Nr. 189 i), daß der reelle Träger BC auch reell involut. ist, also giebt es unendlich viele Dreiecke mit lauter reellen Elementen die auch absolute Polardreiecke darstellen, woraus die Richtigkeit folgt.

Sind 2 räuml. Systeme R u. R_1 reell projekt. auf einander bezogen, so gelten für sie ganz allgemein die Sätze, wie wir sie bisher haben kennen lernen, nämlich jedem Paar konjungirter imagin. Elemente entspricht ein Paar konjungirter imagin. Elemente, dem Element, das in R durch 2 imagin. Elemente bestimmt wird, entspricht in R_1 das Element das durch die entsprechenden Elemente bestimmt wird, jedem Paar konjungirter imagin. Elemente eines reellen Elementargebildes I oder II oder III, ein solches Paar des entsprechenden Elementargebildes I oder II oder III; Insonderheit entspricht in 2 kollineären räuml. Systemen R und R_1 jeder Geraden

II u von R eine Gerade II u_1 von R_1 und jedem Punkte von u ein Punkt von u_1; wir nennen die Geraden u und u_1 ebenfalls projekt. auf einander bezogen und wollen hier noch einige für die Folge wichtige Eigenschaften, einer solchen Beziehung anführen.

Durch je 3 Punkte abc*) von u ist ein System von Punkten der u bestimmt, deren Träger abc eine Regelschaar abc bilden (Nr. 156), wir sagen alle diese Punkte bildeten eine Kette, und es gilt nun der wichtige Satz: jeder Kette K von u entspricht eine Kette K_1 in u_1. Jedem in einer Kette K_1 enthaltenen Wurfe von u entspricht ein ihm projekt. Wurf der entsprechenden Kette K_1 in u_1. Wir nennen 4 Punkte von u harmonisch, wenn ihre Träger in einer Kette liegen, und in ihr einen harmonischen Wurf bilden. Eine Involution in 1 Kette wieder 1 bestimmte Involution, jedem Sinn in 1 Kette wieder 1 solcher.

Dieses Alles folgt auch hier einfach daraus, daß die reellen Darstellungen der fraglichen imagin. Elemente einander in der angegebenen Weise entsprechen.

Bei der Fixirung der projekt. Beziehung 2er räuml. Systeme können stets an die Stelle eines Paares reeller Punkte ein Paar konjungirter imagin. Punkte treten. Sind 2 Paar konjungirte imagin. Pnnkte AP und BQ in R, und 1 reeller C und die entsprechenden beiden konjungirten imagin. Elemente A_1P_1 u. B_1Q_1 und das entsprechende reelle Element C_1 in R_1 gegeben, so dürfen die reellen Träger von AP und BQ nicht in 1 Ebene liegen. Ist nun von C eine Gerade gezogen, die die reellen Träger von AP und BQ, beide in je 1 reellen Punkt $\alpha\beta$ schneidet, so entsprechen diesen reellen Schnittpunkten von R die auf die entsprechende Weise in R_1 gefundenen reellen Punkte $\alpha_1\beta_1$ in A_1P_1 und B_1Q_1. Dadurch sind die beiden reellen Geraden AP und A_1P_1 sowohl, als auch die reellen Geraden BQ u. B_1Q_1 vollständig projekt. auf einander bezogen nach Nr. 1891), und also zu 5 reellen Punkten in R, von denen keine 4 in 1 Ebene liegen, die entsprechenden in R_1 gefunden. Sind bloß 1 Paar konjungirter imagin. Punkte AB, und also noch 3

*) Wir nennen wohl in der Folge a einen Punkt einer imagin. Geraden II u, wenn a der reelle Träger eines in der u enthaltenen imagin. Punktes ist.

reelle CDE, von denen keine 2 mit dem reellen Träger der ersteren in 1 Ebenen liegen dürfen, in R nebst ihren entsprechenden Elementen $A_1 B_1 C_1 D_1 E_1$ in R_1 gegeben, so bestimmt die Ebene CDE in dem Träger AB einen reellen Punkt, der dem auf entsprechende Weise in R_1 gefundenen Elemente entspricht. Die Gerade AB ist daher nach Nr. 1891) vollständig reell projekt. auf die Gerade A_1B_1 bezogen, und auch für diesen Fall der Nachweis geliefert.

Die Bedingung, unter welcher 2 kollineäre räuml. Systeme ein involut. System bilden s. Nr. 154 ändert sich nicht, wenn auch an die Stelle von je 1 Paar reeller Punkte ein Paar konjungirter imagin. treten.

Von den 3 Paar einander in doppeltem Sinn entsprechenden Punkten AA_1 BB_1 CC_1 können nun entweder jedes Paar ein Paar konjungirter imagin. Punkte darstellen, oder ein Paar derselben z. B. CC_1 ist einander konjungirt oder ist reell, wobei dann nothwendig von den beiden entsprechenden Punkten AA_1 der eine sowohl als der andere den beiden andern BB_1 konjungirt sein müssen, wenn sie nicht reell sind. Im 1sten Fall ergiebt sich die Richtigkeit der Behauptung unmittelbar daraus, daß die 3 Träger AA_1 BB_1 CC_1 in diesem Fall nach Nr. 189 i) reell involut. sein müssen. Im 2ten Falle unterscheiden wir 2 Fälle: liegen AA_1 und BB_1 in 1 Ebene, so stellt dieselbe nach Nr. 190 ein reell involut. System dar, und es ist also der Fall ganz auf den von Nr. 154 zurückgeführt, da CC_1 ebenfalls reell involut. sein muß nach Nr. 189 i). Liegen AA_1 und BB_1 nicht in 1 Ebene, so bestimmen die Verbindungslinien AA_1 und BB_1 2 konjungirte imagin. Gerade m und n, deren jede sich selbst entspricht, während der reelle Träger AB und die in ihm liegenden Schnittpunkte mit m und n dem reellen Träger $A_1 B_1$ und den in ihm liegenden Schnittpunkten mit m und n in doppeltem Sinne entsprechen. Nun bestimmt aber die Ebene Cm in n einen Punkt N der dem Schnittpunkt N_1 der Ebene C_1m mit n in doppeltem Sinne entspricht, und zwar es mögen C und C_1 reell oder konjungirt imaginär sein nach Nr. 186, die 4 imagin. Punkte AA_1 NN_1 von n, und ihre reellen Träger entsprechen daher den 4 imagin. Punkten A_1A N_1N von n und ihren reellen Trägern in doppeltem Sinne, und bilden daher eine involut. Regelschaar, deren Leitstrahlen entsprechend gemeinsame Gerade darstellen, wodurch ein involut. System vollkommen fixirt ist nach Nr. 160.

Auch die Bedingung, nach welcher ein reciprokes System in ein Polarsystem übergeht, (s. Nr. 167) bleibt ungeändert, wenn an die Stelle je 2er reeller Punkte ein Paar konjungirte imagin. treten, insoferne nämlich stets der Träger eines solchen Paares imagin. Punkte nach Nr. 189 i) reell involut. sein muß, so daß es in ihm auch unendlich viele reelle Punkte giebt, die einander abwechselnd entsprechen, so daß man also an der Stelle eines absoluten Polartetraeders mit theilweisen imagin. Ecken stets eines mit lauter reellen Ecken erhält.

191. In Nr. 183 wurde angegeben, daß die involut. Beziehung der Kurven II zu keinen neuen imagin. Elementen führe, sondern daß die imagin. Punktelemente der Kurven II mit den imagin. Punkten der geraden Gebilde, und ebenso die imagin. Strahlenelemente derselben mit den imagin. Elementen der Strahlenbüschel I zusammenfallen. Dieses soll nun in nähere Betrachtung gezogen werden.

Es sei Fig. 52 $aa_1 . bb_1 . cc_1 ..$ das involut. Kurvengebilde K, dessen imagin. Ordnungselemente $a b a_1 b_1$ und $a b_1 a_1 b$ gesucht sind. Nach 75. a findet man nun einfach die entsprechend gemeinsamen Punktelemente der projekt. Kurven II K $(a b c ...)$ π K $(a_1 b_1 c_1 ...)$ indem man von dem 2ten Kurvengebilde $a_1 b_1 c_1 ..$ einen Schein von einem Punkt a der ersten, und umgekehrt von dem 1sten Kurvengebilde $a b c$ einen Schein aus dem entsprechenden Punkte a_1 des 2ten nimmt, die so erhaltenen perspekt. Strahlenbüschel a und a_1 haben eine Axe der perspekt. Beziehung p, welche durch die entsprechend gemeinsamen Punkte der beiden Kurven geht.

Hinsichtlich der Lage dieser Geraden p gilt nun ganz allgemein folgendes: Bezieht man das ebene Gewebe des Trägers von K nach Nr. 82 e) so projekt. auf sich, daß die K ein entsprechend gemeinsames Gebilde darstellt, in dem den Punkten $a b c$ die Punkte $a_1 b_1 c_1$ entsprechen, so ist p stets eine entsprechend gemeinsame Gerade dieser beiden projekt. Gewebe. Vor allem bleibt nämlich p unverändert dieselbe Gerade, wenn man die beiden Centra a und a_1 in ein beliebiges anderes Paar entsprechender Punkte cc_1 verlegt, was unmittelbar daraus folgt, daß nach Nr. 46 in dem 6 Eck $a c_1 b a_1 c b_1$ Fig. 53 die 3 Paar Gegenseiten $a c_1$ $a_1 c$, $a b_1$ $a_1 b$, $c b_1$ $c_1 b$ in 3 Punkten 1 Geraden p sich schneiden. Bezeichnet man nun ferner den Punkt a als Element des 2ten Kurvengebildes mit n_1, und entspricht ihm als solchem der Punkt n des 1sten Kurvengebildes und bezeichnet man ebenso den Punkt a_1 als Element der 1sten Kurve durch m und entspricht ihm als solcher m_1, so entspricht offenbar dem Schnittpunkte von aa (d. h. an_1) und mn (d. h. a_1n) als Punkt des 1sten ebenen Gewebes der Schnittpunkt von a_1a_1 (d. h. a_1m) und m_1n_1 (d. h. am_1); da aber diese beiden Schnittpunkte stets auf p liegen müssen, so entspricht ganz allgemein jedem Punkte von p wieder ein Punkt von p w. z. b. w.

In unserm Falle wird also die Gerade p durch die Involutionsaxe der involut. Kurve K dargestellt.

Will man nun die beiden imagin. Punkte in p selbst finden, so nehme man (Fig. 54) einen zu den beiden projekt. Kurvengebilden K(abcd..) und K($a_1b_1c_1d_1$..) perspekt. Strahlenbüschel a, nämlich a[bcd..] π a[$b_1c_1d_1$..] oder bcd... π $b_1c_1d_1$... ihre beiden entsprechend gemeinsamen Strahlen, also die Ordnungsstrahlen des involut. Strahlenbüschels $bb_1 . cc_1$ bestimmen in p die beiden imagin. Kurvenpunkte $\alpha\beta\alpha_1\beta_1$ und $\alpha\beta_1\alpha_1\beta$.

Zusatz. Wir haben in Nr. 190 noch andere imagin. Punkte von einer Kurve II K kennen gelernt, nämlich die sich selbst konjugirten Punkte von Geraden, welche in einem durch K bestimmten Polarsystem liegen, aber mit K keinen reellen Punkt gemein haben; und es muß daher hier noch nachgewiesen werden, daß die dortigen Resultate mit dem so eben gefundenen nicht in Widerspruch stehen. Betrachtet man jedoch in Fig. 54 die beiden imagin. Punkte $\alpha\beta\alpha_1\beta_1$ und $\alpha\beta_1\alpha_1\beta$, welche nach dem Vorigen die involut. Kurve K($aa_1 . bb_1 . cc_1$..) als ihre Ordnungspunkte in p enthält, so leuchtet die Uebereinstimmung alsbald ein, denn betrachtet man die 4 Ecke aba_1b_1, aca_1c_1 etc., so sieht man alsbald, daß $\beta\beta_1 . \gamma\gamma_1$ etc. in Bezug auf unsre Kurve K wirklich konjugirte Punkte darstellen.

Auch erhellet, daß in den beiden zu K perspekt. Strahlenbüscheln aa_1 dem Strahle a($\beta\gamma\beta_1\gamma_1$) der Strahl a_1($\beta_1\gamma_1\beta\gamma$) entspricht, die aber in p denselben imagin. Schnittpunkt erzeugen, so daß auch die Uebereinstimmung mit dem in 90. über imagin. Punkte der Kurven II Gesagten erwiesen ist.

192. Die Resultate der reciproken Entwicklung lauten also: Die imagin. Strahlenelemente aba_1b_1 und ab_1a_1b eines Strahlen-

büschels II, welche man erhält als die Ordnungselemente eines involut. Kurvengebildes $aa_1 . bb_1$, das keine reellen Ordnungsstrahlen enthält, führen zu keinen neuen imagin. Elementen, sondern sind identisch mit den imagin. Geraden I.

Der reelle Träger 2er imagin. konjungirter Strahlenelemente in einer Kurve II ist das Involutionscentrum P des involut. Strahlenbüschels II, dessen Ordnungsstrahlen sie darstellen.

Diese 2 imagin. Strahlen haben mit der Kurve II die beiden imagin. Punkte gemein, welche in der Involutionsaxe p derselben involut. Kurve II liegen, und wir sagen, daß jeder dieser beiden Strahlen die Kurve in einem dieser beiden Punkte berühre.

Je 2 zugeordnete Strahlen des involut. Büschels P, dessen Ordnungsstrahlen diese beiden imagin. Tangenten der fraglichen Kurve II bilden, sind in Bezug auf dieselbe Kurve II einander konjugirt.

Zusatz. Nachdem so die Identität der imagin. Elemente der Kurven II mit den imagin. Elementen der geraden Gebilde und Strahlenbüschel nachgewiesen, folgt nun unmittelbar, daß, um die projekt. Beziehung 2er Kurven II zu fixiren, unter den 3 hiezu nöthigen entsprechenden Elementenpaaren auch ein Paar konjungirter imagin. enthalten sein könne, insoferne dieses für die geraden Gebilde und Strahlenbüschel nach Nr. 89 gilt, und die projekt. Beziehung der Kurven II auf die projekt. Beziehung dieser Elementargebilde I sich zurückführen läßt nach Nr. 44 ꝛc. und 119.

193. Wenden wir uns nun zu der wichtigen Betrachtung der gemeinsamen Punkt- (und nach der reciproken Entwicklung Strahlen-) Elemente 2er reeller Kurven II derselben Ebene. Es ist nöthig, hier weiter auszuholen, wie folgt: In 2 perspekt. ebenen Geweben desselben Trägers haben 2 entsprechende Kurven II, die wir deßwegen der Kürze wegen selbst perspekt. Kurven II nennen vergl. Nr. 87, mit der Axe der perspekt. Beziehung dieselben Punktelemente entsprechend gemein, d. h. berührt die eine sie in 1 (reellen) Punkte, so berührt die andere sie in demselben Punkte, schneidet die eine sie in 2 reellen Punkten, so thut die andere dasselbe in denselben beiden Punkten und schneidet die eine sie in 2 konjungirten imagin. Punkten, so sind dieselben auch unter den Punktelementen der anderen enthalten.

Für die beiden ersten Fälle, in denen es sich um reelle Punkte handelt, ist der Beweis schon in den Entwicklungen von Nr. 87 enthalten, was aber die imagin. Schnittpunkte anlangt, so ergiebt sich die Richtigkeit des Satzes daraus, daß die Polaren eines Punktes der perspekt. Axe bezüglich beider Kurven entsprechende Gerade der beiden perspekt. projekt. Gewebe darstellen, und sich daher in 1 Punkte derselben perspekt. Axe schneiden müssen, woraus die Richtigkeit sich ergiebt nach Nr. 192.

Der reciproke Satz lautet: In 2 perspekt. ebenen Geweben gehen von dem Centrum der perspekt. Beziehung an 2 entsprechende Kurve II stets dieselben Tangenten, d. h. entweder bloß eine reelle oder 2 reelle oder 2 konjungirte imagin.

Es gilt aber auch umgekehrt der Satz: Haben 2 Kurven II K und K_1 mit 1 Geraden dieselben 2 Punkte PQ (reell oder imaginär) gemein (oder berühren sie sie in demselben Punkte), so läßt sich diese Gerade immer als Axe der perspekt. Beziehung 2er perspekt. ebenen Gewebe betrachten, in der die beiden Kurven einander entsprechen, in dem Falle, wenn von einem und demselben Punkte der fraglichen Geraden an beide Kurven sich zugleich 2 reelle oder 2 konjungirte imagin. Tangenten ziehen lassen, d. h. wenn beide Kurven II dasselbe Stück der Geraden PQ einschließen, oder mit ihr 2 imagin. Punkte gemein haben.

Denn nach Nr. 82 ist die projekt. Beziehung der beiden ebenen Gewebe desselben Trägers vollkommen fixirt, wenn man K und K_1 als entsprechende Gebilde derselben, und noch zu 3 Punkten von K die entsprechenden Punkte von K_1 annimmt, was nun nach Nr. 192 Zus. auch gilt, wenn unter den 3 Punkten sich 2 konjungirte imagin. befinden. Läßt man aber die beiden Punkte P und Q entsprechend gemeinsame Punkte sein und wählt das 3te Paar der Art, daß die ihnen zugehörigen Tangenten von K u. K_1 sich in demselben Punkte von PQ schneiden, so entsprechen offenbar alle Punkte von PQ sich selbst, d. h. PQ ist Axe der perspekt. ebenen Gewebe.

Es ergiebt sich zugleich aus diesem Beweise, daß Falls man von einem Punkte von PQ aus an beide Kurven 4 von einander verschiedene Tangenten aba_1b_1 ziehen kann, d. h. wenn die Axe PQ nicht beide Kurven II in demselben Punkte berührt, daß man alsdann stets dieselbe Gerade als Axe der perspekt. Beziehung der beiden

Ebenen, d. h. der beiden Kurven erhält, man mag der Tangente a die a_1 oder die b_1 entsprechen lassen; es bleibt dabei dieselbe Axe der perspekt. Beziehung bei verändertem Centrum.

Der reciproke Satz lautet: Gehen von einem Punkte S dieselben 2 (reellen oder imaginären) Tangenten an 2 Kurven II derselben Ebene, so lassen sich dieselben stets als entsprechende Gebilde 2er perspekt. ebenen. Gewebe mit S als Centrum der perspekt. Beziehung betrachten, wenn nämlich ein 3ter Strahl des Büschels S entweder beide in 2 Paar reellen, oder beide in 2 Paar konjungirten imagin. Punkten schneidet; ist dabei S nicht ein gemeinschaftlicher Berührungspunkt beider Kurven II, so läßt sich dabei immer noch die perspekt Beziehung auf 2erlei Weise fixiren, so daß S Centrum bleibt, aber 2 verschiedene Gerade als Axen der perspekt. Beziehung erscheinen.

194. Sind nun in einer Ebene 2 Kurven II K u. K_1 gegeben, und will man sich über ihre gemeinschaftlichen Punkt- und Strahlenelemente nähere Auskunft verschaffen, so betrachtet man sie am besten als die 2 Ordnungskurven 2er ebenen Polarsysteme. Sucht man nun zu jedem Punkte der fraglichen Ebene die beiden Polaren in den erwähnten beiden Polarsystemen, so erhält man 2 kollineäre ebene Gewebe, wenn man je die beiden Polaren desselben Punktes einander entsprechen läßt.

Betrachtet man nun die einzelnen in Nr. 83 aufgeführten Fälle, welche hinsichtlich der entsprechend gemeinsamen Elemente dieser beiden kollineären ebenen Gewebe eintreten können, so ergeben sich hieraus für die gemeinsamen Elemente unsrer beiden Kurven als Ordnungskurven nachfolgende wichtige Resultate.

I. Haben die kollineären ebenen Gewebe bloß den Punkt P und die durch P gehende Gerade p entsprechend gemein, so ist in beiden Polarsystemen P der Pol von p, d. h. die beiden Kurven berühren einander in P, die beiden Kurven haben noch 1 reellen Punkt und 1 reelle Tangente gemein, wie alsbald gezeigt werden wird, (wir nennen die Berührung in P eine 3punktige).

II. Haben die kollineären Gewebe die Punkte PQ und die Geraden p und q entsprechend gemein, so muß nothwendig P der Pol von p und Q von q sein, und einer der beiden Pole P in seiner Polare p, der andere in derselben Geraden p liegen, und also q durch P gehen!, in diesem Falle berühren sich K und K_1 wieder in P, haben aber außerdem noch 2 gemeinschaftliche Punkte (und zwar entweder reell oder konjungirt imaginär) und 2 gemeinschaftliche Tangenten (und zwar reell oder konjungirt imagin. (wir nennen die Berührung in P eine 2punktige).

III. Sind die kollineären Gewebe perspekt., und zwar so, daß das Centrum P auf der Axe der perspekt. Beziehung p liegt, so ist P der Pol von p und K und K_1 berühren einander in P, haben aber weiter keinen Punkt und keine Tangente (weder reell noch imaginär) gemein (wir nennen die Berührung in P 4punktig); das was in diesen letzten Nummern I II und III noch unerwiesen gelassen, wird am einfachsten auf folgendem Wege direkt dargethan:

Berühren K und K_1 im Punkte P sich und die Gerade p, so kann diese nach dem zu Anfang dieser Nummer Bewiesenen als Axe der perspekt. Beziehung 2er ebenen Gewebe betrachtet werden, für die K und K_1 entsprechende Gebilde darstellen, und es können nun 3 Fälle eintreten, entweder 1) das Centrum der perspekt. Beziehung S liegt außerhalb p (also auch weder auf K noch auf K_1), alsdann ist nach 150. S auch noch Centrum der perspekt. Beziehung von K und K_1 für eine zweite Axe, und diese Axe enthält nach Nr. 150 noch 2 reelle oder konjungirte imagin. Punkte von K und K_1, denn für den Fall einer nochmaligen Berührung würde der erst unter IV zu betrachtende Fall eintreten, ebenso ist S Schnittpunkt 2er gemeinschaftlicher reeller oder konjungirter imagin. Tangenten von K und K_1, dabei enthält aber bei beiden Arten der perspekt. Beziehung der Strahl SP oder q stets 2 Paare entsprechender Punkte, so daß also die beiden Tangenten die in den von P verschiedenen Schnittpunkten von q mit K und K_1 an diese Kurven sich legen lassen, sich in einem Punkte Q von p schneiden, d. h. q ist Polare von Q für beide Kurven. Es ist dieses unser obiger Fall 2. Oder 2) das Centrum S der perspekt. Beziehung liegt in p aber in einem von P verschiedenen Punkte. In diesem Falle läßt sich, wenn nicht wieder der Fall IV eintritt, wieder S als Centrum der perspekt. Beziehung von K und K_1 in doppelter Weise betrachten, und da die 2te Axe von p verschieden sein aber durch P gehen muß, so schneidet sie K und K_1 je in noch einem Punkte, die aber zusammen fallen müssen; ebenso ist aber S Schnittpunkt einer zweiten gemeinschaftlichen Tangenten von K und K_1, da die stets reelle Tangente an K (oder K_1) nothwendig auch die K_1 (oder K) berühren muß. Dieses ist unser obiger Fall 1). Oder endlich 3) P selbst erscheint als Centrum der perspekt. Beziehung; in diesem Falle ergiebt sich aus dem Begriff der perspekt. Beziehung selbst, daß K und K_1 außer p und P weder eine gemeinschaftliche Tangente noch einen gemeinschaftlichen Punkt haben können, denn je 2 Punkte von K und K_1, die auf 1 Strahle von P liegen, entsprechen einander, und jeder Tangente von K entspricht die Tangente von K_1 die mit jener durch denselben Punkt von p geht, da aber kein Strahl von P außer p einen von P verschiedenen entsprechend gemeinsamen Punkt, und kein Strahlenbüschel, dessen Centrum in p außer P einen von p verschiedenen entsprechend gemeinsamen Strahl haben kann, so folgt die Richtigkeit hieraus unmittelbar.

IV. Sind die beiden kollineären Gewebe wieder perspekt. aber so, daß das Centrum P außerhalb der Axe p liegt, so ist wieder P der Pol von p, und zwar kommt jedem Punkte von p für beide Kurven dieselbe durch P gehende Polare zu, alsdann liegen die Ordnungspunkte der durch die konjugirten Punkte in p gebildeten Involution in beiden Kurven, und die durch sie gehenden Strahlen von P berühren in ihnen beide Kurven, es kommt daher nur darauf an, ob diese Ordnungspunkte reell oder ob sie imagin. sind, im ersten Fall berühren sich K und K_1 in 2 reellen im 2ten in 2 konjungirten imagin. Punkten.

V. und VI. Es bleiben nun noch die beiden Fälle übrig, daß beide kollineäre Gewebe 3 Punkte PQR und 3 durch sie gehende Gerade pqr entsprechend gemein haben, wobei jedoch nach 149. 2 Punkte und 2 Gerade konjungirt imagin. werden können.

In diesem Falle stellen nothwendig PQR entsprechend die Pole von QR PR PQ dar, denn würde dem Q die Gerade PQ als Polare zugehören, so wäre dieses auch der Fall mit R und PR und wir würden dadurch mit Nothwendigkeit auf den vorigen Fall der perspekt. Beziehung zurückkommen.

Wenden wir uns nun zu der geometrischen Deutung, welche die Annahmen V und VI für unsre Ordnungskurven K und K_1 zur Folge haben, so müssen wir hier etwas weiter ausholen:

Wählt man in der Ebene von K K_1 eine Gerade v, und

sucht zu allen ihren Punkten in den beiden Polarsystemen K u. K_1 die beiden Polaren, so schneiden sich diese im Allgemeinen in den Punkten einer neuen Kurve II, welche durch die 3 Eckpunkte PQR geht, wie sich dieses alsbald ergiebt, wenn man bedenkt, daß die beiden Strahlenbüschel V und V_1 welche dem geraden Gebilde entsprechen, projekt. sind, und daß dem Schnittpunkte von v und QR die Geraden VP und V_1P entsprechen.

Die neue Kurve II geht in eine Gerade v_1 über (besser in das System 2er Geraden, insoferne die Gerade p oder q oder r noch dazu kommt) wenn die v durch einen der 3 Punkte PQR geht, insoferne dann die beiden Büschel V und V_1 perspekt. werden; dabei schneiden sich v und v_1 in eben demjenigen der 3 Punkte PQR, durch den v geht; und endlich bilden je ein solches Paar zusammengehöriger Gerader $v v_1$ ein Paar entsprechende Strahlen eines involut. Strahlenbüschels, was also sich ergiebt: Betrachtet man den Schnitt des Strahlenbüschels P, dessen einzelne Strahlen wir jetzt als die einzelnen v betrachten, mit einer Geraden w die durch keinen der 3 Punkte PQR geht, so liegen die den einzelnen Schnittpunkten abc... in Bezug auf beide Kurven konjugirten Punkte $a_1b_1c_1$... nach dem vorigen Satze auf einer Kurve II, welche durch P geht, daher ist der Strahlenbüschel $P(a_1b_1c_1...)$ projekt. zu dem geraden Gebilde w(abc...), da aber je 2 Gerade wie Pa und Pa_1 die Rolle solcher 2 zugeordneter Strahlen wie $v v_1$ bilden, so ist soviel bewiesen, daß v und v_1 entsprechende Strahlen 2er projekt. Strahlenbüschel des Trägers P darstellen; da aber ferner die beiden Geraden PQ und PR einander in diesen Büscheln abwechselnd entsprechen, so bilden sie einen involut. Büschel.

Hat der so eben besprochene involut. Büschel vv_1 Ordnungselemente m und n, so schneiden diese die beiden Kurven KK_1 in denselben beiden Punkten. Denn da in diesem Falle jedem Punkte von m (oder n) für beide Kurven derselbe Punkt von m (oder n) konjugirt ist, so sind die Ordnungselemente der durch diese kojugirten Punkte bestimmten Involution in beiden Kurven enthalten.

Es läßt sich nun aber für alle in V und VI enthaltenen einzelnen Fällen nachweisen, daß es wenigstens 2 reelle Ordnungselemente m und n giebt, was nun durch Betrachtung der einzelnen Fälle näher erwiesen werden soll.

V Ist das absolute gemeinschaftliche Polardreieck PQR reell, so hat man 2 Fälle zu unterscheiden, nämlich entweder a) es enthalten die beiden Kurven K und K_1 von demselben ein und dasselbe Eck P in sich s. Fig. 55 oder b) sie enthalten 2 verschiedene Ecken Q und R in sich s. Fig. 56 (nach Nr. 99 muß jede Kurve gerade ein Eck dieses absoluten Polardreiecks in sich enthalten).

Zu a) Zu dem Punkte a, der in dem endlichen Dreieck 4 liegt*) gehört offenbar in jedem der beiden Polarsysteme K und K_1 eine Polare, welche die beiden endlichen Strecken PQ und PR dieses Dreiecks schneidet. Daher kann der Schnittpunkt a_1 dieser beiden Polaren in dem Dreiecke 2 nicht liegen, weil jede dieser beiden Polaren von diesem Dreieck ganz ausgeschlossen ist, wohl aber kann a_1 im Dreieck 1 3 oder 4 liegen, da nun die Verbindungslinien der beiden Punkte $a a_1$ mit jedem der 3 Eckpunkte PQR ein Paar solcher zugeordneter Strahlen $v v_1$ des im Obigen besprochenen involut. Strahlenbüschels darstellen, so ergiebt sich hieraus für unsere Betrachtung folgendes: liegt a_1 in 1, so hat bloß der involut. Büschel Q reelle Ordnungselemente, liegt a_1 in 3, so hat bloß der involut. Büschel R reelle Ordnungselemente, liegt aber a_1 in dem endlichen Dreieck 4, so haben alle 3 involut. Büschel PQ und R reelle Ordnungselemente. In den beiden ersten Fällen sind die 4 Schnittpunkte der beiden Kurven imaginär im letzten Falle reell, indem sie die 4 Ecken des vollständigen 4 Ecks darstellen, dessen 3 Paar Gegenseiten die Ordnungsstrahlen darstellen.

Ad b) In diesem Falle kann in der Voraussetzung der in a) eingeführten Bezeichnung a_1 bloß in 3 und 4 liegen, da die Polare von a in Bezug auf K von Dreieck 1 und in Bezug auf K_1 von Dreieck 2 ausgeschlossen ist, liegt nun a_1 in 3, so hat bloß P reelle Ordnungselemente, liegt es in 4, so haben wieder alle 3 Büschel reelle Ordnungselemente. Die Schlußfolgerung hieraus bleibt wie in a).

VI. Ist das gemeinsame absolute Polardreieck PQR imagin., so muß das eine reelle Eck P desselben nothwendig außerhalb beider liegen, die reelle Seite QR also beide schneiden, denn läge P innerhalb 1 oder innerhalb beider Kurven, so müßte nach Nr. 189 Lehrs.

---

*) Hinsichtlich der 4 durch die Geraden PQ PR QR gebildeten Dreiecke und deren Bezeichnung ist das in Nr. 173 Gesagte zu vergleichen.

in QR nothwendig 1 Paar reeller Punkte vorhanden sein, welche hinsichtlich beider Kurven einander konjugirt wären, d. h. es gäbe wider die Voraussetzung ein gemeinsames reelles absolut. Polardreieck. Die beiden konjungirten imagin. Punkte QR sind in Bezug auf beide Kurven II konjugirt, d. h. die beiden reellen Schnittpunkte von K sowohl als von K_1 mit der reellen Geraden QR sind durch Q und R je harmonisch getrennt. Betrachtet man nun aber auch in diesem Falle den involut. Strahlenbüschel P, dessen entsprechende Strahlenpaare solche Strahlen vv_1 sind, wie deren Zusammengehörigkeit in V näher beschrieben wurde, so sehen wir, daß dessen Ordnungsstrahlen m und n nothwendig reell sind nach Nr. 189 i, weil die beiden konjungirten imagin. Strahlen PQ und PR als entsprechende Strahlen einander zugeordnet sind, daher sind auch die Schnittpunkte von m und n mit QR durch Q und R harmonisch getrennt, oder auch mit andern Worten: die beiden Tangenten aa_1 von P an K, ferner die beiden Tangenten bb_1 von P an K_1, und endlich die beiden Strahlen m und n von P bilden 3 Paare entsprechende Strahlen eines involut. Strahlenbüschels P, dessen 2 Ordnungsstrahlen die beiden konjungirten imaginären Strahlen PQ und PR sind, es bilden also nach Nr. sowohl ama_1n, als auch bmb_1n einen ordentlichen Wurf und sowohl K als K_1 müssen mit dem einen der beiden Strahlen m und n 2 reelle, mit dem andern 2 imagin. Punkte gemein haben, da aber die gemeinsamen Schnittpunkte von m und K auch in der K_1 liegen müssen, so folgt, daß K und K_1 in diesem hier betrachteten Falle 2 reelle und 2 imagin. Punkte gemein haben.

195. Es möge nun die reciproke Betrachtung wenigstens in ihren Resultaten hier in Kürze folgen.

Berühren 2 Kurven II K und K_1 sich und die Gerade p in dem Punkte P, und zieht man durch P 2 Gerade ab, welche die beiden Kurven noch in den 2-Paar Punkten $\mathfrak{a}\mathfrak{a}_1$ $\mathfrak{b}\mathfrak{b}_1$ schneiden, so sind 3 Fälle zu unterscheiden, nämlich

I die 2 Paar Tangenten in $\mathfrak{a}$ und $\mathfrak{a}_1$ sowie in $\mathfrak{b}$ und $\mathfrak{b}_1$ schneiden sich in 2 Punkten die mit P in 1 von p verschiedenen Geraden liegen, alsdann haben K und K_1 noch 1 gemeinschaftliche Tangente und 1 gemeinschaftlichen Punkt (wir nennen die Berührung in P dreipunktig).

II. Die beiden erwähnten Schnittpunkte liegen mit P nicht in 1 Geraden, alsdann haben K und K_1 noch 2 Punkte und 2 Tangenten gemein.

III. Die beiden Schnittpunkte liegen in p selbst, alsdann haben K und K_1 kein weiteres Element gemein, (wir nennen die Berührung in P 4punktig).

IV erleidet keine Aenderung in der reciproken Fassung.

V. und VI. Haben die beiden Polarsysteme KK_1 ein absolutes Polardreieck PQR gemein, und sucht man zu allen Strahlen eines Strahlenbüschels, dessen Centrum auf einer immer vorhandenen reellen Seite des erwähnten Polardreiecks liegt, die ihnen für beide Kurven zugleich konjugirten Geraden, so bilden diese wieder einen Strahlenbüschel, dessen Mittelpunkt M_1 mit M auf derselben Seite von PQR liegt und zwar so, daß jede der Art zusammengehörigen Centra M und M_1 entsprechende Punkte eines involut. geraden Gebildes darstellen, indem die beiden Ecken des Poldreiecks ebenfalls zugeordnete Punkte darstellen, die Ordnungselemente dieser involut. Gebilde stellen die Schnittpunkte 2er reellen oder konjungirten imagin. gemeinschaftlichen Tangenten dar. Untersucht man nun, ob diese Ordnungselemente reell sind, und also nach dem im Anfang dieser Nummer Bewiesenen Centra der perspekt. Beziehung beider Kurven darstellen, so unterscheidet man am besten folgende beiden Fälle:

V. Ist PQR reell, so theilen dessen 3 Seiten die Ebene in 4 Dreiecke irgend eine Gerade p der Ebene ist gerade von 1 dieser 4 Dreiecke ausgeschlossen; ist nun die ihr für K und K_1 zugleich konjugirte Gerade p_1 von demselben Dreieck ausgeschlossen, so sind alle 3 Paar Ordnungselemente reell, die Kurven sind also einem 4 Seit mit 4 reellen Seiten eingeschrieben, dessen 3 Paar Gegenecken jene 3 Paar Ordnungselemente bilden, ist p_1 dagegen von einem anderen der 4 Dreiecke ausgeschlossen, so sind nur 2 Ordnungselemente reell, das beiden Kurven umschriebene 4 Seit hat 4 imaginäre Seiten, von denen 2 Paar Gegenseiten sich in den beiden reellen Ordnungspunkten schneiden.

VI. Ist von dem gemeinschaftlichen absoluten Polardreieck P reell Q und R konjungirt imagin., so haben K und K_1 stets 2 reelle und 2 konjungirte imagin. Tangenten und Punkte gemein.

Nach dem Obigen leuchtet nun ferner alsbald folgendes ein: K und K_1 lassen sich stets perspekt. auf einander beziehen, und zwar im Fall I auf 3 Arten, bei II auf 3 Arten, bei III auf 1 Art, bei IV auf 3 Arten, bei V auf 4 oder auf 12 Arten, bei VI auf 4 Arten.

Berühren die beiden Kurven einander nicht (und in diesem Falle ist die Frage über die Art der perspekt. Beziehung einfach zu erledigen), so ist immer ein gemeinschaftliches absolutes Polardreieck, und ebenso ein gemeinschaftliches ein und umschriebenes 4 Eck und 4 Seit vorhanden (die einzelnen Elemente können selbstverständlich dabei zum Theil imaginär sein), die Centra der perspekt. Beziehung, deren es in diesem Falle entweder 2 oder 6 giebt, liegen zu je 2 auf einer der 3 Seiten des gemeinsamen Polardreiecks, und ebenso schneiden sich die Axen der perspekt. Beziehung, deren es 2 oder 6 giebt, je 2 in 1 Ecke des gemeinsamen Polardreiecks, dabei gehören, wie man sich leicht überzeugt zu jedem Centrum der perspekt. Beziehung die beiden durch die Gegenecke des Polardreiecks gehenden Axen. Und ferner bilden auf jeder Seite des Polardreiecks 1) jedes Paar Schnittpunkte mit einer der beiden Kurven, 2) die beiden Centra der perspekt. Beziehung, 3) die beiden Schnittpunkte mit den zugehörigen Axen der perspekt. Beziehung 3 Paare zugeordneter Punkte einer Involution, deren Ordnungselemente die beiden Ecken des Polardreiecks bilden.

Zusatz. Zum Schluß dieser Nummer verdient noch besonders hervorgehoben zu werden, daß 2 Kurven II derselben Ebene stets genau ebenso viele gemeinschaftliche Tangenten als gemeinschaftliche Punkte haben, wie dieses aus der bisherigen Entwicklung in allen 6 Fällen sich unmittelbar herausgestellt hat.

196. Wenden wir nun auf die letzten 2 Nummern das Gesetz der Reciprocität an, wie es für räuml. Systeme nach Nr. 81 gilt, so erhalten wir die entsprechenden Sätze für die gemeinschaftlichen Elemente der Kegelflächen II:

Sind nun, um die Resultate hier in Kürze zusammenzustellen, $a\,b\,a_1\,b_1$ 4 Strahlen- oder Ebenen-Elemente einer Kegelfläche II S die einen ordentlichen Wurf bilden, so stellt derselbe eine Darstellung eines imagin. (Strahlen- oder Ebenen-) Elements der Kegelfläche dar, welches das eine Ordnungselement des involut. Elementargebildes $S(aa_1 . bb_1 \ldots)$ ist. Der imagin. Strahl $a b a_1 b_1$ liegt in der Ebene, in welcher die Schnittlinie zugeordneter Ebenen des involut. Elementargebildes $S(aa_1 . bb_1 ..)$ liegen (Involutionsebene des involut. Kegels) und stellt eine gewöhnliche imagin. Gerade I $S(\alpha\beta\alpha_1\beta_1)$ dar, wobei $\alpha\alpha_1$ und $\beta\beta_1$ hinsichtlich der Kegelfläche S als Ordnungsfläche eines Polarsystems im Strahlenbündel S konjugirt sind; und ebenso geht die imagin. Ebene aba_1b_1 durch die Gerade s, in welcher sich alle Verbindungsebenen zugeordneter Strahlen wie aa_1 bb_1 des involut. Kegels S schneiden (Involutionsaxe), und sie stellt eine gewöhnliche imaginäre Ebene $S(AB\ A_1B_1)$ dar, wobei AA_1 und BB_1 in Bezug auf die Kegelfläche konjugirt sind.

Eine Ebene des Strahlenbündels S, welche nicht zu den Elementen der Kegelfläche II S gehört, schneidet dieselbe in 2 reellen oder in 2 konjungirten imagin. Strahlen, und durch jeden Strahl des Strahlenbündels S, der nicht zu den Elementen der Kegelfläche II S gehört, gehen 2 reelle oder 2 konjungirte imagin. Ebenenelemente derselben.

2 Kegelflächen II, mit derselben Spitze S, haben im Allgemeinen 4 Strahlen und 4 Ebenenelemente gemein, dabei können diese Elemente theilweise unendlich nahe an einander rücken, d. h. in 1 oder je 1 zusammen fallen, aber nothwendig haben sie mindestens je 1 Strahlen und ein Ebenenelement gemein, und außerdem besitzen sie genau so viele reelle Strahlen als Ebenenelemente.

2 Kegelflächen II mit derselben Spitze S können stets entweder auf 1, oder auf 3, oder auf 4, oder auf 12 Arten als entsprechende Gebilde 2er perspekt. Strahlenbündel s. Nr. 102 betrachtet werden, oder wie man es kurz nennt, selbst perspekt. auf einander bezogen werden.

Eine reelle Gerade p schneidet eine Kegelfläche II S entweder in 1 oder 2 Punkten wie dieses aus der Betrachtung der reellen Ebene pS alsbald folgt.

Zusatz. Nach dieser Erweiterung des Begriffes Element gilt nun offenbar die Schlußfolgerung der Nr. 148 nicht mehr vollständig, denn daselbst wurde vorausgesetzt, daß 2 koncentrische Kegelflächen II 4 3 2 1 oder 0 Strahlenelemente gemein haben, während die letzte Zahl 0 nach der hier so eben ausgeführten Entwicklung jetzt wegbleiben muß; mit Berücksichtigung der imagin. Elemente müssen wir daher jetzt auch sagen, daß 2 kollineäre räuml. Systeme im Allgemeinen 4 Punkt- und 4 Ebenenelemente entsprechend gemein haben, die zum Theil zusammen fallen können, daß sie aber mindestens 1 Punkt und 1 Ebene entsprechend gemein haben.

197. Wenden wir uns nun zur näheren Betrachtung der imagin. Elemente der Regelschaaren.

Ist p eine reelle Gerade, welche mit der reellen Regelfläche F, deren beide Regelschaaren R und R_1 seien, keinen reellen Punkt gemein hat, so schneidet sie sie in 2 konjungirten imagin. Punkten.

Betrachten wir, um sie zu finden F als Ordnungsfläche eines gewöhnlichen Polarsystems, und sind aa_1 bb_1 je ein Paar konjugirter Punkte von p, so sind aba_1b_1 und ab_1a_1b die beiden gesuchten Punkte. Ist dabei p_1 der p konjugirt, also von ihr sowohl durch je 1 Paar Strahlen von R als auch von R_1 harmonisch getrennt, so sind $p_1(aba_1b_1)$ und $p_1(ab_1a_1b)$ die beiden Polaren dieser Punkte.

Man kann aber die imagin. Punkte noch auf andere Weise finden: Betrachtet man ein involut. räuml. System, in welchem sämmtliche Strahlen der Regelschaar R und außerdem noch p Leitstrahlen des Systems sind, während die R_1 eine im System enthaltene involut. Regelschaar darstellt, so hat das involut. System 2 imagin. Ordnungsstrahlen, welche den Leitstrahl p in den beiden gesuchten Punkten schneidet (Nr. 161 u. 185). Vertauscht man in dem so eben angegebenen Verfahren R mit R_1, so erhält man auf eine weitere Art eben dieselben Schnittpunkte von F und p, wiewohl die imagin. Ordnungsstrahlen, durch deren Schnittpunkte sie bestimmt werden, wesentlich verschieden von den vorigen sind, (Nr. 160).

Betrachtet man endlich sowohl R als R_1 als eine im System enthaltene involut. Regelschaar, indem man nach Nr. 162 p als den einen Ordnungsstrahl des involut. Systems, und also die Gerade p_1, die wie oben angegeben, in dem Polarsystem, das durch die Ordnungsfläche F bestimmt ist, der p konjugirt ist, als den andern Ordnungsstrahl annimmt, so bestimmen die beiden Paare von Ordnungsstrahlen der involut. Regelschaaren R und R_1 durch ihre Schnittpunkte mit p die gesuchten Punkte. Betrachten wir nun diese letzten 3 Arten, die Schnittpunkte von p und F zu finden noch näher, so findet man folgendes:

198. Lehrsatz. Je 2 zusammengehörige Involutionsaxen

2er involut. Regelschaaren $R(aa_1 . bb_1 ..)$ und $R_1 (qq_1 . rr_1 ..)$ derselben Regelfläche F bilden 2 Leitstrahlen in demjenigen geschaart involut. System, das man erhält, wenn man $R (aa_1 . bb_1 ..)$ eine im System enthaltene involut. Regelschaar und die Strahlen von R_1 lauter Leitstrahlen sein läßt, oder umgekehrt, wenn man $R_1 (qq_1 . rr_1 ..)$ eine im System enthaltene involut. Regelschaar und die Strahlen von R lauter Leitstrahlen des Systems sein läßt. Wir bezeichnen der Kürze wegen solche der Art fixirte involut. räuml. System, das 1ste durch $aa_1 . bb_1 ..$, das 2te durch $qq_1 . rr_1 ..$, während wir ein involut. System, in dem diese beiden involut. Regelschaaren enthalten sind, durch $aa_1 . bb_1 .... qq_1 . rr_1 ....$ bezeichnen.

Betrachtet man, wie eine durch p (oder p_1) gelegte Schnittfigur Fig. 57 deutlich machen wird, die beiden zu $R (aa_1 . bb_1 ...)$ perspekt. involut. Ebenenbüschel q und q_1, so ist in dem involut. System $aa_1 . bb_1 ... qq_1 . rr_1 ....$ die Schnittlinie der Ebenen qb und $q_1 b_1$ ebenso wie die von $q_1 b$ und $q b_1$ sich selbst zugeordnet, und beide schneiden daher sowohl die p als auch die p_1, in so ferne diese die Ordnungsstrahlen dieses involut. Systems darstellen nach Nr. 162. In dem involut. System $aa_1 . bb_1 ...$ ist dagegen der Schnittlinie qb und $q_1 b_1$ die Schnittlinie $q_1 b$ und $q b_1$ zugeordnet, und da dieses für jedes Paar perspekt. Ebenenbüschel gilt, deren Axen wie q und q_1 in der involut. Regelschaar R_1 einander zugeordnet sind, so muß dem Schnittpunkte der ersten Linie mit p oder p_1 der Schnittpunkt der zweiten Linie mit p oder p_1 zugeordnet sein, d. h. p und p_1 je ein Leitstrahl dieses Systems sein. Was aber so von R gilt, gilt auch für R_1.

Zusatz. Da die involut. Beziehung von R in dem involut. räuml. System $aa_1 . bb_1 ...$ und die involut. Beziehung von R_1 in dem involut. räuml. System $qq_1 . rr_1 ...$ vollkommen ebenso fixirt ist als die involut. Beziehung von R und R_1 in dem involut. System $aa_1 . bb_1 ... qq_1 . rr_1 ....$, so nennen wir entsprechend der Nr. 162 p und p_1 auch in Bezug auf die eine involut. Regelschaar $aa_1 . bb_1$ oder in Bezug auf die eine involut. Regelschaar $qq_1 . rr_1$ zusammengehörige Involutionsaxen, woraus einleuchtet, daß jeder Leitstrahl des involut. Systems $aa_1 . bb_1$ als eine Involutionsaxe der involut. Regelschaar $aa_1 . bb_1$ zu betrachten ist; ebenso ist jeder Leitstrahl des involut. Systems $qq_1 . rr_1$ eine Involutionsaxe der involut. Regelschaar

$qq_1 . rr_1$; diese beiden involut. Regelschaaren haben aber nur 2 und zwar zusammengehörige Involutionsaxen p und p_1, d. h. die beiden durch sie bestimmten involut. Systeme $aa_1 . bb_1$ und $qq_1 . rr_1$ haben bloß 2 Leitstrahlen gemein. Es folgt aber offenbar auch umgekehrt, daß jede Involutionsaxe einer involut. Regelschaar $aa_1 . bb_1$ stets ein Leitstrahl des durch die involut. Regelschaar bestimmten involut. Systems $aa_1 . bb_1$ darstellt.

Da jede imagin. Gerade II u mit ihrer konjungirten Geraden als imagin. Ordnungsstrahlen ein involut. räuml. System bestimmt, in dem jede Darstellung von u eine im System enthaltene involut. Regelschaar darstellt, deren Leitstrahlen lauter Leitstrahlen des Systems sind, so kann man sich wohl auch kurz des Ausdrucks „Leitstrahl einer imagin. Geraden II u" bedienen, indem man darunter eben einen Leitstrahl des durch u und ihre konjungirte Gerade bestimmten involut. Systems versteht.

199. Lehrsatz. Durch 4 Gerade von denen keine 2 sich schneiden, und die nicht zugleich 1 Regelschaar angehören, ist ein geschaart involut. räuml. System bestimmt, in welchem jene 4 Strahlen Leitstrahlen darstellen.

Denn 3 jener Geraden bestimmen eine Regelschaar R, deren Leitschaar R_1 eine im System enthaltene involut. Regelschaar sein muß, wobei die 4te Gerade Involutionsaxe der involut. Beziehung sein muß nach Nr. 54. Hiedurch ist aber die involut. Beziehung von R_1 vollständig fixirt, und also nach Nr. 160 das involut. System fixirt. Das System hat dabei reelle oder imagin. Ordnungsstrahlen, je nachdem der 4te Leitstrahl die durch die 3 ersten bestimmte Regelfläche schneidet oder nicht.

200. Aus 198 geht hervor, daß die imagin. Schnittpunkte der Regelfläche F mit p (und p_1) bei den 3 letzterwähnten Methoden der Auffindung dieselben sind wie bei der ersten, bei der F Ordnungsfläche eines Polarsystems, denn die Schnittfig. 57 im Zusammenhalt mit Nr. 191 läßt alsbald erkennen, daß auch für involut. Regelschaaren die in den Involutionsaxen enthaltenen Schnittpunkte mit den imagin. Ordnungsstrahlen die Ordnungspunkte des Systems konjugirter Punkte in Bezug auf F darstellen.

Suchen wir nun aber die beiden Strahlenpaare der beiden in F enthaltenen Regelschaaren R und R_1, welche durch die beiden so eben gefundenen Schnittpunkte der F und p gehen selbst auf. Oben in 54 hat sich herausgestellt, daß die beiden imagin. Ordnungsstrahlen der involut. Regelschaaren R und R_1, für welche p und p_1 zusammengehörige Involutionsaxen darstellen, bloß in 2 Paar Punkten sich schneiden, die in den 4 Schnittpunkten von p und p_1 mit F liegen, so daß sie 4 Strahlen bilden, die 2 Paar Gegenkanten eines Tetraeders bilden, deren übrige Kanten p und p_1 sind. Bezeichnen wir nun die Schnittpunkte der F und p mit AB, die der F und p_1 mit MN, so stellen die beiden imagin. Geraden II AM und BN die beiden imagin. Strahlen der einen Regelschaar R, dagegen AN und BM die beiden imagin. Strahlen der andern Regelschaar R_1 dar. Jede Darstellung $b c b_1 c_1$ der Geraden AM schneidet ein Paar Strahlen $m m_1$ der Regelschaar R_1 der Art, daß eben diese Darstellung $b c b_1 c_1$ 4 Strahlen einer Regelschaar bilden, von der $p m p_1 m_1$ 4 harmonische Leitstrahlen sind, und eben so schneidet jede Darstellung $q r q_1 r_1$ der Geraden AN ein Paar Strahlen $a a_1$ der Regelschaar R der Art, daß eben diese Darstellung $q r q_1 r_1$ 4 Strahlen einer Regelschaar darstellen, von der $p a p_1 a_1$ 4 harmonische Leitstrahlen bilden.

Man kann dabei für beide genannte Darstellungen von AM und AN von derselben in dem reellen Leitstrahl gelegenen Darstellung von A ausgehen, als Resultat folgt aber dann unmittelbar, daß die Darstellung $b c b_1 c_1$ von AM und die Darstellung $q r q_1 r_1$ von AN ihren 2ten gemeinsamen Leitstrahl p_1 in 2 imagin. Punkten schneidet, deren Sinn gerade entgegengesetzt ist, da M und N einander konjungirt sind. Bedenkt man nun, daß die imagin. Ebenen der Geraden AM, deren Träger die 4 Strahlen $p m p_1 m_1$ sind, zu dem Wurfe $b c b_1 c_1$, und ebenso die imagin. Ebenen der Geraden AN, deren Träger die 4 Strahlen $p a p_1 a_1$ zu Trägern haben, zu $q r q_1 r_1$ perspekt. sind, so kann man das so eben erhaltene Resultat entkleidet der symbolischen Ausdrucksweise kurz und einfach also ausdrücken:

Es seien p und p_1 2 in Bezug auf eine Regelfläche F konjugirte Gerade (wir nennen sie wie schon erwähnt durch F harmonisch getrennt) a ein beliebiger Strahl, der einen (R) und m ein beliebiger Strahl der andern (R_1) der in F enthaltener Regelschaaren, projicirt man nun dasselbe in p gelegene gerade Gebilde ein Mal aus a, das andere Mal aus m auf p_1, so erhält man in p_1 2 projekt. gerade Gebilde mit entgegengesetztem Sinn. Diese wesentliche Verschiedenheit zwischen p und p_1 gegenüber der Regelfläche F kann aber auch noch auf andere Weise ausgedrückt werden: betrachtet man nämlich die Ebene der Geraden AM und der Geraden AN deren Träger p ist, so muß, um zuerst in m den richtigen Punkt von AM und dann, um in a den richtigen Punkt von AN zu erhalten, der Sinn der betreffenden Ebenenbüschel gerade entgegengesetzt sein, weil die Punkte M und N in dem zweiten gemeinsamen Leitstrahle gerade entgegengesetzt sind, betrachtet man dagegen die beiden Ebenen von derselben Geraden AM und AN deren reeller Träger p_1 ist, so muß der Sinn des Ebenenbüschels der in m und in a den richtigen Punkt der fraglichen Geraden bestimmt, genau für beide Gerade derselbe sein, da der Punkt A im 2ten gemeinschaftlichen Leitstrahl p derselbe ist. Dieses Resultat seiner symbolischen Ausdrucksweise entkleidet, lautet also: Sind $p p_1$ in Bezug auf die Regelfläche F, deren beide Regelschaaren R und R_1 sind, konjugirte Gerade, ist ferner a ein Strahl von R, m ein Strahl von R_1, so unterscheiden sich p und p_1 hinsichtlich a und m also, daß dasselbe gerade Gebilde in a einmal von p, das andere Mal von p_1 auf m projicirt 2 projekt. gerade Gebilde mit entgegengesetztem Sinn erzeugen.

201. Um nun noch die imagin. Elemente eines Elementargebildes III zu finden, verfährt man am besten also: Betrachtet man 2 Punkte S und S_1 einer Kurve III K als die Mittelpunkte 2er projekt. Strahlenbündel, durch welche die K erzeugt wird, so wird jede Ebene von denselben in 2 kollineären ebenen Geweben geschnitten, nach deren entsprechend gemeinsamen Punkten entsprechende Strahlen von S und S_1 gehen; und die daher auch in der K liegen müssen, unter diesen können nun auch 2 konjungirte imagin. Punkte sein, welche dann auch 2 konjungirte imagin. Punkte von K darstellen. Hieraus erhellet zugleich, daß die imagin. Punktelemente einer Kurve III zu keinen neuen imagin. Elementen führen, sondern daß sie identisch sind mit den bisher schon in Betrachtung gezogenen imagin. Punkten.

Zusatz. In Nr. 119 hat sich herausgestellt, daß von den Leitstrahlen einer zu einer Kurve III K perspekt. Regelschaar ein Theil mit der Kurve keinen reellen Punkt gemein haben können, und man war daselbst genöthigt, auch solche Gerade als Axen von zu K perspekt. Ebenenbüscheln anzunehmen, aus der hiesigen Entwicklung ist nun zu erkennen, daß diese Geraden mit der K 2 konjungirte imagin. Punkte gemein haben, und daß daher ein zu K perspekt. Ebenenbüschel stets eine Axe hat, die mit K 2 Punkte gemein hat, oder sich ihr in 1 Punkte anschmiegt.

202. Der Gang in unsrer Entwicklung führt uns nun einen Schritt weiter, nämlich zu der Aufgabe, die projekt. Beziehung 2er Elementargebilde oder Grundgebilde in der Art zu verallgemeinern, daß der Unterschied der reellen und imagin. Elemente ganz und gar außer Betracht gelassen wird, so daß nicht wie bis jetzt immer einem reellen Element wieder ein reelles Element, sondern nur überhaupt ein bestimmtes Element entspreche. Wir gehen bei dieser Untersuchung von der projekt. Beziehung 2er imagin. Geraden II aus, da hier die Betrachtung sich sehr vereinfachen läßt, denn während alle andern Grundgebilde und Elementargebilde stets sowohl reelle als imagin. Elemente enthalten, so sind bei den imagin. Geraden II alle Elemente von derselben Art, so daß es möglich ist, die reell projekt. Beziehung 2er räuml. Systeme zu Grunde zu legen.

Schon in Nr. 190 haben wir gesehen, daß in 2 kollineären räuml. Systemen jedem Paar imagin. Gerader II u und v wieder ein solches Paar $u_1 v_1$ entspreche; jedem Punkt von u ein bestimmter Punkt von u_1, jeder Kette in u eine Kette in u_1, jedem projekt. Wurf einer Kette von u ein projekt. Wurf der entsprechenden Kette in u_1, jeder involut. Kette wieder eine solche. Nennen wir nun allgemein 2 imagin. Gerade II u und u_1 projekt. auf einander bezogen, wenn sie als entsprechende Gebilde 2er räuml. reell kollineärer Systeme betrachtet werden können, so fragt es sich, ob alsdann auf sie noch außerdem alle die Fundamentalsätze der projekt. Beziehung 2er gerader Gebilde, wie wir sie bisher als giltig betrachtet haben, noch Anwendung finden.

In dieser Beziehung tritt uns nun zuerst die Frage entgegen, ob die projekt. Beziehung 2er imagin. Gerader II u und u_1 dadurch vollkommen und unzweideutig fixirt ist, wenn zu 3 Punkten in den 3 Leitstrahlen p q r von u die entsprechenden 3 Punkte der 3 Leitstrahlen $p_1 q_1 r_1$ gegeben sind. — Vor Allem ist zu ersehen, daß es stets auf unendlich vielfache Weise möglich ist, u und u_1 als 2 entsprechende Elemente 2er reell projekt. räuml. Systeme anzunehmen, denn ist $a b a_1 b_1$ ein Wurf der Leitschaar von $p q r$, der eine Darstellung von u ist, und $e f e_1 f_1$ ein Wurf in der Leitschaar von $p_1 q_1 r_1$, der eine jener 1sten projekt. Darstellung von u_1 ist, und bezieht man 2 räuml. Systeme reell projekt. so auf einander, daß den Strahlen $pqraba_1$ die Strahlen $p_1 q_1 r_1 e f e_1$ entsprechen, so ist der erwähnte Zweck stets erreicht.

Der Kette pqr(R) entspricht in diesem Falle die Kette $p_1 q_1 r_1 (R_1)$ und zwar ist zu jedem Punkte s in dieser Kette der entsprechende s_1 unzweideutig fixirt, insoferne der Wurf pqrs der ersten dem Wurfe $p_1 q_1 r_1 s_1$ der 2ten projekt. sein muß. Liegt aber der reelle Träger s des Punktes s von u nicht in der Kette $p q r$, so fragt es sich, ob und wie man den entsprechenden s_1 finden könne. Vor allem ist nun klar, daß s als Leitstrahl des involut. Systems $aa_1 . bb_1$ oder der Geraden u Involutionsaxe der im System enthaltenen involut. Regelschaar ist, deren Leitschaar die Regelschaar $p q r$ ist. Ferner ist aber auch die Regelschaar pqr selbst auf eine unzweideutige Art involut. gepaart, wenn man s als Involutionsaxe ansieht; gehört nun zu den beiden so eben erwähnten involut. Regelschaaren der Leitstrahl t zu s als zugehörige Involutionsaxe der beiden, so sind s t sowohl durch 2 zugeordnete Strahlen der ersten, als auch der 2ten involut. Regelschaar harmonisch getrennt. Nun entsprechen aber den beiden involut. Regelschaaren in der Regelfläche R ganz unzweideutig 2 involut. Regelschaaren in R_1, nämlich der im involut. System $aa_1 . bb_1$ enthaltenen involut. Regelschaar der Fläche R die im involut. System $ee_1 . ff_1$ enthaltene involut. Regelschaar R_1, und der involut. Regelschaar $p q r$ selbst die involut. Regelschaar $p_1 q_1 r_1$ selbst. Die beiden einzigen unzweideutig zu findenden zusammengehörigen Involutionsaxen s_1 und t_1 als Träger von Punkten der u_1 dieser beiden in der Fläche R_1 enthaltener involut. Regelschaaren entsprechen nun nothwendig den beiden Involutionsaxen s u. t als Träger der entsprechenden Punkte von u, denn da die beiden Leitstrahlen von u mit jedem Paar zugeordneter Strahlen der involut. Regelschaar pqr je einen harmonischen Wurf bilden, so müssen den Leitstrahlen s und t von u solche Leitstrahlen von u_1 entsprechen, welche mit jedem entsprechenden Paare der involut. Regelschaar $p_1 q_1 r_1$ je einen harmonischen Wurf bilden, solcher Leitstrahlen giebt es aber nach Nr. 198 nur eben die 2 einzigen zusammengehörigen Involutionsaxen s_1 und t_1. Es fragt sich nun nur noch, in welcher Ordnung die beiden Punkte s t den Punkten $s_1 t_1$ entsprechen müssen. Hier tritt aber nun der wichtige Unterschied der beiden Geraden st oder $s_1 t_1$ gegenüber der Regelfläche R oder R_1 hervor, der diese Ungewißheit löst. Denn entspricht in den kollineären räuml. Systemen, in denen den 3 Punkten pqr von u die 3 imagin. Punkte $p_1 q_1 r_1$ von u_1 entsprechen dem Leitstrahl a von p q r der Leitstrahl e von $p_1 q_1 r_1$, eine Annahme die dem obigen Beweis nach stets gemacht werden kann, so schneidet der Ebenenbüschel a die beiden Leitstrahlen r und s in 2 geraden Gebilden, wobei der Sinn des einen in s gelegenen mit dem Sinne des imagin. Punktes von u in s übereinstimmt, während der Sinn des andern in t gelegenen mit dem Sinne des imagin. Punktes von u gerade entgegengesetzt ist; ebenso verhält es sich nun mit dem Ebenenbüschel e und den beiden Leitstrahlen s_1 und t_1; da aber nothwendig in den kollineären räuml. Systemen der Sinn a (pqr..) dem Sinne e ($p_1 q_1 r_1$..) entsprechen muß, so muß nothwendig s und s_1 einander entsprechen, wenn der Schnitt des Ebenenbüschels a (pqr) und der s, sowie der Schnitt des Ebenenbüschels e($p_1 q_1 r_1$) und der s_1 je mit dem Sinne des in s und s_1 gelegenen imagin. Punktes von u und u_1 zugleich identisch oder zugleich entgegengesetzt ist.

Zusatz. Da somit die projekt. Beziehung 2er imagin. Gerader II durch 3 Elemente vollständig fixirt ist, so folgt hieraus nothwendig, daß 2 solche projekt. Gerade desselben Trägers entweder 0, oder 1, oder 2, oder alle ihre Elemente entsprechend gemein haben.

Diese Entwicklung, sowie der Satz Nr. 200 auf dem der Schluß des Beweises beruht, möge hier noch von einer etwas andern Seite näher betrachtet werden, insoferne diese Sätze so große Wichtigkeit haben. Zu diesem Zwecke seien folgende 2 Hilfssätze hier vorausgeschickt:

203. Lehrsatz. Sind a m 2 Gerade einer Ebene, und projicirt man das gerade Gebilde der einen m auf die andere a aus 2 Punkten M und M_1 von der Beschaffenheit, daß sie durch die beiden Geraden getrennt sind, d. h. daß M in dem einen M_1 in dem andern der beiden Winkel a m liegen, so erhält man in a 2 zu m

perspekt. gerade Gebilde, die sich wesentlich durch den entgegengesetzten Sinn, in dem sie beschrieben sind, unterscheiden.

Denn betrachtet man Fig. 58 ein vollständiges 4 Seit, von dem a m 2 Seiten darstellen, während 2 seiner Gegenecken M u. M_1 sind, so entspricht dem Sinn $A_1B_1C_1D_1$ des einen der beiden in a gelegenen projekt. geraden Gebilden der Sinn $C_1B_1A_1D_1$ des andern, woraus der Satz folgt.

Zusatz. Denkt man sich durch M und M_1 je 1 Gerade gezogen, die in diesen Punkten die Ebene ab schneidet, so gilt der Satz auch für die Projektionen aus diesen beiden Geraden.

204. Lehrsatz. Es sei F eine Regelfläche mit den beiden Regelschaaren R und R_1, ferner seien p und p_1 2 Gerade von der Beschaffenheit, daß sie mit 2 Strahlen a und a_1 von R in 1 Regelschaar der 2te Regelfläche F_1 liegen, in der der Wurf $p a p_1 a_1$ ein ordentlicher Wurf ist, d. h. in welcher p und p_1 durch a und a_1 getrennt sind, und projicirt man irgend einen Strahl m von R_1 auf a (oder auf a_1) das eine Mal aus der Geraden p, das andere Mal aus der Geraden p_1, so erhält man in a (oder in a_1) je 2 projekt. gerade Gebilde, welche sich wesentlich durch den entgegengesetzten Sinn, in dem sie beschrieben sind, unterscheiden.

Derjenige Leitstrahl f der Regelschaar $p a p_1 a_1$ in F_1, welcher durch den Schnittpunkt ma (oder ma_1) von F geht, bestimmt in F noch 1 Strahl m_1 der Regelschaar R_1, so daß $m a m_1 a_1$ 2 Paar Gegenkanten eines Tetraeders bilden, deren 5te Kante in dem Leitstrahle f von F_1 liegt. Betrachtet man nun die Ebene m a, welche sich im Punkte ma der F anschmiegt, so hat man nach dem vorigen Satze nur zu beweisen, daß die beiden Strahlen p und p_1 dieselbe in 2 Punkten M und M_1 schneiden, welche durch m und a getrennt sind. Die Ebene m a hat aber mit der Regelfläche F_1 offenbar außer der Geraden a noch diejenige Gerade gemein, welche durch die Schnittpunkte von am_1 und ma_1 geht, d. h. die zu f gehörige Gegenkante f_1 des oben erwähnten Tetraeders der Fläche F. Da nun die 4 Strahlen $p a p_1 a_1$ von F_1 die beiden Leitstrahlen f u. f_1 von F_1 in 4 Punkten eines ordentlichen Wurfes schneiden, so sind die Schnittpunkte der beiden Strahlen p und p_1 mit der Ebene m a, d. h. mit der Geraden f_1 durch die beiden Punkte $a m_1$ und

$m a_1$, also auch in der Ebene $m a$ durch die beiden Geraden a und m getrennt w. z. b. w.

Zusatz. Der in Nr. 200 bloß für je 2 in Bezug auf eine Regelfläche konjugirte Leitstrahlen einer Geraden II, für welche die Regelfläche Träger einer Kette ist, bewiesene Eigenschaft läßt sich nach dem letzten Satze dahin erweitern: die sämmtlichen Leitstrahlen einer imagin. Geraden II zerfallen hinsichtlich jeder Kette dieser Geraden stets in 2 Gruppen, die sich geometrisch so charakterisiren lassen: projicirt man irgend einen Strahl a der Kette R auf irgend einen Leitstrahl m von R, und zwar einmal aus einem Strahl der einen Gruppe, das andere Mal aus einen Strahl der andern, so erhält man in m 2 projekt. gerade Gebilde, die sich durch den entgegengesetzten Sinn unterscheiden; umgekehrt projicirt man einen Leitstrahl der einen Gruppe das eine Mal aus einem Strahle von R, das andere Mal aus einem Leitstrahle von R auf einen Leitstrahl der andern Gruppe, so erhält man in dem letztern wieder 2 projekt. gerade Gebilde mit entgegengesetztem Sinne. Dabei überzeugt man sich leicht, daß alle Leitstrahlen, welche durch 1 Punkt der unendlich fernen Kurve eingeschlossen sind, zu dem 1 System, alle andern dagegen zu der andern Gruppe gehören (die unendlich ferne Schnittkurve kann in das System 2er Geraden übergehen, dann bedingen die beiden verschiedenen Winkel dieser Geraden den Unterschied; und zwar kann dieser Fall für jede imagin. Gerade II eintreten, man braucht nur den im Unendlichen liegenden Punkt derselben mit unter die Strahlen der aus lauter Leitstrahlen bestehenden Regelschaar R aufzunehmen. Es läßt sich also jede imagin. Gerade II auf unendlich viele Weisen durch involut. hyperbolische Paraboloide darstellen).

Zusatz 3. Da bei einer gegebenen Regelschaar R jede Gerade des Raumes, welche die R nicht schneidet als Leitstrahl einer imagin. Geraden II gelten kann, die alle Strahlen von R zu Leitstrahlen hat, so gilt daher auch der Satz ganz allgemein für jede solche Gerade des Raums, wir sagen nun von der einen Gruppe, sie liege auf der äußern Seite der Kette R_1 von der andern Gruppe, sie liege auf der innern Seite der Kette; und können in Folge dessen nun den Satz 202 so aussprechen: entspricht der Kette $p q r$ einer von 2 projekt. imagin. Geraden II die Kette $p_1 q_1 r_1$, so entspricht jeder Seite der Kette pqr eine ganz bestimmte Seite der Kette $p_1 q_1 r_1$, und sind dabei m und m_1 2 beliebige Leitstrahlen der beiden entsprechenden Ketten pqr und $p_1 q_1 r_1$, so liegen 2 Punkte s und s_1 auf entsprechenden Seiten eben dieser Ketten, wenn der Ebenenbüschel m_1 $(p_1 q_1 r_1)$ die s_1 in dem Sinne des in ihm liegenden imagin. Punktes schneidet oder nicht, je nachdem dieses mit dem Ebenenbüschel m(pqr) gegenüber von s ist. Wie nun aber zu s der entsprechende Punkt s_1 gefunden werde, das haben wir ausführlicher schon oben besprochen.

Zusatz 4. Nimmt man in einem Wurfe statt jedes seiner Elemente das ihm konjungirte (ein reelles Element ist dabei immer sich selbst konjungirt), so sagen wir die Würfe selbst seien einander konjungirt. Ist nun ABCD ein Wurf einer imagin. Geraden II u, dessen 4 Elemente nicht in 1 Kette enthalten sind, und $A_1B_1C_1D_1$ der ihm konjungirte Wurf der konjungirten Geraden u_1, so ist ABCD nicht projekt. $A_1B_1C_1D_1$, sondern D und D_1 liegen auf entgegengesetzten Seiten der entsprechenden Ketten ABC und $A_1B_1C_1$. Denn die 4 rellen Träger der 4 Paar Punkte AA_1 BB_1 CC_1 DD_1 sind identisch, ebenso auch die Ketten ABC und $A_1B_1C_1$, und eben so schließlich, wenn a ein Leitstrahl dieser Ketten ist, der Sinn a(ABC) und der Sinn a$(A_1B_1C_1)$. Dagegen ist der Sinn der in den beiden Trägern D und D_1 enthaltenen beiden imagin. Punkte D u. D_1 gerade entgegengesetzt, woraus der Satz folgt. Ist daher D_2 derjenige Punkt von u_1, welcher auf der der D_1 entgegengesetzten Seite der Kette $A_1B_1C_1$ liegt, und sind die Träger von D_1 und D_2 durch die Kette harmonisch getrennt, so ist immer ABCD π $A_1B_1C_1D_2$.

Zusatz 5. Aus diesem Beweise folgt aber zugleich, daß wenn 2 Würfe projekt. sind, dieses immer auch mit den ihnen konjungirten der Fall ist.

205. Gehen wir nun ferner über zu der weitern höchst wichtigen Untersuchung ob, wenn 2 Elemente aa_1 von 2 projekt. imagin. Geraden II u $\alpha\beta\alpha_1\beta_1$ desselben Trägers einander abwechselnd entsprechen, daß dieses dann mit jedem Paare entsprechender Elemente z. B. b und b_1 der Fall ist, und sehen wir dabei zugleich zu, ob das dadurch entstehende involut. gerade Gebilde Ordnungselemente enthält oder nicht. Mit andern Worten läßt sich die erste Frage so stellen: ist immer aba_1b_1 π a_1b_1ab s. Nr. 21.

Wir unterscheiden 2 Fälle, nämlich A. die 3 Elemente $a b a_1$ liegen mit ihren entsprechenden $a_1 b_1 a$ in derselben Kette R der Geraden u (wir werden der Kürze wegen von nun an in diesem Falle sagen, die 4 Strahlen $a b a_1 b_1$, oder die durch sie bestimmten Punkte bilden einen neutralen Wurf) und B. dieses ist nicht der Fall.

Zu A. In diesem Falle sind nach Nr. 202 jedenfalls die Punkte der Kette R involut. gepaart, und es ist daher nach Nr. 160 durch diese beiden involut. Regelschaaren $\alpha\alpha_1 . \beta\beta_1$ und $aa_1 . bb_1$.. ein reell involut. räuml. System $\alpha\alpha_1 . \beta\beta_1 .. aa_1 . bb_1$.. fixirt, in welchem die imagin. Gerade u sich selbst zugeordnet ist, insoferne der Geraden $\alpha\beta\alpha_1\beta_1$ die Gerade $\alpha_1\beta_1\alpha\beta$ zugeordnet ist, so daß also von selbst folgt, daß auch ihre übrigen Punkte einander in doppeltem Sinne entsprechen.

Hat hiebei die involut. Regelschaar $aa_1 . bb_1$ 2 Ordnungselemente m und n, so muß nothwendig von je 2 involut. Regelschaaren, die im System enthalten sind und zugleich in 1 Regelfläche liegen, die eine 2 Ordnungsstrahlen haben, die andere nicht, dieses folgt aber nothwendig indirect aus Nr. 161. Denn sowohl in dem Falle, daß beide involut. Regelschaaren, als auch in dem, daß keine derselben Ordnungsstrahlen haben, hat das involut. System 2 reelle Ordnungsstrahlen, während das oben von uns in Betracht gezogene keine solche Ordnungsstrahlen haben kann. Es muß daher auch jede Kette der Geraden u als eine involut. Regelschaar des Systems 2 Ordnungsstrahlen haben, da ihre involut. Leitschaar keine besitzt, und diese können nach Nr. 202 Zus. bloß die 2 Strahlen m und n sein, so daß also je 2 zugeordnete Punkte von u durch die Punkte m und n harmonisch getrennt sind.

Hat aber die involut. Regelschaar $aa_1 . bb_1$ keine Ordnungsstrahlen, so haben nach Nr. 198 Zus. die beiden zusammengehörigen involut. Regelschaaren $\alpha\alpha_1 . \beta\beta_1$ u. $aa_1 . bb_1$ ein Paar zusammengehörige Involutionsaxen m n, welche 2 Leitstrahlen von u darstellen, welche durch jedes Paar zugeordneter Punkte wie aa_1 oder bb_1 etc. harmonisch getrennt sind; dieser Fall ist somit mit dem vorigen identisch, und m und n sind also auch in diesem Falle 2 Ordnungspunkte der involut. Geraden u.

Zu B. Liegen aa_1 bb_1 nicht in 1 Kette von u, so läßt sich doch immer ein reell involut. räuml. System auffinden, in welchem die Gerade u, und also auch die ihr konjungirte v sich selbst zugeordnet sind, und ihren 2 Paar in a und b gelegenen Punkten AB und CD die in a_1 und b_1 gelegenen Punkte A_1B_1 und C_1D_1 zugeordnet sind. Denn läßt man, wie die Fig. 59 annähernd anschaulich machen wird, den 2 Punkten AA_1 von u die 2 Punkte A_1A von u, und ebenso den 2 Punkten BB_1 von v die 2 Punkte B_1B von v entsprechen, (wobei A und B einerseits, und A_1 und B_1 andererseits konjungirte imagin. Punkte sind), und wählt außerdem noch ein Paar reelle Punkte P und P_1, die weder in a noch in a_1 liegen, aber die Beschaffenheit haben, daß 1) die durch P gehende Gerade, welche u und v zugleich schneidet, d. h. der Leitstrahl von u und v, der durch P geht, die u in C, und also nothwendig die v in dem konjungirten D, 2) die durch P_1 gehende Gerade, die u u. v zugleich schneidet, d. h. der Leitstrahl von u, der durch P_1 geht, die Gerade u in C_1, und also die v in dem konjungirten D_1 schneidet, während 3) zu gleicher Zeit P und P_1 auf 2 reellen Geraden liegen die durch u und v harmonisch getrennt sind, d. h. P und P_1 in 2 zugeordneten Strahlen derjenigen involut. Regelschaar liegen, welche eine Darstellung der u (oder v) ist, und zugleich die Leitstrahlen b und b_1 in sich enthält, so hat man nach Nr. 160 ein reell involut. System von der verlangten Beschaffenheit, wenn man den 5 Punkten AA_1 BB_1 P die 5 Punkte A_1A B_1B P_1 entsprechen läßt, insoferne offenbar auch die Punkte P und P_1 sich doppelt entsprechen; hiebei sind 2 Paare konjungirte imagin. Punkte, was nach Nr. 190 ohne Einfluß auf die Fixirung ist.

Wählt man nun aber in diesem reell involut. räuml. System irgend eine sich selbst zugeordnete Gerade, welche die beiden Leitstrahlen a u. a_1 von u schneidet, und betrachtet die Kette von u, welche diese Gerade zu einem Leitstrahl hat, so ist deren Träger ein sich selbst zugeordnetes Elementargebilde und sie bildet daher eine involut. Kette, insoferne die beiden Leitstrahlen a u. a_1 einander in doppelter Weise entsprechen. Dieser Fall B ist daher auf den Fall A zurückgeführt.

206. Es gilt daher ganz allgemein: Entsprechen einander 2 Elemente einer imagin. Geraden II sich doppelt, so ist dieses mit jedem Paare der Fall und das involut. gerade Gebilde hat 2 Ordnungselemente die mit jedem Paar zugeordneter Punkte in 1 Regelschaar liegen, in der

sie einen harmonischen Wurf bilden. Hieraus folgt nun ferner der wichtige Satz: Ist in einer imagin. Gerade II der Wurf AMA_1N projekt. dem Wurfe A_1MAN, so ist allemal der Wurf harmonisch, und die 4 Elemente liegen in 1 Regelschaar, denn bezieht man das gerade Gebilde projekt. so auf sich selbst, daß den 3 Elementen MAN die 3 Elementen MA_1N entsprechen, so entsprechen AA_1 einander abwechselnd und die Elemente des geraden Gebildes sind involut. gepaart und M und N sind die Ordnungselemente.

207. Schließlich gilt nun auch nach den bisherigen Sätzen auch noch der wichtige Satz, daß wenn 2 Gerade II einer 3ten projekt. sind, sie allemal auch unter sich projekt. sind, denn da 2 solche projekt. Gerade immer als entsprechende Gebilde 2er projekt. räuml. Systeme zu betrachten sind, so gilt der Satz, insoferne er von den räuml. Systemen gilt.

208. Diese hier entwickelten Sätze sind nun offenbar diejenigen, auf welche sich sämmtliche Fundamentalsätze der projekt. Beziehung der geraden Gebilde stützen resp. gestützt haben bei ihrer Entwicklung in Nr. 14 2c. Es gelten daher ganz allgemein diese Sätze für die Punktelemente 2er geraden Gebilde, dieselben mögen reell oder irgend wie imagin. sein.

Aber nicht nur für die Punktelemente 2er projekt. Geraden II gilt das hier oben Entwickelte und die in dieser Nr. 208 daraus gezogene Schlußfolge, sondern auch für deren Ebenenelemente, d. h. für die projekt. Beziehung 2er Ebenenbüschel, deren Axe eine Gerade II ist; wie sich dieses einfach durch die der in den letzten Nummern reciproke Entwicklung darthun läßt, insoferne ja alle Beweise auf reell projekt. Beziehungen hinausliefen. Es gelten daher auch für Ebenenbüschel mit ganz beliebiger Axe die Fundamentalsätze, wie sie in Nr. 39 aufgestellt wurden. Es sei hier nur noch auch für Ebenenbüschel mit imagin. Geraden II als Axen hervorgehoben, daß man unter Ebene a einer imagin. Geraden aba_1b_1 II diejenige versteht, deren reeller Träger der Leitstrahl a der Geraden ist, daß man unter einer Kette eines solchen Ebenenbüschels den Inbegriff der Ebenen versteht, deren Träger in einer Regelschaar liegen, und daß man unter einem harmonischen Wurf eines solchen Ebenenbüschels 4 Ebenen versteht, die in einer Kette liegen, und deren Träger in dieser einen harmonischen Wurf bilden.

209. Nachdem so für die imagin. Geraden II die Gesetze der projekt. Beziehung festgestellt sind, benutzt man nun die so erhaltenen Resultate zur Feststellung der projekt. Beziehung 2er Elementargebilde I ganz ebenso wie dieses in Nr. 35 ꝛc. bei der entsprechenden Entwicklung für die reell projekt. Beziehung geschehen ist.

Wir nennen demnach 2 ganz beliebige gerade Gebilde projekt., wenn sie Schnitte von 2 projekt. Ebenenbüscheln sind, deren Axen imagin. Gerade II sind.

Wir nennen 2 ganz beliebige Strahlenbüschel projekt., wenn sie entweder Schnitte 2er projekt. Ebenenbüschel, oder wenn sie Scheine 2er projekt. gerader Gebilde II sind.

Wir nennen 2 ganz beliebige Ebenenbüschel projekt., wenn sie Scheine von 2 projekt. geraden Gebilden sind, deren Träger imagin. Gerade II sind. Ebenso nennen wir aber auch 2 ungleichartige Grundgebilde I projekt., wenn das eine zu einem Scheine oder Schnitt des andern projekt. ist; gehen dabei alle Elemente des einen durch die entsprechenden Elemente des andern, so nennen wir beide auch perspekt.

Soll jedoch dieses Verfahren erlaubt sein, und die hier gegebenen Definitionen nicht einen Widerspruch in sich enthalten, so muß nachgewiesen sein:

1) Daß alle Schnitte eines geraden Gebildes von beliebigen sie nicht schneidenden Geraden II aus unter sich perspekt.

2) Daß alle Scheine eines Strahlenbüschels durch eine Gerade, die mit ihm in 1 Ebene, und alle Scheine eines Strahlenbüschels aus einer Geraden, die durch seinen Mittelpunkt geht, perspekt.

3) Daß alle Schnitte eines Ebenenbüschels durch eine imagin. Gerade II projekt. sind; wie ja dieses alles auch bei der erwähnten Entwicklung für bloß reelle Elemente nachgewiesen werden mußte.

Von den 4 hier angeführten Sätzen, von denen 1) und 3) sowohl als auch die beiden unter 2) angeführten Fälle in dem Verhältniß der Reciprocität stehen, genügt es 2 zu beweisen, was nun geschehen soll.

210. Es sei f die Axe eines beliebigen Ebenenbüschels und u und u_1 2 beliebige imagin. Gerade II, von denen jedoch keine die f schneidet, es soll bewiesen werden, daß uu_1 projekt. sind, wenn sie so auf einander bezogen werden, daß je 2 Punkte die in 1 Ebene des Ebenenbüschels f liegen, einander entsprechen.

I. Fall. Es sei f eine reelle Gerade. In diesem Falle lassen sich stets 2 räuml. Systeme R und R_1 kollineär so auf einander beziehen, daß der imagin. Geraden u die imagin. Gerade u_1 und jede Ebene des Ebenenbüschels f sich selbst entspricht. Da aber alsdann in den reell projekt. räuml. Systemen R und R_1 je 2 Punkte von u und u_1, die in 1 Ebene des Ebenenbüschels f liegen, sich entsprechen, so gilt unser Satz in diesem Falle nach der Entwicklung für die reell projekt. Beziehung in Nr. 190.

Daß die projekt. Beziehung von R und R_1 auf die so eben angeführte Art wirklich eine reell projekt. im Sinne von Nr. 190 ist, und auch wirklich durch die angeführten Elemente vollständig und unzweideutig fixirt ist, ergiebt sich also:

Da f der Voraussetzung nach kein Leitstrahl weder von u noch von u_1 sein kann, so bilden alle Leitstrahlen, die die f schneiden für u wie für u_1, je eine Regelschaar F für u, F_1 für u_1; ist nun fbcd eine Darstellung von u, und $fb_1c_1d_1$ die zu fbcd projekt. Darstellung von u_1, und bezieht man nun die Regelfläche F projekt. auf F_1, so daß fbc den Strahlen fb_1c_1 entsprechen, und bezieht man die Leitschaar von F projekt. auf die Leitschaar von F_1 so, daß 3 Strahlen der ersten gerade solche Strahlen entsprechen, die mit ihnen in je 1 Ebene des Ebenenbüschels f liegen, so ist nicht nur nach Nr. 61 die kollineäre Beziehung von R und R_1 vollkommen fixirt, sondern es entspricht auch jede Ebene von f sich selbst und der imagin. Geraden fbcd die imagin. Gerade $fb_1c_1d_1$, weil f sich selbst entspricht.

Zusatz. Liegen u und u_1 in 1 Ebene, so bestimmt in diesem Falle I f mit dieser Ebene einen imagin. Punkt M, und es ergiebt sich aus dem so eben bewiesenen Satze unmittelbar folgendes: ist M irgend ein imagin. Punkt einer imagin. Ebene, so sind 2 Gerade II, welche in derselben Ebene liegen, stets projekt. auf einander bezogen, wenn 2 Punkte die in demselben Strahle des Strahlenbüschels M liegen, einander entsprechen.

II. Fall. Ist f keine reelle Gerade, so wird der Fall durch das in dem letzten Zus. Bemerkte sehr einfach auf den Fall I zurückgeführt, liegen nämlich uu_1 nicht in 1 Ebene, so kann man immer eine 3te Gerade u_2 wählen, welche beide schneidet. Schneidet nun die f die Ebene uu_2 im Punkte M, so sind uu_2 in Bezug auf M als Centrum und in Folge dessen auch in Beziehung auf jede durch M gehende nicht in der Ebene uu_2 liegende Gerade als Axe perspekt. projekt. nach Fall I und Zus. dazu, ebenso ist u_1u_2 in Bezug auf den Schnittpunkt M_1 von u_1u_2 und f als Centrum, und darum auch in Bezug auf jede Gerade die durch M_1 geht und nicht in u_1u_2 liegt als Axe perspekt. projekt., daher sind nach Nr. 207 auch u und u_1 in Bezug auf MM_1, d. h. auf f als Axe perspekt. projekt.

III. Fall. Die Beweisführung für den Fall I, und also auch für den Zus. zu I. und somit auch zu Fall II ist nicht mehr giltig, wenn die in I betrachtete reelle Gerade ein Leitstrahl von u ist, in soferne jede Ebene des Ebenenbüschels f in diesem Fall mit der u einen Punkt, nämlich den in f enthaltenen gemein hat. In I, wo die Axe des Ebenenbüschels reell war, ergab schon die Voraussetzung, daß die Axe des Ebenenbüschels f keine der beiden Geraden u und u_1 schneiden durfte, daß f kein Leitstrahl sein konnte, wenn man aber eine imagin. Ebene mit in Betrachtung ziehen will, deren Axe eine imagin. Gerade II sein kann, dann muß der Fall noch besonders betrachtet werden, daß die Gerade f der einen u der beiden Geraden konjungirt ist, denn dann ist die reelle Gerade jeder imagin. Ebenen des Ebenenbüschels f ein Leitstrahl von u, ohne daß sich u und f schneiden.

Liegt in diesem Falle u und u_1 in 1 Ebene, so wähle man, um den Fall auf den vorigen zurückzuführen, eine Hilfs-Gerade f_1, welche die Ebene uu_1 in demselben Punkte wie f schneidet, ohne daß sie der u_1 konjungirt ist, so ist offenbar der Fall auf den vorigen zurückgeführt, insoferne 2 Punkte von uu_1 die mit f in 1 Ebene liegen, auch mit f_1 in 1 Ebene liegen. Liegt dagegen u und u_1 nicht in 1 Ebene, so schneide man sie beide durch eine 3te Hilfsgerade u_2, alsdann gilt der Satz für u und u_2 nach dem so eben bewiesenen für u_1 und u_2 dagegen nach dem II. Fall, so daß also die perspekt. Beziehung als ein besonderer Fall der projekt. Beziehung für alle Fälle erwiesen ist.

Zusatz. Hiedurch ist aber zugleich der Nachweis dafür geliefert, daß alle Schnitte eines Strahlenbüschels durch Gerade projekt. sind, weil man nur den Strahlenbüschel als Schnitt eines Ebenenbüschels betrachten darf, insoferne dann je 2 Punkte der schneidenden Geraden, welche in 1 Strahl des Strahlenbüschels liegen, nothwendig auch in 1 Ebene des fraglichen Ebenenbüschels liegen; und die uns gesteckte Aufgabe ist daher nun vollständig gelöst, und die projekt. Beziehung der Grundgebilde I vollständig und ganz allgemein erledigt, und es gelten nun für dieselben alle die Sätze, welche Nr. 39 aufgezählt wurden, ganz abgesehen von der Realität der darin vorkommenden Elemente, selbstverständlich von den speciellen Sätzen abgesehen, welche sich auf einzelne Größenverhältnisse, auf die stetige Aufeinanderfolge der Elemente und auf die Ausnahmsfälle beziehen, wegen deren die imagin. Elemente eben überhaupt eingeführt wurden.

Insonderheit verdient hier noch folgender Punkt hervorgehoben zu werden: Bestimmen 3 Paare entsprechender Elemente 2er projekt. Grundgebilde I 3 Elemente eines und desselben 3ten Grundgebildes I, so ist dieses mit allen der Fall, die beiden ersteren sind perspekt.; haben 2 projekt. Grundgebilde I ein Element entsprechend gemein, so sind sie perspekt., wie dieses unmittelbar daraus folgt, daß durch 3 Paare entsprechender Elemente die projekt. Beziehung vollkommen fixirt ist, und nach dem Bisherigen Schnitte oder Scheine eines Grundgebildes I in allen Fällen projekt. sind.

211. Die Nr. 44 ꝛc. läßt erkennen, daß nun für die Grundgebilde I alle die Sätze als ganz allgemein giltig, d. h. als giltig ohne alle Rücksicht auf die Realität der Elemente erwiesen sind, auf deren Anwendung die Entstehung und die geometrischen Fundamentaleigenschaften der Elementargebilde II beruhte, und es gelten daher die für sie aufgestellten Sätze auch für den Fall, daß alle ihre Elemente imagin. sein sollten, und es leuchtet hier nachträglich ein, mit welchem Rechte bei reellen ebenen oder räuml. Polarsystemen von imagin. Ordnungskurven oder Ordnungsflächen II gesprochen werden konnte.

Da die projekt. Beziehung aller Elementargebilde sich auf die projekt. Beziehung der Grundgebilde I und diese nach dem Obigen auf die der Ebenenbüschel und geraden Gebilde, deren Träger imagin. Gerade II sind, zurückführen lassen, so hat man den Begriff Kette ausgedehnt auf alle Elementargebilde, indem man unter Kette den Inbegriff aller der Elemente versteht, welche bei einem ihm perspekt. Grundgebilde I, dessen Träger eine imagin. Gerade II ist, in einer Kette enthalten sind. Betrachtet man, um an einem Beispiele dies noch zu erläutern, einen Strahlenbüschel, dessen Mittelpunkt ein imagin. Punkt ist, so denke man sich eine imagin. Gerade II, welche den rellen Träger des Büschels in seinem Mittelpunkte schneidet, d. h. für welche der reelle Träger jenes imagin. Mittelpunktes ein Leitstrahl ist, alsdann erhält man einen zum Strahlenbüschel perspekt. Ebenenbüschel, und alle Strahlen des 1sten, die in Ebenen des 2ten liegen, welche eine Kette bilden, bilden nun selbst eine Kette; hieraus ist zu ersehen, daß die reellen Punkte aller Strahlen einer Kette in einer Kurve II, oder in einer Geraden liegen, je nachdem der einzige reelle Strahl des Strahlenbüschels mit in der Kette begriffen ist oder nicht; wie sich dieses alsbald daraus ergiebt, daß eine Kette der imagin. Geraden II den reellen Träger des Strahlenbüschels entweder in einer Geraden oder in einer Kurve II schneidet, je nachdem der in diesem Träger gelegene Leitstrahl der imagin. Geraden II in der Kette mit inbegriffen ist oder nicht. Auf dieselbe Weise d. h. reciprok findet man, daß alle Punkte einer imagin. Geraden I die eine Kette bilden, die Strahlen eines Strahlenbüschels II bilden. Je 3 Elemente bestimmen eine Kette; weil dieses bei den Ketten der imagin. Geraden II der Fall ist.

Jeder Kette eines Elementargebildes entspricht eine Kette in einem andern ihm projekt.

Alle reellen Elemente eines Elementargebildes liegen in 1 Kette. Betrachtet man eine reelle Gerade und einen zu ihr perspekt. Ebenenbüschel, dessen Axe eine imagin. Gerade II, so ergiebt sich die Richligkeit daraus, daß alle Leitstrahlen der Geraden II, welche durch die reellen Punkte der erstern gehen, eine Kette bilden. Ebenso verhält es sich mit einem reellen Ebenenbüschel und einem Schnitt desselben, dessen Träger eine imagin. Gerade II ist. Einen reellen Strahlenbüschel betrachte man als Schnitt eines Ebenenbüschels, und die Elementargebilde II als durch die Grundgebilde I entstanden, um auch für diese Gebilde die Richtigkeit zu ersehen.

Hieraus folgt, daß wenn 2 reelle Elementargebilde projekt. aber nicht reell projekt. auf einander bezogen sind, höchstens 2 reelle Elemente des einen 2ten rellen des andern entsprechen können.

212. Da endlich die projekt. Beziehung der Grundgebilde II und III, sowie der Elementargebilde III und der Flächen II auch einzig und allein auf der projekt. Beziehung der Grundgebilde I

basirt, so gelten nun auch die Sätze über die projekt. Beziehung dieser Gebilde ganz allgemein und ohne Rücksicht auf die Realität der in Betracht gezogenen Elemente, wobei selbstverständlich wieder in besonderen Fällen die Abänderungen in die Aussagen aufzunehmen sind, welche eben durch die Einführung der imagin. Elemente, wie schon früher Nr. 210 ausgeführt, von selbst sich darbieten.

§. 10. Zusammenhang des Imaginären in der Geometrie mit dem Imaginären in der Algebra.

213. In Nr. 36 u. 38 haben wir gesehen, daß die Werthe 2er projekt. Würfe für alle Grundgebilde I stets einander gleich sind, und da, wie in Nr. 116 schon angedeutet, unter dem Werth eines Wurfes bei den Elementargebilden II und III der Werth des entsprechenden Wurfes von einem zu jenem perspekt. Elementargebildes I verstanden werden soll, so gilt ganz allgemein, daß 2 Würfe von 2 projekt. Elementargebilden gleiche Werthe haben. Von dem Werthe eines nicht neutralen Wurfes kann nun eigentlich gar nicht mehr gesprochen werden, wenn dieses aber doch geschieht, so muß dieses als ein bloß symbolischer Ausdruck betrachtet werden; aber auch für solche Würfe soll nun das gelten, daß 2 projekt. Würfe gleichen Werth haben, d. h. mit andern Worten die Bedeutung des Wortes gleichwerthig und projekt. solle eben identisch sein.

Da man jedes Elementargebilde auf ein reelles gerades Gebilde projekt. beziehen kann, und da man dabei 3 Elementen des ersteren immer 3 reelle Elemente ABC des letzteren entsprechen lassen kann, so ist ersichtlich, daß man den Werth eines jeden Wurfes ausdrücken kann durch den Werth eines Wurfes ABCD in einem reellen geraden Gebilde, von dem die 3 ersten Elemente ABC 3 feste reelle Punkte sind, während D reell oder imagin. ist, je nachdem der Wurf ein neutraler ist oder nicht. Wir werden in den Sätzen der nachfolgenden Entwicklung, wenn nicht ausdrücklich das Gegentheil hervorgehoben wird, einen Wurf immer durch einen solchen Wurf ABCD eines geraden Gebildes gegeben ansehen, und von ihm sagen, er oder sein Werth sei gegeben in dem Abscissensystem ABC.

214. Aufgabe. Es soll die Summe ABCS 2er neutraler

Würfe ABCD und $ABCD_1$ gefunden werden, und zwar sollen alle 3 Würfe in demselben Abscissensystem gegeben sein.

Sind $ABCDD_1$ 5 reelle Punkte einer reellen Geraden, so muß (s. Nr. 9) sein $AD.BC:AB.CD + AD_1.BC:AB.CD_1 = AS.BC:AB.CS$, d. h. wenn man vereinfacht $AD:CD + AD_1:CD_1 = AS:CS$ oder $AD.CD_1.CS + AD_1.CD.CS = AS.CD.CD_1$, oder $CD.(AS.CD_1 - CS.AD_1) = AD.CD_1.CS$. Der hier auf der linken Seite eingeklammerte Ausdruck ist aber nach einem bekannten Satz *) über 4 Punkte einer Geraden $= - AC.D_1S$, so daß man erhält $AC.CD.DS = - AD.CD_1.CS$ eine Formel, welche nach Nr. 22 bedeutet, daß $CC.DD_1.AS$ eine Involution darstellen. Unsere Aufgabe ist also gelöst und es giebt immer 1 und auch nur 1 Punkt von der verlangten Beschaffenheit.

Wir nennen nun aber von nun an auch den Wurf ABCS die Summe der Würfe ABCD und $ABCD_1$, auch wenn der Wurf kein neutraler ist, wenn nur S auf die oben angegebene Weise gefunden ist.

Dabei leuchtet ein, daß der Werth von ABCS derselbe bleibt, auch wenn man die Werthe von ABCD und $ABCD_1$ in einem andern Abscissensystem giebt, denn ist ABCD π MNPQ und $ABCD_1$ π $MNPQ_1$ und $CC.DD_1.AS$ eine Involution ebenso $PP.QQ_1.MS_1$ eine Involution, so ist immer auch ABCS π MNPS.

Zusatz. Ist ABCD oder auch $ABCD_1$ kein neutraler Wurf, wobei jedoch ABC für jeden Werth eines solchen Wurfes reell sein können, so wird im Allgemeinen auch ABCS kein neutraler Wurf sein; hievon macht unter andern der Fall eine Ausnahme, wenn D und D_1 konjungirte imagin. Elemente darstellen, in welchem Falle die beiden Würfe selbst konjungirt sind (s. Nr. 204 Zus. 4) insoferne ABC reell. Die Richtigkeit dieser Behauptung ergiebt sich unmittelbar aus Nr. 189 i, welche erkennen läßt, daß in diesem Falle das involut. gerade Gebilde $CC.DD_1.AS$ reell involut. ist.

215. Aufgabe. Es soll das m fache eines Wurfes $ABCA_1$ gesucht werden, wobei m eine ganze Zahl. Soll $ABCA_2 = ABCA_1$

*) Ist nämlich ABCD ein ordentlicher Wurf einer Geraden, so ist immer $AC.BD = (AB + BC).(BC + CD) = AB.BC + AB.CD + BC.BC + BC.CD = AB.CD + BC.(AB + BC + CD) = AB.CD + BC.AD$, woraus bei Berücksichtigung des über die Vorzeichen von Strecken in Nr. 7 Gesagten die Richtigkeit folgt.

+ABCA$_1$ sein, so muß CC. A$_1$A$_1$. AA$_2$ eine Involution, also CCAA$_1$ π CCA$_1$A$_2$ und nach Nr. 28 CAA$_1$A$_2$ ein harmonischer Wurf sein. Soll ABCA$_3$ = ABCA$_2$ + ABCA$_1$, so muß CC. A$_1$A$_2$. AA$_3$ d. h. CCAA$_1$ π CCA A$_3$, ebenso muß CC. A$_1$A$_3$. AA$_4$ eine Involution, und also CCAA$_1$ π CCA$_3$A$_4$ wenn ABCA$_4$ = ABCA$_3$ + ABCA$_1$ u. s. w.; kurz sucht man die Punkte A$_2$A$_3$A$_4$A$_5$...., so daß CAA$_1$A$_2$ CA$_1$A$_2$A$_3$ CA$_2$A$_3$A$_4$ CA$_3$A$_4$A$_5$.... lauter harmonische Würfe, und also auch CCAA$_1$A$_2$A$_3$A$_4$... π CCA$_1$A$_2$A$_3$A$_4$A$_5$, so ist ganz allgemein ABCA$_m$ = m.(ABCA$_1$).

216. Aufgabe. Es soll ein neutraler Wurf gefunden werden, dessen Werth gleich der Differenz der Werthe 2er gegebener neutraler Würfe ist, wobei alle 3 in demselben System gegeben sein sollen. Diese Aufgabe läßt sich, gestützt auf die vorige Nummer, alsbald lösen, denn während in der vorigen Aufgabe ABCD und ABCD$_1$, und also von der Involution die beiden Paare zugeordneter Punkte CC. DD$_1$ gegeben, dagegen S gesucht war, so ist in der jetzigen Aufgabe ABCD und ABCS und somit von der fraglichen Involution CC. AS gegeben und D$_1$ gesucht.

Auch hier erweitern wir den Begriff der Differenz 2er Wurfwerthe auf den Fall, daß beide oder einer der Würfe nicht neutral ist.

217. Aufgabe. Es soll ein neutraler Wurf gefunden werden, dessen Werth gleich dem Produkte der Werthe 2er anderer neutraler Würfe ist.

In diesem Falle findet sich eine einfache Lösung nicht, wenn man alle Würfe in demselben Systeme gegeben annimmt, wohl aber wird die Lösung sehr einfach, wenn man den einen der beiden zu multiplilirenden Werthe in einem andern System giebt. Sind nämlich ABCD und ABCD$_1$ die beiden zu multiplicirenden Werthe, so suche man einen neuen Wurf ADCE von der Beschaffenheit, daß (ABCD$_1$) = (ADCE) d. h., daß ABCD$_1$ π ADCE, so hat man immer (ABCD).(ABCD$_1$) d. h. (ABCD).(ADCE) = ABCE, denn es ist ja $\frac{AD.CB}{AB.CD} \cdot \frac{AE.CD}{AD.CE} = \frac{AE.CB}{AB.CE}$ w. z. b. w.

Hieraus ergiebt sich nun einfach als Regel für die Auffindung des Produktes 2er Wurfwerthe ABCD und ABCD$_1$ durch einen Wurf ABCE, der mit den beiden gegebenen in demselben System gegeben ist, wenn man in dem involut. geraden Gebilde $AC.DD_1$ zu dem Element B das zugeordnete E sucht, denn da nach dem obigen Satze $ABCD_1 \pi ADCE$ sein soll, so muß ja nach Nr. 25 $AC.DD_1.BE$ eine Involution sein.

Auch hier erweitern wir den Begriff des Produktes 2er Würfe *) auf den Fall, daß die gegebenen Würfe nicht neutral sind, wenn nur E auf die angegebene Weise bestimmt ist.

Zusatz. Das Produkt 2er nicht neutraler Würfe wird im Allgemeinen wieder ein nicht neutraler Wurf sein, eine Ausnahme hievon macht unter andern der Fall, wenn die beiden imagin. Punkte DD_1, welche mit den 3 reellen Elementen ABC eben je einen nicht neutralen Wurf bilden, konjungirt imagin. sind, wieder nach Nr. 189 i.

218. Aufgabe. Es soll der Quotient 2er neutraler Würfe ABCE und ABCD gefunden werden. Auch diese Lösung ergiebt sich unmittelbar aus der vorigen, insoferne die jetzige Aufgabe von der letzten bloß dadurch sich unterscheidet, daß dort von der Involution die beiden Paare zugeordnete Punkte $AC.DD_1$ gegeben, dagegen E gesucht war, hier dagegen die zugeordneten Punktenpaare AC.BC gegeben sind, während D_1 gesucht ist.

Auch den Begriff des Quotienten erweitern wir auf den Fall, daß die gegebenen Würfe nicht neutral sind.

219. Lehrsatz. Sind $MN\, AA_1\, BB_1$ 6 Punkte einer Kurve II und schneiden sich dabei AA_1 und BB_1 in dem Punkte S, so ist immer der Wurf im Strahlenbüschel S(MANB) gleich dem Produkte der beiden in der Kurve enthaltenen Würfe MANB und und MA_1NB_1, wobei unter dem Werth des Wurfes einer Kurve der Werth irgend eines ihm perspekt. Wurfes eines Strahlenbüschels zu verstehen. Denn betrachtet man die Schnitte dieser fraglichen Würfe mit der Geraden MN, so zeigt die Fig. 60, daß der Wurf S(MANB) im Strahlenbüschel S gleich ist dem Wurfe MA_2NB_2 der Wurf der Kurve MANB gleich dem Wurfe MA_2NC (als Schnitt des perspekt. Büschels A_1) und der Wurf MA_1NB in der Kurve gleich dem Wurfe $MCNB_2$ als Schnitt des perspekt. Bü-

*) Wir nennen nämlich kurz einen Wurf ein Produkt eine Summe eine Potenz ꝛc. 2er gegebener Würfe nennen, wenn sein Werth gleich dem Produkte der Summe Potenz ꝛc. der Werthe der gegebenen Würfe ist.

schels B. Nach Nr. 217 ist aber immer $(MA_2NC) . (MCNA_2) = MA_2NB_2$ w. z. b. w.

Zusatz. Rücken A und A_1, und ebenso B und B_1 unendlich nahe an einander, so gehen die Sehnen AA_1 und BB_1 in die Tangenten über und man hat Fig. 61 $S(MANB) = (MANB)^2 = (AMBN)^2 = S(AMBN)$, und ebenso hat man, wenn S_1 der Schnittpunkt der beiden Tangenten in M u. N ist $S_1(AMBN) = (AMBN)^2 = (MANB)^2 = S_1(MANB)$ daher ist noch $S(MANB) = S_1(MANB)$.

220. Aufgabe. Es sollen die verschiedenen ganzen Potenzen eines neutralen Wurfes ABCD gesucht werden.

Macht man nach einander die verschiedenen Würfe $ADCD_2$ AD_2CD_3 AD_3CD_4 AD_4CD_5 alle dem gegebenen ABCD gleich, so erhält man $ABCD . ADCD_2 = (ABCD)^2 = ABCD_2$. Ferner $ABCD_2 . AD_2CD_3 = (ABCD)^3 = ABCD_3$. Ebenso ist $ABCD_3 . AD_3CD_4 = (ABCD)^4 = ABCD_4$ etc.

Wir erweitern nun auch den Begriff der Potenz für den Fall, daß die Würfe nicht neutral sind, wenn nur D_2D_3 etc. auf die angegebene Weise gefunden werden.

221. Aufgabe. Es soll die Quadratwurzel $ABCD_1$ eines neutralen Wurfes ABCD gesucht werden.

Soll $ABCD = ABCD_1 . ABCD_1$ sein, so muß D_1 der Bedingung entsprechen, daß $ABCD_1 = AD_1CD$ sei, denn in diesem Falle ist wirklich $ABCD_1 . AD_1CD = ABCD$. Es muß also sein $AC . BD . D_1D_1$ eine Involution. In Betreff der Realität von dem gesuchten D_1 hat man nun 2 Fälle zu unterscheiden, nämlich ist ABCD ein ordentlicher Wurf, in welchem Fall sein Werth negativ ist nach Nr. 12, so erhält man für D_1 konjungirte imagin. Werthe. Ist aber ABCD kein ordentlicher Wurf, also sein Werth positiv, so erhält man immer 2 reelle Werthe für D_1, nämlich die beiden Ordnungselemente der Involution AC.BD.

Ehe wir dazu schreiten, die 3te Wurzel allgemein auszuziehen, sei hier noch nachgewiesen, wie die allgemeinen Regeln für das Addiren, Subtrahiren, Multipliciren 2c., wie sie in der Algebra aufgestellt werden, auch für die Geometrie noch gelten.

222. Lehrsatz. In einer Summe von beliebigen Würfen, die wir der Kürze wegen durch die einzelnen Buchstaben WW_1W_2... bezeichnen wollen, läßt sich die Ordnung, in welcher addirt wird,

ganz beliebig annehmen, ohne daß im Endresultate sich etwas ändert. Es genügt hier offenbar, diesen Satz für 2 und für 3 Würfe bewiesen zu haben, d. h. 1) daß $W + W_1 = W_1 + W$ und 2) $(W + W_1) + W_2 = (W_1 + W_2) + W$. Daß $W + W_1 = W_1 + W$ ergiebt sich unmittelbar daraus, daß in der Involution, wodurch oben das S bestimmt wurde, die Ordnung von D und D_1 einerlei ist. Ist nun ferner $W + W_1 = (ABCD) + (ABCD_1) = ABCP$, so muß auch $CC.DD_1.AP$ eine Involution sein, ebenso wenn $W_1 + W_2 = (ABCD_1) + (ABCD_2) = ABCQ$, so muß auch $CC.D_1D_2.AQ$ eine Involution sein. Soll man zu einem und demselben Element gelangen, wenn man addirt $ABCP + ABCD_2 = ABCR$ und $ABCQ + ABCD = ABCR$, so muß offenbar sowohl $CC.PD_2.AR$ als auch $CC.QD.AR$ eine Involution sein, d. h. $CC.PD_2.QD$ eine Involution darstellen. Daß dieses der Fall, ergiebt sich also: weil $CC.DD_1.AP$ eine Involution, so ist nach Nr. 29 $CCDP \;\pi\; CCD_1A$ *), ebenso erhält man, daß $CCD_2Q \;\pi\; CCD_1A$, also ist auch $CCDP \;\pi\; CCD_2Q$; daraus folgt umgekehrt, daß $CC.DQ.D_2P$ eine Involution ist.

223. Wir nennen 2 Würfe ABCD und $ABCD_1$ desselben Abscissensystems entgegengesetzt, wenn sie addirt 0 geben. Der Wurf, welcher im Abscissensystem ABC den Werth 0 haben soll, ist aber nothwendig der Wurf ABCA, es muß daher sein $ABCD + ABCD_1 = ABCA$ d. h. $CC.AA.DD_1$ muß eine Involution sein, 2 Punkte DD_1, die durch A und C harmonisch getrennt sind, geben daher für jedes B ein Paar solche Punkte ab, für welche $ABCD + ABCD_1 = 0$ ist.

Zusatz 1. Man erhält aus einem Wurfe ABCD den ihm entgegengesetzten stets auch dadurch, wenn man den ersten mit einem harmonischen Wurf multiplicirt. Denn ist $ADCD_2$ ein harmonischer Wurf, so ist $ABCD.ADCD_2 = ABCD_2$ also ist $AA.CC.DD_2$ eine Involution, d. h. ABCD und $ABCD_2$ einander entgegengesetzt.

Zusatz 2. Ist $W = (ABCD)$ ein beliebiger Wurf, dagegen $W_1 = ABCD_1$ und $W_2 = ABCD_2$ entgegengesetzte Würfe, so ist immer $W + W_1 = W - W_2$ und umgekehrt $W - W_1 = W + W_2$. Denn soll $ABCD + ABCD_1 = ABCS$ sein, so muß $CC.DD_1.AS$ eine Involution, also $CCSD \;\pi\; CCD_1A$ sein. Soll ebenso ABCD—

*) Wegen der oben gebrauchten Bezeichnungsweise s. Nr. 29. Zus.

$ABCD_2 = ABCS$ sein, so muß $CC.SD_2.AD$ eine Involution und also $CCSD \pi CCAD_2$ sein. Die Voraussetzung, daß die erste Summe und die 2te Differenz einander gleich d. h. ABCS sei, führt daher zu der Bedingung $CCD_1A \pi CCAD_2$ d. h. nach Nr. 28 zu der Involution $CC.AA.D_1D_2$, was eben gerade das ausdrückt, daß $ABCD_1$ und $ABCD_2$ entgegengesetzt seien.

Zusatz 3. Hieraus ist ersichtlich, daß die beiden Werthe der Quadratwurzel eines neutralen nicht ordentlichen Wurfes solche entgegengesetzten Werthe haben s. Nr. 221.

224. In einem Produkt von mehreren Würfen ist es in Bezug auf das Resultat ganz einerlei, in welcher Ordnung die Multiplikation der einzelnen Würfe vorgenommen wird.

Auch hier genügt es offenbar bewiesen zu haben, daß dieses bei 2 und bei 3 Faktoren wirklich der Fall sei. Daß aber $W.W_1 = W_1.W$ ergiebt sich daraus, daß in der Involution $AC.DD_1.BE$ wodurch Nr. 217 das Produkt ABCE gefunden wird, die Ordnung der zugeordneten Elemente D und D_1 vollkommen gleichgiltig ist. Daß aber $(W.W_1).W_2 = (W_1.W_2)W$ ist, ergiebt sich also: Es sei $W W_1 W_2$ entsprechend $= ABCD\ ABCD_1\ ABCD_2$, alsdann sei $W.W_1 = ABCP$ und also $AC.DD_1.BP$ eine Involution, ebenso sei $W_1.W_2 = ABCQ$ und also $AC.D_1D_2.BQ$ eine Involution, hieraus folgt aber nach Nr. 26 ähnlich wie in Nr. 223 $ACBD_1 \pi ACDP$ und $ACBD_1 \pi ACD_2Q$, also auch $ACDP \pi ACD_2Q$, woraus umgekehrt folgt, daß $AC.QD.PD_2$ eine Involution sein muß. Multiplicirt man aber nun ABCP mit W_2, so erhält man als Resultat ABCR, wenn $AC.PD_2.BR$ eine Involution ist, und multiplicirt man ABCQ mit ABCD so erhält man $ABCR_1$, wenn $AC.QD.BR_1$ eine Involution ist, da aber die involut. Beziehung dieser zuletzt genannten involut. geraden Gebilde wegen der Involution $AC.QD.PD_2$ dieselbe ist, so muß auch R und R_1 zusammen fallen w. z. b. w.

225. Mit diesen Sätzen sind nun die Fundamentalsätze über die Summen und Produkte erwiesen, und es lassen sich nun aus denselben die einfachsten fernern Gesetze auch für Potenzen hieraus ableiten, wie dieses ja auch in der Algebra geschieht, wir begnügen uns hier in Kürze noch folgende Formeln anzuführen.

Es ist stets $m.(W + W_1) = m.W + m.W_1$ wie dieses unmittelbar aus Nr. 222 folgt, ebenso $m.(W - W_1) = mW - mW_1$ da man statt $W - W_1$ stets nach Nr. 223 Zus. 2 setzen kann $W + W_2$, wobei W_2 dem W_1 entgegengesetzt d. h. $= (-1).W_1$ ist. Es ist $(W.W_1)^m = W.^m W_1{}^m$ was unmittelbar aus Nr. 224 folgt. Es ist $\frac{W^m}{W_1{}^m} = \left(\frac{W}{W_1}\right)^m$; ebenso ist $W^m.W^n = W^{m+n}$ etc. wobei jedoch stets m und n ganze Zahlen darstellen.

Wenden wir uns nun noch zur Ausziehung der Kubikwurzel.

226. Suchen wir zuerst die 3te Wurzel von 1.

Es ist ganz allgemein für neutrale Würfe stets (ACBD). (ADBE). (AEBC) = 1, und ebenso (ADBC).(ACBE).(AEBD) = 1. Wie sich dieses unmittelbar als eine identische Gleichung herausstellt, wenn man statt der Würfe ihre Werthe nach Nr. 9 wirklich einsetzt. Macht man nun diese 3 Werthe in jedem dieser Produkte einander gleich, so erhält man hieraus als Bedingung, daß ABCDE π ABDEC und dann auch noch π ABECD sein muß. Es fragt sich nun aber noch, ob dieses wirklich möglich ist. Soll aber diese Art der projekt. Beziehung wirklich möglich sein, so muß nach Nr. 24 AB.CE.DD ebenso AB.DE.CC und AB.CD.EE je eine Involution sein. Bezeichnen wir nun mit $C_1 D_1 E_1$ die 3 Punkte von der Beschaffenheit, daß CDC_1E, $CDED_1$, CE_1DE 3 harmonische Würfe, so müssen die Punkte AB durch CC_1, DD_1, EE_1 harmonisch getrennt sein, wenn die obige Art der projekt. Beziehung möglich sein soll, da aber nach Nr. 34. 4) $CC_1.DD_1.EE_1$ immer eine Involution bilden, so ist dieses immer und zwar offenbar nur auf 1 bestimmte Art möglich, insoferne A und B als die beiden Ordnungselemente dieser Involution erscheinen. Umgekehrt wählt man diese beiden Ordnungspunkte AB zu den 3 Punkten, so ergiebt sich durch einfachen Rückschluß, daß dann immer ABCDE π ABDEC π ABECD ist.

Aus der Betrachtung der beiden harmonischen und somit ordentlichen Würfe CDC_1E und $CDED_1$ ergiebt sich unmittelbar, daß CC_1 durch DD_1 getrennt sind, weßhalb die Ordnungselemente AB konjungirt imagin. werden. Man kann nun aber verlangen, daß der Wurf ACBD und der Wurf ACBE, von denen der erste einer der 3 gleichen Würfe des obigen 1sten, der 2te einer der 3 gleichen Würfe des obigen 2ten Produktes ist, in einem Abscissensystem

20*

MNP gegeben seien, wobei MNP 3 reelle Punkte sind. Bezieht man aber das gerade Gebilde MN projekt. so auf den Träger von AB, daß ABC.. π MNP.., so erhält man 2 imagin. Punkte QR, so daß MNPQR π MNQRP und dabei ist alsbald zu erkennen, daß jetzt QR konjungirt imagin. sind, wie es vorher AB war; wäre dieses nicht der Fall, und bezeichneten wir die den Punkten Q und R konjungirten Punkte durch S und T, so wäre MNPST π MNSTP nach Nr. 204, Zus. 5 weil MNPQR π MNQRP und es würde daher ein doppeltes System von 5 Punkten geben, dem diese Eigenschaft zukommt, was nach dem obigen Beweis nicht möglich ist.

Unser obiger Beweis, daß (ACBD).(ADBE).(AEBC) = 1 sei, stützte sich darauf, daß in den Produkten, durch welche diese 3 Werthe dargestellt werden, die Faktoren im Zähler und Nenner sich alle gegenseitig heben, dieses Beweisverfahren paßt daher auf unsre beiden Systeme von Würfen nicht mehr, da keiner der beiden gefundenen Würfe neutral ist. Es muß daher die Giltigkeit unsres Satzes noch direkt bewiesen werden. Ist aber MNPQR π MNQRP π MNRPQ, so ist immer MPNQ . MPNQ = MPNQ . MQNR = MPNR dieses ist aber selbst = MQNP. Also wird MPNQ. MPNQ . MPNQ = MPNP = 1. Auf dieselbe Weise wird der Beweis geführt für den 2ten Wurf MPNR oder MQNP.

Zusatz. Multiplicirt man die oben gefundenen beiden Würfe, welche also nebst dem Wurfe von dem Werthe 1 die einzigen Würfe darstellen, die, auf die 3te Potenz erhoben, 1 geben, mit —1, also mit einem harmonischen Wurfe, so erhält man 2 Würfe, deren 3te Potenz = —1 ist. Sind $MQNQ_1$ und $MRNR_1$ je ein harmonischer Wurf, so erhält man also für die 3ten Wurzeln von —1 außer —1 selbst noch $MPNQ_1$ und $MPNR_1$.

227. Ist nun, um einen Schritt weiter zu thun, ABCD = W ein neutraler Wurf, so kann man nun die Aufgabe sich stellen, die Würfe zu finden, deren 3te Potenz dem Werthe von W gleich ist. Hier handelt es sich offenbar nur darum, einen neutralen Wurf U zu finden, dem die fragliche Eigenschaft zukommt, denn multiplicirt man diesen noch mit den beiden konjungirten imagin. Kubikwurzeln von 1, so hat man die beiden übrigen Würfe der verlangten Eigenschaft.

Soll nun $(ABCP)^3$ = ABCD sein, so ist die Aufgabe offenbar gelöst, wenn $ABCP^2$ durch einen Wurf ausgedrückt ist von der

Form APCD, denn es ist dann immer $ABCP^3 = (ABCP)^2$. $(ABCP) = APCD . ABCP = ABCD$. Um dieses Ziel zu erreichen, nehmen wir die Nr. 219 zu Hilfe, indem wir die Würfe dies Mal als Würfe einer Kurve II betrachten. Es ist nämlich immer s. Fig. 62 $(ABCP)^2 = S(ABCP)$; soll aber der Wurf S(ABCP) im Strahlenbüschel S projekt. sein dem Wurfe APCD in einem andern Strahlenbüschel oder in einer andern Kurve, so muß auch S(ABCP) projekt. sein dem Wurfe CDAP in dem neuen fraglichen Strahlenbüschel oder in der neuen Kurve, dessen Mittelpunkt oder Träger noch willkührlich ist; wählen wir daher B zu dem willkührlichen Mittelpunkt, d. h. machen wir $S(ABCP)\ \pi\ B(CDAP)$, so ist s. Fig. 62 dadurch ein Schnittpunkt P der beiden Kurven bestimmt, von denen die eine die gegebene K, die andere durch die projekt. Strahlenbüschel $S(ABC..)\ \pi\ B(CDA..)$ bestimmt ist, denn diese beiden Kurven haben den Punkt B gemein ohne in ihm sich zu berühren, müssen daher nothwendig noch einen Punkt gemein haben.

Zusatz. Die Auflösung bleibt vollkommen ungeändert, wenn die beiden Punkte A und C konjungirt imagin. werden oder sind, denn 1) bleibt die projekt. Beziehung der beiden Strahlenbüschel $S(ABC..)\ \pi\ B(CDA..)$ eine reell projekt., die neue Kurve und somit P wird also reell, und 2) gilt der Satz in Nr. 219 nicht bloß für reelle Elemente, sondern auch in unsrer hiesigen Voraussetzung, woraus die Richtigkeit sich ohne weiteres ergiebt.

Sucht man nun in K die Punkte P_1P_2, so daß $ACPP_1P_2\ \pi\ ACP_1P_2P$, so ist nach Nr. 226 $(APCP_1)^3 = (APCP_2)^3 = 1$ und es sind also die 2 anderen 3ten Wurzeln von ABCD $ABCP . APCP_1 = ABCP_1$ und dann noch $ABCP . APCP_2 = ABCP_2$.

228. Ist endlich der gegebene Wurf W kein neutraler, so führt man diesen Fall auf folgende Weise auf den so eben behandelten zurück, wobei wir wieder wie in Nr. 205 B bloß der Anschaulichkeit wegen in der hieher gehörigen Figur 63 statt der imagin. Elemente AC etc. reelle angenommen haben.

Es seien AC 2 konjungirte imagin. Punkte der reellen Geraden n; man nehme ferner auf einer 2ten reellen Geraden m, welche die Gerade n im Punkte N schneidet, die 2 reellen Punkte MS an, so giebt es einen reellen Punkt D von der Beschaffenheit, daß der Wurf A(SMND) dem gegebenen Wurfe W gleich ist. Es giebt nun 1 reellen Kegelschnitt K, der von den beiden konjungirten imagin. Strahlen SA und SB in den beiden konjungirten imagin. Punkten AB berührt wird, und der durch den reellen Punkt D geht, wie aus Nr. 190 folgt, und dieser Kegelschnitt wird von der Geraden m in 2 reellen Punkten geschnitten, da der Punkt S, durch welchen diese Gerade geht, als Pol von AB innerhalb der Kurve liegen muß. B sei der eine dieser beiden reellen Schnittpunkte. Nun giebt es in m nach Nr. 227 einen reellen Punkt R, so daß $SRNB^3 = SMNB$; ebenso giebt es nach Nr. 227. Zusatz in der reellen Kurve II K 3 Punkte PP_1P_2, so daß $(ABCP)^3 = (ABCP_1)^3 = (ABCP_2)^3 = ABCD$. Dem Produkte dieser beiden Würfe kommt aber nun die verlangte Eigenschaft zu, daß $(SRNB)^3 . (ABCP)^3 = W$ ist, denn drückt man den Wurf ABCD in K durch einen Wurf des perspekt. Strahlenbüschels A, also durch A(ABCD) aus, so ist AA identisch mit AS und AC identisch mit AN, so daß man hat $(ABCD) = A(SBND)$. und setzt man statt des Wurfes SMNB in der Geraden m den perspekt. Wurf A(SMNB) des Büschels A, so wird $(SRNB)^3 . (ABCP)^3 = SMNB . ABCD = A(SMNB) . A(SBND) = A(SMND) = W$.

229. Den specifischen Unterschied zwischen reellen und imagin. Elementen der geometrischen Grund- und Elementargebilde, aufgehoben zu haben, und das Imaginäre in das System der Geometrie organisch eingefügt zu haben, ist an und für sich von hohem wissenschaftlichen Interesse für die Geometrie; doch soll hier noch einmal besonders auf einen Punkt aufmerksam gemacht werden, welcher die praktische Wichtigkeit dieser Errungenschaft bei Untersuchung geometrischer Gebilde deutlich vor Augen führt.

Alle Sätze, bei denen, sei es in der Voraussetzung sei es in der Behauptung, Größen zum Vorschein kommen, von denen je 2 durch ein Paar konjungirte ersetzt werden können, zerfielen bisher in verschiedene Sätze, deren jeder für sich bewiesen werden mußte, indem der Fall, in welchem die fraglichen Elemente reell sind, als wesentlich verschieden erschien von dem, in welchem dieselben imagin. wurden. Von nun an hat man in allen diesen Fällen nur einen Satz vor sich, von dem es genügt den Beweis unter Voraussetzung lauter reeller Elemente geführt zu haben, nur ist immer noch der Fall des Uebergangs der imagin. Elemente in reelle d. h. der Fall in welchem 2 konjungirte Elemente oder 2 reelle Elemente in je 1 reelles zusammenfallen als Grenzfall immer noch besonders zu betrachten.

Wir haben in den bisherigen Entwicklungen schon verschiedene hieher gehörige Beispiele gehabt, und werden in dem weiteren Verlauf noch mehr erhalten, es soll hier nur noch auf eines zurückverwiesen werden, bei welchem wir uns auf die nun vollendete Lehre des Imaginären in der Geometrie bezogen: In Nr. 121 wurden der geometrischen Betrachtung 2 Ebenen unterworfen, welche mit eine rKegel- oder Regelfläche dieselben 2 reellen Punkte gemein hatten, und für den Fall, daß die beiden Ebenen sich in einer Geraden schnitten, welche mit der Fläche keinen Punkt gemein hätten, darauf hingewiesen, daß nach Einführung der imagin. Elemente die beiden Fälle auf einen sich reduciren würden, daß dieses richtig, geht für uns jetzt daraus hervor, daß beide Ebenen die beiden konjungirten imag. Schnittpunkte ihrer Schnittlinie mit der Fläche gemein haben.

Neuere Geometrie.

Von

Dr. H. Pfaff,
Lehrer der Mathematik und Privatdocent an der Universität Erlangen.

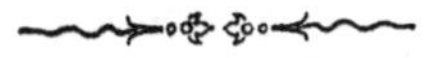

II. Theil.

Aufgaben und Lehrsätze.

Erlangen, 1867.
Verlag von Andreas Deichert.

Druck von E. Th. Jacob in Erlangen.

Einleitung.

Ehe wir zur Anwendung der neueren Geometrie auf die Untersuchung der allgemeinen Lagenverhältnisse geometrischer Gebilde übergehen, sollen nun hier noch einestheils diejenigen Fundamentalsätze der neueren Geometrie, auf welche sich die nachfolgenden Entwicklungen hauptsächlich stützen, in Kürze zusammengestellt und andrerseits einige Punkte näher besprochen und einige neue Bezeichnungen eingeführt werden, auf die wir im Verlaufe unsrer Anwendungen zurückkommen müssen.

1a. Es seien die geraden Gebilde p [abc...] und p_1 [$a_1 b_1 c_1$...] projekt.; nimmt man nun von einem Punkte a des geraden Gebildes p den Schein des geraden Gebildes p_1 und aus dem entsprechenden Punkte a_1 von p_1 den Schein des geraden Gebildes p, so erhält man 2 perspekt. Strahlenbüschel a [$a_1 b_1 c_1$...] π a_1 [abc...], deren perspekt. Axe dieselbe bleibt, welches entsprechende Punktenpaar man auch für a und a_1 wählen mag.

Die Axe der perspekt. Beziehung muß nämlich offenbar stets durch diejenigen beiden Punkte von p und p_1 gehen, welche dem Schnittpunkte p p_1 entsprechen.

1b. Es seien die Strahlenbüschel P [abc...] u. P_1 [$a_1 b_1 c_1$...] projekt.; nimmt man nun auf einem Strahl a des ersten den Schnitt des 2ten Büschels und auf dem entsprechenden Strahle a_1 von P_1 den Schnitt des ersten Büschels, so erhält man 2 perspekt. gerade Gebilde a [$a_1 b_1 c_1$...] π a_1 [abc...], deren Centrum der perspekt. Beziehung dasselbe bleibt, welches entsprechende Strahlenpaar man auch für a a_1 wählen mag.

2a. Ist K der Träger 2er projekt. Kurven II K [abc...] und K [$a_1b_1c_1$...], und nimmt man aus einem Punkte a des 1sten Kurvengebildes den Schein des 2ten und dann aus dem entsprechenden Punkte a_1 des 2ten den Schein des 1sten, so erhält man 2 perspekt. Strahlenbüschel, deren perspekt. Axe für alle entsprechenden Punktenpaare durch die entsprechend gemeinsamen Punkte der beiden Kurvengebilde fixirt ist.

2b. Betrachtet man unter derselben Voraussetzung den Schnitt der Strahlenelemente des 2ten Kurvengebildes mit einem Strahle a des ersten und ebenso den Schnitt der Strablenelemente des ersten Kurvengebildes mit dem entsprechenden Strahle a_1 des 2ten, so erhält man dadurch 2 perspekt. gerade Gebilde, deren perspekt. Centrum für alle entsprechenden Strahlenpaare durch den Schnitt der entsprechend gemeinsamen Strahlenelemente der beiden Kurvengebilde fixirt ist.

Zus. der Satz 2 und der Satz 1 sind Ausdrücke desselben Satzes für Linien II, wenn man unter Linien II den Inbegriff eines Paares von Geraden oder einer Kurve II, oder eines Paares von Strahlenbüscheln oder eines Strahlenbüschels II versteht.

3a. 2 projekt. gerade Gebilde p und p_1 erzeugen durch die Verbindungslinien entsprechender Punkte einen Strahlenbüschel I oder eine Kurve II, die die beiden Träger in denjenigen Punkten berührt, welche dem Schnittpunkte p p_1 entsprechen.

3b. 2 projekt. Strahlenbüschel I P und P_1 erzeugen eine Gerade (2 Gerade) oder eine Kurve II, die in den beiden Mittelpunkten P und P_1 diejenigen 2 Strahlen berührt, welche dem gemeinsamen Strahle PP_1 entsprechen.

4a. 2 projekt. Kurven II desselben Trägers erzeugen durch die Verbindungslinien entsprechender Punkte entweder einen Strahlenbüschel I oder eine Kurve II.

Im 1sten Falle sind die Kurven involut. und können als entsprechende Gebilde 2er involut. ebener Gewebe betrachtet werden, im 2ten Fall berührt die neue Kurve die alte in den entsprechend gemeinsamen Elementen der beiden projekt. Kurvengebilde.

4b. 2 projekt. Strahlenbüschel II desselben Trägers erzeugen durch die Schnittpunkte entsprechender Strahlen ein gerades

Gebilde, im Falle sie involut. sind, oder eine Kurve II, welche die erste in den entsprechend gemeinsamen Punkten berührt.

Zus. Auch von 3 und 4 ist dasselbe zu sagen Betreff ihrer Zusammengehörigkeit wie von 1 und 2.

5a u. b. Liegen die 3 Paare von Eckpunkten 2er Dreiecke auf 3 Strahlen eines Strahlenbüschels, so schneiden sich die 3 Paare von Gegenseiten in 3 Punkten einer Geraden und umgekehrt.

6a. Wir nennen, wie bisher die 3 Schnittpunkte der 3 Paar Gegenseiten eines vollständigen 4 Ecks, die Ecken des zum 4 Eck gehörigen Poldreiecks und zwar wollen wir jedes Eck zu denjenigen Seiten des 4 Ecks gehörig nennen, welche in ihm sich schneiden. Jedes Eck des Poldreiecks ist von seiner Gegenseite durch jedes Paar nicht zu ihm gehöriger Gegenseiten harmonisch getrennt.

6b. Wir nennen, wie bisher die 3 Verbindungslinien der 3 Paar Gegenpunkte eines vollständigen 4 Seits die Seiten des zu demselben gehörigen Polardreiecks, doch werden wir von nun an für dieselben auch den Namen Diagonalen des vollständigen 4 Seits gebrauchen, und wir sagen dabei eine Seite des Polardreiecks oder eine Diagonale gehöre zu den auf ihr liegenden Ecken des 4 Seits. Jede der 3 Diagonalen eines vollständigen 4 Seits ist von dem Schnittpunkte der beiden übrigen durch die beiden Paare der nicht zu ihm gehörigen Gegenecken harmonisch getrennt.

7a. Jedes Eck des zu einem 4 Ecke gehörigen Poldreiecks ist von seiner Gegenseite durch jede Kurve II, welche dem 4 Eck umschrieben ist, harmonisch getrennt, und also jedem der beiden übrigen Ecken konjugirt.

7b. Jede Diagonale eines 4 Seits ist von dem Schnittpunkte der beiden übrigen durch jede dem 4 Seit eingeschriebene Kurve II harmonisch getrennt.

Zus. Rechnet man das System 2er gerader Gebilde oder 2er Punkte resp. aller durch sie gehenden Strahlen mit unter Kurven II oder Strahlenbüschel II, so erweisen sich wiederum 6 und 7 als besondere Fälle eines allgemeiner zu fassenden Satzes.

8a. Die 3 Paar Gegenseiten eines vollständigen 4 Ecks schneiden jede Gerade, die durch keinen der 4 Punkte geht, in 3 Paar zugeordneten Punkten einer Involution.

8b. Die 3 Paar Gegenpunkte eines vollständigen 4 Seits

geben mit jedem Punkte, der auf keiner Seite desselben liegt, 3 Paar zugeordnete Strahlen einer Involution.

9a. Alle Kurven II, welche demselben 4 Eck umschrieben sind, schneiden eine Gerade, die durch kein Eck geht, in zugeordneten Punktenpaaren einer Involution, in welcher auch die Schnittpunkte der 3 Paar Gegenseiten des 4 Ecks zugeordnete Elemente darstellen.

9b. Alle Kurven II, welche demselben 4 Seit eingeschrieben sind, bestimmen mit jedem Punkte, der auf keiner Seite desselben liegt, ein Tangentenpaar, das ein Paar zugeordneter Strahlen eines involut. Strahlenbüschels darstellt, in dem auch die Strahlen nach jedem Paar Gegenecken des 4 Seits einander zugeordnet sind.

Zus. 1. Es leuchtet ein, daß unter der schon zu 2., 4. und 6. im Zus. beigefügten Voraussetzung der Satz 8. in dem 9. enthalten ist.

Zus. 2. Der Satz 9. gilt auch noch, wenn 2 oder je 2 oder 3 oder 4 Elemente des 4 Ecks oder 4 Seits in je 1 zusammenfallen.

Zus. 3. Es kommt in unsrer weiteren Entwicklung vor, daß sämmtliche Kurven die durch 4 Punkte gehen, oder durch 3 Punkte gehen und in 1 eine Gerade berühren 2c. oder alle Kurven, die 4 Gerade, oder 3 Gerade und darunter die eine in einem bestimmten Punkt berühren 2c., in Betracht gezogen werden sollen; wir führen hiefür der Kurze wegen eine eigene Bezeichnung ein: indem wir von dem Kurvensystem ABCD oder AABC oder AABB oder AAAB 2c. sprechen, eine Bezeichnung, die aus der Vergleichung von I Th. 48 ohne weiteres verständlich sein wird. Ebenso ist wohl von selbst klar, was unter dem Kurvensystem der Geraden abcd oder aabc oder aabb oder aaab 2c. zu verstehen ist.

10a. Schneiden sich die beiden Tangenten AA BB einer Kurve II in dem Punkte P, so bilden je 2 Schnittpunkte MM_1 eines Strahles von P mit der Kurve in ihr einen harmonischen Wurf $AMBM_1$, denn es ist $A[MBM_1P]$, was identisch ist mit $A[MBM_1A]$, nach I Th. 100 Zus. ein harmonischer Wurf.

10b. Der dem 10a. reciproke Satz kann in Verbindung mit I Th. 61 also ausgedrückt werden: die 4 Tangenten in 4 harmonischen Punkten einer Kurve II bilden 4 harmonische Strahlen des die Kurve II umhüllenden Strahlenbüschels II.

Diese letzten beiden Sätze lassen sich nach I. Th. 99 in Verbindung mit I. Th. 74. 3) auch noch in folgender Form hinstellen.

11a. Zieht man durch einen Punkt P in der Ebene einer Kurve II ein Paar Gerade a und b, welche die K in den 4 Punkten AA_1 und BB_1 schneiden, so liegen die von P verschiedenen Ecken des zum 4 Eck ABA_1B_1 gehörigen Poldreiecks in einer festen Geraden p, die von P durch je 2 Kurvenpunkte harmonisch getrennt ist. [P und p kann man als Pol und Polare eines durch K bestimmten Polarsystems oder als Involutionscentrum und Involutionsaxe eines durch K und P oder K und p bestimmten involut. ebnen Gewebes betrachten.]

11b. Zieht man von 2 Punkten A und B einer Geraden p in der Ebene einer Kurve II K 2 Tangenpaare aa_1 und bb_1 an K, so schneiden sich die beiden andern Diagonalen dieses 4 Seits in einem festen Punkte P, der von p durch je 2 Tangenten der Kurve harmonisch getrennt ist. [Auch hier erscheinen P und p als Pol und Polare oder als Involutions-Centrum und Axe in Bezug auf K.]

Zus. Es ist ohne weiteres zu ersehen, daß der Satz **11a** auch noch für ein System 2er Geraden und **11b** für ein System 2er Punkte d. h. Strahlenbüschel paßt.

12a. Die konjugirten Punktenpaare eines geraden Gebildes, das sich in einem Polarsysteme nicht selbst konjugirt ist, bilden zugeordnete Punktenpaare eines involut. geraden Gebildes.

12b. Die konjugirten Strahlenpaare eines in einem Polarsystem nicht sich selbst konjugirten Punktes, bilden zugeordnete Strahlenpaare eines involut. Strahlenbüschels.

13. Ein einer Kurve II eingeschriebenes 4 Eck und ein derselben umschriebenes 4 Seit, die in dem Zusammenhang stehen, daß die Ecken des ersteren die Berührungspunkte der Seiten des letzteren sind, zeigen die Eigenthümlichkeit, daß die 3 Diagonalen des letzteren zusammenfallen mit den 3 Seiten des Poldreiecks des ersteren.

14. In einem involut. Strahlenbüschel giebt es im Allgemeinen nur 1 Paar zugeordneter auf einander senkrechter Strahlen, wohl aber kann der Fall eintreten, daß jedes Paar zugeordneter Strahlen eines solchen Büschels auf einander senkrecht steht; die beiden Büschel, die den involut. Büschel erzeugen, sind in diesem Falle

kongruent, und jeder Strahl des einen von seinem entsprechenden Strahl um 90° entfernt; betrachtet man nun (vergl. I. Th. 100) den involut. Strahlenbüschel des Mittelpunkts eines Polarsystems, der durch die konjugirten Durchmesser gebildet wird, so kann derselbe ebenfalls diese besondere Eigenthümlichkeit zeigen, daß alle seine zugeordneten Strahlenpaare auf einander senkrecht stehen; man nennt die Ordnungskurve eines der Art beschaffenen Polarsystems einen Kreis *). Betrachtet man die Schnittpunkte, welche hienach ein Kreis mit der unendlich fernen Geraden hat, so ist aus I. Th. 182 ersichtlich, 1) daß sie konjungirt imagin. sind und 2) daß alle Kreise mit der unendlich fernen Geraden dieselben 2 Schnittpunkte haben. Man findet sie nämlich als die Ordnungselemente derjenigen Involution auf der unendlich fernen Geraden, deren zugeordnete Punktenpaare je durch 2 auf einander senkrechte Strahlen bestimmt werden. Da wir später häufig gerade diese 2 unendlich fernen konjungirt imagin. Punkte in unsre Betrachtung aufzunehmen Gelegenheit haben werden, so wollen wir einen besondern Namen dafür einführen, indem wir sie die beiden Normalpunkte der Ebene nennen. Die beiden Tangenten, welche in diesen 2 Normalpunkten an einen Kreis sich legen lassen, schneiden sich im Mittelpunkt des Kreises und 2 koncentrische Kreise derselben Ebene haben daher in den beiden Normalpunkten der Ebene eine doppelte Berührung. Jeder Kreis hat somit unendlich viele Axen.

15. An diese Nr. 14 schließt sich nun ganz enge eine andere Betrachtung an, die in der Folge nicht weniger häufig Anwendung finden wird. Man kann sich nämlich die Frage vorlegen, welche Tangenten durch die Normalpunkte an eine Kurve II, die kein Kreis ist, und also durch keinen dieser beiden Punkte geht, sich legen lassen, und findet nun folgende Resultate: 1) bei der Ellipse und Hyperbel muß es 2 Paare solcher Tangenten geben, bei der Parabel, bei welcher die Normalpunkte auf einer Tangente selbst

*) Es giebt daher strenge genommen auch imagin. Kreise, doch hat deren Betrachtung weiter keine praktische Bedeutung, und es soll daher künftig dieser Name auch immer nur bei Polarsystemen mit reellen Ordnungskurven gebraucht werden.

liegen, kann es nur 1 solches Tangentenpaar geben. 2) Das durch die gesuchten Paare von Tangenten bei der Ellipse und Hyperbel gebildete umschriebene 4 Seit hat noch außer den Normalpunkten 2 Paare von Gegenecken, von denen das eine Paar reell ist, in so ferne die beiden durch sie gehenden imagin. Tangenten konjungirt imagin. sind, während das andere imagin. ist nach I. Th. 186. Diese 2 reellen Gegenecken nennt man die Brennpunkte der Ellipse und Hyperbel. Eben so nennt man nun auch bei der Parabel den ebenfalls stets reellen Schnittpunkt der beiden durch die Normalpunkte an die Parabel zu ziehenden Tangenten den Brennpunkt der Parabel. 3) Die Brennpunkte können bloß auf einer Axe einer Kurve II liegen. Denn soll F ein solcher Brennpunkt sein, so müssen je 2 konjugirte Strahlen von F nach der obigen Definition auf einander senkrecht sein, zieht man aber von F einen Durchmesser, so steht nach 14 nur dann der konjugirte Durchmesser auf ihm senkrecht, wenn F auf einer Axe liegt. 4) Um nun die Lage dieser Brennpunkte auf den Axen selbst zu ermitteln, lege man durch den beliebigen Punkt a einer Axe eine Gerade a, die mit ihr keinen rechten Winkel bildet, legt man nun durch den Pol von a eine Gerade a_1 senkrecht auf a, welche die Axe auf der a liegt in dem Punkte a_1 schneidet, so haben die Punkte a und a_1 und zwar gegenseitig die Eigenschaft, daß je 2 konjugirte Strahlen dieser Punkte auf einander senkrecht stehen. Denn es stehen außer a und a_1 je noch die beiden Paare konjugirter Strahlen von a und a_1, die den beiden Axen parallel sind oder resp. mit ihnen zusammenfallen, je auf einander senkrecht, also 3 Paare, weßwegen alle Strahlen au einander senkrecht stehen müssen, da die Büschel kongruent sind.

Denkt man sich nun einen Parallelstrahlenbüschel, dessen Strahlen alle die Richtung der obigen a haben, so bildet das System der auf ihnen senkrechten konjugirten Strahlen einen 2ten Parallelstrahlenbüschel, dessen Richtung die von a_1 ist. Jedes Paar zusammengehöriger Strahlen wie a und a_1 bilden daher als ein Paar konjugirter Strahlen, ein Paar entsprechender Strahlen 2er projekt. Strahlenbüschel, daher bilden auch je ein Paar Schnittpunkte eines solchen Paares von zusammengehörigen Strahlen mit der Axe, wie das obige a und a_1, je ein Paar entsprechender Punkte 2er projekt. gerader Gebilde in dieser Axe, und da, wie oben schon bemerkt, a und a_1 hiebei einander abwechselnd entsprechen, so stellen diese beiden projekt. geraden Gebilde in der Axe ein involut. gerades Gebilde dar. Die Ordnungselemente dieses involut. geraden Gebildes haben aber nun offenbar die die Brennpunkte charakterisirende Eigenschaft, daß jedem Strahle derselben ein ihm senkrechter Strahl konjugirt ist, der durch denselben Punkt geht.

Man überzeugt sich nun leicht, daß bei der Ellipse und Hyperbel immer die eine und nur die eine Axe ein Paar Brennpunkte enthält, denn in jeder der beiden Axen stellt der Mittelpunkt und der unendlich ferne Punkt ein Paar zugeordnete Punkte der in der Axe enthaltenen Involution dar, deren Ordnungselemente die Brennpunkte sind; betrachtet man nun aber irgend ein Paar konjugirter auf einander senkrechter Strahlen, so überzeugt man sich alsbald, daß sie die eine Axe in 2 Punkten schneiden, welche durch den Mittelpunkt und den unendlich fernen Punkt dieser Axe getrennt sind, die andere in 2 solchen, welche durch diese Punkte nicht getrennt sind; da aber auch diese 2 Punkte solch ein Paar zugeordnete Puncte der erwähnten Involution darstellen, so hat in dem 1sten Falle das involut. gerade Gebilde imagin. im 2ten reelle Ordnungselemente w. z. b. w.

Bei der Parabel dagegen ergiebt sich alsbald, daß auf der einen Axe (s. I. Th. 100) immer 2 solche Ordnungselemente existiren, daß aber davon der eine in den unendlich fernen Punkt der Axe und der Parabel selbst fällt, da dieser auf seiner Polare liegt und daher sich selbst konjugirt ist. 5) Hinsichtlich der Lage dieser Brennpunkte ergiebt sich hieraus unmittelbar folgendes: die Brennpunkte liegen nothwendig innerhalb der Kurve II, in so ferne ja die durch sie an die Kurve zu ziehenden Tangenten je ein Paar konjungirter imagin. Gerader darstellen; bei der Ellipse und Hyperbel hat die eine Axe, wir nennen sie bei der Ellipse die große bei der Hyberpel die reelle, 2 solche Brennpunkte F und F_1, die gleich weit vom Mittelpunkt abstehen, in so ferne dieser von dem unendlich fernen Punkt durch sie harmonisch getrennt ist, je 2 auf einander senkrechte konjugirte Gerade schneiden die große (oder resp. reelle) Axe in 2 Punkten die durch F und F_1 harmonisch getrennt sind; bei der Parabel schneiden 2 auf einander senkrechte konjugirte Gerade die Axe in 2 Punkten die gleich weit von dem einen Brennpunkt F entfernt ist, da der andere Brennpunkt ins Unendliche gerückt ist.

Die Polare eines Brennpunkts liegt ganz außerhalb der Kurve II, und man hat ihr der häufigen Anwendungen wegen ebenfalls einen besondern Namen gegeben, sie heißt nämlich die zu ihrem Brennpunkt (als Pol) gehörige Direktrix.

Zus. 1. Man kann füglich den 2 Tangenten eines Brennpunkts F einer Kurve II, welche durch die 2 Normalpunkte der Ebene gehen und konjungirt imagin. sind, auch einen besondern Namen geben, und sie sollen denn auch im Folgenden ein Paar Normalstrahlen des Punktes F heißen.

Zus. 2. Da der Kreis durch die beiden Normalpunkte seiner Ebene selbst geht, so hat er ebenfalls nur 2 Tangenten die durch die Normalpunkte gehen und konjungirt imagin. sind, sie schneiden sich im Mittelpunkt des Kreises, man kann daher sagen, die beiden Brennpunkte eines Kreises fallen im Mittelpunkte in 1 Punkte zusammen, in dem sich alle die unendlich vielen Axen, die ein Kreis hat, schneiden 14.

16. Hat man 2 koncentrische Strahlenbüschel M, deren projekt. Beziehung in den besondern Fall der Kongruenz übergegangen ist, und sucht man ganz nach der Vorschrift von I. Th. Nr. 30 die entsprechend gemeinsamen Strahlenelemente derselben, so findet man ohne alle Schwierigkeit, weßwegen auch hier nicht näher darauf eingegangen werden soll, daß sie bei gegenläufiger Projektivität d. h. Kongruenz 2 auf einander senkrechte entsprechend gemeinsame Strahlen haben, durch die je 2 entsprechende Strahlen harmonisch getrennt sind, daß dagegen bei gleichläufiger Projektivität die beiden Normalstrahlen von M die entsprechend gemeinsamen Elemente derselben darstellen.

17. Die Größe eines Winkels wird bestimmt durch die Anzahl der Richtungen, welche zwischen den Richtungen seiner beiden Schenkel enthalten ist, ein Winkel ist somit ein Theil eines Strahlenbüschels. Auf diese Definition gestützt erweist man den Satz, daß die 3 Winkel eines Dreiecks ABC gleich 2en rechten Winkeln ist, ein Satz, den wir später anzuwenden öfter Gelegenheit haben werden, sehr einfach. Denn vor allem ist ersichtlich, daß der Unterschied von Scheitelwinkeln hier so zu sagen wegfällt, d. h. daß der Beweis von deren Gleichheit so zu sagen in obiger Erklärung von selbst liegt, und in Folge dessen ist zu ersehen (s. Fig. 1), daß von den 4 Winkeln

ABCA oder resp. ihren Scheitelwinkeln die Endrichtung eines jeden mit der Anfangsrichtung des nächsten zusammenfällt, so daß die 3 Winkel ABC alle Richtungen eines Strahlenbüschels enthalten und diese Winkelgröße nennt man eben 2 rechte Winkel.

Zus. Wir begnügen uns hier diesen Fundamentalsatz näher ausgeführt zu haben, indem wir die unmittelbar hieraus sich ergebenden Sätze, auf die wir auch im Verlaufe als auf bekannte uns beziehen werden, als damit selbst gegeben betrachten und nicht ausdrücklich aufführen wollen; nur sei noch darauf ausdrücklich hingewiesen, daß die Sätze über Parallellinien (die sogenannte Parallelentheorie) aus diesem Fundamentalsatz unmittelbar fließen, weßwegen wir auch auf diese später als auf bekannte Sätze unmittelbar uns beziehen werden.

18. Die bloß affine Beziehung 2er ebener Gewebe unterscheidet sich (I. Th. 86) von der ähnlichen dadurch, daß bei der letzteren die beiden unendlich fernen Geraden beider Gewebe als entsprechende Elemente kongruent sind, während sie bei der affinen Beziehung bloß projekt. sind; bei der ähnlichen Beziehung schließen daher je 2 Gerade denselben Winkel ein als die ihnen entsprechenden, während bei 2 bloß affinen Geweben eine Gerade bloß mit den Strahlen eines einzelnen Parallelstrahlenbüschels Winkel bildet, die ihren entsprechenden gleich sind.

Betrachten wir wie im I. Th. 86 bei 2 reell projekt. Geweben E und E_1 desselben Trägers, die die unendlich ferne Gerade entsprechend gemein haben, also entweder affin oder ähnlich oder kongruent sind, einen Kreis von E, so entspricht ihm in E_1 entweder eine Ellipse oder wieder ein Kreis, im ersten Fall sind die Gewebe bloß affin im 2ten ähnlich (oder kongruent), denn da beide Gewebe stets so verschoben werden können, daß sie einen reellen uneigentlichen Punkt U entsprechend gemein haben und hinsichtlich des Sinnes der Punktelemente der unendlich fernen Geraden übereinstimmen, so müssen sie im 2ten Fall alle uneigentlichen Punkte entsprechend gemein haben, da sie außer U noch die beiden Normalpunkte ihres Trägers entsprechend gemein haben. In beiden Fällen entspricht hiebei dem Mittelpunkt- und jedem Paar konjugirter Durchmesser wieder der Mittelpunkt und ein solches Paar, daher auch insonderheit den beiden Axen der Ellipse im 2ten Fall ein Paar senkrechter Durchmesser des Kreises.

Hieraus folgt nun auch zugleich, daß bei 2 ähnlichen ebenen Geweben das Verhältniß der entsprechenden Strecken für alle entsprechenden und also ähnlichen Geraden dasselbe ist, da jedem Halbmesser des einen Kreises ein Halbmesser des andern entspricht und für alle Strahlen eines Parallelstrahlenbüschels das fragliche Verhältniß dasselbe bleibt und ebenso läßt sich leicht hieraus ableiten, daß bei bloß affinen Geweben ein und dasselbe Verhältniß entsprechender Strecken nur den Strahlen von höchstens 2 Parallelstrahlenbüscheln zukomme. Fragt man sich nämlich, welche entsprechende Strecken in dem Verhältniß von m zu n stehen, so macht man den Halbmesser des oben erwähnten Kreises von $E = m$; ist nun n gleich einer der beiden Axen der entsprechenden Ellipse in E_1, so kommt bloß den Strahlen des zu der betreffenden Axe parallen Parallenstrahlenbüschels das fragliche Verhältniß zu; liegt der Werth von n zwischen den Werthen der beiden Axen, so erhält man immer 2 Halbmesser der Ellipse, denen dieser Werth zukommt *) und die durch die Axen harmonisch getrennt sind, d. h. deren Winkel durch die Axen halbirt wird. Diese beiden Halbmesser stehen nun zu den entsprechenden Halbmessern des Kreises in dem verlangten Verhältniß und bestimmen also 2 Parallelstrahlenbüschel, deren Strahlen sämmtlich die verlangte Eigenschaft besitzen, daß beliebige Strecken derselben zu den entsprechenden Strecken der andern Ebene in dem Verhältniß von m : n stehen.

Hiebei d. h. in dem zuletzt erwähnten Fall ist nun vor allem wichtig, daß, wenn die Gewebe bloß affin sein sollen, die beiden erwähnten Parallelstrahlenbüschel (d. h. die erwähnten Halbmesser der Ellipse) der Ebene E_1, nicht denselben Winkel einschließen kön-

---

*) Zwar werden die Eigenschaften der Kurve II im Detail erst später näher betrachtet werden, doch ergeben sich die oben in Anwendung gebrachten Eigenschaften, die sich auf die symmetrische Lage der Kurven gegen die Axen beziehen unmittelbar, wenn man die Kurve involutorisch auf sich bezieht, und dabei eine Axe derselben als Involutionsaxe betrachtet, die involut. ebenen Gewebe, deren entsprechend gemeinsames Gebilde die fragliche Kurve ist, sind in diesem Falle symmetrisch kongruent in Bezug auf diese Axe (s. I. Th. 86 oder II. Th. 20).

nen als die entsprechenden Parallelstrahlenbüschel (d. h. Kreishalbmesser) in E.

Um dieses zu beweisen, genügt es den Beweis geführt zu haben, für den Fall, daß m : n = 1 ist. Denn man kann den allgemeinen Fall immer auf diesen besondern zurückführen dadurch, daß man zu dem Gewebe E ein neues ähnliches Gewebe E_2 annimmt von der Beschaffenheit, daß die entsprechenden Strecken von E und E_2 sich ebenfalls verhalten wie m : n. Würden aber 2 Gerade von E_2 und E_1, die ihren entsprechenden kongruent sind, denselben Winkel wie sie einschließen, so könnte man beide Gewebe so auf einander legen, daß sie alle Punkte dieser beiden Geraden entsprechend gemein haben, woraus folgt, daß sie kongruent sind; E und E_1 selbst könnten also nicht bloß affin, sondern müßten ähnlich gewesen sein.

Durch diese Betrachtung erledigen sich nun unmittelbar die Fundamentalsätze über die Aehnlichkeit oder Kongruenz der Figuren, wie sie die gewöhnliche d. h. euklidische Geometrie abhandelt. Unter affinen ähnlichen oder kongruenten Figuren verstehen wir entsprechende Figuren 2er affiner, ähnlicher oder kongruenter ebener Gewebe, so daß also bei ähnlichen (und kongruenten) Figuren das Verhältniß aller entsprechender Linien dasselbe ist, und alle Winkel einander gleich sind. Hier möge nur noch für Dreiecke die einschlägige Untersuchung angestellt werden: Bezieht man 2 ebene Gewebe E und E_1 projekt. so auf einander, daß den Eckpunkten des Dreiecks ABC und der unendlich fernen Geraden von E die Eckpunkte des Dreiecks $A_1 B_1 C_1$ und die unendlich ferne Gerade von E_1 entsprechen so sind die Gewebe immer dann ähnlich (oder konrguent), *) wenn zugleich:

I. $AB : AC : BC = A_1B_1 : A_1C_1 : B_1C_1$ oder

II. $AB : A_1B_1 = AC : A_1C_1$ und Winkel $BAC = B_1A_1C_1$ oder

III. Winkel $A = A_1$ W. $B = B_1$ und also $C = C_1$.

---

*) Es ist einleuchtend, daß die hier folgenden Sätze über Aehnlichkeit zu gleicher Zeit für die Kongruenz gelten, wenn das Verhältniß entsprechender Strecken = 1 ist.

Die Richtigkeit dieser 3 Fundamentalsätze folgt unmittelbar aus der obigen Entwicklung.

Die affine Beziehung geht immer in die ähnliche über, wenn 2 Gerade deren Strecken zu den entsprechenden Strecken von E_1 das gleiche Verhältniß haben, denselben Winkel einschließen, als die entsprechenden von E_1 (Fall II). Es kann nun noch die Frage aufgeworfen werden, welche Beziehung (ob affine oder ähnliche) stattfinde, wenn unter Voraussetzung der obigen Art der projekt. Beziehung 2 der 3 Seiten von ABC z. B. AB und AC den gleichen Winkel einschließen, wie ihre entsprechenden A_1B_1 und A_1C_1 während zu gleicher Zeit die beiden Seiten AB und BC die Eigenschaft haben, daß $AB : A_1B_1 = BC : B_1C_1$. Daß die Gewebe und also auch die Dreiecke unter dieser Voraussetzung immer ähnlich sein können, wenn nämlich zugleich Winkel $BAC = B_1A_1C_1$, leuchtet ein, es fragt sich daher nur noch, ob sie auch bloß affin sein können.

Betrachtet man irgend eine Strecke B A, und untersucht man, welche andere Strecke BC mit ihr einen Winkel β einschließt, der gleich dem Winkel ist, den die entsprechenden B_1A_1 und B_1C_1 bilden, so findet man diese Strecken BC am einfachsten dadurch, daß man den Strahlenbüschel B auf seinen entsprechenden B_1 so legt, daß beide einen involut. Büschel bilden; der Strahl', der bei einer derartigen involut. Lage dem Strahle BA zugeordnet ist, hat die verlangte Eigenschaft, außerdem aber offenbar keiner. Eine derartige involut. Lage verlangt, daß die beiden einzigen Paare einander entsprechender senkrechter Strahlen auf einander zu liegen kommen, aber einander abwechselnd entsprechen. Diese involut. Beziehung ist nun nach I. Th. 40 auf 4fache Weise zu vollziehen. Dabei überzeugt man sich aber alsbald, daß bloß 2 der 4 Fälle eine Lösung unsrer Aufgabe, die für die weiteren Bedingungen derselben paßt, liefern, denn betrachtet man die 2 Fälle, in welchen die involut. Beziehung der Büschel ohne Ordnungselemente ist, so sieht man, daß in diesem Falle jedem der beiden Winkel, der von 2 Strahlen eingeschlossen ist, die mit ihren entsprechenden gleiche Winkel bilden, nicht der ihm gleiche, sondern gerade derjenige entspricht, der ihn zu 180° ergänzt; so daß also in diesem Falle dem Dreiecke ABC mit dem Winkel β bei B ein Dreieck $A_1B_1C_1$ entspräche, das bei

B_1 den Winkel 180 — β hat. Von den beiden andern Fällen, die 2 für unsre Aufgabe passende Lösungen liefern, braucht man wiederum bloß den einen Fall näher zu betrachten, da aus I. Th. 40 alsbald folgt, daß das eine Resultat unmittelbar aus dem andern folgt, wenn man das eine ebene Gewebe um 180° um B dreht. Untersuchen wir daher diesen einen Fall hier noch näher, wobei wir voraussetzen, daß es der ist, bei welchem jedem Punkte von E ein Punkt von E_1 entspreche, der mit ihm in demselben Winkelraume der von den zugeordneten senkrechten Strahlen des involut. Büschels gebildeten 4 Winkelräume liegt.

Betrachten wir wie oben einen Kreis, dessen Mittelpunkt das gemeinschaftliche Centrum B der beiden involut. liegenden entsprechenden Strahlenbüschel ist, so entspricht ihm eine Ellipse, deren Mittelpunkt ebenfalls B und deren beide Axen den in ihnen liegenden 2 Kreis-Durchmessern abwechselnd entsprechen. Suchen wir daher (s. Fig. 2) zu der beliebigen Strecke BA die Richtung BA_1 der Strecke AC von der Beschaffenheit, daß Winkel $BAC = B_1A_1C_1$ so sind BA und BA_1 durch den Ordnungsstrahl BM des Büschels harmonisch getrennt, und dem BA in E entspricht die BA_1 in E_1. Sucht man dagegen den Strahl BC, der allein mit dem Strahle BA die Eigenschaft gemein hat, daß $BA : BC = B_1A_1 : B_1C_1$, so liegt BC so, daß der Winkel ABC durch die Axe BP halbirt ist, und ihr entspricht alsdann der Strahl BC_1 von der Lage, daß A_1BC_1 durch die andere Axe BQ halbirt ist. Zieht man nun eine beliebige Gerade AC parallel BA_1, so entspricht ihr die Gerade A_1C_1, welche parallel BA ist und es ist Winkel $BAC = BA_1C_1$ und $BA : BC = BA_1 : BC_1$, da hiebei die Geraden A_1C_1 und AC einander entsprechen und also auch ihre Richtungen in dem involut. Strahlenbüschel B einander zugeordnet sind, ohne daß jedoch in den beiden bloß affinen Dreiecken ABC und $A_1B_1C_1$ der Winkel C dem Winkel C_1 gleich sein kann (weil unter dieser Voraussetzung der oben erwähnte Fall der Aehnlichkeit nothwendig einträte), so müssen diese beiden Dreieckswinkel Nebenwinkel sein. Hieraus folgt aber nothwendig zugleich, daß Winkel A oder A_1 kleiner sowohl als C als auch C_1 sein muß, d. h. daß in 2 bloß affinen Dreiecken, die einen gleichen Winkel haben, derselbe nicht bloß nach II der einer der beiden proportionalen Seiten gegenüber liegende sein, sondern daß er der kleinere von beiden sein muß, denn da einer der beiden Winkel C und C_1 (für unsre Fig. C) ein stumpfer Winkel sein muß, so ist Winkel $A + B = 180 - C = C_1$, also Winkel A kleiner als C_1 und um so mehr daher kleiner als C. Das Resultat dieser Entwicklung läßt sich in folgendem Satze zusammenfassen, der sich den obigen 3 Fundamentalsätzen über Aehnlichkeit (und Kongruenz) als 4ter anschließt:

IV. Bezieht man 2 ebene Gewebe so projekt. auf einander, daß den 3 Punkten ABC und der unendlich fernen Geraden von E die 3 Punkte $A_1B_1C_1$ und die unendlich ferne Gerade von E_1 entsprechen, und ist außerdem noch Winkel $BAC = B_1A_1C_1$ und $BA : B_1A_1 = BC : B_1C_1$, so sind die ebenen Gewebe (und also auch die Dreiecke) ähnlich, wenn Winkel A größer ist als C und C_1, dagegen können die Dreiecke ähnlich und bloß affin sein, wenn A kleiner ist als C und C_1 im letzten Fall ist $C + C_1 = 180°$.

19. Aus diesen Sätzen in Verbindung mit 17 ergeben sich nun die wichtigsten Fundamentalsätze über Dreiecke auf die bekannte Weise, und wir übergehen deren nähere Anführung; nur sei besonders hervorgehoben, wie der pythagräische Lehrsatz sich direkt hieraus ergiebt, denn zieht man aus der Spitze C des rechtwinkligen Dreiecks ABC den Perpendikel CD auf die Hypotenuse, so sind nach 18. III. die Dreiecke ABC, ACD und CBD einander ähnlich und hieraus folgt unmittelbar, daß $AC^2 = AD \,.\, AB$ und $BC^2 = BD \,.\, AB$ d. h. $AC^2 + BC^2 = AB^2$. Und ebenso möge noch erwähnt werden, daß auch der Satz von den gleichen Winkeln $A = B$ des gleichschenkligen Dreiecks ABC mit der Grunlinie AB unmittelbar aus den Sätzen der Kongruenz folgt, da nach 18. I. Dreieck ABC kongruent ist BAC.

20. Sollen 2 ähnliche (nicht zugleich kongruente) ebene Gewebe in perspekt. Lage sein, so muß die perspekt. Axe nothwendig die unendlich ferne Gerade sein, da keine 2 eigentliche Gerade kongruent sein können, während das perspekt. Centrum ein eigentlicher Punkt sein muß, da bei der bloß ähnlichen (d. h. nicht auch kongruenten) Beziehung 2er gerader Gebilde desselben Trägers, wie aus I. Th. 39. r alsbald erhellet, außer dem uneigentlichen Punkt stets auch noch ein eigentlicher Punkt entsprechend gemein sein muß.

Wir nennen von nun an das Centrum der perspekt. ähnlichen Beziehung 2er ebener Gewebe deren Aehnlichkeitspunkt und jeden durch diesen Punkt gehenden also sich selbst entsprechenden Strahl einen Aehnlichkeitsstrahl derselben.

Sollen 2 bloß affine ebene Gewebe in perspekt. Lage sein, so muß das perspekt. Centrum im Unendlichen liegen, die perspekt. Axe dagegen eine eigentliche Gerade sein, da ja die unendlich ferne Gerade zwar ein entsprechend gemeinsamer Strahl ist, dabei aber als nicht kongruent dem entsprechenden geraden Gebilde die perspekt. Axe nicht darstellen kann.

2 kongruente ebene Gewebe theilen selbstverständlich in dieser Beziehung die Eigenschaft der ähnlichen und der affinen Gewebe, d. h. bei ihnen kann die Axe im Unendlichen liegen und das Centrum im Endlichen oder umgekehrt das Centrum im Unendlichen und die Axe im Endlichen. In beiden so eben erwähnten Fällen ist die perspekt. Lage noch immer für dasselbe Centrum und dieselbe Axe in doppelter Weise möglich, wobei das eine Mal immer alle Elemente des einen Gewebes auf die entsprechenden des andern zu liegen kommen, während die 2te Lage aus der erwähnten hervorgeht, wenn man das eine Gewebe um 180° entweder um das feste eigentliche Centrum oder um die feste eigentliche Axe dreht. Die perspekt. kongruente Lage der letzten Art hat man wohl auch mit einem besondern Namen belegt, indem man die Gewebe *symmetrisch liegend* nennt, in dem einen Fall *in Bezug auf das (eigentliche) Centrum*, in dem andern *in Bezug auf die (eigentliche) Axe*, wobei dann immer das Centrum in einer zur Axe senkrechten Richtung liegt.

2 ähnliche ebene Gewebe lassen sich stets in perspekt. Lage bringen und zwar in Bezug auf jeden eigentlichen Punkt als Aehnlichkeitspunkt in doppelter Weise. Ganz so verhält es sich mit 2 kongruenten ebenen Geweben, die in Bezug auf jeden eigentlichen Punkt als Centrum und in Bezug auf jede eigentliche Gerade als Axe symmetrisch gelegt werden können. Bei 2 bloß affinen ebenen Geweben hängt die Möglichkeit der perspekt. Beziehung von der besonderen Art der Beziehung ab; giebt es jedoch eine Gerade, die als Axe der perspekt. Beziehung gelten kann, so giebt es deren unendlich

viele und zwar im Allgemeinen die sämmtlichen Strahlen 2er oder eines Parallelstrahlenbüschels.

21. 2 Kurven, K und K_1, die sich und die p im Punkte P berühren, können immer perspekt. auf einander bezogen werden, so daß P perspekt. Centrum ist. Ebenso können sie immer so perspekt. auf einander bezogen werden, daß p perspekt. Axe ist. Ist P Centrum und zugleich p Axe, so ist die Berührung in P immer eine 4punktige, so daß außer P kein weiterer gemeinsamer Punkt und außer p keine weitere gemeinsame Tangente vorhanden ist. Liegt das perspekt. Centrum für p als Axe in einem von P verschiedenen Punkte von p, so ist die Berührung eine 3punktige, so daß immer noch ein gemeinsamer Schnittpunkt und eine gemeinsame Tangente vorhanden ist, welche letztere die perspekt. Axe für P als Centrum darstellt. Liegt endlich das perspekt. Centrum für P als Axe außerhalb p, so ist die Berührung die gewöhnliche 2punktige und die Kurven haben entweder noch 2 Punkte und 2 Tangenten gemein, oder sie berühren sich noch in einem 2. Punkte. (I. Th. Nr. 194.)

2 Kurven II. K und K_1, die von einer Geraden dasselbe reelle Stück einschließen oder dieselben 2 imagin. konjungirten Schnittpunkte haben, können immer auf 2erlei Weise d. h. für 2 Centra für diese Gerade als Axe perspekt. auf einander bezogen werden.

2 Kurven II. K und K_1, die in denselben reellen Winkel eingeschrieben sind, oder dieselben 2 konjungirten imagin. Geraden berühren, können immer auf 2erlei Art d. h. für 2 Axen in Bezug auf den Schnittpunkt der erwähnten gemeinschaftlichen Tangenten als Centrum perspekt. auf einander bezogen werden.

Zus. 1. Aus der letzten Nummer in Verbindung mit 14 folgt nun unmittelbar, daß 2 Kreise stets auf 2erlei Weise perspekt. auf einander bezogen werden können für die unendlich ferne Gerade als Axe der perspekt. Beziehung, d. h. daß 2 Kreise immer auf 2erlei Weise d. h. für 2 Centra perspekt. ähnlich sind, wir nennen in diesem Falle wohl auch die perspekt. Centra Aehnlichkeitspunkte der beiden Kreise. Und ebenso folgt ferner, daß 2 Kurven II. welche einen gemeinsamen Brennpunkt haben (wir nennen sie konfokal) immer auf 2erlei Weise in Bezug auf diesen Brennpunkt als Centrum perspekt. auf einander bezogen werden können.

Zus. 2. In dem zuletzt erwähnten Falle kann die eine der beiden

Kurven stets durch einen Kreis ersetzt werden, dessen Mittelpunkt mit dem Brennpunkt der andern Kurve zusammenfällt.

Entsprechen die 2 Mittelpunkte 2er Kurven II. einander, so sind die Kurven affin. Haben 2 Kurven II. 2 parallele Tangenten und sind sie dabei in einen der beiden durch sie gebildeten Parallelräume beschrieben, so sind sie in Bezug auf den unendlich fernen Punkt beider Tangenten als Centrum perspekt. affin. auf 2erlei Art d. h. für 2erlei Axen.

Haben 2 Kurven II. einen gemeinsamen Durchmesser, von dem sie dasselbe Stück einschließen, so kann man sie stets als perspekt. affin in Bezug auf diesen Durchmesser als Axe betrachten und zwar auf 2erlei Art d. h. für 2erlei Centra.

22. Sind 2 affine ebene Gewebe in perspekt. Lage mit der endlichen Axe c und dem uneigentlichen Centrum u, so ergiebt sich hieraus eine algebraische Relation für die Lage entsprechender Punkte, die für die Folge von einigem Interesse sein wird und als unmittelbare Anwendung folgenden allgemeinen Satzes sich ergiebt:

Sind ganz allgemein 2 ebene Gewebe perspekt. projekt. und u ihr Centrum, c ihre Axe der persp. Beziehung sowie a u a_1 einerseits b u b_1 andrerseits je ein Paar entsprechender Punkte, wobei noch die aa_1 die Axe c im Punkte m, die Gerade bb_1 diese Axe in n schneiden möge, so ist stets $u\, a\, m\, a_1 \;\pi\; u\, b\, n\, b_1$, da die beiden Geraden $a\,b$ und $a_1\, b_1$ als entsprechende Gerade sich in einem Punkte P von c schneiden und also obige beide Würfe als Schnitte eines Wurfes des Strahlenbüschels P erscheinen. Es ist also, wenn die Werthe der beiden genannten projekt. Würfe genommen werden

$$(ua_1 . ma):(ua . ma_1) = (ub_1 . nb):(ub . nb_1).$$

Ist nun die perspekt. Beziehung zugleich eine affine, so wird, da u ins Unendliche rückt also $ua_1 : ua$ sowohl als $ub_1 : ub$ gleich 1 werden: $am : a_1m = bn : b_1n$.

23. Ist $a\,b\,a_1\,b_1$ ein harmonischer Wurf und ist $a\,a . a_1 a_1 . c_2\, c$ einerseits $b\,b . b_1\, b_1 . c_2\, c_1$ andrerseits eine Involution, so ist stets auch $a\,a_1 . b\,b_1 . c\,c_1$ eine Involution und umgekehrt.

Wegen der Involution $a\,a . a_1 a_1 . b\,b_1 . c_2 c$ ist nämlich $a\,a_1\, b\,b_1\, c_2 \;\pi\; a\,a_1\, b_1 b\, c$ aber wegen der Involution $b\,b . b_1\, b_1 . a\,a_1 . c_2\, c_1$ ist $a\,a_1\, b\,b_1 c_2 \;\pi\; a_1 a\, b\, b_1\, c_1$ also auch $a\,a_1\, b_1\, b\, c \;\pi\; a_1\, a\, b\, b_1\, c_1$ w. z. b. w.

24a. Jeder Strahlenbüschel, der zu einer involut. Kurve II. perspekt. ist, ist selbst involut. nach I. Th. 61.

24b. Jedes gerade Gebilde, das zu einem involut. Strahlenbüschel II. perspekt. ist, ist selbst involut.

25. Das Produkt der Entfernungen der beiden Hauptpunkte (I. Th. 11) 2er projekt. Geraden von je einem Paar entsprechender Punkte ist eine konstante Größe nach I. Th. 11. Bei einem involut. geraden Gebilde fallen die beiden Hauptpunkte in den einen Hauptpunkt der Involution zusammen, der, wenn Ordnungselemente vorhanden sind, in der Mitte zwischen diesen liegt. Da man nun von 4 harmonischen Punkten je 2 getrennte als die Ordnungselemente einer Involution ansehen kann, in der die beiden andern Punkte zugeordnete Punkte darstellen, so erhält man noch folgenden Satz: das Produkt der Abstände von 2 getrennten Punkten eines harmonischen Wurfes von der Mitte des andern Paares getrennter Punkte ist gleich dem Quadrate der halben Entfernung dieser letzten beiden Punkte.

26. Sind bei 2 koncentrischen projekt. Strahlenbüscheln je 2 entsprechende Strahlen auf einander senkrecht, in welchem Falle beide Büschel kongruent sind, so sind sie auch involut.

27. Sind die Ordnungselemente eines involut. Strahlenbüschels auf einander senkrecht, so wird der Winkel je 2er zugeordneter Strahlen durch sie halbirt, und umgekehrt: halbiren bei 4 harmonischen Strahlen 2 getrennte den Winkel der beiden andern, so müssen sie auf einander senkrecht stehen.

28. Liegt von 4 harmonischen Punkten einer in der Mitte 2er getrennter, so liegt der von ihm selbst harmonisch getrennte im Unendlichen und umgekehrt.

Aufgaben und Aufsätze.

29a. Aufg. Es sind 2 Gerade m n gegeben, deren Schnittpunkt unbekannt, man soll eine 3te Gerade finden die von einem gegebenen Punkte P aus nach dem Schnittpunkte von m n gerichtet ist.

Man ziehe 2 Gerade durch P, deren erste die m u. n in a b_1 deren zweite die m u. n in b a_1 schneidet, bezeichnet man nun den Schnittpunkt von aa_1 u. bb_1 durch Q, und zieht man durch Q eine dritte Gerade, welche die m u. n in c u. c_1 schneidet, so liefern nach 1a die Schnittpunkte von ac_1 u. a_1c; bc_1 und cb_1 noch 2 Punkte der verlangten Geraden.

29b. Aufg. Es sind 2 Punkte MN gegeben, man soll auf einer Geraden m einen mit MN in einer Geraden liegenden Punkt finden, wenn die Gerade MN selbst nicht gezogen werden kann.

Zieht man durch 2 beliebige Punkte von m die 2 nach MN gehenden Paare von Strahlen, nämlich a b_1 und ba_1 und wählt auf der Verbindungslinie der Schnittpunkte von a a_1 u. b b_1 noch einen dritten Punkt, von dem aus nach M u. N die Strahlen c und c_1 gehen, so bestimmen nach 1b die Schnittpunkte ac_1 u. ca_1 einerseits und die Schnittpunkte bc_1 u. b_1c andrerseits je eine neue Gerade, die beide die m in demselben Punkte mit der Geraden MN schneiden.

30a. Schneidet man 3 Gerade a b c eines Strahlenbüschels P durch 3 andere $a_1b_1c_1$ eines anderen Strahlenbüschels P_1, so erhält man 9 Schnittpunkte, welche 18 neue Gerade bestimmen, die zu je 3 in 6 neuen Punkten sich schneiden; diese sechs Punkte sind die Pole von PP_1 in Bezug auf die 6 möglichen Kurven, die außer durch PP_1 noch durch 3 solche der erwähnten 9 Schnittpunkte gehen, von denen keine 2 auf einem der 6 gegebenen Strahlen liegen. Denn da man die Strahlen a b c auf 6erlei Weise projekt. auf die 3 Strahlen des Strahlenbüschels P_1 beziehen kann, so folgt der Satz aus 1b.

30b. Verbindet man 3 Punkte ABC einer Geraden p mit den 3 Punkten $A_1B_1C_1$ einer andern Geraden p_1, so erhält man 9 neue Gerade, welche 18 neue Punkte bestimmen, die zu je 3 in 6 neuen Geraden liegen. Die Geraden sind die Polaren von pp_1 in Bezug auf die 6 möglichen Kurven II, welche die p u. p_1 und außerdem noch solche 3 der erwähnten Verbindungslinien berühren, von denen keine 2 durch einen der gegebenen 6 Punkte gehen.

Zus. 1. Verallgemeinert lauten diese beiden Sätze: Nimmt man auf einer von 2 Geraden m, auf der andern n Punkte an, so erhält man durch deren Verbindungslinien m n neue Gerade, diese schneiden sich im Allgemeinen *) in $\frac{m.(m-1).n.(n-1)}{2}$ neuen Punkten und von diesen Punkten liegen im Allgemeinen *) $\frac{m.(m-1)(m-2).n.(n-1).(n-2)}{1.\ 2.\ 3.}$ mal je 3 in je 1 neuen Geraden.

m Strahlen eines Strahlenbüschels schneiden n Strahlen eines anderen in m n Punkten, diese bestimmen $\frac{m.(m-1).n.(n-1)}{2}$ neue Gerade und von diesen gehen im Allgemeinen $\frac{m.(m-1).(m-2).n.(n-1).(n-2)}{1.\ 2.\ 3.}$ mal je 3 durch je 1 Punkt,

Zus. 2. Hinsichtlich der 6 Geraden der Nr. 30b, in denen die 18 Schnittpunkte liegen, gilt nun noch der merkwürdige Satz. daß dieselben sich zu 3 und 3 in 2 Punkten P u. Q schneiden.

Die 6 verschiedenen Anordnungen, in welche geordnet die 3 Elemente $A_1 B_1 C_1$ der Geraden p_1 den 3 Elementen ABC der Geraden p projekt. entsprechen können, zerfallen in 2 Gruppen, indem die Anordnungen jeder Gruppe durch die Aufeinanderfolge der erwähnten 3 Punkte stets einen und denselben Sinn bestimmen,

*) Die Zahlen verringern sich, wenn 3 oder mehr solcher Gerader durch 1 Punkt gehen, oder wenn ein System von 4 oder mehr Punkten der einen einem System von 4 oder mehr Punkten der andern projekt. ist.

so daß $A_1B_1C_1$, $B_1C_1A_1$, $C_1A_1B_1$ in die eine, $A_1C_1B_1$, $C_1B_1A_1$, $B_1A_1C_1$ in die andere Gruppe gehören. Und es schneiden sich nun die 3 Geraden jeder Gruppe, d. h. die Geraden die nach (1. a) durch die entsprechende projekt. Beziehung fixirt werden, je in 1 Punkte P u. Q. Betrachtet man nämlich eine dieser Geraden, so kann man die 3 Paare von Verbindungslinien der betreffenden Punkte von ABC u. $A_1B_1C_1$, die sich in ihren 3 Punkten schneiden, als die 3 entsprechenden Seiten von 2 perspekt. Dreiecken betrachten und sucht man nun die 3 Verbindungslinien entsprechender Eckpunkte dazu, so stellt sich immer heraus, daß diese 3 Gerade die der andern Gruppe angehörigen Geraden darstellen; dabei kann bei der Wahl, d. h. Bestimmung der perspekt. Dreiecke selbst eine Zweideutigkeit nicht eintreten, wenn man nur im Auge behält, daß keines derselben einen der 6 gegebenen Punkte als Eckpunkt enthalten darf.

Betrachtet man z. B. ABC π $A_1B_1C_1$ so bestimmen AC_1, A_1C, AB_1, A_1B; BC_1, B_1C die 3 Schnittpunkte der einen der 6 Geraden, will man diese 6 Geraden zu 2 perspekt. Dreiecken vereinigen, so daß kein Eck in p oder p_1 liegt, so geht es bloß auf die eine Art, daß man AC_1 A_1C BB_1 die Seiten des einen und A_1B AB_1 CC_1 die Seiten des andern sein läßt; die 3 Verbindungslinien der 3 entsprechenden Ecken sind demnach: [(AC_1 A_1C) (A_1B AB_1)], [(AC_1 BB_1) (A_1B CC_1)], [(A_1C BB_1) (AB_1 CC_1)], was offenbar die 3 Geraden der 2ten Gruppe sind.

Zus. 3. Als ich dieses schon zum Druck gegeben, finde ich zufällig noch einen von v. Staudt veröffentlichten eleganten Beweis obigen Satzes, den ich noch beifüge, da er gleichzeitig über die Lage der beiden Schnittpunkte P u. Q noch weiteren Aufschluß liefert.

Sind M_1N_1 diejenigen beiden Punkte von p_1, welchen nach I. Th. 226 die Eigenschaft zukommt, daß $M_1N_1A_1B_1C_1$ π $M_1N_1 B_1C_1A_1$ π $M_1N_1C_1A_1B_1$ und sind nun MN diejenigen beiden Punkte von p, welche der Bedingung entsprechen, daß ABCMN π $A_1B_1C_1M_1N_1$, so ist MNABC π $M_1N_1A_1B_1C_1$ π $M_1N_1B_1C_1A_1$ π $M_1N_1C_1A_1B_1$. Der Schnittpunkt P von MN_1 u. M_1N liegt also in jeder der 3 Geraden, welche durch die projekt. Beziehung von p u. p_1 nach Nr. 1.a bestimmt sind, wenn man p u. p_1 auf eine der 3 nachfolgenden Weisen projekt. auf einander bezieht: p (ABC..) π

$p_1\ (A_1B_1C_1..)$ und $p\ (ABC..)\ \pi\ p_1\ (B_1C_1A_1..)$ und $p\ (ABC..)$ $\pi\ p_1\ (C_1A_1B_1..)$.

Ist auf dieselbe Weise $M_3N_3A_1C_1B_1\ \pi\ M_3N_3C_1B_1A_1$ $\pi\ M_3N_3B_1A_1C_1$ und entsprechen M_2 u. N_2 den Punkten M_3 u. N_3 für die projekt. Beziehung $p\ (ABC...)\ \pi\ p_1\ (A_1C_1B_1...)$, so ist dieses auch der Fall bei der projekt. Beziehung $p\ (ABC..)\ \pi\ p_1$ $(C_1B_1A_1...)$ und $p\ (ABC..)\ \pi\ p_1\ (B_1A_1C_1..)$ und der Schnittpunkt Q von M_3N_2 u. M_2N_3 liegt auf jeder der 3 Geraden, die nach 1.a durch die projekt. Beziehung von p u. p_1 bestimmt ist, wenn dieselbe auf eine von folgenden 3 Arten fixirt wird: $p\ (ABC..)$ $\pi\ p_1\ (A_1C_1B_1..)$, $p\ (ABC..)\ \pi\ p_1\ (C_1B_1A_1..)$ u. $p(ABC..)$ $\pi\ p_1\ (B_1A_1C_1..)$. Da aber die Involution, durch deren Ordnungselemente nach I. Th. 226 M_1N_1 bestimmt sind, offenbar vollkommen, dieselbe ist wie diejenige, durch die M_3N_3 bestimmt sind, so muß entweder M_3 mit M_1 und dann N_3 mit N_1 oder umgekehrt M_3 mit N_1 und dann N_3 mit M_1 identisch sein; und man überzeugt sich leicht, daß das letztere der Fall ist. Bezeichnen wir nämlich jetzt durch $A_2B_2C_2$ die Punkte von der Beschaffenheit, daß ABA_2C AC_2BC $ABCB_2$ 3 harmonische Würfe darstellen (diese Punkte wurden in der citirten Stelle I. Th. 226 durch $A_1B_1C_1$ bezeichnet), so sind nach jener Entwicklung $MANA_2$ $MBNB_2$ $MCNC_2$ harmonische Würfe, also $MN.AA.BC$ eine Involution, also $MNABC\ \pi$ $NMACB$, also auch nach dem Obigen $MNABC\ \pi\ N_1M_1A_1C_1B_1$ woraus der Satz unmittelbar erwiesen ist.

Demnach sind P u. Q 2 Ecken des Poldreiecks eines vollständigen Vierecks MNN_1M_1, von dem p u. p_1 das zum dritten Eck gehörige Paar Gegenseiten darstellen. P u. Q sind daher durch p u. p_1 harmonisch getrennt und sind dabei reell nach I. Th. 186. 2) insoferne MN_1 u. M_1N sowohl als MM_1 u. NN_1 je ein Paar konjungirter imagin. Gerader darstellen.

Zus. Auf dieselbe Weise ergiebt sich, daß die 6 Schnittpunkte der 18 Geraden in 28a zu 3 u. 3 in 2 Geraden liegen, die durch P u. P_1 harmonisch getrennt sind.

31. Schneiden 4 Strahlen a b c d eines Strahlenbüschels P 2 Gerade $p p_1$ des Strahlenbüschels Q, so geben die Verbindungslinien der Schnittpunkte $\mathfrak{a}\,\mathfrak{b}\,\mathfrak{c}\,\mathfrak{d}$ auf p u. $\mathfrak{a}_1\mathfrak{b}_1\mathfrak{c}_1\mathfrak{d}_1$ auf p_1 12 neue Gerade, diese schneiden sich in 42 neuen Punkten, von diesen Punk-

ten liegen 6 in einem Strahl des Büschels Q, und 3mal je 4 mit P in je 1 Geraden; jede dieser letzten 3 Geraden schneidet die p u. p_1 in 2 Punkten, in welchen sie von 4 Kurven berührt werden, deren jede noch je 3 der oben erwähnten 12 Geraden berührt. Betrachten wir eine solche Gruppe von 4 Kurven, so berührt außer p u. p_1 die erste die Geraden ab_1 ba_1 cd_1, die zweite ab_1 ba_1 bc, die dritte cd_1 bc_1 ab_1 die vierte cd_1 bc_1 ba_1, so daß also bei jeder Gruppe von Kurven alle 12 Gerade als Tangenten erscheinen. Außerdem liegen noch 80mal je 3 Schnittpunkte in 1 Geraden.

Bezieht man nämlich die Gerade p so projekt. auf p_1, daß $p[abc]$ π $p_1[b_1 a_1 d_1]$, so erhält man die 1ste, macht man $p[abd]$ π $p_1[b_1 a_1 c_1]$, so erhält man die 2te; macht man $p[cda]$ π $p_1[d_1 c_1 b_1]$, so erhält man die 3te und macht man $p[cdb]$ π $p_1[d_1 c_1 a_1]$, so erhält man die 4te der oben erwähnten Kurven. Die Geraden, welche man nämlich (nach 1.) bei diesen 4 Arten der projekt. Beziehung erhält, enthalten entsprechend der obigen Ordnung je den Schnittpunkt folgender Gerader: 1) aa_1 u. bb_1, ad_1 u. b_1c, bd_1 u. a_1c; 2) aa_1 u. bb_1, ac_1 u. b_1d, bc_1 u. a_1d; 3) cc_1 u. dd_1, cb_1 u. d_1a, db_1 u. c_1a; 4) cc_1 u. dd_1, ca_1 u. d_1b, da_1 u. c_1b, woraus erhellet erstens, daß alle 4 Gerade durch P gehen, zweitens, daß sowohl die erste als auch die zweite dieser Geraden mit jeder der beiden letzten Geraden außer P je noch 1 Punkt gemein haben, wodurch erwiesen, daß alle 4 in 1 Gerade zusammenfallen, von der außer P noch 4 Punkte bekannt sind. Bezieht man p u. p_1 perspekt. auf einander, so erhält man die erste der oben im Satze erwähnten Geraden (nach 1.). Bezieht man 3 Punkte von p sonst nur projekt. auf 3 Punkte von p_1, was gerade noch auf 80 neue Arten geschehen kann, so erhält man die übrigen 80 Geraden nach 1.

Auch dieser Satz läßt sich erweitern, wenn man statt der 4 Strahlen von P n solche Strahlen wählt, die Aenderungen, welche unter dieser Voraussetzung vorzunehmen, sind folgende: Statt der „12 Geraden" „$n.(n-1)$ Geraden". Statt der „42 Schnittpunkte" „$\frac{n.(n-1).(n^2-3n+3)}{2}$ Schnittpunkte". Statt der „3mal 4 Punkte" „$n-1$mal 4 Punkte". Statt der „80 noch übriger Geraden" „$[n.(n-1).(n-2)-4].\frac{n.(n-1).n-2}{1.\ 2.\ 3.}$ noch übrige Gerade.

Zus. Es sei hier dem Leser überlassen, die beiden reciproken Sätze hier beizufügen.

32. Sind abcd sowie $a_1 b_1 c_1 d_1$ je 4 harmonische Punkte 2er Gerader p und p_1 derselben Ebene, so bestimmen diese Punkte durch ihre Verbindungslinien 16 neue Gerade, die sich gegenseitig in 8.9 neuen Punkten schneiden. Von diesen 72 Schnittpunkten liegen nun 1) 8 mal je 6 auf 8 neuen Geraden g und 2) 64 mal je 3 auf 64 neuen Geraden h; und von diesen 64 Geraden h schneiden sich 3) auf jeder der 8 Geraden g gerade 4 Paare, so daß also 32 Paare von den Geraden h in je einem Punkte einer Geraden g sich schneiden.

Die Behauptung 1) ergiebt sich unmittelbar aus I. Th. 19 in Verbindung mit 1a. Die Behauptung 2) u. 3) folgt aus 30, wenn man dabei folgendes berücksichtigt: man kann zwar zu 3 Punkten von abcd je 3 beliebige Punkte von $a_1 b_1 c_1 d_1$ als entsprechende zuordnen, dabei erhält man aber im Ganzen nur 32 Systeme von 3 Geraden, die sich, wie in 30 Zus. 2 besprochen, in 1 Punkt schneiden und unter den 3 Geraden je eines solchen Systems ist stets eine der 8 Geraden g enthalten, woraus der Satz unmittelbar folgt.

33a. Aufg. Es sind 5 Tangenten abcde einer Kurve II gegeben, man soll auf irgend einer derselben z. B. auf a oder b den Berührungspunkt finden.

Werden die beiden Tangenten a u. b von den 3 Tangenten cde entsprechend in den Punktenpaaren cc_1 dd_1 ee_1 geschnitten, und zieht man cd_1 u. c_1d und ebenso ce_1 u. c_1e, so schneiden sich diese beiden Paare von Geraden in 2 Punkten einer Geraden s, welche die gesuchten Berührungspunkte enthält.

33b. Aufg. Es sind 5 Punkte ABCDE einer Kurve gegeben, man soll in 1 derselben die Tangente finden.

Bezeichnet man die Strahlenpaare, die von A u. B nach den Punkten CDE gehen, durch cc_1 dd_1 ee_1, so schneiden sich die Verbindungslinien der Schnittpunkte cd_1 c_1d, ce_1 c_1e in einem Punkte S, durch den die Tangente der Kurve in A und in B gehen muß.

Zus. Läßt man in Nr. 33b A u. B ins Unendliche rücken, so erhält man den Satz:

Zieht man von 3 Punkten CDE einer Hyperbel 3 Paare den Asymptoten parallele Gerade, so bestimmen diese 3 Parallelogramme, deren 3 nicht durch CD oder E gehende Diagonalen sich in dem Mittelpunkt der Hyperbel schneiden.

34. Ist ABCD ein vollständiges Viereck (Fig. 3), so schneidet jede Seite des Poldreiecks PQR das Paar Gegenseiten, das zu keinem der beiden auf der fraglichen Seite gelegenen Eckpunkte gehört, in 2 Punkten; die 6 der Art sich ergebenden Punkte bilden die 6 Eckpunkte eines vollständigen Vierseits, so daß also 4 mal 3 derselben in je 1 Geraden liegen.

Betrachtet man, um an einem Beispiel die Richtigkeit zu zeigen, die beiden harmonischen Würfe P (ARBc) und Q (BRAc) oder vielmehr ihre Schnitte mit den beiden 4Ecksseiten AC und BC, so ergiebt sich, daß die 3 Punkte abc in 1 Geraden liegen, insoferne c das Centrum der persp. Beziehung der beiden perspekt. Würfe in AC und BC ist, für welche persp. Beziehung a u. b entsprechende Punkte darstellen. Ganz auf dieselbe Weise wird dargethan, daß dieses noch 3 mal d. h. für noch 3 andere der 6 Schnittpunkte Statt findet.

35. Legt man durch 2 Eckpunkte P u. Q eines Dreiecks PQR (Fig. 4) 2 Paare von Geraden aa_1 u. bb_1, welche durch die Dreiecksseiten harmonisch getrennt sind, so bestimmen deren 4 Schnittpunkte ein vollständiges 4Eck ABCD, dessen Poldreieck PQR ist, so daß also durch R ebenfalls ein Paar Gegenseiten cc_1 desselben geht, welches also auch durch die Dreiecksseiten RP und RQ harmonisch getrennt ist.

Bezeichnen wir wie gewöhnlich die Gegenseiten der Ecken PQR durch pqr, so sind als harmonische Würfe ara_1q u. brb_1p projekt. d. h. perspekt., dasselbe findet Statt mit ara_1q und b_1rbp, so daß also die 2 Gegenseiten AD u. BC des vollständigen 4Ecks ABCD wirklich durch R gehen w. z. b. w.

36. Die 3 Paare von Geraden, welche die 3 Winkelpaare, welche die Seiten eines Dreiecks bilden, halbiren, bilden die 6 Seiten eines vollständigen 4Ecks.

Betrachtet man nämlich das vollständige 4Eck, welches nach 35 durch bloß 2 Paare Halbirungslinien (27) erzeugt wird, so ist nur noch nachzuweisen, daß das 3te Paar von Gegenseiten ebenso wie die beiden andern auf einander senkrecht steht; dieses folgt aber aus 8 unmittelbar, da 2 Paar Gegenseiten des fraglichen 4Ecks die unendlich ferne Gerade in 2 auf einander senkrechten Richtungen schneiden, weßwegen nach 14 auch das 3te Paar Gegenseiten auf einander senkrecht sein muß.

37. Zieht man durch die 3 Ecken eines Dreiecks 3 Gerade a b c parallel den Gegenseiten und entsprechend durch dieselben Ecken 3 Gerade $a_1 b_1 c_1$ nach den Mitten der Gegenseiten, so bilden die letzteren die Diagonalen von 3 Parallelogrammen, und schneiden sich in 1 Punkte.

Betrachtet man wieder bloß 2 Paare aa_1 u. bb_1, die nach 28 je durch die Dreiecksseiten harmonisch getrennt sind, so haben wir in dem nach 35 dadurch bestimmten vollständigen 4Eck wieder bloß darzuthun, daß auch von dem 3ten Paar Gegenseiten die eine durch die Mitte der Gegenseite geht, während die andere zu ihr parallel ist; dieß folgt aber unmittelbar aus 34.

Zus. Es leuchtet ein, daß hierin der Satz liegt, daß die Geraden aus den Ecken nach den Mitten der Gegenseiten sich in 1 Punkt schneiden.

38. Bleibt bei einem veränderlichen vollständigen 4Seit aa_1 bb_1 die eine Seite MN des zugehörigen Polardreiecks fest, während die 4 Seiten um 4 feste Punkte $A_1 B_1 C_1 D_1$ sich drehen, so drehen sich auch die beiden übrigen Seiten des zugehörigen Polardreiecks um je 1 festen Punkt, sowohl wenn man N fest und M veränderlich, als auch wenn man M fest und N veränderlich annimmt.

Denken wir uns Fig. 5 den 1 Schnittpunkt N von aa_1 und somit a u. a_1 fest, dagegen M veränderlich, so ändern sich auch die übrigen 4 Ecken A B C D des 4Seits; dabei ergiebt sich aber alsbald, daß das gerade Gebilde a [A...] perspekt. ist dem geraden Gebilde a_1 [C...] und ebenso das gerade Gebilde a [D...] perspekt. dem geraden Gebilde a_1 [B....]; dabei ist das perspekt. Centrum von a u. a_1, beide Male ein Punkt von $B_1 D_1$. Zu einem ganz ähnlichen Resultate gelangt man, wenn man M und somit bb_1 fest, dagegen N veränderlich annimmt; in diesem Falle ist b(C..) perspekt. zu b_1(A...) und eben so b(D...) persp. zu b_1(B...) und dabei ist beide Male das perspekt. Centrum ein Punkt von A_1C_1. Schneiden sich A_1C_1 und B_1D_1 in dem Schnittpunkte von AC und BD, so ist, man mag M oder N also auch beide veränderlich annehmen, stets dieser Schnittpunkt selbst Centrum der perspekt. Beziehung.

Zus. Besondere Fälle ergeben sich, wenn man den Schnittpunkt von A_1C_1 u. B_1D_1 mit dem Schnittpunkte der Gegenseiten AC und BD zusammenfallen, oder wenn A, B, C, D in einer Geraden liegen, oder wenn man die gemeinsame Poldreiecksseite MN ins Unendliche rücken läßt, wie nachfolgende Sätze erkennen lassen.

39. Haben Fig. 6 2 4Seite eine Seite MN oder M_1N_1 des zugehörigen Polardreiecks gemeinschaftlich, während die 4 Seiten des einen durch die 4 übrigen Eckpunkte des andern gehen, so haben beide auch immer das der Seite MN oder M_1N_1 gegenüberliegende Eck ihres Polardreiecks gemeinschaftlich.

Es tritt hier nämlich immer der oben erwähnte Fall ein, daß das perspekt. Centrum für das veränderliche 4 Seit mit dem Eck des Polardreieck des andern zusammenfällt.

Ein besonderer Fall hievon lautet:

2 Parallelogramme, von denen das eine dem andern umschrieben ist, haben den Durchschnitt ihrer Diagonalen gemein.

40. Bei 2 Parallelogrammen mit demselben Schnittpunkt der Diagonalen, schneidet jedes Paar Parallellinien des einen jedes Paar des andern in 2 Punkten, die je mit dem Schnittpunkt der Diagonalen in 1 Geraden liegen.

41. Bewegen sich die Spitzen 2er Winkel, deren Schenkel sich parallel bleiben, auf einer festen Geraden fort, so bleibt auch jede der beiden Diagonalen, des einfachen durch sie bestimmten 4Ecks stets sich parallel.

42. Drehen sich die 4 Seiten eines vollständigen 4Seits, von dessen Polardreieck eine Seite fest ist, um 4 Punkte einer Geraden, so drehen sich die übrigen 2 Seiten der zugehörigen Polardreiecke um 2 feste Punkte derselben Geraden.

43. Drehen sich die 4 Seiten eines Parallelogramms um 4 Punkte einer Geraden, so drehen sich auch die Diagonalen um 2 Punkte dieser Geraden.

Diesen beiden letzten Sätzen werden wir später von andrer Seite aus wieder begegnen.

44. Bleibt bei einem veränderlichen vollständigen 4Eck ABCD 1 Eck des Poldreiecks und 1 der beiden zugehörigen Seiten fest, während die 4 Ecken auf 4 festen Geraden sich fortbewegen, so bewegen sich auch die beiden übrigen Ecken des Poldreiecks auf 2 festen Geraden, die mit 2 jener festen Geraden in 1 Punkte sich schneiden.

Zus. Auch hier ergeben sich besondre Fälle: es genüge als Beispiel folgender: Bei allen Paralleltrapezen, deren parallele Seiten dieselbe Richtung haben, und deren 4 Eckpunkte auf 4 festen Geraden liegen, die durch einen Punkt P gehen, schneiden sich auch die beiden nicht parallelen Seitenpaare in den Punkten 2er Strahlen desselben Punktes P.

45. Die 3 Höhen eines Dreiecks schneiden sich in 1 Punkte.

Je 2 Punkte der unendlich fernen Geraden, welche durch 2 auf einander senkrechte Gerade bestimmt sind, bilden je 1 Paar zugeordneter Punkte eines involut. geraden Gebildes; nennt man daher je 2 Strahlen 2er Strahlenbüschel, die auf einander senkrecht stehen, entsprechend, so sind die Büschel projekt., aus diesem Grunde ist Fig. 7 A[a b c d] π B[$a_1 b_1 c_1 d_1$], daher auch der Wurf a b c d π $d_1 c_1 b_1 a_1$, woraus der Satz folgt nach 1.

46. Der Ort des nten Ecks eines einfachen nEcks, dessen n—1 übrige Ecken auf n—1 festen Geraden sich bewegen, und dessen n Seiten um n Punkte einer Geraden sich drehen, ist eine feste Gerade, die durch den Schnittpunkt der 1sten und (n—1)sten festen Geraden geht.

Es entstehen nämlich, wenn man die auf einander folgenden Paare von Seiten, welche je 1 Eck bilden, als Strahlen von projekt. Strahlenbüscheln betrachtet, lauter perspekt. Strahlenbüschel.

47. Die nte Seite eines einfachen nSeits dessen übrige (n—1) Seiten um feste Punkte sich drehen und dessen nEcken auf n festen Strahlen desselben Strahlenbüschels sich fortbewegen, dreht sich ebenfalls um einen festen Punkt.

Es bilden nämlich je 2 auf einander folgende und somit auch das erste und letzte Eck entsprechende Punkte 2er projekt. und zwar zugleich perspekt. gerader Gebilde.

48. Schneidet man 2 Paar Gegenseiten eines vollständigen 4Ecks durch eine Gerade p und zieht man von dem Schnittpunkte P (s. Fig. 8) des 3ten Paares von Gegenseiten nach den 4 Schnittpunkten abcd Gerade, so schneiden diese dieselben 4 Seiten in 4 Punkten $a_1b_1c_1d_1$ einer neuen Geraden; wobei zu beachten, daß je 2 solche zusammengehörige Punkte wie aa_1, die auf einem Strahle von P liegen zugleich auf einem Paar Gegenseiten liegen müssen.

Betrachtet man nur ein Paar solcher Punkte a_1 u. b_1, so bestimmen diese eine Gerade p_1, welche die p in S schneiden möge, denkt man sich die p um S gedreht, so ändern sich a_1 u. b_1, allein immer bleibt das gerade Gebilde, das durch die verschiedenen Schnittpunkte a_1 auf der Seite BC entsteht, perspekt. dem durch die entsprechenden Schnittpunkte b_1 auf AD entstehenden, weil sie projekt. sind, und ihr Schnittpunkt M einen entsprechend gemeinsamen Punkt darstellt. Dabei läßt sich alsbald nachweisen, daß das Centrum der perspekt. Beziehung S ein fester Punkt der Poldreiecksseite MN sein muß, denn wegen des vollständigen 4Ecks $ab\,a_1b_1$ muß M(bPaS) und wegen des vollständigen 4Ecks ABCD muß M(bPaN) ein harmonischer Wurf sein, woraus folgt, daß der Schnittpunkt pp_1 auf MN liegt. Da diese Schlußfolge für die Schnittpunkte c_1 u. d_1 ebenso gilt, und die Geraden p u. p_1 durch die festen Geraden SP u. SM harmonisch getrennt sein müssen (nach 6.), so ist der Satz erwiesen.

Vertauscht man P mit M u. N, so erhält man noch 2 neue Gerade p_2 und p_3 und diese 3 Gerade $p_1p_2p_3$ haben nun nach dem vorigen Beweis folgende gegenseitige Lagenverhältnisse: Sie bilden ein dem Dreieck MNP eingeschriebenes Dreieck, dessen 3 Ecken von p durch die Ecken des ersteren harmonisch getrennt sind, während die 3 Seiten des einen und des andern sich in 3 Punkten von p schneiden. Hieraus folgt unzweifelbar: dreht sich p um irgend einen festen Punkt, so dreht sich auch jede der 3 Geraden $p_1p_2p_3$ um einen festen Punkt, umhüllt p eine dem MNP eingeschriebene Kurve II, so thut dieses auch $p_1p_2p_3$.

Besondere Fälle ergeben sich, wenn p ins Unendliche rückt.

49. Zieht man von einem beliebigen Punkte S nach 2 Paar Gegenecken eines vollständigen 4Seits Strahlen, so schneiden diese diejenige Seite (m) des zugehörigen Polar-

dreiecks, welche durch das 3te Paar Gegenecken geht, in 4 Punkten. Zieht man nun von der Projektion jedes dieser 4 Ecken je nach dem Gegenecke 4 neue Gerade, so schneiden sich diese in einem neuen Punkte S_1, wobei $S S_1$ durch das der erwähnten Polardreiecksseite (m) gegenüberliegende Eck des Polardreiecks geht.

50. Schneiden 3 Strahlen a b c eines Strahlenbüschels S eine Kurve II in den 6 Punkten $A B C A_1 B_1 C_1$ so erhält man 8 Dreiecke von der Beschaffenheit, daß die 3 Ecken auf den 3 Strahlen abc liegen, zu jedem dieser 8 Dreiecke gehört ein anderes derselben von der Beschaffenheit, daß beide kein Eck gemeinschaftlich haben; wählt man nun ein solches 3Eck z. B. A B C und zieht von den 3 Ecken A B C nach einem beliebigen neuen Punkte D der Kurve die 3 Geraden A D B D C D, so schneiden diese die 3 Seiten B_1C_1 A_1C_1 A_1B_1 des zugehörigen Dreiecks in 3 Punkten eines Strahles d von S. Läßt man hiebei die beiden zusammengehörigen Dreiecke ABC u. $A_1B_1C_1$ ihre Rollen vertauschen, und wählt dabei das 2te mal an die Stelle von D einen Punkt der Kurve, der mit dem ersten D in einem Strahle von S liegt, so erhält man in beiden Fällen denselben Strahl d von S als Ort der Schnittpunkte.

Der Beweis ergiebt sich unmittelbar aus I. Th. 63a., wenn man den Strahlenbüschel abc projekt. auf das Kurvengebilde ABC oder $A_1B_1C_1$ bezieht.

51. Sind von den 3 Punkten a b c einer Geraden p 3 Paare Tangenten aa_1 bb_1 cc_1 an eine Kurve II gezogen, so bilden diese 6 Gerade 8 verschiedene Dreiecke, deren 3 Seiten durch a b c gehen, zu jedem derselben a b c gehört gerade eines $a_1 b_1 c_1$ von der Beschaffenheit, daß beide keine Seite gemeinschaftlich haben. Schneidet man nun die 3 Seiten a b c des einen von 2 der Art zusammengehörigen Dreiecken durch eine beliebige neue Tangente d der Kurve, so gehen die 3 Verbindungslinien von a d u. $b_1 c_1$, b d u. $a_1 c_1$, c d u. $b_1 a_1$ durch einen Punkt δ von p, läßt man das Dreieck $a_1 b_1 c_1$ an die Stelle von a b c treten und umgekehrt, und wählt die neue Tangente d_1, welche $a_1 b_1 c_1$ schneidet, so, daß

d u. d_1 auch in einem Punkte von p sich schneiden, so bleibt der Schnittpunkt d der 3 Verbindungslinien $a_1 d_1$ und b c, $b_1 d_1$ u. a c, $c_1 d_1$ u. b a auf p derselbe.

52. Sind A B C 3 Punkte einer Geraden p, und legt man durch A u. B 2 beliebige Gerade a_1 u. b_2, welche entsprechend eine andere Gerade p_1 in den Punkten a u. b schneiden mögen; zieht man ferner von dem Punkte C nach a u. b die 2 Strahlen c_1 u. c_2, so liegen stets die Schnittpunkte $a_1 c_2$ und $b_2 c_1$ in einer Geraden, die durch einen festen Punkt von p geht.

Betrachtet man nämlich die eine Gerade a_1 (oder b_2) als fest und läßt die andere b_2 (oder a_1) sich stetig ändern, so ändert auch die Lage von c_2 sich stetig; allein stets schneidet die b_2 die feste Gerade c_1 und die c_2 die feste Gerade a_1 in entsprechenden Punkten 2er perspekt. gerader Gebilde, von denen ein Paar entsprechender Punkte in der Geraden p liegt.

Hieher gehört als besonderer Fall:

Drehen sich 2 nicht parallele Seiten eines Parallelogramms um 2 feste Punkte A B ganz beliebig, während die beiden andern Seiten sich in einem Punkte C von A B schneiden, so geht die eine Diagonale stets durch einen festen Punkt von A B.

53. Sind die beiden Geraden $q_1 q_2$ zu der Geraden A B parallel und werden q_1 und q_2 von einer 4ten Geraden p in den Punkten M N geschnitten, so bestimmen die Geraden A M und B N, sowie A N und B M mit q_1 und q_2 stets ein Paralleltrapez, dessen 2te Diagonale durch einen festen Punkt von A B geht, wie auch die parallelen Geraden q_1 u. q_2 gelegen sein mögen.

54. Ist S irgend ein Eck eines vollständigen 4 Seits, so ist das Verhältniß der Produkte $Sa . Sb : Sa_1 . Sb_1$ ungeändert dasselbe, wie man auch die 4 Seiten parallel mit sich fortrücken läßt, wenn nur a und b einerseits und a_1 und b_1 andrerseits die auf den durch S gehenden beiden Seiten gelegenen übrigen Ecken bedeuten.

Es folgt dieses unmittelbar daraus, daß S a u. $S a_1$ entsprechende Punkte 2er ähnlicher gerader Gebilde darstellen, und daß dieses ebenso mit S b u. $S b_1$ der Fall ist, so daß $S a : S a_1 = c$ und

$Sb : Sb_1 = c_1$ also $Sa . Sb : Sa_1 Sb_1 = c . c_1$ ist, wobei c u. c_1 konstante Zahlenwerthe darstellen.

Ist $cc_1 = 1$ so werden diese Produkte einander gleich; sind in dieser Beziehung die Richtungen von 3 Seiten des 4Seits gegeben, so findet man stets gerade 2 Richtungen für die 4te Seite, bei der dieser Fall eintritt. Sind hiebei die 2 der 3 ersteren Seiten, welche sich in S schneiden, auf einander senkrecht, so hat bei jeder Richtung, die die 3te Seite hat, stets eine der beiden möglichen Richtungen die Lage, daß auch die 3te und 4te Seite auf einander senkrecht stehen. Man findet diese letzte Behauptung bestätigt, wenn man a u. b zusammenfallen läßt, denn nach einem bekannten Satz über die Aehnlichkeit der Figuren ist stets $(Sa)^2 = Sa_1 . Sb_1$ *).

55. Liegen die 4 Ecken $A_1B_1C_1D_1$ eines vollständigen 4Ecks auf den 4 Geraden abcd eines vollständigen 4Seits während ein Paar Gegenseiten A_1D_1 u. B_1C_1 des ersten auf der Seite MN (Fig. 9) des zum 4Seit gehörigen Polardreiecks sich schneiden, welche durch die Gegenpunkte ac und bd bestimmt ist, so schneiden sich stets noch 1 Paar Gegenseiten, nämlich A_1C_1 und B_1D_1 auf der 2ten Seite des zum 4Seit gehörigen Polardreiecks, welche durch die Gegenpunkte ad u. bc bestimmt ist.

Denkt man sich den Schnittpunkt S von A_1D_1 u. B_1C_1 auf MN, sowie die eine der beiden Seiten z. B. A_1D_1 fest, so bestimmen die beweglichen Schnittpunkte B_1 u. C_1 auf den beiden Seiten des 4Seits 2 projekt. gerade Gebilde, deren Scheine von D_1 u. A_1 2 perspekt. Strahlenbüschel bilden, für welche die Axe der perspekt. Beziehung PQ ist, woraus die Richtigkeit folgt.

Die Betrachtung der Fig. wird alsbald erkennen lassen, in welcher Ordnung die Ecken des 4Ecks und Seiten des 4Seits zusammengehören.

Besondere Fälle dieses Satzes lauten:

56. Zieht man durch die 2 Paar Gegenecken eines Paralleltrapezes 2 Paare von Parallellinien, so bestimmen die-

*) In Bezug auf die Voraussetzung dieser geometrischen Wahrheit beziehe ich mich auf das in Nr. 19 Gesagte.

selben ein Parallelogramm, dessen eine Diagonale durch den Schnittpunkt der beiden Diagonalen des Paralleltrapezes geht.

Dieser letzte Satz läßt sich aber noch etwas allgemeiner so ausdrücken:

57. Schneidet man die 2 Paar Gegenseiten eines Parallelogramms durch 2 Gerade dd_1, die sich selbst auf einer Diagonale des Parallelogramms schneiden, so erhält man 4 Paare von Schnittpunkten von solcher Beschaffenheit, daß jedes Paar Schnittpunkte von d auf einem Paare von Gegenseiten mit dem Paare von Schnittpunkten von d_1 auf dem andern ein Paralleltrapez bilden.

58. Liegen die 4 Ecken $A_1B_1C_1D_1$ eines vollständigen 4Ecks auf den 4 Seiten eines vollständigen 4Seits abcd und schneiden sich 2 Paare von Gegenseiten A_1D_1 u. B_1C_1 einerseits, A_1B_1 u. C_1D_1 andrerseits auf der Seite des zum 4Seit bestimmten Polardreiecks, die durch die Gegenpunkte ac und bd bestimmt ist, so ist der Schnittpunkt des 3ten Paares von Gegenseiten stets das Eck des zum 4Seit gehörigen Polardreiecks, das der erwähnten Seite desselben gegenüberliegt (s. Fig. 10).

59. Denkt man sich A_1D_1 hiebei fest, so kann man die Frage aufwerfen, ob man immer noch 2 Punkte B_1C_1 dazu findet, so daß das 4Eck $A_1B_1C_1D_1$ die im Satze erwähnte Lage gegenüber dem 4Seit abcd habe. Man findet aber, wenn man wieder die Seite B_1C_1 sich um den festen Punkt S drehen läßt, daß dann auch die in Nr. 55 erwähnten projekt. Punktgebilde $b(B_1\ldots)$ und $c(C_1\ldots)$ von den Punkten A_1 u. D_1 aus perspekt. Strahlenbüschel erzeugen, wie wir dieses in Nr. 55 umgekehrt für die D_1 u. A_1 als richtig erkannt haben; und man findet die perspekt. Axe dieser beiden Büschel, wenn man den Punkt Q mit dem Schnittpunkte von MA_1 u. ND_1 verbindet; da wo diese perspekt. Axe die Gerade MN schneidet, ist der Punkt, in welchem sich die Seiten A_1B_1 u. D_1C_1 des gesuchten 4Ecks schneiden; hieraus erhält man nun folgenden Satz:

60. Es giebt unendlich viele vollständige 4Ecke, deren 4 Ecken auf den 4 Seiten eines gegebenen vollständigen 4Seits liegen, und die die Bedingung erfüllen, daß das Pol-

dreieck des 4Ecks und das Polardreieck des 4Seits eine Seite und die Gegenecke gemein haben.

61. Zieht man durch die 4 Ecken ABCD eines vollständigen 4Ecks entsprechend die 4 Geraden $a_1b_1c_1d_1$ eines vollständigen 4Seits, jedoch so, daß die beiden Gegenpunkte a_1d_1 u. b_1c_1 des letzteren auf einer Geraden s liegen, die durch das Eck des zum 4Eck gehörigen Poldreiecks geht, das durch den Schnittpunkt von AC und BD bestimmt ist, so liegen stets noch ein Paar Gegenpunkte nämlich a_1c_1 u. b_1d_1 auf einer Geraden, die durch das Eck des zum 4Eck gehörigen Poldreieck geht, das durch den Schnitt von AD u. BC bestimmt ist.

Ein besonderer Fall hievon lautet:

62. Sind AD u. BC, sowie AC u. BD die beiden Gegenseiten eines Parallelogramms und M u. N 2 beliebige Punkte einer zu AC parallelen Linie, so schneiden sich die 2 Linienpaare MA u. NC sowie MD u. NB in 2 Punkten, die in einer zu AD parallelen Linie liegen, dagegen liegt der Schnittpunkt von MA u. NC mit dem Schnittpunkt von MB u. NC in einer durch den Schnittpunkt der Diagonalen gehenden Geraden.

63. Zieht man von 2 beliebigen Punkten A und A_1 (s. Fig. 11) 2er Geraden p u. p_1 nach 2en Punkten M u. N 2 Paar Gerade m u. n, m_1 u. n_1, so schneiden die letzteren die beiden ersten in 2 Paar Punkten von der Lagenbeschaffenheit, daß pm_1 (oder $\mathfrak{a}$) und p_1n (oder $\mathfrak{a}_1$) einerseits, sowie pn_1 (oder $\mathfrak{b}$) u. p_1m (oder $\mathfrak{b}_1$) andrerseits Verbindungslinien liefern, welche sich in einem Punkte von MN schneiden.

Denn da nach I Th. 17. $M\mathfrak{p}_1\mathfrak{p}N$ π $N\mathfrak{p}\mathfrak{p}_1M$, so sind die beiden erwähnten Punktenpaare entsprechende Elemente 2er in p u. p_1 enthaltener perspekt. gerader Gebilde, für welche die Schnittpunkte $\mathfrak{p}$ u. $\mathfrak{p}_1$ mit MN ebenfalls ein Paar entsprechender Punkte darstellen.

64. Zieht man von den Ecken eines Dreiecks AB nach einem Punkte Gerade, die die Gegenseiten in abc schneiden und sind $a_1b_1c_1$ von abc je durch die Ecken ABC harmo-

nisch getrennt, so liegen 1.) abc_1 acb_1 bca_1 und 2.) $a_1b_1c_1$ je in 1 Geraden.

Das 1ste folgt aus 7, das 2te aus I. Th. 87, da abc und ABC perspekt. Dreiecke sind.

65. Bewegt sich eine Gerade so, daß sie durch 4 Gerade, von denen keine 3 durch 1 Punkt gehen, in einem harmonischen Wurf geschnitten wird, so erzeugt sie eine Kurve II, die auch jene 4 Gerade berührt, nach 3.

66. Bewegt sich demnach eine Gerade so, daß sie von 3 Geraden in 3 Punkten geschnitten wird, von denen der auf der einen Geraden liegende in der Mitte zwischen den beiden andern liegt, so beschreibt sie eine Parabel.

67. Bewegt sich ein Punkt so, daß die 4 Strahlen, die von ihm aus nach 2 festen Punkten gehen, einen harmonischen Wurf bilden, so beschreibt er eine Kurve II, die auch durch die 4 gegebenen Punkte geht.

Ein besonderer Fall hievon ist der Satz:

68. Alle Winkel, deren Schenkel durch die Enden PQ eines Kreisdurchmessers gehen, und deren Spitzen A in der Kreislinie liegen, sind rechte Winkel.

Es bilden nämlich je 2 auf einander senkrechte Strahlen mit den nach den 2 Normalpunkten gehenden Strahlen je einen harmonischen Wurf nach 14.

69. Sind PQ nicht die Enden eines Kreisdurchmessers, sondern die Enden einer beliebigen Sehne, so hat man zu unterscheiden, in welchem der beiden Kreisbögen PQ die Spitze A des Winkels liegt; es sind nämlich alle Winkel PAQ, deren Spitze A in demselben Bogen PQ liegen, unter sich gleich, dagegen ergänzt jeder Winkel des einen den des andern zu 180°.

2 zum Kreise perspekt. also unter sich projekt. Strahlenbüschel $P[A\ldots] \pi Q[A\ldots]$ schneiden nämlich die unendlich ferne Gerade in 2 projekt. geraden Gebilden, deren entsprechend gemeinsame Elemente die Normalpunkte sind (nach 14); daher müssen diese beiden Büschel kongruent und gleichlaufend sein, denn sucht man ganz nach I Th. 30 die entsprechend gemeinsamen Elemente 2er gleichlaufender kongruenter Strahlenbüschel P, so findet man eben die Normalstrahlen von P; woraus nach (17) ersichtlich, daß der

Winkel PAQ für jeden Bogen derselbe bleibt, während die Betrachtung des Grenzfalles, wo A mit P oder Q zusammenfällt, alsbald erkennen läßt, daß je nach den beiden Bögen PQ die Größe des Winkels PAQ den Werth eines der beiden Nebenwinkel annimmt, die durch QP u. PP oder durch PQ u. QQ gebildet werden.

70. Bewegt sich die Spitze eines konstanten Winkels (s. Fig. 12) auf einer festen Geraden p, während der eine Schenkel sich um einen festen Punkt F dreht, so berührt der 2te Schenkel eine Parabel. Man kann durch den festen Punkt 2 Gerade ziehen, die mit p den Winkel α bilden, die eine derselben bildet den Schenkel des Winkels α, für welchen der 2te Schenkel mit p zusammenfällt und der daher nach dem Berührungspunkt von p und der Parabel geht, die andere stellt die Axe der Parabel dar; so daß also die Axe und die nach dem Berührungspunkt gehende Gerade mit der Tangente p ein gleichschenkliges Dreieck bilden.

Denkt man sich nämlich durch F eine Gerade parallel dem 2ten Schenkel, so ist zu erkennen, daß p und die unendlich ferne Gerade in 2 projekt. geraden Gebilden geschnitten werden, wobei dem Schnittpunkt von p mit der unendlich fernen Geraden als Element von p die im Satz als Axe bezeichnete Gerade entspricht, während er als Element der unendlich fernen Geraden dem oben angegebenen Berührungspunkt entspricht. Daß F der Brennpunkt ist, wird eine spätere Entwicklung darthun.

71. Der Ort des nten Eckpunktes eines nEcks, dessen n—1 übrige Ecken auf festen Geraden sich bewegen, während die n Seiten um n feste Punkte sich drehen, ist im Allgemeinen eine Kurve II. Liegen die n Drehpunkte in 1 Geraden, so geht die Kurve II in 2 Gerade über.

Jede Seite bildet einen Strahlenbüschel, der mit dem durch die nächste gebildeten perspekt. ist, so daß der erste und letzte projekt. oder perspekt. werden.

72. Die nte Seite eines nSeits, dessen n—1 übrige Seiten sich um feste Punkte drehen, während alle Ecken auf n festen Geraden sich fortbewegen, umhüllt im Allgemeinen eine Kurve II. Dieselbe geht in das System 2er Punkte über, wenn alle n festen Geraden sich in 1 Punkte schneiden.

73. Schneidet man ein Dreieck durch eine Gerade MN (Fig. 13) und zieht von 2 Ecken AB des Dreieckes je nach 1 Punkte von MN 2 Gerade, so schneiden diese die Gegenseiten in Punkten M_1N_1, deren Verbindungslinien eine Kurve II berühren, die dem Dreieck eingeschrieben ist. Aendert sich MN, jedoch so, daß ein Punkt P fest bleibt, so erhält man ein System von Kurven II, die alle die eine 4te Tangente M_2N_2 gemein haben; hiebei leuchtet ein, daß MN die Polare von C und daß also P dem C konjugirt ist, hieraus folgt:

Eine Kurve II ist vollkommen bestimmt, wenn 3 ihrer Tangenten und zu 2 Ecken des durch sie gebildeten Dreiecks je 1 konjugirter Punkt gegeben ist.

74. Die Spitzen aller gleichschenkligen Dreiecke, deren Grundlinien in einer festen Geraden p liegen, und deren beide Schenkel um 2 feste Punkte MM_1 sich drehen, liegen in einer gleichseitigen Hyperbel, die in das System 2er senkrechter Gerader übergeht, wenn MM_1 u. p parallel sind.

75. Wenn irgend eine Gerade 2 Gegenseiten eines einfachen 4Ecks in Theile theilt, deren Verhältniß auf der einen Geraden dasselbe wie auf der andern ist, so sind alle Gerade Tangenten einer Parabel; und umgekehrt je 2 Tangenten einer Parabel werden von den übrigen in 2 ähnlichen geraden Gebilden geschnitten; nach Nr. 65 und I Th. 11.

76. Es seien 2 involut. Strahlenbüschel M $[aa_1 . bb_1]$ und N$[\alpha\alpha_1 . \beta\beta_1 \ldots]$ gegeben (s. Fig. 14); bezeichnet man nun die Schnittpunkte $a\alpha$ $a_1\alpha_1$ $a\beta$ $a_1\beta_1$ entsprechend durch $\mathfrak{a}\, \mathfrak{a}_1\, \mathfrak{b}\, \mathfrak{b}_1$, sowie den Schnittpunkt von $\mathfrak{a}\mathfrak{b}_1$ und $\mathfrak{a}_1\mathfrak{b}$ durch P, so stellt P einen involut. Strahlenbüschel dar, wenn man die Strahlen zugeordnet nennt, die man von P nach den beiden Schnittpunkten cc_1 zieht, von denen a von einem und a_1 von dem andern von 2 zugeordneten Strahlen $\gamma\gamma_1$ des Büschels $\alpha\alpha_1 . \beta\beta_1$ geschnitten wird. Je nachdem man zwei andere Paare von zugeordneten Strahlen des Büschels N der obigen Betrachtung zu Grunde legt, erhält man einen andern Mittelpunkt P, aber alle der Art möglichen Mittelpunkte wie P liegen auf einer Geraden p nach 1, insoferne $\mathfrak{a}\mathfrak{a}_1 . \mathfrak{b}\mathfrak{b}_1$ $cc_1 \ldots$ je entsprechende Punkte 2er in a u. a_1 enthaltener projekt. gerader Gebilde darstellen; die Gerade p geht dabei ebenfalls nach Nr. 1 durch die

beiden Schnittpunkte von a u. a_1, mit demjenigen Strahle des Büschels N, welcher dem gemeinsamen Strahle NM zugeordnet ist, d. h. p fällt mit demselben zusammen. Daraus folgt aber nothwendig, daß diese Gerade p als Ort für die Mittelpunkte der neuen involut. Büschel sich nicht ändert, wenn man a u. a_1 mit einem beliebigen andern Paare zugeordneter Strahlen von M vertauscht.

Vertauscht man nun aber bei dieser Untersuchung die beiden Büschel M u. N mit einander, so erhält man ebenso als Ort für die Mittelpunkte der neuen involut. Büschel die Gerade p_1, welche die dem Strahle MN im involut. Büschel M zugeordnete Gerade ist. Hieraus folgt nun, daß der Schnittpunkt von p u. p_1 und zwar dieser allein die in folgendem Satze ausgesprochene Eigenschaft hat:

Hat man 2 involut. Strahlenbüschel M u. N und wählt irgend 2 Paare zugeordneter Strahlen derselben, so bilden diese ein vollständiges 4Seit; zieht man nun von dem Schnittpunkte P der beiden Strahlen, welche dem gemeinsamen Strahle MN zugeordnet sind, nach den 3 Paar Gegenecken 3 Paare von Strahlen, so bilden diese 3 Paare zugeordneter Strahlen eines involut. Strahlenbüschels P, dessen involut. Beziehung dieselbe bleibt, welche zugeordnete Strahlenpaare von M und N man auch wählen mag. Dabei überzeugt man sich alsbald, daß die 3 involut. Büschel MNP der Art in Wechselbeziehung stehen, daß jeder derselben den beiden andern gegenüber in der hier besprochenen Beziehung steht. Die 3 involut. Büschel haben entweder alle 3, oder es hat nur 1 Ordnungselemente; im ersten Falle stellen die Ordnungselemente die 6 Seiten eines vollständigen 4Ecks dar, von dem MNP das Poldreieck ist.

77. Aufg.: Es ist eine Gerade p und außerhalb derselben 3 Punkte ABC, die nicht in 1 Geraden liegen, gegeben, man soll in p einen Punkt S finden, so daß S(ABCS)*) einem gegebenen Wurfe abcd projekt. sei.

Man suche in der Geraden AB einen Punkt C_1 von der Beschaffenheit, daß wenn wir mit D den Schnittpunkt von AB u.

---

*) Die Gerade SS stellt die Gerade p dar, ähnlich der Bezeichnung in I. Th. 48.

p bezeichnen, ABC_1D π abcd, so stellt der Schnittpunkt von CC_1 und p offenbar den gesuchten Punkt S dar.

78. Aufg. Es sind 4 Punkte ABCD gegeben, man soll den geometrischen Ort desjenigen Punktes S finden, der die Eigenschaft hat, daß S(ABCD) π abcd.

Sind 3 der 4 Punkte z. B. ABC in 1 Geraden, so suche man in dieser Geraden den 4ten Punkt D_1 von der Beschaffenheit, daß $ABCD_1$ dem gegebenen Wurf abcd projekt. ist, alsdann stellen sämmtliche Punkte von DD_1 die gesuchten Punkte S dar. Bilden ABCD ein 4 Eck, so suche man eine durch D gehende Gerade DD von der Beschaffenheit, daß D(ABCD) π abcd ist; die sämmtlichen Punkte der Kurve II, welche durch ABCD geht und die DD berührt, stellen nach I. Th. 61 die fraglichen Punkte S dar.

79. 2 zu einer Kurve II perspekt. Strahlenbüschel A(abc..) π $B(a_1b_1c_1..)$ schneiden jede zu AB konjugirte Gerade p in zugeordneten Punkten einer Involution $aa_1.bb_1.cc_1\ldots$, deren Ordnungselemente die Schnittpunkte von p und K sind, oder mit andern Worten: die 2 Seiten AC und BC eines einer Kurve II eingeschriebenen Dreiecks ABC schneiden jede der AB konjugirte Gerade p in 2 konjugirten Punkten.

Es ist nämlich p(abc...) π $p(a_1b_1c_1\ldots)$, da diese beiden geraden Gebilde Schnitte 2er perspekt. Strahlenbüschel A und B sind, ferner bilden diese beiden geraden Gebilde ein involut. gerades Gebilde, da der Schnittpunkt von AB und p, sowie der Pol von AB einander abwechselnd entsprechen, und schließlich stellen die Schnittpunkte von p und K die Ordnungselemente dieser Involution dar, da sie offenbar entsprechend gemeinsame Elemente darstellen. Besondere Fälle hievon lauten:

80. Beschreibt man in einer Kurve II K ein Dreieck ABC, dessen Seite AB ein Durchmesser ist, so haben die beiden Seiten AC und BC desselben stets die Richtung 2er konjugirter Durchmesser (man nennt sie wohl auch konjugirte Sehnen). Man erhält die Richtung der 2 gleichen Durchmesser einer Ellipse, wenn man die Endpunkte der Axen mit einander verbindet.

81. Alle Winkel im Halbkreise sind $= 90°$.

82. Berühren 2 Gerade ab eine Parabel in a u. b, und zieht man von dem Schnittpunkt ab eine Sekante, welche die zu a u. b gehörigen Durchmesser in a_1 u. b_1 schneidet, so liegt der Schnittpunkt von a_1b u. b_1a ebenfalls auf der Parabel.

Ferner folgt hieraus unmittelbar noch folgendes:

83. In jede Kurve II lassen sich unzählig viele Parallelogramme einzeichnen und ihre Seiten haben stets die Richtungen von 1 Paar konjugirter Durchmesser. Parallelogramme giebt es für jeden Durchmesser als Diagonale unendlich viele aber nur 1 Rechteck, und dessen Seiten haben die Richtungen der Axen.

84. Berührt eine Kurve II K eine andere K_1 doppelt, und bezieht man die Punktelemente von K_1 so auf einander, daß je 2 Punkte, die auf einer Tangente von K liegen, einander entsprechen, so entstehen in K_1 2 projekt. Kurven.

Sind nämlich Fig. 15 a und b 2 Tangenten an K, die sich in M_1 schneiden, während sie die K_1 in aa_1 einerseits und bb_1 andrerseits schneiden, so ist MM_1 und zwar für beide Kurven die Polare des Punktes, in welchem sich die gemeinsame Berührungschorde PQ und die Polare von M_1 in Bezug auf K schneiden. Daher schneiden sich die Geraden ab_1 und a_1b stets in einem Punkte der festen Berührungschorde PQ; läßt man daher a und somit a und a_1 fest, dagegen b sich ändern, so ist Strahlenbüschel $a(b\ldots) \,\pi\, a_1(b\ldots)$ woraus der Satz folgt.

85. Berührt eine Kurve II K eine andere K_1 doppelt, und bezieht man die Tangenten von K_1 so auf einander, daß je 2 entsprechende sich in 1 Punkte von K schneiden, so ist die Beziehung der Elemente von K_1 eine projekt. Die beiden Berührungspunkte von K und K_1 bestimmen hier wie in Nr. 84 die entsprechend gemeinsamen Elemente.

Zus. Es leuchtet ein, daß in 84. und 85. Voraussetzung und Behauptung vertauscht werden können, was die Sätze in der Form von I Th. 73. giebt.

86. Die Berührungschorden aller Kurven II, welche durch 2 feste Punkte M und N gehen und eine gegebene Kurve II K doppelt berühren, gehen durch einen von 2 festen Punkten P oder Q.

Zieht man nämlich von M 2 Tangenten an K, die sie in den

Punkten a α berühren, und ebenso von N 2 Tangenten an K die sie in b β berühren, und läßt nun in der K 2 projekt. Kurven enthalten sein, in denen entweder dem a u. b das α u. β oder dem α u. b das a u. β entspricht, während außerdem noch einem 3ten Element des ersten Kurvengebildes ein beliebiges von a b α β verschiedenes Element entspricht, so erhält man durch die Schnittpunkte der Tangentenpaare an je einem Paare entsprechender Punkte nach Nr. 85 alle möglichen Kurven II, welche die K doppelt berühren und zugleich durch M und N gehen. Die beiden entsprechend gemeinsamen Punkte der beiden projekt. Kurvengebilde bestimmen dabei in beiden Fällen die Berührungschorden. Nach Nr. 2 findet man aber diese entsprechend gemeinsamen Punkte durch die Schnitte der Kurve K mit einer Geraden, die im 1sten Fall nothwendig durch den Schnittpunkt von a β u. α b, im 2ten Falle durch den Schnittpunkt von α β u. ab gehen muß.

Hieraus ist noch nach 13 zu erkennen, daß diese beiden festen Punkte mit MN auf einer Geraden liegen und, wie unten gezeigt wird s. 131, durch sie harmonisch getrennt sind.

87. Wird eine Kurve II K von irgend einer andern Kurve II, welche noch außerdem 2 gegebene Gerade m u. n berührt, doppelt berührt, so schneiden sich die beiden gemeinsamen Tangenten auf einer von 2 festen Geraden, welche 2 Seiten desjenigen Poldreiecks darstellen, das zu dem 4 Eck gehört, das durch die beiden Paare von Schnittpunkten der K mit m u. n entsteht; sie schneiden sich daher mit m u. n in 1 Punkte und sind durch sie harmonisch getrennt.

88. Die Berührungschorden aller Kurven II, welche demselben 4 Seit eingeschrieben sind, gehen für je ein Paar dieser 4 Geraden durch ein Eck des zum 4 Seit gehörigen Polardreiecks.

Der Beweis ist vollständig derselbe wie in 86, da die projekt. Beziehung 2er Tangenten durch die Annahme von bloß 2 andern nicht vollständig fixirt ist, wenn man dabei bedenkt, daß die Berührungschorde nach 2 diejenige Gerade ist, welche auf den beiden Tangenten die Punkte bestimmt, welche ihrem Schnittpunkte entsprechen.

89. Die Tangenten in je 2 Eckpunkten eines 4 Ecks schneiden sich für alle diesem 4 Eck umschriebenen Kurven in

je 1 von 3 festen Geraden, welche die 3 Seiten des zum 4 Eck gehörigen Polardreiecks darstellen.

90. Die Berührungschorden aller Kurven II, welche 2 feste Gerade m und n und außerdem noch eine Kurve II K doppelt berühren, gehen durch einen von 2 festen Punkten.

Schneidet nämlich m u. n die K in den beiden Punktenpaaren a α u. b β und bezieht man wieder entweder K(a b c..) projekt. auf K($\alpha\beta\gamma$...) oder K(αb c..) projekt. auf K (a $\beta\gamma$..), wobei c u. γ beliebig ist, so erhält man wieder durch die Verbindungslinien entsprechender Punkte der beiden projekt. Kurvengebilde nach 85. Zus. alle möglichen Kurven II, welche m u. n zu Tangenten haben und die K doppelt berühren.

91. Die Schnittpunkte der gemeinsamen Tangenten 2er sich doppelt berührender Kurven K und K_1, von denen K fest gedacht wird, während K_1 nur der Bedingung unterworfen ist, daß sie 2 feste Gerade berührt, liegen auf 2 festen Geraden.

Zus. Die beiden festen Punkte oder Geraden werden für 90 u. 91 ebenso bestimmt wie für 86. und 87.

Rücken die beiden Berührungspunkte von K u. K_1 unendlich nahe zusammen, so geht die doppelte Berührung in eine 4 punktige Oskulation über, hieraus erhält man den Satz:

92. Es gibt im Allgemeinen 4 Kurven II, welche eine gegebene Kurve II K 4 punktig oskuliren und noch durch 2 feste Punkte gehen. Man findet die Oskulationspunkte, wenn man von den in 86. oder 91. gefundenen festen Punkten Tangenten an K zieht.

93. Hat man 2 Kurven II K u. K_1, die sich doppelt berühren oder 4 punktig sich oskuliren, und man zieht von 2 ganz beliebigen Punkten der einen 2 Paar Tangenten an die andere, so bestimmen deren Berührungspunkte ein 4 Eck, von dessen Poldreieck ein Eck stets auf der Berührungschorde beider Kurven liegt, während das durch die 4 Tangenten selbst bestimmte 4 Seit ein Polardreieck hat, dessen eine Seite stets durch den Schnittpunkt der gemeinschaftlichen Tangenten von K u. K_1 geht.

94. Hat man wieder 2 sich doppelt berührende Kurven

II K u. K_1 und wählt 2 beliebige Tangenten der einen, so bestimmen auf der 2ten die 4 Schnittpunkte dieser 2 Tangenten ein 4 Eck von dessen Poldreieck stets ein Eckpunkt auf der Berührungschorde liegt, während von dem durch die 4 Schnittpunkte bestimmten umschriebenen 4 Seit das Polardreieck eine Seite hat, die stets durch den Schnittpunkt der gemeinschaftlichen Tangenten von K u. K_1 geht.

95. Berühren einander 2 Kurven II. K und K_1 4 punktig und man zieht von 2 Punkten der gemeinsamen Tangente 2 Paare Tangenten an sie, so liegen nicht nur 2 Paare der Berührungspunkte, sondern auch die beiden Schnittpunkte dieser beiden Tangentenpaare mit dem Oskulationspunkt in 1 Geraden.

Dieses folgt unmittelbar aus Nr. 21, insofern bei der perspekt. Beziehung beider Kurven die erwähnten Punkte einander entsprechen.

96. Sind die beiden gemeinschaftlichen Tangenten 2er sich 3 punktig oskulirender Kurven II K u. K_1 parallel, so bilden die 4 Berührungspunkte der 4 Tangenten, die sich in 1 Punkte der Schnittlinie von K u. K_1 schneiden, ein vollständiges 4 Eck, von dessen 3 Paar Gegenseiten eines mit den Tangenten parallel ist, während ein 2tes durch den Oskulationspunkt geht, und ein 3tes auf der gemeinsamen Sehne von K u. K_1 sich schneidet.

Folgt ebenso wie 95 aus Nr. 21.

97. Bezieht man eine Gerade p so gleichläufig projekt. auf sich selbst, daß die beiden in p enthaltenen projekt. Geraden Gebilde die beiden Schnittpunkte der p und einer Kurve II K entsprechend gemein haben, so bestimmt jedes Paar entsprechender Punkte aa_1 von p ein der K umschriebenes 4 Seit, dessen 4 übrige Eckpunkte auf 4 festen Kurven liegen, die alle sich und die K in den beiden Schnittpunkten p K berühren; und eben so berühren die 4 Seiten des durch die Berührungspunkte bestimmten vollständigen 4 Ecks, welche nicht durch den Pol von p gehen, 4 bestimmte Kurven II die dieselben beiden Tangenten in den beiden Punkten p K haben, wie die eben erwähnten Kurven. Jede der 4 erst erwähnten Kurven steht zu einer der 4 letzten in

dem Verhältniß, daß zu jedem Punkt der 1sten eine Tangente der 2ten als Polare gehört.

Unter der gemachten Voraussetzung kann nämlich immer die Ebene, in der K liegt, auf 4erlei Weise projekt. so auf sich bezogen werden, daß in den beiden darin enthaltenen ebenen Geweben die K sich selbst und die beiden in p enthaltenen projekt. geraden Gebilde sich entsprechen, man erhält dadurch auch 4erlei in K enthaltene projekt. Kurvengebilde II, die nach Nr. 4 durch die Tangenten in den entsprechenden Punkten oder durch die Verbindungslinie entsprechender Punkte die 8 erwähnten Kurven erzeugen.

Man kann bei der projekt. Beziehung der ebenen Gewebe auch von der projekt. Beziehung des Strahlenbüschels P, den beide ebenen Gewebe außer K noch entsprechend gemein haben, ausgehen, und erhält ganz auf dieselbe Weise wie so eben folgenden Satz:

98. Bezieht man einen Strahlenbüschel P gleichläufig projekt. so auf sich selbst, daß die beiden an eine Kurve II K von P aus zu ziehenden Tangenten seine entsprechend gemeinsamen Strahlen sind, so bestimmen je 2 entsprechende Strahlen durch ihre Schnittpunkte mit K 4 Ecke, deren 4 nicht durch K gehende Seiten 4 Kurven II berühren, während die Tangenten in den Schnittpunkten ein vollständiges 4 Seit bestimmen, von dem die 4 Ecken, welche nicht auf der Polare von P liegen, in 4 festen Kurven II liegen.

In gewissen Fällen können je 2, ja sogar alle 4 der 4 ersten wie der 4 letzten Kurven in 1 zusammenfallen. Besondere Fälle dieser beiden Sätze sind:

90. Die Ecken aller einem Kreise umschriebenen Parallelogramme mit konstanten Winkeln liegen auf 2 dem ersten koncentrischen Kreisen.

100. Dreht sich ein konstanter Winkel um den Brennpunkt F einer Kurve II als seinen Scheitel, so bestimmt er durch die 4 Schnittpunkte seiner Schenkel je 4 Sehnen, die 2 feste Kurven II berühren, die denselben Brennpunkt F haben; ebenso schneiden sich die 4 Tangenten in den 4 Schnittpunkten je in 4 Punkten, die auf 2 festen Kurven II liegen, die ebenfalls F zum Brennpunkt haben.

Zus. Wird der konstante Winkel ein rechter Winkel, so

fallen sowohl die beiden ersten als auch die beiden letzten Kurven je in 1 zusammen.

101. Die Scheitel aller einer Parabel umschriebenen rechten Winkel liegen auf einer Geraden, Directrix genannt, deren Pol der Brennpunkt der Parabel ist (nach Nr. 4).

Die unendlich ferne Tangente der Parabel wird nämlich offenbar durch 2 auf einander senkrechte Tangenten in 2 zugeordneten Punkten eines involut. geraden Gebildes geschnitten.

102. Der geometrische Ort für die Spitzen aller einer Parabel umschriebenen gleichschenkligen Dreiecke, deren Grundlinien in einer festen Tangente liegen, ist eine Gerade, die durch den Berührungspunkt der festen Tangente und durch den Brennpunkt der Parabel geht.

Denn die involut. Beziehung der unendlich fernen Tangente ist in diesem Falle derartig, daß sowohl in der festen Tangente als auch in der auf ihr senkrechten je ein Paar zugeordnete Tangenten zusammenfallen. d. h. daß diese beiden Tangenten die Ordnungselemente darstellen.

103. Dreht sich ein rechter Winkel um einen Punkt einer Kurve II als Scheitel, so gehen die entstehenden Sehnen alle durch einen festen Punkt der im Scheitelpunkt zu errichtenden Normale.

Offenbar sind nämlich die einzelnen Sehnenpunkte Träger 2er involut. Kurvengebilde, für die die Endpunkte der Normale auch zugeordnete Punkte darstellen.

Zieht man von je 2 Punkten einer Tangente einer Kurve II, welche vom Berührungspunkt durch einen festen Punkt P harmonisch getrennt sind, je ein Paar neuer Tangenten, so schneiden sich dieselben auf der Polare von P.

Die einzelnen Tangentenpaare stellen wieder zugeordnete Tangenten 2er involut. Kurven II dar.

104. Ein besonderer Fall hievon ist: Wählt man auf einer Asymptote einer Hyperbel einen festen Punkt M und zieht von je 2 Punkten, die gleich weit von M abstehen, Tangentenpaare, so schneiden sich dieselben auf einer zur fraglichen Asymptote parallelen Geraden.

105. Bewegen sich n—1 Ecken eines einfachen n Ecks in bestimmter Ordnung auf n—1 festen Geraden abcd...

(n—1), während sich dessen n Seiten in bestimmter Ordnung um n feste Punkte ABC... N drehen, so beschreibt das nte Eck eine Kurve, die durch den 1sten A und letzten Drehpunkt N geht und die in gewissen Fällen in 1 Gerade übergehen kann.

Dieser Satz mit dem ihm reciprok verwandten wurde schon in 71 und 72 angeführt und hier nur noch einmal aufgeführt, da die nachfolgende Aufgabe in unmittelbarer Verbindung mit ihm steht.

106. Aufg. Es soll ein einfaches n Eck gefunden werden, dessen Seiten in bestimmter Ordnung durch die n Ecken ABCD... N eines gegebenen n Ecks gehen, während zugleich die n Ecken desselben auf den n Seiten abc... n eines 2ten gegebenen n Ecks liegen.

Bringen wir diese Aufgabe in den naturgemäßen Zusammenhang mit dem vorigen Satze, so lautet sie also: Man soll die Schnittpunkte der daselbst erwähnten Kurve II mit einer zu den dortigen n—1 Geraden abc... noch hinzugekommenen nten Geraden gefunden werden; oder also: die zu den dortigen n — 1 Geraden abc... noch hinzu kommende nte wird von den beiden schon in 71 erwähnten projekt. Strahlenbüscheln A u. N in 2 projekt. geraden Gebilden desselben Trägers geschnitten, es sollen nun die entsprechend gemeinsamen Punkte derselben gefunden werden; es genügen nämlich offenbar jene Schnittpunkte, wie diese entsprechend gemeinsamen Punkte als das letzte oder 1ste Eck des gesuchten n Eck der Aufgabe. Diese Aufgabe hat also durchaus keine Schwierigkeit, sondern ist nach I Th. Nr. 75a als gelöst zu betrachten.

107. Aufg. Es soll ein n Eck gefunden werden, das demselben einfachen n Eck zugleich ein und auch umschrieben ist.

Man braucht in diesem Falle nur die beiden einfachen n Ecke, durch die in der letzten Aufgabe das gesuchte n Eck bestimmt wurde, auf einander fallen lassen, um unmittelbar diese Aufgabe auf die vorige zurückgeführt zu haben, sodaß die jetzige Aufgabe eine besondere Erwähnung nicht verdiente, wenn an sie nicht einige interessante Betrachtungen sich anschlößen.

Ist in der obigen Aufgabe 106 keine Bestimmung über die Rangordnung, in der die Ecken und in der die Seiten der beiden n Ecke auf einander folgen sollen, denen das gesuchte ein und umschrieben sein soll, so sind die Möglichkeiten der fraglichen Lösung höchst mannichfach, und es sind im Allgemeinen wie man leicht findet $2^2 . 3^2 . 4^2 . 5^2 . 6^2 \ldots . n^2$ solche n Ecke möglich, die selbstverständlich zum Theil unmöglich werden können.

Fallen die beiden n Ecke in 1 zusammen, so ist alsbald klar, daß nach der obigen Lösung mit Hilfe der projekt. Strahlenbüschel kein Eck ein Drehpunkt für eine Seite des gesuchten n Ecks sein kann, von welcher ein Eck auf einer der beiden Seiten des gegebenen n Ecks liegt, die in jenem Ecke sich schneiden. Es wird hiedurch die mögliche Zahl der Lösungen wesentlich beschränkt, jedoch überzeugt man sich leicht, daß für den Fall, daß die n Ecke eine größere Anzahl von Ecken haben, die Lösung im Allgemeinen möglich sein wird. Ohne jedoch hierauf näher einzugehen, seien hier folgende 2 bekannte Sätze noch näher hervorgehoben:

108. Daß die Aufgabe für das Dreieck keine Lösung zulassen kann, ergiebt die einfachste Betrachtung; interessant bleibt aber, daß auch für das 4 Eck eine Lösung nicht möglich ist, wie also sich ergiebt:

Sind AB BC CD DA die 4 Seiten desjenigen der 3 einfachen 4 Ecke des vollständigen 4 Ecks ABCD, für welches die Aufgabe gestellt, ein neues einfaches 4 Eck zu konstruiren, das ihm zugleich um- und eingeschrieben ist, so ist klar, daß die Seite des neuen 4 Ecks, welche durch A geht, diejenigen beiden Ecken des neuen enthalten muß, die auf BC und CD liegen, ebenso enthält die durch B gehende Seite die auf AD und CD liegenden Ecken, die durch C gehende Seite die auf AB und AD liegenden Ecken, und die durch D gehende Seite die auf BC und AB liegenden Ecken. Hieraus ergiebt sich für das Verfahren, wie das gesuchte neue 4 Ecken zu finden sei, ein doppelter Weg, der aber nothwendig zu demselben Ziele führt, indem in den beiden Fällen bloß die Richtung der Bewegung auf demselben in sich geschlossenen Wege eine verschiedene ist.

Denkt man sich nämlich nach dem obigen A als Centrum eines Strahlenbüschels, von dem in BC und CD 2 perspekt. Schnitte sich befinden, so kann man die Sache so anschauen, als ob durch den Strahlenbüschel A die Punkte von BC auf CD oder umgekehrt die von CD auf BC projicirt wären, im 1sten Falle bleibt, wenn man das oben angewendete oder bezeichnete Verfahren fortsetzen will, keine Auswahl mehr übrig, man muß dann das erhaltene gerade Gebilde in CD aus dem Centrum B auf AD und das so in AD erhaltene aus dem Centrum C auf AB, und nun endlich das so in AB erhaltene aus D auf BC projiciren, auf diese Weise erhält man nach einander in CD in DA in AB und in BC 4 gerade Gebilde, die alle zu dem ursprünglich in BC angenommenen projekt. sind, so daß in BC selbst 2 unter sich project. gerade Gebilde sind, deren entsprechend gemeinsame Punkte, und zwar diese allein, der gestellten Aufgabe als je ein Eck des gesuchten 4 Ecks genügen können.

Hätte man den 2ten Fall in Anwendung gebracht, d. h. wäre man von einem in DC gelegenen geraden Gebilde ausgegangen, so wäre nichts geändert worden, als daß sowohl die Ordnung der Projektionscentra von A ausgehend als auch die Ordnung der Seiten oder Geraden von C aus in genau umgekehrter Ordnung hätten genommen werden müssen, und man hätte zuletzt in DC 2 projekt. gerade Gebilde erhalten, deren reelle entsprechend gemeinsame Punkte die einzigen Möglichkeiten für eine Lösung der gestellten Aufgabe geliefert hätten.

Beide Wege sind also wesentlich dieselben, ja das Verfahren oder der Beweis ist sogar dem Wortlaute nach derselbe, wenn man bei der Bezeichnung unsres 4 Ecks dasselbe in umgekehrter Richtung durchlaufen denkt; wir halten uns daher an die Bezeichnung des 1sten Falles.

Bezeichnen wir aber den Schnittpunkt der Geraden AD mit der Geraden BC durch E und suchen nun zu den 3 Punkten BCE der ersten Geraden BC durch die obige 4malige Projektion die entsprechenden Punkte auf den 4 Geraden unsres einfachen 4 Ecks, so ist ohne weiteres ersichtlich, daß diesen 3 Punkten nach der letzten Projektion aus D auf BC selbst wieder stets die 3 Punkte EBC entsprechen, woraus bei jeder gegenseitigen Lage der 3 Punkte BCE nie beide projekt. gerade Gebilde einen Punkt entsprechend gemein haben können, denn bezeichnen wir diese 3 Punkte der Art durch a b c, daß b denjenigen derselben bedeutet, der auf der endlichen Strecke zwischen den beiden andern liegt, so leuchtet unmittelbar ein, daß weder auf einer der endlichen Strecken a b und b c noch auf der unendlichen Strecke ca ein Paar entsprechender Punkte enthalten sein können.

109. Während beim Dreieck und 4 Eck die Aufgabe in 107 gar keine Lösung zuläßt, läßt sie, was nicht minder interessant ist, bei dem 5 Eck unendlich viele Lösungen zu.

Betrachtet man nämlich wieder von einem vollständigen 5 Eck ABCDE das bestimmte der 10 einfachen dadurch fixirten einfachen 5 Ecke oder 5 Seite, dessen Seiten in der durch die Reihenfolge der Ecken ABCDEA bestimmt sind, so giebt es hier für jedes Eck A des gegebenen 5 Ecks und die durch ihn gehende Seite des neuen 5 Ecks 3 verschiedene Möglichkeiten, wie die Ecken des neuen 5 Ecks auf den Seiten des alten sich gruppiren können; auf der durch A gehenden Seite des neuen 5 Ecks können nämlich die 2 neuen Eckpunkte auf je 2en der Geraden BC CD DE liegen. Daraus ergeben sich aber nun auch eine große Menge von Variationen bei der Untersuchung der möglichen Lösungen der hieher gehörigen Aufgabe in 107. Wir heben für unsern Zweck d. h. zum Beweis des ausgesprochenen Satzes folgenden Fall hervor. Projiciren wir immer gerade 2 solche Seiten auf einander, zwischen denen nur eine Seite des 5 Ecks liegt, und zwar aus demjenigen Eck des 5 Ecks, welches der so eben erwähnten Seite gerade gegenüber liegt, so giebt es auch hier wie in 108 nur eine Möglichkeit zu dem gesuchten 5 Eck zu gelangen, obwohl auch hier wieder wie dort auf 2 scheinbar verschiedenen Wegen zum Ziele zu gelangen ist, die sich jedoch nur der Richtung, in der man vorwärts geht auf dem in sich geschlossenen Wege, unterscheiden. Man kann nämlich in dem einfachen 5 Seit ABCDEA wieder aus A das gerade Gebilde in der Seite BC auf die Seite DE oder umgekehrt die DE auf die BC projiciren; hat man sich aber einmal für das eine entschieden, so bleibt nun unter der obigen Voraussetzung keine weitere Wahl sowohl hinsichtlich der Aufeinanderfolge der Projektionscentra als auch der Seiten, es überspringen nämlich sowohl die ersten als auch die letzten stets je ein Eck, und die beiden verschiedenen Wege unterscheiden sich nur in der Art durch die Richtung, so zu sagen, daß die Projektionscentra in dem einen Fall in der Ordnung A C E B D, in dem andern in der Ordnung A D B E C auf einander folgen, dabei erhalten wir das erste Mal in der Geraden BC das andre Mal in der Geraden DE 2 projekt. gerade Gebilde, deren entsprechend gemeinsame Punkte als Ecken des gesuchten 5 Ecks je eine Auflösung gewähren.

Sucht man nun aber in der erwähnten Weise zu den 3 Punkten in der ersten Geraden (hier BC) von denen 2 (hier B und C) zu den 5 Eckpunkten selbst gehören, und dem Schnittpunkt (F) der beiden Geraden hier (BC und DE) die zuerst auf einander (hier aus A) projicirt werden, durch fortgesetzte Projektion in der beschriebenen Ordnung die entsprechenden Punkte, so findet man ohne Schwierigkeit, daß diese 3 Punkte in den beiden projekt. geraden Gebilden der ersten Seite (hier BC) alle 3 entsprechend gemeinsame Punkte darstellen, woraus folgt, daß in jedem Punkt 2 entsprechende Punkte zusammentreffen, so daß also jeder Punkt von BC als Eck eines solchen 5 Ecks betrachtet werden kann.

110. Drehen sich n Seiten eines einer Kurve II K eingeschriebenen einfachen n + 1 Ecks um n Punkte $M_1 M_2 M_3$ einer Geraden p, so dreht sich die letzte Seite ebenfalls um einen Punkte dieser Geraden p, in dem Falle, wenn n ungerade also n + 1 gerade ist; dagegen berührt diese letzte Seite eine 2te Kurve II K_1, die mit K in den Schnittpunkten von K und p eine doppelte Berührung hat, in dem Fall, wenn n gerade, n + 1 also ungerade ist.

Läßt man das erste Eck stetig sich ändern, so ändern sich alle andern ebenso, und dabei beschreibt jedes bestimmte dieser n+1 Ecken ein Kurvengebilde II in K, das jedem anderen auf diese Weise erzeugten projekt. ist; also bildet auch das letzte Eck und das 1ste je ein Paar entsprechender Punkte 2er projekt. Punktgebilde II desselben Trägers. In dem 1sten Fall in dem n ungerade also n+1 gerade, entsprechen die beiden Schnittpunkte von K und p einander abwechselnd im 2ten Fall, wenn n gerade also n+1 ungerade, sind dieselben beiden Schnittpunkte entsprechend gemeinsame Elemente, woraus der Satz folgt.

111. In dem Falle, daß n+1 ungerade ist, kann trotzdem der Fall eintreten, daß die letzte Seite keine Kurve II berührt, sondern daß auch sie stets durch einen festen Punkt geht; es ist dieß nämlich deßwegen möglich, weil auch, wenn das letzte und erste Eck zugeordnete Punkte eines involut. Kurvengebildes II dar-

stellen, immerhin noch die Schnittpunkte von K und p sich selbst entsprechen können, nämlich in dem Falle, wenn sie die Ordnungselemente des involut. Kurvengebildes darstellen. Es muß daher aber immer in diesem Falle der Pol P von p der feste Punkt sein, durch den die letzte Seite stets geht.

Hiebei ist es von Interesse, daß dieses Resultat für jedes eingeschriebene $n+1$ Eck mit ungerader Seitenzahl auf unendlich vielfache Weise erreicht werden kann, und daß dabei von den n festen Drehpunkten $M_1 M_2 M_3 \ldots$ von p alle bis auf einen vollständig beliebig gewählt werden können, während jedoch dann die letzte dadurch vollkommen bestimmt ist.

Ist nämlich, um beispielsweise den Beweis fürs 5 Eck zu führen, $a_1 a_2 a_3 a_4 a_5$ (s. Fig. 14) ein ganz beliebiges eingeschriebenes 5 Eck, für welches jedoch $a_1 a_5$ durch den Pol $P(M_5)$ von p geht, und schneiden die Seiten $a_1 a_2$ $a_2 a_3$ $a_3 a_4$ $a_4 a_5$ entsprechend die p in den Punkten $M_1 M_2 M_3 M_4$, so erfüllen diese 4 Punkte die Bedingung, daß für jedes andere eingeschriebene 5 Eck $b_1 b_2 b_3 b_4 b_5$, dessen 4 erste Seiten $b_1 b_2$ rc. ebenfalls durch $M_1 M_2 M_3 M_4$ gehen, die letzte Seite $b_5 b_1$ ebenfalls durch P geht. Hiebei ist klar, daß die hier gebrauchte Bedingung, daß $a_1 a_5$ durch P gehen muß, vollkommen gleichbedeutend ist mit der, daß 3 der 4 Punkte M willkürlich sein dürfen, daß aber der 4te dadurch fixirt ist, denn läßt man $M_1 M_2 M_3$ und das erste Eck a, ganz willkürlich so sind $a_2 a_3$ a_4 dadurch bestimmt und nun kann man M_4 immer gerade auf eine Weise so wählen, daß $a_4 a_5$ durch M_4 geht.

Daß aber die so eben aufgestellte Behauptung wirklich richtig ist, ergiebt sich also: Betrachtet man a_5 als 1stes Eck eines neuen eingeschriebenen 5 Ecks, dessen Seiten in der obigen Ordnung wieder durch $M_1 M_2 M_3 M_4$ gehen und das in der Fig. durch $b_1 b_2 b_3$ $b_4 b_5$ bezeichnet ist, so ist dasselbe vollkommen fixirt, da aber von dem der Kurve eingeschriebenen 4 Eck $b_1 b_2$ $a_2 a_1$ das Paar Gegenseiten $b_1 b_2$ und $a_1 a_2$ sich in einem Punkte M_1 von p schneiden, während die Seite $b_1 a_1$ durch den Pol P von p geht, so muß nach 11 auch deren Gegenseite $b_2 a_2$ durch P gehen. Ganz aus demselben Grunde muß auch $b_3 a_3$ und $b_4 a_4$ durch P gehen; und darum muß dann auch endlich der Schnittpunkt der beiden Geraden $b_4 a_1$ und $a_4 a_5$, weil $b_4 a_4$ und $a_1 a_5$ zugleich durch P gehen, auf p d. h.

in M_4 sich schneiden, d. h. es muß b_5 mit a_1 zusammenfallen, d. h. in dem projekt. Kurvengebilde, in welchem das 1ste und letzte Eck der fraglichen 5 Ecke entsprechende Punkte sind, entsprechen a_1 und a_5 und also alle Punkte einander abwechselnd w. z. b. w.

Zus. Bei eingeschriebenen Dreiecken ist nach dem Obigen bloß der 1 Drehpunkt M_1 beliebig und der andere M_2 dadurch vollkommen fixirt und hier läßt sich nun auch noch die Abhängigkeit von M_1 und M_2 geometrisch deuten, wie aus dem letzten Beweis unmittelbar folgt und auch auf anderem Wege sich schon ergeben hat. Die Abhängigkeit lautet nämlich also:

> Drehen sich bei einem einer Kurve II eingeschriebenen Dreiecke 2 Seiten um 2 konjugirte Punkte, so geht die 3te stets durch den Pol der Verbindungslinie der festen Drehpunkte.

112. An den in 110 enthaltenen Satz, der für ein eingeschriebenes Vieleck von gerader Seitenzahl galt, schließt sich unmittelbar ein weiterer interessanter Satz über solche Vielecke an.

Es seien nämlich die Kurve K, die Gerade p und in ihr eine ungerade Zahl (m — 1) von festen Drehpunkten $M_1 M_2 M_3 \ldots$ gegeben, zieht man nun durch den 1sten festen Drehpunkt M_1 eine Sekante, welche die Kurve in den beiden Punkten A u. A_1 schneiden möge (s. Fig. 15), so kann man diese Gerade $A A_1$ als die erste Seite eines der Kurve eingeschriebenen m Ecks, dessen Seiten der obigen Ordnung nach durch die festen Drehpunkte $M_1 M_2 \ldots$ gehen, betrachten aber dieses in doppelter Weise; man kann nämlich A als den 1sten und A_1 als den 2ten Eckpunkt desselben betrachten oder auch umgekehrt A_1 als den 1sten und A als den 2ten; dadurch erhält man 2 eingeschriebene m Ecke, $ABCDE \ldots A_1$ und $A_1 B_1 C_1 D_1 E_1 \ldots A$, die beide die Seite $A A_1$ gemein haben, deren entsprechende m—1 erste Seitenpaare sich in denselben m—1 festen Drehpunkten $M_1 M_2 \ldots$ schneiden, und für welche nun auch nach dem Satze in 110 die beiden letzten Seiten durch einen und denselben Punkt von p gehen. Die Eckpunkte $ABCD \ldots A_1 B_1 C_1 D_1$ dieser beiden der Art zusammengehörigen m Ecke bilden aber zusammen offenbar ein einziges neues eingeschriebenes Vieleck, von dem $A A_1$ eine Diagonale ist und in welchem sich je 2 Seiten in den m — 1 festen Drehpunkten

$M_1 M_2$.. schneiden. Hieraus ergiebt sich der oben angedeutete Satz folgender Maßen: Es sei die gerade Seitenzahl des ursprünglichen Vielecks mit gerader Eckenzahl durch 2q bezeichnet, so hat, da ja A u. A_1 obwohl Ecken beider 2q Ecken im neuen Vieleck nur einmal gezählt werden dürfen, das neu entstehende Vieleck 4q—2 Ecken; zwischen je 2 Seiten desselben, die sich in 1 festen Drehpunkt schneiden, liegen und zwar nach links wie nach rechts gerechnet gerade 2q—2 seiner Seiten; die obige Zahl (m—1) der festen Drehpunkte lautet in der jetzigen Bezeichnung 2q—1, wobei für den folgenden Satz noch zu beachten, daß M_1 in demselben verschwindet, woraus denn folgender Satz sich ergiebt:

Schneiden sich in einem einer Kurve II eingeschriebenen Vielecke von der Eckenzahl 4q—2, wobei q eine beliebige ganze Zahl ist, 2q—2 Paare von Gegenseiten in 2q—2 festen Punkten einer Geraden, so findet dieses auch mit dem letzten Paare Statt.

Reciprok zu den letzten Sätzen 105, 110, 111, 112 sind folgende:

113. Drehen sich n—1 Seiten eines einfachen n Seits um n—1 feste Punkte während die n Ecken auf n festen Geraden sich bewegen, so berührt die letzte Seite im Allgemeinen eine Kurve II, die auch die erste und letzte der obigen festen Geraden zu Tangenten hat.

114. Bewegen sich n—1 Ecken eines einer Kurve II K umschriebenen einfachen n Seits auf n—1 festen Strahlen eines Strahlenbüschels P, so bewegt sich der letzte Eckpunkt ebenfalls auf einem Strahle desselben, wenn das n Seit eine gerade Seitenzahl hat. Ist dagegen n ungerade, so beschreibt das letzte Eck im Allgemeinen eine Kurve II, welche die K in denjenigen beiden Punkten berührt, welche auf der Polare von P liegen.

115. Auch bei einem einer Kurve umschriebenen Vielecke von ungerader Seitenzahl kann der Fall eintreten, daß alle Ecken auf n festen Geraden sich fortbewegen.

Sind um diesen einen allgemeinen Fall anzuführen in 114 n—2 Strahlen von P willkürlich, so kann man den (n—1) sten stets so wählen, daß es unendlich viele der K umschriebene einfache n Ecke giebt, deren n—1 Ecken auf den erwähnten Strahlen von P sich bewegen, während der nte alsdann immer auf der Polare von P sich bewegt.

Fürs umschriebene Dreieck lautet insonderheit dieser Satz:

Bewegen sich 2 Ecken eines einer Kurve II umschriebenen Dreiecks auf 2 konjugirten Geraden, so bewegt sich das 3te Eck stets auf der Polare des Schnittpunkts jener beiden ersten Geraden.

116. Drehen sich bei einem einer Kurve II umschriebenen einfachen Vielseit von der Seitenzahl 4q—2 die Verbindungslinien aller Paare von Gegenecken bis auf eine (sie werden wohl auch Hauptdiagonalen genannt) um einen festen Punkt, so dreht sich auch die letzte Hauptdiagonale um denselben Punkt.

117. Aufg. Es soll in eine Kurve II ein einfaches n Eck eingezeichnet werden, dessen n Seiten in bestimmter Ordnung durch n beliebige Punkte gehen, d. h. einem gegeben n Eck $M_1 M_2 M_3 \ldots$ umschrieben sein soll.

Bezeichnen wir hier die Ecken durch $A_1 A_2 A_3 \ldots$, wobei $A_1 A_2$ durch M_1, $A_2 A_3$ durch M_2 ꝛc. gehen soll, und denkt man sich A_1 durch Drehung des Strahles von M_1, auf dem es liegt, selbst veränderlich, so verändern sich damit alle übrigen Ecken, jedoch beschreiben alle dabei projekt. Kurvengebilde in K. Hiebei wird der letzte Punkt A_{n+1}, welcher mit A_1 zusammenfallen muß, wenn das n Eck geschlossen sein, d. h. wenn wirklich ein n Eck und nicht ein n + 1 Eck durch die verschiedenen Schnittpunkte der einzelnen Strahlen von $M_1 M_2 M_3 \ldots$ entstehen soll, im Allgemeinen mit A_1 nicht zusammenfallen, sondern nur in den beiden Punkten, welche die beiden projekt. Kurvengebilde, die A_1 und A_{n+1} beschreiben, entsprechend gemein haben. Hieraus ist wieder zu ersehen, daß die Aufgabe im Allgemeinen 2 Auflösungen zuläßt, daß aber auch keine oder eine oder unendlich viele Auflösungen sich ergeben können, wie denn 111 und 117 von dem letzteren Falle 2 Beispiele erkennen lassen.

Zus. Für den Fall, daß von den festen Punkten $M_1 M_2 M_3 \ldots$ eine ungerade Anzahl außerhalb der Kurve liegt, giebt es nothwendig gerade 2 Auflösungen.

Dieses ergiebt sich daraus, daß, wie man sich leicht überzeugt, in diesem Falle das erste und letzte projekt. Kurvengebilde $K(A_1 \ldots)$ und $K(A_{n+1} \ldots)$ nothwendig gegenläufig projekt. sein und also 2 entsprechend gemeinsame Punkte haben müssen.

118. Die recipr. Aufg. lautet: Es soll einer Kurve II ein einfaches n Seit umschrieben werden, das zugleich einem gegebenen einfachen n Seit eingeschrieben ist.

Schneidet eine ungerade Anzahl von Seiten desselben die Kurve, so giebt es gerade 2 Auflösungen.

119. Sind dem Dreieck NPQ n Kurven $K_1 K_2 K_3 \ldots K_n$ umschrieben, so schneiden sich diese noch zu je 2 in den n Punkten $M_1 M_2 M_3 \ldots$ nämlich $K_1 K_2$ in M_1, $K_2 K_3$ in M_2 2c. Und unter dieser Voraussetzung giebt es unendlich viele einfache n Ecke $A_1 A_2 A_3 \ldots A_n$, deren n Seiten nach der Ordnung durch $M_1 M_2 M_3 \ldots$ gehen, und deren Ecken nach der Ordnung in den n Kurven $K_1 K_2 K_3 \ldots$ liegen.

Nimmt man A_1 in K_1 beliebig an, so ist A_2 eine Projektion von A_1 auf K_2 aus dem K_1 u. K_2 gemeinschaftlichen Punkte M_1; A_3 eine Projektion von A_2 auf K_3 aus dem K_2 u. K_3 gemeinschaftlichen Punkte M_2 2c. Und so gelangt man endlich in der letzten Kurve K_n zu dem letzten Punkte A_n. Bewegt sich A_1 in K_1, so bewegen sich alle Ecken in ihren Kurven und wenn unser Satz richtig sein soll, so muß stets A_n und A_1 mit M_n in 1 Geraden liegen, d. h. die beiden Strahlenbüschel $M_n (A_n \ldots)$ und $M_1 (A_1 \ldots)$ müssen beide perspekt. zur Kurve K_1 sein. Daß dieses aber der Fall ist, folgt daraus, daß offenbar alle Strahlenbüschel, die bei der Aenderung von A_1 entstehen, projekt. sind, und daß je 2 aufeinanderfolgende perspekt. zu der Kurve sind, in der ihre Centra liegen, insoferne die 3 Strahlen, die nach den 3 Punkten NPQ gehen, entsprechende Strahlen darstellen.

120. Sind n Kurven dem Dreieck npq eingeschrieben, so giebt es unendlich viele einfache n Seite deren Seiten die einzelnen aufeinanderfolgenden Kurven berühren, und deren Ecken in derselben Ordnung je auf der 4ten gemeinschaftlichen Tangente derselben beiden Kurven liegen.

121. Bezieht man Fig. 15 die Punktelemente abc... einer Kurve II K involut. auf die Punktelemente $a_1 b_1 c_1 \ldots$ derselben Kurve

K und ist M u. m Involutions-Centrum und-Axe, und bezieht man ferner K(abc...) involut. auf K(ABC...) und K($a_1 b_1 c_1$...) involut. auf K($A_1 B_1 C_1$...), jedoch beide Mal für dasselbe Centrum M_1 und dieselbe Axe m_1 der involut. Beziehung, so ist offenbar auch K(ABC...) involut. K($A_1 B_1 C_1$...). Ist nun für diese letztere involut. Beziehung M_2 u. m_2 Involutions-Centrum und Axe, so gilt nun folgendes:

M M_1 u. M_2 liegen in einer Geraden und es sind M M_2 durch M_1 u. m_1 harmonisch getrennt, woraus dann reciprok. von selbst folgt, daß m m_1 m_2 sich in 1 Punkt schneiden und m m_2 durch m_1 u. M_1 harmonisch getrennt sind.

Daß MM_1M_2 in 1 Geraden liegen, folgt unmittelbar daraus, daß die Schnittpunkte von MM_1 mit K auch für die 3te involut. Beziehung ein Paar konjugirter Punkte darstellen; und was den 2ten Theil des Satzes anlangt, so schneiden sich nach 11 aa_1 und AA_1 auf der Polare m_1 von M_1 und es ist dabei M_1 u. m_1 durch die Geraden aa_1 u. AA_1 harmonisch getrennt.

Ein besonderer Fall hievon lautet:

Zieht man von den Schnittpunkten einer Geraden p mit 2 parallelen Tangenten einer Kurve II noch ein Paar Tangenten an sie, so schneiden sich diese auf einer zu p parallelen Geraden, die in der Mitte zwischen p und ihrem Pole liegt.

122. Zieht man von 2 Punkten einer Tagente von der Kurve II K, die gleichweit vom Berührungspunkt A abstehen, noch je ein Paar Tangenten an sie, so schneiden sich diese Tangenten-Paare auf dem durch A gehenden Durchmesser, und die Verbindungslinie der Berührungspunkte läuft mit der Tangente AA parallel. Dieses folgt aus I. Th. 61 und 4b, insoferne für das in K entstehende involut. Kurvengebilde der unendlich ferne Punkt von AA Involutionscentrum wird.

123. Zieht man von 2 Punkten einer Tangente AA von einer Kurve II K, für welche das Produkt der Entfernungen vom Berührungspunkt A konstant ist, je noch ein Paar Tangenten, so geht die Verbindungslinie der Berührungspunkte stets durch einen festen Punkt des durch A gehenden Durchmessers, während die Schnittpunkte der ein-

zelnen Tangentenpaare in einer zu AA parallelen Geraden liegen.

Dieses folgt wieder aus I. Th. 61 und 4b insoferne in dem in K entstehenden involut. Kurvengebilde die Endpunkte des durch A gehenden Durchmessers zugeordnete Punkte darstellen.

124. Die Verbindungslinien der Berührungspunkte A und B 2er auf einander senkrechter Tangenten einer Parabel gehen durch den Brennpunkt F und die Spitzen C aller der der Art der Parabel umschriebenen rechten Winkel liegen daher auf der Direktrix.

Da nämlich die unendlich ferne Tangente der Parabel durch je 2 auf einander senkrechte Tangenten in 2 zugeordneten Punkten derselben Involution geschnitten werden, so stellen nach 4b jedes Paar Berührungspunkte wie AB 2 zugeordnete Punkte eines in der Parabel enthaltenen involut. Kurvengebildes II dar. Daß aber das Involutionscentrum F wirklich der Brennpunkt ist, folgt daraus, daß je das Paar Gerader FA (oder FB d. h. AB) und FC die unendlich ferne Gerade in 2 Punkten schneiden, die in der oben erwähnten Involution zugeordnet, also auf einander senkrecht sind. [Die Fig. 16 macht den letzten Theil des Beweises für den anschaulicheren Fall deutlich, daß das involut. Kurvengebilde reelle Ordnungselemente hat, und die unendlich ferne Tangente durch eine endliche Tangente $a a_1$ vertreten ist; die Ordnungselemente des zum involut. Kurvengebilde II perspekt. involut. geraden Gebildes $a a_1$ sind M und N und $a M a_1 N$ ist nach 10 offenbar ein harmonischer Wurf.]

125. Jedes Paar konjugirter Durchmesser einer Kurve II schneiden eine beliebige Tangente derselben in einem Paar Punkten, für welche das Produkt der Entfernungen vom Berührungspunkt gleich ist dem Quadrate des der Tangentenrichtung konjugirten Halbmessers. *)

Folgt aus 25 und I. Th. 100, wenn man bedenkt, daß die Diagonalen eines einer Ellipse umschriebenen Parallelogramms, dessen Seiten 2en konjugirten Durchmesser parallel sind, selbst ein Paar konjugirte Durchmesser sind (nach 13); und daß für die Hyperbel die

*) Bei der Hyperbel wird die Größe dieses Halbmessers durch die Hälfte des zwischen den Asymptoten enthaltenen Stückes der Tangente dargestellt.

Asymptoten die Ordnungselemente des durch die konjugirten Durchmesser gebildeten involut. Büschels darstellen.

Zus. Aus diesem Bew. ergiebt sich zugleich, daß bei einer Hyperbel der Berührungspunkt einer Tangente das Stück derselben zwischen den Asymptoten hälftet.

126. Ist Fig. 17 ABC ein Dreieck, K eine demselben eingeschriebene Kurve II und cba deren 3 Berührungspunkte auf den 3 Seiten cba des Dreiecks, so ist die Kurve vollständig bestimmt, wenn von den 3 Berührungspunkten 2 gegeben sind. Ist dieses aber nicht der Fall, sondern ist für 2 solche Berührungspunkte a und b bloß die Bedingung festgesetzt, daß ab durch einen festen Punkt P gehen solle, so ändern sich mit dem Strahle ab von P auch die Kurve und der 3te Berührungspunkt c, immer gilt aber für diese Kurven folgendes:

Geht für eine einem Dreieck ABC eingeschriebene Kurve II die Verbindungslinie der Berührungspunkte ab durch den festen Punkt P, so geht auch die Verbindungslinie ac durch einen festen Punkt M und ebenso die Verbindungslinie bc durch einen festen Punkt N und außerdem berühren noch alle Kurven eine und dieselbe 4te feste Gerade d und dabei ist MNP das Polardreieck des 4Seits abcd.

Sucht man nämlich für irgend eine Kurve des fraglichen Systems von Kurven die Tangente, welche von dem Schnittpunkte der CB und AP außer CB selbst noch an die Kurve sich ziehen läßt, so folgt aus 1. u. 3., daß diese Tangente auch durch den Schnittpunkt von AC und BP gehen muß und daher für alle Kurven dieselbe ist. Der übrige Theil des Beweises ergiebt sich aber unmittelbar aus 13. (vgl. 74.)

2 beliebige Tangenten einer Hyperbel schneiden die beiden Asymptoten in 2 Punkten eines Paralleltrapezes.

Dieses folgt wieder aus 1. u. 3. wenn man bedenkt, daß die Berührungschorde der beiden Asymptoten die unendlich ferne Gerade ist.

127. Zieht man in der Ebene einer Parabel ein Parallelogramm ABCD, dessen 2 Seiten AB und AD die Parabel berühren, während das 4te Eck C auf der Berührungschorde (Polare) von A liegt, so ist die Diagonale BD

stets eine Tangente derselben Parabel; folgt ebenfalls unmittelbar aus 1. u. 3.

128. Hat man 5 Gerade, so bestimmen diese vollständig eine von ihnen berührte Kurven II, sucht man nun auf je 2 dieser 5 Geraden nach 1 u. 3 die Berührungspunkte, so erhält man hieraus unmittelbar folgenden Satz:

5 Linien liefern 10 verschiedene Paare von Linien, es sei a b eines der 10 Paare und werde entsprechend von den übrigen Linien in den 3 Punktenpaaren $a b$, $a_1 b_1$, $a_2 b_2$ geschnitten, so liegen nach 1 die 3 Schnittpunkte $a b_1$ $a_1 b$, $a b_2$ $a_2 b$, $a_1 b_2$ $a_2 b_1$ in 1 Geraden, solcher Gerader erhält man für die 10 verschiedenen Paare 10, und diese bilden die 10 Seiten eines vollständigen 5 Ecks, das dem gegebenen 5 Seit eingeschrieben ist.

129. Werden 2 Gerade m n von 3 anderen p q r in solchen Punktenpaaren $p p_1$ u. $q q_1$ u. $r r_1$ geschnitten, daß die Strecken der einen zu den entsprechenden Strecken der andern also z. B. $p q . p_1 p_1$ in einem konstanten Verhältniß stehen, so ist dieses mit jedem der 10 Paare der Fall die aus den 5 Geraden ausgewählt werden können.

Die 5 Geraden umhüllen nämlich alsdann eine Parabel und je 2 der 5 Geraden werden deßwegen von den sämmtlichen andern Tangenten in entsprechenden Punkten 2er ähnlicher gerader Gebilde geschnitten (I. Th. 11).

130. Liegt die Grundlinie eines beliebigen gleichschenkligen Dreiecks in einer festen Tangente einer Parabel, während die Schenkel selbst Tangenten der Parabel sind, so liegt die Spitze desselben stets in der durch den Berührungspunkt und Brennpunkt gehenden Geraden.

Die unendlich ferne Tangente der Parabel wird nämlich unter dieser Voraussetzung von jedem Paar Schenkel der fraglichen Dreiecke in 2 zugeordneten Punkten eines involut. geraden Gebildes geschnitten, dessen Ordnungselemente in der festen Tangente und einer auf ihr senkrechten Geraden liegen; also bestimmen die Berührungspunkte der festen und der auf ihr senkrechten Tangente die Gerade auf der nach 4 b die Spitzen der gleichschenkligen

Dreiecke liegen müssen, diese Gerade geht aber nach 124 durch den Brennpunkt.

131. Ein 4Eck ABCD und ein 4 Seit abcd, von denen das erste auf K liegt, während die Seiten des 2ten die Tangenten in den Tangenten des 1sten darstellen, haben bekanntlich ein gemeinsames Pol oder Polardreieck MNP (13).

Und es gilt nun ferner der Satz:

Daß auf jeder Seite des Poldreiecks die beiden zugehörigen Gegenecken des umschriebenen 4 Seits abcd durch die Ecken harmonisch getrennt sind.

Betrachten wir Fig. 18 die beiden Gegenecken EE_1 auf der Seite MN des zum 4Eck gehörigen Poldreiecks, so ist alsbald zu erkennen, daß $NEME_1$ entsprechend die Pole sind von PM PD PN PA; diese letzten 4 Strahlen bilden aber einen harmonischen Wurf nach 6, weßwegen auch $NEME_1$ ein harmonischer Wurf sein muß.

132. Berühren 3 Kurven II $K_1K_2K_3$ dieselben beiden Geraden ab, und sind sie dabei, wenn dieselben reell sind, in denselben Winkel eingeschrieben, so schneiden sich von ihren gemeinschaftlichen reellen oder imagin. Sekanten 4 Mal 3 in je 1 Punkte, so daß sie also die 6 Seiten eines vollständigen 4Ecks darstellen.

Man kann nämlich den Schnittpunkt S von ab für je 2 der 3 Kurven als perspekt. Centrum betrachten, d. h. man kann je 2 der 3 Kurven als entsprechende Gebilde 2er perspekt. ebenen Gewebe betrachten, für welche jedoch stets S perspekt. Centrum ist (21). Jede dieser perspekt. Beziehungen kann aber (21) auf 2erlei Weise fixirt werden; bezieht man nun irgendwie K_1 perspekt. auf K_2 und ebenso K_1 perspekt. auf K_3, so stellen immer nothwendig solche Elemente von K_2 und K_3 (resp. ihres ebenen Gewebes), welche hiebei einem und demselben Elemente der 1sten Kurve (resp. ihres ebenen Gewebes) entsprechen immer auch entsprechende Elemente der perspekt. Beziehung von K_2 und K_3 für das Centrum S dar. Bezeichnen wir nun die beiden Axen der perspekt. Beziehung von K_1 und K_2 durch m_3 und n_3 und die der perspekt. Beziehung von K_1 und K_3 durch m_2 und n_2 und die der perspekt. Beziehung von K_2 und K_3 durch m_1 und n_1, so ist demnach nothwendig der Schnittpunkt von $m_3 m_2$ ein Punkt von m_1, der von

$m_3 n_2$ ein Punkt von n_1, der von $n_3 m_2$ ein Punkt von n_1 und der von $n_3 n_2$ ein Punkt von m_1, da ja stets der fragliche Schnittpunkt ein entsprechend gemeinsames Element der letzten perspekt. Beziehung ist.

Zus. Es leuchtet ein, daß in gewissen Fällen die so eben erwähnten Elemente sich auf eine geringere Zahl beschränken können, d. h. daß der Satz in der obigen Fassung nur im Allgemeinen gilt. Sind z. B., um nur diesen Fall anzuführen, die Berührungspunkte PQ von K_1 auf a u. b dieselben wie die von K_2 d. h. berühren sich diese beiden Kurven in P u. Q, so fällt m_3 mit n_3 d. h. mit PQ zusammen, so daß man den Satz erhält.

133. Berührt eine Kurve K_3 die beiden gemeinschaftlichen Tangenten 2er sich in P u. Q doppelt berührender Kurven II K_1 u. K_2, so schneiden sich 4 der gemeinschaftlichen Sehnen $K_1 K_3$ u. $K_2 K_3$ in einem Punkte von PQ.

Die zu 132 und 133 reciproken Sätze lauten:

134. Haben 3 Kurven II dieselbe gemeinsame Chorde, und schließen sie dabei für den Fall, daß diese reelle Schnittpunkte enthält, dasselbe Stück derselben ein, so liegen von den Schnittpunkten der gemeinsamen Tangenten je 2er derselben, 4 Mal 3 auf je einer Geraden d. h. 6 dieser Tangenten-Schnittpunkte bilden die 6 Eckpunkte eines vollständigen 4 Seits.

135. Schließen $K_1 K_2 K_3$ von einer Geraden dasselbe Stück PQ ein, während K_1 u. K_2 in P u. Q dieselben 2 Tangenten SP und SQ haben, so liegen 4 Schnittpunkte der gemeinschaftlichen Tangenten von K_3 mit K_1 und mit K_2 auf einer durch S gehenden Geraden.

Besonderer Fälle von 132, 133 und 134 lauten:

136. Von 3 konfokalen *) Kurven II schneiden sich im Allgemeinen 4 Mal 3 gemeinsame Chorden in je 1 Punkte.

137. Haben 2 von 3 konfokalen Kurven II auch noch dieselbe

---

*) Es soll hier ausdrücklich hervorgehoben werden, daß wir unter konfokalen Kurven die verstehen, welche einen Brennpunkt gemein haben, 2 Kurven II, welche beide Brennpunkte gemein haben, werden wir doppelt konfokal nennen.

Direktrix, so schneiden sich 4 von den gemeinsamen Chorden, die die 3te mit diesen beiden gemein hat, in 1 Punkte dieser Direktrix.

138. Die 6 Aehnlichkeitspunkte 3er Kreise bilden die 6 Ecken eines vollständigen 4 Seits.

139. Alle Sehnen einer Kurve II K, welche vom Brennpunkt F aus unter konstantem Winkel α erscheinen, berühren eine neue Kurve II, welche mit der gegebenen selbst nicht nur den gleichen Brennpunkt, sondern auch die gleiche Direktrix hat (vergl. 100).

Denkt man sich nämlich die Ebene der Kurve II doppelt und alsdann die eine um den Winkel α um den Punkt F gedreht, so hat man nun 2 Kurven, welche jedoch 2 gemeinsame konjungirte imagin. Tangenten haben, die in F sich schneiden nach 15. Daher kann man sie beide als perspekt. in Bezug auf F als Centrum betrachten, so daß also auf jedem Strahle von F 2 Paare entsprechender Punkt 2er projekt. Kurvengebilde liegen. Denkt man sich nun aber wieder das eine ebene Gewebe um den Winkel α in umgekehrter Richtung um F gedreht, so fallen nun die beiden projekt. Kurvengebilde in dem Träger K zusammen und der erste Theil unsres Satzes folgt daher unmittelbar aus 4 a. Um nun die beiden Berührungspunkte von K u. K_1 in den entsprechend gemeinsamen Punktgebilden in K zu ermitteln, so denken wir uns irgend ein Paar Strahlen von F a u. b, welche den konstanten Winkel α mit einander bilden, und welche entsprechend die K in den beiden Punktenpaaren $a a_1$ u. $b b_1$ schneiden, alsdann liegt nach 2 offenbar der Schnittpunkt von $a b_1$ u. $a_1 b$ mit den beiden Berührungspunkten in 1 Geraden dieser Schnittpunkt liegt aber stets in der Polare von F (nach 11), d. h. in der Direktrix, und da dieses für die übrigen Punkte der Direktrix bei veränderlichem a u. b ebenso gilt, so müssen die beiden Berührungspunkte von K u. K_1 in der Direktrix liegen, woraus der 2te Theil folgt.

140. Zieht man durch den gemeinsamen Brennpunkt F 2er konfokaler Kurven II K u. K_1 eine Gerade a und zieht von den beiden Schnittpunkten $a a_1$ derselben mit den beiden Direktricen die beiden Tangentenpaare, so bestimmen dieselben ein 4 Seit, dessen beide von $a a_1$ verschiedenen Diago-

nalen bei veränderlichem a sich nicht ändern und die durch den Schnittpunkt der beiden Direktricen selbst gehen.

Denkt man sich nämlich K u. K_1 perspekt. projekt. in Bezug auf F als Centrum, so sind bei beiden Arten der perspekt. Beziehung doch die beiden Direktricen entsprechende Gerade und also a u. a_1 entsprechende Punkte, daher bilden, wie man sich alsbald überzeugt die beiden obenerwähnten Diagnolen die beiden Axen der perspekt. Beziehung, woraus der Satz unmittelbar folgt.

Nehmen wir in diesem letzten Satze die eine der beiden perspekt. Axen fest an, so erhält man, da ja für je 2 Kurven die beiden Direktricen sich auf dieser Axe schneiden müssen (nach dem Obigen) folgenden Satz:

141. Die Direktricen aller konfokalen Kurven II, die durch 2 feste Punkte gehen, von deren Träger sie, falls sie reell sind, dasselbe Stück einschließen, schneiden sich in 1 Punkte dieses Trägers.

142. Gehen 3 Kurven II KK_1K_2 durch 2 Punkte AB, so schneiden sich ihre 3 übrigen gemeinsamen Chorden in 1 Punkte.

Es sei S der Schnittpunkt der beiden Chorden C_2D_2 u. C_1D_1, welche K mit K_1 einerseits und mit K_2 andrerseits gemein hat; zieht man nun durch S eine Gerade s, welche durch keinen gemeinsamen Punkt der 3 Kurven geht, und schneidet diese s die K in EF, die K_1 in E_1F_1 und die K_2 in E_2F_2 dagegen die AB in T, so ist wegen des K u. K_1 gemeinsam eingeschriebenen 4 Ecks ABC_2D_2 $EF.E_1F_1.ST$, aber wegen des der K u. K_2 gemeinsam eingeschriebenen 4 Ecks ABC_1D_1 $EF.E_2F_2.ST$ eine Involution auf s. Betrachtet man daher die auf s durch die Gegenseiten des der K_1 u. K_2 gemeinsam eingeschriebenen 4 Ecks erzeugte Involution, so muß, da dieselbe durch $E_1F_1.E_2F_2$ vollständig fixirt ist, die zur Seite AB gehörige Gegenseite CD ebenfalls durch S gehen, da ja nach dem vorigen $E_1F_1.E_2F_2.TS$ eine Involution ist.

143. Haben 3 Kurven II dieselben 2 Tangenten, so liegen die Schnittpunkte der noch übrigen beiden Tangenten von je 2 derselben auf einer und derselben Geraden.

Ein besonderer Fall von 142 ist:

144. Die 3 gemeinsamen Chorden 3er Kreise schneiden sich in 1 Punkte.

Den obigen Satz 142 kann man auch in folgender Fassung wieder geben.

145. Zieht man von einem beliebigen Punkte S der gemeinsamen Chorde C_2D_2 2er Kurven II KK_1 2 Sekanten, von denen die eine die K in C_1D_1, die andere die K_1 in CD schneiden möge, so liegen immer die 4 Punkte CDC_1D_1 mit den beiden noch übrigen Schnittpunkten AB von KK_1 in einer neuen Kurve II.

Ein besonderer Fall hievon lautet:

146. Zieht man von einem Punkte der gemeinsamen Chorde 2er Kreise nach jedem eine Sekante, so liegen die 4 Schnittpunkte in einem neuen Kreise.

Die Schnittpunkte CD oder C_1D_1 oder C_2D_2 oder AB können einander unendlich nahe rücken, hieraus erhält man unter anderen folgende Sätze:

147. Zieht man von einem Punkte der gemeinsamen Chorde C_2D_2 2er Kurven II KK_1 an jede derselben eine Tangente, deren Berührungspunkte C_1 u. C_2 sein mögen, so giebt es immer eine Kurve K_2, welche durch die beiden noch übrigen Schnittpunkte von KK_1 geht und die K in C_1 und die K_1 in C_2 berührt.

148. Zieht man durch den Schnittpunkt 2er gemeinsamer Tangenten 2er Kurven II KK_1 eine Gerade s und legt von einem Punkte derselben an K und von einem andern Punkte an K_1 je 1 Paar Tangenten, so liegen diese 4 Tangenten mit dem andern Paar gemeinsamer Tangenten von K u. K_1 in einem Strahlenbüschel II.

Da der Satz 142 d. h. der Beweis dieses Satzes nach 9 noch vollständig gilt, auch wenn man an die Stelle einer oder der andern oder aller Kurven II ein Liniensystem 2er Geraden oder beim reciproken Satz ein Paar Punkte setzt (vergl. hiezu die unten folgende 191), so erhält man noch verschiedene besondere Modifikationen der obigen Sätze, wovon hier noch einzelne folgen sollen:

149. Der Satz 30a ist ein besonderer Fall von 142, wenn man irgend 3 Paar Gerade, von denen 3 durch A, die 3 an-

deren durch B gehen, als je eine Linie II betrachtet, ebenso ist 30b ein besonderer Fall von 143.

150. Wählt man eine Kurve II K und 2 Paare von Geraden ab u. $a_1 b_1$, die durch 2 Punkte AB der K gehen, so erhält man den Paskalschen Satz als einen besondern Fall von 142.

Es ist nämlich Fig. 19, ab als K_1 $a_1 b_1$ als K_2 betrachtet, CD die gemeinsame Chorde KK_1, EF die gemeinsame Chorde KK_2 und PQ die gemeinsame Chorde K_1K_2 und PQ geht nun durch den Schnittpunkt von CD u. EF. Vertauscht man a mit a_1, so erhält man denselben Satz bei anderer Anordnung der Fig. Es tritt RS an die Stelle von PQ, CE an die Stelle von CD und DF an die Stelle von EF.

Ein besonderer Fall dieses Satzes 150 läßt sich also aussprechen:

151. Zieht man 2 Paare zu den Asymptoten einer Hyperbel parallele Gerade, so bestimmen sie auf dieser Kurve ein eingeschriebenes 4 Eck, von dem 2 Paare von Gegenseiten sich auf den beiden Diagonalen des durch die Geraden bestimmten Parallelogramms schneiden.

Wählt man 2 Kurven II und ein Paar Gerade, so erhält man den Satz:

152. Zieht man durch 2 Schnittpunkte AB 2er Kurven II K u. K_1 2 Gerade, so bestimmen sie auf den Kurven je noch eine Sehne, die sich beide in der von AB verschiedenen gemeinsamen Chorde CD von KK_1 schneiden.

153. Wählt man 4 Punkte AA_1 BB_1, die zu 2 und 2 auf 2 Tangenten einer Kurve II liegen, und zieht von ihnen die noch möglichen 4 Tangenten, so liegen von deren Schnittpunkten 2 Mal 2 je mit einem Schnittpunkte der 2 Paar Gegenseiten des 4 Ecks AA_1BB_1 in einer Geraden.

Zus. Dieser Satz enthält den Paskalschen (resp. den zu diesem reciproken gewöhnlich Brianchonschen Satz genannten) Satz wieder wie 150 als besondern Fall in sich.

154. Zieht man von 2 Punkten, die auf 2 gemeinschaftlichen Tangenten ab 2er Kurven II KK_1 liegen, die 2 Paare neuer Tangenten an sie, so liegen die beiden Schnittpunkte dieser beiden Paare

mit dem Schnittpunkte der beiden von a b verschiedenen gemeinschaftlichen Tangenten von KK_1 in 1 Geraden (ist reciprok zu 152).

Ein besonderer Fall hievon lautet:

155. Zieht man von 2 Punkten der einen gemeinschaftlichen Tangente 2er sich doppelt berührender Kurven II an jede derselben noch 1 Paar Tangenten, so liegen die beiden Schnittpunkte dieser Tangentenpaare in einer Geraden mit dem Berührungspunkte auf der andern gemeinsamen Tangente.

Dieses folgt auch noch aus 21.

Da bei 2 Kurven die eine Gerade a in demselben Punkte A berühren, a als Inbegriff 2er Tangenten zu betrachten, die ihren Schnittpunkt in A haben, so erhält man noch:

156. Sind die 4 Seiten eines Parallelogramms Tangenten 2er Parabeln mit parallelen Axen, so geht die eine Diagonale desselben stets durch den Schnittpunkt der beiden gemeinschaftlichen Tangenten beider Parabeln.

Da ebenso der Berührungspunkt 2er Kurven II als Schnittpunkt 2er unendlich nahe zusammengerückter gemeinsamer Tangenten derselben gelten muß, so erhält man auf dieselbe Weise:

157. Alle Kurven die mit 2 gegebenen K u. K_1 dieselben 2 Tangenten gemein haben und sie beide noch berühren, thun dieses in 2 Punkten, die mit dem Schnittpunkte der 2 übrigen gemeinsamen Tangenten von K u. K_1 in 1 Geraden liegen.

158. Schneiden sich von den gemeinsamen Chorden 3er Kurven II von je 2en 1 also im Ganzen 3 in 1 Punkt S, so bilden diese 3 und ihre Gegenseiten in den gemeinsam eingeschriebenen 4 Ecken 6 Seiten eines vollständigen 4 Ecks, d. h. es giebt noch 3 Punkte wie S, in denen je 3 dieser 6 Chorden zusammentreffen.

Denkt man sich nämlich durch einen Punkt S einer gemeinschaftlichen Chorde $a_2 b_2$ 2er Kurven II K u. K_1 noch 2 Sehnen gezogen, von denen die erste die K in $a_1 b_1$, die 2te die K_1 in ab schneidet, und denkt sich nun durch $a b a_1 b_1$ eine 3te Kurve II K_2 gelegt, welche die $a_2 b_2$ in den Punkten cd schneiden möge, so ist auf der Sekante $a_2 b_2$ die Involution sowohl für KK_2 als auch für $K_1 K_2$ und die ihnen gemeinsam eingeschriebenen 4 Ecke durch die beiden zugeordneten Punktenpaare $a_2 b_2 . c d$ vollkommen fixirt und da in den beiden diesen 2 Kurvenpaaren gemeinsam eingeschriebenen 4 Ecken die eine Seite durch den Punkt S geht, so muß für beide die dieser Seite zugehörige Gegenseite durch denselben Punkt von $a_2 b_2$ gehen. Wie hier der Satz für $a_2 b_2$ ebenso läßt er sich für $a_1 b_1$ u. ab führen, woraus der Satz folgt.

159. Schneiden 3 Seiten eines einfachen einer Kurve II eingeschriebenen 4 Ecks eine beliebige Gerade in 3 festen Punkten, so ist dieses auch mit der 4ten der Fall nach 9.

160. Schneidet ein Paar Gegenseiten eines einer Kurven II eingeschriebenen vollständigen 4 Ecks eine beliebige Gerade in 2 Punkten $a a_1$, die von den Schnittpunkten $m m_1$ derselben mit der Kurve gleich weit abstehen, so ist dieses mit den Schnittpunkten der beiden übrigen Gegenseitenpaare $b b_1$ $c c_1$ ebenfalls der Fall.

Die Mitte von $m m_1$ ist in diesem Falle das eine Ordnungselement der entstehenden Involution nach 28.

161. Ist ebenso für einen beliebigen Punkt P von p für die wie soeben bezeichneten Schnittpunkte $P m . P m_1 = P a . P a_1$, so sind diese Produkte auch $= P b . P b_1 = P c . P c_1$ nach 25.

162. Zieht man durch die Mitte M einer Sehne 2 beliebige Gerade, so bestimmen diese auf K ein vollständiges 4 Eck, dessen 2 übrige Paare von Gegenseiten die Sehne in Punktenpaaren schneiden, für die M ebenfalls die Mitte ist. Es ist wiederum der eine Ordnungspunkt M.

163. Zieht man durch die Mitte Einer Sehne eine neue Sehne, so schneiden die Tangenten in den Schnittpunkten der letztern mit der Kurve die erstere in Punkten, für die M ebenfalls die Mitte ist.

Es sind hier in der neuen Sekante 2 Gerade zusammenfallend gedacht.

164. Die 3 Höhen eines Dreiecks ABC schneiden sich in 1 Punkt.

Nennt man nämlich die Höhen, welche auf den 3 Seiten abc des Dreiecks senkrecht stehen, entsprechend $a_1 b_1 c_1$, so bilden

aa_1 bb_1 ein 4 Eck, in welchem die 2 Paar Gegenseiten aa_1 bb_1 auf einander senkrecht sind, betrachtet man nun den Schnitt der 3 Paar Gegenseiten desselben mit der unendlich fernen Geraden, so sieht man, daß das 3te Paar Gegenseiten, nämlich die Seite AB und die durch das 3te Eck C und den Schnittpunkt der beiden Höhen $a_1 b_1$ gehende Gerade, auch auf einander senkrecht sein, d. h. daß diese letzte Gerade die Höhe c_1 sein muß w. z. b. w.

165. Alle gleichseitigen Hyperbeln, die durch 3 Punkte ABC gehen, gehen auch durch den Höhenpunkt dieses Dreiecks.

Zieht man nämlich von B auf AC einen Perpendikel, bezeichnet den von B verschiedenen Punkt der Hyperbel, der darauf enthalten ist, durch D und betrachtet die Involution, welche durch die Kurve und das eingeschriebene 4 Eck ABCD auf der unendlich fernen Geraden erzeugt wird, so liegen sowohl die beiden Schnittpunkte mit der Kurve als auch die beiden in den Gegenseiten AB CD enthaltenen Schnittpunkte je in einem Paar auf einander senkrechter Richtungen, und es müssen daher auch die Gegenseiten AD u. BC sowie CD u. BA auf einander senkrecht sein, w. z. b. w.

Ist das Dreieck ABC in B senkrecht, so fällt der Höhenschnittpunkt mit B zusammen und auf dem Perpendikel, der von B auf die AC gefällt werden kann, liegt daher außer B selbst kein Punkt der Hyperbel; daraus folgt:

166. Bei jedem einer gleichseitigen Hyperbel eingezeichneten rechtwinkligen Dreieck berührt der Perpendikel, den man von der Spitze des rechten Winkels auf die Hypotenuse ziehen kann, die Hyperbel.

167. Durch 4 Punkte, von denen keiner der Durchschnittspunkt der 3 Höhen des durch die 3 andern gebildeten Dreiecks ist, läßt sich immer gerade 1 gleichseitige Hyperbel legen.

Betrachtet man nämlich das involut. gerade Gebilde in der unendlich fernen Geraden, das nach 9 durch das 4 Eck und das dadurch bestimmte Kurvensystem fixirt ist, so giebt es in demselben nach 14 gerade 1 Paar konjugirter Punkte die in 2 auf einander senkrechten Richtungen liegen, und durch diese beiden Punkte geht die fragliche gleichseitige Hyperbel.

Die Verbindung der beiden Sätze 165 und 167 ergiebt nun unmittelbar folgenden Satz, wenn man den Satz auf die 4 Dreiecke des 4 Ecks von 167 anwendet.

168. Die 4 Eckpunkte eines beliebigen 4 Ecks, so wie die 4 Punkte, in denen sich die Höhen der 4 durch das 4 Eck bestimmten Dreiecke schneiden, liegen auf derselben gleichseitigen Hyperbel.

169. Schneidet eine Gerade p 2 Gegenseiten eines Kreisvierecks unter gleichen Winkeln, so schneidet p auch die beiden übrigen Paare von Gegenseiten unter gleichen Winkeln.

Betrachtet man nämlich die Involution, welche durch die 3 Paare von Gegenseiten eines Kreisvierecks auf der unendlich fernen Geraden erzeugt wird, so müssen nach 14 die Ordnungselemente derselben in 2 auf einander senkrechten Richtungen enthalten sein und da sie auch durch jedes Paar Gegenseiten harmonisch getrennt sein sollen, so müssen sie nach 27 in denjenigen 2 Richtungen enthalten sein, welche die beiden Winkel eines Paares von Gegenseiten halbiren, sie müssen daher in dem unendlich fernen Punkte von p und in der darauf senkrechten Richtung liegen.

Zus. Aus diesem letzten Beweise folgt zugleich unmittelbar folgender Satz:

170. Halbirt man die 3 Winkelpaare der 3 Paare von Gegenseiten eines Kreisvierecks, so sind die dadurch erhaltenen 6 Geraden zu 3 und 3 parallel.

171. 2 Punkte P u. P_1 die durch 2 Paar Gegenseiten eines vollständigen 4 Ecks harmonisch getrennt sind, sind dies nicht nur auch in Bezug auf das 3te Paar, sondern sie sind auch in Bezug auf jede Kurve II, welche durch die 4 Eckpunkte des 4 Ecks geht, einander konjugirt.

Betrachtet man nämlich die Involution, welche auf der Geraden PP_1 durch das 4 Eck und das dadurch bestimmte Kurvensystem entsteht, so sind P und P_1 offenbar die Ordnungselemente derselben, woraus der Satz folgt.

172. 2 Gerade p u. p_1, welche durch 2 Paare von Gegenpunkten eines vollständigen 4 Seits harmonisch getrennt sind, sind es nicht nur auch durch das 3te Paar, sondern

sie sind auch in Bezug auf jede Kurve II, welche dem 4 Seit eingeschrieben ist, einander konjugirt.

Man kann diese 2 letzten Sätze auch so aussprechen: die Polaren eines Punktes P in Bezug auf alle einem 4 Eck umschriebenen Kurven II schneiden sich in einem Punkte P_1, den man findet als den Schnittpunkt derjenigen beiden Geraden, die von dem gegebenen Punkte P durch 2 Paare von Gegenseiten des 4 Ecks harmonisch getrennt sind.

Die Pole einer Geraden p in Bezug auf alle einem 4 Seit eingeschriebenen Kurven II liegen auf einer Geraden p_1, welche man findet als Verbindungslinie derjenigen 2 Punkte, welche von der p durch 2 Paare von Gegenecken des 4 Seits harmonisch getrennt sind.

Besondere Fälle hievon sind:

173. Die Mittelpunkte aller demselben 4 Seit eingeschriebenen Kurven II liegen auf einer Geraden, welche die 3 Strecken zwischen je 2 Gegenecken des 4 Seits halbirt.

174. Die Mittelpunkte aller demselben Winkel eingeschriebenen konfokalen Kurven II liegen in einer Geraden, die die Strecke zwischen dem Brennpunkt und dem Scheitel des Winkels halbirt.

Bezeichnet man die 3 Schnittpunkte von je 2 Gegenseiten eines vollständigen 4 Ecks ABCD durch MNO und erwägt, wie nach 172 zu einem Punkt P der konjugirte Punkt P_1 für das durch das 4 Eck ABCD bestimmte Kurvensystem gefunden wird, so ist zu ersehen, daß MP u. MP_1 ebenso wie NP u. NP_1 je ein Paar zugeordnete Strahlen eines involut. Strahlenbüschels darstellen, dessen Ordnungsstrahlen je die Gegenseiten des 4 Ecks darstellen. Hieraus folgt, daß $M[P..] \pi M[P_1]$ u. $N[P..] \pi N[P_1..]$. Hat nun das System von Punkten P, für welche man die konjugirten Punkte P_1 sucht, die Lage, daß $M[P..] \pi N[P...]$, so liegt P_1 auf einer Kurve II oder einer Geraden. Hieraus erhält man unter anderen folgende Sätze:

175. Sucht man die konjugirten Punkte zu allen in einer Kurven II gelegenen Punkten, die durch 2 der 3 Punkte MNO z. B. durch MN geht, in Bezug auf die durch

das 4 Eck bestimmten Kurven, so liegen sie auf einer neuen Kurve II, die durch dieselben 2 Punkte MN geht.

176. Sucht man in Bezug auf dasselbe Kurvensystem die konjugirten Punkte zu allen auf einer Geraden p liegenden Punkten, so liegen diese in einen Geraden p_1, wenn p durch einen Punkt des zum 4 Eck gehörigen Poldreiecks MNO geht, und zwar sind pp_1 durch die zu dem fraglichen Eck gehörigen Gegenseiten des 4 Ecks harmonisch getrennt. Außerdem liegen sie in einer Kurve II, welche nothwendig durch die 3 Ecken MNO des Poldreiecks geht.

Läßt man im letzten Fall die p ins Unendliche rücken und sucht zu jeder Richtung der Ebene die konjugirten Durchmesser des Systems, so schneiden sich diese je in 1 Punkte einer Kurve II, und diese Kurve geht nicht nur durch die 3 Ecken MNO des Poldreiecks, sondern auch durch die 6 Mitten der 6 Seiten des vollständigen 4 Ecks, wie sich dieses daraus ergiebt, wenn man zu den 6 Schnittpunkten der 6 Seiten des 4 Ecks mit der unendlich fernen Geraden die konjugirten Punkte nach 172 sucht.

Betrachtet man nun ferner irgend 2 der zu dem soeben betrachteten System von Kurven gehörigen Kurven KK_1, wählt ihre Mittelpunkte CC_1 und sucht zu allen Richtungen der Ebene für die 2 Kurven II die konjugirten Durchmesser, so schneiden sich diese ebenfalls in den Punkten einer Kurve II und diese Kurve geht nun, wie man auf dieselbe Weise, wie soeben, erhält, durch die 6 Mitten der 4 Eckseiten, d. h. diese Kurve ist mit der vorigen identisch, woraus denn, da die beiden Mittelpunkte CC_1 ebenfalls auf dieser letzten Kurve liegen, folgt:

177. Die Mittelpunkte aller Kurven II, welche demselben 4 Eck umschrieben sind, liegen in einer neuen Kurven II, welche durch die 3 Ecken des zum 4 Eck gehörigen Poldreiecks, sowie durch die 6 Mitten der 6 Seiten des 4 Ecks geht.

Offenbar ist jede Tangente an der letzterwähnten Mittelpunktskurve im Punkte C derjenige Durchmesser der Kurve, die ihren Mittelpunkt in eben diesem Punkte C hat, der der Richtung konjugirt ist, für welche alle konjugirten in demselben Punkte C sich schneiden. Betrachtet man daher irgend eine Kurve des Systems, die ihren Mittelpunkt in der Mitte einer der 6 4 Ecksseiten z. B. AB hat und sucht die Richtung der Tangente der Mittelpunktskurve in eben diesem Punkte, so muß man die Richtung suchen, für welche sich alle konjugirten in eben diesem Punkte schneiden, diese Richtung wird aber offenbar nach 172 durch die Verbindungslinie MO der beiden Ecken des zum 4 Eck gehörigen Poldreiecks bestimmt, durch welche AB nicht geht, da daher für die Mitte der Gegenseite dieselbe Betrachtung unverändert gilt, so ist ersichtlich, daß die beiden Tangenten, welche zu den beiden Mitten je 2er Gegenseiten des 4 Ecks an die Mittelpunktskurve sich ziehen lassen, parallel sind, woraus denn unmittelbar folgender Satz folgt:

178. Verbindet man die 3 Paar Mitten der 3 Paar Gegenseiten eines vollständigen 4 Ecks durch 3 Gerade, so schneiden sich dieselben in einem Punkte, welcher den Mittelpunkt derjenigen Kurve darstellt, in der alle Mittelpunkte der dem 4 Eck umschriebenen Kurven II enthalten sind.

Zus. Daß die 3 Verbindungslinien der Mitten von je 2 Gegenseiten des 4 Ecks sich in 1 Punkt schneiden, folgt auch direkt aus dem Satze über perspekt. Dreiecke, da sich alsbald ergiebt, daß die 3 Seiten der beiden Dreiecke, von denen je 2 Halbirungspunkte 2er Gegenseiten entsprechende Eckpunkte darstellen, parallel sind.

179. Weiß man von einem Dreieck ABC, daß es in Bezug auf eine Kurve II K und also auch in Bezug auf das ebene Polarsystem, das K zur Ordnungskurve hat, absolutes Polardreieck sein soll, so entspricht diese Angabe bei der Fixirung der Kurve K selbst der Angabe von 3 Punkten oder 3 Tangenten, und man stößt häufig auf die Aufgaben, eine Kurve zu finden, wenn unter den Bestimmungselementen ein solches absolutes Polardreieck gegeben ist.

Es mögen daher hier die einfachsten Fälle behandelt werden:

Es seien außer dem absoluten Polardreieck ABC noch 2 Punkte DE der K gegeben.

Schneiden in diesem Falle die 3 Seiten abc von ABC die DE in abc und sind $a_1 b_1 c_1$ entsprechend von abc durch DE harmonisch getrennt, so sind Aa_1 Bb_1 Cc_1 die Polaren von abc und schneiden sich nach 8 (wobei zu vergleichen 192 und 193) im Pole P von DE; die Gerade PA, PB oder PC liefern alsdann durch die Ordnungselemente einer in ihnen leicht zu bestimmenden Involution je 2 Punkte der gesuchten Kurve.

Sind DE reell, so ergiebt sich die Auflösung unmittelbar dadurch, daß man auf jeder Geraden, die von D u. E nach einem Eck von ABC geht, alsbald noch einen 2ten reellen Punkt von K findet.

Als besonderer Fall verdient hier folgende Aufgabe hervorgehoben zu werden. Liegt D auf einer Seite AB von ABC, so ist CD die Tangente in D und, wenn $ADBD_1$ ein harmonischer Wurf, CD_1 die Tangente in D_1 rc. Liegen D u. E auf AB, so ist die Aufg. unbestimmt.

180. Es ist ein Dreieck gegeben, man soll denjenigen Kreis suchen, für welchen (als Ordnungskurve eines Polarsystems) dasselbe absolutes Polar-Dreieck ist.

Da für einen Kreis als Ordnungskurve je 2 auf einander senkrechte Punkte der unendlich fernen Geraden einander konjugirt sind, so ist jede Höhe des Dreiecks die Polare des unendlich fernen Punktes der auf ihr senkrechten Seite, daher ist der Schnittpunkt der 3 Höhen der Mittelpunkt des gesuchten Kreises; und hieraus findet sich nun der Kreis selbst leicht nach 25, wenn man bedenkt, daß je 2 Punkte desselben die Ordnungspunkte der Involution darstellen, für welche der Mittelpunkt Hauptpunkt ist; man braucht daher nur nach einem Eckpunkt A des absoluten Polardreiecks eine Gerade zu ziehen, dieses A und der Schnittpunkt A_1 der Gegenseite sind dann ebenfalls ein Paar zugeordnete Punkte der fraglichen Involution.

181. Ist außer dem absoluten Polardreieck noch zu einem Punkte P die Polare p gegeben, so ist die Aufgabe nichts anderes als der im I. Th. 90 behandelte Satz, und es lassen sich wie hier oben in 179 auf PA, PB oder PC alsbald je 1 Paar Punkte der Kurve finden.

182. Ist endlich zu dem Punkte P nicht wie soeben die Polare p selbst, sondern nur ein Punkt Q, durch den sie gehen soll, gegeben, d. h. ist ein Paar konjugirte Punkte PQ außer dem absoluten Polardreieck ABC gegeben, so ist die Aufgabe keine bestimmte, es sind bloß 4 einfache Bedingungen gegeben, die K erfüllen soll, und man findet denn auch wirklich, daß es eine unendlich große Anzahl von

Kurven giebt, die die erwähnten Bedingungen erfüllen, die jedoch alle durch 4 Punkte gehen.

Es folgt dieses nämlich unmittelbar aus dem obigen Satze 171, denn sucht man in den beiden Strahlenbüscheln, deren Mittelpunkte 2 Eckpunkte des Polardreiecks ABC sind, die 2 Strahlen, die sowohl durch die Seiten des Dreiecks als durch P u. Q harmonisch getrennt sind, so erfüllt jede Kurve II, welche durch deren 4 Schnittpunkte geht, die in der Aufgabe oder dem Satze angeführte Bedingung.

Zus. Liegt der eine Punkt P auf einer Dreiecksseite AB selbst, so suche man die beiden Strahlen des Büschels C, welche sowohl durch A u. B als auch durch P u. Q harmonisch getrennt sind, jede Kurve II, welche diese beiden Strahlen in ihren Schnittpunkten mit AB berührt, genügt der Aufgabe. In diesem besondern Falle geht also das 4 punktige System der Kurven II in eines über, in welchem 2 Mal 2 der 4 Punkte einander unendlich nahe rücken.

Wir kehren nach dieser kurzen Abschweifung wieder zu 177 zurück

Sind 2 und somit alle 3 Paare von Gegenseiten des 4 Ecks auf einander senkrecht, so wird die Mittelpunktskurve ein Kreis, da alsdann 3 auf je einem Durchmesser stehende der Kurve eingeschriebene Winkel rechte Winkel sind. Da in diesem Falle jede Kurve des Systems ebenso wie je 2 Gegenseiten die unendlich ferne Gerade in je 2 Punkten schneiden, deren Richtungen auf einander senkrecht sind, so erhält man in Verbindung mit 165 hieraus den Satz:

183. Die Mittelpunkte aller einem 3 Eck umschriebenen gleichseitigen Hyperbeln liegen auf dem Umfange desjenigen Kreises, der die 3 Seiten des Dreiecks und die 3 Höhenabschnitte zwischen den Ecken und dem gemeinsamen Schnittpunkte der Höhen halbirt, und außerdem durch die 3 Fußpunkte der Höhen geht.

184. Wenn man zu den Tangenten irgend einer Kurve II, welche 2 Seiten des zu einem 4 Seit abcd gehörigen Polardreiecks berührt, die in Bezug auf alle diesem 4 Seit eingeschriebenen Kurve II konjugirten Geraden sucht, so berühren diese wieder eine Kurve II, die dieselben 2 Seiten des Polardreiecks zu Tangenten hat.

185. Sucht man zu allen Strahlen eines Strahlenbüschels P wiederum diejenigen Geraden, welche in Bezug auf alle dem 4 Seit abcd eingeschriebenen Kurven II ihnen konjugirt sind, so berühren dieselben eine Kurve II K, die bloß dann wieder in einen Strahlenbüschel I P_1 übergeht, wenn der Mittelpunkt des ersten auf einer Seite des Polardreiecks liegt, P u. P_1 sind alsdann durch die Eckpunkte des Polardreiecks harmonisch getrennt. Dieser Strahlenbüschel II K_1 stellt zugleich die Polaren des Centrums P für jede Kurve des Systems dar, der Art, daß für diejenige Kurve des Kurvensystems abcd, für welche die Tangente selbst die Polare des Centrums P ist, der Berührungspunkt selbst der Pol desjenigen Strahles von P darstellt, für welchen alle Pole auf der fraglichen Tangente liegen.

186. In Bezug auf alle demselben 4 Seit eingeschriebenen Kurven II umhüllen alle derselben Richtung konjugirten Durchmesser eine Kurve II, die stets die 3 Seiten des Polardreiecks berührt.

Man erhält verschiedene Modifikationen der allgemeinen Sätze der Nrn. 173 u. 177, wenn man 2 oder je 2 der 4 Punkte in je 1 zusammenfallen läßt z. B.

187. Die Mittelpunkte aller Kurven II, welche 2 Gerade in denselben 2 Punkten berühren, liegen in der Geraden, welche den Schnittpunkt der Tangenten mit der Mitte der Berührungschorde verbindet.

188. Es giebt 2 Kurven II, welche durch 4 Punkte gehen und eine gegebene Gerade, die durch keinen der 4 Punkte geht, berührt.

Man findet nämlich die Berührungspunkte der fraglichen Kurven und der gegebenen Geraden, als die Ordnungselemente derjenigen Involution, für welche je ein Paar Gegenseiten des durch die 4 gegebenen Punkte bestimmten vollständigen 4 Ecks die Gerade in zugeordneten Punkten schneidet.

189. Es giebt 2 Kurven II, welche 4 Gerade berühren und durch einen Punkt gehen, der auf keiner der 4 Tangenten liegt.

Schneidet man 2 Kurven II K u. K_1, die durch 4 Punkte ABCD gehen, durch sämmtliche Strahlen eines Strahlenbüschels, dessen Mittelpunkt einer der 4 Punkte (A) ist, so erhält man 2 projekt. Kurvengebilde K (abc...) π K_1 ($a_1 b_1 c_1$...), projicirt man beide je aus einem von 2 entsprechenden Punkten z. B. K(abc...) aus a und K_1 ($a_1 b_1 c_1$...) aus a_1, so erhält man 2 projekt. Strahlenbüschel, welche eine 3te Kurve II K_2 erzeugen, die offenbar außer durch a und a_1 noch durch die 3 Punkte BCD geht. Betrachtet man nun 2 derartig entstehende Kurven II K_2 und K_3, welche durch die projekt. Strahlenbüschel a u. a_1 einerseits und b u. b_1 andrerseits entstehen, so hat man 4 Kurven II K K_1 K_2 K_3, welche alle die 3 Punkte BCD gemein haben, und deren 6 übrige Schnittpunkte die 6 Ecken eines vollständigen 4 Seits bilden, insoferne nach der Voraussetzung A a a_1 und A b b_1 je in 1 Geraden liegen und außerdem offenbar auch noch der Schnittpunkt von a b und $a_1 b_1$ ein gemeinsamer Punkt von K_2 und K_3 ist, so daß also von den Schnittpunkten 4 Mal 3 in je 1 Geraden liegen. Hieraus ergiebt sich nun durch Umkehr unmittelbar folgender Satz:

190. Beschreibt man um die 4 Dreiecke, welche durch ein vollständiges 4 Seit gebildet werden, 4 Kurven II, welche außerdem alle noch durch 2 feste Punkte gehen, so schneiden sich dieselben noch in einem 3ten festen Punkte.

Als besonderer Fall ergiebt sich hieraus, wenn die 2 gemeinsamen Punkte imagin. werden:

191. Beschreibt man um die 4 Dreiecke eines vollständigen 4 Seits 4 Kreise, so schneiden sich dieselben in 1 Punkte.

192. Der Satz von der Involution, welche durch den Schnitt eines vollstängen 4 Ecks durch eine Gerade entsteht, läßt sich in einer Form aussprechen, welche für die Anwendung häufig eine anschaulichere Fassung und darum bequemere Behandlung darbietet; in dieser Fassung lautet er also:

Zieht man von irgend einem Punkte nach den 3 Ecken eines Dreiecks, sowie nach den 3 Schnittpunkten der Seiten mit einer Geraden je 3 Strahlen, so bilden je 2 Strahlen, von denen der eine nach einem Eck und der andere nach dem Schnittpunkte mit der Gegenseite geht, ein Paar zugeordnete Elemente einer Involution.

Hieraus ergiebt sich aber durch Umkehr alsbald folgender Satz:

193. Zieht man von den Ecken eines Dreiecks 3 solche Strahlen, welche mit den 3 Schnittpunkten der 3 Dreiecksseiten mit einer Geraden in der vorhin angegebenen Ordnung eine Involution bilden, so schneiden sich dieselben in 1 Punkte.

194. Zieht man nach den Ecken eines Dreiecks von einem beliebigen Punkte aus Strahlen und wählt nun 3 neue Strahlen, die mit diesen 3 eine Involution bilden, so schneiden dieselben die 3 Dreiecksseiten in der aus 192 zu entnehmenden Ordnung in 3 Punkten einer Geraden.

Der reciproke Satz liefert kein neues Resultat.

Ueber die Anwendung dieses Satzes und einige verwandte Sätze mögen die nachfolgenden Nrn. näheres bringen.

195. Schneidet eine Gerade p die 3 Seiten abc eines Dreiecks in den Punkten a b c, und sucht man zu diesen Schnittpunkten in jeder Ordnung die 4ten harmonischen Punkte $a_1 b_1 c_1$, so daß aba_1c 2c. je einen harmonischen Wurf darstellt, so schneiden sich die 9 Geraden, die von den 3 Ecken ABC nach den 3 Punkten $a_1b_1c_1$ sich ziehen lassen, in bloß 10 neuen Punkten, indem durch 4 dieser 10 Punkte je 3 der 9 Geraden gehen. Dieser Satz folgt unmittelbar aus 193 in Verbindung mit 1sten Th. 34. Hierin ist unter anderen als besonderer Fall der Satz enthalten, daß die Transversalen von den Ecken nach den Mitten der Gegenseiten sich in 1 Punkt schneiden.

Wählt man die unendlich ferne Gerade statt p und wählt die involut. Beziehung so, daß je 2 Punkte derselben, die in 2 auf einander senkrechten Geraden liegen, einander zugeordnet sind, so erhält man den Satz:

Die 3 Höhen eines Dreiecks schneiden sich in 1 Punkte.

196. Schneidet man die 4 Seiten eines vollständigen 4 Seits durch eine Gerade p und sind a b c d die 4 Schnittpunkte von p mit den 4 Seiten und haben $a_1 b_1 c_1 d_1$ die Lage, daß $aa_1 . bb_1 . cc_1 . dd_1$ zugeordnete Elemente eines involut. geraden Gebildes sind, so liegen die 4 Transversalpunkte, die man nach 193 für das involut. gerade Gebilde $aa_1 . bb_1 .$ in Bezug auf die 4 Dreiecke des vollständigen 4 Seits erhält, in 1 Geraden.

Denken wir uns die eine Seite d des 4 Seits um ihren Schnittpunkt d mit p sich drehen, so ändert sich die Lage von 3en der 4 Transversalpunkte $P_1P_2P_4$ (Fig. 20), jedoch bewegen sie sich offenbar auf 3 festen Geraden die durch B oder C oder F gehen; und es läßt sich nun leicht darthun: 1) daß die geraden Gebilde, die der Art durch die Punkte $P_1P_2P_4$ auf den festen Geraden entstehen, perspekt. sind, und 2) daß das Centrum der perspekt. Beziehung je 2er der 4te feste Punkt P_3 ist. Dieses soll nun für 2 der 3 Transversalpunkte nämlich für P_1 das zum Dreieck ABE und für P_2 das zum Dreieck ECD gehört, nachgewiesen werden. P_1 bewegt sich auf der festen Geraden d_1B, P_2 auf der festen Geraden d_1C, die verschiedenen P_1 werden erhalten durch die Schnittpunkte des zum Strahlenbüschel d(E..) oder d (d) perspekt. Strahlenbüschels b_1(A...) oder a_1 (E...), die verschiedenen P_2 dagegen durch die Schnittpunkte des ebenfalls zum Strahlenbüschel d (E) perspekt. Strahlenbüschels b_1 (D...) oder c_1 (E...), also ist d_1B [P_1..] π d_1 C [P_2..] fällt **aber** d mit da zusammen, so muß P_1 und P_2 mit d_1 zusammenfallen, also sind beide gerade Gebilde perspekt., fällt p mit dF also D und A mit F zusammen, so enthält b_1F ein Paar entsprechende Punkte, fällt p mit dB unendlich nahe zusammen, so enthält c_1B ein Paar entsprechende Punkte, insoferne in diesem Falle E und so mit auch P_1 mit B zusammenfällt. Also ist der Schnittpunkt von b_1F und c_1B das Centrum der perspekt. Beziehung; dieser Punkt ist aber offenbar der Transversalpunkt des unveränderlichen Dreiecks BCF d. h. P_3 w. z. b. w.

197. Läßt man p ins Unendliche rücken, und wählt die involut. Beziehung so, daß je 2 Punkte derselben, die in 2 auf einander senkrechten Strahlen liegen, einander zugeordnet sind, so erhält man folgenden Satz:

> Zieht man in jedem der 4 Dreiecke eines vollständigen 4 Seits die 3 Höhen, so schneiden sich dieselben zu je 3 in 4 Punkten einer Geraden.

198. Zieht man von einem Punkte P nach den 4 Ecken eines 4 Ecks 4 Strahlen abcd und stellen $aa_1 . bb_1 . cc_1 . dd_1$. zugeordnete Strahlen eines involut. Strahlenbüschels dar, so gehen die 4 Transversalen, welche durch diese involut.

Beziehung nach 194 in den 4 Dreiecken des 4 Ecks bestimmt sind, durch einen Punkt.

Zieht man von einem Punkte P aus nach den 4 Ecken ABCD eines 4 Ecks die Geraden abcd, sind entsprechend die Geraden $a_1 b_1 c_1 d_1$ auf diesen senkrecht, so sind unter den 24 Schnittpunkten dieser letzteren 4 Geraden mit den 6 Seiten des vollständigen 4 Ecks ABCD 12, die zu je 3 in 4 Geraden liegen, die sich in 1 Punkt schneiden; man darf um die richtigen Punkte zu erhalten, auf jedem Strahl a_1 nur die 3 Schnittpunkte mit denjenigen der 6 Seiten des vollständigen 4 Ecks wählen, die ein Dreieck bilden, in welchem das Eck A des zugehörigen Strahls a nicht als Eck erscheint.

198. Zieht man von einem Punkt P auf die 3 Seiten eines Dreiecks ABC Perpendikel, und wählt man auf diesen 3 Strahlen 3 neue Punkte $A_1 B_1 C_1$ als die 3 Ecken eines neuen Dreiecks, so schneiden sich die 3 Perpendikel aus den Ecken des alten Dreiecks auf die Seiten des neuen in einem Punkte.

(Von jedem Eck A muß dabei der Perpendikel auf die Seite $B_1 C_1$ gefällt werden, von deren Ecken keine mit A in 1 Strahle von P liegt.)

Nimmt man nämlich ganz allgemein an, es seien $Pa_1\, Pb_1\, Pc_1$ 3 Strahlen, welche eine beliebige Gerade p in den Punkten $a_1\, b_1\, c_1$ schneiden, die zu 3 Schnittpunkten abc der 3 Dreiecksseiten BC AC AB mit derselben Geraden p eine Involution $aa_1 . bb_1 . cc_1$ bilden, wählt auf 2 dieser 3 Strahlen z. B. Pa_1 u. Pb_1 2 beliebige feste Punkte $A_1 B_1$, während man auf dem 3ten Strahl nämlich auf Pc_1 einen veränderlichen Punkt C_1 annimmt; zieht man nun, während C_1 sich ändert von A u. B je nach 2 solchen Punkten d_1 u. e_1 von p, welche in der Involution $aa_1 . bb_1$ den Schnittpunkten d und e der Geraden $B_1 C_1$ und $A_1 C_1$ zugeordnet sind, Gerade, so schneiden diese sich in Punkten P_1, welche sämmtlich in einer Geraden liegen, die den Punkt C mit demjenigen Punkte von p verbindet, der dem Schnittpunkt von $A_1 B_1$ in der obigen Involution zugeordnet ist. Man überzeugt sich nämlich leicht, 1) daß Strahlenbüschel A $[d_1 \ldots]$ π B $[e_1 \ldots)$, 2) daß beide Büschel perspekt.

sind, wie sich ergiebt, wenn man C_1 mit c_1 zusammenfallen läßt, 3) daß C auf ihrer perspekt. Axe liegt, wie sich ergiebt, wenn man C_1 mit P zusammenfallen läßt, 4) daß der Punkt f_1, welcher dem Schnittpunkt von $A_1 B_1$ zugeordnet ist, ebenfalls auf dieser Axe liegt, wie sich ergiebt, wenn man C_1 auf dieser Geraden annimmt.

Hieraus folgt aber unmittelbar, daß für jedes C_1 das zugehörige P_1 stets die Lage hat, daß die 3 Strahlen P_1A P_1B P_1C die Eigenschaft haben, die p in 3 Punkten, d_1 e_1 f_1, zu schneiden, welche den Schnittpunkten der Seiten des Dreiecks $A_1 B_1 C_1$ mit p in derselben Involution $aa_1 . bb_1$, wie sie oben festgesetzt, zugeordnet sind; oder umgekehrt, daß die Strahlen, welche von ABC nach den genannten 3 zugeordneten Punkten d_1 e_1 f_1 gehen, sich je in einem Punkte P_1 schneiden.

Zus. Es leuchtet ein, daß der obige Satz bloß einen besonderen Fall des soeben bewiesenen allgemeineren Satzes darstellt, den man folgender Maßen aussprechen kann:

Werden die 3 Seiten eines Dreiecks ABC von einer Geraden p in den 3 Punkten abc und die Seiten eines anderen Dreiecks $A_1B_1C_1$ derselben Ebene von p in den Punkten def geschnitten, und hat nun das eine Dreieck $A_1B_1C_1$ die Eigenschaft, daß die Strahlen, welche von einem Punkte P_1 aus nach seinen 3 Ecken gehen, die p in den 3 Punkten $a_1b_1c_1$ schneiden, so daß $aa_1 . bb_1 . cc_1$ eine Involution ist, so kommt auch dem andern Dreieck ABC die Eigenschaft zu, daß für einen leicht zu bestimmten Punkt P die 3 Strahlen PA PB PC die p in 3 Punkten d_1 e_1 f_1 schneiden von der Beschaffenheit, daß $dd_1 . ee_1 . ff_1$. eine Involution ist, und zwar gilt dabei immer noch das, daß $aa_1 . bb_1 . cc_1 . dd_1 . ee_1 . ff_1$. dieselbe Involution darstellen.

199. Sind ABC und $A_1B_1C_1$ 2 perspekt. Dreiecke mit dem perspekt. Centrum S und schneidet eine Gerade p die 3 Seiten des ersten in den Punkten abc, so schneiden die 3 Strahlen Sa Sb Sc die entsprechenden Geraden des 2ten Dreiecks ebenfalls in 3 Punkten einer Geraden p_1.

Im Strahlenbüschel S ist nämlich S [Aa . Bb . Cc] eine Involution, also auch S [$Aa_1 . Bb_1 . Cc_1$].

Zus. Die Richtigkeit des Satzes ergiebt sich ebenfalls einfach, wenn man ABC u. $A_1B_1C_1$ als entsprechende Gebilde 2er perspekt.

ebener Gewebe betrachtet, p und p_1 sind dann gleichfalls entsprechende Gebilde.

Auch der Satz 50 ergiebt sich als ein besonderer Fall des allgemeinen Satzes.

Es ist nämlich um bei dem letztgewählten Beispiel in 50 stehen zu bleiben $D[AA_1 . BB_1 . CC_1]$ eine Involution, woraus der Satz folgt nach 194.

200. Zieht man von den 3 Ecken eines Dreiecks ABC 3 Gerade abc, welche eine feste Gerade p je unter demselben Winkel schneiden, als die Gegenseiten des Dreiecks, ohne mit ihnen parallel zu sein, so schneiden sich diese 3 Strahlen in 1 Punkte.

Die Involution ist in diesem Falle auf der unendlich fernen Geraden und zwar sind deren Ordnungselemente der unendlich ferne Punkt von p und der auf einer zu p senkrechten Richtung liegende Punkt.

201. Zieht man durch die 3 Ecken ABC des Dreiecks 3 Gerade $a_1 b_1 c_1$, welche mit den entsprechenden 3 Strahlen abc in dem letzten Satze 3 Paar Richtungen von zugeordneten Strahlen einer Involution bilden, die die 2 Ordnungselemente der vorigen zu zugeordneten Elementen hat, so schneiden diese die unendlich ferne Gerade offenbar in 3 Punkten, die mit den Schnittpunkten der 3 Gegenseiten ebenfalls eine Involution bilden, und daher schneiden sie sich auch in 1 Punkte. Daher erhält man z. B. den Satz:

Daß die 3 Strahlen, welche in den Ecken ABC auf den Strahlen abc der Nr. 200 senkrecht stehen, sich ebenfalls wie diese Strahlen selbst in 1 Punkte schneiden.

Wählt man eine Gerade p, die die 3 Seiten eines Dreiecks ABC in den Punkten abc schneidet, und sucht man die Punkte $a_1 b_1 c_1$, die von diesen durch die Eckpunkte des Dreiecks harmonisch getrennt sind, so stellen ABC und $a_1 b_1 c_1$ 2 perspekt. Dreiecke dar, für welche (nach 64) p Axe der perspekt. Beziehung ist, so daß die Seiten des 1sten und 2ten Dreiecks durch dieselben Punkte von p gehen, zieht man daher von den Ecken $a_1 b_1 c_1$ Gerade $a_1\alpha$ $b_1\beta$ $c_1\gamma$ nach 3 solchen Punkten $\alpha\beta\gamma$ von p, daß $a\alpha . b\beta . c\gamma$ eine Involution ist, so schneiden sich diese Geraden in 1 Punkt:

Besondere Fälle hievon sind die Sätze:

202. Die 3 Perpendikel in den Mitten der 3 Seiten eines Dreiecks schneiden sich in 1 Punkt.

203. Zieht man durch die Mitten der 3 Dreiecksseiten 3 Gerade, die mit einer beliebigen 4ten Geraden je denselben Winkel bilden, wie die entsprechenden Dreiecksseiten, so schneiden sich diese 3 Gerade in einem Punkte.

204. Sucht man zu den Richtungen der 3 Seiten abc eines Dreiecks in jeder beliebigen Ordnung die 4te harmonische Richtung $a_1b_1c_1$, so daß also aba_1c ac_1ba $abcb_1$ die unendlich ferne Gerade in 3 harmonischen Würfen schneiden und zieht durch die 3 Mitten a (von BC) b (von AC) und c (von AB) je 3 mit $a_1b_1c_1$ parallele Strahlen, so schneiden sich von diesen 9 Geraden 4 Mal 3 in je 1 Punkt (I. Th. 39. t.)

Betrachtet man ein 4 Eck oder vielmehr die 4 durch dasselbe bestimmten 3 Ecke und läßt dabei zugleich die involut. Beziehung der Geraden p für alle 4 Dreiecke dieselbe sein, so bilden die 6 Linien, die man bei Anwendung des letzten Verfahrens auf diese 4 Dreiecke erhält, ein vollständiges 4 Eck, wenn sie sich nicht in 1 Punkte schneiden.

Hieraus erhält man als besondere Fälle unter anderem folgende Sätze:

205. Zieht man durch die Mitten der 6 Seiten eines 4 Ecks je mit der Gegenseite eine Parallellinie, so schneiden sich diese 6 Geraden in den 4 Punkten eines 4 Ecks.

206. Errichtet man in den 6 Mitten der 6 Seiten eines 4 Ecks Perpendikel, so bilden sie die 6 Seiten eines neuen 4 Ecks, das in einen Punkt übergeht, wenn das 4 Eck ein Kreis 4 Eck ist.

207. Zieht man von den Mitten der 6 Seiten eines 4 Ecks 6 Gerade von der Beschaffenheit, daß jede mit der entsprechenden 4 Ecksseite die beiden Schenkel eines gleichschenkligen Dreiecks bildet, dessen Grundlinie eine feste Gerade in der Ebene des 4 Ecks ist, so sind diese 6 Geraden die Seiten eines 4 Ecks.

Zu einer ganz ähnlichen Entwicklung gelangt man, wenn man wiederum die 6 Punkte auf den 6 Seiten eines 4 Ecks in Betrachtung zieht, die von den Schnittpunkten dieser Seiten mit einer Geraden p durch dessen Ecken harmonisch getrennt sind, dabei aber nicht, wie soeben je 3 solche Punkte, welche auf den 3 Seiten eines der 4 3 Ecke des 4 Ecks liegen, als die Eckpunkte eines zu eben diesem Dreieck perspekt. Dreiecks betrachtet, sondern vielmehr 3 solche Punkte zu Eckpunkten eines Dreiecks wählt, die auf den 3 durch ein Eck gehenden 4 Ecksseiten liegen. Dieses 3 Eck ist dann stets dem Dreieck perspekt., welches von den 3 andern 4 Ecksseiten gebildet wird, und zwar entsprechen je 2 Ecken, die auf derselben 4 Ecksseite liegen, einander, und die Axe der perspekt. Beziehung beider Dreiecke ist wieder die Gerade p. Hieraus ergeben sich unter anderen ganz wie in 205 rc. wieder folgende Sätze als besondere Fälle.

208. Fällt man von den Mitten der 6 Seiten eines 4 Ecks Perpendikel auf die Gegenseiten *), so bilden dieselben die 6 Seiten eines 4 Ecks; ist hiebei das 4 Eck ein solches, um das sich ein Kreis beschreiben läßt, so gehen alle die 6 erwähnten Geraden durch einen Punkt, vergl. Nr. 212.

209. Zieht man von den Mitten der 6 Seiten eines 4 Ecks 6 solche Gerade, daß jede derselben mit der Gegenseite des 4 Ecks die Schenkel eines gleichschenkligen Dreiecks bildet, dessen Grundlinie eine feste Gerade ist, so sind diese Geraden die 6 Seiten eines 4 Ecks.

210. In 171 haben wir gesehen, daß die Pole einer Geraden p in Bezug auf alle einem 4 Eck umschriebenen Kurven II in einer Kurve II liegen, die durch die 3 Eckpunkte des zum 4 Eck gehörigen Poldreiecks, so wie durch die 6 Punkte auf den 6 Seiten des 4 Ecks geht, die von der Geraden durch die Ecken harmonisch getrennt sind; dabei hat sich ergeben, daß die einfachste Art, die Punkte der Kurve zu finden, darin bestand, daß man nach den einzelnen Punkten P... von p von 2 Eckpunkten des Poldreiecks aus Gerade zog und diejenigen Geraden bestimmte, die von diesen durch das zugehörige Paar Gegenseiten des 4 Ecks harmonisch getrennt sind, ihr Schnittpunkt P_1 lieferte einen Punkt der fraglichen Kurve,

---

*) D. h. die Gegenseiten je zu denen, durch deren Mitte der Perpendikel gehen soll.

in dem sich zugleich die sämmtlichen Polaren von P schneiden. Es giebt nun noch eine interessante weitere Art die einzelnen Kurvenpunkte zu ermitteln, wie alsbald gezeigt werden soll.

Es schneide Fig. 21 die Gerade p die beiden Seiten AC u. BD des 4 Ecks ABCD in den beiden Punkten a u. b. Sind nun a_1 auf der Geraden AC von a und ebenso b_1 auf der Geraden BD von b durch die Eckpunkte des 4 Ecks harmonisch getrennt, dagegen a u. α_1 einerseits b u. β_1 andrerseits auf der Geraden p in Bezug auf irgend eine Kurve II des Systems ABCD konjugirt, so schneiden sich $a_1 \beta_1$ und $b_1 \alpha_1$ in einem Punkte der Kurve II, die alle Pole von p in Bezug auf das Kurvensystem ABCD enthält.

Bezeichnet man nämlich mit M und N die beiden Schnittpunkte der Kurve und p und mit cd die Schnittpunkte von p und den beiden Gegenseiten AD u. BC, so ist MN.ab.cd eine Involution und da $MaN\alpha_1 \;\pi\; NbM\beta_1$ als harmonische Würfe, so sind auch α_1 und β_1 ein Paar zugeordnete Punkte der letzterwähnten Involution, also bei Aenderung der Kurve p $(\alpha_1 \ldots) \;\pi$ p $(\beta_1 \ldots)$, woraus folgt, daß $a_1 \beta_1$ und $b_1 \alpha_1$ sich in den Punkten einer Kurve II schneiden, zu deren Punkten auch der Schnittpunkt von $a_1 \alpha_1$ und $b_1 \beta_1$ gehören; daß aber diese zusammenfällt mit der fraglichen Kurve K_1, die die Pole von p enthält, folgt daraus, daß $b_1 \beta_1$ die Polare von b, $a_1 \alpha_1$ die Polare von a, also ihr Schnittpunkt, der auf der Kurve liegt, der Pol von p in Bezug auf die jeweilige Kurve darstellt.

Aus diesem Beweise ist zugleich folgendes ersichtlich: Von einer Kurve zur andern ändern sich von dem 4 Eck $a_1 \alpha_1 b_1 \beta_1$ die beiden Punkte $\alpha_1 \beta_1$, während $a_1 b_1$ und die Verbindungslinie $\alpha_1 \beta_1$ d. h. p fest bleibt, die beiden Ecken des zu diesen 4 Ecken gehörigen Poldreiecks, die nicht auf p liegen, d. h. der Schnittpunkt von $a_1 \alpha_1$ und $b_1 \beta_1$, sowie der Schnittpunkt von $a_1 \beta_1$ und $b_1 \alpha_1$ bilden stets ein Paar Punkte der fraglichen Kurve K_1, die die Pole von p enthält, und da ihre bewegliche Verbindungslinie die feste Gerade $a_1 b_1$ in einem Punkte schneiden muß, der von der p durch die festen Punkte a_1 u. b_1 harmonisch getrennt ist, so geht diese veränderliche Verbindungslinie stets durch den Pol von p in Bezug auf K_1,

Dieser Satz führt zu verschiedenen besonderen Fällen:

211. Zieht man von den Mitten der 6 Seiten eines

einer Kurve II K eingeschriebenen 4 Ecks ABCD nach dem Mittelpunkte O derselben 6 Gerade und alsdann von eben denselben Mitten Parallellinien je zu derjenigen der ebenerwähnten 6 Geraden, die von der Mitte der Gegenseite nach O gezogen wurde, so schneiden sich diese neuen 6 Geraden in einem neuen Punkte O_1, wobei bei Aenderung der Kurve K die Mitte von $O O_1$ ein fester durch das 4 Eck ABCD bestimmter Punkt ist, nämlich der Schnittpunkt der 3 Linien, die die 3 Mitten der 3 Paar Gegenseiten verbinden (vergl. 178).

212. Zieht man von den Mitten der 6 Seiten eines einem Kreise eingeschriebenen 4 Ecks Perpendikel auf die Gegenseiten, so schneiden sich diese in einem Punkte O_1; dabei ist wiederum der Schnittpunkt der 3 Verbindungslinien der Mitten je 2er Gegenseiten in der Mitte zwischen dem erwähnten Schnittpunkt O_1 und dem Mittelpunkte des Kreises.

213. Zieht man von den Mitten der 6 Seiten eines einer gleichseitigen Hyperbel eingeschriebenen 4 Ecks Gerade, die mit einer der beiden Asymptoten denselben Winkel bilden, wie je die Gegenseite, so schneiden sich diese 6 Gerade in einem Punkte O_1, für welchen wieder in Bezug auf den Mittelpunkt der Hyperbel das in 212 angeführte gilt.

Zus. Da $\alpha_1 \beta_1$ in 210 zugeordnete Punkte desjenigen involut. geraden Gebildes in p sind, dessen zugeordnete Punktenpaare je in 1 Kurve des Systems ABCD oder in einem Paar Gegenseiten des 4 Ecks ABCD liegen, so folgt daraus, daß auch die Ordnungselemente dieser Involution in der fraglichen Kurve K_1 liegen müssen. Hieraus folgt unmittelbar unter anderem der bekannte Satz von 183.

214. Schneidet man das System aller durch 2 feste Punkte AB gehenden Kurven II durch eine Gerade p und zieht von einem festen Punkte M von AB aus je nach einem Paar Schnittpunkten einer der Kurven 2 Gerade, so bestimmen diese auf derselben Kurve eine 2te Sehne, die durch einen festen Punkt von AB geht.

Es ist dieses nämlich der dem Schnittpunkt von p u. AB in der Involution AB.MM zugeordnete Punkt nach 8.

215. Hat man ein einem 4 Eck umschriebenes Kurvensystem, schneidet dasselbe durch eine Gerade p und zieht von einem festen Punkte P aus je nach den beiden Schnittpunkten von p und einer Kurve des Systems ein Paar Gerade, so bestimmen diese auf derselben Kurve eine neue Chorde p_1 von der Beschaffenheit, daß für alle Kurven des Systems p_1 durch einen festen Punkt P_2 geht.

Ist P_1 der Punkt, welcher nach Nr. 171 in Bezug auf alle Kurven des Systems dem Punkte P konjugirt ist, und zieht man die Gerade PP_1, so muß, da für jede Kurve p u. p_1 ein Paar Gegenseiten eines eingeschriebenen 4 Ecks darstellen, von dem ein Paar Gegenseiten sich in P schneiden in der Involution die auf PP_1 durch die einzelnen Kurven und die so eben erwähnten verschiedenen 4 Ecke entsteht, stets P u. P_1 die Ordnungselemente darstellen, und daher müssen alle verschiedenen p_1 diese Gerade PP_1 in einem Punkt P_2 schneiden, der vom Schnittpunkt von p durch P und P_1 harmonisch getrennt ist, woraus die Richtigkeit folgt.

Da P u. P_1 nach 9a. auch durch je ein Paar Gegenseiten des vollständigen 4 Ecks ABCD harmonisch getrennt sind, so gilt dieser hier besprochene Satz auch noch, wenn man an die Stelle einer Kurve des Systems irgend ein Paar Gegenseiten dieses 4 Ecks setzt; denn zieht man nach den Schnittpunkten von p mit 2 Gegenseiten von P aus 2 Gerade, so bestimmen deren neue Schnittpunkte mit denselben 2 Geraden eine Gerade p_1, von der ebenso wie soeben bewiesen wird, daß sie durch den Punkt von PP_1 gehen müsse, der vom Schnittpunkte von p durch P und P_1 harmonisch getrennt ist. Dieser Satz läßt sich so aussprechen:

216. Zieht man von einem Punkte P aus je nach den 2 Schnittpunkten einer Geraden p mit einem Paar Gegenseiten eines vollständigen 4 Ecks 2 neue Gerade, so erhält man der Art 2 einfache 4 Ecke, deren 3 von p verschiedene Diagonalen sich in 1 Punkte schneiden.

Zus. Fällt P mit einem Eck M des zum 4 Eck ABCD gehörigen Poldreiecks zusammen, so muß für jede Kurve p_1 von p durch das Eck M und die Gegenseite des Polbreiecks harmonisch getrennt sein, d. h. p_1 muß für alle Kurven dieselbe Gerade sein; hieraus ergiebt sich der Satz Nr. 48 als besonderer Fall, wenn man wieder ein Paar Gegenseiten des 4 Ecks statt einer Kurve wählt. — Reciprok zu 215 ist:

217. Zieht man von einem Punkte P aus an alle Kurven, die demselben 4 Seit abcd eingeschrieben sind, Tangentenpaare, und zieht von den Schnittpunktenpaaren derselben mit einer festen Geraden p noch je ein Paar Tangenten je an dieselbe Kurve, so liegen deren Schnittpunkte auf einer festen Geraden p_2. Sind hiebei p u. p_1 in Bezug auf alle Kurven des Systems einander konjugirt, so ist P u. p_2 durch p u. p_1 harmonisch getrennt.

218. Schneidet man alle Kurven II eines 4 punktigen Kurvensystems ABCD durch 2 Gerade ab, welche durch 2 der 4 Punkte A u. B d. h. die eine a durch den Punkt A und die andere b durch den Punkt B gehen, so gehen alle in ihnen durch die Schnittpunkte von ab bestimmten Chorden durch einen festen Punkt von CD.

Es genügt den Beweis für 2 Kurven KK_1 des Systems geführt zu haben.

Sind Fig. 22 aa_1 die Schnittpunkte von a mit KK_1 und bb_1 die Schnittpunkte von b mit KK_1 und schneidet die ab die CD in S, so ziehe man a_1S, welche die K_1 noch in b_2 die AB in dem Punkte S_1 und die K in cc_1 schneide; alsdann ist wegen des gemeinsamen 4 Ecks ABCD von KK_1 $a_1b_2.cc_1.SS_1$ eine Involution, ebenso wegen des 4 Ecks AB ab cc_1 . SS_1 . a_1b_3 eine Involution, wenn b_3 den Punkt bedeutet, in dem die Gerade b von a_1S geschnitten wird, hieraus folgt, daß b_2 u. b_3 und somit auch b_1 identisch sein müssen, w. z. b. w.

Zus. 1. Ein anderer Beweis dieses Satzes ergiebt sich also: Denkt man sich a fest b veränderlich, so sind auch b u. b_1 veränderlich, aber immer ist Strahlenbüschel a (b..) π a_1 (b_1...), weil beide perspekt. zum Büschel B (b...) oder B (b_1...); außerdem ergiebt sich unmittelbar, daß sie auch perspekt. sind, und daß CD als Axe der perspekt. Beziehung erscheint, woraus der Satz folgt.

Zus. 2. Betrachtet man die beiden Geraden ab als eine

Kurve II die durch die beiden Punkte AB geht, so ist offenbar der Satz 218 bloß ein besonderer Fall des Satzes 142.

Zus. 3. Noch möge des Zusammenhangs mit der nachfolgenden Nr. wegen ein 3ter Beweis dieses Satzes 218 hier folgen:

Stellen wir durch EF Fig. 23 die Repräsentanten der beiden Schnittpunkte von a u. b mit irgend einer beliebigen Kurve des Systems dar, so daß also EF an die Stelle von ab oder a_1b_1 der Fig. 22 tritt, so ist immer AECDFB ein der Kurve eingeschriebenes 6 Eck, so daß also die Verbindungslinie der Schnittpunkte von AE (oder a) u. DF, BF (oder b) u. CE durch den Schnittpunkt von AB u. CD geht. Bei veränderlicher Kurve ist daher doch stets Strahlenbüschel D (F...) π C (E..) also auch a (E...) π b (F...) und es ist alsbald zu ersehen, daß beide zugleich perspekt. sind, und daß das perspekt. Centrum anf CD liegen muß, da in dieser Geraden sowohl 2 entsprechende Strahlen der Büschel D (F...) u. C (E...) als auch 2 entsprechende Punkte von a (E...) u. b (F...) enthalten sind. Will man das perspekt. Centrum selbst suchen, so wähle man diejenige Kurve II, welche durch den Schnittpunkt M von ab selbst geht, suche die Tangente in M, indem man ABCDM als ein 6 Eck, von welchem 2 Punkte in M unendlich nahe zusammengerückt sind, betrachtet, und man findet alsbald, daß die beiden Schnittpunkte von a u. BC und von b u. AD mit diesem Centrum auf CD in 1 Geraden liegen.

Zus. 4. Der obige Satz 218 gilt noch ungeändert, wenn man auch eine Kurve des Systems durch ein Paar Gerade also entweder durch AC u. BD oder durch AD u. BC vertreten läßt, d. h. mit andern Worten:

Jedes dieser Paare von Gegenseiten des 4Ecks ABCD wird von a u. b in 2 neuen Punkten geschnitten, deren Verbindungslinie ebenfalls durch den im Satz bezeichneten Sehnen-Schnittpunkt geht.

Die obigen Beweise erleiden nämlich fast keine Aenderung.

219. Ist wieder ein System von Kurven gegeben, das durch 4 Punkte ABCD *) geht, und legt man durch 1 die-

---

*) Es sei hier ein für alle Male noch einmal darauf aufmerksam gemacht, daß stets hiebei 2 oder mehrere der 4 Punkte einander unendlich nahe rücken können.

ser Punkte A 2 Gerade m n, so bestimmen diese in jeder Kurve eine Sehne, und diese so erhaltenen Sehnen berühren eine Kurve II K, welche nicht nur m u. n, sondern auch die 3 Seiten des Dreiecks BCD zu Tangenten hat.

Behalten wir ganz die Bezeichnung und das Verfahren bei der Beweisführung in 218 Zus. 3 bei, so ergiebt sich aus dem eingeschriebenen 6 Eck BFAECDB Fig. 24, daß BF und CE sich bei veränderlicher Kurve d. h. bei veränderlichem E u. F doch immer in 1 Punkte der durch die beiden unveränderlichen Schnittpunkte $m n_1$ von m u. BD und von n u. CD bestimmten Geraden schneiden müssen, woraus folgt, daß Strahlenbüschel C(E...) π B(F...) und also auch gerades Gebilde m(E...) π n(F...) dabei liegen in jeder Seite des Dreiecks BCD ein Paar entsprechende Punkte von m u. n. Denn BC ist ein entsprechend gemeinsamer Strahl der projekt. d. h. perspekt. Büschel B(F...) π C(E...) und die Strahlen CD und BD schneiden entsprechend die Geraden m u. n in den Punkten n_1 u. m der perspekt. Axe; hieraus folgt der Satz nach 3a.

Zus. 1. In dem zuletzt besprochenen Falle, wo E u. F in eine Seite des Dreiecks BCD zu liegen kommen (nach $m m_1$, $n n_1$ oder $p p_1$), geht die fragliche Kurve in das System 2er Gerader über.

Zus. 2. Hinsichtlich eines andern Beweises dieses Satzes 219 s. I. Th. 153.

220. Zieht man von 2 Punkten MN einer Tangente a an alle Kurven des Kurvensystems, das die 4 Geraden abcd berührt, je noch ein Paar Tangenten, so liegen die Schnittpunkte dieser Tangentenpaare auf einer neuen Kurve II K, welche nicht bloß durch M u. N, sondern auch durch die 3 Eckpunkte des Dreiecks bcd geht.

221. Besondere Fälle von 219 und 220 sind:
Alle Kreise, welche durch dieselben 2 Punkte AB gehen, werden von 2 Geraden m n die durch den Punkt A gehen in solchen Punkten geschnitten, daß die dadurch bestimmten Sehnen alle dieselbe Parabel berühren, deren Brennpunkt B ist.

222. Liegen die 6 Ecken 2er Dreiecke auf einer Kurve II. so berühren die 6 Seiten derselben ebenfalls eine Kurve II.

Es ist dieses nämlich strenge genommen der Satz 219 in anderer Form ausgesprochen, wobei BCD das eine und AEF das andere Dreieck darstellt. Es werden nämlich nach diesem Satze die m u. n von einer Kurve II berührt, die auch die 3 Seiten des Dreiecks BCD und die Sehne EF zu Tangenten hat.

223. Jedes Eck eines Kreisvierecks kann als Brennpunkt einer Parabel betrachtet werden, die die 3 Seiten des durch die übrigen Ecken bestimmten Dreiecks berührt, vergl. 221. Hier sind E u. F von 219 die Normalpunkte.

224. Die Brennpunkte aller einem Dreiecke eingeschriebenen Parabeln liegen auf dem dem Dreieck umschriebenen Kreise.

Die Tangente a von 220 ist nämlich in diesem besonderen Falle die unendlich ferne Gerade und die Punkte M u. N die Normalpunkte.

Betrachtet man ein 4 Seit, so kann man um jedes seiner 4 Dreiecke einen Kreis beschreiben, der alsdann geometrischer Ort für die Brennpunkte der dem fraglichen Dreieck eingeschriebenen Parabeln ist; da aber unter jedem dieser 4 Systeme von Parabeln die einzige dem 4 Seit selbst einzuschreibende Parabel mit inbegriffen ist, so folgt hieraus in Verbindung mit 223 der Satz 191:

225. Zieht man um die 4 Dreiecke eines 4 Seits die 4 möglichen Kreise, so schneiden sich diese in 1 Punkte, der Brennpunkt der dem 4 Seit eingeschriebenen Parabel ist.

An den Satz 219 oder 220 (wir wählen der Anschaulichkeit der Fig. wegen den letzten der beiden reciprok verwandten Sätze) schließt sich unmittelbar folgender Satz an:

Ist Fig. 25 α ein Punkt der Kurve K, also α M u. α N ein Paar Tangenten einer Kurve K_1 des Kurvensystems abcd, schneiden ferner die 3 festen Tangenten bcd die feste Tangente a in den Punkten $b_1 c_1 d_1$, dagegen irgend eine 5te Tangente e von K_1 in den Punkten bcd, so ist offenbar Strahlenbüschel α [MN $b_1 c_1 d_1$] π α [MN bcd] insoferne ja nach 3a. MN $a_1 b_1 c_1$ π mnabc, wenn m u. n die Schnittpunkte der Tangenten αM u. αN mit der Tangente e sind.

Hieraus folgt nun unmittelbar folgender Satz:

226. Bezeichnet man unter Voraussetzung des Satzes und der Bezeichnung von 220 die Schnittpunkte der Tangente a

auf der MN liegen, mit den 3 andern festen Tangenten bcd durch bcd wählt einen beliebigen Punkt α der Kurve K, und bezieht nun den Strahlenbüschel α projekt. auf das gerade Gebilde MN bcd, so daß die den Punkten M u. N entsprechenden Strahlen durch sie selbst gehen, so liegen stets die Schnittpunkte der den Punkten bcd entsprechenden Strahlen entsprechend mit den Geraden bcd in einer Tangente derjenigen Kurve des Systems abcd, welche auch die Geraden αM u. αN berührt.

Zus. Diesem Satz kann man eine einfachere Fassung geben, wenn man die Voraussetzung so zu sagen ganz auf die Kurve K, die Behauptung alsdann auf die Kurve K_1 des ursprünglichen Kurvensystems bezieht, wo er dann also lautet:

Schneidet eine beliebige Gerade a die 3 Seiten bcd eines in eine Kurve K eingeschriebenen Dreiecks in den Punkten bcd und bezieht man einen Strahlenbüschel, dessen Mittelpunkt α ebenfalls auf K liegt, projekt. auf das gerade Gebilde a (bcd...) der Art, daß die Schnittpunkte a K beide in den ihnen entsprechenden Strahlen von α liegen, so schneiden die den Punkten bcd entsprechenden Strahlen die bcd in 3 Punkten einer Geraden p, wobei abcd p sowie die beiden von α nach den Schnittpunkten a K gehenden Strahlen Tangenten 1 Kurve II sind.

Der reciproke Satz lautet:

227. Bezeichnet man unter Beibehaltung der Bezeichnung von 219 die 3 Geraden, die von A nach BCD gehen, durch bcd, wählt eine Tangente α der Kurve K und bezieht nun das gerade Gebilde α so projekt. auf den Strahlenbüschel A, daß die beiden Strahlen mn von A durch die ihnen entsprechenden Punkte von α gehen, so geben stets die den Strahlen bcd entsprechenden Punkte entsprechend mit BCD verbunden 3 Gerade, die sich in einem Punkte derjenigen Kurve des Systems ABCD schneiden, zu deren Punktelementen auch die Schnittpunkte von m u. n mit α gehören.

Zus. Auch diesem Satze läßt sich wie dem 226 eine bequemere Form geben, in welcher Fassung er dann lautet: Zieht man von einem beliebigen Punkte A nach den 3 Ecken BCD eines einer Kurve II K umschriebenen Dreiecks 3 Strahlen bcd und bezieht man ein gerades Gebilde α, dessen Träger dieselbe Kurve K berührt, projekt. auf diesen Büschel so, daß die beiden Tangenten von A an K durch die beiden ihnen entsprechenden Punkte gehen, so geben die den Strahlen bcd entsprechenden Punkte von α entsprechend mit BCD verbunden Gerade, die in einem Punkte P sich schneiden, wobei ABCDP und die beiden Schnittpunkte der von A an K gezogenen Tangenten mit α in 1 Kurve II liegen.

Besondere Fälle hievon sind:

228. Zieht man von einem beliebigen Punkte α eines einem Dreieck umschriebenen Kreises nach den 3 Seiten dieses eingeschriebenen Dreiecks unter gleichem Winkel Gerade, so liegen deren 3 Schnittpunkte mit den betreffenden Seiten in einer Geraden, welche Tangente einer dem Dreieck eingeschriebenen Parabel ist, die α zum Brennpunkt hat.

Das M u. N von 226 sind hier die Normalpunkte der unendlich fernen Tangente; denn von dem Strahlenbüschel α gehen bei dieser Wahl der entsprechenden Strahlenpaare nach 16 wirklich die Hauptstrahlen durch ihre entsprechenden Punkte.

Zus. Es lassen sich von α nach den 3 Seiten des Dreiecks 6 Gerade unter demselben Winkel legen; da aber die 3 Strahlen, welche von α ausgehen im vorigen Satze auf der unendlich fernen Geraden ein gerades Gebilde erzeugen müssen, das kongruent dem durch die 3 Schnittpunkte der 3 Dreiecksseiten ist und ihm gleichläufig, so kann über die Wahl der jedesmal zusammengehörigen jener 6 Geraden kein Zweifel sein.

Benützt man noch 225, so erhält man:

229. Zieht man von dem Schnittpunkte der 4 Kreise, die sich um die 4 Dreiecke eines einfachen 4 Seits oder 4 Ecks beschreiben lassen, Gerade unter gleichen Winkeln an die 4 Seiten, so liegen deren Schnittpunkte mit den entsprechenden Seiten in 1 Geraden, welche die dem 4 Seit eingeschriebene Parabel berührt, und deren Brennpunkt dieser Schnittpunkt ist.

230. Zieht man von dem Brennpunkt einer Parabel nach allen Tangenten derselben Gerade unter demselben

Winkel, so liegen deren Schnittpunkte auf einer neuen Tangente derselben.

231. Schneidet eine Gerade p die 3 Seiten eines einer Kurve II K umschriebenen Dreiecks ABC in den Punkten a b c und sind ihnen in p die Punkte $a_1 b_1 c_1$ konjugirt, so schneiden die Strahlen die von einem Punkte α von K nach $a_1 b_1 c_1$ gehen, die Seiten abc des Dreiecks in 3 Punkten einer Tangente einer Kurve II, die auch a b c p, sowie die von α nach den Schnittpunkten p K gehenden Geraden berühren.

Hieher würde der schon in 228 enthaltene Satz als besonderer Fall gehören: Zieht man von einem Punkte α eines einem Dreieck umschriebenen Kreises Perpendikel auf die Dreiecksseiten, so liegen deren Fußpunkte in der (Scheitel) Tangente der dem Dreieck eingeschriebenen Parabel, für die α Brennpunkt ist.

232. Betrachtet man in dem letzten Satze ein einer Kurve II K eingeschriebenes 4 Eck ABCD, so kann man jedes Eck als den Punkt betrachten, von dem die Geraden ausgehen, welche die 3 Seiten des durch die übrigen 3 Eckpunkte gebildeten Dreiecks schneiden. Und es gelten nun in Bezug auf die 12 Schnittpunkte der auf diese Weise erhaltenen 12 schneidenden Geraden folgende Sätze:

1) Je 2 der 4 Ecken des 4 Ecks ABCD z. B. AC liegt mit 4en der 12 erwähnten Schnittpunkte auf einer Kurve II K, welche auch durch die Schnittpunkte p K geht, und dabei ist diese Seite AC und p in Bezug auf K einander konjugirt.

2) Die fraglichen 12 Schnittpunkte liegen zu je 3 auf 4 Geraden l m n o nach 231, und diese 4 Geraden schneiden sich in 1 Punkte S.

3) 4 Mal je 3 dieser 12 Schnittpunkte liegen mit dem Punkt S in einer Kurve K_1, die durch die Schnittpunkte p K geht.

Betrachtet man nämlich Fig. 26, welche bloß eine Kurve K und eine Kurve K_1 gezeichnet enthält, z. B. A und C als Mittelpunkte 2er Strahlenbüschel, so stellen offenbar AD u. CM_1; CB u. AL_1; AB u. CM_2; CD u. AL_2 4 Paare entsprechender Strahlen 2er projekt. Büschel dar, für welche die nach den beiden Schnittpunkten p K gehenden Strahlen ebenfalls entsprechende Strahlen sind. Es liegen also $L_1M_1L_2M_2$ auf einer der Kurven II K von 1) ebenso $M_1O_1M_3O_3$ und $N_1O_1N_2O_2$ und $L_1N_1L_3N_3$ und $M_2N_2M_3N_3$ und

$L_2O_2L_3O_3$. Und da jedes dieser entsprechenden Strahlenpaare die p in konjugirten Punkten schneidet, d. h. in Punkten schneidet, die durch p K oder p 𝔎 harmonisch getrennt sind, so folgt, daß jede Seite wie AC der p in Bezug auf 𝔎 konjugirt ist nach 79. Daß ferner 4 Mal je 3 der 12 Schnittpunkte in 4 Geraden lmno liegen, folgt aus 231; denkt man sich aber hiebei D veränderlich der Art, daß es die K durchläuft, ABC dagegen fest, so drehen sich lmn der Art um die festen Punkte $L_1M_2N_3$, daß die dadurch entstehenden Strahlenbüschel unter sich projekt. sind, weil sie es sind mit den Strahlenbüscheln A (D...) oder B (D...) oder C (D...), wie dieses für den einen dieser Büschel L_1 folgende Betrachtung alsbald darthut: Betrachtet man das veränderliche Dreieck BCD, so schneiden sich A (L_3...) und BD als entsprechende Strahlen 2er projekt. nicht persp. Büschel in einer Kurve II, welche auch durch L_1 geht, da, wenn D nach C gelangt, die AL_1 der entsprechende Strahl wird, woraus denn der Satz folgt, daß L_1 (L_3...) π B (D...).

Betrachtet man nun aber diejenige Kurve, welche 2 der Art projekt. Strahlenbüschel, wie L_1 (L_3...) π M_2(M_3...) (oder N_3 (N_2...)) erzeugen, so überzeugt man sich alsbald, daß die Kurven II, welche je 2 dieser 3 Büschel erzeugen, identisch sind. Denn für je 2 derselben z. B. L_1 (L_3...) π M_2 (M_3...) liegen nicht nur die beiden Schnittpunkte p K und die beiden Centra L_1 u. M_2 auf der fraglichen Kurve II, sondern auch der Punkt N_3. Dieses letztere, was allein eines Nachweises bedarf, folgt unmittelbar daraus, wenn man D in den Schnittpunkt D_1 von BN_3 mit K rückt, und nun die Dreiecke ABD_1 und BCD_1 betrachtet, alsdann tritt N_3 an die Stelle des M_3 oder auch an die Stelle von L_3, d. h. L_1N_3 und M_2N_3 sind entsprechende Strahlen der erwähnten projekt. Büschel L_1 und M_2 w. z. b. w. Es schneiden sich daher in jedem Punkte der Kurve 𝔎, welche durch $L_1M_2N_3$ geht, bei veränderlichem D 3 der 4 Geraden lmno in 1 Punkte, und da dieses ebenso gilt für je 3 andere dieser 4 Geraden, wenn man ein anderes Eck veränderlich und also ein anderes der 4 Dreiecke des 4 Ecks fest annimmt, so müssen sich alle 4 Gerade immer in 1 Punkte S schneiden, in dem sich selbstverständlich auch die 4 Kurven $𝔎_1$ schneiden.

Ein besonderer Fall dieses allgemeinen Satzes lautet:

233. Ist ABCD Fig. 27 ein Kreis4Eck und fällt man von jedem der 4 Ecken je auf die 3 Seiten des durch die übrigen Ecken gebildeten 3 Ecks Perpendikel, so liegen jedesmal die 3 Fußpunkte derselben in einer Geraden, diese so erhaltenen 4 Geraden l m n o schneiden sich in einem Punkte S. Außerdem liegen 6 Mal je 4 von den 12 Fußpunkten in je einem Kreise K dessen Durchmesser eine der 6 Seiten des Kreis 4 Ecks ist; und ebenso liegen 4 Mal je 3 der 12 Fußpunkte mit dem Punkte S in je einem Kreise K_1, und zwar ergiebt sich aus dem obigen allgemeinen Beweise alsbald, daß die 3 Fußpunkte, welche je mit S in einem Kreise liegen, gerade immer die Fußpunkte der 3 Höhen eines der 4 Dreiecke des 4 Ecks sind, so daß also diese 4 Kreise K_1 auch je durch die Mitten der 3 Seiten eines dieser 4 Dreiecke gehen nach 183.

Zus. Hinsichtlich der Lage dieser 12 Fußpunkte von 233 gilt noch folgender merkwürdige Satz: die 12 Fußpunkte liegen zu je 4 in 3 Kreisen, deren Mittelpunkt S ist.

Betrachtet man nämlich die 6 Kreise K und die 4 Kreise K_1 von 233, so ist alsbald zu ersehen, daß für jeden der Kreise K_1 und je 2 der 3 Fußpunkte, die in ihm liegen, es gerade immer einen der obigen Kreise K giebt, der dieselben 2 Fußpunkte enthält, z. B. für das der obigen Betrachtung in 232 zu Grunde gelegte feste Dreieck ABC liegt L_1M_2 in dem Kreise K, dessen Durchmesser AC, L_1N_3 in dem Kreise K, dessen Durchmesser AB, und M_2N_3 in dem Kreise K, dessen Durchmesser BC ist. Betrachte man nun aber ein solches Paar Kreise, das 2 solche Fußpunkte gemein hat, also z. B. von den K den Kreis $L_1M_1L_2M_2$ und von den K_1 den Kreis $L_1SM_2N_3$, so geht der 2te durch den Mittelpunkt des 1sten, wie schon oben bemerkt, und 2 solche Kreise haben immer die Eigenschaft, daß, wenn man von den beiden Schnittpunkten derselben 2 Gerade zieht, die sich auf dem 2ten Kreise schneiden, jede der beiden im 2ten der Art erhaltenen Sehnen gleich ist dem Stück der andern Sehne, das zwischen den beiden Kreislinien eingeschlossen ist, d. h. für unsre Fig. ist $SM_1 = SL_1$ und $SL_2 = SM_2$, denkt man sich nämlich Fig. 28 einen Punkt S den Bogen L_1M_2 durchlaufend, so ist stets nach Winkel L_1SM_2 konstant derselbe, ebenso aber auch ist der Winkel $L_1M_1M_2$ konstant derselbe, daher ist auch Winkel SL_1M_1 immer konstant derselbe, betrachtet man aber die Lage von S, bei welcher es im Mittelpunkt des 1sten Kreises K, so ersieht man, daß SL_1M_1 stets ein gleichschenkliges Dreieck darstellt w. z. b. w.

Auf dieselbe Weise findet man nun, wenn man hinsichtlich der Fußpunkte L_1 und M_2 eine andere Wahl trifft, daß $SL_1 = SM_1 = SN_1 = SO_1$ ebenso $SL_2 = SM_2 = SN_2 = SO_2$ und endlich $SL_3 = SM_3 = SN_3 = SO_3$ (s. Fig. 29).

Zus. 1. S ist nach 183 der Mittelpunkt der gleichseitigen Hyperbel, die sich dem Kreis4Eck umschreiben läßt; aber auch also läßt sich die geometrische Bedeutung von S charakterisiren nach 228: die 4 Scheiteltangenten derjenigen 4 Parabeln, welche den 4 Dreiecken eines Kreis4Ecks sich einschreiben lassen, während jeder 4te Eckpunkt den Brennpunkt der fraglichen Parabel darstellt, schneiden sich in 1 Punkte S und es stehen die Schnittpunkte der jedesmaligen 3 Seiten des der Parabel umschriebenen Dreiecks von S auf der einen Scheiteltangente in bestimmter Ordnung genau ebensoweit ab als auf der andern.

234. Schneiden die 3 Seiten abc eines einer Kurve II K eingeschriebenen Dreiecks eine Gerade p in den Punkten abc, zieht man ferner von einem 2ten Punkte α_1 von K nach abc Gerade, und nach den neuen Schnittpunkten dieser 3 Geraden mit K von einem 5ten Punkte α von K 3 Strahlen, so schneiden diese entsprechend die abc in 3 Punkten einer Geraden, welche Tangente einer Kurve ist, die die Geraden abcp und die von α nach den Schnittpunkten pK gehenden Strahlen berührt.

Zum Schlusse dieser verschiedenen Anwendungen sei nur noch ein besonderer Fall von 227 angeführt, der vor Allen deutlich erkennen läßt, wie mit Hilfe der neueren Geometrie die scheinbar disparatesten Sätze unter einem Gesichtspunkte vereinigt, d. h. zusammengehörig, erscheinen.

Läßt man nämlich in 227 Zus. A den Brennpunkt der Parabel K sein und α ins Unendliche rücken, so erhält man:

225. Zieht man von dem Brennpunkt A einer Parabel nach den 3 Ecken BCD eines der Parabel umschriebenen

Dreiecks Gerade, und von denselben 3 Ecken BCD 3 neue Gerade, so daß jedes durch 1 Eck gehende Paar denselben Winkel bildet als die beiden andern Paare, (hinsichtlich der in jedem Eck möglichen neuen Geraden gilt genau und genau aus demselben Grunde wieder das in 228 Zus. schon erwähnte), so schneiden sich diese neuen 3 Geraden in einem Kreise, der auch durch ABCD geht.

Dieser Satz läßt sich füglich in folgende Sätze zerlegen, die zugleich in ihm enthalten sind:

1) Jeder Kreis, der selbst einem einer Parabel umschriebenen Dreiecke umschrieben ist, geht durch deren Brennpunkt vergl. 224.

2) Alle Winkel in einem Kreisbogen, die auf einer Sehne stehen, sind gleich groß.

Bei der Fassung der beiden Hauptsätze (219 u. 220) worauf diese Entwicklungen bisher sich gestützt haben, waren die beiden Geraden mn als fest betrachtet und die Kurven des Kurvensystems veränderlich, man kann nun aber die Geraden sich veränderlich denken und irgend eine Kurve des Systems als fest der Betrachtung unterwerfen, dadurch erhält man nach dem oben schon geführten Beweise unmittelbar folgende Sätze:

236. Zieht man durch einen Punkt A, der mit den 3 Eckpunkten BCD eines Dreiecks die 4 Ecken eines 4 Ecks bildet, alle möglichen Geraden und sucht auf jedem derselben einen Punkt von der Beschaffenheit, daß er mit den 3 Schnittpunkten der Dreieckseiten in bestimmter Ordnung einen Wurf von gegebenem Werth bildet, so liegen alle diese Punkte auf einer durch ABCD gehenden Kurve II.

237. Sucht man zu allen Punkten einer Geraden a, welche mit den 3 Seiten bcd des Dreiecks ABC ein 4 Seit bildet, je einen Strahl von der Beschaffenheit, daß er mit den 3 nach BCD gezogenen Strahlen in bestimmter Ordnung genommen, einen Wurf von gegebenem Werthe liefert, so liegen diese Strahlen alle in einem Strahlenbüschel II, zu dessen Elemente auch die Strahlen abcd gehören. Besondere Fälle ergeben sich unter andern folgende:

Läßt man eine Seite ins Unendliche rücken und zugleich den Wurf einen harmonischen sein, so erhält man:

238. Sucht man auf allen Strahlen eines Punktes A die Mitten der endlichen Strecken, die von 2 andern Geraden auf diesen Strahlen abgeschnitten werden, so liegen sie auf einer Hyperbel, die durch A und den Schnittpunkt M der beiden Geraden geht, und deren Asymptoten parallel diesen Geraden sind.

Zus. Noch läßt sich Betreff des Mittelpunkts dieser Hyperbel leicht erkennen, daß dieselbe nothwendig auf der Geraden MA liegen müsse, wie nachfolgender allgemeine Satz erkennen läßt.

239 Sind a b c Fig. 30 die Schnittpunkte einer Geraden p mit den 3 Seiten eines einer Kurve II K eingeschriebenen Dreiecks ABC, $\alpha\,\alpha_1$ die beiden Schnittpunkte mit K und ist dabei a b α c ein harmonischer Wurf, so muß die Gerade, die man von α_1 nach dem Pol der Seite zieht, auf der a liegt, stets durch das Gegeneck A des Dreiecks gehen.

Dreht sich nämlich die Gerade p um α_1, so bleibt doch immer der Wurf, welcher durch die Schnittpunkte mit den 3 Seiten und dem 2ten von α_1 verschiedenen Schnittpunkt p K gebildet wird, ein harmonischer eben nach 234. Zieht man aber nach dem Pole von BC einen Strahl, so wissen wir, daß alsdann die beiden Schnittpunkte der Kurve durch die beiden übrigen Seiten AB und AC harmonisch getrennt sein müssen, wodurch man nothwendig auf einen Widerspruch geführt sein würde, wenn nicht eben dieser Strahl zugleich das Gegeneck von BC enthielte, in welchem Falle in diesem Eck A 3 der 4 Punkte des harmonischen Wurfes in 1 zusammenfallen.

An diesen Satz 236 schließt sich unmittelbar folgender Satz an:

240. Sucht man auf den Strahlen eines Strahlenbüschels S je 2 in Bezug auf eine gegebene Kurve K II, die nicht durch S geht, konjugirte Punkte $\mathfrak{a}\,\mathfrak{a}_1$, $\mathfrak{b}\,\mathfrak{b}_1$... von denen je einer $\mathfrak{a}_1\,\mathfrak{b}_1$.... auf einer gegebenen Geraden p liegt, so liegt je der andere $\mathfrak{a}_1\,\mathfrak{b}_1$... auf einer Kurve II K, welche durch die Berührungspunkte AB der beiden von S an K zu ziehenden Tangenten, sowie auch durch die Schnittpunkte CD von K und p und endlich durch S selbst geht.

Zieht man nämlich (s. Fig. 31.) durch die beiden Berührungspunkte AB nach demselben Punkte a von p die beiden Strahlen Aa u. Ba, welche entsprechend die K zum 2ten Male in den Punkten α u. α_1 schneiden, so schneidet, da S der Pol von AB ist nach 79. der Strahl Sa sowohl die Seiten des Dreiecks $A\alpha B$ als auch die Seiten des Dreiecks $B\alpha_1 A$ in 2 konjugirten Punkten d. h. die beiden Gegenecken $a a_1$ des 4Seits $A\alpha_1 B\alpha$ sind in Bezug auf K konjugirt. Nun ist aber bei veränderlichem a... offenbar Strahlenbüschel A $(\alpha\ldots)$ π B $(\alpha_1\ldots)$ weil sie perspekt. p (a...) sind, also auch A $(\alpha_1\ldots)$ π B $(\alpha\ldots)$ woraus folgt, daß a_1 auf einer durch A u. B gehenden Kurve liegt; läßt man a mit C oder D zusammen fallen, so fällt nothwendig auch a_1 damit zusammen; läßt man a mit dem Schnittpunkt *) von p und der Polare von S zusammen fallen, so fällt a_1 mit S zusammen; hieraus folgt der übrige Theil obigen Satzes.

Zus. 1. Schneidet die Gerade Sc die K nicht in reellen Punkten, so ist doch nach I Th. 189. c. cc_1 durch die beiden konjugirten imagin. Schnittpunkte dieser Geraden und K harmonisch getrennt.

Es möge hier noch ein zweiter Beweis dieses Satzes folgen, der trotz seiner größeren Einfachheit nicht vorangestellt wurde, da obiger Beweis den Zusammenhang des vorigen Satzes mit den nachfolgenden in das Licht zu setzen besser geeignet ist.

Man erhält offenbar die den verschiedenen Punkten a von p konjugirten Punkte auf den einzelnen Strahlen a... des Strahlenbüschels S durch die Schnittpunkte der Strahlen a mit den Polaren $a_1\ldots$ der einzelnen Punkte a..., nun ist aber . . . Strahlenbüschel S_1 $(a_1\ldots)$ π p (a...) also auch π S (a...) woraus folgt, daß die den einzelnen Punkten a konjugirten Punkte auf einer durch S und den Pol S_1 von p gehenden Kurve II liegen.

241. Der letzte Satz gilt auch dann noch, wenn S auf der Kurve II selbst liegt, die beiden Punkte A und B vereinigen sich in diesem Falle im Punkte S, in welchem sich K und 𝔎 berühren.

Es mögen (s. Fig. 32) die Strahlen abcd... des Büschels S

---

*) Fällt p selbst mit der Polare von S zusammen, so reducirt sich die 𝔎 auf den Punkt S selbst.

die p in den Punkten abcd..., die K in den Punkten $\alpha\beta\gamma\delta$... schneiden, während $a_1 b_1 c_1 d_1$... die den Punkten abcd... konjugirten Punkte sein sollen. Alsdann ist M (SNαa_1) π M (SNβb_1) π M (SNγc_1) rc. da alle diese Würfe harmonische Würfe sind, Daher ist nach I. Th. 35 s M (SN $\alpha\beta\gamma\delta$...) π M (S N $a_1 b_1 c_1 d_1$...) oder, was für unsern Zweck hinreicht, M ($\alpha\beta\gamma\delta$) π M ($a_1 b_1 c_1 d_1$...) Ganz auf dieselbe Weise findet man aber nun daß N ($\alpha\beta\gamma\delta$...) π N ($a_1 b_1 c_1 d_1$...) also auch, da M ($\alpha\beta\gamma\delta$...) π N ($\alpha\beta\gamma\delta$...) ist, M ($a_1 b_1 c_1 d_1$...) π N ($a_1 b_1 c_1 d_1$...) w. z. b. w.

242. Dieser Satz gilt auch dann noch, wenn p die K berührt. Es ist nämlich unter Beibehaltung der obigen Bezeichnung (s. Fig. 33) A (SAαa_1) π A (SAβb_1) π A (SAγc_1) rc. daher ganz wie im letzten Beweis A (SA$\alpha\beta\gamma\delta$...) π A (SA$a_1 b_1 c_1 d_1$...) also auch A ($\alpha\beta\gamma\delta$...) π A ($a_1 b_1 c_1 d_1$...) da aber S ($\alpha\beta\gamma\delta$...) π A ($\alpha\beta\gamma\delta$...), so ist der Satz erwiesen, und K u. K berühren einander in A und S wie alsbald ersichtlich.

243. Dieser Satz 240 gilt auch noch vollkommen ungeändert, wenn man statt der Geraden p eine Kurve II K_1 annimmt, welche durch die 240 bezeichneten Punkte AB geht, s. Fig. 34.

Zieht man wieder Fig. 34 nach dem beliebigen Punkte a von K_1 von A u. B aus Gerade, wodurch in K das 4 Eck MABN entsteht, so muß ganz wie oben schon dargethan, stets die eine Seite des zugehörigen Poldreiecks, auf der a und der ihm konjugirte Punkt a_1 als Ecken erscheinen, durch den festen Punkt S, als Pol von AB, gehen und es ist dabei A (a) π B (a...) d. h. A (α...) π B (α_1...) also auch A (a_1...) π B (a_1...) woraus der Satz folgt.

Zus. 1. Liegt hiebei S auf K_1 selbst, so geht, wie man sich alsbald überzeugt, wenn man a nach S rücken läßt, die bloß projekt. Beziehung der Strahlenbüschel A (α...) und B (α_1...) in die perspekt. über, und zwar ist die von AB verschiedene gemeinschaftliche Sekante von K u. K_1 die Axe der perspekt. Beziehung. Hiebei ist leicht zu erkennen, daß dieser Fall strenggenommen derselbe ist wie 240, nur mit dem Unterschiede, daß dort von den Punkten der Geraden aus die Punkte der Kurve von hier erhalten wurden, während hier gerade der umgekehrte Weg von derselben Kurve zur gedachten Geraden führt.

Zus. 2. Von diesem Satze 243 verdient der Fall noch besonderer Erwähnung, in welchem $\mathfrak{K}$ und K_1 in eine Kurve zusammenfallen.

Da nämlich, wie man sich leicht überzeugt K_1 und $\mathfrak{K}$ mit K dieselben 4 Punkte gemein haben, so genügt es, daß $\mathfrak{K}$ und K_1 nur noch einen Punkt gemein haben, um vollkommen identisch zu sein.

Einer später folgenden Entwicklung wegen (s. 292 2c.) möge hier noch besonders hervorgehoben werden, daß in dem hier erwähnten besonderen Falle nothwendig die von S nach den beiden von A u. B verschiedenen Schnittpunkten M und N von K und K_1 gehenden Strahlen SM und SN die Kurve $\mathfrak{K}$, d. h. K_1 berühren müssen, da auf ihnen unmöglich noch ein zweiter Punkt der neuen Kurve enthalten sein kann. Es ist demnach S der Pol von AB für K und der Pol von MN für K_1 oder $\mathfrak{K}$.

Ein besonderer Fall von 240 lautet:

244. Die Mitten aller Sehnen eines Kreises, die durch einen festen Punkt S gehen, liegen auf einem neuen Kreise, dessen Mittelpunkt S ist.

245. An obige Sätze 221 und 222 schließt sich unmittelbar folgender interessante Satz an:

Zieht man von 2 festen Punkten MN einer (d) von den 4 gemeinschaftlichen Tangenten abcd eines dadurch bestimmten Kurvensystems an irgend eine Kurve K_1 des Systems noch ein Paar Tangenten mn, so geht die Berührungschorde e d. h. die Verbindungslinie der beiden Berührungspunkte auf m und n durch einen festen Punkt.

Fragt man nämlich, durch welche Eigenschaften die Punkte einer solchen Berührungschorde e für irgend eine Kurve des Systems charakterisirt sind, so läßt sich die Beantwortung dieser Frage wohl am einfachsten also fixiren: Zieht man von einem Punkte von e ein Paar neue Tangenten pq an die Kurve K_1, so sind dieselben 1) durch die Punkte MN harmonisch getrennt, insoferne die 4 Tangenten pmqn einen harmonischen Wurf bilden (10) und also die Tangente d in einem harmonischen Wurfe schneiden (I. Th. 61). 2) bilden sie ein Paar zugeordneter Strahlen einer Involution, die durch die nach den Gegenecken des 4 Seits abcd gehenden Strahlen fixirt ist. Umgekehrt kann aber kein Punkt, der nicht auf der fraglichen Berührungschorde liegt, diese beiden Bedingungen zugleich erfüllen. Zieht man nun von den 3 Ecken des 4 Seits abcd, welche nicht auf d liegen, je nach demjenigen Punkte von d, der von dem Schnittpunkte der Gegenseite des durch diese Ecken gebildeten Dreiecks durch M u. N harmonisch getrennt ist, 3 Strahlen, so schneiden sich diese nach 192 in 1 Punkte B und durch diesen Punkt müssen nun alle Berührungschorden gehen, insoferne er offenbar die beiden oben erwähnten Bedingungen für jede Kurve des Systems erfüllt, da ja in dem involut. Strahlenbüschel R, dessen zugeordnete Strahlen nach den 3 Paar Gegenecken des 4 Seits abcd gehen, nach der obigen Eckwicklung die nach M u. N gehenden Strahlen die Ordnungsstrahlen darstellen.

246. Schneidet man alle Kurven eines durch 4 Punkte ABCD bestimmten Kurvensystems durch 2 Gerade mn des Strahlenbüschels D und zieht an je ein Paar Schnittpunkte mit je einer Kurve des Systems die beiden Tangenten, so schneiden sich dieselben auf einer festen Geraden.

Ein besonderer Fall des ersten Satzes lautet:

247. Die Direktricen aller demselben Dreieck eingeschriebenen Parabeln schneiden sich in dem Schnittpunkte der 3 Höhen des Dreiecks.

M und N sind in diesem Falle die Normalpunkte derselben nach 15.

Zus. Da der dem Dreieck umschriebene Kreis alle Brennpunkte der dem Dreieck eingeschriebenen Parabeln enthält (224), da die Perpendikel von einem Brennpunkt auf alle Tangenten in der Scheiteltangenten liegen (228), die zwischen Brennpunkt und Direktrix in der Mitte liegt, so folgt hieraus nachfolgender Satz:

247. Fällt man von einem Punkte A eines einem Dreieck umschriebenen Kreises Perpendikel auf die 3 Seiten, so liegen deren Fußpunkte in einer Geraden, die in der Mitte zwischen A und dem Schnittpunkte der 3 Höhen liegt.

Die so eben in 245 und 246 entwickelten Sätze lassen sich nun noch erweitern, wie folgende Betrachtung erkennen läßt: zieht man von irgend einem Punkte der Berührungschorde e (wir behalten die Bezeichnung von 245 hier bei) noch ein Paar Tangenten pq an dieselbe Kurve, so bilden mpqn einen harmonischen Wurf, daher wird jede Tangente wie d von diesen 4 Tangenten in 4 Punkten MPNQ eines harmonischen Wurfes geschnitten; und umgekehrt, schneiden 2 Tangenten pq einer Kurve K des Kurvensystems abcd die gemeinsame Tangente d in 2 Punkten PQ, welche von den Tangenten mn an dieselbe Kurve K harmonisch getrennt sind, so liegt der Schnittpunkt von pq auf der durch mn bestimmten Berührungschorde e. Berücksichtigt man nun dieses, so brauchen die beiden Punkte M und N, deren Berührungschorde durch den festen Punkt geht, nicht selbst gegeben zu sein, sondern es genügt, wenn man sie aus der Natur der Aufgabe oder des Satzes ermitteln kann, hiedurch erhält man verschiedene Sätze, von denen nachfolgende genügen mögen:

249. Zieht man von 3 Punkten MPQ einer (d) von 4 festen Tangenten abcd eines dadurch bestimmten Kurvensystems Tangenten mpq an die einzelnen Kurven, so geht stets die Verbindungslinie des Berührungspunktes auf einer (m) dieser 3 Tangenten mit dem Schnittpunkte der beiden andern pq durch einen festen Punkt R, den man also findet: man suche den Punkt N von der Beschaffenheit, daß MPNQ ein harmonischer Wurf, ziehe von ab nach dem Punkte von d, welcher vom Schnittpunkt cd durch M u. N harmonisch getrennt ist, eine Gerade, ebenso eine 2te u. 3te Gerade, die man auf dieselbe Weise durch Vertauschung von b und c oder durch Vertauschung von a u. c erhält, diese 3 Geraden bestimmen durch ihren Schnittpunkt (nach 192) den gesuchten Punkt R.

M und N haben hier die gleiche Bedeutung wie in 245, während der Schnittpunkt pq und der Berührungspunkt von m auf der Berührungschorde e liegt.

Ein besonderer Fall dieses Satzes lautet:

250. Zieht man an irgend eine einem Dreieck abc eingeschriebene Parabel eine Tangente von einer bestimmten Richtung, so geht die Verbindungslinie des Berührungspunktes und des Brennpunktes durch einen festen Punkt R, der je auf einer Geraden liegt, die man von einem Eck des 3 Ecks so ziehen kann, daß sie mit der Gegenseite ein gleichschenkli-

ges Dreieck bildet, dessen Grundlinie dieselbe Richtung hat, als die fragliche Tangente (vergl. 16).

Zus. Läßt man den Punkt M sich ändern, dagegen P und Q fest, so ändert sich der Schnittpunkt R. Wenn wir nun mit a b die beiden Punkte bezeichnen, in welchen die d von den beiden Tangenten a und b geschnitten wird und mit a_1 und b_1 die beiden Punkte, welche in der Involution MM . NN . PQ . aa_1 .bb_1 diesen Schnittpunkten zugeordnet sind, so muß für jedes M und N PQ a b_1 π QP a_1 b π PQ b a_1 d. h. da PQ a b fest sind, d [a_1 .] π d [b_1 ... sein. Da aber die Verbindungslinien des Punktes a_1 mit dem Eck b c und des Punktes b_1 mit dem Eck a c des 4 Seits durch ihren Schnittpunkt den Punkt R bestimmen, so liegt bei veränderlichem M das R auf einer Kurve II. Diese geht aber offenbar durch die beiden erwähnten Ecken bc und ac und eben so natürlich durch das Eck ab und außerdem noch durch die Punkte M und N_1, insofern, wenn F mit M oder N zusammenfällt, dieses nothwendig nicht nur mit P_1 sondern auch mit a_1 und b_1 der Fall sein muß. Diese Kurve ist daher offenbar identisch mit derjenigen. auf welcher der Schnittpunkt der Tangenten m n liegt.

Zus. 2. Aus der obigen Entwicklung geht ohne weiteres hervor, daß für die Tangenten, welche durch den Punkt N an alle Kurven des Systems sich legen lassen, durchaus derselbe Punkt R erhalten wird, wie für die Tangenten von M wie dieses auch direkt daraus hervorgeht, daß $MPNQ_1$ ein harmonischer Wurf ist, also die Polare von m n für jede Kurve durch den Schnittpunkt der Tangenten p q gehen muß.

Zieht man statt durch 3 Punkte durch 4 Punkte PQST von d Tangenten p q s t an die verschiedenen Kurven des Systems, so kann man das eine Mal p q einerseits u. s t andererseits als je ein Paar Tangenten betrachten, das durch 2 Tangenten m n harmonisch getrennt ist, m n stellen in diesem Falle die Ordnungsstrahlen des involut. Strahlenbüschel II p q. s t dar, und die Verbindungslinie von p q u. s t d. h. die eine Seite des zu dem umschriebenen 4 Seit p q s t gehörigen Polardreiecks stellt die Berührungschorde e d. h. die Polare von m n dar. Da man aber die 4 Tangenten auf 3erlei Art zu je 2 zusammengehörigen Paaren zusammenstellen kann, so erhält man hieraus nach der obigen Erweiterung folgenden Satz:

251. Zieht man durch 4 Punkte einer d von 4 Tangenten eines dadurch bestimmten Kurvensystems an irgend eine dieser Kurven 4 Tangenten, so gehen die 3 Seiten des zu diesem 4 Seit gehörigen Polardreiecks durch 3 feste Punkte. Ein besonderer Fall hievon lautet:

252. Legt man an irgend eine einem Dreieck eingeschriebene Parabel je ein Paar Tangenten von bestimmter Richtung, so geht die Verbindungslinie des Schnittpunktes dieser 2 Tangenten mit dem Brennpunkt durch einen festen Punkt. Die zu 249 und 251 reciproken Sätze lauten:

253. Schneidet man alle einem 4 Eck ABCD umschriebenen Kurven II durch 3 Strahlen n des Büschels D, so schneidet jede Tangente in einem der 3 Schnittpunkte z. B. mit m die Verbindungslinie der beiden andern Schnittpunkte in den Punkten einer für alle Kurven festen Geraden.

254. Schneidet man dagegen alle Kurven von 253 durch 4 Strahlen des Büschels D, so bestimmen diese auf diesen Kurven je ein eingeschriebenes 4 Eck für das die 3 Ecken des zugehörigen Poldreiecks auf 3 für alle Kurven festen Geraden liegen.

255. Schon früher (vergl. I Th. Nr. 195) wurde hervorgehoben, daß in jeder Seite des gemeinsamen Poldreiecks 2er Kurven II die durch 4 Punkte gehen, 1) die 2 Schnittpunkte je einer Kurve $aa_1 . bb_1$ s. Fig. 35. 2) Die 2 auf dieser Seite liegenden Ecken des gemeinsam umschriebenen 4 Seits AA_1 3) die Schnittpunkte der beiden sich nicht auf dieser Seite schneidenden Gegenseiten des gemeinsam eingeschriebenen 4 Ecks $\mathfrak{dd}_1$ 4 Paare zugeordnete Punkte einer Involution bilden, deren Ordnungselemente die beiden Ecken des Poldreiecks PQ sind. Es ist also $PP . QQ . aa_1 . bb_1 . AA_1 . \mathfrak{dd}_1$. eine Involution. Diese Betrachtung läßt sich nun auf nachfolgende Weise noch erweitern:

Betrachtet man die beiden Polaren je eines der beiden in 2) erwähnten Ecken des umschriebenen 4 Seits, so bilden sie offenbar ein in I. Th. Nr. 194. V. näher bezeichnetes Paar zugeordneter Strahlen v u. v_1, deren Punkte auf die eben dort angegebene Weise in Bezug auf beide Kurven II zugleich konjugirt sind, und die also ein Paar zugeordneter Strahlen bilden, in einem involut. Büschel, dessen Ordnungselemente 2 Gegenseiten des gemeinsam eingeschriebenen 4 Ecks darstellen, und in dem auch die nach den beiden Eckpunkten des Poldreiecks gehenden Strahlen zugeordnete Elemente darstellen. Hieraus erhält man nun folgende 2 reciprok verwandte Sätze: (s. hiezu Fig. 10).

Je 2 Gegenseiten $a a_1$ des gemeinsam eingeschriebenen 4 Ecks 2er sich nicht berührender Kurven II bilden die Ordnungselemente eines involut. Strahlenbüschels in dem 1) je die beiden Polaren $v v_1$, $w w_1$ eines der Gegenecken des gemeinsam umschriebenen 4 Seits die mit dem Schnittpunkt $a a_1$ nicht auf einer Seite des Polardreiecks liegen. 2) die beiden durch den Schnittpunkt der Gegenseiten $a a_1$ gehenden Seiten des Polardreiecks $p q$ zugeordnete Elemente darstellen. in Fig. 35 ist also $a a . a_1 a_1 . v v_1 . w w_1 . p q$ eine Involution.

Je 2 Gegenpunkte $A A_1$ des gemeinsam umschriebenen 4 Seits 2er sich nicht berührender Kurven II bilden die Ordnungselemente eines involut. geraden Gebildes, in welchem 1) je die beiden Pole $V V_1 . W W_1$ einer der Gegenseiten a oder a_1 des gemeinsam eingeschriebenen 4 Ecks, die sich nicht auf $A A_1$ schneiden. 2) die beiden auf $A A_1$ liegenden Ecken des gemeinsamen Polardreiecks $P Q$ zugeordnete Elemente darstellen. Es ist also Fig. 35. $AA . A_1 A_1 . V V_1 . W W_1 . PQ$ eine Involution.

Zus. 1. Was hier von 2 Kurven II gesagt, läßt sich nun selbstverständlich auf alle Kurven II, die demselben 4 Eck umschrieben, oder demselben 4 Seit eingeschrieben sind, ausdehnen. Man erhält auf jeder Seite des gemeinsamen Polardreiecks je ein involut. gerades Gebilde, und ebenso für jedes Eck des gemeinsamen Polardreiecks einen involut. Strahlenbüschel, deren Ordnungselemente in beiden Fällen fest sind.

Zus. 2. Da NPQ in beiden ebenen Polarsystem, deren Ordnungskurven die beiden Kurven sind, absolute Polardreiecke sind, so nennen wir NPQ wohl auch ein gemeinsames absolutes Polardreieck der beiden Kurven selbst, vergl. hiezu I. Th. 194.

256. Haben 2 Kurven II für 1 Punkt M ihrer Ebene dieselbe Polare m, so ist dieser Punkt ein Eckpunkt ihres gemeinsamen Polardreiecks und m die Gegenseite desselben;

haben sie daher reelle Schnittpunkte, so liegen immer je 2 derselben mit M in 1 Geraden, und haben sie reelle gemeinschaftliche Tangenten, so schneiden sie sich paarweise auf der Geraden m.

257. Schneiden 2 Kurven II K und K_1 eine 3te K_2 in solchen 4 Punkten, daß die dadurch entstehenden beiden gemeinsam eingeschriebenen vollständigen 4 Ecke Poldreiecke haben, denen ein Eck M und also auch dessen Gegenseite m gemeinschaftlich ist, so schneiden sich auch K und K_1 in solchen 4 Punkten, daß das dadurch gebildete 4 Eck ein Poldreieck hat, dessen eines Eck und Gegenseite ebenfalls M u. m ist. Es ist nämlich die Polare m von M in Bezug auf K_2 sowohl für K_1 als auch für K ebenfalls Polare von M, woraus der Satz aus 256 folgt.

258. Sind von 3 Kurven KK_1K_2 der K und K_2 einerseits und der K_1 und K_2 andererseits je ein gemeinsames 4 Seit umschrieben, deren Polardreiecke eine gemeinschaftliche Seite und Gegenecke m u. M haben, so haben auch K u. K_1 ein gemeinsam umschriebenes 4 Seit, dessen Polardreieck dieselbe Seite und Ecke m und M haben.

Die Sätze 257 u. 258 gelten auch, wenn man für K u. K_1 je ein System von 2 geraden Linien oder von 2 Punkten annimmt, wie dieses noch direkt gezeigt werden soll s. Fig. 36.

259. Ist M das gemeinschaftliche Pol-Eck der beiden 4 Ecke, die die beiden durch S gehenden Geraden einerseits und die beiden durch T gehenden Geraden andererseits mit K_2 bilden, und bilden die 2 Paar Gerade, die durch S und T gehen, ein vollständiges 4 Seit dessen 4 von ST verschiedene Ecken PNRQ sind, so muß nach der Voraussetzung T [PMRS] sowohl als S [PMRT] je ein harmonischer Wurf sein, also die Seite PR des Poldreiecks von PNRQ und ebenso dann auch die Seite NQ durch M gehen w. z. b. w.

Man hätte nun offenbar Statt der beiden durch S gehenden Gegenseiten des ersten der Kurve eingeschriebenen 4 Ecks die beiden andern auf der Polare von M sich schneidenden Gegenseiten desselben 4 Ecks der Betrachtung zu Grunde legen können und ebenso bei dem 2ten eingeschriebenen 4 Eck verfahren können, so daß man überhaupt den Satz erhält:

Hat man 2 einer Kurve II eingeschriebene 4 Ecke, deren Poldreieck ein Eck M und dessen Gegenseite gemein haben, so schneidet jedes Paar Gegenseiten des einen dessen Schnittpunkt auf m liegt, jedes Paar Gegenseiten des andern, dessen Schnittpunkt ebenfalls auf m liegt in den 4 Punkten eines 4 Ecks dessen Polardreieck ebenfalls M u. m als Ecke und Seite hat.

Hat man 2 einer Kurve II umschriebene 4 Seite, deren Poldreiecke ein Eck M und dessen Gegenseite m gemein haben, so bildet jedes Paar Gegenpunkte des einen, das mit M in 1 Geraden liegt, durch ihre Verbindungslinie mit jedem derselben Bedingung unterworfenen Gegenpunktenpaar des andern ein 4 Seit, dessen Polardreieck ebenfalls M u. m als Ecke und Seite enthält.

Zus. Es gelten aber die Sätze 257 und 258 auch dann noch, wenn bloß die eine der 2 Kurven KK_1 in den Grenzfall eines Systems 2er Geraden oder 2er Punkte übergeht. Der Bew. möge dem Leser überlassen bleiben.

260. Hieraus ergeben sich nun unmittelbar folgende Sätze:

Haben 2 einer Kurve II K umschriebene 4 Seite 2 Polardreiecke, die ein Eck M und also auch deren Gegenseite m gemein haben, so liegen die 8 Ecken derselben, von denen keines auf m liegt, auf einer Kurve II K_1.

Denkt man sich nämlich durch die 4 erwähnten Ecken ABCD des einen, und das Eck A_1 des andern der beiden 4 Seite eine Kurve II K_1 gelegt, welche also ebenso wie K M zum Pol von m hat, so liegt auch die Gegenecke C_1 des 2ten 4 Seits auf dieser Kurve, weil nach 114 A_1CC_1A ein 4 Eck darstellt, dessen Poldreieck M zum Eck und m zur Seite hat, so daß A_1 u. C_1 durch M u. m harmonisch getrennt sind. Da aber nach der Voraussetzung auch M_1A_1 und M_1D_1 durch M und m harmonisch getrennt sind, so muß auch D_1 auf der Kurve K_1 liegen, und ebenso liegt nun noch B_1 auf K_1, weil auch MA_1 und MB_1 durch M und m harmonisch getrennt sind.

Untersucht man nun, in welchen Punkten die fragliche Kurve II K_1 die Gerade m scheidet, so ergiebt sich aus Nr. 7 unmittelbar, daß diese Schnittpunkte, sowohl durch die beiden auf m liegende Gegenecken MM_1 des einen, als auch durch die auf m liegenden Gegenecken NN_1 des andern 4 Seits harmonisch getrennt sein müssen, d. h. sie müssen die Ordnungselemente der durch die beiden Paare zugeordneter Punkte $MM_1 . NN_1$ bestimmten involut. Beziehung sein.

Läßt man nun das eine oder das andere der beiden im vorigen Satze bezeichneten 4 Seite sich verändern, ohne daß jedoch M u. m aufhören, dem zugehörigen Poldreieck anzugehören, und läßt man dabei die Aenderung so geschehen, daß stets die beiden auf m gelegenen Gegenecken zugeordnete Punkte der Involution $MM_1 . NN_1$ sind, so ändert sich offenbar die durch die 8 Eckpunkte bestimmte Kurve II K_1 nicht, denn es giebt nur eine Kurve II, welche durch die 4 Eckpunkte ABCD (oder $A_1B_1C_1D_1$) und die beiden Ordnungspunkte der erwähnten Involution geht. Daraus ergeben sich nun unmittelbar die beiden folgenden reciproken Sätze:

261. Zieht man von einem beliebigen Paare zugeordneter Punkte eines involut. geraden Gebildes p 2 Paare Tangenten an eine Kurve II K, so liegen deren 4 übrige Schnittpunkte auf einer neuen Kurve II K_1, welche durch die Ordnungspunkte S T des erwähnten involut. geraden Gebildes sowie durch die Berührungspunkte ss_1tt_1 der von ihnen an die Kurve zu ziehenden Tangenten geht.

262. Jedes Paar zugeordneter Strahlen eines involut. Strahlenbüschels P schneidet eine beliebige Kurve II K in den 4 Punkten eines 4 Ecks, dessen 4 übrige Seiten stets eine und dieselbe 2te Kurve II K_1 berühren, die auch die beiden Ordnungsstrahlen s t des involut. Büschels zu Tangenten hat, während die Tangenten der gegebenen Kurve in den 4 Schnittpunkten der Ordnungsstrahlen auch der 2ten Kurve angehören.

Zus. p in 261 u. P in 262 dürfen dabei nicht zu den Elementen von K gehören, weil sonst ein involut. Kurvengebilde entstehen würde.

Zus. 2. Wegen des der K u. K_1 gemeinsamen 4 Ecks ss_1tt_1 haben beide für p denselben Pol.

263. Nimmt man in der Ebene einer Kurve II eine beliebige Gerade m und in ihr einen beliebigen Punkt M und

zieht je von 2 solchen Punkten, deren Abstände von M ein Produkt von konstantem Werthe geben, 2 Tangentenpaare an K, so liegen deren Schnittpunkte alle auf einer 2ten Kurve II (25).

264. Wählt man unter Beibehaltung der Bezeichung der vorigen Nummer je 2 solche Punkte, die von M gleich weit abstehen, so bestimmen die Schnittpunkte der Tangentenpaare eine Kurve II, welche durch M und den unendlich fernen Punkt von m, sowie durch die Berührungspunkte der 2 Tangenten geht, welche von den beiden eben erwähnten Punkten an K sich legen lassen (20).

265. Alle einer Ellipse K umschriebenen Parallelogram me, deren 2 Gegenseiten je einem Paar von konjugirten Durchmessern parallel sind, erzeugen durch ihre Ecken eine der K ähnliche Ellipse II K_1.

Anm. Es dürfte hier am Platze sein, näher auf den Begriff oder das Wesen ähnlicher Kurven II einzugehen.

2 Kurven II sind ähnlich, wenn sie als entsprechende Gebilde 2er ähnlichen ebenen Gewebe betrachtet werden können, da 2 solche ebene Gewebe aber immer in perspekt. ähnliche Lage gebracht werden können nach 20, so müssen auch 2 ähnliche Kurven II immer in perspekt. ähnliche Lage gebracht werden können, d. h. perspekt. gelegt werden können, in Bezug auf die unendlich ferne Gerade als perspekt. Axe, und umgekehrt sind 2 Kurven, die in diese Art perspekt. Beziehung gebracht werden können, bei jeder andern gegenseitigen Lage ähnlich.

Hinsichtlich der Bedingungen, welche von 2 Kurven II erfüllt sein müssen, damit sie ähnlich sind, ist daher nach 21 folgendes zu sagen: 1) 2 Parabeln sind immer ähnlich, 2) auch 2 Hyperbeln sind ähnlich, wenn der Asymptotenwinkel, in dem sie liegen, in der einen eben so groß ist als in der andern, 2 gleichseitige Hyperbeln sind also immer ähnlich; 3) sind aa_1 u. bb_1 2 Paare konjugirter Durchmesser einer Ellipse K und pp_1 u. qq_1 2 Paare konjugirter Durchmesser einer 2ten Ellipse K_1 so sind K u. K_1 ähnlich, wenn die Involution $aa_1 . bb_1$, dieselbe ist wie die $pp_1 . qq_1$. 4) Für die Aehnlichkeit der Hyperbeln u. Ellipsen also statt 2) u. 3) läßt sich ein Merkmal aufstellen, also lautend: Sind bei 2 Ellipsen K u. K_1 oder 2

Hyperbeln K u. K_1 aa_1 u. bb_1 für K pp_1 u. qq_1 für K_1 je 2 Paare konjugirter Durchmesser, so sind K u. K_1 ähnlich, wenn der Wurf $aba_1 b_1$ kongruent dem Wurfe $pqp_1 q_1$, wenn noch für den Fall der Hyperbeln beide zugleich in den spitzen oder beide zugleich in den stumpfen Winkel eingeschrieben sind. 5) Hyperbel kann bloß der Hyperbel, Ellipse bloß der Ellipse, Parabel bloß der Parabel ähnlich sein.

Schließlich sei hier noch auf einen Begriff oder auf eine Bezeichung aufmerksam gemacht, die man in neueren geometrischen Schriften häufig findet, nämlich auf den „ähnlich liegender" Kurven II: 2 Kurven II sind aber ähnlich liegend, wenn sie in perspekt. ähnlicher Lage sind; die erstere Bezeichnung sieht aber einfach von der perspekt. Beziehung ab.

266. Die Scheitel aller einer Kurve II K umschriebenen rechten Winkel liegen auf einem Kreise K_1.

Dieser Kreis reducirt sich bei der gleichseitigen Hyperbel auf einen Punkt, den Schnittpunkt der einzig möglichen auf einander senkrechten Tangenten, während es bei einer Hyperbel deren Asymtotenwinkel stumpf ist, keine reellen auf einander senkrechten Tangenten giebt. Bei der Parabel, bei welcher die unendlich ferne Gerade, welche ja in dem soeben angeführten besondern Falle der Träger des involut. geraden Gebildes p darstellt, Tangente der Kurve ist, liegen die fraglichen Scheitel (262 Zus. 1) auf einer Geraden, der Direktrix. K u. K_1 haben denselben Mittelpunkt (262 Zus. 2).

267. Alle Sehnen einer Kurve II, welche die Kurve II K in solchen Punkten a b schneiden, die durch die 2 Schnittpunkte derselben Geraden mit 2 festen Geraden p q harmonisch getrennt sind, berühren eine neue Kurve II K_1, welche die Tangenten der K in den Schnittpunkten von p q ferner ab und außerdem p und q selbst zu Tangenten hat.

Es stellen nämlich hier p und q die beiden Ordnungsstrahlen des in 262 erwähnten involut. Büschels, die Sehnen a b dagegen, je eine von den oben daselbst angeführten Seiten des 4 Ecks dar.

Ein besonderer Fall hievon ist:

268. Alle Sehnen einer Kurve II, deren Mitten auf einer festen Sehne liegen, berühren eine Parabel.

Alle Punkte, von denen aus Tangentenpaare an eine

Kurve II K sich ziehen lassen. die durch 2 feste Punkte M N harmonisch getrennt sind, liegen auf einer Kurve II die durch jene 2 festen Punkte und durch die 4 Berührungspunkte der von M und N an K zu ziehenden Tangenten geht.

269. Dreht sich ein rechter Winkel um seinen festen Scheitel F, so bestimmen seine Schenkel auf einer gegebenen Kurve K Sehnen, die alle eine 2te Kurve II K_1 berühren, deren Brennpunkt der feste Scheitel F ist; ist K ein Kreis, so ist der Mittelpunkt des Kreises der 2te Brennpunkt von K_1.

Liegt F auf der Kurve, so geht die Kurve in einen Punkt über s. 103.

270. Die Spitzen aller gleichschenkligen Dreiecke, deren 2 Scheitel eine Kurve II K berühren, während die Grundlinie in einer festen Geraden liegt, liegen auf einer gleichseitigen Hyperbel, deren eine Asymptote parallel der festen Geraden ist und die durch die Berührungspunkte desjenigen der K umschriebenen Rechtecks geht, dessen eine Seite der festen Geraden parallel ist.

Je 2 Schenkel eines solchen gleichschenkligen Dreiecks schneiden nämlich die unendlich ferne Gerade in zugeordneten Punkten einer Involution, deren Ordnungselemente in den Seiten des zuletzt erwähnten Rechtecks liegen, vergl. hiezu 130.

Da man in irgend einer Geraden die beiden Ordnungspunkte in 261 erwähnten Involution ganz beliebig wählen kann, so erhält man aus 261 (und ebenso dann reciprok aus 262) folgende Sätze:

271. Zwei beliebige Punkte liegen mit den 4 Berührungspunkten auf den von ihnen an eine beliebige Kurve II zu ziehenden Tangenten stets in einer neuen Kurve II.

272. 2 Gerade liegen mit den 4 Tangenten, die in ihren 4 Schnittpunkten mit einer beliebigen Kurve II an diese sich ziehen lassen, stets in einem Strahlenbüschel II.

273. Man kann nun aber den Gegenstand, der in Nr. 261 und 262 behandelt wurde, noch von andrer Seite betrachten, indem man in den dortigen Sätzen Voraussetzung und Folgerung so zu sagen umkehrt: Ist nämlich unter Beibehaltung der dort angewen-

deten Bezeichnung K_1 und somit auch die in p durch die Schnittpunkte pK_1 als Ordnungselemente bestimmte Involution als gegeben betrachtet, so kann man sich die Frage aufwerfen, welche Kurven K II haben die Eigenschaft, daß die Tangentenpaare, die man von einem Paar zugeordneter Punkte des involut. geraden Gebildes in p an sie ziehen kann, ein 4.Seit bilden, dessen 4 übrige Ecken in der K_1 liegen. Diese Betrachtung führt unmittelbar zu folgendem Satze:

274. Sind MN 2 Gegenpunkte eines 4 Seits, dessen 4 übrige Eckpunkte wir durch ABCD bezeichnen wollen, und zieht man von 2 beliebigen Punkten M_1N_1 in der Geraden MN je die 4 Tangenten an irgend eine dem 4 Seit eingeschriebene Kurve II K, so liegen die 4 übrigen Eckpunkte des durch diese 2 Tangentenpaare gebildeten 4 Seits für alle eingeschriebenen Kurven II auf einer und derselben Kurve II K_1; diese geht durch die Ordnungselemente ST der Involution $MN.M_1N_1$, und es liegen auf ihr die Berührungspunkte auf allen Tangenten, die man von S u. T an irgend eine Kurve des Systems ziehen kann.

Betrachtet man nämlich die Kurve, die durch die Punktelemente ABCDS bestimmt ist, so muß dieselbe, da MSNT ein harmonischer Wurf ist, auch durch T gehen. Also bilden, da M_1N_1 ebenfalls ein Paar zugeordnete Elemente der Involution SS. TT.MN darstellen, die 4 durch M_1N_1 an eine beliebige dem 4 Seit eingeschriebene Kurve gezogenen Tangenten nach 261 ein 4 Seit, dessen von M_1N_1 verschiedene Ecken ebenfalls auf K_1 liegen müssen.

Der reciproke Satz ist:

275 Zieht man durch den Schnittpunkt der beiden Gegenseiten mn eines 4 Ecks 2 beliebige Gerade m_1n_1, so schneiden alle dem 4 Eck umschriebenen Kurven II die m_1n_1 in 4 solchen Punkten, daß die 4 von m_1n_1 verschiedenen Seiten des dadurch gebildeten 4 Ecks eine Kurve II K_1 berühren, die auch die Ordnungsstrahlen st der Involution $mn.m_1n_1$ zu Tangenten hat, während zugleich für jede Kurve des Systems die Tangenten in den Schnittpunkten derselben mit st zu den Elementen von K_1 gehören.

Besondere Fälle hievon sind:

276. Die Brennpunkte aller demselben Parallelogramme eingeschriebenen Kurven II, liegen auf einer gleichseitigen Hyperbel, deren Asymptotenrichtungen die Winkel des Parallelogramms halbiren.

277. Sind ab und a_1b_1 2 Paar auf einander senkrechter Strahlen eines Strahlenbüschels F, so schneiden alle Kurven II, welche mit a und b dieselben 4 Punkte gemein haben, die a_1b_1 in 4 Punkten eines 4 Ecks, deren übrige 4 Verbindungslinien eine und dieselbe Kurve II berühren, die ihren 1 Brennpunkt in F hat.

278. Hat man ein System von Kurven II, welche alle 2 Brennpunkte F u. F_1 gemein haben (doppelt konfokal), so liegen die Berührungspunkte aller Tangenten, die man von 2 Punkten S T, die durch F u. F_1 harmonisch getrennt sind, auf einer Kurve II K_1, die durch S und T geht.

Sind unter Beibehaltung der obigen Bezeichnung M_2N_2 ein anderes Paar der Involution SS.TT.M_1N_1.MN so erzeugen die Tangentenpaare, die man von diesen Punkten an alle dem obigen 4 Seit eingeschriebenen Kurven II ziehen kann, nach 274 wiederum dieselbe Kurve K_1; als Anwendung hievon mögen einige Beispiele hier folgen:

279. Alle Kurven, die demselben Rechtecke eingeschrieben sind, erscheinen von den Punkten desselben Kreises unter rechtem Winkel.

280. Zieht man um ein Parallelogramm eine beliebige Hyperbel, so liegen die 4 Ecken eines Parallelogramms, dessen Seiten den Asymptoten der Hyperbel parallel sind und das irgend einer dem gegebenen Parallelogramm eingeschriebenen Kurve II umschrieben ist, stets auf einer und derselben Kurve II.

281. Zieht man von 2 Punkten, die gleichweit von 2 Gegeneckes eines einer Kurve II umschriebenen 4 Seits, resp. von ihrer Mitte, entfernt sind, 2 Tangentenpaare an irgend eine dem 4 Seit eingeschriebene Kurve II, so liegen die 4 Schnittpunkte derselben auf einer und derselben Hyperbel.

deren eine Asymptote der Verbindungslinie der fraglichen Gegenecken parallel ist.

282. Betrachten wir nun einen Theil dieses so eben entwickelten Satzes 274 (und 275) noch etwas näher, indem wir ihm folgende Fassung geben:

Zieht man von 2 Punkten ST, die durch 2 Gegenecken MN eines vollständigen 4 Seits abcd harmonisch getrennt sind, Tangenten an alle möglichen, dem 4 Seit eingeschriebenen Kurven II, so liegen deren Berührungspunkte auf einer Kurve II K_1, welche durch die 4 von NN verschiedenen Ecken des 4 Seits, sowie durch S und T geht.

Vor allem leuchtet ein, daß wenn A irgend ein Punkt dieser Kurve K ist, daß dann SA u. TA die beiden Tangenten an diejenigen 2 Kurven K u. K_1 des Kurvensystems abcd sind, welche abcd berühren und durch A gehen.

Es ist dieses nämlich eine unmittelbare, d. h. selbstverständliche Folge von 274.

Man kann nun dieselbe Betrachtung auf die 3 Paare von Gegenecken des 4 Seits abcd anwenden und gelangt auf diesem Wege zu nachfolgenden interessanten Resultaten:

Legt man durch je 2 Paare von Gegenecken eines vollständigen 4 Seits je eine Kurve II, welche noch außerdem durch den festen Punkt A geht, so erhält man 3 solche Kurven KK_1K_2, welche je die Verbindungslinie des 3ten Paares von Gegenecken in 2 Punkten schneiden, die durch diese Gegenecken harmonisch getrennt sind, wir bezeichnen diese Schnittpunkte entsprechend durch $ST\,S_1T_1\,S_2T_2$. Nun stellen nach dem, was soeben noch besonders hervorgehoben wurde, SA TA S_1A T_1A S_2A T_2A die Tangenten derjenigen Kurven II des Systems abcd dar, welche außerdem noch durch den festen Punkt A gehen, da es aber nach 188 nur 2 solche Kurven K u. K_1 giebt, so folgt hieraus unmittelbar folgender Satz:

Von den 6 Punkten $ST\,S_1T_1\,S_2T_2$ liegen 3 (wir nennen sie SS_1S_2) und dann noch einmal 3 (nämlich TT_1T_2) in je einer Geraden.

Je 2 der obigen Kurven KK_1K_2 haben außer A auch je ein Paar Gegenpunkte des 4 Seits abcd gemein; bezeichnen wir nun den Schnittpunkt, den außerdem noch K u. K_1 gemein haben, durch

R_2 &c., so folgt ganz auf dieselbe Weise wie soeben, daß die Gerade SR_2 identisch sein muß mit T_1R_2 *), ebenso sind TR_2 u. S_1R_2, SR_1 u. T_2R_1, TR_1 u. S_2R_1, S_1R u. T_2R, T_1R u. S_2R je ein Paar identische Gerade, indem jedes solche Paar ein und dieselbe Tangente einer Kurve des Kurvensystems abcd darstellt. Wendet man nun hierauf den Satz 30 b an, so erhält man unmittelbar folgenden Satz:

Die 3 Schnittpunkte RR_1R_2 von je 2 der Kurven KK_1K_2 liegen in einer Geraden, welche die beiden oben erwähnten Geraden SS_1S_2 u. TT_1T_2 in 2 Punkten schneidet, in welchen beide von einer neuen Kurve II berührt werden, welche dem Polardreieck des 4 Seits abcd eingeschrieben ist.

Der reciproke Satz lautet:

283. Sind KK_1K_2 3 verschiedene Kurven II, von denen jede die Gerade a, und außerdem 2 Paar Gegenseiten des 4 Ecks ABCD zu Tangenten hat, bezeichnen wir ferner die 3 Paare Tangenten, welche von den 3 Ecken des zu ABCD gehörigen Poldreiecks je an diejenigen der 3 Kurven KK_1K_2 sich ziehen lassen, welche die zu jenem Eck gehörigen Gegenseiten nicht berührt, durch st s_1t_1 s_2t_2, und die 3 Tangenten, welche je 2 der 3 Kurven KK_1K_2 noch außerdem gemein haben, durch rr_1r_2 **), so gilt hinsichtlich dieser Elemente folgendes:

Es schneiden sich 1) ss_1s_2, 2) tt_1t_2, 3) rr_1r_2, 4) st_1r_2, 5) ts_1r_2, 6) st_2r_1, 7) ts_2r_1, 8) s_1t_2r, 9) t_1s_2r in je einem Punkte, und außerdem stellen die Verbindungslinien der Punkte 1) und 3), sowie auch 2) und 3) die beiden Tangenten einer neuen Kurve II dar, welche außer durch 1) und 2) noch durch die 3 Ecken des zu ABCD gehörigen Polardreiecks geht.

284. Haben 2 4Ecke dasselbe Poldreieck, so liegen ihre 8 Eckpunkte auf 1 Kurve II K.

Legt man nämlich durch die 4 Eckpunkte ABCD des einen, und 1 Eckpunkt A_1 des andern eine Kurve II, so ist das gemein=

*) Mit S_1R_2 kann sie deßwegen nicht identisch sein, weil SS_1S_2 durch A gehen.

**) Hinsichtlich der Art d. h. der Symetrie der Bezeichung sei auf die Entwicklung von 282 verwiesen.

same Poldreieck der beiden 4 Ecke für diese Kurve ein absolutes Polardreieck, daher muß nothwendig auch jeder Eckpunkt des 2ten 4 Ecks auf dieser Kurve liegen. (Vergl. hiezu 256 2c).

285. Haben 2 4 Seite dasselbe Polardreieck, so berühren ihre 8 Seiten eine und dieselbe Kurve II.

Schneiden sich 2 Kurven II K u. K_1 in 4 Punkten ABCD, so ist das Poldreieck des 4 Ecks ABCD und das Polardreieck der beiden 4 Seite, welche durch die 4 Tangenten von K einerseits, und von K_1 andererseits in den 4 Punkten ABCD gebildet werden, nach 13 identisch; hieraus folgen nun in Verbindung mit 284 u. 285 unmittelbar folgende 2 reciprok verwandte Sätze:

286. Die 8 Tangenten, welche sich in den 4 Schnittpunkten 2er Kurven II an diese 2 Kurven ziehen lassen, berühren eine 3te Kurve II.

287. Die 8 Berührungspunkte auf den 4 gemeinschaftlichen Tangenten 2er Kurven II liegen auf einer neuen Kurve II.

288. Sind KK_1 2 beliebige, dem 4 Seit abcd eingeschriebenen Kurven II, so liegen ihre 4 Schnittpunkte stets mit jedem Paar Gegenecken des 4 Seits abcd in einer Kurve II K.

Aus 131 ist zu ersehen, daß die 2 Gegenecken AA_1 des beiden Kurven umschriebenen 4 Seits durch die beiden Ecken des K u. K_1 gemeinsamen absoluten Polardreiecks harmonisch getrennt sind, daher sind in dem involut. Gebilde, das auf AA_1 durch die Gegenseitenpaare dieses gemeinsamen 4 Ecks erzeugt wird, zugeordnete Elemente, woraus der Satz unmittelbar aus 9 folgt.

Der reciproke Satz lautet:

289. Sind KK_1 dem 4 Eck ABCD umschrieben, so liegen ihre 4 gemeinsamen Tangenten mit jedem Paar Gegenseiten des 4 Ecks in einer neuen Kurve II.

An die letzten Entwicklungen 256 2c. schließen sich nun noch unmittelbar nachfolgende Betrachtungen:

290. Wir bezeichnen s. Fig. 36. je die 3 Paar Gegenpunkte des 4 Seits abcd durch LL_1 MM_1 NN_1, das Polardreieck desselben durch PQR. Nun scheiden sich die sämmtlichen dem 4 Seit eingeschriebenen Kurven II in 3 Gruppen, indem alle Kurven desselben Sy-

stems dasselbe Eck des für alle absoluten Polardreiecks PQR einschließen. Keine Kurve eines dieser 3 Systeme hat mit irgend einer Kurve eines der andern Systeme einen Punkt gemein, während je 2 Kurven desselben Systems sich in 4 reellen Punkten schneiden, (s. I. Th. 194 V. a.). Wir bezeichnen diese 3 Systeme durch $\mathfrak{K}_0\mathfrak{K}_1 \ldots \mathfrak{K}_{10}\mathfrak{K}_{11} \ldots \mathfrak{K}_{20}\mathfrak{K}_{21} \ldots$. Die in 282 besprochenen 3 Kurvensysteme, welche je 2 Paaren von Gegenecken des 4Seits abcd umschrieben sind, bezeichnen wir mit $K_0K_1 \ldots K_{10}K_{11} \ldots K_{20}K_{21} \ldots$. Nun treten, wie theilweise schon erwiesen, bei diesen Gebilden folgende Lagenverhältnisse hervor; 1) Jede Kurve $\mathfrak{K}$ eines der 3 ersten Systeme hat PQR zum absoluten Polardreieck, während für alle Kurven je eines der 3 letzten Systeme gerade 1 und nur 1 Eck dieses Dreiecks Pol der Gegenseite ist, und zwar ist für das System MM_1NN_1 P Pol von QR, für das System LL_1MM_1 Q Pol von PR für das System LL_1NN_1 R Pol von PQ.

2) Jede Kurve $\mathfrak{K}$ eines der 3 ersten Systeme wird von allen Kurven desselben Systems je in den 4 Punkten eines 4Ecks geschnitten, von dem je ein Paar Gegenseiten zugeordnete Strahlen eines involut. Strahlenbüschels bilden, dessen Ordnungsstrahlen 2 Seiten des Polardreiecks PQR bilden. 3) Hat irgend eine Kurve K_0 eines der 3 letzten Systeme mit irgend einer Kurve $\mathfrak{K}_0$ eines der 3 ersten Systeme den Punkt A gemein, so muß sie immer auch noch einen 2ten Punkt mit ihr gemein haben, der durch das Eck P und die Gegenseite QR des Dreiecks PQR von ihm harmonisch getrennt ist, welche nach 1) gegenseitig Pol und Polare für die Kurven des fraglichen Systems darstellen. Mit andern Worten kann man 2) und 3) so ausdrücken: während von einem gemeinsam eingeschriebenen 4Eck $\mathfrak{K}_0$ $\mathfrak{K}_1$ je ein Paar Gegenseiten in einem Ecke des Dreiecks PQR sich schneiden, ist dieses für ein gemeinsames 4Eck $\mathfrak{K}_0K_1$ bloß je für ein Paar der Fall. Hieraus folgt nun unmittelbar: 4) Geht eine Kurve K eines der 3 letzten Systeme, durch den Schnittpunkt der 2 einzigen durch diesen Punkt möglichen Kurven $\mathfrak{K}_1\mathfrak{K}_2$ eines der 3 ersten Kurvensysteme, so geht sie auch noch durch einen C der 3 übrigen Schnittpunkte von $\mathfrak{K}_1\mathfrak{K}_2$, wobei AC durch einen der 3 Punkte PQR geht. Hiebei ist es nun interessant 5) daß diese K in 4) stets durch die Pole von AC in Bezug auf $\mathfrak{K}_2$ u. $\mathfrak{K}_1$ geht, wie nachfolgende Betrachtung zeigt: Sind

SS_1 die Schnittpunkte von K und LL_1 (wobei wir annehmen, daß K zu dem System gehört, für welches P der Pol von LL_1 ist) so ist, da in der Kurve K $MM_1 . NN_1 . SS . S_1S_1$ eine Involution ist, deren Involutionscentrum P und deren Involutionsaxe LL_1 ist, im Strahlenbüschel A (oder D) A $(MM_1 . NN_1 . SS . S_1S_1)$ ebenfalls eine Involution d. h. AS u. AS_1 sind die Ordnungsstrahlen des involut. Strahlenbüschels, für den AM u. AM_1, AN u. AN_1 je ein Paar zugeordneter Strahlen ist, d. h. nach 189 die Geraden AS u. AS_1 stellen die beiden Tangenten der 2 einzigen durch A gehenden Kurven des Systems abcd dar, woraus der Satz folgt.

Es möge hier noch der reciproke Satz in Kürze folgen:

291. Alle einem 4 Eck ABCD umschriebenen Kurven II scheiden sich in 3 Gruppen $\mathfrak{K}_0\mathfrak{K}_1 .. \mathfrak{K}_{10}\mathfrak{K}_{11} ... \mathfrak{K}_{20}\mathfrak{K}_{21} ...$, indem alle Kurven eines Systems dasselbe Eck des zum 4Eck gehörigen Polardreiecks PQR einschließen. Je 2 Kurven desselben Systems haben ein reelles gemeinsam umschriebenes 4 Seit, während keine Kurve mit einer eines andern Systems eine reelle gemeinschaftliche Tangente hat. Jedes Paar Gegenecken eines 2en Kurven $\mathfrak{K}_1\mathfrak{K}_2$ gemeinsam umschriebenen 4 Seits bilden 2 zugeordnete Punkte einer in einer Seite des Dreiecks PQR enthaltenen Involution, deren Ordnungselemente die Ecken dieses Dreiecks sind. Bezeichnen wir mit $K_0K_1 ... K_{10}K_{11} ... K_{20}K_{21} ...$ diejenigen 3 Kurvensysteme, von denen jedes je 2 Paaren von Gegenseiten des 4Ecks ABCD eingeschrieben ist, so haben je 2 Kurven wie $\mathfrak{K}_1$ u. K_2, von denen die eine dem einen, die andere dem andern Kurvensysteme angehört, ein gemeinsam umschriebenes 4Seit, von dem ein aber auch nur ein Paar Gegenecken auf einer der Seiten des Poldreiecks PQR liegt, und zwar ändert sich diese Seite mit den 3 Systemen K, so daß zu $\mathfrak{K}_1K_2$ die eine, zu $\mathfrak{K}_1K_{12}$, die 2te zu $\mathfrak{K}_1K_{22}$ die 3te Seite gehört. Sind $\mathfrak{K}_1\mathfrak{K}_2$ die 2 Kurven eines der 3 ersten Systeme, welche die Gerade a berühren (s. 188), und ist K die Kurve der 3 letzten Systeme, welche die a ebenfalls zur Tangente hat, so haben $\mathfrak{K}_1\mathfrak{K}_2K$ auch noch eine 2te Tangente c gemein, welche die a in einem Punkte einer der Dreiecksseiten PQR schnei-

det, dabei sind die Polaren des Schnittpunktes ac für K_1 und für K_2 Tangenten von K.

292. Ehe diese Entwicklung weiter fortgeführt wird, soll hier eine damit nahe verwandte Betrachtung eingefügt werden, die wesentlich dazu beitragen wird, die hieher gehörige Reihe von Sätzen zu vervollständigen:

Sind KK_1 2 Kurven, die die 4 Punkte ABCD gemeinsam haben, s. Fig. 37 und projicirt man das Kurvengebilde K_1 $(\alpha \beta \gamma \ldots)$ auf die Kurve K aus den beiden Punkten A und B, so erhält man entsprechend in dem Träger K 2 projekt. Kurvengebilde K $(abc \ldots) \pi$ K $(a_1 b_1 c_1 \ldots)$, welche offenbar die beiden Punkte C und D gemein haben. In Folge dessen ist aber auch Strahlenbüschel A $(a_1 b_1 c_1 \ldots) \pi$ B $(abc \ldots)$, ohne perspekt. zu sein, und dieselben erzeugen daher eine Kurve II K_2, welche offenbar ebenfalls durch die 4 Schnittpunkte ABCD von KK_1 geht. Fällt daher außer diesen 4 Punkten ABCD von K_2 noch 1 Punkt α_1 von K_2 mit 1 Punkt von K_1 zusammen, so sind dieselben identisch.

Zus. 1. Unter dieser letzten Voraussetzung d. h. wenn K_2 u. K_1 identisch werden, ist nun ferner aber unmitelbar einleuchtend, nicht nur, daß α u. α_1 entsprechende Punkte 2er projekt. sondern auch 2er involut. Kurven-Gebilde in K_1 sind, und ganz auf dieselbe Weise ergiebt sich, daß dasselbe Statt findet für a und a_1 in Bezug auf K. Sucht man dabei das Involutionscentrum für das erste involut. Kurvengebilde, so findet man, daß es der Pol S von CD in Bezug auf K_1 ist, während das Involutionscentrum für das 2te involut. Kurvengebilde der Pol S_1 von CD für K darstellt.

Rückt α dem B (oder A) unendlich nahe, so fällt auch a nach B (oder A), während a_1 in die Tangente der K_1 in B (oder A) zu liegen kommt; da sich dieselbe Schlußfolge auch auf a anwenden läßt, so folgt hieraus, daß S den Pol von AB für K und umgekehrt dann auch S_1 den Pol von AB für K_1 darstellt.

Ferner haben nun diese beiden Kurven K und K_1 noch die charakteristische Eigenschaft, daß jeder Strahl von S sowohl als von S_1 die beiden Kurven in 2 Punktenpaaren schneidet, von denen die Punkte des einen durch die des andern harmonisch getrennt sind. Es folgt dieses nämlich unmittelbar aus 243 Zus. 2: denn setzt man an die Stelle von K_1 in der Entwicklung von 243 unsere hiesige K_1 (oder K), so findet man eben nach 243 eine Kurve K, welche die Eigenschaft hat, daß sie durch ABCD geht und in CD die Geraden SC SD (oder S_1C S_1D) berührt, die also nach der obigen Entwicklung mit K_1 (oder K) zusammenfällt.

Endlich leuchtet noch ferner ein, daß unter der obigen Voraussetzung nun stets immer auch C u. D der K u. K_1 gegenüber dieselbe Stelle einnehmen, wie A u. B d. h. daß auch C u. D ein Paar Gegenecken eines 4 Seits darstellen können, von dem das eine der beiden andern Paare auf K das 3te auf K_1 liegen; denn zieht man die Geraden Ca u. Db_1 oder Cb_1 u. Da, so müssen sich, da ab_1 in Bezug auf K_1 konjugirte Punkte auf einer der CD konjugirten Geraden Sa sind, s. Fig. 37. b., diese beiden Paare von Geraden nach 79 je in einem Punkte von K_1 sich schneiden w. z. b. w.

Wir fassen diese Sätze also zusammen:

293. Hat man 2 Kurven II KK_1, von denen jede durch 2 Paare von Gegenecken eines 4 Seits gehen, während sie beide nur ein Paar dieser Gegenecken AB Fig 38. gemein haben, und sind CD ihre beiden übrigen Schnittpunkte, so kommen ihnen folgende Eigenschaften zu:

1) Es giebt unendlich viele 4 Seite, deren 1stes Paar Gegenecken A u. B ist und deren 2tes Paar auf K und deren 3tes Paar auf K_1 liegen.

2) Es giebt ebenso unendlich viele 4 Seite, deren 1stes Paar Gegenecken C und D und deren 2tes Paar auf K und deren 3tes Paar auf K_1 liegen.

3) Der Pol S von AB für K ist der Pol von CD für K_1 u. der Pol S_1 von AB für K_1 ist der Pol von CD für K.

4) Jeder Strahl von S und S_1 schneidet K u. K_1 in 4 Punkten eines harmonischen Wurfes.

5) Von jedem dieser 4 Seite geht die eine Diagonale $\alpha\alpha_1$ durch den Pol von AB, die andere durch den Pol von CD.

Zus. 1. Es verdient hervorgehoben zu werden, daß, wenn in Bezug auf 2 Kurven KK_1, deren Schnittpunkte ABCD sind, der Pol S von AB für K zugleich der Pol von CD für K_1 ist, dann immer umgekehrt zugleich der Pol S_1 von CD für K der Pol von AB für K_1 ist.

Da nämlich nach 255 die beiden Pole von AB u. von CD für K u. K_1 je durch 1 Paar Gegenecken des den Kurven K u. K_1 gemeinsam umschriebenen 4 Seits harmonisch getrennt sein müssen, so muß nothwendig wenn einer der beiden 1sten Punkte mit einem der beiden letzten zusammenfällt, dieses auch mit den beiden andern der 4 Punkte der Fall sein.

Zus. 2. Es leuchtet unmittelbar ein, daß wenn einer der 5 in 293 angeführten Fälle für 2 Kurven KK_1 eintritt, wobei noch der in Zus. 1 enthaltene Satz mit in Betracht gezogen werden muß, alsdann nothwendig auch alle übrigen eintreten.

Zus. 3. Der Satz 293 läßt sich nun ferner noch in andrer Weise etwas erweitern.

Es sind nämlich von der Kurve K_1 in unserm allgemeinen Satze, dessen Bezeichnungsweise hier vollkommen beibehalten werden soll, offenbar 8 Stücke gegeben, deren genseitige Lage den Inhalt unsres Satzes ausmachen, nämlich die 4 Schnittpunkte ABCD von K u. K_1 und die 4 Tangenten SC SD S_1A S_1B in diesen 4 Schnittpunkten. Und es ist nun ganz allgemein zu erkennen, daß, wenn von diesen 8 Stücken nur 5 bekannt sind. Die 3 übrigen dann unmittelbar dadurch bestimmt sind. Es sind hierin folgende Fälle enthalten:

Eine Kurve K_1, welche durch ABCD geht und SD (oder resp. SC) zur Tangente hat, hat auch SC (oder resp. SD) so wie S_1A u. S_1B zu Tangenten.

Eine Kurve S, die durch ACD geht und SC und SD zu Tangenten hat, geht auch durch B und hat S_1A und S_1B zu Tangenten.

Eine Kurve K_1, die durch ACD geht und SC u. S_1A zu Tangenten hat, geht auch durch B und hat SD u. S_1B zu Tangenten.

Denkt man sich nämlich in all den erwähnten Fällen eine Kurve II K_1, welche durch ABCD geht und sucht nun nach 243 Zus. 2 die Kurve K, deren Punkte von den Punkten von K_1 durch K harmonisch getrennt sind, so ist diese immer eben nach der citirten Nr. mit K_1 und, wie alsbald zu ersehen, mit derjenigen identisch, die durch die Bestimmungsstücke, wie sie in den letztangeführten 3 Fällen angegeben wurden, vollkommen fixirt ist.

Zus. 4. Durch diese letzte Betrachtung ist nun zugleich erwiesen, daß durch 4 Punkte ABCD einer Kurve II K sich immer eine Kurve II K_1 legen lasse, von der Beschaffenheit, daß für einen leicht zu ermittelnden Punkt S oder S_1 alle Strahlen beide Kurven in einem harmonischen Wurfe schneiden, doch soll hier dieser Beweis noch auf andere Weise, nämlich im Anschluß an 243 Zus. 2 geführt werden.

Aus 243 Zus. 2 ist aber zu ersehen, daß wenn durch den Pol S irgend einer der 6 Seiten des 4 Ecks ABCD eine Gerade sich legen läßt, auf der 2 Punkte $\alpha\alpha_1$ liegen, die 1) durch die Schnittpunkte bb_1 mit K harmonisch getrennt sind und 2) zugleich mit ABCD in 1 Kurve sich befinden, alsdann die fragliche Aufgabe gelöst, d. h. die Kurve K_1 gefunden ist. Betrachtet man nun aber auf irgend einem Strahl von S die Involution, für welche bb_1 die Ordnungselemente und ferner die Involution, für welche je 2 Gegenseiten des 4 Ecks ABCD durch je 2 zugeordnete Punkte gehen, so ist zu ersehen, daß das Punktenpaar, das für beide Involutionen zugeordnete Punkte darstellt, der Aufgabe genügt; da man nun den Strahl von S immer so wählen kann, daß die eine Involution, deren Ordnungselemente bb_1 sind, imagin. Ordnungselemente hat, da ja S als Pol einer Seite des eingeschriebenen 4 Ecks ABCD außerhalb K liegt, so folgt aus I. Th. 75 b. daß die fragliche Kurve immer reell sei, und zwar erhält man 3 solche Kurven, indem jedes Paar Gegenseiten dieselbe Kurve liefert, und zu jeder dieser 3 Kurven gehören 2 Punkte S u. S_1 welche die Eigenschaft haben, daß ihre Strahlen von den beiden Kurven in einem harmonischen Wurfe geschnitten werden, diese 3 Paar Punkte sind die 3 Paar Gegenpunkte des zu ABCD gehörigen der K umschriebenen 4 Seits. Daß diese 3 Kurven und diese 6 Punkte allein die fragliche Eigenschaft besitzen, folgt unmittelbar aus 243 und 293.

Ein besonderer Fall dieses Satzes 293 lautet, gestützt auf Zus. 2:

294. Zieht man von einem Punkte S aus an einen Kreis K_1 2 Tangenten und zieht nun einen Kreis K durch den einen Berührungspunkt A (oder B), dessen Mittelpunkt

S ist, so geht derselbe auch entsprechend durch den andern Berührungspunkt B (oder A) und der Mittelpunkt S_1 ist Pol von AB für K; dabei sind die Schnittpunkte aa_1 eines jeden Strahles von S oder S_1 mit K harmonisch getrennt durch die Schnittpunkte bb_1 desselben Strahles mit K_1.

Wendet man auf den letzten Theil dieses Satzes noch die Nr. 25 an, so erhält man als besondern Fall den bekannten Satz:

295. Zieht man durch irgend einen Punkt S Sekanten a... an einen Kreis K, so ist das Produkt aus den Abständen der beiden Schnittpunkte von aK von S eine konstante Größe und zwar gleich dem Quadrate der an K von S gehenden Tangenten.

Reciprok zu 292 ist folgender Satz:

296. 1) Sind KK_1 2 Kurven II, von denen K den 2 Paar Gegenseiten aa_1 bb_1 K_1 den 2 Paar Gegenseiten aa_1 cc_1 eines 4 Ecks eingeschrieben ist, so giebt es unendlich viele 4 Ecke, für die aa_1 ein Paar Gegenseiten sind und von deren 2 anderen Paaren das eine die K das andere die K_1 berührt.

2) Sind dd_1 die beiden gemeinsamen Tangenten, die K und K_1 außer a u. a_1 gemein haben, so gilt unter der Voraussetzung von 1) dasselbe von dd_1, was dort in Bezug auf aa_1 ausgesprochen wurde, d. h. es giebt auch unendlich viele 4 Ecke, deren 1 Paar Gegenseiten dd_1 ist, während das 2te Paar die K, das 3te die K_1 berührt.

3) Die Polare s des Schnittpunktes aa_1 in Bezug auf K ist zugleich die Polare von dd_1 für K_1 und umgekehrt ist die Polare des Schnittpunktes dd_1 für K zugleich die Polare von aa_1 für K_1

4) Von jedem Punkt von s und von s_1 gehen an K und K_1 2 Paare von Tangenten, von denen die Strahlen des einen Paares durch die Strahlen des andern harmonisch getrennt sind.

5) Die beiden Schnittpunkte bb_1 u. cc_1 liegen stets auf den beiden Polaren s u. s_1 von aa_1 u. dd_1.

297. An 293 schließt sich unmittelbar folgende Betrachtung und Entwicklung an:

Einen Theil von 293 Zus. 2 kann man also ausdrücken: Wählt man einen beliebigen Punkt S außerhalb der Kurve II K und zieht von ihm aus Tangenten an K, deren Berührungspunkte aa_1 heißen mögen, so liegen aa_1 mit 2 beliebigen Punkten AB von K in einer Kurve II 𝔎, welche SA u. SB zu Tangenten hat. Wählt man eine 2te durch AB gehende Kurve II K_1, die mit K außerdem noch die Punkte CD gemein haben möge, so liegen die Berührungspunkte bb_1 der von S an K_1 gelegten Tangenten auf einer 3ten Kurve $𝔎_1$, die ebenfalls SA u. SB zu Tangenten hat. Man kann sich nun die Frage aufwerfen, wann die beiden Kurven 𝔎 u. $𝔎_1$ in eine zusammenfallen, und man erhält die Beantwortung in folgendem Satze:

> Zieht man von einem Punkte S der gemeinschaftlichen Sehne CD eines Kurvensystems ABCD an alle Kurven dieses Systems Tangenten, so liegen deren Berührungspunkte aa_1 bb_1... in einer Kurve II 𝔎, welche die SA u. SB zu Tangenten hat.

Bezeichnet man nämlich auch für den hier angenommenen Fall, daß S auf CD liegt mit 𝔎 u. $𝔎_1$ die 2 Kurven, welche SA und SB in A u. B berühren, und von denen die erste die Berührungspunkte aa_1 auf K, die andere die Berührungspunkte bb_1 auf K_1 enthält, so müssen (292) auf jedem Strahl von S die Schnittpunkte von 𝔎 durch die von K und die Schnittpunkte von $𝔎_1$ durch die von K_1 harmonisch getrennt sein, und außerdem ist für 𝔎 sowohl als für $𝔎_1$ S der Pol von AB. Betrachtet man daher den Strahl SC von S, so müssen die Schnittpunkte von 𝔎 sowohl als auch die von $𝔎_1$ mit diesem Strahl die Ordnungspunkte derjenigen Involution sein, in der CD einerseits, S und der Schnittpunct von AB andererseits zugeordnete Punkte darstellen. Es muß also 𝔎 u. $𝔎_1$ die SC in denselben Punkten schneiden, und beide Kurven daher identisch sein. Zu gleicher Zeit läßt die Betrachtung des Strahles SC erkennen, daß bei anderer Lage von S 𝔎 u. $𝔎_1$ verschieden sein müssen.

Der zu 297 reciproke Satz ist:

> 298. Zieht man durch irgend eines der 6 Ecken z. B. ab eines einer Kurve II K umschriebenen 4 Seits abcd eine Gerade s und zieht nun in den Schnittpunkten derselben mit allen Kurven

des dem 4 Seit a b c d eingeschriebenen Kurvensystems die entsprechenden Tangenten, so umhüllen diese eine Kurve II K, welche die a und b in den Schnittpunkten derselben mit der s berühren.

Wir knüpfen nun wieder unmittelbar an 282 und 290 an, indem wir die Resultate der letzten Gruppe von Sätzen auf die dortigen Entwicklungen anwenden.

299. Aus der Entwicklung von 290 ꝛc. hat sich ergeben, daß unter Beibehaltung der dortigen Bezeichnung und der Fig. 37 S der Pol von CD für K_1 und der Pol von AB für K und eben so, daß S_1 der Pol von AB für K_1 und von CD für K ist. Ferner ist aber auch wegen des der K eingeschriebenen 4 Ecks AB aa_1 und wegen des der K eingeschriebenen 4 Ecks AB $\alpha\alpha_1$ $\alpha\alpha_1$ u. aa_1 sowohl in Bezug auf K als auf K_1 einander konjugirt; hieraus folgt aber unmittelbar folgender Satz:

Sind K u. K_1 2 verschiedene Kurven II, von denen jede 2 Paaren von Gegenecken eines 4 Seits umschrieben sind, nämlich K den 2 Paaren AB u. aa_1 K_1 aber den 2 Paaren AB u. $\alpha\alpha_1$, so schneiden sie sich stets noch in einem Paar Punkten CD deren Verbindungslinie den Strahl aa_1 in dem Pol von $\alpha\alpha_1$ in Bezug auf K_1, sowie den Strahl $\alpha\alpha_1$ in dem Pole von aa_1 in Bezug auf K schneidet.

300. Wir wenden nun diesen Satz und den Satz 293 auf 3 Kurven II an, indem wir zugleich der Symetrie wegen eine andere Bezeichnung einführen, deren Bedeutung die Betrachtung der Fig. 38. alsbald erkennen lassen wird:

Sind K K_1 K_2 3 verschiedene Kurven II, deren jede 2 Paaren von Gegenecken eines 4 Seits umschrieben ist, nämlich K dem 4 Eck AB $A_1 B_1$, K_1 dem 4 Eck AC $A_1 C_1$ und K_2 dem 4 Eck BC$B_1 C_1$, so schneiden sich je 2 derselben noch in einem Punktenpaare nämlich:

a) KK_1 in MN (oder aa_1) wobei nach 299 MN durch den Pol von BB_1 in Bezug auf K, der auf CC_1 liegt, und durch den Pol von CC_1 in Bezug auf K_1, der auf BB_1 liegt, gehen muß.

b) KK_2 in PQ (oder bb_1) wobei ebenso PQ durch den Pol von AA_1 in Bezug auf K, der auf CC_1 liegt, sowie durch den Pol von CC_1 in Bezug auf K_2, der auf AA_1 liegt, gehen muß.

c) K_1K_2 in RS (oder cc_1) wobei ebenso RS durch den Pol von AA_1 in Bezug auf K_1 der auf BB_1 liegt, sowie durch den Pol von BB_1 in Bezug auf K_2, der auf CC_1 liegt, gehen muß. Nun giebt es nach 293 2) für je 2 dieser 3 Kurven II je noch eine Schaar von 4 Seiten, deren 3 Paar Gegenecken auf beide Kurven sich vertheilen, so jedoch, daß ein Paar Gegenecken in einer jener 3 hier oben erwähnten gemeinschafttichen Chorden aa_1 bb_1 cc_1 (d. h. MN PQ RS) enthalten sind. Betrachtet man nun diese 4 Seite näher, so ergiebt sich aus 293 5.

d) KK_1 bestimmen 4 Seite aa_1 $P_1Q_1R_1S_1$ wobei P_1Q_1 durch den Pol von AA_1 für K, und R_1S_1 durch den Pol von AA_1 für K_1 gehen muß.

e) KK_2 bestimmen 4 Seite M_1N_1 PQ R_2S_2, wobei M_1N_1 durch den Pol von BB_1 für K und R_2S_2 durch den Pol von BB_1 für K_2 gehen muß.

f) K_1K_2 bestimmen 4 Seite $M_2N_2P_2Q_2RS$, wobei M_2N_2 durch den Pol von CC_1 für K_1 und P_2Q_2 durch den Pol von CC_1 für K_2 gehen muß.

Vergleicht man nun das Resultat in d) mit dem in b) so ersieht man, daß die beiden Schnittpunkte von KK_2 in b) gerade der Bedingung entsprechen, welche das auf K liegende Paar Gegenecken des 4 Seits, dessen Ecken nach d) auf KK_1 liegen, erfüllen müssen.

Vergleicht man ebenso das Resultat in e) mit dem in a) so ersieht man, daß das 4 Seit, dessen 3 Paar Gegenseiten auf KK_2 vertheilt sind, und für das die Schnittpunkte PQ (oder bb_1) von KK_1 das auf beide Kurven liegende Paar Gegenecken sind, MN (oder aa_1) ein Paar Gegenecken auf K darstellen können. Das 4 Seit, dessen 2 Paar Gegenecken daher aa_1 (oder MN) und bb_1 (oder PQ) sind, und das also vollkommen fixirt ist, muß daher ein 3tes Paar Gegenecken haben, das sowohl auf K_1 als K_2 liegen und daher mit dem RS (oder cc_1) von c) identisch sein muß. Es ist auch alsbald zu ersehen, daß sowohl R_1S_1 von d) als R_2S_2 von e) der Bedingung von RS in c) entsprechen.

Hieraus folgt nun der Satz:

301. Sind 3 Kurven II den 3 durch ein 4 Seit bestimmten einfachen 4 Ecken umschrieben, so bilden die 6 von den 6 Ecken AA_1 BB_1 CC_1 des 4 Seits verschiedenen Schnittpunkte aa_1 bb_1 cc_1 derselben, ebenfalls die 6 Ecken eines vollständigen 4 Seits.

Hiebei leuchtet alsbald ein, daß die beiden soeben erwähnten 4 Seite in vollkommener Wechselbeziehung zu einander stehen, so daß man von dem 2ten auf dieselbe Weise zum 1sten gelangen kann, auf welche umgekehrt das 2te aus dem 1sten erhalten wurde.

Verbindet man hiermit die Resultate der Entwicklung in 293, so erhalten wir den Satz:

302. Die 24 Tangenten in den 12 Schnittpunkten von 3 Kurven II, welche den 3 einfachen 4 Ecken eines 4 Seits (V) umschrieben sind, schneiden sich zu je 4 in 6 Punkten S_1 S_2 S_3 S_4 S_5 S_6. Diese 6 Punkte liegen auf den 6 Seiten der beiden Polardreiecke, die zu dem 4 Seit (V) u. zu demjenigen 4 Seit (V_1) gehören, dessen 6 Eckpunkte nach dem letzten Satze die 6 von den von (V) verschiedenen Schnittpunkte der gegebenen Kurven darstellen, und zwar liegen auf jeder dieser 6 Dreiecksseiten 2 der 6 erwähnten Punkte der Art, daß in jedem derselben sich 2 dieser 6 Seiten schneiden.

Es stellen nämlich s. Fig. 39. AA_1 BB_1 CC_1 die 3 Seiten des einen Polardreiecks, aa_1 bb_1 cc_1 die 3 Seiten des andern Polardreiecks dar; und es schneidet nun die Seite AA_1 die Seiten bb_1 u. cc_1 in den Punkten S_5 S_3, wobei S_3 der Pol von BB_1 für K_2 und der Pol von bb_1 für K, S_5 der Pol von CC_1 für K_2 und der Pol von cc_1 für K_1 ist; eben so schneidet BB_1 die Seiten aa_1 und cc_1 in den Punkten S_4 u. S_1, wobei S_4 der Pol von CC_1 für K_1 und der Pol von cc_1 für K_2, S_1 der Pol von AA_1 für K_1 und der Pol von aa_1 für K ist; endlich schneidet CC_1 die aa_1 und bb_1 in den Punkten S_2 und S wobei S_2 der Pol von BB_1 für K und der Pol von bb_1 für K_2, S der Pol von AA_1 für K und der Pol von aa_1 für K_1 ist.

Hieraus folgt aber ferner in Bezug auf diese 6 Punkte SS_1 rc. alsald weiter noch, daß $S_2 S_4$ harmonisch getrennt sind durch $a a_1$

	$S S_5$	„	„	$b b_1$
	$S_1 S_3$	„	„	$c c_1$
eben so	$S_3 S_5$	„	„	AA_1
	$S_1 S_4$	„	„	BB_1
	$S S_2$	„	„	CC_1

denn da, um an die 1ste der hier aufgeführten 6 Behauptungen uns zu halten, S_2 der Pol von BB_2 ist und zugleich auf aa_1 liegt, so ist er von dem Punkte S_4, der auf BB_1 und aa_1 zugleich liegt, harmonisch getrennt.

Anm. Es möge hier der Vollständigkeit wegen alsbald beigefügt werden, daß als unmittelbare Folge dieser hier zuletzt angeführten Lagenverhältnisse folgt, daß die 6 Punkte $S S_1 S_2 S_3 S_4 S_5$ auf einer Kurve II liegen, in Bezug auf welche je 2 Gegenpunkte der beiden zusammengehörigen 4 Seite (V) u. (V_1) einander konjugirt sind, wie dieses unmittelbar der nachfolgende Satz 308 erkennen läßt.

303. Hinsichtlich der gegenseitigen Lage der beiden zusammengehörigen 4 Seite (V) u. (V_1) findet nun noch eine weitere merkwürdige Relation statt, die Gegenstand der nachfolgenden Betrachtung sein soll.

Denken wir uns das eine 4 Seit (V) also auch seine 3 Paar Gegenecken AA_1 BB_1 CC_1 und ebenso K und endlich noch von dem 4 Seit V_1 den einen Eckpunkt a fest, so folgt hieraus unmittelbar, daß auch a_1 fest ist, denn es muß der Pol S_1 von aa_1 für K auf der festen BB_1 liegen. Die Annahme noch eines Ecks z. B. b von (V_1) bestimmt nicht nur das 4 Seit V_1 selbst, sondern auch K_1 und K_2 vollständig, mit der Veränderung von b ändert sich aber sowohl (V_1) als auch K_1 u. K_2. Durchläuft b das Kurvengebilde K, so durchläuft b_1 dasselbe K und es ist K (b...) involut. K $(b_1...)$ und S ihr Involutionscentrum (s. wieder Fig. 38.) daraus folgt, daß bei veränderlichem b die 4 Seiten des 4 Seits (V_1) 4 projekt. Strahlenbüschel darstellen, d. h. daß a (b...) π a $(b_1...)$ π a_1 (b...) π a_1 $(b_1...)$. Betrachtet man nun ferner die Schnittpunkte dieser Strahlenbüschel mit den festen Seiten des 4 Seits (V), so erkennt man alsbald, daß von den 4 geraden Gebilden, welche 1) Strahlenbüschel ab_1 auf A_1B 2) Strahlenbüschel a_1b_1 auf auf AB, 3) Strahlenbüschel a b auf A_1B_1 und 4) Strahlenbüschel

$a_1 b$ auf AB_1 erzeugt, jedes jedem der andern perspekt.. ist und zwar für dasselbe Centrum der perspekt. Beziehung, das durch den Schnittpunkt von Aa u. $A_1 a_1$ dargestellt ist.

Es leuchtet ein, daß es genügt für 3 der hier angeführten 4 Fälle die Richtigkeit der Behauptung nachgewiesen zu haben. Es ist aber für 1) der Schnitt des Strahlenbüschels a (b_1...) auf A_1B projekt. dem Schnitt von a_1 (b_1...) auf $A B$, weil a (b_1...) π a_1 (b_1...). Denkt man sich b_1 nach B gerückt, so ist zu ersehen, daß die beiden geraden Gebilde auch perspekt. sind, da B ein entsprechend gemeinsames Element derselben ist, und denkt man sich b_1 einmal nach A das andere Mal nach A_1 gerückt, so ersieht man, daß das perspekt. Centrum derselben der Schnittpunkt von $A a$ und A_1 a_1 ist.

Ganz auf dieselbe Weise ergiebt sich die Richtigkeit von 2), man braucht nur B_1 mit B und b_1 mit b zu vertauschen, um wörtlich denselben Beweis zu haben.

Was den Fall 3) anlangt, so ist offenbar der Schnitt von A_1B durch den Strahlenbüschel a (b_1.,.) projekt. dem Schnitte von AB_1 durch a_1 (b...) weil a (b_1...) π a_1 (b...). Daß sie perspekt. sind, d. h. daß der Schnittpunkt C von AB_1 u. A_1B ein entsprechend gemeinsames Element darstellt, folgt daraus, daß bei veränderlichem b (u. b_1) die projekt. Strahlenbüschel a_1 (b...) und a (b_1...) nach der obigen Entwicklung gerade die Kurve K_1 erzeugen müssen, auf der eben C liegt; und daß endlich wiederum der Schnittpunkt von Aa u. A_1a_1 das perspekt. Centrum darstellt, folgt wie oben, wenn man b_1 mit A oder A_1 zusammenfallen läßt. Ganz auf dieselbe Weise könnte man nun auch noch die Richtigkeit von 4) darthun.

Vertauscht man in dieser ganzen letzten Entwicklung den Punkt a mit a_1, so erhält man ganz auf dieselbe Weise entweder auf den 4 Seiten AB_1 A_1B A_1B_1 AB des ursprüglichen 4 Seits 4 Paare perspekt. gerader Gebilde, erzeugt durch die Strahlen der Strahlenbüschel a_1 (b...) a_1 (b_1...) a (b...) a (b_1...) und zwar wiederum für ein und dasselbe Centrum, das aber dieses Mal der Schnittpunkt von Aa_1 u. A_1a ist.

Vertauscht man dagegen in dem obigen Beweise durchgängig b mit b_1, so gelangt man zu einem ähnlichen Resultate, nur ist in diesem Falle wieder der Schnittpunkt von Aa u. A_1a_1 das perspekt. Centrum der 4 Paare perspekt. gerader Gebilde.

Vertauscht man endlich sowohl a mit a_1 als auch b mit b_1 so gelangt man noch einmal zu 4 perspekt. geraden Gebilden auf den erwähnten Seiten des 4 Seits, und zwar für den Schnittpunkt von Aa_1 Aa als perspekt. Centrum.

Im nachfolgenden mögen diese hier ewähnten 4 Fälle in einer Art Schema noch besonders zusammengestellt werden (vergl. Fig. 40.)

I. Es ist 1) A_1B u. AB, 2) A_1B_1 u. AB_1, 3) A_1B u. AB_1, 4) AB u. A_1B_1 für das Centrum Aa A_1a_1 perspekt.

wenn sie entsprechend geschnitten werden durch: 1) a (b_1..) und a_1 (b_1..) 2) a (b..) u. a_1 (b..) 3) a (b_1..) u. a_1 (b..) 4) a_1 (b_1..) u. a (b..).

II. Es ist: 1) A_1B_1 u. AB_1, 2) A_1B u. AB, 3) A_1B u. AB_1, 4) AB u. A_1B_1 für das Centrum Aa_1 A_1a perspekt.

wenn sie entsprechend geschnitten werden durch: 1) a_1 (b..) und a (b..), 2) a_1 (b_1..) u. a (b_1..), 3) a_1 (b_1..) u. a (b..), 4) a (b_1..) u. a_1 (b..),

III. Es ist: 1) A_1B_1 u. AB_1, 2) A_1B u. AB, 3) A_1B u. AB_1, 4) AB u. A_1B_1 perspekt. für das Centrum Aa A_1a_1.

wenn sie entsprechend geschnitten werden durch: 1) a (b_1..) und a_1 (b_1..), 2) a (b..) u. a_1 (b..), 3) a (b..) u. a_1 (b_1..), 4) a_1 (b..) u. a (b_1..).

IV. Es ist: 1) A_1B_1 u. AB_1, 2) A_1B u. AB, 3) A_1B u. AB_1 4) AB u. A_1B_1 perspekt. für das Centrum Aa_1 A_1a.

wenn sie entsprechend geschnitten werden durch: 1) a_1 (b_1..), und a (b_1..), 2) a_1 (b..) u. a (b..), 3) a_1 (b..) u. a (b_1..), 4) a (b..) u. a_1 (b_1..).

Wie die bisherige Untersuchung sich auf die Betrachtung der beiden Kurven K u. K_1 beschränkt hat, und die Resultate daher auch in einer bestimmten Beziehung zu den beiden Gegenecken AA_1 u. aa_1, der vollständigen 4 Seite (V) u. (V_1), welche diesen beiden Kurven gemein sind, stehen, eben so kann man nun auch für die beiden übrigen Paare der 3 Kurven KK_2 u. K_1K_2 und die ihnen gemeinsamen Gegenecken der beiden 4 Seite (V) u. (V_1) die entsprechenden Resultate entwickeln. Da die beiden 4 Seite selbst für alle 3 Kurvenpaare dieselben bleiben, so erhalten die Resultate, zu denen man in allen 3 Fällen gelangt, einen gemeinsamen Inhalt, der sich nun in folgendem Satze aussprechen läßt:

304. Hat man 3 Kurven II, welche den 3 verschiedenen durch ein vollständiges 4 Seit bestimmten 4 Ecken umschrieben sind, so bestimmen diese durch ihre noch übrigen 6 Schnittpunkte ein neues vollständiges 4 Seit. Die 4 Seiten des einen dieser 4 Seite schneiden nun die 4 Seiten des andern in 16 Punkten, welche zu je 4 in 4 neuen Geraden liegen, diese so erhaltenen Geraden bilden ihrer Seits ein 3tes vollständiges 4 Seit dessen 3 Paar Gegenecken je ein Paar Polecken des zu je 2 der 3 Kurven II gehörigen gemeinasmen Poldreiecks bilden.

Der reciproke Satz lautet:

304 b. Hat man irgend 3 Kurven II, welche den 4 durch ein vollständiges 4 Eck bestimmten einfachen 4 Seiten eingeschrieben sind, so bestimmen diese durch ihre noch übrigen 6 gemeinsamen Tangenten ein neues vollständiges 4 Eck. Die 4 Ecken des ersten bestimmen mit den 4 Ecken des 2ten 16 Gerade, die zu je 4 in 4 neuen Punkten sich schneiden, diese 4 Schnittpunkte bilden wieder ein 3tes vollständiges 4 Eck, dessen 3 Paar Gegenseiten je ein Paar Seiten der zu je 2 der obigen 3 Kurven II gehörigen gemeinsamen Polardreiecks darstellen.

Zur Vervollständigung dieser letzten Entwicklungen mögen hier noch folgende Sätze und Betrachtungen angefügt werden:

305. Sind aa_1, bb_1, cc_1 3 Punktenpaare, die je durch eines der 3 Paare von Gegenecken AA_1, BB_1, CC_1 eines 4 Seits harmonisch getrennt sind, so liegen sie in einer Kurve II, oder in 2 Geraden.

In etwas anderer Fassung lautet dieser Satz also:

Sind von den 3 Paaren von Gegenecken 2 in Bezug auf eine Kurve II harmonisch getrennt, so ist es auch die 3te. Und sind 2 Gerade durch 2 Paare von Gegenecken eines 4 Seits harmonisch getrennt, so sind sie auch durch das 3te Paar harmonisch getrennt. (s. 171.)

Denkt man sich nämlich durch aa_1 bb_1 alle möglichen Kurven II gelegt, so schneiden diese die Gerade CC_1 in zugeordneten Punkten einer Involution (9a), und unser Satz ist erwiesen, wenn als die Ordnungselemente dieser Involution sich C u. C_1 herausstellen. In dieser Involution sind nun nach 9a stets die Schnittpunkte von $a b_1$ und $a_1 b$ einerseits, sowie die Schnittpunkte $a b$ u. $a_1 b_1$ andererseits zugeordnete Punkte, denkt man sich nun aber a u. a_1 fest, b u. b_1 dagegen veränderlich, wobei jedoch immer der obigen Voraussetzung entsprechend $b B b_1 B_1$ ein harmonischer Wurf, so muß, wenn b (oder b_1) in den Strahl a C oder $a_1 C_1$ zu liegen kommt, entsprechend b_1 (oder b) in den Strahl $a_1 C$ oder $a_1 C_1$ zu liegen kommen, da ja C $(a B a_1 B_1)$ u, C_1 $(a B a_1 B_1)$ nach der Voraussetzung harmonische Würfe sind, woraus zu ersehen, daß C u. C_1 die beiden Ordnungselemente der oben erwähnten Involution in CC_1 sind.

Wegen des Falles, daß a b c in einer Geraden liegen, vergl. man 172.

Reciprok hierzu ist der Satz:

306. Sind 3 Paare von Geraden, die durch die 3 Ecken des zu einem vollständigen 4 Eck gehörigen Poldreiecks gehen, je durch die zugehörigen Gegenseiten harmonisch getrennt, so umhüllen sie eine Kurve II, oder sie schneiden sich in 2 Punkten (s. 171).

Ein besonderer Fall von 309 lautet:

307. Zieht man durch die 3 Ecken eines Dreiecks, je ein Paar Gerade, das je mit den Geraden, die die betreffenden beiden Dreieckswinkel halbiren, gleiche Winkel bilden, so umhüllen diese 6 Geraden eine Kurve II.

Zus. 1. Dieser Satz 308 läßt die Behauptung, welche in 304 Anm. bezüglich der 6 Schnittpunkte der 24 Tangenten der 3 Kurven $K K_1 K_2$ aufgestellt wurde, als richtig erkennen.

Zus. 2. Betrachten wir irgend eine Kurve K, die wie in den Betrachtungen von 292 2c. 2 Paaren von Gegenecken AA_1BB_1 eines 4 Seits umschrieben ist, so sind in Bezug auf dieselbe die Punkte CC_1 konjugirt, denn bezeichnen wir mit E den Schnittpunkt von AA_1 u. BB_1 so ist ja ECC_1 ein absolutes Polardreieck für jede solche Kurve. Daher erhält man folgende 2 reciproken Sätze:

308. Beschreibt man wie in 301 um die 3 einfachen durch ein vollständiges 4 Seit bestimmten 4 Ecke 3 Kurven II, so schneiden diese die 3 Diagonalen desselben in 6 neuen Punk-

ten einer Kurve II, die jedoch auch in ein System 2er Geraden übergehen kann.

309. Beschreibt man in die 3 einfachen 4 Seite eines 4 Ecks 3 Kurven II und zieht man von den 3 Ecken des zugehörigen Polardreiecks die 3 Paar Tangenten an sie, so umhüllen diese 6 Geraden eine Kurve II, die jedoch auch in 2 Punkte übergehen kann.

Es sei wieder wie in 299 ꝛc. K u. K_1 2 beliebige Kurven II, von denen K den 2 Paar Gegenpunkten AA_1 u. BB_1 K_1 den 2 Gegenpunkten AA_1 CC_1 eines 4 Seits umschrieben ist, und bezeichnen wir (s. Fig. 41) den Pol von BB_1 für K, der auf CC_1 liegt (300), durch a, den von CC_1 für K_1, der auf BB_1 liegt (300), durch a_1, den Schnittpunkt von BB_1 u. CC_1 durch a_2, endlich die beiden Schnittpunkte von K u. CC_1 durch MN und die von K_1 und BB_1 durch $M_1 N_1$, so ist $a_2 M a N \pi a_2 M_1 a_1 N_1$ weil beide harmonische Würfe, daher schneiden sich die 3 Geraden MM_1, aa_1, NN_1 in 1 Punkte S, da aber nach 300 sowohl a als a_1 auf der 2ten von AA_1 verschiedenen gemeinsamen Chorde cc_1 von KK_1 liegen müssen, so liegt der Schnittpunkt von MM_1 u. NN_1 auf dieser gemeinsamen Chorde cc_1; eben dasselbe gilt aus denselben Gründen von dem Schnittpunkte von MN_1 u. M_1N. Dabei folgt nun unmittelbar aus (307. Zus. 2) daß die Geraden MM_1 u. NN_1 ebenso wie die Geraden MN_1 und M_1N durch je 2 Gegenpunkte des 4 Seits harmonisch getrennt sind. Wählt man nun zu den beiden Kurven KK_1 noch eine 3te zum Kurvensystem $BB_1 CC_1$ gehörige Kurve II K_2 von der Beschaffenheit, daß sie die AA_1 in dem Schnittpunkte von MM_1 (oder in dem von MN_1) schneidet, so liegt der 2te Schnittpunkt von K_2 u. AA_1 nach 308 in der Geraden NN_1 (oder resp. in M_1N) und es müssen nun, wie so eben gezeigt, die gemeinsame Chorde von KK_1 und die von KK_2 und die von K_1K_2 mit dem Schnittpunkte von MM_1 und NN_1 (oder resp. mit dem von MN_1 u. M_1N) in 1 Geraden liegen; da aber zugleich nach 301 die 3 neuen Paare von Schnittpunkten die Eckpunkte eines vollständigen 4 Seits darstellen müssen, so lassen sich diese Resultate nur dann vereinigen, wenn 3 von den 6 Eckpunkten dieses 4 Seits dies Mal in 1 Punkt nämlich in den Schnittpunkt von MM_1 u. NN_1 (oder resp. von MN_1 u. M_1N)

zusammenfallen, KK_1K_2 schneiden sich daher in diesem Punkte und ihre 3 noch übrigen neuen Schnittpunkte liegen in 1 Geraden.

Zus. Da die Schnittpunkte von KK_1 unabhängig sind von K_2, so läßt die letzte Entwicklung unmittelbar erkennen, daß die Schnittpunkte von MN u. M_1N_1 einerseits und von MN_1 u. M_1N andererseits die fraglichen Schnittpunkte von KK_1 darstellen, hieraus erhält man nun offenbar im Zusammenhang mit 301 folgenden Satz:

310. Sind KK_1K_2 3 Kurven II, die den 3 einfachen 4 Ecken eines vollständigen 4 Seits umschrieben sind, und sind MN M_1N_1 M_2N_2 die 3 Paare Schnittpunkte dieser 3 Kurven mit den Diagonalen des 4 Seits, die also nach 308 in einer Kurve II liegen, die jedoch in 2 Gerade übergehen kann, so stellen die 6 Schnittpunkte von folgenden 6 Paaren von Geraden MM_1 u. NN_1, MN_1 u. M_1N; MM_2 u. NN_2 MN_2 u. M_2N; M_1M_2 u. N_1N_2; M_1N_2 u. M_2N_1 die noch übrigen 6 Schnittpunkte von KK_1K_2 dar, die also nach 301 die 6 Eckpunkte eines vollständigen 4 Seits bilden. Fallen 2 dieser 6 Punkte in 1 zusammen, so ist es mit 3en der Fall und die 3 übrigen liegen in 1 Geraden.

Zus. In unserem oben 309 betrachteten Falle liegen die Schnittpunkte von 1) MN_1 u. M_1N, 2) MN_2 u. M_2N, 3) M_1N_2 und M_2N_1 in 1 Geraden, wie dieses auch alsbald direkt aus 310 folgt.

Als besondern Fall von 309 u. 310 erhält man:

311. Den 3 einfachen 4 Ecken eines 4 Seits lassen sich gerade 3 Hyperbeln umschreiben, von denen jede eine zu einer Diagonale des 4 Seits parallele Asymptote hat; die 3 übrigen Asymptoten dieser 3 Hyperbeln sind alsdann parallel der Geraden m (s. Fig. 42), welche die Mitten $\mathfrak{d}\,\mathfrak{d}_1\mathfrak{d}_2$ der 3 Diagonalen verbindet, während die 3 noch übrigen Schnittpunkte derselben als 3 in 1 Geraden liegende Eckpunkte 3er Parallelogramm erscheinen, wobei das erste $\mathfrak{d}\,\mathfrak{d}_1$ zur Diagonole und d_1d zu Seitenrichtungen das 2te $\mathfrak{d}\mathfrak{d}_2$ zur Diagonale und d_2d zu Seitenrichtungen, das 3te $\mathfrak{d}_1\mathfrak{d}_2$ zur Diagonale und d_2d_1 zu Seitenrichtungen hat.

Reciprok zu 312 ist:

312. Sind KK_1K_2 3 Kurven II, die den 3 einfachen 4 Seiten eines 4 Eck eingeschrieben sind, und mn m_1n_1 m_2n_2 die 3 noch übrigen Paare von Tangenten, die man von den 3 Ecken des zugehörigen Polardreiecks an sie ziehen kann, so stellen die 6 Verbindungslinien folgender 6 Paare von Schnittpunkten mm_1 u. nn_1, mn_1 u. m_1n; mm_2 und nn_2, mn_2 u. m_2n; m_1m_2 u. n_1n_2, m_1n_2 u. m_2n_1 die 6 noch übrigen gemeinschaftlichen Tangenten je 2er derselben dar, die also nach 301 die 6 Seiten eines 4 Ecks darstellen. Von diesen 6 Geraden können 3 in eine zusammenfallen, wobei dann die 3 andern sich in 1 Punkte schneiden.

Die Sätze 297 u. 298 können in folgender Fassung wieder gegeben werden. Sind KK_1K_2... Kurven eines Kurvensystems, das durch die 4 Punkte ABCD bestimmt ist, so giebt es unendlich viele Kurven II $\mathfrak{K}\mathfrak{K}_1$... von der Beschaffenheit, daß es zu jedem Punkte a von $\mathfrak{K}$ oder $\mathfrak{K}_1$ 2c. wieder einen Punkt a_1 derselben Kurve $\mathfrak{K}$ oder $\mathfrak{K}_1$ 2c. giebt, der in Bezug auf alle Kurven K K_1K_2... jenem a konjugirt ist. Dabei liegt für jede Kurve $\mathfrak{K}$ je ein Paar zusammengehörige Punkte wie aa_1 stets auf einem Strahl eines Strahlenbüschels, dessen Centrum S ein Punkt einer der 6 Seiten des 4 Ecks ABCD ist; diese Kurven $\mathfrak{K}\mathfrak{K}_1$ 2c. scheiden sich daher nach den 6 Seiten dieses 4 Ecks in 6 Gruppen die man füglich also bezeichnen kann: 1) $\mathfrak{K}_{11}\mathfrak{K}_{12}$... 2) $\mathfrak{K}_{21}\mathfrak{K}_{22}$... 3) $\mathfrak{K}_{31}\mathfrak{K}_{32}$..... 6) $\mathfrak{K}_{61}\mathfrak{K}_{62}$. Betrachten wir irgend eine solche Kurve $\mathfrak{K}$, die zu der Seite AB gehören möge, d. h. für welche der Punkt S mit dem je 2 in Bezug auf das gegebene Kurvensystem konjugirte Punkte in einer Geraden liegen, eben auf AB liegen möge, so liegen auf $\mathfrak{K}$ nach 297 auch alle Berührungspunkte der von S an KK_1... zu ziehenden Tangenten, ferner ist S in Bezug auf $\mathfrak{K}$ Polare von CD, während der Pol von CD in Bezug auf jede Kurve K des Systems ABCD auch die Eigenschaft hat, daß jede durch ihn gezogene Gerade die $\mathfrak{K}$ in 2 Punkten scheidet, die in Bezug gerade auf diese K konjugirt sind. Da nun die Pole von CD in Bezug auf alle Kurven KK_1... des Systems ABCD auf der Seite des zu ABCD gehenden Polardreiecks liegen, welche durch die Schnittpunkte AC und BC, AD und BC bestimmt ist, so schneidet diese Gerade die $\mathfrak{K}$ in 2 Punkten, die in Bezug auf alle

Kurven KK_1... des Systems ABCD konjugirt sind, d. h. die $\mathfrak{K}$ schneidet eben diese Gerade in den Ordnungselementen derjenigen Involution, deren zugeordnete Punkte durch die Schnittpunktenpaare der einzelnen Kurven KK_1... bestimmt sind, diese Ordnungselemente sind aber die so eben erwähnten Ecken des zu ABCD gehörigen Poldreiecks.

Um die Resultate, welche sich aus dieser Entwicklung unmittelbar ergeben, kürzer fassen und anschaulicher darstellen zu können, sollen nun mit Berücksichtigung von Fig. 43 und der obigen Entwicklung folgende Bezeichnungen eingeführt worden: Es seien die 3 Paar Gegenseiten AB u. CD, AC u. BD, AD u. BC entsprechend als 1ste u. 4te, 2te u. 5te, 3te u. 6te Seite bezeichnet und demnach mit $\mathfrak{K}_{11}\,\mathfrak{K}_{12}\,\mathfrak{K}_{13}$.... dasjenige System bezeichnet, das zur 1sten Seite AB gehört ꝛc., so daß wir auch entsprechend von 1sten 2ten 3ten ꝛc. Kurvensystem $\mathfrak{K}$ sprechen.

Es seien ferner die 3 Eckpunkte des zu ABCD gehörigen Poldreiecks MNP der Art, daß die 1ste u. 4te Seite sich in M die 2te und 5te sich in N die 3te u. 6te sich in P schneiden, alsdann gilt folgendes:

313. Alle Kurven von je 2 zu 2 Gegenseiten gehörigen Kurvensystemen, also z. B. die des 1sten u. 4ten, gehen durch dieselben 2 Eckpunkte des Poldreiecks MNP und wählt man aus 2 zu 2 Gegenseiten gehörigen Systemen je eine Kurve und von dem System ABCD noch eine 3te dazu, so sind diese 3 Kurven stets den 3 einfachen 4 Ecken eines 4 Seits umschrieben, und die 3 der Art in Betracht kommenden 4 Seite sind wieder die 3 einfachen 4 Seite des 4 Ecks ABCD und es gelten also für je 3 der Art zusammengehörige der 7 überhaupt vorhandenen Kurvensysteme alle die bisher in dieser Beziehung entwickelten Sätze. Hiebei ist nun ferner zu beachten, daß jede Kurve K des ursprünglichen Kurvensystems zu jedem der 6 neuen Systeme $\mathfrak{K}$ genau in demselben Verhältnisse steht, wie jede Kurve $\mathfrak{K}$ zu dem Systeme KK_1.... Denn betrachten wir, um bei dem 1sten Systeme $\mathfrak{K}_{11}$... stehen zu bleiben, die beiden von CD verschiedenen Schnittpunkte irgend einer bestimmten Kurve K mit den sämmtlichen Kurven des Systems $\mathfrak{K}_{11}\,\mathfrak{K}_{12}\,\mathfrak{K}_{13}$..., so geht

daraus hervor, daß die Tangenten, welche in diesen Schnittpunkten an diese letzteren Kurven sich ziehen lassen, alle in dem festen Pole von CD in Bezug auf K sich schneiden, der auf der gemeinsamen Sekante NP der Kurven $\mathfrak{K}_{11}\mathfrak{K}_{12}\ldots$ liegt, woraus die Richtigkeit sich ergiebt.

Der reciproke Satz lautet:

314. Zieht man durch irgend einen der 6 Eckpunkte eines 4 Seits abcd eine Gerade, legt in sämmtlichen Schnittpunkten dieser Geraden mit den Kurven des Systems abcd Tangenten an diese Kurven, so umhüllen diese Tangenten eine Kurve II $\mathfrak{K}$. Denkt man sich dieses Verfahren auf alle durch das fragliche Eck gehenden Geraden angewendet, so bilden die der Art sich ergebenden Kurven $\mathfrak{K}\ldots$ ein neues System von Kurven, das demselben 4 Seit eingeschrieben ist, und zwar sind 2, dessen Seiten unter den Seiten des gegebenen 4 Seits abcd enthalten, während die beiden andern 2 Seiten des zum 4 Seit gehörigen Poldreiecks sind. Solcher Kurvensysteme $\mathfrak{K}$ erhält man nach den Ecken des 4 Seits abcd 6, und zwar stehen die Kurven jedes derselben zu dem Systeme abcd genau in demselben Verhältniß wie umgekehrt die Kurven des Systems abcd zu dem ersteren Systeme.

Zus. Betrachtet man 3 Kurven II, die durch dieselben 2 Punkte gehen, so schneiden sich nach 142 ihre 3 gemeinschaftlichen Sehnen in einem Punkte und für diesen Punkt gelten nun hinsichtlich aller 3 Kurven II die bisher für die Punkte der gemeinsamen Chorden eines 4 punktigen Kurvensystems erhaltenen Resultate, hieraus folgen unter anderen folgende Sätze:

315. Sind KK_1K_2 3 Kurven, welche 2 Punkte A u. B gemein haben, und schneiden sich ihre 3 von AB verschiedenen gemeinsamen Chorden im Punkte S, so liegen die 6 Berührungspunkte der von S an sie zu ziehenden Tangenten auf einer Kurve II $\mathfrak{K}_1$, welche die Geraden SA u. SB in A und B berührt, und außerdem noch durch 3 Paare leicht zu bestimmender Eckpunkte der 3 Poldreiecke geht, die zu den den 3 Kurven gemeinsam eingeschriebenen 4 Ecken gehören.

Für 3 Kurven II, welche 2 Punkte A u. B gemein haben, giebt es immer gerade eine Kurve II $\mathfrak{K}$ von der Beschaffenheit, daß es zu jedem Punkte a von $\mathfrak{K}$ einen Punkt a_1 derselben Kurve $\mathfrak{K}$ giebt, der dem a in Bezug auf alle 3 Kurven konjugirt ist.

Sind KK_1K_2 3 Kurven II, welche 2 Tangenten a b gemein haben, und ist s die Gerade, in der die Schnittpunkte der 3 noch übrigen Paare gemeinschaftlicher Tangenten liegen, so umhüllen die 6 Tangenten in den Schnittpunkten der s mit KK_1K_2 eine Kurve II $\mathfrak{K}$, welche die a und b in den Schnittpunkten mit s berührt und auch 3 leicht zu bestimmende Paare von Seiten der 3 Polardreiecke zu Tangenten hat, welche zu den 3 den gegebenen Kurven gemeinsam umschriebenen 4 Seiten gehören.

Haben 3 Kurven II 2 Tangenten a b gemein, so giebt es gerade 1 Kurve II von der Beschaffenheit, daß es zu jeder Tangente von $\mathfrak{K}$ eine 2te giebt, welche der 1sten in Bezug auf alle 3 Kurven II konjugirt ist.

Zus. Es möge hier noch hervorgehoben werden, daß der Satz 314 als besonderer Fall von I Th. 74. 4) sich darstellt. Denn sind K u. K_1 irgend 2 Kurven des Systems ABCD und $\mathfrak{K}$ eine Kurve des Systems CDNP (s. Fig. 41) u. sucht man zu allen Punkten von $\mathfrak{K}$ in den beiden Polarsystemen, deren Ordnungskurven K u. K_1 sind, die Polaren, so bilden diese 2 projekt. Strahlenbüschel II, von denen man sich leicht überzeugt, daß sie die beiden Polaren von N u. P entsprechend gemein haben, da ja für beide MP die Polare von N u. MN die Polare von P ist; die entsprechenden Strahlen dieser beiden Büschel schneiden sich daher in den Punkten einer Kurve II nach I Th. 74. 4), die offenbar durch NPCD u. wie man sich nach den letzten Entwicklungen leicht überzeugt, durch jeden der Schnittpunkte $\mathfrak{K}K$ u. $\mathfrak{K}K_1$ geht.

Einen besonderen Fall des Satzes in 214 erhält man, wenn man für 2 der 4 Punkte ABCD die Normalpunkte wählt z. B für CD, wobei jedoch bloß ein Paar Gegenseiten des 4 Ecks ABCD reell wird, weßwegen auch bloß 2 neue Systeme von den Kurven $\mathfrak{K}$ in Betracht kommen. Auf diesem Wege gelangt man zu nachstehendem Resultate:

316. Stellen KK_1K_2... alle möglichen Kreise dar, welche die beiden rellen oder konjungirt imaginären Punkte AB gemein

haben, und zieht man von allen reellen Punkten von AB Tangenten an diese Kreise, so liegen die Berührungspunkte auf eben so vielen neuen Kreisen K_{11} K_{12}..., wobei jeder Punkt von AB zu gleicher Zeit Mittelpunkt des zu ihm gehörigen Kreises ist, alle diese Kreise schneiden die Verbindungslinie der Mittelpunkte von KK_1.. in denselben Punkten NP, welche die Ordnungselemente der durch die einzelnen Kreise auf dieser Geraden nach 9. bestimmten Involution, und daher reell oder imaginär sind, je nachdem umgekehrt AB imaginär oder reell sind.

Zieht man unter Beibehaltung dieser so eben gebrauchten Bezeichnungen an KK_1... parallele Tangenten, so liegen die Berührungspunkte auf einer gleichseitigen Hyperbel, ändert man dabei die Richtung der parallelen Tangenten, so gehen doch alle diese so erhaltenen gleichseitigen Hyperbeln K_{41} K_{42}... durch ABNP.

Zieht man endlich umgekehrt von einem beliebigen Punkte C der Geraden NP Tangenten an die Kreise K_{11} K_{12}... oder an die Hyperbeln K_{41} K_{42}... so liegen deren Berührungspunkte stets auf einem Kreise des Systems K_1 K_2..., dessen Centrum C ist.

Wenn in dem Satze 297 2 u. 2 Punkte, nämlich A u. C einerseits und B u. D andererseits je in 1 zusammenfallen, so findet eine auffallende Erweiterung des Satzes darin Statt, daß alsdann die Punkte, von welchen Tangenten an die Kurven des Systems zu ziehen sind, nicht auf die gemeinschaftlichen Sekanten des 4 Ecks beschränkt sind; es gilt nämlich folgender Satz:

317. Werden 2 Gerade MA u. MB s. Fig. 44 von beliebigen Kurven II KK_1.. in den Punkten A u. B berührt, so liegen alle Berührungspunkte derjenigen Tangenten, welche man von einem beliebigen festen Punkt P aus an sie ziehen kann, auf einer neuen Kurve II K, die durch MPAB geht, dabei ist jedoch nicht P der Pol von AB für K, sondern dieser Pol P_1 hat die Lage, daß P_1 und AB durch MP harmonisch getrennt sind.

Bezeichnet man nämlich die 2 Berührungspunkte auf einer Kurve K mit CD und zieht AC BD einerseits u. AD BC andrerseits, so liegt sowohl der Schnittpunkt Q der beiden ersten als auch der Schnittpunkt N der beiden letzteren auf MP und zwar ist nach MNPQ stets ein harmonischer Wurf, daher ist bei veränderlicher

Kurve und in Folge dessen bei veränderlichem C u. D doch immer Strahlenbüschel A (Q..) π B (N..) d. h. A (C..) π B (C..) und es entspricht dem Strahl AB von A der Strahl BP_1 von B von der Beschaffenheit, daß P_1 und AB von M u. P harmonisch getrennt sind. w. z. b. w.

Reziprok zu 317 ist:

318. Schneidet man alle Kurven II, die 2 feste Gerade ab in 2 festen Punkten AB berühren, durch eine beliebige Gerade p, so umhüllen alle Tangenten in den Schnittpunkten eine Kurve II K, die die 4 Geraden abp u. AB zu Tangenten hat, und dabei berührt K die a u. b in 2 Punkten, deren Verbindungslinie vom Schnittpunkte ab durch die Geraden p und AB harmonisch getrennt ist.

Einige besondere Fälle erhält man, wenn man A u. B die Normalpunkte der unendlich fernen Geraden oder a u. b die Normalstrahlen eines Punktes M sein läßt, nämlich:

319. Zieht man von einem Punkte P aus an ein System von Kreisen, die denselben Mittelpunkt M haben, Tangenten, so liegen die Berührungspunkte auf einem neuen Kreise, dessen Durchmesser MP ist.

320. Schneidet man das System von Kreisen in 319 durch eine Gerade p, so umhüllen die Tangenten in den Schnittpunkten eine Parabel, deren Brennpunkt M ist, und deren zu p parallele Direktrix zwischen M und p in der Mitte liegt.

321. Zieht man von einem Punkte P aus an alle Kurven II, die einen Brennpunkt M und die zu demselben gehörige Direktrix m gemein haben, Tangenten, so liegen sämmtliche Berührungspunkte auf einer Kurve II, die durch P u. M geht.

422. Schneidet man alle Kurven II, die den beiden Bedingungen 321 entsprechen, durch eine beliebige Gerade p, so umhüllen die Tangenten in den Schnittpunkten eine Kurve II K, welche die p u. m zu Tangenten u. M ebenfalls zum Brennpunkt hat, während der Brennpunkt M von seiner neuen Direktrix durch p und die erste Direktrix m harmonisch getrennt ist.

323. Beschreibt man über den 2 Diagonalen eines 4 Seits 2 Kreise, so werden sich dieselben im Allgemeinen in 2 Punkten schneiden. Durch diese 2 Punkte geht dann stets auch der Kreis, der sich über der 3ten Diagonale als Durchmesser beschreiben läßt und alle Kurven II, welche dem fraglichen 4 Seit sich einschreiben lassen, werden von diesen 2 Punkten aus unter einem rechten Winkel gesehn.

Betrachtet man nämlich sowohl den involut. Strahlenbüschel P als auch den involut. Strahlenbüschel Q, der nach 9 durch das fragliche 4 Seit d. h. durch seine Gegeneckenpaare und die dem 4 Seit eingeschriebenen Kurven II entsteht, so müssen, da 2 Paare zugeordneter Strahlen auf einander senkrecht sind (nach 14), dieses mit allen der Fall sein, woraus der Satz folgt.

Zus. 1. Da die Mitten der 3 Diagonalen die 3 Mittelpunkte dieser 3 Kreise sind, so folgt hieraus wieder der Satz, dem wir schon früher begegneten, daß die 3 Mitten der 3 Diagonalen in 1 Geraden liegen (nämlich in der die PQ senkrecht halbirenden).

Läßt man eine der 4 Seiten des 4 Seits ins Unendliche rücken, so gehen als Grenzfall die oben erwähnten Kreise in die 3 von den Ecken des von den 3 übrigen Seiten gebildeten Dreiecks auf die Gegenseiten gefällten Perpendikel über, und da die Spitzen aller einer Parabel umschriebenen rechten Winkel auf der Direktrix liegen, so erhält man daraus den Satz:

324. Die Direktricen aller einem Dreieck eingeschriebenen Parabeln schneiden sich im Höhenpunkte des Dreiecks.

Da unter den Kurven, welche einem gewöhnlichen 4 Seit eingeschrieben sind, stets sich eine Parabel befindet, welche dann zu den 4 Systemen von Parabeln gehört, die je 3 Seiten des 4 Seits eingeschrieben sind, so giebt die Verbindung von 323 u. 324 folgende 2 Sätze:

325. Die Gerade, welche die Mitten der Diagonalen eines 4 Seits verbindet, ist die Axe der dem 4 Seit einzuschreibenden Parabel.

Die 4 Höhenpunkte der 4 durch ein 4 Seit gebildeten Dreiecke liegen in 1 Geraden, und zwar in der Axe der dem 4 Seit einzuschreibenden Parabel.

Betrachtet man ein 5 Seit, so sind durch dasselbe 5 verschiedene 4 Seite bestimmt. Wendet man auf jedes derselben den Satz 323 an, verbindet damit den Satz 266, so erhält man den Satz:

326. Errichtet man in jedem der 5 durch ein 5 Seit bestimmten 4 Seite über den 3 Diagonalen als Durchmesser 3 Kreise, so schneiden sich diese für jedes 4 Seit in 2 Punkten, so daß man im Ganzen 10 solcher Schnittpunkte erhält, diese liegen nun sämmtlich in 1 Kreise, der die Spitzen der rechten Winkel enthält, die sich der Kurve umschreiben lassen.

Verbindet man in jedem dieser 4 Seite die Mitten der Diagonalen, so erhält man 5 solcher Geraden, und da jede von ihnen den Mittelpunkt desjenigen Kreises K_1 enthalten muß, von dessen einzelnen Punkten aus man die dem 5 Seit eingeschriebene Kurve II K unter einem rechten Winkel sieht, so schneiden sich diese 5 Gerade in 1 Punkte.

Da nach 266 der Mittelpunkt des erwähnten Kreises K_1 mit dem Mittelpunkte von K zusammenfällt, so ergiebt sich daß diese 10 Verbindungslinien durch den Mittelpunkt von K gehen, wie dieses aus 173 auch direkt folgen würde.

327. Betrachtet man ein einer Parabel umschriebenes 5 Seit bei welchen nach I. Th. 11 je 2 Tangenten durch die übrigen in 2 ähnlichen geraden Gebilden geschnitten werden, so kann man noch folgende Sätze aufstellen:

Werden 2 Gerade ab von 3 andern cde in 3 Punktenpaaren ab a_1b_1 a_2b_2 von der Beschaffenheit geschnitten, daß $aa_1 : a_1a_2 = bb_1 : b_1b_2$, ohne daß cde parallel sind, so gelten folgende Sätze:

Durch die 5 Geraden sind 10 verschiedene Dreiecke bestimmt, für alle diese liegen die Höhenpunkte in 1 Geraden.

Wenn man einzelne Linienpaare in einander fallen läßt, so erhält man verschiedene Modifikationen, von denen einige hier folgen mögen:

328. Schneiden die 3 Geraden, die man von einem Punkte nach den 3 Ecken ABC eines Dreiecks zieht, die Gegenseiten entsprechend in $A_1B_1C_1$, so schneiden sich die 3 Kreispaare, die man je über einer Seite z. B. AB und der Transversale des Gegenecks CC_1 als Durchmesser errichten kann, in 6 Punkten eines neuen Kreises.

329. Halbirt man ferner die 3 Dreiecksseiten AB AC BC und die Eck-Transversalen CC_1 BB_1 AA_1 und verbindet die Mitten einer Seite je mit der Mitte der Transversale des Gegenecks, so schneiden sich diese 3 Geraden in 1 Punkte, der Mittelpunkt derjenigen Kurve II ist, die die 3 Seiten des Dreiecks in $A_1B_1C_1$ berührt; diese erwähnten 3 Geraden stellen zugleich die Axen derjenigen 3 Parabeln dar, welche die 3 Seiten des 3 Ecks und zwar eine die AB in C_1 die 2te die AC in B_1 die 3te die BC in A_1 berührt.

Nach I. Th. 48 giebt es nämlich stets gerade 1 Kurve II, welche die Dreiecksseiten in $A_1B_1C_1$ berührt, man kann daher z. B Dreieck ABC als ein 4 Seit AC_1 BC betrachten, bei welchem in AB 2 Seiten zusammenfallen, die sich in C_1 schneiden und daselbst einen unendlich kleinen Winkel bilden, so daß AB u. CC_1 als Diagonalen dieses 4 Seits auftreten. Ebenso ist auch AB_1CB und BA_1CA je ein 4 Seit.

330. Man kann dieses letzte Verfahren auch aufs 4 Seit ausdehnen. Hat man nämlich s. Fig. 45 ein 4 Seit ABCD, so schneiden die 3 Seiten des zu ABCD gehörigen Poldreiecks MNP, dessen Seiten stets in 4 solchen reellen Punkten $A_1B_1C_1D_1$, daß es eine Kurve II K giebt, welche die 4 Seiten in diesen 4 Schnittpunkten berühren nach 13. Wendet man hierauf ganz das letzte Verfahren an, so erhält man eine beträchtliche Anzahl von einzelnen 4 Seiten, deren Diagonalen Kreise liefern, die sich je in 2 Punkten desjenigen Kreises K schneiden, von dem aus K unter rechtem Winkel erscheint. Es mögen der Kürze wegen bloß die 4 Seite selbst aufgeführt werden mit der eben gebrauchten Bezeichnungsart. 1) ABCD 2) AD_1DN, 3) AA_1ND, 4) DC_1NA, 5) BB_1CN, 6) BA_1NC, 7) CC_1NB, 8) CC_1DM, 9) CB_1MD, 10) DD_1MC, 11) AA_1BM, 12) AD_1MB, 13) BB_1MA. Die beiden Diagonalen (1) allein hat deren 3) jedes dieser 4 Seite ergeben sich unmittelbar; die über ihnen errichteten Kreise schneiden sich je in 2 Punkten von K und die Verbindungslinien ihrer Mitten gehen durch den Mittelpunkt dieses Kreises, der identisch ist mit dem von K.

331. Wird die Gerade p von einer Kurve II K in den Punkten ab und von einer Kurve II K_1 in den Punkte a_1 b_1 geschnitten, so giebt es immer gerade ein Paar Punkte MN von p, welche so

wohl in Bezug auf K als in Bezug auf K_1 konjugirt sind. Es sind dieses nämlich die Ordnungselemente der Involution $ab.a_1b_1$, sind also auch zugleich durch je 2 Gegenseiten des den Kurven K u. K_1 gemeinsam eingeschriebenen 4 Ecks harmonisch getrennt. Dabei können die beiden Schnittpunkte ab oder a_1b_1 oder auch beide in einen Berührungspunkt zusammenfallen, ohne daß im Satze sich etwas ändert. Die Ordnungselemente MN sind in allen Fällen reell, außer wenn ab a_1b_1 alle 4 reell und ab durch a_1b_1 getrennt sind.

Sind umgekehrt M und N in Bezug auf die beiden Kurven II K u. K_1 einander konjugirt, so stellen sie die Ordnungselemente derjenigen Involution dar, für welche die Schnittpunkte von je ein Paar Gegenseiten des K u. K_1 gemeinsam eingeschriebenen 4 Ecks so wie die beiden Paare Schnittpunkte von K und K_1 zugeordnete Punkte sind.

Es mögen von diesen allgemeinen Sätzen einige specielle Fälle hier näher hervorgehoben werden:

332. Jede Kurve II hat stets ein Paar reeller konjugirter Durchmesser die einem Paar konjugirter Durchmesser einer andern Kurven II parallel sind, den einzigen Fall ausgenommen*), wo beide Kurven II Hyperbeln sind, und die Asymptotenrichtungen der einen durch die der andern getrennt sind.

333. Alle Kurven, welche demselben Kreisviereck umschrieben sind, haben parallele Axen.

Schneidet daher ein Kreis eine Kurve II K in den 4 Punkten ABCD, so bilden die beiden Seiten AB u. CD (eben so natürlich AC u. BD; AD u. BC) mit jeder Axe von K gleiche Winkel (nach 14 u. 27) vergl. hiezu 170.

Besondere Fälle von 333 sind:

334. Berührt ein Kreis eine Kurve II in den beiden Punkten A u. C doppelt, so wird der Winkel, den die Tangenten AA u. CC bilden, von jeder der Axen halbirt und AC ist parallel der einen Axe.

---

*) In dem Falle, daß beide die unendlich ferne Gerade in denselben Punkten schneiden oder in demselben Punkte berühren, findet selbstverständlich die obige Aussage für jedes Paar konjugirter Durchmesser statt.

335. Berührt ein Kreis eine Kurve II K im Punkte A 3punktig, während er sie noch in dem Punkte C schneidet, so wird der Winkel, den die Tangente AA mit der Sekante AC bildet, durch die beiden Axen von K halbirt.

Berührt ein Kreis eine Kurve II 4punktig in A, so muß die Tangente AA mit einer Axe parallel sein.

Alle diese letzten Sätze 333 und 335 gelten auch für den Fall, daß man für den Kreis eine Kurve II wählt, deren Axen denen der andern Kurve II parallel sind.

336. Berühren einander 2 beliebige Kurven II K u. K_1 im A 3punktig, während sie sich in C noch schneiden, so sind die Tangenten AA und die gemeinschaftliche Sekante AC durch die Richtungen der beiden für K u. K_1 konjugirten und parallelen Durchmesser harmonisch getrennt.

337. Berühren 2 beliebige Kurven II K u. K_1 einander in A 4punktig, so ist die Tangente AA einem der beiden Durchmesser, die für K u. K_1 konjugirt und zugleich parallel sind, parallel.

Noch möge hier ein besonderer Fall des reciproken Satzes angeführt werden.

338. Diejenigen beiden Strahlen des Brennpunktes F einer Kurve II K_1, welche den Seh-Winkel halbiren, unter dem eine beliebige andere Kurve II K_1 von F aus erscheint, halbiren auch die Sehwinkel, unter denen jedes Paar Gegenecken des der K u. K_1 gemeinsam umschriebenen 4 Seits erscheinen.

Aus 335 folgt unmittelbar nachfolgender interessante Satz:

339. In einem Punkt M einer Ellipse schneiden sich im Allgemeinen 3 Kreise, deren jeder die Ellipse noch außerdem 3punktig oskulirt, sind diese Berührungspunkte ABC, so liegen immer ABC mit M in einem Kreise.

Schneiden sich nämlich die 2 gemeinsamen Sekanten, welche 2 Kreise, die die Ellipse in A u. B 3punktig oskuliren, mit ihr gemein haben, in M und schneidet der durch ABM gelegte Kreis die Ellipse noch in C, so läßt sich leicht erkennen, daß der Kreis, welcher die Ellipse in C 3punktig oskulirt, auch durch M gehen müsse, denn nach 333 bilden AM und die Tangente AA, ebenso BM und die Tangente BB mit den beiden Axen dieselben Winkel; nach 333 aber machen AM und BC und ebenso BM und AC mit der Axe die gleichen Winkel, daher ist die Tangente AA parallel BC die Tangente BB parallel AC, also auch nach dem paskalschen Satz I. Th. 48. Tangente CC parallel AB; daraus folgt aber wieder ganz wie so eben, daß Tangente CC und CM mit den Axen gleiche Winkel bilden, woraus die Richtigkeit des Satzes folgt.

340. Sind KK_1 2 Kurven II, von denen die 2te K_1 durch die Eckpunkte eines Dreiecks PQR, das in Bezug auf K absolutes Polardreieck ist, geht; sind ferner ABCD die 4 Schnittpunkte KK_1 und M ein beliebiger 8ter Punkt von K_1, und bezeichnet man nun die 4 Schnittpunkte der Strahlen MA MB MC MD mit einem der 3 Seiten des Polardreiecks z. B mit QR (oder p) durch $a_1\, b_1\, c_1\, d_1$ und die Schnittpunkte derselben Seite QR mit den 4 Tangenten AA BB CC DD an K durch a b c d so ist stets QR $aa_1 . bb_1 . cc_1 . dd_1$ eine Involution.

Bezeichnet man nämlich die Schnittpunkte der Strahlen PA PB PC PD mit QR durch $a_2\, b_2\, c_2\, d_2$, so ist QR. $aa_2 . bb_2 . cc_2 . dd_2$ eine Involution, weil in dem Polarsystem, dessen Ordnungskurve K ist, P a b c d die Pole von QR $Pa_2\, Pb_2\, Pc_2\, Pd_2$ sind. Es ist also QR $a_2\, b_2\, c_2\, d_2$ π RQ a b c d, da aber QR $a_2\, b_2\, c_2\, d_2$ perspekt. projekt. zu QR $a_1\, b_1\, c_1\, d_1$, so ist auch QR $a_1\, b_1\, c_1\, d_1$ π RQ a b c d w. z. b. w.

Von der Kurve K_1 ist alles willkürlich, nur muß sie einem Polardreieck PQR umschrieben sein, hiedurch ergeben sich aus dem soeben entwickelten allgemeinen Satz mehrere Aufgaben oder besondere Fälle, von denen einige folgen mögen:

341. Stellen wir uns zuerst die Frage, ob für dieselbe K und K_1 es noch mehr absolute Polardreiecke wie PQR gibt, deren Eckpunkte auf K_1 liegen, und auf deren Seiten daher die obige Involution enthalten ist.

Betrachtet man irgend einen von PQR in 340 verschiedenen Punkt P_1 von K_1 und betrachtet seine Polare in Bezug auf K so folgt aus I. Th. 99 Lehrs. unmittelbar, daß die Schnittpunkte Q_1 R_1 dieser Polare mit K_1 in Bezug auf K ebenfalls konjugirt sind, denn da je 2 absolute Polardreiecke auf einer Kurve II liegen müssen und durch PQR P_1Q_1 die K_1 vollkommen bestimmt ist, so muß $P_1Q_1R_1$ ein absolutes Polardreieck sein.

Betrachtet man nun die 4 Tangenten AA BB CC DD an K und die Polaren von P u. P_1 für K, so ist zu ersehen, daß alle diese 6 Geraden einem Strahlenbüschel II angehören, welcher die Polaren aller Punkte von K_1 für K enthält; alle diese Strahlen haben aber nun offenbar die verlangte Eigenschaft, daß sie die K_1 in 2 Punkten schneiden, die durch die Schnittpunkte mit K harmonisch getrennt sind.

Es leuchtet ferner ein, daß die 4 Tangenten von K_1 in den 4 Schnittpunkten ABCD ebenfalls zu den Strahlen des Strahlenbüschels II, den wir so eben gefunden, gehören, denn da keiner der 4 erwähnten Punkte ein Berührungspunkt der von diesem Büschel II umhüllten Kurve II sein kann, weil diese sonst identisch mit K wäre und also durch jeden dieser 4 Punkte je noch ein reeller Strahl desselben gehen muß, dessen Schnittpunkte mit K u. K_1 einen harmonischen Wurf bilden, so kann dieses ohne Widerspruch bloß dann der Fall sein, wenn der harmonische Wurf in den Grenzfall übergeht, wo in A (oder B oder C oder D) 3 Punkte sich vereinigen.

Zus. 1. Es möge hier bemerkt werden, daß die Strahlen des Strahlenbüschels II, der durch die 8 Tangenten in den 4 Schnittpunkten ABCD bestimmt ist, nicht nur in dem hier besprochenen Falle, wenn die eine der beiden Kurven durch die Ecken eines Dreiecks geht, das für die andere absolutes Polardreieck ist, die besprochene Eigenschaft haben, sondern daß dieses ganz allgemein für je 2 Kurven II gilt, wie unten alsbald gezeigt werden soll:

Zus. 2. Es verdient hervorgehoben zu werden, daß, wenn, wie in unserm Satze, K_1 unendlich viele Dreiecke enthält, die in Bezug auf K absolute Polardreiecke sind, dann dieses auch umgekehrt mit K gegenüber K_1 der Fall sein könne, daß dieses aber durchaus nicht der Fall sein müsse. Nehmen wir nämlich 2 Dreiecke ABC u. PQR von der Beschaffenheit, daß APBQ in einer Geraden liegen und in ihr einen ordentlichen harmonischen Wurf darstellen und bestimmen nun 2 Kurven II K u. K_1, von denen die 1ste durch ABC geht und in A u. B die Geraden AR u. BR berührt, während die 2te durch PQR geht und in PQ die Geraden PC u. QC berührt, so erfüllen K u. K_1 die Bedingung, daß jede unendlich viele absolute Polardreiecke der andern enthält, und zu gleicher Zeit enthält der Strahlenbüschel II, welcher durch die 8 Tangenten von K u. K_1 in ihren 4 Schnittpunkten bestimmt ist, die Polaren aller Punkte der einen in Bezug auf die andere.

342. Es lassen sich, um in unserer Entwicklung weiter zu gehen, 3 oder 4 Schnittpunkte von K u. K_1 z. B. ABC und außerdem ein Punkt von K_1 z. B. P willkürlich annehmen.

Betrachtet man nämlich die Polare p von P in Bezug auf K und bezeichnet ihre Schnittpunkte mit K durch Q_1 R_1, so giebt es in der Involution, die durch die Gegenseiten des 4 Ecks ABCP auf p nach 8 bestimmt ist, gerade 1 Paar zugeordnete Punkte QR, welche durch Q_1 R_1 harmonisch getrennt sind. Die Kurve nun, welche durch ABCPQR (nach 9) gelegt werden kann, ist die gesuchte K_1, da PQR in Bezug auf K absolutes Polardreieck ist.

343. Ebenso kann man von der K_1 3 Punkte MPQ, sowie einen der 4 Schnittpunkte ABCD z. B. A beliebig annehmen, wenn nur PQ in Bezug auf K einander konjugirt sind. Denn ist R der Pol von PQ für K, so ist durch MPQRA eine Kurve II K_1 bestimmt, welche die in 341 besprochene Eigenschaft hat. Bezeichnen wir hiebei den Schnittpunkt von MA mit der Geraden PQ durch a, so wie den der Tangente AA an K durch a_1, so ist die in 340 besprochene Involution durch die zugeordneten Punkte aa_1 und PQ vollkommen fixirt.

Ein besonderer Fall von 340 lautet:

> 344. Die 4 Normalen einer Ellipse in ihren 4 Schnittpunkten mit einer gleichseitigen Hyperbel, deren Asymptoten parallel den Axen der Ellipse sind, und die durch deren Mittelpunkt geht, schneiden sich alle 4 in einem Punkte dieser Hyperbel selbst (14.)
>
> Es gilt aber auch umgekehrt der Satz, daß durch einen beliebigen Punkt im Allgemeinen 4 Normalen einer Ellipse gehen, deren Fußpunkte in einer durch den Mittelpunkt M gehenden gleichseitigen Hyperbel liegen, deren Asymptoten den Axen parallel sind.

Läßt sich nämlich durch Q eine Normale ziehen, deren Fußpunkt A ist, so bestimmt die durch A gehende und die obigen Bedingungen erfüllende Hyperbel im Allgemeinen 4 Schnittpunkte ABCD, die nach dem letzten Satze die 4 verlangten Normalen geben, und es ist daher nur noch zu beweisen, daß durch Q nicht noch eine 5te Normale gehen kann; wäre aber E der Fußpunkt einer solchen 5ten Normale, so müßte jede durch EM und einen der obigen 4 Fußpunkten ABCD gehende Hyperbel, deren Asymptoten den Axen parallel sind, den Schnittpunkt Q enthalten, ohne mit einer der vorigen identisch zu sein, was offenbar ein Widerspruch ist.

In 23 haben wir gesehen, daß wenn man von einem harmonischen Wurf mm_1nn_1 das eine Mal das eine Paar getrennter Punkte mn das andre Mal das andre Paar m_1n_1 als Ordnungselemente eines involut. geraden Gebildes wählt und in beiden Fällen zu einem und demselben Punkt q_2 die beiden zugeordneten Elemente q und q_1 sucht, alsdann immer $mn.m_1n_1.qq_1$ eine Involution darstellen. Es gilt aber nun nothwendig auch die Umkehr, daß wenn mm_1nn_1 ein harmonischer Wurf ist, und außerdem $mn.m_1n_1.qq_1$ eine Involution darstellen, daß alsdann immer ein und derselbe Punkt q_2 die beiden Würfe $mqnq_2$ u. $m_1q_1n_1q_2$ zu harmonischen Würfen macht.

Wenden wir das auf unsern obigen allgemeinen Satz 340 an, indem wir die Schnittpunkte von den beiden Gegenseiten AB u. CD des gemeinsam eingeschriebenen 4 Ecks ABCD von K u. K_1 mit p durch q u. q_1, die Schnittpunkte pK durch mn die Schnittpunkte pK_1 durch m_1n_1 (oder QR) bezeichnen, so trifft die soeben hervorgehobene Voraussetzung zu, da mm_1nn_1 nach der Voraussetzung ein harmonischer Wurf und $mn.m_1n_1.qq_1$ nach 9 eine Involution ist. Sucht man daher zu den 3 Punkten mqn den 4ten harmonischen q_2, so ist auch $m_1\ q_1\ n_1\ q_2$ ein harmonischer Wurf. Man findet aber den Punkt q_2, der von q, d. h. vom Schnittpunkt von AB u. p durch K harmonisch getrennt ist, am einfachsten, wenn man die Gerade PA zieht und nach dem 2ten Schnittpunkt A_1 dieser Geraden mit K die Gerade BA_1 zieht, welche die p in dem gesuchten Punkte q_2 schneidet (nach 79).

Wenden wir diesen allgemeinen Satz wiederum auf den in 344 angeführten besondern Fall an, in welchem K_1 eine durch den Mittelpunkt der Ellipse K gehende gleichseitige Hyperbel ist, deren Asymptoten parallel den Axen von K, und in dem die zugeordneten

Punkte der Involution auf je 2 senkrechten Strahlen liegen, so erhält man folgenden Satz.

345. Sind ABCD 4 Punkte einer Ellipse, deren Normalen sich in 1 Punkte schneiden, und liegt A_1 in der Ellipse dem A diametral gegenüber, so sind die Richtungen BA_1 u. CD durch die Axenrichtungen harmonisch getrennt, d. h. ihre Winkel werden durch die Axen halbirt.

Aus 80 folgt, daß die Richtung von BA_1 zu der von BA konjugirt ist, oder daß BA u. BA_1 konjugirte Sehnen sind.

Hieraus folgt aber zugleich nach 333: daß die Punkte A_1BCD in 1 Kreise liegen; d. h.

346. Sind ABCD die 4 Fußpunkte von 4 durch einen Punkt gehenden Normalen einer Ellipse, so liegen je 3 mit dem dem 4ten diametral gegenüberliegenden Punkt in einem Kreise.

Zus. Will man zu 2 Punkten AB einer Ellipse die 2 CD finden von der Beschaffenheit, daß die 4 Normalen in ABCD sich in 1 Punkt schneiden, so hat man nur die 2te gemeinschaftliche Sekante der Ellipse und der durch AB und den Mittelpunkt der Ellipse bestimmten gleichseitigen Hyperbel, deren Assymptoten parallel den Axen sind, zu ermitteln, eine Aufgabe die bekanntlich stets mit Hilfe des bloßen Lineals durchzuführen ist.

Wenden wir uns nun alsbald zu dem in 342 Zus. 1 im Voraus angedeuteten Satz, von dem eben daselbst schon ein besonderer Fall gelegentlich behandelt wurde. Zu diesem Zweck schicken wir einige vorbereitende Betrachtungen voraus.

Ist eine Kurve II dem 4 Eck ABCD s. Fig. 46 umschrieben, und gehört (s. 6) das Eck E des zugehörigen Poldreiecks zu den Gegenseiten AB u. CD das Eck F zu den Gegenseiten AC u. BD und das Eck G zu den Gegenseiten BC u. AD, so liegt auf jeder der 3 durch ein Eck gehenden Seiten des 4 Ecks gerade ein Eck dieses Poldreiecks und wir wollen nun der Kürze wegen in Bezug auf D sagen, zu BD gehöre F, zu DA gehöre G und zu DC gehöre E oder wir können auch sagen, für das Dreieck ABC des 4 Ecks gehöre zu A das Eck G, zu B das Eck F und zu C das Eck E oder zu A gehöre die Gegenseite EF, zu B gehöre die Gegenseite EG und zu C gehöre die Gegenseite FG.

Behalten wir nun gegenüber dem Dreieck ABC diese Bezeichnung auch bei, wenn der 4te Eckpunkt D nicht auf der Kurve liegt, so gilt folgender merkwürdige Satz:

347. Geht Fig. 47 eine Kurve II K durch die 3 Ecken ABC eines beliebigen 4 Ecks ABCD, so schneiden die 3 Tangenten AA (oder a) BB (oder b) CC (oder c) die entsprechenden Gegenseiten des zum 4 Eck gehörigen Poldreiecks in 3 Punkten $G_1F_1E_1$ *) einer Geraden p, und dabei sind die Schnittpunkte pK die Ordnungselemente derjenigen Involution in p, deren zugeordnete Punkte nach 8 auf den Gegenseiten des 4 Ecks liegen.

Es genügt offenbar den Beweis geführt zu haben für den Fall, daß D auf der festen Seite AD (oder CD oder BD) als veränderlich betrachtet wird, denn sollte der Beweis z. B. geführt werden für ein D_2, das weder auf AD noch auf CD liegt, so ziehe man zuerst CD_2, welche die AD in D_1 schneiden möge und führe auf die soeben angegebene Weise den Beweis für $ABCD_1$ und denke nun von neuem das D_1 auf CD_1 nach D_2 fortrücken, so braucht hier wieder bloß das obige Verfahren angewendet zu werden, um auch für $ABCD_2$ den Beweis zu führen.

Denkt man sich aber D auf der festen Geraden AD weiterrücken und bezeichnet man die von ABC verschiedenen Schnittpunkte der Strahlen DA DB DC durch $A_1B_1C_1$, so ändert sich B_1C_1 EF sowie $E_1F_1G_1$, während A_1 u. G fest bleiben. Hiebei leuchtet aber nun alsbald ein, daß Strahlenbüschel A_1 (B_1..) perspekt. zu Strahlenbüschel G (F...) und daß CC (oder c) ihre perspekt. Axe ist, wie letzteres alsbald sich ergiebt, wenn man D nach G und nach A_1 gerückt denkt. Ebenso ist A_1 (C_1..) perspekt. G (E..) und b ist ihre perspekt. Axe. Wenn man den Strahl DC fest angenommen hätte, wäre man zu einem ähnlichen Resultate hinsichtlich der Strahlenbüschel C_1 (A_1..) u. C_1 (B_1..) gelangt, kurz es ist aus diesem Beweise zu ersehen, daß A_1B_1 GF und c und ebenso A_1C_1 EG und b und endlich ebenso B_1C_1 EF und a sich je in 1 Punkte schneiden; da aber nun Dreieck $A_1B_1C_1$

---

*) Hiebei liegt E_1 au FG, F_1 auf EG, G_1 auf EF.

perspekt. ist dem Dreieck GFE in Bezug auf D als perspekt. Centrum, so müssen die obigen 3 Punkte nach I. Th. 87 in 1 Geraden liegen. Um nun den 2ten Theil unsres Satzes noch zu beweisen, so sei der Schnittpunkt von a b durch P und die Schnittpunkte von p mit AB u. CD entsprechend durch MN bezeichnet; da nun aber wegen des 4 Ecks ABCD die Geraden AB u. CD durch EF u. EG harmonisch getrennt sind nach 6. a., so ist MF_1 NG_1 ein harmonischer Wurf, also auch im Strahlenbüschel P der Strahl PN von dem Punkt M durch PA PB harmonisch getrennt, daher ist M der Pol von PN für K und also die beiden Schnittpunkte p K durch MN und also auch durch die Geraden AB u. CD harmonisch getrennt. Vertauscht man b mit c oder a mit c, so erhält man ganz auf dieselbe Weise, daß die Schnittpunkte pK auch durch die Gegenseiten AC u. BD und durch die Gegenseiten BC u. AD harmonisch getrennt sind w. z. b. w.

Die Schnittpunkte pK sind daher nach 9 in Bezug auf jede durch ABCD gehende Kurve II konjugirt.

348. Nehmen wir an, daß D allmählich alle Punkte der festen Geraden AD durchläuft, so findet man, daß die Gerade p dabei einen Strahlenbüschel II K beschreibt, dem die Tangenten abc angehören, denn die Punkte $E_1F_1G_1$ sind entsprechende Elemente projekt. gerader Gebilde in cba. Da nun jede Kurve II, die durch ABC geht, mit der festen Geraden AD noch einen Punkt gemein haben muß (der jedoch auch mit A zusammen fallen kann), so folgt hieraus folgendes:

> Alle durch ABC gehenden Kurven II lassen sich nach den einzelnen Punkten von AD in 4punktige Systeme sondern, wobei zu jedem Systeme gerade ein *) Strahl von K gehört, der mit den Tangenten a b c die Eigenschaft gemein hat, daß seine Schnittpunkte mit K in Bezug auf alle Kurven des fraglichen Systems einander konjugirt sind.

Läßt man die stetige Fortbewegung von D nicht auf der festen Geraden AD, sondern auf einer festen

---

*) Das Kurvensystem $ABCA_1$ macht hievon selbstverständlich nach 9 eine Ausnahme.

durch ABCD gehenden Kurven II vor sich gehen, so gelangt man zu dem interessanten Satz, zu dessen Ermittlung hauptsächlich diese Betrachtung angestellt wurde. Da nämlich in diesem Fall Strahlenbüschel B (D..) π A (D..), so stellen auch die einzelnen Punkte F u. G entsprechende Punkte 2er projekt. und wie man sich alsbald überzeugt (wenn man D mit C zusammen fallen läßt) perspekt. gerader Gebilde dar, und zwar ist dieser durch die Verbindungslinien von EG entstehende Strahlenbüschel projekt. dem Strahlenbüschel B (D...) oder A (D...); dasselbe Resultat erhält man nun für die einzelnen Verbindungslinien EF u. EG, woraus dann schließlich sich ergiebt, daß c (E_1..) π b (F_1..) π a (G_1..) w. z. b. w.

Man erhält demnach ganz allgemein folgenden Satz (vgl. 341):

349. Durch 2 Kurven II K u. K_1 ist ein Strahlenbüschel II $\mathfrak{K}$ bestimmt, dessen einzelne Strahlen die Eigenschaft besitzen, daß ihre Schnittpunkte mit K harmonisch getrennt sind von den Schnittpunkten mit K_1.

Zus. 1. Es leuchtet ein, daß die beiden Strahlen von $\mathfrak{K}$, welche durch die Schnittpunkte ABC und dann selbstverständlich auch D_1 gehen, je die beiden Tangenten in diesen Punkten an K u. K_1 darstellen, insoferne der harmonische Wurf in diesem Fall in den Grenzfall übergeht, für welchen 3 Punkte in 1 zusammenfallen, so daß also dem in 286 eingeführten Strahlenbüschel II die hier besprochene Eigenschaft gegenüber K u. K_1 zukommt.

Zus. 2. Es verdient hervorgehoben zu werden, daß es außer den Strahlen von $\mathfrak{K}$ keine Gerade geben könne, welcher der K u. K_1 gegenüber die im Satze hervorgehobene Eigenschaft zukäme. Würden sich nämlich im Punkte S 3 Gerade p q r schneiden, deren 3 Paar Schnittpunkte aa_1 bb_1 cc_1 mit K harmonisch getrennt wären entsprechend durch die Schnittpunkte und zwar $\alpha\alpha_1$ $\beta\beta_1$ $\gamma\gamma_1$ mit K_1, und wären MN die Berührungspunkte der von S an K zu ziehenden Tangenten, so könnte man durch MN aba_1 eine Kurve II K_2 ziehen und nach 243 die Kurve II $\mathfrak{K}_1$ suchen, deren Punkte gegenüber denen von K_1 die Eigenschaft haben, daß je 2 auf einem Strahl von S liegende Punkte von $\mathfrak{K}_1$ u. K_1 durch die Schnittpunkte von K harmonisch getrennt sind. $\mathfrak{K}_1$ u. K_1 hätten alsdann offenbar die 4 Eckpunkte des 4 Ecks a b $a_1 b_1$ gemein, von dem ein

Poleck S ist; auf dem Strahl Sc oder r wären aber nach der Voraussetzung die Schnittpunkte von K die Ordnungselemente der Involution, welche durch die Schnittpunkte von K_1 u. K_1 und also auch nach 9 durch die Schnittpunkte mit je einem Paar Gegenseiten des 4 Ecks aba_1b_1 entsteht, was nicht möglich ist, da in der durch dieses 4 Ecks auf r nach 8 erzeugten Involution S der eine Ordnungspunkt sein muß.

350. Durch 2 beliebige Strahlenbüschel II KK_1 ist im Allgemeinen eine Kurve II K bestimmt, von der jeder Punkt die Eigenschaft hat, daß das Tangentenpaar, das von ihm an K gezogen werden kann, harmonisch getrennt ist durch das an K_1 zu ziehende, d. h. in Bezug auf K_1 konjugirt ist. Diese Kurve K geht durch die Berührungspunkte der 4 K u. K_1 gemeinschaftlichen Tangenten abcd und ist also mit der in 287 besprochenen identisch, dabei kann der Fall eintreten, daß K in 2 Gerade übergeht, wie dies nachfolgender Zus. näher bespricht.

Zus. Es möge hier noch der Zusammenhang hervorgehoben, werden, in welchem die Sätze 349 u. 350 mit einer Anzahl Sätzen steht, auf die wir bei anderen Gelegenheiten gekommen sind, wobei zugleich der bessern Uebersicht wegen diese noch einmal in der 349 entsprechenden Fassung in Kürze hier zusammengestellt werden sollen:

a) Geht K u. K_1 je in 1 Paar Gerade pp_1 u. qq_1 über, wobei pp_1 die qq_1 in den 4 Punkten ABCD eines 4 Ecks schneiden, so erhält man den Satz:

Alle Geraden, deren Schnittpunkte mit 2 festen Geraden pp_1 durch die Schnittpunkte mit qq_1 harmonisch getrennt sind, berühren eine Kurve II, die auch pp_1 qq_1 zu Tangenten hat, s. 65.

Reciprok hiezu ist:

Alle Punkte, deren Verbindungslinien mit 2 festen Punkten PP_1 durch die 2 Punkte QQ_1, die mit PP_1 ein 4 Eck bilden, harmonisch getrennt sind, liegen in einer durch PP_1QQ_1 gehenden Kurve II.

b) Geht K_1 in ein System 2er Geraden pp_1 über, so erhält man:

Alle Gerade, deren Schnittpunkte mit einer Kurve II K durch die Schnittpunkte mit 2 Geraden pp_1 harmonisch getrennt sind, umhüllen eine Kurve II, welche die pp_1, so wie die Tangenten der K in deren Schnittpunkten mit pp_1 zu Tangenten hat, s. 267 oder 262.

Schneiden sich pp_1 auf K, so haben außer den 3 Tangenten in den Schnittpunkten pK u. p_1K noch die Strahlen des Strahlenbüschels I, dessen Centrum pp_1 ist, die verlangte Eigenschaft. Sind dagegen p u. p_1 in Beziehung K einander konjugirt, so haben sämmtliche Strahlen der beiden Pole SS_1 von p u. p_1 die besprochene Eigenschaft, vergl. 293. 4.

Der reciproke Satz lautet:

Alle Punkte, von denen aus Tangenten an eine Kurve II gehen, die durch 2 feste Punkte PP_1 harmonisch getrennt sind, liegen auf einer Kurve II, die PP_1 und die 4 Berührungspunkte der von P u. P_1 an K zu ziehenden Tangenten zu Punktelementen hat s. 261.

Ist PP_1 Tangente an K, so haben außer den Berührungspunkten der von P u. P_1 an K zu ziehenden Tangenten nur alle Punkte des geraden Gebildes PP_1 die besprochene Eigenschaft. Sind PP_1 in Beziehung auf K konjugirt, so kommen nur den Punkten der beiden Polaren ss_1 von PP_1 die fragliche Eigenschaft zu.

c) Daß die Kurve 𝔎 in 349 u. 350 in das System 2er Strahlenbüschel übergehen kann, auch für den Fall, daß K u. K_1 2 Kurven II sind, sowie die Bedingungen, unter denen dies geschieht, darüber wurde schon in 243 Zus. 2 gesprochen.

Auch die Sätze 240 ꝛc. stehen offenbar in innerm Zusammenhang mit 349 u. 350, wie hier anknüpfend an die letzten Sätze nicht unerwähnt bleiben soll:

Betrachten wir nämlich in 243 unter Beihaltung der dortigen Bezeichnung eine Kurve II K_1, die durch die Punkte AB geht, so entsprechen den beiden durch AB geschiedenen Theilen von K_1 die ebenfalls durch AB geschiedenen Theile von 𝔎. Betrachtet man nun

d) das System 2er Geraden pp_1 als die Kurve II K_1, so können hiebei 2 Fälle eintreten, entweder die eine Gerade p_1 geht durch die beiden Punkte AB und p stellt eine beliebige 2te Gerade dar; dieses führt unmittelbar zum Satz 240, wobei der Theil p des Systems pp_1 die dort erwähnte Kurve 𝔎, die durch S geht, liefert, während der für p_1 übrige Theil der Kurve 𝔎 auf den Punkt S selbst sich reducirt. Geht hingegen p durch A (oder B), so reducirt sich nach 79 der erst erwähnte Theil von K auf die Gerade, die von B (oder A) nach dem 2ten Schnittpunkt pK geht. Der 2te Fall tritt ein, wenn p die K in AC und p_1 die K in BD schneidet alsdann bestehen die beiden soeben erwähnten der p u. p_1 entsprechenden Theile von K aus den Gegenseiten BC u. AD des 4 Ecks ABCD. Wie endlich der Fall 243 in den Fall 293 übergeht, ist schon 243 Zus. 1 besprochen.

351. Ist ABCD ein beliebiges 4 Eck, so kann man sich die Frage vorlegen, in welcher Weise der Charakter derjenigen Kurven, welche diesem 4 Eck umschrieben werden können, von der gegenseitigen Lage der 4 Punkte abhängt.

Vor allem gilt nun folgendes: Ein Kreis läßt sich dem 4 Eck ABCD bloß dann umschreiben, wenn die Ordnungselemente der durch die Gegenseiten auf der unendlich fernen Geraden entstehenden Involution reell und auf einander senkrecht sind (14), dieses ist aber nach 27 immer und nur dann der Fall, wenn von den 3 Paar Geraden, welche die Winkel der 3 Paar Gegenseiten halbiren 3 und 3 unter sich parallel sind (vergl. 170).

Was die Parabel und Ellipse betrifft, so genügt es, wenn die Ordnungselemente der durch das 4 Eck nach 8 auf der unendlich fernen Geraden bestimmten Involution reell sind, in welchem Fall sich nach 188 2 Parabeln aber unendlich viele Ellipsen durch ABCD legen lassen.

Hyperbeln endlich lassen sich jedem 4 Eck umschreiben, sollen sich aber bloß Hyperbeln dem 4 Eck umschreiben lassen, so genügt es nach I. Th. 189 i., daß die erwähnten Ordnungselemente imaginär sind.

Fragt man sich nun, welche gegenseitige Lage die 4 Punkte haben müssen, damit dieses der Fall sei, so kann man die Antwort der Anschaulichkeit wegen für den allgemeineren Fall geben, wenn eine beliebige Gerade eine beliebige Kurve II K in 2 reellen Punkten MN (s. Fig. 48) schneidet, die Involution hat nach I. Th. 24 imagin. Ordnungselemente, wenn von 1 Paar Gegenseiten die eine die innerhalb K liegende Strecke MN, die andere die außerhalb K liegende Strecke MN schneidet; dieses ist aber dann und nur dann der Fall, wenn das eine Eck A des 4 Ecks auf der einen der beiden durch MN geschiedenen Theile von K liegt die 3 anderen auf der anderen. Für die Hyperbel sind nun für die soeben gemachte Annahme die 3 endlichen Strecken AB AC AD außerhalb der Kurve, die 3 endlichen Strecken BC BD CD innerhalb der Kurve, und da zu jeder der 3 zuerst genannten Strecken eine der 3 letzten als Gegenseite des 4 Ecks gehört, und von dem zu ABCD gehörigen Poldreieck als absolutem Poldreieck für K 2 Eckpunkte außerhalb das 3te innerhalb der Kurve liegen muß, so folgt, daß von diesen 3 Schnittpunkten der Gegenseiten 2 auf den durch A gehenden endlichen Strecken AB AD der 3te auf der endlichen Strecke BD liegen müssen, oder mit andern Worten:

352. Sollen durch die 4 Punkte ABCD sich bloß Hyperbeln legen lassen können, so muß einer C dieser 4 Punkte die Eigenschaft haben, daß die von ihm nach den Ecken ABD gehenden Geraden die 3 Seiten BD AD BA in Punkten ihrer endlichen Strecken schneiden.

Reciprok zu 343 ist:

353. Ist irgend einer Kurve eines durch 4 Punkte ABCD gehenden Kurvensystems ein Dreieck eingezeichnet, so giebt es nach Nr. 188 6 Kurven II des Systems, welche eine Seite des Dreiecks berühren. Betrachtet man nun die Lage der 6 Berührungspunkte, so findet man, daß dieselben die 6 Eckpunkte eines vollständigeu 4 Seits bilden.

Die fraglichen Berührungspunkte müssen nämlich nach 188 als die Ordnungselemente der in den Dreiecksseiten durch das fragliche Kurvensystem bestimmten Involutionen durch je 2 Dreiecksecken harmonisch getrennt sein, daher bilden s. Fig. 49 2 Paare aa_1 bb_1 derselben die auf 2 Seiten a b liegen, wirklich 2 Paar Gegenecken eines vollständigen 4 Seits, dessen 3tes Paar cc_1 auf der 3ten Seite des Dreiecks liegt, und auf diesem durch die Ecken ebenfalls harmonisch getrennt ist. Es fragt sich daher nur noch, ob dieses Paar Gegenecken auch durch je 2 Gegenseiten des gemeinsamen 4 Ecks ABCD harmonisch getrennt ist. In dieser Beziehung gilt aber ganz allgemein folgendes: Zieht man von 2 Punkten $\alpha\alpha_1$ von a die durch aa_1 harmonisch getrennt sind nach 2 Punkten $\beta\beta_1$ von b die durch bb_1 harmonisch getrennt sind, je ein Paar Gerade, so erhält man dadurch 2 Paar Gegenseiten eines vollständigen 4 Ecks $\alpha\alpha_1\beta\beta_1$, deren jedem die Eigenschaft zukommt, daß es die

3te Dreiecksseite c je in 2 Punkten $\gamma\gamma_1$ schneidet, welche durch c u. c_1 ebenfalls harmonisch getrennt sind, wie man sich leicht davon überzeugt, da bei veränderlichem β u. β_1 die Strahlenbüschel α $[\beta\ldots]$, α_1 $[\beta_1\ldots]$ projekt. sind, also die c in 2 projekt. geraden Gebilden schneiden, in denen aber die einander entsprechenden Schnittpunkte von $\alpha\,[a]$ u. $\alpha_1\,[a]$, sowie die einander entsprechenden Schnittpunkte von $\alpha\,[a_1]$ u. $\alpha_1\,[a_1]$ durch c u. c_1 harmonisch getrennt sind, während c u. c_1 entsprechend gemeinsame Punktelemente darstellen. Da nun aber je 1 Paar Gegenseiten des gemeinsamen 4 Ecks diese eben besprochene Eigenschaft mit den Geraden $\alpha\beta$ u. $\alpha_1\beta_1$ oder $\alpha\beta_1$ u. $\alpha_1\beta$ gemein haben, so ist unser Satz erwiesen.

Zus. Die Anwendung von 6 oder 35 läßt erkennen, daß man auf 3 verschiedene Weisen von den 3 Ecken des 3 Ecks nach 3en der 6 Berührungspunkte Ecktransversalen ziehen kann, die sich in je 1 Punkt schneiden.

354. Hat man einer Kurve eines durch 4 Punkte gehenden Kurvensystems ein 4 Eck eingezeichnet, so liegen die 12 Berührungspunkte der 12 Kurven des Systems, von denen jede eine Seite des vollständigen 4 Ecks berührt, zu je 3 in 4. 4 Geraden, und von den Ecktransversalen, die man von den Ecken des 4 Ecks nach ihnen ziehen kann, schneiden sich je 3 in 4. 3 Punkten. Liegen 3 der 12 Ordnungspunkte, die nicht den 3 Seiten eines der 4 durch das 4 Eck bestimmten Dreiecke angehören, auf derselben Geraden, so liegen auf derselben Geraden noch 3 andere Ordnungspunkte.

355. Es gilt aber offenbar auch umgekehrt der Satz, daß wenn bei einem durch 4 Punkte bestimmten System von Kurven II von den 6 Berührungspunkten, die die 6 Kurven des Systems mit 3 Seiten eines Dreiecks ABC gemein haben, 4 Mal 3 in je 1 Geraden liegen, alsdann das Dreieck einer der Kurven des Systems eingeschrieben sein muß.

Denn betrachtet man diejenige Kurve des Systems, welche durch das eine Eck A des fraglichen Dreiecks geht, so bestimmt diese mit den beiden durch A gehenden Seiten desselben ein 2tes Dreieck, welchem dieselbe Eigenschaft hinsichtlich des gegebenen

Kurvensystems zukommt, da aber das 4 Seit, auf dessen Seiten die 6 Berührungspunkte liegen, durch die beiden Paare von Gegenecken auf AB und AC vollkommen fixirt ist, so kann auch die 3te Seite des gegebenen Dreiecks von der des 2ten nicht verschieden sein.

Zus. Dieselbe Umkehr gilt nun auch hinsichtlich der Berührungspunkte auf den Seiten eines eingeschriebenen 4 Ecks, der Art, daß wenn die in Nr. 354 besprochene Voraussetzung gilt, als dann das 4 Eck einer Kurve des Systems eingeschrieben ist.

Zus. Der obige Beweis (353) erleidet offenbar keine Aenderung wenn 2 oder 2 Mal 2 der daselbst erwähnten 12 Kurven in 1 oder je 1 zusammen fallen. Hieraus erhält man unter anderem folgenden Satz:

356. Schneidet man 2 Kurven KK_1 durch eine Gerade p, und zieht in den 4 Schnittpunkten die 4 Tangenten, so so bilden diese ein 4 Seit, von dessen 6 Ecken die 4 von den beiden Polen von p verschiedenen mit den 4 Schnittpunkten von KK_1 in 1 Kurve II liegen.

Es tritt nämlich in diesem Falle für die Gerade p der oben 354 Zus. angeführte Fall ein, daß auf ihr 6 der Ordnungselemente der 6 Seiten des von den 4 erwähnten Ecken gebildeten 4 Ecks liegen.

Zus. Man kann diesen letzten Satz auch so aussprechen:

Sind in p a b und $a_1 b_1$ irgend 2 Paare von Punkten, welche in der durch ein 4 Eck ABCD nach 8 bestimmten Involution einander zugeordnet sind und zieht man durch ABCDa und durch $ABCDa_1$ je eine Kurve des Systems, so bestimmen die 4 in $a\, b\, a_1\, b_1$ an sie zu ziehenden Tangenten ein 4 Seit von dem 2 Paar Gegenecken auf einer 3ten Kurve des Systems liegen.

357. In den letzten Nummern wurden die Lagenverhältnisse der Berührungspunkte von beliebigen Kurven eines durch 4 Punkte ABCD bestimmten Kurvensystems besprochen, es soll nun hier der Fall noch näher betrachtet werden, wenn ein und dieselbe Kurve des Systems 2 Gerade qq_1 berührt s. Fig. 50. In dieser Beziehung gilt nun der Satz:

Zieht man von einem Punkte P aus an eine Kurve K des Systems 2 Tangenten qq_1, so bestimmen dieselben auf einer beliebigen Kurve K des Systems ein eingeschriebenes

4Eck E F G H, und es schneidet nun die Berührungschorde d. h. die Polare p von P für diese Kurve K jede der 6 Seiten des gemeinsamen 4Ecks A B C D in einem der Ordnungspunkte S derjenigen Involution, welche durch die 3 Paar Gegenseiten des 4Ecks EFGH nach 8 auf ihr bestimmt wird.

Liegt nämlich T auf der Polare des Schnittpunktes E von p und der gemeinsamen Chorde CD und auf CD selbst, so sind S und T sowohl durch C und D als auch durch q und q_1 harmonisch getrennt, woraus die Richtigkeit für die Seite CD und natürlich ebenso für jede der 5 übrigen Seiten des 4Ecks ABCD folgt.

358. Nimmt man 2 Punkte des eingeschriebenen 4Ecks EFGH z. B. E und F fest an, so wechselt mit der Kurve des Systems, welche von den veränderlichen Seiten EH und FG berührt wird, auch die 4Ecksseite GH, aber ihre Lage ändert sich dabei immer so, daß sie eine von 2 festen Kurven des Systems berührt nämlich eine von denjenigen Beiden, welche durch die 4 Punktelemente ABCD und die Tangente E F bestimmt sind.

Man kann die 2 festen Punkte EF zusammen fallen lassen, dies giebt z. B. folgenden Satz:

359. Zieht man an 2 Kreise K und K_1 eine gemeinschaftliche Tangente und an den einen K eine beliebige 2te Tangente, so schneidet dieselbe den andern K_1 in 2 Punkten, die mit dem Berührungspunkte auf ihm verbunden 2 Tangenten eines Kreises liefern, der durch die Schnittpunkte von K und K_1 geht.

Reciprok zu den letzten Sätzen ist:

360. Zieht man von 2 Punkten QQ_1 einer von den unendlich vielen Kurven, die alle 4 Tangenten abcd gemein haben, an eine beliebige andere dieser Kurven 2 Paar Tangenten, so bestimmen diese ein vollständiges 4 Seit, von dessen 2 übrigen Paaren von Gegenpunkten jedes ebenfalls auf einer Kurve des Systems liegt; und zwar fallen die Pole der Verbindungslinien der Gegenecken für je die Kurve des Systems, auf der sie liegen, in einem Punkte zusammen.

361. Zieht man von 1 Punkte aus an 2 Kurven II K und K_1 2 Paare Tangenten, so bestimmen die 4 Berüh-

rungspunkte ein 4 Eck von dem 2 Paar Gegenseiten mit den 4 gemeinschaftlichen Tangenten von K und K_1 eine und dieselbe Kurve II umhüllen.

362. Stellen e f 2 Tangenten einer der in dem System a b c d von Nr. 350 enthaltenen Kurven dar, und e e_1 f f_1 die Schnittpunkte derselben mit irgend einer andern Kurve dieses Systems, so liegen die Schnittpunkte der in e und f, in e und f_1, in e_1 und f, in e_1 und f_1 an diese Kurve gezogenen Tangenten in einer von 2 festen Kurven desselben Systems.

Läßt man e und f in 362 unendlich nahe zusammenrücken, so erhält man:

363. Berührt e die Kurve K_2 des Systems in E, und zieht man von irgend einem Paar Schnittpunkten von e und einer andern Kurve des Systems 2 neue Tangenten an K_2, so schneiden sich diese stets auf einer festen Kurve des Systems, welche durch E geht, ohne e zur Tangente zu haben.

Zus. 1. Da die Gerade p nach der Voraussetzung die beiden Gegenseiten FG EH in 2 Punkten der Kurve K des Systems ABCD schneidet, und da das 4 Eck EFGH einer beliebigen 2ten Kurve K_1 desselben Systems ABCD eingeschrieben sein soll, so schneiden offenbar die Gegenseiten des letztgenannten 4 Ecks EFGH und zwar für jedes K_1 diese in Punktenpaaren, welche auch in der nach 8 durch das 4 Eck ABCD auf p erzeugten Involution einander zugeordnet sind.

Zus. 2. Ganz auf dieselbe Weise wie 357 gezeigt wurde, daß die p von den 6 Geraden des 4 Ecks ABCD in 6 der 12 Ordnungspunkte der Involutionen geschnitten werde, welche das 4 Eck EFGH nach 8 auf den 6 Seiten des 4 Ecks ABCD erzeugt, eben so ist nun leicht auch umgekehrt zu erweisen, daß die 6 Seiten von EFGH die p in 6 der 12 Ordnungspunkte schneiden, welche zu den Involutionen gehören, die durch das 4 Eck ABCD auf den 6 Seiten von EFGH nach 8 erzeugt werden. Denn nimmt man für die Fig. des obigen Beweises zum Schnittpunkt S_1 von EF und p den Punkt T_1 auf EF von der Beschaffenheit, daß S_1 in Bezug auf K der Pol von PT_1 ist, so sind S_1 und T_1 nicht nur durch E und F (weil durch q und q_1) sondern auch durch die Schnittpunkte von K und EF (weil S_1 und T_1 in Bezug auf K konjugirt sind) harmonisch getrennt, wodurch der Satz für Seite EF bewiesen ist; auf die gleiche Weise wird dann auch der Beweis für die übrigen Seiten geführt.

Zus. 3. Aus 343 folgt aber nun in Verbindung von 347 und 347 Zus. 2 unmittelbar, daß die beiden 4Ecke ABCD und EFGH gegenüber der p in einer gewissen Wechselbeziehung stehen, insoferne es Kurven des Systems ABCD giebt, welche die Seiten des 4Ecks EFGH gerade in den 6 Schnittpunkten von der Geraden p berühren, und daß es umgekehrt Kurven des Systems EFGH giebt, welche die 6 Seiten des 4Ecks ABCD in den Schnittpunkten mit p berühren.

Nun liefert die Verbindung dieser letzten Wahrheiten folgenden merkwürdigen Satz:

364. Berühren 2 Gerade qq_1 eine Kurve K eines 4punktigen Kurvensystems ABCD, so bestimmen sie mit jeder anderen Kurve K desselben Systemes ein 4Eck EFGH von der Beschaffenheit, daß die beiden übrigen Gegenseitenpaare dieselben 2 Kurven K_2 und K_3 desselben Kurvensystems berühren.

Denn die Kurve K_2 des Systems ABCD, welche durch den Schnitt von p und EF geht, schneidet nach 347 Zus. 1 die p zum andern Mal in dem Schnittpunkte von p und GH aber nach 347 Zus. 3. ist EF selbst die Tangente dieser Kurve K_2 in ihrem einen Schnittpunkte mit p und ebenso GH die Tangente in dem 2ten Schnittpunkte.

Zus. Zieht man an eine Kurve des Systems 2 Tangenten aa_1, so giebt es noch 2 Kurven des Systems, von denen die eine die a und die andere die a_1 berührt, und aus 176 folgt, daß diese letzteren 2 Kurven nie in 1 zusammenfallen können, d. h. daß es nie 2 Kurven geben könne, welche dieselben 2 Geraden $a a_1$ berühren. Denn bezeichnen wir die eine Berührungschorde mit p die andere mit p_1, so würden diese beiden Geraden jede Seite des vollständigen 4Ecks ABCD nach dem Obigen in 2 Punkten schneiden, die durch die Eckpunkte des 4Ecks harmonisch getrennt sind, was nach 176 nicht möglich ist, da wenn 6 der 12 Ordnungspunkte auf der Geraden p liegen, in unserem Fall eben nach 176 die 6 andern auf einer Kurve II liegen müssen.

Läßt man in 367 E und F in 1 Punkt zusammenfallen, so erhält man folgenden Satz:

365. Zieht man von 1 festen Punkte E, der mit den 4 Punkten ABCD in einer krummen Linie II K liegt, Tangentenpaare an je eine Kurve des Systems ABCD, so bestimmen diese auf K je eine Sekante, die zusammen alle dieselbe Kurve K_1 des Systems ABCD berühren, und die die Tangente EE an K in einem von E verschiedenen Punkte berührt.

Von E und F auf K lassen sich offenbar je 2 Paare Tangenten an je eine Kurve des Systems ziehen, nämlich von E aus e_1 und e_2 von F aus f_1 und f_2, so daß man je eine Tangente von E mit je einer Tangente von F als die 2 Gegenseiten des der K eingeschriebenen 4 Ecks betrachten kann. Dadurch erhält man nun auch als Gegenseite von EF 4 verschiedene Chorden von K diese 4 verschiedenen Chorden müssen nun nach 367 mit EF gemeinsame Tangenten von den 2 bestimmten Kurven des Systems sein, die EF als Tangente haben können. Bezeichnet man nun entsprechend die 2ten Schnittpunkte von e_1 f_1 e_2 f_2 mit der Kurve des Systems, die durch EF geht, durch $E_1F_1E_2F_2$, so überzeugt man sich alsbald, daß EF mit E_1F_1 und E_2F_2 einerseits und mit E_1F_2 und E_2F_1 andererseits je eine Kurve des Systems berührt. Denn da nach (13) die Berührungschorden, die zu den Tangenten e_1f_1 einerseits und e_2f_2 andrerseits gehören, die EF in demselben Punkte schneiden, durch den nach 188 und 363 Zus. 2 auch die von EF berührte Kurve gehen muß, so ist der Satz die unmittelbare Folge der erwähnten Nr. Da man auf diese Weise für je 2 Punkte EF einer Kurve K_1 des Systems auf derselben noch je 2 andere Tangenten einer Kurve des Systems erhält, die mit EF dieselbe Kurve des Systems berühren, so ergiebt sich hieraus unmittelbar folgender interessante Satz:

366. Zieht man von 2 Punkten EF einer Kurve II K_1 an irgend eine andere Kurve K_2 2 Tangenten e_1 f_1 von den 2 neuen Schnittpunkten E_1F_1 dieser beiden Tangenten mit K_1 wieder 2 neue Tangenten e_2 f_2 an dieselbe Kurve K_2, von deren 2 neuen Schnittpunkten E_2F_2 mit K_1 wieder 2 neue Tangenten e_3f_3 mit den neuen Schnittpunkten E_3F_3, so berühren alle derartig neu erhaltenen Chorden E_1F_1, E_2F_2, E_3F_3 2c. alle eine und dieselbe 3te Kurve K_3 des Systems; dieselbe Kurve K_3

wird aber auch berührt von denjenigen Chorden G_1H_1, G_2H_2, G_3H_3 ꝛc., welche man ganz auf dieselbe Weise wie E_1F_1, E_2F_2 ꝛc. erhält, wenn man von den Tangenten g_1 h_1 ausgeht, die man von E und F außer e_1 f_1 noch an die K_2 legen kann. Eine 2te Kurve K_4 erhält man durch die Chorden E_1H_1 E_2H_2 E_3H_3 ꝛc. einerseits und F_1G_1 F_2G_2 F_3G_3 ꝛc., welche man auf die oben angegebene Weise in K_1 findet, wenn man von den Tangenten e_1 h_1 einerseits und f_1 g_1 andrerseits ausgeht.

Hieraus erhält man nun unmittelbar folgenden interessanten Satz:

367. Sind K_1 und K_2 2 beliebige Kurven II, und kann man nun von einem beliebigen Punkt E von K_1 der K_2 ein einfaches n Eck E E_1 E_2 E_3.... umschreiben, das zugleich der K_1 eingeschrieben ist, so ist dieses für jeden Punkt F von K_1, von dem überhaupt an K_2 sich Tangenten legen lassen, der Fall, und zwar haben alle diese nEcke genau gleich viele Ecken oder Seiten.

Unter Beibehaltung des Verfahrens und der Bezeichnung der letzten Nr. 369 trifft nämlich E mit E_n zusammen, würde nun F_n mit F nicht zusammen fallen, so würde EF_n eine 2te durch E an K_3 gehende Tangente sein, setzt man nun dasselbe Verfahren fort, so gelangt man nach nmaliger Wiederholung von E wiederum nach E und wenn auch F_{2n} nicht mit F zusammen fallen würde, so hätte man durch E 3 Tangenten EF EF_n EF_{2n} an dieselbe Kurve II des Systems was unmöglich, und es scheinen daher 2 Möglichkeiten übrig zu bleiben, nämlich daß wirklich F_n mit F zusammen fällt, wie unser Satz behauptet, oder daß stets F_{2n} mit F zusammen fällt. Dieses letztere läßt aber folgende Betrachtung als unmöglich erscheinen.

Es seien, um an einem Beispiele den Satz zu erweisen, EE_1 E_2 E_3 ein der K umschriebenes und der K_1 eingeschriebenes 4Eck und ebenso F F_1 F_2 F_3 F_4 F_5 F_6 F_7 ein der K umschriebenes und der K_1 eingeschriebenes 8Eck, so müßte nach der bisherigen Entwicklung eine Kurve des Systems vorhanden sein, welche folgende Tangenten hat: EF E_1F_1 E_2F_2 E_3F_3 EF_4 E_1F_5 E_2F_6 E_3F_7 und ebenso müßte es eine 2te Kurve des Systems geben, welche folgende Tangenten hat: EF E_1F_4 E_2F_6 E_3F_5 EF_4 E_1F_3 E_2F_2 E_3F_1, was aber offenbar unmöglich ist nach 367 Zus.

Es mögen hier noch einige besondere Fälle für einzelne der hier zuletzt angeführten Sätze folgen:

368. Schneidet man 2 Kreise, die sich in A und B schneiden, durch eine Gerade p, und zieht in den Schnittpunkten die Tangenten aba_1b_1, so liegen die 4 von den Polen von p verschiedenen Ecken des 4 Seits aba_1b_1 auf einem durch AB gehenden Kreise.

CD von 356 ꝛc. sind hier die Normalpunkte.

369. Die 2 Asymptoten einer Hyperbel schneiden die einer beliebigen andern Hyperbel derselben Ebene in 4 Punkten, welche mit den 4 Schnittpunkten beider Hyperbeln auf derselben Kurve II liegen.

Die p ist hier die unendlich ferne Gerade.

370. Hat man 2 beliebige doppelt konfokale Kurven II und zieht von einem beliebigen Punkte P aus Tangenten an sie, so bilden die 4 Berührungspunkte ein 4 Eck, von dem die 4 von den Polaren von P verschiedenen Seiten eine Kurve II berühren, welche dieselben beiden Brennpunkte wie die ersten Kurven hat.

Die 4 gemeinschaftlichen Tangenten abcd von 350 sind hier die 2 Paar Normalstrahlen der gemeinschaftlichen Brennpunkte.

371. Zieht man in einem durch 4 Punkte ABCD bestimmten Kurvensystem alle Polaren $pp_1 \ldots$ eines Punktes P, so schneiden sich dieselben nach 171 oder 172 in 1 Punkte Q. Zieht man nun ferner durch den Schnittpunkt einer solchen Polare (z. B. p) mit irgend einer der 6 Seiten (z. B. AB) des 4 Ecks ABCD je eine neue Gerade $qq_1 \ldots$ von der Beschaffenheit, daß $qq_1 \ldots$ von AB je durch P und Q harmonisch getrennt ist, so schneiden sich alle diese verschiedenen $qq_1 \ldots$ in 1 Punkte der Gegenseite CD.

Es ist dieses nämlich der Schnittpunkt von PQ und CD, insoferne nach 141 oder 142 AB und CD durch P und Q harmonisch getrennt sind.

Ein besonderer Fall hievon lautet:

Zieht man an einen beliebigen Kreis, der durch 2 Punkte CD geht, von einem Punkte P aus 2 Tangenten, so geht die Gerade, welche die Strecken der beiden Tangenten zwischen P und dem Berührungspunkte halbirt, durch einen festen Punkt von CD.

Reciprok zu 371 ist:

372. Die Pole PP_1... einer festen Geraden p in Bezug auf alle einem 4Seit abcd eingeschriebenen Kurven II liegen nach 172 auf einer festen Geraden q zieht man nun von einem der 6 Ecken des 4Seits (z. B. ab) nach diesen Polen die Geraden pp_1... und wählt auf ihnen je einen Punkt QQ_1...von der Beschaffenheit, daß QQ_1... je von dem Eck durch p und q harmonisch getrennt sind, so liegen alle diese Punkte QQ_1... auf einer festen Geraden, die durch das Gegeneck (cd) des 4 Seits geht.

Ein besonderer Fall dieses Satzes lautet:

373. Bezeichnet man von einer Kurve II, welche die 2 Geraden cd berührt und den festen Punkt F zum Brennpunkt hat, mit M den Mittelpunkt, so liegt die Mitte der Strecke FM auf einer festen durch den Schnittpunkt cd gehenden Geraden.

374. Sind 3 Kurven II KK_1K_2 gegeben, so bestimmen die gemeinsamen Punkte von je 2en derselben nach 9 Zus. 3 ein System von Kurven II; gehört nun die Kurve II $\mathfrak{K}$ dem Systeme K_1K_2 die Kurve II $\mathfrak{K}_1$ dem Systeme KK_2 die Kurve II $\mathfrak{K}_2$ dem Systeme KK_1 an, und haben $\mathfrak{K}\mathfrak{K}_1$ $\mathfrak{K}_2$ einen Punkt A gemein, so gehören sie alle 3 einem in 9 Zus. 3 bezeichneten 4ten System von Kurven II an.

Ist nämlich B ein 2ter gemeinsamer Punkt von $\mathfrak{K}\mathfrak{K}_1$ und bezeichnen wir die Schnittpunkte, welche die Gerade AB mit KK_1 K_2 gemein hat, entsprechend mit ab, a_1b_1, a_2b_2, so ist nach 9 wegen des Systems K_1K_2, dem $\mathfrak{K}$ angehört, AB, a_1b_1 a_2b_2 eine Involution; ebenso wegen des Systems KK_2 dem $\mathfrak{K}_1$ angehört AB.ab. a_2b_2 eine Involution, daher muß auch in dem System KK_1, dem $\mathfrak{K}_2$ angehört, dem Punkte A in der Involution ab.ab_1 der Punkt B zugeordnet sein, da eben ab.a_1b_1.AB eine Involution ist, w. z. b. w.

Zus. 1. Der obige Satz 374 läßt sich unter Beibehaltung der daselbst gebrauchten Bezeichnungsweise in bequemer Fassung auch also geben:

Gehört die $\mathfrak{K}$ dem System K_1K_2, $\mathfrak{K}_1$ dem Systeme KK_2 an, so liegen die 4 Schnittpunkte $\mathfrak{K}\mathfrak{K}_1$ mit den 4 Schnittpunkten KK_1 in einer und derselben Kurve II $\mathfrak{K}_2$.

Zus. 2. Da nach 8 und 9 der Satz, auf welchen sich der so eben geführte Beweis stützt, auch noch vollständig giltig bleibt, wenn für die eine oder andere der Kurven K und 𝔎 ein System 2er Graden angenommen wird, so bleibt auch der oben angeführte Satz unter dieser Voraussetzung noch vollständig richtig. In Folge dessen ergeben sich nun aus diesem Satze verschiedene besondere Fälle:

375. Man kann vor Allem die 3 Kurven II K K_1 K_2 durch 3 Systeme 2er Gerader nämlich durch ab $a_1 b_1$ $a_2 b_2$ vertreten sein lassen, und kann außerdem auch noch $𝔎 𝔎_1 𝔎_2$ je in ein System 2er Gerader übergehen lassen. Schneiden nämlich die Geraden ab die Geraden $a_1 b_1$ in den 4 Punkten $A_2 B_2 C_2 D_2$, so stellt das 3te von ab$a_1 b_1$ verschiedene Paar Gegenseiten des 4Ecks $A_2 B_2 C_2 D_2$ die Kurve $𝔎_2$ dar. Auf diesem Wege erhält man nun leicht folgenden Satz, dessen weitere Ausführung auch dem Leser überlassen bleiben möge:

> Die 6 Geraden $aba_1b_1a_2b_2$ schneiden sich im Allgemeinen in 15 Punkten P, diese 15 Punkte P bestimmen 45 neue Gerade p, von den neuen Schnittpunkten dieser Geraden p liegen 45 mal je 4 mit je 4 der Punkte P in je einer Kurve II.
>
> Zus. Man kann auf diese Weise auch auf eine einfache Weise eine Kurve II K punktweise konstruiren, wenn 5 ihrer Punkte gegeben sind.

Nehmen wir nämlich Fig. 52 an, die 5 Punkte seien A B C D M und betrachten nun die Geraden AB und CD als K_2, die Geraden AC und BD als K_1 die eine willkürliche jedoch durch M gehende Gerade MB_1 als die eine Gerade von $𝔎_1$ und die 3te willkürlich durch M gehende Gerade MB_2 als die eine Gerade von 𝔎, so kann man $B_1 C_1$ und A_2B_2 als die 2 Gerade K annehmen, (obwohl je ein Paar Gegenseiten des 4Ecks $B_1C_1A_2B_2$ zu 4 Punkten der gesuchten Kurve führen) wodurch dann auch 𝔎 und $𝔎_1$ vollends bestimmt ist, deren 3 noch übrige von M verschiedene Schnittpunkte NPQ 3 neue Punkte der gesuchten Kurve liefern.*)

*) Auch hier sei wieder darauf aufmerksam gemacht, daß einzelne der Punkte, wodurch eines der fraglichen Systeme bestimmt sein soll, unendlich

376. Läßt man bloß 2 der 3 Kurven KK_1K_2 z. B. KK_1 in je ein Paar Gerade übergehen, und auch die Kurven $\mathfrak{K}\mathfrak{K}_1$ durch je 2 Paar Gegenseiten des K_1K_2 und KK_2 gemeinsamen 4Ecks vertreten sein, so erhält man unmittelbar den Satz (s. Fig. 53)

Schneidet ein Paar Gegenseiten des 4Ecks $A_2B_2C_2D_2$ eine Kurve II K_2 in den Punkten ABCD ein anderes Paar dieselbe K_2 in $A_1B_1C_1D_1$, so schneidet jedes neue Paar Gegenseiten des 4Ecks ABCD jedes neue Paar Gegenseiten von $A_1B_1C_1D_1$ in 4 Punkten, da mit $A_2B_2C_2D_2$ je in einer Kurve II liegen.

377. Läßt man K_1 und K_2 durch Kurven II dagegen $K\mathfrak{K}_2$ und $\mathfrak{K}_1$ durch je ein Paar gerader Linien dargestellt sein, so erhält man den Satz:

Schneidet Fig. 54 ein Paar Gerade ab die K_1 in den Punktenpaaren A_2D_2 B_2C_2 und entsprechend die K_2 in den Punkten A_1D_1 und B_1C_1, so schneidet jedes neue Paar Gegenseiten des 4Ecks $A_2B_2C_2D_2$ jedes neue Paar Gegenseiten von $A_1B_1C_1D_1$ in 4 Punkten, die mit den Schnittpunkten K_1K_2 in einer Kurve II liegen.

Zus. Auch hier läßt sich leicht linear wie in 375. Zus. durch die 4 Schnittpunkte 2er Kurven II K_1K_2 eine Kurve II legen, welche noch durch einen 5ten Punkt a geht:

Bedenkt man nämlich, daß a ein Schnittpunkt einer der beiden Geraden $\mathfrak{K}_1$ und einer der beiden Geraden $\mathfrak{K}_2$ sein müsse, so hat man nur (s. die vorige Figur 54) durch a 2 beliebige Gerade aB und aB_1 zu ziehen, von denen die 1ste die K_2 in B_1D_1 die 2te die K_1 in B_2D_2 schneidet, dadurch ist die durch ab in dem vorigen Satz dargestellte Linie II K vollständig fixirt und somit auch noch $\mathfrak{K}_1$ und $\mathfrak{K}_2$ und also auch die 3 noch übrigen Schnittpunkte von $\mathfrak{K}_1\mathfrak{K}_2$, die zu der gesuchten Kurve gehören.

---

nahe zusammenrücken können; man erhält dadurch Kurvensysteme, die durch 3 Punkte gehen und in einem 4ten eine gegebene Gerade berühren, oder die durch 2 Punkte gehen und sich und eine Gerade in einem 2ten Punkt 3punktig oskuliren oder sich in einem gegebenen Punkte 4punktig oskuliren. Die obigen Sätze liefern hiefür entsprechende Lösungen, die dem Leser überlassen bleiben mögen.

Diese letzte Aufgabe verdient besonders Beachtung, wenn die Schnittpunkte von K_1 und K_2 imaginär sind.

Es mögen hier noch in Kürze die zu der letzten Gruppe reciproken Sätze beigefügt werden.

Sind $K K_1 K_2$ 3 beliebige Kurven II und bezeichnen wir mit $\mathfrak{K}$ eine Kurve II des Liniensystems $K_1 K_2$*), mit $\mathfrak{K}_1$ eine Kurve II des Kurvensystems $K K_2$ und mit $\mathfrak{K}_2$ eine Kurve II des Kurvensystems $K K_1$, so haben $\mathfrak{K} \mathfrak{K}_1 \mathfrak{K}_2$ alle ihre Tangenten (die theilweise auch unendlich nahe zusammenrücken können) entsprechend gemein, wenn dieses bei einer derselben der Fall ist.

Mit andern Worten läßt sich dieser Satz bei der gleichen Bezeichnungsweise auch so ausdrücken:

Die 4 gemeinschaftlichen Tangenten von $\mathfrak{K} \mathfrak{K}_1$ liegen mit den 4 gemeinschaftlichen Tangenten von $K K_1$ in einem und demselben Strahlenbüschel II.

Zus. Dieser Satz gilt nach 8 und 9 auch dann noch, wenn an die Stelle einer oder der andern der erwähnten Kurven II ein System 2er Punkte treten sollte, die in diesem Falle als ein Paar Gegenecken eines 4Seits erscheinen.

Hieraus ergeben sich wieder verschiedene einzelne Sätze oder Aufgaben:

378. 6 Punkte bestimmen durch ihre Verbindungslinien im Allgemeinen 15 Gerade p. Diese 15 Gerade p schneiden sich in 45 neuen Punkten P und von den neuen Verbindungslinien dieser 45 Punkte P liegen 45 mal je 4 mit je 4 der Geraden p in je 1 neuen Strahlenbüschel II.

Zus. Auf dem soeben betretenen Wege lassen sich auch leicht durch einfache lineare Konstruktion die einzelnen Strahlenelemente einer Kurve II finden, wenn 5 ihrer Tangenten gegeben sind.

Sind a b c d m die 5 Tangenten, so betrachte man die Schnittpunkte a b und c d als K_2 die Schnittpunkte a c und b d als K_1 wähle auf m 2 Punkte a b, von denen man den einen a als zu $\mathfrak{K}_1$, den andern b als zu $\mathfrak{K}$ gehörig betrachtet, zieht man nun von a die 2 Tangenten $b_1 c_1$ an K_2 (wobei eben die beiden von

*) d. h. des Kurvensystems, das durch die gemeinsamen Tangenten von $K_2 K_1$ bestimmt ist.

a nach den Schnittpunkten ab und cd gehenden Geraden diese Tangenten darstellen) und zieht man eben so von b an K_1 die beiden Tangenten b_2c_2, (die eben durch die von b nach den Schnittpunkten ac und bd gehenden Geraden dargestellt sind), so kann man die K dargestellt denken durch die Punkte b_1b_2 und c_1c_2, dadurch ist aber dann auch unmittelbar K und K_1 vollständig bestimmt und in Folge dessen auch die 3 übrigen Geraden n p q, welche dem System KK_1 und zugleich unserer gesuchten Kurve angehören.

In den Entwicklungen der letzten Bogen wurden hauptsächlich diejenigen Eigenschaften einer näheren Betrachtung unterworfen, welche einem Kurvensystem das durch 4 Punkte oder reciprok einem Kurvensystem, das durch 4 Tangenten bestimmt ist, eigenthümlich sind. Es lassen sich nun aber in den hieher gehörigen Fundamentalsätzen auch die Behauptung mit in die Voraussetzung herübernehmen, wobei dann durch eine Art Umkehr eine Anzahl Sätze sich ergeben, die zum Theil schon früher berührt, hier noch einmal zusammengestellt werden sollen:

379. Alle Kurven II, die durch 3 Punkte ABC gehen und eine beliebige Gerade p in zugeordneten Punktenpaaren einer und derselben Involution schneiden, gehen noch durch einen 4ten Punkt D, dabei findet man D also: schneiden die 3 Seiten abc des Dreiecks ABC die p in den Punkten abc, welchen in der erwähnten Involution $a_1b_1c_1$ zugeordnet sind, so schneiden sich nach 192 Aa_1 Bb_1 Cc_1 in einem Punkte, der nach 8 der gesuchte Punkt ist.

Zus. 1. Einen besonderen Fall dieses Satzes bildet 165.

Zus. 2. Ein anderer besonderer Fall würde lauten: alle einem Dreieck ABC umschriebenen Hyperbeln, deren Asymptoten je die beiden Schenkel eines gleichschenkligen Dreiecks bilden, dessen Grundlinie eine feste Gerade p ist, schneiden sich in 1 Punkte D; zieht man dabei von einem der 3 Ecken z. B. A eine Gerade, die mit der Gegenseite, hier BC, ein gleichschenkliges Dreieck bildet, dessen Grundlinie ebenfalls p ist, so geht diese Gerade durch den 4ten Punkt D.

Zus. 3. Hieher gehört als besondrer Fall auch noch folgender Satz:

Alle Kurven II, die durch 3 Punkte ABC gehen, und unter deren Paaren von konjugirten Durchmessern gerade 1 sich befindet, dessen beide Durchmesser für alle parallel sind, gehen noch durch einen vierten festen Punkt D, den man leicht also findet: Man lege durch A 2 Gerade $a_1 a_2$ parallel zu den beiden fraglichen Durchmessern und eine Gerade a_2 parallel zu CB, die Gerade a_4 von der Beschaffenheit, daß $a_1 a_2 a_3 a_4$ einen ordentlichen harmonischen Wurf bilden, geht durch D.

380. Alle Kurven II, welche drei Gerade abc berühren, und an welche von einem Punkte P Tangentenpaare sich ziehen lassen, die je ein Paar zugeordnete Strahlen derselben Involution bilden, haben noch eine 4te Tangente gemein, die man also findet: Bezeichnet man die 3 Strahlen von F nach den 3 Ecken ABC des Dreiecks abc durch pqr und sind diesen in der fraglichen Involution die Strahlen $p_1 q_1 r_1$ zugeordnet, so schneiden sich $pp_1\ qq_1\ rr_1$ nach 192 in 3 Punkten der gesuchten Geraden d.

Zus. Ein besonderer Fall lautet: Alle einem Dreieck eingeschriebenen Kurven II, die von einem Punkte P aus unter rechtem Winkel erscheinen, berühren noch eine feste Gerade.

381. Alle Kurven, die durch 3 Punkte gehen, und für welche 2 Punkte PP_1 einander konjugirt sind, haben noch einen 4ten Punkt D gemein.

Dieser Satz ist, strenge genommen, nur der Satz 379 in anderer Form, in so ferne auf PP_1 diese beiden Punkte selbst die Ordnungselemente der daselbst vorkommenden Involution darstellen.

382. Alle Kurven II, welche 3 Gerade berühren, und für welche 2 Gerade pp_1 einander konjugirt sind, berühren noch eine 4te Gerade d.

Zus. Ein besonderer Fall davon lautet:

Alle Kurven II, die demselben 3 Eck eingeschrieben sind, und deren Mittelpunkte auf einer festen Geraden p_1 liegen, haben noch eine 4te Tangente gemein.

Hieran dürfte sich füglich folgende Betrachtung anschließen:

383. Legt man durch die 3 Ecken des Polardreiecks eines vollständigen 4 Seits irgend eine Kurve II $\mathfrak{K}\mathfrak{K}_1\ldots$, so sind je 2 Gegenecken des 4 Seits in Bezug auf $\mathfrak{K}\mathfrak{K}_1\ldots$ einander konjugirt.

Dasselbe findet aber auch Statt für jede Kurve $K_1K_2\ldots$, in Bezug auf welche irgend eines der 4 durch das 4 Seit bestimmten Dreiecke ein absolutes Polardreieck ist. Je eine Kurve des Kurvensystems $\mathfrak{K}\mathfrak{K}_1\ldots$ mit je einer des Systems $KK_1\ldots$ oder je 2 Kurven des Systems $KK_1\ldots$ bestimmen daher durch ihre Schnittpunkte ein 4Eck ABCD, dessen Gegenseitenpaare nach 9 die 3 Seiten des oben erwähnten Polardreiecks in zugeordneten Punkten einer Involution schneiden, deren Ordnungselemente das zu der fraglichen Seite gehörige Paar Gegenecken des 4 Seits sind.

Nimmt man nun 2 der 4 erwähnten Schnittpunkte nämlich A und B für 2 oder mehrere der erwähnten Kurven als gegeben an, in welchem Falle es offenbar nur eine Kurve $\mathfrak{K}$ und 4 Kurven $KK_1K_2K_3$ (für jedes der 4 Dreiecke des 4 Seites eine) giebt, so folgt hieraus, daß die beiden noch übrigen Schnittpunkte CD durch jene 2 Punkte A und B vollkommen bestimmt sind.

Es müssen nämlich sowohl AC und BD als auch AD und BC [und dann auch AB und CD] durch je 2 Gegenpunkte des gegebenen 4 Seits harmonisch getrennt sein.

Es möge hier noch ein besonderer Fall dieses Satzes folgen, für den A und B die beiden Normalpunkte darstellen:

> Zieht man diejenigen 4 Kreise, für welche die 4 durch eine 4 Seit bestimmten Dreiecke absolute Polardreiecke darstellen, und die man wohl auch kurz die P o l a r k r e i s e dieser Dreiecke nennt *) (s. 180), so schneiden sich dieselben in 2 Punkten derjenigen Geraden, welche die 3 Diagonalen (vergl. 4) des 4 Seits halbirt. Durch eben dieselben 2 Punkte geht aber auch der Kreis, welcher dem Polardreieck desselben 4 Seits umschrieben ist.

Zus. 1. Nach 180 findet man den Mittelpunkt jedes der 4 Kreise $KK_1K_2K_3$ als den Schnittpunkt der 3 Höhen des zu diesem Kreise als absolutes Polardreieck gehörigen Dreiecks des 4 Seits, und es ergiebt sich daher hieraus wiederum der bekannte Satz:

> die 4 Höhenpunkte der 4 Dreiecke eines 4 Seits liegen in einer Geraden, die senkrecht steht auf derjenigen Geraden, welche die 3 Diagonalen des 4 Seits halbirt.

*) Ueber die geometrische Bedeutung der hier erwähnten geometrischen Oerter vergl. den unmittelbar folgenden Satz 402.

Zus. 2. Ein Kreis wie K ist blos dann reell, wenn sein Mittelpunkt, d. h. der Schnittpunkt der Höhen außerhalb des Dreiecks, zu dem er gehört, liegt, wie aus 180 unmittelbar folgt; daraus folgt aber, wie leicht zu erkennen, daß bloß ein stumpfwinkliges Dreieck absolutes Polardreieck eines reellen Kreises sein kann. Ist also irgend eines der 4 Dreiecke des 4 Seits spitzwinklig, so sind die im Satz erwähnten Schnittpunkte der Kreise konjungirt imaginär.

In Bezug auf den reciproken Satz möge es genügen, den einen besonderen Fall hervorzuheben, in welchem die beiden gemeinsamen Tangenten a b durch die beiden Normalstrahlen eines Punktes F dargestellt sind.

384. Sind $KK_1K_2K_3$ 4 (einfach) konfokale Kurven II, für deren jede eines der 4 Dreiecke eines vollständigen 4 Ecks absolutes Polardreieck ist, so haben sie 2 Tangenten c d gemein, deren Schnittpunkt von dem gemeinsamen Brennpunkt F durch jedes Paar Gegenseiten des 4 Ecks harmonisch getrennt ist. Dieselben beiden Tangenten berühren auch die dem Polardreieck des 4 Ecks eingeschriebene Kurve II, die ebenfalls F zum Brennpunkt hat.

Zus. Nach 255 müssen sich die 4 zu F gehörigen Direktricen von $KK_1K_2K_3$ in 1 Punkte schneiden, nämlich in einem Ecke des zum 4 Seit a b c d gehörigen Polardreiecks, das zugleich für alle 4 Kurven absolutes Polardreieck ist. Betrachtet man nun aber für irgend eine dieser Kurven z. B. für K diese Direktrix, so findet man leicht von ihr die 3 Schnittpunkte mit den 3 Seiten des zu K gehörigen (absoluten Polar-) Dreiecks dadurch, daß man je von dem Gegeneck nach F eine Gerade zieht, auf sie in F einen Perpendikel errichtet, der dann die fragliche Seite in dem verlangten Punkte schneidet (nach 15).

Aus dieser Betrachtung ergiebt sich nun folgender Satz:

Zieht man von einem Eck A eines 4 Ecks A B C D nach einem 5 ten Punkte F eine Gerade und errichtet in F den Perpendikel auf derselben, so schneidet diese je die 3 4 Ecks Seiten, die nicht durch A gehen (also BC BD CD) im Allgemeinen in drei Punkten; solcher Schnittpunkte erhält man demnach bei Vertauschung von A mit den übrigen 3 Ecken

12, und diese liegen nun zu je 3 in 4 neuen Geraden, die sich ebenfalls in 1 Punkte M schneiden, und dabei steht die Gerade MF senkrecht auf der von F nach cd gehenden Geraden.

In den Betrachtungen der letzten Bogen hatten die Eigenschaften der Kurven II, welche 2 Punkt- (oder 2 Strahlen-) Elemente, sowie die Kurven II, welche 4 Punkt- (oder 4 Strahlen-) Elemente gemein haben, eine wichtige Rolle gespielt, beschäftigen wir uns in der nächsten Entwicklung mit den Eigenschaften der Kurven II, welche 2 Punkt- und 2 Strahlen-Elemente AB und ab gemein haben. (Sind hiebei AB ab reell, so dürfen selbstverständlich A und B durch a und b nicht getrennt sein.)

385. Alle Kurven II, welche 2 Punkt-Elemente AB und Strahlen-Elemente ab gemein haben, sondern sich in 2 Gruppen, insoferne die Pole PP_1... von AB auf einer von 2 festen Geraden mn und die Polaren pp_1... von ab durch einen von 2 festen Punkten MN gehen.*) Dabei bilden für jede dieser beiden Gruppen die Pole P... ein gerades Gebilde auf m oder n, das projekt. ist dem Strahlenbüschel M oder N, dessen Strahlen die Polaren p... sind.

Es sei (Fig. 55) K irgend eine Kurve des im Satz erwähnten Kurvensystems, S der Schnittpunkt ab, M der Schnittpunkt von AB und der Polare p von S, M_1 der Schnittpunkt von AB und der von S nach dem Pole P von AB gehenden Geraden, so folgt aus 6 und 13, daß M und M_1 sowohl durch A und B, als auch durch a und b d. h. $A_1 B_1$ harmonisch getrennt sein müssen. Es kann also jeder der beiden Ordnungspunkte der Involution AB . $A_1 B_1$ die Stelle von M übernehmen, fällt aber M in den einen, so muß offenbar der Pol von AB auf der von S nach dem andern gehenden Geraden liegen.

Betrachtet man nun alle die Kurven der Gruppe, für welche die Polaren von S durch den einen festen Punkt M gehen und also die Pole P auf der einen festen Geraden liegen, so ist bei stetig veränderlicher Kurve und also auch bei stetig veränderlichem P und p doch immer m (P...) π a (a...) π M (Q...)**) π B (Q...)

*) Vergl. hiezu den Satz 86 von dem der obige strenge genommen ein besonderer Fall ist.

**) Da aMQ nach 13 stets in 1 Geraden liegen.

π b (C...) π M (C...) woraus also folgt: m (P...) π M (p...) w. z. b. w.

Zus. Rückt a und also auch P nach S, so rückt auch Q nach S und p geht also in MS über; rückt P nach M_1 so geht p in MM_1 über und für die projekt. Gebilde m (P...) π M (p...) liegen also die Punkte S und M_1 in den ihnen entsprechenden Strahlen. Die Kurve des System selbst geht hiebei in den Grenzfall der beiden Geraden SA SB über.

386. Aus diesem Satz ergiebt sich nun für die soeben in Betrachtung gezogenen Systeme von Kurven II eine Eigenschaft, welche vollkommen der in 176 für 4 punktige Kurven-Systeme entwickelten entspricht.

Sucht man nämlich für die sämmtlichen Kurven der einen der beiden in 385 besprochenen Gruppen von Kurven eines Systems von Kurven II, die 2 Punkte und 2 Strahlenelemente gemein haben, die Pole G... einer beliebigen Geraden g, so ist es für unsern Zweck am bequemsten sie zu betrachten als die Schnittpunkte der beiden Polaren von den Punkten d und e, in welchen die g 1) die AB 2) die verschiedenen Polaren p von S oder ab schneidet (s. Fig. 55 und 56a.); die 1sten Polaren bilden einen Strahlenbüschel, dessen Centrum S_1 die Lage hat, daß $BdAS_1$ einen ordentlichen harmonischen Wurf bilden, und dessen einzelne Strahlen nach den einzelnen Polen P von AB gehen; die 2ten bilden einen Strahlenbüschel, dessen Centrum S ist, und dessen Strahlen nach den einzelnen Punkten e_1... der Strahlen p des Strahlenbüschels M gehen, die von den einzelnen Schnittpunkten e durch a und b harmonisch getrennt sind, und die daher nach 236 auf einer durch S und M gehenden Kurve II liegen. Daher ist SG (d. h. Se_1) π M (p...) (d. h. Me_1...). Da nun aber nach 385 M (p...) π m (P...) so ist auch S_1 (P...) d. h. S_1 (G...) π S (G...). Geht g durch M oder S, so werden die erwähnten projekt. Strahlenbüschel S (G...) und S_1 (G...) persp., im 1sten Falle liegen dabei die Pole G auf m, im 2ten auf der Geraden g_1, welche von g durch a und b harmonisch getrennt ist. Tritt keiner dieser beiden Fälle ein, so entspricht dem gemeinsamen Strahle S_1S als Element des Büschels S_1 der Strahl m von S, wie man sich nach 385 Zus. überzeugt, wenn man P nach S rücken läßt, in welchem Falle p nach MS und also e_1 in den Schnittpunkt gm zu liegen kommt. Dagegen entspricht in diesem Fall dem gemeinsamen Strahle SS_1 als Element des Büschels S der Strahl S_1A von S_1, wie man aus 385 Zus. ersieht, wenn man P nach M_1 gerückt denkt, insoferne in diesem Falle e_1 mit S_1 zusammen fällt.

Hieraus ergiebt sich nun unter Beibehaltung der hier gebrauchten Bezeichnungsweise folgender Satz:

Die Pole einer Geraden g (die weder durch S noch durch M oder N geht) in Bezug auf alle Kurven II, welche 2 Punkt- und 2 Strahlen-Elemente AB und ab gemein haben, liegen auf 2 Kurven II, die beide die Gerade AB in dem Punkte S_1 berühren, während die eine im Punkte S die Sm die andere die Sn berührt.

Behalten wir für den reciproken Satz eine ähnliche Bezeichnungsweise bei, wie sie Fig 56 b erkennen läßt, so lautet derselbe:

387. Die Polaren eines Punktes G in Bezug auf alle Kurven II, die 2 Strahlen- und 2 Punkt-Elemente ab und AB gemein haben, gehen entweder durch einen der 3 Punkte M N G_1 wenn entsprechend G auf m n s (d. h. AB) liegt oder sie umhüllen eine von 2 Kurven II, die beide im Punkte S die Gerade s_1 berühren, während die s die eine im Schnittpunkte sm, die andere im Schnittpunkte sn berührt.

Für die in den letzten Nrn. besprochenen Sätze ergeben sich bei besonderer Wahl von AB oder ab oder g und G verschiedene Sätze als besondere Fälle wie folgt:

388. Die Mittelpunkte aller Kreise die 2 feste Gerade berühren, liegen auf einer von den beiden Geraden, die die Winkel halbiren, welche die beiden Tangenten mit einander bilden, und die Berührungssehnen gehen durch einen der beiden auf diesen beiden Geraden im Unendlichen liegenden Punkte.

389. Alle konfokalen Kurven II, deren Brennpunkt S und die durch 2 feste Punkte AB gehen, scheiden sich in 2 Gruppen, indem nämlich die Direktricen aller Kurven der einen Gruppe sich in 1 festen Punkte M von AB schneiden, während zu gleicher Zeit die Pole von AB auf einem Strahle m von S liegen; sind N und n die den M und m entsprechenden Elemente für die andere Gruppe, so liegt M

auf n und N auf m und M und N sind durch AB harmonisch getrennt und MSN ist ein rechter Winkel.

390. Unter der Voraussetzung und bei der Bezeichnung von 386 erhält man ferner

Die Mittelpunkte aller dieser Kurven liegen auf einer von 2 neuen Kurven II, die beide die AB in der Mitte von AB berühren, und von denen die eine die SM die andere die SN im Punkte S berühren.

391. Die Mittelpunkte aller Hyperbeln, deren Asymptoten parallel, und die 2 gegebene Gerade ab berühren, liegen auf 2 Strahlen des Punktes ab oder S, die durch ab sowie durch die Richtungen der Asymptoten harmonisch getrennt sind.

392. Zieht man an alle Kreise, die 2 Gerade ab berühren, von einem Punkte G aus Tangentenpaare, so umhüllen die Berührungschorden eine von 2 Parabeln, die beide im Punkte ab oder S die Gerade berühren, welche von G durch a und b harmonisch getrennt ist, während die Richtungen ihrer beiden Axen durch die beiden Geraden bestimmt sind, welche die Winkel ab halbiren.

393. Betrachtet man diejenigen Kurven II, welche 3 Gerade abc berühren, und die zugleich durch 2 Punkte AB gehen, so kann man hier den Satz 385 3 Mal anwenden, und erhält als geometrischen Ort für die Pole von AB das 1ste Mal 2 Gerade mn, die durch ab und AB harmonisch getrennt sind; das 2te Mal 2 Gerade $m_1 n_1$, die durch bc und AB harmonisch getrennt sind, und das 3te Mal 2 Gerade $m_2 n_2$, die durch bc und AB harmonisch getrennt sind. Aus 76 folgt nun aber, daß die 6 Strahlen $m\, m_1\, m_2\, n\, n_1\, n_2$ die 6 Seiten eines vollständigen 4 Ecks ABCD bilden, dessen Poldreieck abc ist, und es stellt daher jeder der 4 Eckpunkte dieses 4 Ecks den Pol von AB hinsichtlich einer Kurve II dar, welche die Elemente abcAB hat. Man hat demnach folgenden Satz:

Es giebt 4 Kurven II, welche die 3 Strahlen-Elemente abc und die 2 Punktelemente AB gemein haben, und die 4 Pole von AB, in Bezug auf diese 4 Kurven bilden die Ecken eines 4 Ecks, dessen Poldreieck abc ist, und dessen Gegenseitenpaare auf AB nach 8 eine Involution bestimmen deren Ordnungselemente A und B sind, sodaß A und B in Bezug auf jede durch $\mathfrak{ABCD}$ gehende Kurve II einander konjugirt sind.

394. Zieht man in 393 nicht die Pole von AB, sondern vielmehr die Polaren von ab, ac und bc in Betracht, so erhält man nach 385 3 Paare von Punkten auf AB, die alle 3 durch A und B harmonisch getrennt sind, während außerdem das 1ste Paar MN durch ab, das 2te Paar $M_1 N_1$ durch ac und das 3te Paar $M_2 N_2$ durch bc harmonisch getrennt ist; dabei liegen, falls die Aufgabe reelle Lösungen zuläßt, 3 der 6 Punkte, die wir durch $M M_1 M_2$ bezeichnen wollen, auf der unendlichen Strecke AB, die 3 übrigen $N N_1 N_2$ auf der endlichen Strecke AB. Untersuchen wir nun im Zusammenhang mit 393, welche dieser 6 Punkte zu den einzelnen der oben erwähnten möglichen 4 Kurven gehören: Soll die Aufgabe möglich sein, so müssen die beiden Punkte AB in Bezug auf je 2 Seiten des Dreiecks abc innerhalb eines und desselben der durch sie gebildeten Winkel liegen d. h. nach der Bezeichnung von I. Thl. 173, diese beiden Punkte müssen in einem und demselben der 4 Dreiecke liegen, in welche die Ebene durch die drei Geraden abc getheilt wird, und wir unterscheiden nun 2 Fälle: nämlich 1) A und B liegen in dem endlichen Dreieck abc (Dreieck 1ster Art) oder in einem und demselben der beiden durch die unendlich ferne Gerade geschiedenen Theile eines der übrigen Dreiecke (Dreieck 2ter Art, und 2) A und B liegen in den beiden durch die unendlich ferne Gerade getrennten Theile eines der letztern Dreiecke, d. h.: 1) die Gerade AB wird von allen 3 Seiten abc in Punkten ihrer unendlichen Strecke AB oder 2) von allen 3en in Punkten ihrer endlichen Strecke AB geschnitten. Bedenkt man nun, daß die 3 Berührungschorden in allen Fällen ein Dreieck bilden müssen, das dem Dreieck abc eingeschrieben ist und dessen Seiten durch 3 der erwähnten 6 Punkte $M M_1 \ldots$ gehen muß, so kann man sich kurz also ausdrücken: Im 1sten der eben hervorgehobenen beiden Fälle gehört zu dem von den Berührungschorden gebildeten Dreieck entsprechend für die 4 möglichen Kurven gerade folgende Zusammenstellung der Schnittpunkte $M M_1 \ldots$ (s. hiezu Fig. 57 a und b.) für 1) $M M_1 M_2$ für 2) $M N N_2$ für 3) $N M_1 N_2$ für 4) $N N_1 M_2$

im 2ten Falle dagegen gehören zu demselben Dreieck für die 4 verschiedenen Kurven gerade entsprechend folgende Zusammenstellungen: für 1) NN_1N_2 2) NM_1M_2 3) MN_1M_2 4) MM_1N_2 *).

Im 1sten Falle ist die endliche Strecke AB innerhalb der fraglichen Kurven K und es können nun die 3 Berührungspunkte a) auf einer und derselben Seite von AB liegen oder b) 1 derselben a ist von den beiden andern b und c durch AB getrennt; im Falle a) schneiden alle 3 Berührungschorden die AB außerhalb der Kurve K, d. h. auf ihrer unendlichen Strecke, im Falle b) findet dieses bloß bei der einen Berührungschorde bc Statt.

Im 2ten Falle ist das Verhältniß gerade umgekehrt. Die endliche Strecke AB liegt außerhalb der fraglichen Kurve, und wenn unter den Berührungspunkten keiner durch AB von den andern getrennt ist, so schneiden alle Berührungschorden die AB außerhalb K, d. h. auf ihrer endlichen Strecke, ist aber der Berührungspunkt a von b u. c durch AB getrennt, so findet dieses bloß für bc Statt.

Hiemit ist bewiesen, daß die Zusammenstellung der 3 Punkte von AB, durch die die 3 Berührungschorden gehen, in den beiden Hauptfällen so sein könnte, wie sie angegeben, nicht aber, daß sie für die 4 Kurven II, die es nach 393 giebt, auch wirklich so sein müsse; dieses folgt aber nun noch aus folgenden Betrachtungen:

1) Es kann unter den fraglichen Kurven II keine 2 verschiedene geben, für welche die 3 Berührungschorden durch dieselben 3 Punkte von AB gehen.

Sucht man nämlich nach 106 ein dem Dreieck abc eingeschriebenes Dreieck, dessen Seiten durch 3 der 6 Punkte MM_1... gehen, so wird für unsern Fall, in welchen die 3 Projektionspunkte in 1 Geraden liegen, die eine der beiden im Allgemeinen sich ergebenden Lösungen stets illusorisch, insoferne das eingeschriebene Dreieck in die 3 Schnittpunkte von AB mit abc übergeht.

2) Schon wenn nur 2 der 6 Punkte MM_1... z. B. MM_1 für ein solches Berührungsdreieck bestimmt sind, giebt es nur eine Kurve, die den Bedingungen der Aufgabe entspricht.

---

*) Von der Richtigkeit dieser Behauptungen überzeugt man sich also: da in jeder Zusammenstellung 3er der 6 Punkte MM_1... die Indices 012 an M oder N vorkommen müssen, so leuchtet ein, daß die oben angeführten 8 Fälle alle Möglichkeiten der Zusammenstellungen erschöpfen.

Man kann nämlich in diesem Falle zwar immer 2 Dreiecke finden, welche dem abc eingeschrieben sind und deren 3 Seiten durch 3 der 6 Projektionspunkte M und N... gehen, nämlich ein Dreieck für die Punkte MM_1M_2 und eines für MM_1N_2, allein die vorige Entwicklung hat gezeigt, daß von diesen beiden Zusammenstellungen von Projektionscentren die eine nur für den einen, die andre nur für den andern der oben einander gegenüber gestellten 2 Hauptfälle paßt.

Somit ist bewiesen, daß in jedem der beiden Hauptfälle zu jeder der möglichen 4 Kurven II, die der Aufgabe genügen, gerade eine Zusammenstellung der 6 fraglichen Schnittpunkte MM_1... gehört.

Zus. Betrachtet man das oben für die möglichen Verbindungen der Schnittpunkte MM_1... aufgestellte Schema, so ergiebt sich hieraus alsbald, daß in beiden Fällen jede der 4 Kurven mit jeder der 3 andern gerade einen der 6 Schnittpunkte MM_1... auf AB gemein hat; allein mit der einen hat sie einen Punkt gemein, durch den die Polare von ab, mit der andern einen, durch den die Polare von ac und mit der 3ten einen, durch den die Polare von bc geht. Aus 255 (mit Fig. 35) folgt aber nun, daß stets durch den fraglichen Punkt der Seite AB, (s. Fig. 58) in dem die Polaren eines Ecks des umschriebenen Dreiecks *) sich schneiden, die zu AB gehörige Gegenseite der beiden Kurven gemeinsam eingeschriebenen 4 Ecks geht, und daß dieser Schnittpunkt das eine Eck des zu diesem 4 Eck gehörigen Poldreiecks ist. Betrachtet man nun aber 2 beliebige der 4 Kurven, so leuchtet ein, daß man zu denselben Schlüssen gekommen wäre, wenn man von einer andern gemeinsamen Chorde derselben ausgegangen wäre, so daß man nun folgenden Satz als Resultat erhält:

> Sind 2 Kurven II einem Dreieck eingeschrieben, so schneiden sich die 6 Berührungschorden derselben zu je 2 in den 3 Ecken des zu ihrem gemeinsam eingeschriebenen 4 Eck gehörigen Poldreieck (s. Fig. 58).

Die reciproke Entwicklung ergiebt folgende Resultate:

395. Es giebt gerade 4 Kurven II, welche durch 3 Punkte ABC gehen und 2 Gerade berühren. (Dabei ist für reelle Elemente voraus gesetzt, daß ab durch keine 2 der 3 Punkte getrennt sind.)

Für diese 4 Kurven bilden die 4 Polaren von ab die 4

Seiten eines 4 Seits, für welches ABC Polardreieck ist, und dessen Gegenpunktenpaare mit ab verbunden nach 8 eine Involution liefern, für die ab die Ordnungselemente sind. Die Pole von AB AC BC liegen entsprechend auf einem der 3 Paare von Strahlen des Büschels ab mn m_1n_1 m_2n_2 wobei aa.bb.mn.m_1n_1.m_2n_2 eine Involution, und wobei wir des Folgenden wegen annehmen wollen, daß mm_1m_2 in dem einen, also nn_1n_2 in dem andern der beiden Winkel ab liegen.

Für je eine der 4 möglichen Kurven bilden also die 3 Tangenten in ABC ein Dreieck, das dem ABC umschrieben und 3 der 6 Strahlen mm_1... eingeschrieben ist.

Hinsichtlich der Wahl oder der Zusammenstellung dieser 3 Strahlen von ab, auf welcher jedesmal die 3 Tangenten AA BB CC sich schneiden, ist nun folgendes zu beachten: entweder 1) ABC liegen in einem oder 2) in dem andern der beiden durch ab gebildeten Nebenwinkel. Im 1sten Fall gehören zu den 4 möglichen Kurven gerade entsprechend folgende Zusammenstellungen der Strahlen mm_1...

für 1) mm_1m_2 für 2) mn_1n_2 für 3) nm_1n_2 für 4) nn_1m_2

Im 2ten Falle gehören zu den 4 möglichen Kurven II gerade entsprechend folgende Zusammenstellungen

für 1) nn_1n_2 für 2) nm_1m_2 für 3) mn_1m_2 für 4) mm_1n_2

Sind 2 Kurven II demselben Dreieck umschrieben, so schneiden sich die 6 Tangenten in den 3 Eckpunkten zu je 2 auf den 3 Seiten des Polardreiecks, das zu dem beiden Kurven II gemeinsam umschriebenen 4 Seit gehört.

396. Mit Benutzung der Resultate der letzten beiden Nummern läßt sich nun auf ein System von Kurven, die 2 Punkt- und 2 Strahlenelemente gemein haben, noch eine Betrachtung anwenden, die noch eine andere Eigenthümlichkeit derselben erkennen läßt.

Bekanntlich lassen sich nämlich je 2 Kurven II, welche in denselben Winkel 2er Geraden ab eingeschrieben sind, in Bezug auf die Spitze ab dieses Winkels als perspekt. projekt. auf einander beziehen und zwar auf doppelte Weise, d. h. für 2 ihrer gemeinsamen Chorden als perspekt. Axe, nämlich für diejenigen, welche beide durch den Schnittpunkt der beiden Polaren von ab gehen, und es handelt sich daher nur noch darum, zu entscheiden, für welche derjenigen Kurven, welche 2 Tangenten ab und 2 Punkte AB gemein haben, gerade die Spitze ab Centrum und zugleich AB Axe der perspekt. Beziehung darzustellen geeignet sind. Betrachtet man aber zur Beantwortung dieser Frage die Entwicklung von 394 u. 395 u. besonders 394 Zus., so ergiebt sich, daß von den 4 Kurven, welche außer den fraglichen Elementen ab AB je noch eine 3te Tangente c gemein haben, immer je 2 und 2 für ab als Centrum und AB als Axe perspekt. sein können, denn für den 1sten Fall in 394 z. B. schneiden sich AB und CD, sowie die Polaren von ba für 1) und 2) im Punkte M, dagegen für 3) und 4) im Punkte N, während im 2ten Falle gerade nur M und N ihre Rolle vertauschen.

Hieraus erhält man also den Satz (s. Fig. 59):

Zieht man durch den Schnittpunkt 2er gemeinschaftlicher Tangenten ab aller Kurven II, die außerdem noch 2 Punktelemente AB gemein haben, eine Gerade p, welche die Kurven in je 2 Punkten schneidet, so theilen sich die Kurven dieses Systems in 2 Gruppen, indem die Tangenten in den Schnittpunkten von p und den Kurven je einer Gruppe 2 Strahlen-Büschel I bilden, deren Centra P und P_1 auf AB liegen.

Zus. Es folgt aus der Natur der perspekt. Beziehung der Kurven (vergl. hiezu die Fig. 59), daß von einer und derselben Kurve der fraglichen Gruppe die eine Tangente zum einen der beiden Strahlenbüschel P, die andere zum andern Strahlenbüschel P_1 gehört. Da aber offenbar je 2 solche Tangenten einer Kurve sich auf der festen Geraden p_1 schneiden, welche von p durch a und b harmonisch getrennt ist, so ist ersichtlich, daß die beiden Büschel P und P_1, wenn je ein Paar Strahlen, die Tangenten einer und derselben Kurve der einen Gruppe darstellen, entsprechend genannt werden, perspekt. projekt. sind. Dieses Resultat läßt sich aber in folgenden Satz zusammen fassen:

Alle Kurven je einer der beiden erwähnten Gruppen von Kurven, schneiden irgend eine durch ab gehende Gerade p in entsprechenden Punkten 2er projekt. gerader Gebilde, für welche in ab selbst und in AB entsprechende Punkte vereinigt sind.

Da nun aber ferner je ein Paar Tangenten einer Kurve der fraglichen Gruppe die Gerade p_1 in demselben Punkte schneidet, durch welchen auch für diese Kurve die Polare von ab geht und da alle diese Polaren einen Strahlenbüschel bilden (für die eine Gruppe den Strahlenbüschel M, für die andere den Strahlenbüschel N), so folgt, daß, wenn man 2 solche Gerade wie p, nämlich p und q, in Betracht zieht, alsdann dieselben von jeder Kurve in entsprechenden Punkten projekt., und da in ab und AB entsprechende Punkte vereinigt sind, perspekt. gerader Gebilde geschnitten werden, und zwar kann man dabei jedem Schnittpunkt der einen, einen beliebigen Schnittpunkt der andern entsprechen lassen, so daß man 4erlei perspekt. gerader Gebilde in p und q erhält, für welche die Centra der perspekt. Beziehung jedoch stets auf AB liegen.

Dieses Resultat läßt sich in folgendem Satze aussprechen:

Schneidet man 2 Gerade pq durch irgend 1 Kurve einer und derselben der beiden obenerwähnten Gruppen, so gehen die 4 von pq verschiedenen Seiten des dadurch bestimmten 4Ecks der Kurve durch 4 feste Punkte von AB.

Die reciproken Sätze lauten:

397. Wählt man auf der gemeinsamen Sekante AB eines Systems von Kurven II, welche außerdem noch 2 Tangenten ab gemein haben, einen beliebigen Punkt P und zieht von ihm aus Tangentenpaare an dieselben, so scheiden sich diese Kurven in 2 Gruppen, indem die Berührungspunkte auf den Tangenten jeder Gruppe auf 2 Geraden liegen, die durch ab gehen.

Hiebei stellen ferner je 2 Tangenten einer Kurve einer Gruppe entsprechende Strahlen 2er projekt. Strahlenbüschel des Trägers P dar, für die ab und AB auf den 2 entsprechend gemeinsamen Strahlen liegen.

Betrachtet man endlich 2 Punkte P und Q von AB und zieht die 2 Paar Tangenten an eine beliebige Kurve der einen Gruppe, so liegen die 4 von PQ verschiedenen Ecken des also erhaltenen 4Seits auf 4 festen Strahlen des Punktes ab.

Es möge hier noch ein besonderer Fall von 393 und 394 Platz finden.

398. Halbirt man die 3 Winkelpaare eines Dreiecks ABC, so bilden die 6 Geraden die 6 Seiten eines 4Ecks, dessen Ecken die Mittelpunkte der 4 Kreise darstellen, die dem Dreieck eingeschrieben werden können.

Betrachtet man 2 der 4 Kreise, so schneiden sich von den 3 Paaren Berührungschorden, von denen jedes die Polaren je eines Eckes A, B oder C darstellt, das eine im Unendlichen die beiden andern in 2 Punkten der Centrallinie beider Kreise, die in Bezug auf beide Kreise einander konjugirt sind.

399. Wir knüpfen nun wieder unmittelbar an 393 an, indem wir die dortige Bezeichnungsweise auch für die nächste Entwicklung beibehalten.

Wählt man auf der Geraden AB 2 beliebige neue Punkte $A_1 B_1$ und stellt für diese beiden Punkte dieselbe Betrachtung an wie 393 für AB, so erhält man als geometrischen Ort für die Pole von $A_1 B_1$ (oder AB) 3 neue Paare von Geraden, die wir entsprechend mit $p\,q\,p_1 q_1\,p_2 q_2$ bezeichnen, auch diese 6 Gerade schneiden sich nun nach 76 in den 4 Eckpunkten $\mathfrak{A}_1\mathfrak{B}_1\mathfrak{C}_1\mathfrak{D}_1$ eines 4Ecks, für welches abc Poldreieck ist, und dessen Gegenseitenpaare nach 8 auf $A_1 B_1$ eine Involution bestimmen, deren Ordnungspunkte $A_1 B_1$ sind, so daß A_1 und B_1 in Bezug auf jede durch $\mathfrak{A}_1 \mathfrak{B}_1 \mathfrak{C}_1 \mathfrak{D}_1$ gehende Kurve II konjugirt sind. Nun liegen aber nach 284 die 4 Punkte $\mathfrak{A}\mathfrak{B}\mathfrak{C}\mathfrak{D}$ von 393 und die hier erhaltenen Punkte $\mathfrak{A}_1 \mathfrak{B}_1 \mathfrak{C}_1 \mathfrak{D}_1$ auf einer Kurve II $\mathfrak{K}$ und in Bezug auf diese Kurve $\mathfrak{K}$ sind daher sowohl A und B als auch A_1 und B_1 einander konjugirt d. h. sie schneidet den Träger von $A B A_1 B_1$ in den Ordnungspunkten MM_1 der Involution $AB . A_1B_1$.

Hieraus erhält man nun den Satz:

Sucht man für alle Kurven II, welche 3 Gerade abc berühren und eine Gerade d in zugeordneten Punkten einer Involution $AB . A_1 B_1$ schneiden, die Pole eben dieser Geraden d, so liegen dieselben auf einer Kurve II, für welche abc absolutes Poldreieck ist, unt die durch die Ordnungspunkte MM_1 der fraglichen Involution $AB . A_1B_1$ in d geht.

Zus. Zieht man durch ein Eck ab des Poldreiecks abc ein Paar Strahlen $r r_1$, welche durch die Seiten ab dieses Ecks harmonisch getrennt sind, so schneiden dieselben die $\mathfrak{K}$ in 4 Punkten, welche die 4 Pole solcher 4 Kurven des Systems darstellen, die nach 393 durch dieselben beiden (reellen oder konjungirt imagin.) Punkte von d gehen. Man findet diese Punkte nach der letzten Entwicklung, wenn man diejenigen Punkte in d sucht, welche durch $r r_1$ oder ihre Schnittpunkte $R R_1$ mit d harmonisch getrennt sind und zugleich ein Paar zugeordnete Elemente der Involution $A B . A_1 B_1$ darstellen, d. h. sie sind die Ordnungselemente der Involution $R R_1 . M M_1$.

Die reciproke Entwicklung führt zu folgendem Resultat:

400. Sucht man für alle Kurven II, welche durch 3 Punkte ABC gehen und für welche die durch einen 4ten Punkt D gehenden Tangentenpaare zugeordnete Strahlen eines involut. Strahlenbüschels I $a b . a_1 b_1$ bilden, die Polaren eben dieses Punktes D, so umhüllen sie eine Kurve II K, für welche ABC absolutes Polardreieck ist, und die die Ordnungselemente $m m_1$ des involut. Büschels $a b . a_1 b_1$ zu Tangenten hat.

Es mögen nun von diesen beiden Sätzen noch einige besondere Fälle angeführt werden:

401. Für alle Parabeln mit demselben Brennpunkt F, welche von einer Geraden p Sehnen abschneiden, deren Mitte der feste Punkt M ist, liegen die Pole von p auf einer durch M gehenden gleichseitigen Hyperbel, deren Mittelpunkt F, und deren eine Asymptote parallel zu p ist.

402. Für alle Kurven II, die durch 3 Punkte ABC gehen und von einem 2ten Punkte D aus unter rechtem Winkel erscheinen, umhüllen die Polaren von D eine Kurve II, deren Brennpunkt D ist, und die ABC zum absoluten Polardreieck hat.

403. Die Mittelpunkte aller gleichseitigen Hyperbeln, welche 3 Gerade a b c berühren, liegen auf dem Polarkreise (s. 180) des Dreiecks a b c.

Zus. Nach 383 Zus. 2 lassen sich daher bloß stumpfwinkeligen Dreiecken gleichseitige Hyperbeln einschreiben.

404. Betrachtet man in 399 (oder 400) 4 Gerade a b c d (oder Punkte ABCD), welche die Kurve berühren soll, so kann man auf die 4 dadurch bestimmten Dreiecke den Satz anwenden

und erhält also für die Pole von AB (oder Polaren von ab) 4 geometrische Oerter, deren gemeinsame Punkte die einzig möglichen Pole (oder Polaren) und somit die einzig möglichen d. h. der Aufgabe genügenden Kurven II bestimmen. Hieraus ergeben sich nun 2 den Sätzen 399 und 400 sich anschließende allgemeine Sätze, von denen jedoch nur der eine besondere Fall, welcher der 403 entspricht, hier angeführt werden möge:

Einem 4 Seit abcd lassen sich bloß dann gleichseitige Hyperbeln einschreiben, wenn sämmtliche 4 dadurch bestimmte Dreiecke stumpfwinklig sind und wenn die Gerade, welche die Mittelpunkte aller dem 4 Seit eingeschriebenen Kurven II enthält, von dem Polarkreise eines der 4 Dreiecke geschnitten wird, diese Schnittpunkte sind die Mittelpunkte der beiden möglichen Hyperbeln und durch sie gehen alle 4 Polarkreise der 4 Dreiecke.

In 383 haben wir gefunden, daß durch die soeben besprochenen Mittelpunkte der dem 4 Seit eingeschriebenen gleichseitigen Hyperbeln auch der dem Polardreieck des 4 Seits umschriebene Kreis geht, untersuchen wir nun auch noch die geometrische Bedeutung dieses geometrischen Ortes.

Schon im I Th. 99 haben wir gesehen, daß die 6 Eckpunkte 2er absoluter Polardreiecke ABC PQR stets auf einer Kurve II liegen und daß also auch die 6 Seiten derselben eine Kurve II umhüllen*). Hieraus ergiebt sich nun als besonderer Fall der Satz:

405. Der Kreis, welcher dem Poldreieck MNP eines 4Ecks umschrieben ist, enthält den Mittelpunkt der dem 4Eck umschriebenen gleichseitigen Hyperbel oder mit andern Worten: dieser Kreis ist der geometrische Ort für die Mittelpunkte aller gleichseitigen Hyperbeln, die einem 4Eck umschrieben sind, für welches MNP Poldreieck ist.

---

*) Es möge hier dieser wichtige Satz noch auf andere Weise bewiesen werden:

Betrachtet man das 4Eck ABCP und die nach 8 auf QR durch die Gegenseitenpaare desselben fixirte Involution, so ist zu ersehen, jedes Paar Gegenecken die QR in einem Paar konjugirten Punkten schneidet, und daher muß dieses nach 9 und 12 auch für jede dem 4Eck umschriebene Kurve II der Fall sein, w. z. b. w.

Es mögen hier noch einige weitere besondere Fälle des Satzes I Th. 99 folgen:

406. Ist F der eine Brennpunkt einer einem 4Seit eingeschriebenen Kurve II, so ist die zu diesem Brennpunkt gehörige Direktrix die gemeinschaftliche Tangente aller der Kurven II, welche dem Polardreieck des Vierseits eingeschrieben sind und von F aus unter rechtem Winkel erscheinen (vergl. 192).

407. Eine gleichseitige Hyperbel, welche einem absoluten Polardreieck eines Kreises umschrieben ist, geht durch den Mittelpunkt dieses Kreises (vergl. 165). Aus 405 in Verbindung mit 183 ergiebt sich unmittelbar folgender Satz:

408. Die 4 Kreise, welche für die 4 Dreiecke eines 4Ecks je durch die Mitten der Seiten gehen, schneiden sich in einem Punkte des dem Poldreieck des 4Ecks umschriebenen Kreises.

Bringt man hier außerdem noch den Satz 222 in Anwendung, so erhält man folgende 2 reciprok verwandte Sätze:

409. Die 4 Kurven II, welche 2 Gerade ab gemein haben, und den 4 Dreiecken eines 4Ecks ABCD eingeschrieben sind, haben außerdem noch eine 3te Tangente c gemein, und dabei liegen die 3 Ecken des Dreiecks abc mit den Ecken ABCD in einer Kurve II.

410. Die 4 Kurven II, welche durch 2 feste Punkte AB gehen und den 4 Dreiecken eines 4Seits abcd umschrieben sind, gehen noch durch einen 3ten Punkt C, und dabei berühren die 3 Seiten des Dreiecks ABC mit abcd eine Kurve II.

Die 4 Punkte ABCD in 409 bestimmen nämlich mit dem Schnittpunkte ab eine Kurve II K, welche von ab in den Punkten $A_1 B_1$ geschnitten werden möge; alsdann berührt jede Kurve II, welche die 3 Seiten eines der K eingeschriebenen Dreiecks und außerdem noch a und b berührt, nach 222 auch die Gerade A_1B_1, woraus der Satz folgt.

Ehe wir hier in unsrer Entwicklung abbrechen, um zu Sätzegruppen anderer Art uns zu wenden, mögen hier noch eine Abtheilung von Sätzen entwickelt werden, die, so nahe sie auch mit einzelnen Theilen der letzteren Entwicklungen verwandt sein möchten (vergl. 240 ꝛc. 292 ꝛc.), doch ihre ganz eigenthümliche Stellung behaupten.

411. Schneidet Fig. 60 eine Gerade p irgend ein Paar Gegenseiten $m m_1$ des 2en Kurven K und K_1 gemeinsam eingeschriebenen 4Ecks in den Punkten MN, die harmonisch getrennt sind durch ein Paar Punkte $a_1 b$*), von denen a_1 der K, b der K_1 angehört, so sind MN auch harmonisch getrennt durch das andere Paar Schnittpunkte a b_1 von p mit K und K_1.

Denn da nach 9. MN. ab. $a_1 b_1$ eine Involution, so ist $M a_1 N b$ π $N b_1 M a$ w. z. b. w.

412. Sucht man unter Beibehaltung der Fig. und der Bezeichnung von 411 zu einem Punkte M von m einen Punkt N, sodaß NN die in 411 dem M und N zukommende Eigenschaft gegenüber K und K_1 haben, so muß dieser Punkt N auf der Gegenseite m_1 desselben 4Ecks liegen.

Denn wenn sein soll $M a N b_1$ π $N a_1 M b$, so muß MN. $a a_1$. $b b_1$ eine Involution sein, woraus der Satz folgt.

413. Je 2 Punkte MN von der in 411 und 412 angegebenen Eigenschaft bilden zugeordnete Punkte 2er projekt. gerader Gebilde in m und m_1, sodaß also ihre Verbindungslinien eine Kurve II K umhüllen, die auch m und m_1 zu Tangenten hat.

Sucht man nämlich (s. Fig. 61) die beiden Polaren n u. n_1 von einem beliebigen M auf m in Bezug auf beide Kurven K und K_1, so findet man, daß dieselben ebenso wie a_1 und b, a und b_1 durch M und N harmonisch getrennt sind, denn da M a n b und $M b_1 n_1 a_1$ als harmonische Würfe projekt. sind, so ist M a b n und π $M b_1 a_1 n_1$ und da ferner nach der Voraussetzung M a b N π $M b_1 a_1 N$, so ist M a b n N π $M b_1 a_1 n_1 N$, also stellen in der Involution MM. NN. a b_1. a_1 b n und n_1 ein Paar zugeordnete Elemente dar. Sind nun ferner $P P_1$ die beiden Pole von m, und Q der Punkt, in welchem die Polaren von M die Seite m schneiden, so gehen in dem harmonischen Wurf Q (M n N n_1) die 3 Strahlen QP QP_1

*) Ueber die Zusammengehörigkeit der Schnittpunkte a b $a_1 b_1$ kann hiebei offenbar keine Zweideutigkeit Statt finden.

QM durch 3 feste Punkte von PP_1 *) und es muß daher auch der 4te Strahl QN durch einen festen Punkt N_1 von PP_1 gehen. Denkt man sich nun M stetig veränderlich auf m, so stellen doch die ꝫ sammengehörigen M und Q ein Paar entsprechende Punkte 2er projekt. gerader Gebilde in m dar, also ist auch das von M beschriebene gerade Gebilde m (M...), projekt. dem Strahlenbüschel N_1 (Q...) und also auch dem von N beschriebenen geraden Gebilde m_1 (N...)

Zus. Betrachtet man die gemeinsamen Tangenten abcd von K und K_1, so ist aus 255 zu ersehen, daß je ein Paar Berührungspunkte einer derselben durch die Schnittpunkte der fraglichen Tangente mit den beiden Gegenseiten harmonisch getrennt ist, und ebenso findet man alsbald, daß dem Schnittpunkt von AB und CD, man mag denselben als zu AB oder als zu CD gehörig, d. h. man mag ihn als M oder als N betrachten, der in der Geraden PP_1 liegende Punkt entspricht.

Sind daher S und S_1 die beiden auf PP_1 liegenden Schnittpunkte der gemeinschaftlichen Tangenten ab einerseits und cd andrerseits, und nimmt man von S oder S_1 den Schein des geraden Gebildes M.. auf AB und des geraden Gebildes N.. auf CD, so sind die so entstehenden Strahlenbüschel nicht nur projekt., sondern auch involut. und ab einerseits, cd andrerseits sind deren Ordnungselemente.

Der reciproke Satz lautet:

414. Alle Kurven II, welche durch 2 Punkte AB gehen und für welche M und M_1 ein Paar Gegenpunkte des gemeinsam umschriebenen 4Seits darstellen, gehören paarweise zusammen. Sind nun m und n d. h. MP und M_1P ein Paar Strahlen von M und M_1, die durch A und B harmonisch getrennt sind, so stellen sie die Ordnungsstrahlen eines involut. Strahlenbüschels dar, in welchem je eine Tangente an eine von 2 Kurven eines solchen Kurvenpaares je einer Tangente an die andere zugeordnet ist. Alle Schnittpunkte P... solcher Strahlenpaare wie m und n liegen offenbar auf einer durch $ABMM_1$ gehenden Kurve II.

*) PP_1 ist nach 255 die Polare des Schnittpunktes von AB und CD für K und K_1.

Besondere Fälle von 413 und 414 lauten:

415. Beschreibt man über den beiden **Aehnlichkeitspunkten** (s. 21) MM_1 2er Kreise KK_1 als Durchmesser einen Kreis $\mathfrak{K}$, so hat jeder Punkt P desselben die Eigenschaft, daß der Winkel, welchen eine von P aus an K zu ziehende Tangente a (oder b) mit einer*) der beiden an K_1 zu ziehenden Tangenten b_1 (oder a_1) von PM und PM_1 halbirt wird.

Zus. 1. Hieraus folgt aber unmittelbar, daß auch Winkel ab gleich dem Winkel $a_1 b_1$ ist, so daß man hat:

Von jedem Punkte des über den beiden Aehnlichkeitspunkten 2er Kreise errichteten Kreise erscheinen dieselben unter gleichem Winkel.

Zus. 2. Wir werden diesem Satze von ganz anderer Seite her wieder begegnen und daselbst die weitern Eigenthümlichkeiten des Kreises über MM_1 gegenüber KK_1 näher besprechen.

416. Alle Geraden, welche 2 Kreise KK_1 in 2 solchen Punktenpaaren ab $a_1 b_1$ schneiden, daß der eine Schnittpunkt a (oder b) des einen Kreises von dem Schnittpunkt mit der gemeinschaftlichen Chorde AB von KK_1 eben so weit absteht als der Schnittpunkt b_1 (oder a_1) mit dem andern Kreise, umhüllen eine Parabel, die AB zur Tangente hat.

Zus. 1. Auch hier ergiebt sich alsbald, daß ab $=$ $a_1 b_1$ sein muß, so daß man auch sagen kann:

Alle Gerade, welche 2 Kreise KK_1 so schneiden, daß die Sehnen von K u. K_1 einander gleich sind, berühren eine Parabel, die AB zur Tangente hat.

Läßt man die beiden gemeinsamen Tangenten ab von 413 durch die Normalstrahlen eines Punktes vertreten sein, so sind je 2 zugeordnete Strahlen des involut. Büschels S auf einander senkrecht und man erhält einen Satz von konfokalen Kurven II, von dem hier jedoch nur ein Theil wiedergegeben werden soll, also lautend:

417. Zieht man von dem gemeinsamen Brennpunkt F 2er kon-

---

*) Ueber die hiebei Statt findende Zusammengehörigkeit der Tangenten an K_1 und K kann offenbar keine Zweideutigkeit eintreten.

fokalen Kurven II einen Perpendikel p auf die eine m der Gegenseiten mm_1 des gemeinsam eingeschriebenen 4Ecks, deren Schnittpunkt nicht mit F auf einer Seite des gemeinsamen Poldreiecks liegt, und zieht von dem Schnittpunkt desselben mit der andern m_1 eine Parallele zu m, so sind die dadurch in beiden Kurven bestimmten Chorden einander gleich.

Im Nachfolgenden mögen die Hauptsätze aus der Theorie der Transversalen in ihrem Zusammenhang mit der neueren Geometrie dargestellt werden.

Zieht man in dem Dreieck ABC durch einen beliebigen Punkt M der Grundlinie Strahlen, so ist Fig. 62 $CAa_1\ a_2..$ perspekt. $CBb_1\ b_2..$, daher $Aa_1 . Ca_2 : Aa_2 . Ca_1 = Bb_1 . Cb_2 : Bb_2 . Cb_1$ und demnach ist bei unveränderlichem ABMC der Werth des Quotienten $Aa_1 . Cb_1 : Ca_1 . Bb_1$ von unverändertem Werthe. Man kann nun durch besondere Wahl des Strahles Ma_1 für diesen Quotienten sich besondere Werthe verschaffen, z. B. wenn man $Ca_1 = Cb_1$ oder $Ca_1 = Ba_1$ werden läßt, für unsern Zweck liefert der Fall wenn man b_1 (oder a_1) ins Unendliche rücken läßt, die passendste Vereinfachung, denn es wird in diesem Falle der Werth des Verhältnisses $= Au : Cu = AM : BM$*), so daß man den Satz erhält:

418 a. Schneidet eine Gerade p die 3 Seiten eines Dreiecks ABC in den Punkten $A_1B_1C_1$ (Fig. 63 a), so ist stets $AB_1 . CA_1 . BC_1 = AC_1 . CB_1 . BA_1$.

Zus. 1. Es sei hier noch hervorgehoben, daß dieser Satz sich auf ein beliebiges nEck erweitern läßt: Bezeichnet man dasselbe nämlich durch $A_1 A_2 A_3 \ldots$ und entsprechend die Schnittpunkte der Transversale mit den Seiten $A_1A_2\ A_2A_3 \ldots$ durch $a_1\ a_2\ a_3 \ldots$, so ist immer $A_1a_1 . A_2a_2 . A_3a_3 \ldots = A_2a_1 . A_3a_2 . A_4a_3 \ldots$

Es ergiebt sich die Richtigkeit dieser Erweiterung ganz einfach, wenn man von einem der Eckpunkte nach allen $n-3$ anderen Diagonalen zieht und nun auf die dadurch entstehenden Dreiecke den Satz 418 anwendet, in den so erhaltenen Resultaten alle

*) Die Theorie der parallelen Transversalen ist durch die Betrachtung von 18 als erledigt zu betrachten.

Theile rechts und alle Theile links multiplicirt und die gleichen die Diagonalen angehenden Größen auf beiden Seiten weghebt.

Zieht man in Fig. 63 b die Geraden AA_1 und BB_1, die sich in P schneiden, und alsdann noch die CP, welche die AB in C_2 schneidet, so ist AC_2BC_1 ein harmonischer Wurf und daher vom Vorzeichen abgesehen $AC_2:BC_2 = AC_1:BC_1$. Wird dieser Werth von $AC_1:BC_1$ in die vorige Gleichung eingesetzt, so erhält man den Satz:

> 418 b. Zieht man von 3 Ecken ABC eines Dreiecks nach einem Punkte P 3 Gerade, welche die Gegenseiten entsprechend in den Punkten $a_1b_1c_1$ schneiden, so ist $Ab_1 . Ca_1 . Bc_1 = Ac_1 . Ba_1 . Cb_1$.

Zus. 2. Bei der Anwendung der Formeln 418 a und 418 b ist es nothwendig darauf zu achten, wie viele der Punkte $A_1B_1C_1$ oder $a_1b_1c_1$ auf den endlichen Dreiecksseiten liegen, um zu unterscheiden, welcher der in beiden Sätzen enthaltenen Ursachen die Gleichheit der Produkte zuzuschreiben ist. Es dürfte jedoch in dieser Beziehung das Beste sein, den Lagenunterschied in derselben Weise durch Vorzeichen zu fixiren, wie dieses im I Th. 7 angegeben wurde, indem man zu diesem Zwecke als positive Richtung in jeder Seite eines nEcks die betrachtet, welche durch den Sinn der Aufeinanderfolge der Ecken in der Bezeichnung des nEcks $A_1A_2A_3A_4$... bestimmt ist, so daß also hier die positive Richtung in den einzelnen Seiten ist A_1A_2 A_2A_3 A_3A_4....

Jeder Punkt, der auf der endlichen Strecke in einer Seite des nEcks liegt, bringt auf beiden Seiten des Gleichheitszeichens ungleiche Vorzeichen hervor, jeder andere gleiche. Nun überzeugt man sich leicht, daß eine Gerade von den nSeiten eines nEcks stets eine gerade Zahl in den endlichen Strecken schneidet, denn beim Dreieck ist dieß an und für sich klar, und vom nEck läßt sich der Satz alsbald aufs $n + 1$Eck ausdehnen, wenn man über einer Seite als Diagonale ein Dreieck aufgesetzt denkt. Unter dieser Voraussetzung würde demnach die Formel 418 a und 418 a Zus. ungeändert bleiben, 418 b dagegen lauten $Ab_1 . Bc_1 . Ca_1 = - Ac_1 . Ba_1 . Cb_1$.

419. Wendet man den Satz 418 a auf die 3 Dreiecke CAc_1 BCb_1 ABa_1 der Fig. 63 b an, indem man sie entsprechend durch Bb_1 Aa_1 Cc_1 geschnitten denkt, so erhält man

$$CP:c_1P = Cb_1.AB:Bc_1.Ab_1$$
$$BP:b_1P = Ba_1.CA:Ab_1.Ca_1$$
$$AP:a_1P = Ac_1.BC:Ca_1.Bc_1$$

und hieraus erhält man wiederum nach einfacher Reduktion mit Hülfe von 418

$$CP.BP.AP:c_1P.b_1P.a_1P = AB.AC.BC:Ab_1.Ca_1.Bc_1.$$

Zus. Man kann diese Proportionen durch besondere Werthe, die man einzelnen darin vorkommenden Stücken zutheilt, vereinfachen und hieraus zu verschiedenen Sätzen gelangen; wählt man z. B. in der letzten der 3 Proportionen, aus welchen diese letzte Formel abgeleitet wurde, bei unveränderlichem AB und beliebig veränderlichem C $AP = BC$, $a_1P = a_1C$, so wird $Ac_1 = Bc_1$. Unter dieser Voraussetzung ist aber bekanntlich der geometrische Ort von a_1 eine Hyperbel, deren halbe reelle Axe Ca_1 und deren Brennpunkte A und B sind. Dies giebt also den Satz:

Zieht man in einer Hyperbel von den beiden Brennpunkten nach einem Punkte a_1 des Umfangs die beiden Fahrstrahlen, verlängert den kürzeren und verkürzt den längeren um dasselbe Stück, so geht die Verbindungslinie der dadurch auf beiden Fahrstrahlen erhaltenen Punkte stets durch den Mittelpunkt der Hyperbel.

Denkt man sich dagegen BC von konstanter Größe und wiederum $AB = BC$ $a_1P = a_1C$, so beschreibt a_1 eine der vorigen Hyperbel doppelt konfokale Ellipse, deren halbe große Axe BC ist, woraus man denselben Satz für die Ellipse erhält wie er soeben für die Hyperbel gefunden wurde.

420. Aus 419 folgt unmittelbar der Satz, daß die 3 Transversalen von den 3 Ecken nach den Mitten der Gegenseiten in 1 Punkte P sich schneiden. Von diesem Punkte gilt nun ferner bekanntlich, daß er auf jeder der 3 Transversalen von den Ecken doppelt so weit absteht, als von den Seiten, von dieser letzten Eigenschaft mag folgende Erweiterung noch erwiesen werden:

Zieht man Fig. 64 von einem Eck C nach der Mitte der Gegenseite C_1 eine Gerade und von A und B 2 beliebige Gerade, die sich in einem Punkte P von CC_1, und die Gegenseiten entsprechend in A_1 und B_1 schneiden, so ist stets $CP:C_1P = 2.CB_1:AB_1 = 2CA_1:BA_1$.

Die Gerade A_1B_1 muß parallel AB sein, da ihr Schnittpunkt mit AB von C_1 durch A und B harmonisch getrennt ist, schneidet sie nun die CC_1 in D, so ist $CDPC_1$ ebenfalls ein harmonischer Wurf und daher abgesehen vom Vorzeichen $CP:C_1D = 2.CD:C_1P$ (wie dieses für jeden harmonischen Wurf unmittelbar aus I Th. 10 folgt) d. h. $CP:C_1P = 2CD:C_1D$. Da aber $CD:C_1D = CB_1:AB_1$, so ist der Satz erwiesen.

421. Schneiden Fig. 65 die 3 Seiten eines Dreiecks ABC eine Kurve II in den 3 Punktenpaaren A_1A_2 B_1B_2 C_1C_2 und gehen von den neuen 6 Geraden, die von den Ecken ABC entsprechend nach den Schnittpunkten der Gegenseiten gehen, 3 nämlich CC_1 BB_1 AA_1 durch einen Punkt P, so ist dieses auch mit den 3 andern CC_2 BB_2 AA_2 der Fall.

Bezeichnen wir mit D_1 und D_2 entsprechend die Schnittpunkte von A_1B_1 und A_2B_2 mit AB, so ist wegen der Voraussetzung AC_1BD_1 ein harmonischer Wurf. Da aber nach 9. wegen des eingeschriebenen 4Ecks $A_1A_2B_1B_2$ $AB.C_1C_2.D_1D_2$ eine Involution ist, so ist $AC_1BD_1 \; \pi \; BC_2AD_2$, also letzterer Wurf auch harmonisch, woraus die Richtigkeit des Satzes unmittelbar folgt.

Zus. Die 3 Mittelpunkte der 3 Seiten, die Fußpunkte der 3 Höhen, die Winkelhalbirungslinien haben die soeben besprochene Eigenschaft und es liegen daher je 3 solche Punkte mit je 3en andern sowie überhaupt mit je 3 Punkten der 3 Seiten, die mit den Gegenecken verbunden Transversalen liefern, die sich in 1 Punkt schneiden, je in einer Kurve II. Hier möge der Fall hervorgehoben werden, daß die Fußpunkte der Höhen $A_1B_1C_1$ mit den Mitten der Seiten $A_2B_2C_2$ in 1 Kurve II liegen. Nach 183 ist diese Kurve II ein Kreis. Es möge dieses hier noch unabhängig von 183 nachgewiesen werden:

Betrachtet man die Involution, welche nach 8 auf der unendlich fernen Geraden durch die Gegenseitenpaare des 4Ecks $A_2B_2C_2C_1$ bestimmt wird, so ist der unendlich ferne Punkt von AB der eine Ordnungspunkt, während der andere in der darauf senkrechten Richtung liegt nach 27, denn zieht man C_1D parallel B_2C_2 oder BC, so ist $C_1(BA_2CD)$ ein harmonischer Wurf C_1A_2 und C_1D haben aber die Richtungen 2er Gegenseiten und C_1B und C_1C sind auf einander senkrecht. Dasselbe Resultat erhält man für die 4Ecke $A_2B_2C_2B_1$ und $A_2B_2C_2A_1$ woraus folgt, daß je 2 konjugirte Richtungen in Bezug auf die fragliche Kurve auf einander senkrecht sind.

422. Es möge nun noch die algebraische Relation beigefügt werden, welche im Wesentlichen in ihrer Weise dieselbe Lagenabhängigkeit feststellt, die in 419 auf geometrischem Wege ermittelt wurde.

Denkt man sich in der letzten Nummer A_1A_2 und B_1B_2 fest und durch sie 2 Kurven gelegt, welche die Gerade AB in den beiden Punktenpaaren C_1C_2 und D_1D_2 schneiden mögen, so ist wegen der in 421 erwähnten Involution nach I Th. 23. $AC_1 . AC_2 : BC_1 . BC_2 = AD_1 . AD_2 : BD_1 BD_2$ d. h. es bleibt für alle durch A_1A_2 B_1B_2 gehenden Kurven der Werth dieses Verhältnisses stets derselbe. Man kann nun unter den verschiedenen Kurven solche heraus wählen, durch die dieser Werth einen für besondere Zwecke passenderen Ausdruck erhält. Wählen wir z. B. irgend eine Kurve II des Systems, für welche der in 421 besprochene Fall eintritt, daß die von den Ecken ABC nach den Schnittpunkten der Gegenseiten gezogenen Transversalen sich zu 3 und 3 in je einem Punkte schneiden, und bezeichnen für diesen Fall die Schnittpunkte mit AB durch M_1 und M_2 so wird

$$\frac{AM_1 . AM_2}{BM_1 . BM_2} = \frac{AC_1 . AC_2}{BC_1 . BC_2}$$ es ist aber nach 410

$$\frac{AM_1 . AM_2}{BM_1 . BM_2} = \frac{CC_1 . AB_1 . CC_2 . AB_2}{BC_1 . CB_1 . BC_2 . CB_2}$$ woraus man für die 6 Schnittpunkte einer beliebigen Kurve herhält.

$$AC_1 . AC_2 . BA_1 . BA_2 . CB_1 . CB_2 . = AB_1 . AB_2 . BC_1 . BC_2 . CA_1 . CA_2.$$

Zus. Läßt man A_1 und A_2, B_1 und B_2, C_1 und C_2 je einander unendlich nahe rücken, so geht die letzte Bedingungsgleichung über in $AC_1^2 . BA_1^2 . CB_1^2 . = AB_1^2 . BC_1^2 . CA_1^2$ und vergleicht man diese Gleichung mit der in 418, so ist hieraus zu ersehen, daß die 3 Geraden AA_1 BB_1 CC_1 sich in 1 Punkte schneiden, vergl. I Th. 48.

Zus. 2. Auch dieser Satz läßt sich allgemein aufs n Eck ausdehnen und zwar genau durch dasselbe Verfahren wie es in 418a Zus. in Bezug auf die Schnittpunkte mit einer Geraden geschehen ist, überhaupt springt die Verwandtschaft der Sätze 422 und 418 alsbald ins Auge.

Zus. 3. Ist $A_1 A_1 A_3 \ldots.$ ein einer Kurve II umschriebenes nEck, dessen Berührungspunkte entsprechend 418 b Zus. durch $a_1 a_2 a_3 \ldots.$ bezeichnet seien!, so ergiebt sich alsbald

$$A_1 a_1 . A_2 a_2 . A_3 a_3 \ldots = A_2 a_1 . A_3 a_2 . A_4 a_3 \ldots.$$

423. Hiemit in naher Verbindung steht ein anderer für das Wesen der Kurven II vor allen wichtiger Satz über Kurventransversalen, der also lautet:

Schneiden 2 Gerade a und b sich und eine Kurve II K entsprechend in den Punkten C aa_1 bb_1, so hat stets das Verhältniß $Ca . Ca_1 : Cb . Cb_1$ einen konstanten Werth, welche Lage auch C hat, wenn nur die Richtung von a und b ungeändert dieselbe bleibt.

Denkt man sich die Kurve II K_1 gezogen, welche nach Nr. 243 1) mit der gegeben die beiden auf der unendlich fernen Geraden liegenden Punkte gemein hat, d. h. mit ihr ähnlich ist, 2) durch die Berührungspunkte AB derjenigen beiden Tangenten geht, die durch C an die K sich ziehen lassen und 3) die Lage hat, daß jeder Strahl von A die K und K_1 in 2 Punktenpaaren z. B. aa_1 und DD_1 schneidet, die gegenseitig harmonisch getrennt sind (und unter der Voraussetzung 1. zu 2., ist dieses mit allen Strahlen von C der Fall, wenn es mit 1 der Fall ist nach 292 ꝛc.), so ergiebt sich hieraus alsbald folgendes:

Es ist $Ca . Ca_1 = CD^2$ ebenso $Cb . Cb_1 = CD^2$ (weil C als Mittelpunkt von K_1 in der Mitte zwischen DD_1 oder EE_1 liegt vergl. 25. Sind nun a_1 und b_1 die Halbmesser der K, welche mit a und b parallel sind, so ist stets $CD^2 : CE^2 = {a_1}^2 : {b_1}^2$ weil die Kurven ähnlich sind (nach 18.), woraus die Richtigkeit des Satzes unmittelbar folgt.

Zus. Für den Kreis wird, da $a_1 = b_1$, der Werth dieses Verhältnisses bekanntlich $= 1$.

424. Die nachfolgenden Entwicklungen mögen einem Gegenstande gewidmet sein, der die zahlreichsten und fruchtbarsten Anwendungen zuläßt, es ist dieses nämlich die ähnliche Beziehung 2er ebener Gewebe desselben Trägers und die dadurch bedingte Abhängigkeit der verschiedenen Arten geometrischer Gebilde.

Zu diesem Behufe möge noch im Anschluß an 18 und 20 auf folgende Punkte aufmerksam gemacht werden.

Sollen 2 ebene Gewebe E und E_1 desselben Trägers perspekt. ähnlich sein, so bedeutet dieses so viel, als daß sie alle Punkte der unendlich fernen Geraden entsprechend gemein haben, woraus vor Allem folgt, daß jedem Kreis wieder ein Kreis entspricht. Soll nun die perspekt. Beziehung nun weiter noch vollständig fixirt sein, so könnte nach 87 dieses noch auf verschiedene Weise erzielt werden, wenn z. B. 2 entsprechende Punkte und das mit ihnen in einer Geraden liegende Centrum, oder wenn zu 2 Punkten einer Geraden 2 Punkte einer zu jener parallelen Geraden als entsprechend gegeben wären.

Eine besonders wichtige Art, 2 Gewebe wie E und E_1 perspekt. ähnlich auf einander zu beziehen, ist die, daß man ein Paar entsprechende Punkte M und M_1 und das Verhältniß m:n in welchem die entsprechenden Strecken von E und E_1 zu einander stehen, giebt. Sind nämlich J und A die 2 Punkte, für welche vom Zeichen abgesehen nach I. Th. 13 $MJ : M_1J = MA : M_1A = m:n$, so sind J und A die beiden einzig möglichen Centra der perspekt. ähnlichen Beziehung, für welche M und M_1 bei dem gegebenen Verhältniß entsprechender Strecken entsprechende Punkte darstellen können; die perspekt. ähnliche Beziehung kann also unter den gegebenen Voraussetzungen eine doppelte sein und A und J nennen wir die dazu gehörigen beiden Aehnlichkeitscentra oder Aehnlichkeitspunkte und zwar den auf der endlichen Strecke MM_1 gelegenen stets mit J bezeichneten den innern, den auf der unendlichen Strecke MM_1 gelegenen stets mit A bezeichneten den äußern. MAM_1J bilden dabei nach 13. einen ordentlichen harmonischen Wurf. Dieser zuletzt hier besprochene Fall tritt, was für die folgenden Entwicklungen besonders wichtig ist, immer dann von selbst ein, wenn die perspekt. ähnliche Beziehung nach 20 dadurch fixirt wird, daß 2 Kreise M und M_1 als entsprechende Gebilde derselben gegeben sind, die Halbmesser bestimmen das Verhältniß entsprechender Strecken und die Mittelpunkte M und M_1 sind für jede Art der perspekt. ähnlichen Beziehung als Pole der unendlich fernen Geraden entsprechende Punkte.

425. In 420 wurde ein Beweis geliefert für den Satz, daß von den Transversalen, die man von den Ecken a b c eines Dreiecks nach den Mitten $a_1 b_1 c_1$ der Gegenseiten ziehen kann, und die sich

in J schneiden (Fig. 66) die Stücke an den Spitzen je doppelt so groß sind, als die andern. Dieses führt nun unmittelbar darauf abc und $a_1 b_1 c_1$ als entsprechende Punkte 2er perspekt. ähnlicher ebener Gewebe E und E_1 zu betrachten, für welche J Aehnlichkeitspunkt und 2:1 das Verhältniß entsprechender Strecken ist.

Den Perpendikeln in den Mitten $a_1 b_1 c_1$, die sich in M, dem Mittelpunkte des dem abc umschriebenen Kreises, schneiden mögen, entsprechen als zu E_1 gehörig die Höhen des Dreiecks abc. die sich in A schneiden mögen und es liegen also MJA in 1 Geraden und es ist $AJ : MJ = 2:1$. Betrachtet man dagegen M als zu E gehörig, so entspricht ihm der ebenfalls auf MJ liegende Mittelpunkt M_1 des dem $a_1 b_1 c_1$ umschriebenen Kreises und es ist wieder $JM : JM_1 = 2:1$. Diese Resultate lassen sich in folgendem Satze zusammenfassen:

> Bezeichnet man für ein beliebiges Dreieck den Höhenpunkt durch A den Schnittpunkt der von den Ecken nach den Mitten der Gegenseiten gehenden Transversalen (bekanntlich der Schwerpunkt) durch J die Mittelpunkte der beiden Kreise, von denen der 1ste durch die Mitten der Seiten (und also auch durch die Fußpunkte der Höhen), der 2te durch die Ecken des Dreiecks geht durch M_1 und M, so liegen AM_1 JM in einer Geraden und es verhalten sich $JM_1 : JM : JA : MA = 1:2:4:6$.

426. Denkt man sich nun die perspekt. ähnliche Beziehung von E und E_1 bloß dadurch fixirt, daß man die Kreise M und M_1 als entsprechende Gebilde annimmt, so ist J_1 nach 425 offenbar ihr innerer Aehnlichkeitspunkt, da man sich alsbald überzeugt, daß M und M_1 ebenso wie a und a_1 auf entgegengesetzten Seiten von J liegen. Sucht man nun nach 424 den äußern Aehnlichkeitspunkt dazu, so findet man offenbar A als denselben, da ja auch $AM : AM_1 = 2:1$ nach 425. Hieraus ergeben sich nun noch eine weitere Anzahl von Relationen, für die nur in Verbindung mit der Fig. 67 in aller Kürze hier das Resultat in Formeln angegeben werden und dem Leser überlassen bleiben soll, die Sätze in Worte zu fassen:

$$2:1 = Jb : Jb_1 = Je : Je_1 = Ja : Ja_1 = Jd : Jd_1 = Jc : Jc_1 = Jf ; Jf_1 = Jm : Jm_1 = Jn : Jn_1 = JM : JM_1 = JA : JM =$$

$Aa : Aa_1 = A\alpha : A\alpha_1 = Ab : Ab_1 = A\beta : A\beta_1 = Ac : Ac_1 = A\gamma : A\gamma_1 = Am : An_1 = An : Am_1 = AM : AM_1$. Da die beiden Dreiecke $a_1 b_1 c_1$ und $a_1\, b_1\, c_1$ demselben Dreiecke a b c für dasselbe Verhältniß 1:2 ähnlich sind, so sind ihre Seiten mit den Seiten des letzteren und also auch unter sich parallel und gleich groß und da sie beide auf demselben Kreise liegen, so sind sie kongruent und perspekt. für das Centrum M_1 d. h. symmetrisch für das Centrum R_1 (20).

427. Nach 178. schneiden sich die Verbindungslinien der Mitten von je 2 Gegenseiten nämlich aa_1 bb_1 cc_1 eines 4Ecks in 1 Punkte S, in welchem diese Verbindungslinien zugleich halbirt werden. Man kann daher S als Centrum 2er perspekt. kongruenter d. h. symmetrischer ebener Gewebe betrachten, wobei alsdann den 6 Punkten a b c $a_1 b_1 c_1$ die 6 Punkte $a_1\, b_1\, c_1$ a b c entsprechen. Zieht man nun in den 6 erwähnten Punkten 6 Gerade, die je senkrecht sind auf der zugehörigen Seite des 4Ecks, so entsprechen diesen Geraden die 6 Geraden, welche man je aus den Mitten der Gegenseiten auf eben dieselben Seiten senkrecht ziehen kann. Die ersteren 6 Geraden bilden aber die 6 Seiten des vollständigen 4Ecks, dessen Ecken die Mittelpunkte der den 4 Dreiecken des 4Ecks umschriebenen Kreise sind, daher erhält man den Satz:

> Die 6 Perpendikel, welche man aus den 6 Mitten der 6 Seiten eines 4Ecks je auf die Gegenseite fällen kann, bilden die 6 Seiten eines 4Ecks, das demjenigen kongruent und symmetrisch ist, das von den Mittelpunkten der den 4 Dreiecken des 4Ecks umschriebenen Kreise gebildet wird. (vergl. 208).

Zus. Ist das 4Eck ein Kreisviereck, so gehen beide neuentstehende 4Ecke in je 1 Punkt über (212).

Wir wenden uns in den nachfolgenden Nummern zur näheren Betrachtung der perspekt. Beziehung 2er Kreise; denn, wenn gleich ein Theil der einschlägigen Sätze hie und da schon zerstreut bei der entsprechenden Betrachtung der perspekt. Beziehung 2er Kurven II überhaupt schon beispielsweise angeführt wurde, so scheint es doch passend des Ueberblicks wegen hier diese Sätze noch einmal zusammenzustellen, da an dieselben sich eine große Zahl von einfachen Anwendungen anschließt.

428. Bezieht man 2 beliebige Kreise $K_1 K_2$ perspekt. aufeinander d. h. betrachtet man sie als entsprechende Gebilde 2er per-

spekt. projekt. ebener Gewebe desselben Trägers, so kann dieses, falls sie sich nicht im Unendlichen doppelt berühren, nach I Th. 194 stets auf 4erlei Weise geschehen, wobei 2 Axen und 2 Centra der perspekt. Beziehung vorhanden sind. Dabei liegt nun stets die eine der erwähnten beiden perspekt. Axen im Unendlichen und die projekt. Beziehung geht daher immer für diese eine Axe in die der ähnlichen Beziehung über.

Die beiden Centra der perspekt. Beziehung (und diese sind, was wohl im Auge zu behalten, für die beiden Arten der ähnlichen Beziehung dieselben wie für die beiden Arten der bloß projekt. Beziehung) sind nach 255 (oder auch nach 424) harmonisch getrennt durch die beiden Mittelpunkte $K_1 K_2$ als Pole der einen perspekt. Axe und es liegt daher das eine Centrum auf der endlichen das andere auf der unendlichen Strecke K_1K_2. Aus 255 folgt ebenso, daß die erwähnten beiden Axen der perspekt. Beziehung von K_1K_2 harmonisch getrennt sind durch die beiden Polaren jedes der beiden perspekt. Centra und daß ihr Schnittpunkt der Pol der Verbindungslinie der letzteren ist. Die im Endlichen liegende Axe der perspekt. projekt. Beziehung ist also parallel diesen Polaren selbst, und liegt in der Mitte von je 2 Polaren eines dieser perspekt. Centra.

429. Man hat für die beiden Arten der perspekt. Beziehung 2er Kreise d. h. der durch sie als perspekt. auf einander bezogenen ebenen Gewebe schon seit lange besondere Namen eingeführt, die wir nun der Kürze wegen auch gebrauchen werden, allein unter der steten Voraussetzung, daß diese Bezeichnungen nichts anders als andere Worte für die früher eingeführten allgemeinen Begriffe oder Bezeichnungen perspekt. Axe 2c. sind.

Die beiden Arten der perspekt. Beziehung, für welche die unendlich ferne Gerade perspekt. Axe darstellt, heißen auch späterhin die perspekt. Aehnlichkeit der beiden Kreise K_1K_2 oder der beiden ebenen Gewebe E_1 u. E_2, für welche die Kreise K_1 u. K_2 entsprechende Gebilde darstellen. Die beiden Centra A u. J heißen wie früher Aehnlichkeitspunkte und zwar der auf der endlichen Strecke $K_1 K_2$ liegende „innerer", der auf der unendlichen Strecke $K_1 K_2$ „äußerer", jener wird dabei stets durch J oder J_{12} dieser durch A oder A_{12} bezeichnet werden. Jede durch einen Aehnlichkeitspunkt gehende Gerade heißt ein Aehnlichkeitsstrahl. Je 2 Punkte, welche bei einer dieser beiden Arten der ähnlichen Beziehung einander entsprechen heißen **ähnlich liegende** Punkte. Also sind in der Fig. 67 a_1 u. a_2 b_1 u. b_2 ähnlich liegende Punkte und zwar in Fig. 67 a) für die äußern in Fig. 67, b) für den innern Aehnlichkeitspunkt; dabei sind $K_1 a_1$ u. $K_1 b_1$ parallel entsprechend mit $K_2 a_2$ u. $K_2 b_2$.

Dagegen sind die beiden Arten der perspekt. Beziehung, für welche die Axe der perspekt. Beziehung c im Endlichen liegt, mit dem Namen der „**Potenzialität**" der Kreise belegt worden und die Axe der perspekt. Beziehung heißt die „**Potenzlinie**" oder wohl auch die „**Chordale**" der beiden Kreise und je ein Paar entsprechende Punkte bei dieser Beziehung wie a_1 u. b_2 b_1 u. a_2 in Fig. 67 heißen „**potenzhaltende**" Punkte, auch wohl „**inverse**" Punkte dieser Kreise.

430. Aufg. Es soll zu einem beliebigen Punkte M_1 der Ebene E_1 der ähnlich liegende Punkt M_2 der Ebene E_2 gesucht werden, wenn ihre ähnliche Beziehung durch die entsprechenden Kreise $K_1 K_2$ fixirt ist (s. Fig. 68).

Aufl. Man ziehe $K_1 M_1$, schneidet diese Gerade den Kreis K_1 in a_1, so ziehe man, wenn die Aehnlichkeit für den äußern Aehnlichkeitspunkt Statt finden soll, $A a_1$, dieser Aehnlichkeitsstrahl schneidet nun den Kreis K_2 in 2 Punkten $a_2 b_2$, von denen der eine zu a_1 ähnlich liegend der andere potenzhaltend ist, durch den 1sten, der nach dem Obigen alsbald zu erkennen, ziehe man $K_2 a_2$ und diese Gerade schneidet die AM_1 in dem gesuchten Punkt M_2.

Zus. Aehnlich löst man die Aufgabe für den innern Aehnlichkeitspunkt, so wie auch die Aufgabe zu M_1 den potenzhaltenden Punkt in E_2 zu finden.

431. Berühren einander 2 Kreise, so vertritt offenbar der Berührungspunkt den äußern oder innern Aehnlichkeitspunkt, je nachdem der eine Kreis innerhalb des andern liegt oder nicht; dabei ist in beiden Fällen die gemeinschaftliche Tangente die Chordale beider Kreise.

Schneiden die beiden Kreise einander in reellen Punkten, so ist diese gemeinsame Chorde Potenzlinie oder Chordale, A liegt außerhalb J innerhalb beider Kreise, liegt einer ganz innerhalb des andern, so liegt A u. J innerhalb beider Kreise.

432. Hat ein System von Kreisen $K_1 K_2 \ldots$ dieselbe Chordale, so liegen Fig. 69 die Berührungspunkte aller Tangenten, die man von einem Punkte K dieser gemeinsamen Chordale, an sie ziehen kann, nach 316 auf einem sie senkrecht durchscheidenden Kreise K dessen Mittelpunkt jener Punkt K ist und der die Eigenschaft hat, daß jeder durch K gehende Strahl von $K_1 K_2 \ldots$ je in 2 Punkten z. B. bb_1 u. cc_1 geschnitten wird, die durch die Schnittpunkte des neuen Kreises K harmonisch getrennt sind 292 ꝛc., woraus nach 25 zugleich folgt, daß für alle Kreise des Systems $K_1 K_2 \ldots$ die Abstände der beiden Schnittpunkte eines solchen Durchmessers von K ein konstantes Produkt geben, das gleich ist dem Quadrat des Halbmessers des Kreises K, d. h. es ist $Ka_1^2 = Km_1 \,.\, Kn_1 = Km_2 \,.\, Kn_2 = Ka^2$.

Zus. 1. Diese zuletzt angegebene Eigenschaft hat der Chordale den Namen Potenzlinie gegeben. Man nennt nämlich gewöhnlich ganz allgemein den Werth des gleichen Produktes das man nach 295 erhält, wenn man die Entfernungen, die die Schnittpunkte irgend einer durch einen Punkt S nach einem Kreis gezogenen Sekante von eben dem S haben, die Potenz dieses Kreises in Bezug auf diesen Punkt S und aus dem letzten Satze ist nun zu erkennen, daß die Chordale der geometrische Ort für alle die Punkte ist, *für welche die Potenz beider Kreise gleich ist*, mit andern Worten die Chordale ist *der Ort der gleichen Potenzen* der Kreise $K_1 K_2 \ldots$ Denn man überzeugt sich leicht davon, daß es außerhalb der Chordale 2er Kreise nicht noch einen Punkt geben könne, für welche die Potenz beider Kreise gleich wäre.

Zus. 2. Es soll hier im Anschluß an die Entwicklung in 316 und gestützt auf dieselbe noch folgendes hier beigefügt werde: Rückt K auf der Chordale fort nach $K_1 K_2 \ldots$, so ändern sich mit K die senkrecht durchschneidenden Kreise und wir bezeichnen sie entsprechend mit $K_1 K_2$, dabei schneiden sich $K K_1 K_2 \ldots$ in 2 Punkten MN der Centrallinie des Systems $K_1 K_2$, wobei MN die Ordnungselemente der Involution sind, welche durch das System $K_1 K_2 \ldots$ nach 9 auf der Centrallinie erzeugt wird, so daß MN reell sind, wenn $K_1 K_2 \ldots$ sich in imagin. Punkten schneiden und umgekehrt. Dabei ist das Verhältniß der beiden Kreissysteme

$K_1 K_2 \ldots$ u. $\mathfrak{K}_1 \mathfrak{K}_2 \ldots$ hinsichtlich der hier entwickelten Verhältnisse ein vollständig gegenseitiges.

433. Aus 432 folgt in Verbindung mit 295, daß je 2 Paare von Schnittpunkten wie $m_1 n_1$ u. $m_2 n_2$ die auf 2 beliebigen durch $\mathfrak{K}$ gehenden Strahlen $m_1 m_2$ und zugleich auf 2 Kreisen $K_1 K_2$ des gegebenen Systems von Kreisen liegen, stets auf einem neuen Kreise liegen, welcher gegenüber dem Kreise $\mathfrak{K}$ die Eigenschaft hat, wie sie K_1 u. K in 294 oder 295 gegenseitig haben.

Nimmt man nun an, daß m_1 u. m_2 potenzhaltende Punkte für die Kreise K_1 u. K_2 sind, so sind nothwendig auch n_1 u. n_2 potenzhaltende Punkte für diese 2 Kreise, weil alsdann die Gerade m_1 der Geraden m_2 für die perspekt. projekt. Beziehung, deren Axe c eben die Chordale c ist, entspricht. Hieraus folgt aber der Satz:

> Je 2 Paare von Punkten 2er Kreise $K_1 K_2$ die potenzhaltend sind für denselben (in der Fig. 69 äußern) Aehnlichkeitspunkt, liegen auf einem neuen Kreise und es ist $Am_1 \,.\, Am_2 = An_1 \,.\, An_2$.

Zus. Was natürlich hier für den äußern Aehnlichkeitspunkt bewiesen, gilt ebenso auch für den innern. Hieher rührt, wie leicht zu sehen, der Ausdruck potenzhaltende Punkte und man nennt auch den Werth des konstanten Produkts $Am_1 \,.\, Am_2$ die gemeinsame Potenz der Kreise $K_1 K_2$ für diesen (hier äußern) Aehnlichkeitspunkt.

434. Läßt man in der letzten Nr. den Punkt n_1 dem Punkte m_1, d. h. den Aehnlichkeitsstrahl An_1 dem Aehnlichkeitsstrahl Am_1 unendlich nähern, so muß auch nothwendig der Punkt n_2 dem m_2 sich unendlich nähern und man erhält daher den Satz:

> Berührt ein Kreis $\mathfrak{K}$ einen von 2 Kreisen $K_1 K_2$ im Punkt m_1 und geht er dabei durch den potenzhaltenden Punkt m_1 des andern Kreises, so berührt er auch diesen in diesem Punkte.

Umgekehrt überzeugt man sich aber leicht, daß wenn ein Kreis 2 Kreise $K_1 K_2$ zugleich berührt, beide Berührungspunkte auch 2 potenzhaltende Punkte sein müssen (vergl. hiezu 438 Zus. u. 445). Hiebei tritt aber nun noch der wichtige Unterschied ein, ob diese beiden Berührungspunkte für den innern oder ob sie für den äußern

Aehnlichkeitspunkt potenzhaltend sind. Man überzeugt sich aber in dieser Beziehung alsbald, daß, wenn von den beiden Kreisen K_1K_2 der eine außerhalb des berührenden Kreises K liegt, der andere innerhalb, daß dann allemal die Punkte für den innern Aehnlichkeitspunkt potenzhaltend sind, daß sie dieses aber für den äußern sind, wenn entweder beide außerhalb oder beide innerhalb liegen, die 1ste Berührung nennt man ungleichartig, die 2te gleichartig. Zieht man nämlich Fig. 70 von einem Punkte K von c die 4 Tangenten $a_1 b_1$ $a_2 b_2$ an K_1 u. K_2 so entsprechen, wie man sich alsbald überzeugt, für das Centrum A der perspekt. projekt. Beziehung 2 solche Tangenten a_1 u. a_2, b_1 u. b_2 einander, für welche K_1 u. K_2 in demselben Winkel a_1a_2 oder b_1b_2 eingeschloßen sind, dagegen entsprechen einander für J als perspekt. Centrum der bloß projekt. Beziehung 2 solche a_1b_2 oder b_1a_2, für welche K_1 in dem einen, K_2 in dem andern der dadurch gebildeten Nebenwinkel liegt, woraus die Richtigkeit unmittelbar folgt, so daß man folgenden Satz erhält:

Berührt ein Kreis 2 gegebene Kreise $K_1 K_2$ zugleich, so geht die Verbindungslinie der beiden Berührungspunkte durch den äußern Aehnlichkeitspunkt von $K_1 K_2$, wenn die Berührung eine gleichartige ist. Dagegen durch den inneren Aehnlichkeitspunkt, wenn die Berührung eine ungleichartige ist.

435. Die 3 Chordalen 3er Kreise $K_1 K_2 K_3$ schneiden sich in 1 Punkte, den man gewöhnlich den Chordalpunkt dieser Keise nennt s. 144.

Betrachtet man nach den letzten Entwicklungen die geometrische Bedeutung dieses Chordalpunktes gegenüber den 3 Kreisen $K_1K_2K_3$ so ergeben sich aus diesem letzten Satze verschiedene Anwendungen, deren hauptsächlichste hier folgen mögen:

436. Aufg. Die Chordale 2er Kreise $K_1 K_2$ zu finden, die sich in imagin. Punkten schneiden.

Zieht man einen 3ten Hilfskreis K_3, dessen Schnittpunkte mit K_1 u. K_2 reell sind, so giebt der Schnittpunkt der gemeinschaftlichen Chorden $K_1 K_3$ u. $K_2 K_3$ nach 435 einen Punkt der Chordale $K_1 K_2$.

437. Aufg. Einen Kreis zu beschreiben, der 3 gegebene Kreise unter rechtem Winkel schneidet.

Man findet als seinen Mittelpunkt nach Nr. 432 den Chordalpunkt der 3 Kreise, woraus die Lösung sich von selbst ergiebt.

Da die Chordale 2er Kreise, welche sich berühren, die gemeinsame Tangente derselben ist, so erhält man hieraus in Verbindung mit den letzten Nummern folgende Sätze:

438. Berührt ein Kreis 2 Kreise, so schneiden sich die beiden gemeinschaftlichen Tangenten auf der Chordale beider Kreise.

Zus. 1. Hieraus folgt unmittelbar wieder, daß die beiden Berührungspunkte b b_1, in denen ein Kreis K 2 Kreisen $K_1 K_2$ berührt, potenzhaltend für die 2 Kreise sind (vergl. 434). Denn von dem Schnittpunkte der Tangente b b mit der Chordale lassen sich bloß 2 Tangenten an den Kreis K_2 ziehen, so daß es auch höchstens 2 Berührungskreise K K_1 giebt, die den Kreis K_1 in b berühren, welche, wenn sie reell sind, nach 234 dadurch gefunden werden, daß man zu b die beiden potenzhaltenden Punkte (für A_{12} u. J_{12}) sucht, welche je den 2ten Berührungspunkt darstellen.

Zus. Hiedurch löst sich auch die Aufgabe, einen Kreis zu zeichnen, der 2 Kreise K K_1 und zwar den einen K in einem bestimmten Punkte a berührt; man zieht zu diesem Zwecke die Tangente a a und von deren Schnittpunkt mit der Chordale von K K_1 die beiden Tangenten an K_1, ihre Berührungspunkte liefern die Berührungspunkte des gesuchten Kreises, so daß also die Aufgabe im Allgemeinen 2 Auflösungen zuläßt.

Berühren von 3 Kreisen je 2 sich, so gehen die 3 gemeinschaftlichen Tangenten durch einen Punkt.

439. Einen Kreis K_2 zu beschreiben, der einen gegebenen Kreis K_1 berührt, und durch 2 feste Punkte AB geht.

Beschreibt man einen Hilfskreis K_3 der durch AB geht und mit dem Kreis K_1 die Chordale c hat, so ist der Schnittpunkt P von AB u. c der Chordalpunkt der Kreise $K_1 K_2 K_3$ und da die Chordale von K_1 und K_2 eine Tangente an K_1 sein soll, so bestimmen die beiden von P an K_1 gezogenen Tangenten die Berührungspunkte der beiden möglichen Berührungskreise K_2.

440. Einen Kreis zu beschreiben, der 2 gegebenen Kreise $K_1 K_2$ senkrecht durchschneidet und einen Kreis K_3 berührt oder durch einen festen Punkt K_3 geht.

Da der gesuchte Kreis nach 432 Zus. durch 2 unzweideutig bestimmte Punkte der Centrallinie $K_1 K_2$ gehen muß, so ist diese Aufgabe auf die letzte zurückgeführt.

441. Aufg. Einen Kreis zu beschreiben, der mit einem gegebenen K_1 eine gegebene Chordale c habe, und noch irgend eine Bedingung erfüllt.

Der fragliche Kreis gehört einem durch 4 Punkte bestimmten System an, in welchem der Chordale die unendlich ferne Gerade als Gegenseite des gemeinsamenen 4 Ecks entspricht, die Ordnungselemente irgend einer Sekante müssen also von der c gleich weit abstehen und durch die Schnittpunkte des 2ten Kreises harmonisch getrennt sein, man findet dieselben nach 432 am einfachsten dadurch, daß man einen Kreis beschreibt der den gegebenen rechtwinklig durchschneidet, und dessen Mittelpunkt auf c liegt, die Schnittpunkte mit der vom Centrum K_1 auf c gefällten Perpendikel bilden diese Ordnungselemente.

Soll nun, um einige Beispiele für diese so, wie sie hier gegeben, unbestimmte Aufgabe näher zu betrachten, derjenige der erwähnten Kreise gefunden werden, der noch durch einen gegebenen Punkt M geht, so wird man, da die Aufgabe bloß dann Interesse haben kann, wenn c u. K_2 imagin. Punkte gemein haben, am einfachsten denjenigen Kreis $\mathfrak{K}_1$ zuerst als Hilfskreis zeichnen, der alle zu dem System K_1 c gehörigen Kreise rechtwinklig schneidet, und durch M geht, denn derselbe geht dann nach 432 Zus. durch 2 reelle Punkte der Centrallinie der Kreise des Systems und ist also als gegeben zu betrachten. Der Radius $\mathfrak{K}_1$ M dieses Hilfskreises ist aber alsdann Tagente des gesuchten Kreises in M, so daß umgekehrt die Tangente von $\mathfrak{K}_1$ in M den Mittelpunkt des gesuchten Kreises enthalten muß, wodurch die Aufg. als gelöst zu betrachten ist.

Soll der gesuchte Kreis des Systems K_1 c noch einen gegebenen Kreis K_2 berühren, so bestimmt die Chordale von $K_1 K_2$ den Chordalpunkt der 3 Kreise, wodurch die Aufgabe auf 439 zurückgeführt ist.

Nach 432 wird jeder Durchmesser eines von 2 einander senkrecht durchschneidenden Kreises von dem andern in 2 konjugirten Punkten geschnitten, hieraus folgt:

442. Durch 2 Paar konjugirte Punkte 2er Durchmesser eines Kreises geht immer ein neuer Kreis.

Da für irgend einen Kreis K_1 jeder Punkt M mit dem ihm konjugirten Punkt M_1 des zu M gehörigen Durchmessers M K_1 auf einem den Kreis K_1 rechtwinklig durchschneidenden Kreis $\mathfrak{K}_1$ liegt, und wenn 2 Kreise K_1 u. K_2 gegeben sind, es nur 1 Kreis $\mathfrak{K}_1$ giebt, der durch M geht und beide senkrecht durchschneidet, so folgt hieraus:

Sind zwei Kreise K_1 u. K_2 und ein Punkt M gegeben, und man sucht für jeden der beiden Kreise den dem M konjugirten Punkt des zugehörigen Durchmessers und wiederholt dieses Verfahren mit den auf diese Art neu gefundenen Punkten und so fort, so liegen alle so erhaltenen Punkte mit M in einem K_1 u. K_2 senkrecht durchschneidenden Kreise.

Nach 138 bilden die 6 Aehnlichkeitspunkte von 3 Kreisen $K_1 K_2 K_3$ die 6 Ecken eines vollständigen 4 Seits, dessen Polardreieck die 3 Mittelpunkte $K_1 K_2 K_3$ sind.

Anm. Wir bezeichnen in dem Nachfolgenden die verschiedenen Aehnlichkeitspunkte dadurch, daß wir an den Buchstaben A oder J, die den äußern oder innern Aehnlichkeitspunkt bedeuten, je auch die beiden Zahlen beifügen, die anzeigen sollen, für welche 2 Kreise der fragliche Punkt Aehnlichkeitspunkt sein soll; demnach ist A_{12} der äußere Aehnlichkeitspunkt von K_1 u. K_2. Nach dieser Bezeichnung enthalten die 4 Seiten des 4 Seits in 442 je folgende Aehnlichkeitspunkte: 1) $A_{12} A_{13} A_{23}$, 2) $A_{12} J_{13} J_{23}$, 3) $A_{13} J_{12} J_{23}$, 4) $A_{23} J_{12} J_{13}$.

Gestützt auf diesen Satz 138 erhält man nun noch eine Anzahl weiterer Sätze über diese Aehnlichkeitspunkte 3er Kreise $K_1 K_2 K_3$:

443. Zieht man von den Ecken des durch die 3 Mittelpunkte $K_1 K_2 K_3$ gebildeten Dreiecks je nach den innern Aehnlichkeitspunkten der Gegenseite 3 Transversalen, so schneiden sich diese in 1 Punkte, dasselbe findet Statt, wenn man 2 der 3 innern Aehnlichkeitspunkte je mit den entsprechenden äußern vertauscht.

Dieses folgt unmittelbar aus 417 ꝛc.

444. Nimmt man 4 Kreise $K_1 K_2 K_3 K_4$, so erhält man 12 solcher Aehnlichkeitspunkte, die zu je 3 in 16 Geraden p liegen, wobei durch jeden dieser 12 Punkte 4 der 16 Geraden p gehen. Außerdem gelten aber hinsichtlich dieser 12 Aehnlichkeitspunkte noch folgende merkwürdige Relationen: die Verbindungslinien je 2er dieser 12 Punkte bestimmen im Ganzen noch 18 neue Gerade. Von diesen 18 Geraden gehen nun 1) noch 4 Mal je 3 durch die 4 Mittelpunkte der 2 Kreise (wie dieses selbstverständlich aus der Definition der Aehnlichkeitspunkte folgt), 2) gehen noch 32 Mal je 3 durch je 1 Punkt.

Betrachtet man nämlich irgend eine der 16 Geraden p, so kann man sie als die Axe der perspekt. Beziehung von je 1 Paar perspekt. Dreiecke betrachten, deren entsprechende Seitenpaare sich in den drei Aehnlichkeitspunkten eben dieser Geraden p schneiden, die Verbindungslinien der 3 Paare entsprechender Ecken je eines solchen Paares perspekt. Dreieck liefern aber je 3 solche sich je in 1 Punkte schneidende Verbindungslinien, vorausgesetzt, daß eben die Dreiecke so gewählt sind, daß ihre Ecken Aehnlichkeitspunkte darstellen. Betrachtet man aber irgend eine der Geraden p, so gehen durch jeden der 3 in ihr enthaltenen Aehnlichkeitspunkte gerade noch 3 andere solche Gerade, von denen jede wieder 2 neue Aehnlichkeitspunkte enthält, so daß man also hinsichtlich der Wahl der erwähnten perspekt. Dreiecke eine ziemliche Auswahl übrig behält, von der man sich jedoch alsbald überzeugt, daß sie sich je auf eine 3fache Möglichkeit beschränkt, von denen die eine stets zu dem hier oben unter 1) angeführten Resultat führt, während die beiden anderen zu einem der 32 oben unter 2) angeführten Resultate gelangen lassen, wie nun ausführlich gezeigt werden soll:

Hinsichtlich ihrer geometrischen Bedeutung zerfallen die Geraden p in 2 verschiedene Gruppen, von denen die Geraden der einen (4 an der Zahl) je 3 äußere Aehnlichkeitspunkte enthalten, während auf den Geraden der 2ten (12 an der Zahl) je 1 äußerer und 2 innere Aehnlichkeitspunkte liegen. Die Resultate, zu denen man so durch Benützung der Geraden je 1 Gruppe gelangt, unterscheiden sich daher nur durch die Gruppirung der Kreise K_1 $K_2 K_3 K_4$ und führen daher wesentlich zu denselben Sätzen. Betrachten wir daher als Repräsentanten der Isten Gruppe die Gerade $A_{12}A_{13}A_{23}$ und als Repräsentant der IIten Gruppe $A_{12}J_{13}J_{23}$ und führen nach den oben angezeigten Gesichtspunkten an ihnen die fragliche Entwicklung durch:

I A Durch A_{12}	gehen noch die Geraden	a)	J_{13} J_{23}
	" " "	b)	A_{24} A_{14}
	" " "	c)	J_{12} J_{24}
B durch A_{13}	" " "	a)	J_{12} J_{23}
	" " "	b)	A_{14} A_{34}
	" " "	c)	J_{14} J_{34}
C durch A_{23}	" " "	a)	J_{12} J_{13}
	" " "	b)	A_{24} A_{34}
	" " "	c)	J_{24} J_{34}

Hieraus geht aber nun alsbald als Resultat hervor:

Es können perspekt. sein

I 1) J_{13} J_{23} J_{12} u. A_{24} A_{14} A_{34} (wegen Aa, b, Ba, b, Ca, b,)

2) J_{13} J_{23} J_{12} u. J_{24} J_{14} J_{34} (wegen Aa, c, Ba, c, Ca, c,)

3) A_{24} A_{14} A_{34} u. J_{24} J_{14} J_{34} (wegen Ab, c, Bb, c, Cb, c.,)

Wenden wir uns zur Betrachtung des IIten Falls, so erhält man ganz auf dieselbe Weise:

II. durch A_{12}	gehen noch die Geraden	a)	A_{13} A_{23}
	" " "	b)	A_{14} A_{24}
	" " "	c)	J_{14} J_{24}
J_{13}	" " "	a)	A_{23} J_{12}
	" " "	b)	A_{14} J_{34}
	" " "	c)	A_{34} J_{14}
J_{23}	" " "	a)	A_{13} J_{12}
	" " "	b)	A_{24} J_{34}
	" " "	c)	A_{34} J_{24}

Es können demnach nur je folgende 2 Dreiecke perspekt. sein:

II 1) A_{13} J_{12} A_{23} u. A_{24} J_{34} A_{12} (wegen Aa, b, Ba, b, Ca, b,)

2) A_{13} J_{12} A_{23} u. J_{24} A_{34} J_{14} (wegen Aa, c, Ba, c, Ca, c,)

3) A_{14} A_{24} J_{34} u. J_{14} J_{24} A_{34} (wegen Ab, c, Bb, c, Cb, c,)

I 3., u. II 3., führen zu dem selbstverständlichen oben unter 1) angeführten Resultat, daß die 2 Aehnlichkeitspunkte je 2er Kreise auf der Centrale beider Kreise liegen.

Um aber die übrigen Resultate bequemer in Worten zusammenfassen zu können, möge hier das ihnen allen Gemeinsame besonders hervorgehoben werden:

In jedem der obigen 6 Fälle I 1., 2., 3., und II 1., 2., 3., sind die Ecken des 1sten der jeweiligen 2 perspekt. Dreiecke 3 Aehnlichkeitspunkte von bloß 3 der 4 Kreise, jedoch der Art, daß von den 3 Paaren von Kreisen, zu denen sich die 3 vereinigen lassen, jedes einen seiner beiden Aehnlichkeitspunkte als eines der 3 Ecken abgiebt; wir wollen dieses nun also ausdrücken: es sei in dem Systeme der fraglichen 3 Kreise jedes Kreispaar durch einen Aehnlichkeitspunkt vertreten. Betrachtet man ferner in allen erwähnten 6 Fällen je 2 entsprechende Ecken der jedesmaligen perspekt. Dreiecke, so sieht man, daß, wenn das eine Eck für irgend 2 Kreise Aehnlichkeitspunkt ist, das andere stets zu den beiden noch übrigen der n Kreise als Aehnlichkeitspunkt gehört, wir wollen dieses also ausdrücken: das eine Eck gehöre zu dem Ergänzungspaar von Kreisen des andern. Hiernach lassen sich die obigen Resultate also in Worte fassen:

I 1) Sind bei einem System von 3 der 4 Kreise die 3 Paare durch die 3 innern Aehnlichkeitspunkte vertreten, und verbindet man jeden derselben mit dem äußeren Aehnlichkeitspunkte des Ergänzungspaares von Kreisen, so schneiden sich diese 3 Linien in 1 Punkte S; solcher Punkte S erhält man nach den 4 möglichen Systemen von 3 Kreisen 4.

I 2) Sind bei einem System von 3 der 4 Kreise die 3 Paare wieder durch die 3 innern Aehnlichkeitspunkte vertreten, und verbindet man jeden derselben mit dem innern Aehnlichkeitspunkte des Ergänzungspaares von Kreisen, so schneiden sich dieselben in einem Punkte S_1; solcher Punkte S_1 giebt es 4.

II 1) Sind die 3 Paare eines Systems von 3en der 4 Kreise durch 2 äußere und 1 inneren vertreten, und verbindet man jeden äußern und jeden innern entsprechend mit dem äußern und innern des Ergänzungspaares von Kreisen, so schneiden sich diese 3 Gerade je wieder in 1 Punkte S_2; solcher Punkte S_2 erhält man auf diese Weise 4 mal 3, d. h. 12.

II 2) Sind die 3 Paare eines Systems von 3en der 4 Kreise wieder durch 2 äußere und 1 inneren vertreten, und verbindet man jeden äußern und jeden innern umgekehrt gerade mit dem innern und äußern des Ergänzungspaares von Kreisen, so schneiden sich diese 3 Gerade wieder in 1 Punkte S_3; solcher Punkte S_3 erhält man auf diese Weise wieder 4 mal 3, d. h. 12.

445. Berührt in 442 einer der 3 Kreise die beiden andern, so ist die Frage, ob er beide gleichartig oder ungleichartig berührt, im 1sten Fall fallen entweder die beiden innern oder die beiden äußern Aehnlichkeitspunkte derselben mit den beiden Berührungspunkten zusammen, im andern Falle stellt immer der eine Berührungspunkt einen äußern, der andere einen innern Aehnlichkeitspunkt dar. Hieraus ergiebt sich aber nun unmittelbar wieder der in 434 angeführte Satz, daß bei gleichartiger Berührung 2er Kreise durch einen 3ten Kreis die Berührungspunkte auf einem äußern, bei ungleichartiger auf einem innern Aehnlichkeitsstrahl liegen.

Betrachtet man die Kreise $\mathfrak{K}_1 \mathfrak{K}_2 \ldots$, welche 2 gegebene Kreise $K_1 K_2$ zugleich berühren, so muß man sie in 4 Abtheilungen scheiden, nämlich:

1) Die Berührung bei beiden ist eine äußere, so daß die beiden Paare von Berührungspunkten durch $J_{13} J_{14}$ und $J_{23} J_{24}$ zu bezeichnen sind, während $J_{13} J_{23}$ sowohl als J_{14} u. J_{24} potenzhaltende Punkte für A_{12} sind.

2) Die Berührung ist bei beiden eine innere, so daß in diesem Falle die Berührungspunkte durch $A_{13} A_{14}$ u. $A_{23} A_{24}$ zu bezeichnen sind, während wieder $A_{13} A_{23}$ sowohl als $A_{14} A_{24}$ potenzhaltend für A_{12} sind.

3) Die Berührung ist bei K_1 eine innere, bei K_2 eine äußere, so daß in diesem Falle die Berührungspunkte durch $A_{13} A_{14}$ und $J_{23} J_{24}$ zu bezeichnen sind, während $A_{13} J_{23}$ sowohl als $A_{14} J_{24}$ potenzhaltend für J_{12} sind.

4) Die Berührung ist bei K_1 eine äußere und bei K_2 eine innere, so daß in diesem Fall die Berührungspunkte durch $J_{13} J_{14}$ und $A_{23} A_{24}$ zu bezeichnen sind, während wieder $J_{13} A_{23}$ sowohl als $J_{14} A_{24}$ für J_{12} potenzhaltend sind.

Hieraus geht nun unmittelbar folgendes hervor:

446. Für je 2 Kreise $\mathfrak{K}_3 \mathfrak{K}_4$ desselben Systems liegt stets der äußere Aehnlichkeitspunkt A_{34} auf der Chordale oder Potenzlinie der Kreise $K_1 K_2$ d. h. die Chordale ist

der geometrische Ort aller äußern Aehnlichkeitspunkte für die einzelnen Paare von Kreisen eines und desselben Systems.

In allen einzelnen 4 Fällen liegen nämlich sowohl je die beiden Berührungspunkte von $\mathfrak{K}_3$, als auch je die beiden Berührungspunkte von $\mathfrak{K}_4$ nach 442 mit dem Punkte A_{34} in einer Geraden, außerdem ist aber ebenfalls in allen 4 Fällen der Berührungspunkt von $K_1 \mathfrak{K}_3$ potenzhaltend zu dem von $K_2 \mathfrak{K}_3$ und ebenso der Berührungspunkt von $K_1 \mathfrak{K}_4$ potenzhaltend zu dem von $K_2 \mathfrak{K}_4$ und zwar stets für denselben Aehnlichkeitspunkt von $K_1 K_2$, so daß also auch in allen Fällen die Verbindungslinie der Berührungspunkte auf $\mathfrak{K}_3$ bei der Potenzialität der Kreise der Verbinnungslinie der Berührungspunkte auf $\mathfrak{K}_4$ entspricht, woraus nach 428 folgt, daß ihr Schnittpunkt A_{34} auf der Potenzlinie $K_1 K_2$ liegt. Vergleicht man in derselben Hinsicht die Kreise der verschiedenen Systeme mit einander, so findet man, daß die beiden Punkte, worauf sich der soeben geführte Beweis stützte, nur dann für 2 Kreise 2er verschiedener Systeme noch giltig sind, wenn man entweder einen Kreis des 1sten Systems mit einem des 2ten, oder wenn man einen Kreis des 3ten Systems mit einem des 4ten zusammenstellt, denn 1) gehen auch in diesen beiden Fällen die Verbindungslinien der Berührungspunkte von $\mathfrak{K}_3$ sowohl als von $\mathfrak{K}_4$ *) durch denselben Aehnlichkeitspunkt von $K_1 K_2$, der jedoch hier J_{12} ist, und 2) sind diese beiden Geraden wiederum für denselben Aehnlichkeitspunkt potenzhaltend.

Man erhält also noch folgenden Satz:

447. Die Chordale $K_1 K_2$ ist der geometrische Ort für die innern Aehnlichkeitspunkte aller Kreispaare, von denen der eine dem 1sten, der andere dem 2ten, oder aber der eine dem 3ten und der andere dem 4ten System angehört.

Zus. 1. Diese 446 u. 447 hier mitgetheilte Eigenschaft ist die Veranlassung, daß man unter den oben besprochenen 4 Gruppen wieder die beiden 1sten und eben so die beiden letzten unter ge-

---

*) Es ist selbstverständlich, daß dieselben Buchstaben $\mathfrak{K}_3 \mathfrak{K}_4$ in diesen hier erwähnten Fällen verschiedene Bedeutung haben, und nur eben Repräsentanten der einzelnen Berührungskreise darstellen, da es nicht nothwendig schien, verschiedene Bezeichnungen hier einzuführen.

meinsamem Gesichtspunkte zusammenfaßt, indem man von allen Kurven der beiden 1sten Gruppen sagt, sie berühren K_1 u. K_2 gleichartig, von allen der 2 letzten Gruppen, sie berühren K_1 u. K_2 ungleichartig, wie schon 434 angedeutet wurde.

Zus. 2. Für die Sätze 446 und 447 möge hier noch ein besonderer Beweis folgen:

Sind (Fig. 71) $\mathfrak{K}_3 \mathfrak{K}_4$ 2 Kreise, die die Kreise $K_1 K_2$ gleichartig berühren, so wissen wir aus 434, daß die Verbindungslinie der beiden Berührungspunkte sowohl auf dem Kreise K_1 als auch auf dem Kreise K_2, entweder durch den Aehnlichkeitspunkt J_{34} oder A_{34} gehen, und zwar ist jedes Paar solcher Berührungspunkte, d. h. sowohl b_{13} u. b_{14} als auch b_{23} u. b_{24} *) potenzhaltend für diesen Aehnlichkeitspunkt. Nach 433 in Verbindung mit 432 Zus. 1 muß daher der fragliche Aehnlichkeitspunkt nothwendig auf der Chordale von $K_1 K_2$ liegen.

448. Hierauf gestützt wollen wir nun an die Lösung der vielfach behandelten Aufgabe gehen: Einen Kreis zu beschreiben, der 3 gegebene Kreise $K_0 K_1 K_2$ zugleich berührt.

Vor allem ist klar, daß die Kreise $\mathfrak{K}_3$ $\mathfrak{K}_4$ $\mathfrak{K}_5$ . . . ., welche der Aufgabe möglicher Weise genügen können, in folgende 8 Gruppen sich ordnen oder sondern lassen, die man erhält, wenn man in Betracht zieht, in welche der in 446 angeführten 4 Abtheilungen der gesuchte Berührungskreis gegenüber den gegebenen Kreisen K_0 K_1 K_2 gehört; er kann nämlich 1) allen 3en gegenüber in die 1ste Abtheilung oder 2) allen 3en gegenüber in die 2te Abtheilung gehören. 3) $K_0 K_1$ gegenüber in die 1ste, aber dann nothwendig den beiden andern Kreispaaren gegenüber in die 4te. 4) $K_0 K_1$ gegenüber in die 2te, aber dann nothwendig den beiden andern Kreispaaren gegenüber in die 3te. 5) 6) und ebenso 7) 8) erhält man aus 3) 4), wenn man $K_0 K_1$ mit $K_0 K_2$ oder mit $K_1 K_2$ vertauscht.

Zus. 1. In Uebereinstimmung mit 447 Zus. lassen sich diese 8 Gruppen in 4 Abtheilungen zusammenfassen, von denen I alle Kurven enthält, welche $K_0 K_1 K_2$ gleichartig berühren, II alle die, welche bloß $K_0 K_1$ gleichartig berühren, III alle die $K_0 K_2$ gleich-

*) Wegen dieser Bezeichnungsart s. 448 am Schluß.

artig berühren, IV alle die, welche bloß $K_1 K_2$ gleichartig berühren, wenn man nur stets bedenkt, daß jede solche in 2 Unterabtheilungen zerfällt.

Zus. 2. Es soll nun einestheils ausfindig gemacht werden, wie viele derartige Kreise in jeder der erwähnten 8 Gruppen enthalten sind, und anderntheils die zur Konstruktion dieser Kreise nöthigen oder auch bequemsten Bestimmungsstücke ermittelt werden.

In dieser Beziehung möge vor allem hervorgehoben werden, wie die in den Zusätzen zu 447 und zu 448 hervorgehobene Vereinfachung der in den Nummern selbst angegebenen Gruppirung für die geometrische Behandlung dieses wie aller ähnlichen Probleme wesentliche Vortheile gewährt, indem sich hiebei zeigen wird, welche wesentliche geometrische Eigenschaften die beiden Unterabtheilungen je einer Abtheilung gemein haben und worin sie sich unterscheiden; erst hiedurch wird die Symmetrie in der Gruppirung aller Berührungskreise deutlich zum Vorschein kommen können; wir wollen hiebei die beiden in jeder der 4 Abtheilungen von 448 Zus. 1 enthaltenen Unterabtheilungen dadurch bezeichnen, daß wir den Zahlen I II III IV der Abtheilungen selbst die Zahlen 1., oder 2., anhängen, indem die 1., immer den Fall anzeigen soll, für den $\mathfrak{K}_3$ und $\mathfrak{K}_4$ in Bezug auf die Berührung je eines Paares der 3 Kreise $K_0 K_1 K_3$ einer und derselben der 8 Gruppen von 448 angehören, so daß I_1, II_1, III_1, IV_1, entsprechend die Gruppen 1. 3. 5. 7 von 448 darstellen.

Bezeichnen wir nun mit $\mathfrak{K}_3 \mathfrak{K}_4$ irgend 2 Berührungskreise, die zu einer und derselben der 4 Abtheilungen I II III IV von 448 Zus. 1 gehören und bezeichnen wir ferner die Berührungspunkte durch den Buchstaben b, an den wir zur Unterscheidung die Zahlen der Kreise beifügen, welche sich berühren, so daß z. B. b_{04} den Berührungspunkt von K_0 u. K_4 bedeutet, so erhalten wir folgenden Doppelsatz:

449. 1) Die Chordale von $\mathfrak{K}_3 \mathfrak{K}_4$ ist stets einer der 4 gemeinschaftlichen Aehnlichkeitsstrahlen von $K_0 K_1 K_2$ und zwar für 2 Berührungskreise der Abtheilung I ist es der Aehnlichkeitsstrahl $A_{01} A_{02} A_{12}$ für die Abtheilung II $A_{01} J_{02} J_{12}$, für Abtheilung III $J_{01} A_{02} J_{12}$, für Abtheilung IV $J_{01} J_{02} A_{12}$; 2) die folgenden Paare von Berührungspunkten $b_{30} b_{40}$; $b_{31} b_{41}$; $b_{32} b_{42}$ sind in allen Fällen potenzhaltend

in Bezug auf den innern oder äußern Aehnlichkeitspunkt von $\mathfrak{K}_3 \mathfrak{K}_4$, d. h. entweder für J_{34} oder A_{34} (s. Fig. 72).

Betrachtet man nämlich je ein Paar der 3 Kreise $K_0 K_1 K_2$ als ein Paar gemeinsamer Berührungskreise von $\mathfrak{K}_3$ u. $\mathfrak{K}_4$, so folgt unmittelbar aus 446 und 447 die Richtigkeit des Absatzes 1), und zwar gleichmäßig für den Fall, daß $\mathfrak{K}_3$ u. $\mathfrak{K}_4$ zu einer der beiden in den Abtheilungen I II III IV enthaltenen 2 Gruppen gehören, oder daß die eine der einen, die andere der anderen dieser Gruppen angehören. Was den Absatz 2) anlangt, so sind hier die beiden in jeder Abtheilung enthaltenen Gruppen für alle 4 Abtheilungen dadurch unterschieden, daß für I_1, II_1, III_1, IV_1, die Berührungspunkte auf jedem einzelnen der 3 Kreise $K_0 K_1 K_2$ potenzhaltend sind für den äußern, in den 4 andern Fällen I_2, II_2, III_2, IV_2, für den innern Aehnlichkeitspunkt, wie dieses unmittelbar aus 434 oder 446 folgt.

Hierin ist nun die Hälfte der Lösung unserer Aufgabe enthalten, wie sich aus folgendem Satze, der unmittelbar Folge von 449 ist, ergiebt:

450. Berühren 2 Kreise $\mathfrak{K}_3 \mathfrak{K}_4$, welche einer der 4 Abtheilungen I II III IV von 448 Zus. angehören, die 3 Kreise $K_0 K_1 K_2$ in den Punktenpaaren $b_{03} b_{04}$, $b_{13} b_{14}$, $b_{23} b_{24}$, so gehen die 3 Verbindungslinien dieser 3 Paare von Berührungspunkten durch den Pol einer der 4 gemeinsamen Aehnlichkeitsstrahlen und zwar, wenn $\mathfrak{K}_3 \mathfrak{K}_4$ den Abtheilungen I II III IV angehören, entsprechend durch den Pol von $A_{01} A_{02} A_{12}$, $A_{01} J_{02} J_{12}$, $J_{01} A_{02} J_{12}$, $J_{01} J_{02} A_{12}$.

Nach 449 sind nämlich stets diese erwähnten Punktenpaare potenzhaltend für die Kreise $\mathfrak{K}_3 \mathfrak{K}_4$ und daher schneiden sich nach 432 die beiden Tangenten in je einem solchen Paare auf der Chordale oder Potenzlinie von $\mathfrak{K}_3 \mathfrak{K}_4$, welche eben wieder nach 449 der erwähnte gemeinsame Aehnlichkeitsstrahl ist.

Es läßt sich aber nun für die Lage der 3 Paare von Berührungspunkten $b_{03} b_{04}$, $b_{13} b_{12}$, $b_{23} b_{24}$ noch ein charakteristisches Kennzeichen ermitteln, das in folgendem Satze liegt:

451. Sind $\mathfrak{K}_3 \mathfrak{K}_4$ wie in 450 2 Kreise, welche die 3 Kreise $K_0 K_1 K_2$ zugleich berühren und einer und derselben der 4 Abtheilungen I II III IV von 448 Zus. angehören, so gehen

die Verbindungslinien der Berührungspunkte auf jedem der 3 erwähnten Kreise also $b_{03}\,b_{04}$ u. $b_{13}\,b_{14}$ u. $b_{23}\,b_{24}$ stets durch den Chordalpunkt von $K_0\,K_1\,K_2$.

Man überzeugt sich nämlich unmittelbar aus 446 und 447, daß für die 4 Gruppen I_1, II_1, III_1, IV_1, die erwähnten Paare von Berührungspunkten potenzhaltend sind für den Aehnlichkeitspunkt A_{34}, wie schon 449 hervorgehoben, und daß in allen diesen Fällen auch A_{34} auf jeder der 3 Chordalen $K_0\,K_1$, $K_0\,K_2$ u. K_1 K_2 liegen müsse, daß aber für die übrigen 4 Gruppen I_2, II_2, III_2, IV_2, für welche die fraglichen Punktenpaare potenzhaltend sind für J_{34}, auch gerade J_{34} auf den erwähnten 3 Chordalen liegen müsse.

Zus. Hieraus geht nun unzweideutig hervor, daß es in jeder der 4 Abtheilungen I, II, III, IV nur 2, also überhaupt nur 8 Berührungskreise geben könne, die selbstverständlich zum Theil oder alle imagin. werden können.

452. Hier möge noch unmittelbar nachfolgende Betrachtung angeschlossen werden:

Nach 446 ist die Chordale 2er Kreise $K_1\,K_2$ der geometrische Ort der äußern Aehnlichkeitspunkte von je 2 Kreisen $\mathfrak{K}\,\mathfrak{K}_1$, welche K_1 u. K_2 zugleich berühren und dabei einem und demselben der 4 in 445 angegebenen Systeme angehören, und es liegen dabei je die 2 Berührungspunkte sowohl von K_1 als auch von K_2 je auf einem Aehnlichkeitsstrahl eben dieses äußern Aehnlichkeitspunktes. Fragt man nun, in welcher Weise sich die Kreispaare für die einzelnen Punkte der Chordale als Aehnlichkeitspunkt zusammengruppiren, so findet man, daß im Allgemeinen, d. h. wenn nicht in der fraglichen Gruppe ein Theil der Berührungskreise imaginär wird, zu jedem Kreis $\mathfrak{K}$ in Bezug auf jeden Punkt A der Chordale gerade ein Kreis $\mathfrak{K}_1$ des Systems gehört, so daß A der äußere Aehnlichkeitspunkt von $\mathfrak{K}\,\mathfrak{K}_1$ ist, woraus umgekehrt folgt, daß zu einem bestimmten Punkt A der Chordale und einem beliebigen Kreis $\mathfrak{K}_3$ des Systems gerade ein zweiter Kreis $\mathfrak{K}_4$ des Systems gehört, so daß A der äußere Aehnlichkeitspunkt von $\mathfrak{K}_3\mathfrak{K}_4$ ist.

Da nämlich K (und eben so K_1) die beiden Kreise $\mathfrak{K}\,\mathfrak{K}_1$ auf dieselbe Weise berühren soll, so müssen nach 434 die beiden Berüh=

rungspunkte $\mathfrak{K}K$ u. $\mathfrak{K}_1 K$ (und ebenso die Berührungspunkte $\mathfrak{K} K_1$ u. $\mathfrak{K}_1 K_1$) mit A je in 1 Geraden liegen *).

Nehmen wir A fest an, so kann man nach dem eben Gesagten die Zusammengehörigkeit der Kreise des Systems in Bezug auf A als äußern Aehnlichkeitspunkt auch durch die Bezeichnung der Kreise selbst kenntlich machen, indem man, wie die Fig. 73 anzeigt, durch $\mathfrak{K}_{11}\mathfrak{K}_{21}$, $\mathfrak{K}_{12}\mathfrak{K}_{22}$, $\mathfrak{K}_{13}\mathfrak{K}_{23}$ ..... solche Kreispaare bezeichnet, deren äußerer Aehnlichkeitspunkt A ist. Alle diese Kreispaare haben nun einen gleichen Werth der gemeinsamen Potenz (s. 433 Zus.). Dieser Werth ist nämlich offenbar für alle dem Werthe der Potenz des Kreises K (oder K_1) gleich, da ja nach dem Vorigen bei gleichem Aehnlichkeitspunkt ein Paar potenzhaltende Punkte von je einem solchen Kreispaar auf K (oder K_1) liegt.

Diese letzterwähnte Eigenschaft der fraglichen Kreispaare läßt nun eine weitere merkwürdige geometrische Eigenthümlichkeit derselben erkennen, die sich in folgendem allgemein giltigen Satze ausdrückt:

> Haben 2 Kreispaare $\mathfrak{K}_{11}\mathfrak{K}_{21}$ u. $\mathfrak{K}_{12}\mathfrak{K}_{22}$ denselben äußern **) Aehnlichkeitspunkt A und außerdem eine und dieselbe gemeinsame Potenz, so liegen die Schnittpunkte von $\mathfrak{K}_{11}\mathfrak{K}_{12}$ u. $\mathfrak{K}_{21}\mathfrak{K}_{22}$ einerseits und von $\mathfrak{K}_{11}\mathfrak{K}_{22}$ u. $\mathfrak{K}_{21}\mathfrak{K}_{12}$ andrerseits je in einer Geraden mit A.

Nach der Voraussetzung muß nämlich offenbar z. B. der in Bezug auf A potenzhaltende Punkt zu dem Schnittpunkte von $\mathfrak{K}_{11}$ u. $\mathfrak{K}_{12}$ ebensowohl auf $\mathfrak{K}_{21}$ als auf $\mathfrak{K}_{22}$ liegen und daher deren Schnittpunkt sein, weßwegen diese beiden Schnittpunkte auf einem Aehnlichkeitsstrahl von A liegen müssen.

Zus. Aus diesem letzten Satze folgt nun ferner unmittelbar, daß wenn $\mathfrak{K}_{11}$ u. $\mathfrak{K}_{12}$ einander berühren, dieses nothwendig auch mit $\mathfrak{K}_{12}$ u. $\mathfrak{K}_{22}$ der Fall sein müsse.

---

*) Dieser Beweis läßt erkennen, daß die beiden Kreise, deren Berührungspunkte auf den Tangenten von A an K (oder an K_1) liegen, doppelt gedacht werden müssen, damit die obige allgemeine Fassung des Satzes auch für sie giltig bleibe, denn diese beiden Kreise allein haben je keinen 2ten zu ihnen gehörigen.

**) Der Satz gilt natürlich auch für den innern Aehnlichkeitspunkt.

453. Diese lezterwähnte Eigenschaft läßt folgende interessante Anwendung zu:

Sind K u. K_1 2 Kreise, Fig. 73, von denen der eine ganz innerhalb des andern liegt und geht man von einem beliebigen Kreispaare $\mathfrak{K}_{11}$ $\mathfrak{K}_{21}$ aus, wählt aber je den nachfolgenden Kreis $\mathfrak{K}_{12}$, $\mathfrak{K}_{13}$ . . ., so, daß jeder nächste den unmittelbar vorangehenden berührt, so ist dieses nach 452 Zus. auch mit den zugehörigen Kreisen $\mathfrak{K}_{22}$, $\mathfrak{K}_{23}$ . . . der Fall; fährt man nun mit dieser Reihe von Kreisen ins Unendliche fort, so treten 2 wesentlich verschiedene Fälle ein, nämlich entweder die Reihe der Kreise $\mathfrak{K}_{11}$, $\mathfrak{K}_{12}$, $\mathfrak{K}_{13}$ . . . kehrt nach einer bestimmten Anzahl von Umläufen, die sie in dem Ringe zwischen $K K_1$ gemacht hat, in sich selbst wieder zurück, oder dieses ist nicht der Fall; wir drücken dieses aus, der Ring sei für eine sich berührende Kreisreihe kommensurabel oder nicht. Ist aber nun dieser Ring für die aufeinander folgende Reihe der Kreise, deren 1ster $\mathfrak{K}_{11}$ ist, kommensurabel oder nicht, so muß er dieses ebenso für diejenige Reihe von Kreisen sein, deren 1ster $\mathfrak{K}_{21}$ ist; denn ist es der Ring für die 1ste Reihe, so muß ein nter Kreis dieser 1sten Reihe den 1sten Kreis $\mathfrak{K}_{11}$ berühren, so daß also der (n+1)te Kreis derselben Reihe mit $\mathfrak{K}_{11}$ identisch ist, was aber nach 452 nothwendig zur Folge hat, daß dann auch $\mathfrak{K}_{21}$ mit dem (n+1)ten Kreis der 2ten Reihe identisch sein muß, woraus die Richtigkeit folgt. Geht man nun von einem 2ten Punkte B der Chordale als gemeinsamen äußern Aehnlichkeitspunkt der einzelnen Kreispaare aus, läßt aber den 1sten Kreis $\mathfrak{K}_{11}$ als Anfang der 1sten Reihe ungeändert, so ändert sich diese Reihe selbst und somit auch ihr Verhalten zur Kommensurabilität des Ringes nicht, wohl aber ändert sich mit $\mathfrak{K}_{21}$ auch die ganze 2te Reihe, aber eben nach der lezten Entwicklung nicht ihr Verhalten zur Kommensurabilität des Ringes, da dieses bloß von der 1sten Reihe abhängt; da nun dieses alles für alle Punkte der Chordale und somit nach 452 für alle Berührungskreise beider Kreise gilt, so läßt sich folgender Satz als Resultat dieser Entwicklung aufstellen:

Ist der Ring zwischen 2 Kreisen, von denen der eine ganz innerhalb des andern liegt, kommensurabel für irgend eine Reihe beide Kreise berührender Kreise, von denen dabei jeder den nachfolgenden selbst wieder berührt, so ist dieses für jede solche Reihe, d. h. für jeden Kreis als Anfangsglied einer solchen Reihe der Fall *).

454. In 415 Zus. 2 wurde hervorgehoben, daß wir zu den daselbst entwickelten Sätzen von ganz anderer Seite her später wieder gelangen würden, die nachfolgende Untersuchung ist es, welche bei diesem Hinweis gemeint war.

Die letzten Untersuchungen waren davon ausgegangen, 2 Kreise als entsprechende Gebilde 2er perspekt. ähnlicher ebner Gewebe in Betracht zu ziehen. Sind nun überhaupt blos 2 Kreise KK_1 als entsprechende Gebilde 2er ähnlicher ebner Gewebe EE_1 gegeben, ohne daß gerade die perspekt. Lage derselben vorausgesetzt wird, so kann man sich die allgemeinere Frage vorlegen, welche Lage können möglicherweise die entsprechend gemeinsamen Elemente beider Gewebe haben, die beiden Kreise ungeändert gedacht, mit andern Worten: nach welchem Gesetze ändert sich die Lage der entsprechend gemeinsamen Elemente der ähnlichen Gewebe, wenn ich die eine Ebene E um den Mittelpunkt des zu ihr gehörigen Kreise K beliebig drehe? Die beiden ebenen Gewebe müssen nämlich, wenn sie nicht perspekt. liegen, nach 20 nothwendig immer gerade 1 Punkt S im Endlichen entsprechend gemein haben, während sie dabei entweder 0 oder 2 im Unendlichen liegende Punkte entsprechend gemein haben, je nach dem der Strahlenbüschel S gleichläufig oder gegenläufig **) kongruent ist (vergl. 18 ꝛc.)

Betrachten wir nun zuerst den letzteren Fall, in welchem die beiden auf einander fallenden einander entsprechenden kongruenten Strahlenbüschel S und also auch die beiden in der unendlich fernen Geraden enthaltenen einander entsprechenden geraden Gebilde gegenläufig sind (s. hiezu Fig. 74).

Da die beiden Mittelpunkte der Kreise K u. K_1 als Pole der entsprechend gemeinsamen unendlich fernen Geraden entsprechende Punkte darstellen, so entspricht der Geraden SK die SK_1, halbirt

*) Es sei hier ausdrücklich auf den Zusammenhang oder die Verwandtschaft hingewiesen, in der dieser merkwürdige Satz mit dem Resultate von 367 steht; was hier berührende Kreise, sind dort berührende Gerade.

**) Wegen dieser Bezeichnung s. I Th. 24.

man daher die beiden Winkel KSK_1 und seinen Nebenwinkel durch die Strahlen SM und SN, so sind diese die beiden entsprechend gemeinsamen Strahlenelemente des Büschels S, wobei wir unter M u. N die Schnittpunkte dieser Strahlen mit der Centrallinie KK_1 verstehen. Sucht man nun zu M als einem zu E_1 gehörigen Punkt den entsprechenden Punkt m, indem man Winkel $SKm = SKM$ und $Km : K_1M = r : r_1 = SK : SK_1$ macht, so ist auch Winkel $SmK = SMK_1$, da aber Winkel KMm ebenfalls $= SMK_1$, so ist das Dreieck KmM gleichschenklig, so daß sich also auch $KM : K_1M = r : r_1$. Ebenso findet man, wenn zu N der entsprechende Punkt n gesucht wird, daß das Dreieck KnN gleichschenklig ist, und daß also auch $KN : K_1N = r : r_1$. Hieraus ist zu ersehen, daß die beiden auf einander senkrechten entsprechend gemeinsamen Strahlen desjenigen Punktes S, welcher beiden Geweben entsprechend gemein, bei jeder Lage der Gewebe, so lange die Centra der entsprechenden Kreise K u. K_1 unverändert bleiben, durch die festen Punkte MN der Centrallinie gehen, welche offenbar die Aehnlichkeitspunkte beider Kreise darstellen, so daß also jeder solche Punkt S nach 81 in dem Kreise liegen muß, der über den Aehnlichkeitspunkten von KK_1 als Durchmesser errichtet wird. Wir können das Resultat dieser Entwicklung in folgenden einzelnen wichtigen Sätzen zusammenstellen (s. hiezu Fig. 75).

1) Der geometrische Ort aller Punkte, deren Abständen von 2 festen Punkten KK_1 das konstante Verhältniß $r : r_1$ zukommt, ist der Kreis, dessen Durchmesser die Entfernung der beiden Punkte MN von KK_1 ist, für welche ebenfalls $KM : K_1M = KN : K_1N = r : r_1$. oder mit andern Worten: Ist AMBN ein harmonischer Wurf, so haben Punkte (P) der Kreislinie über AB als Durchmesser die Eigenschaft, daß $MP : NP = MA : NA$ $(= MB : NB)$ und ebenso alle Punkte (C) der Kreislinie über MN als Durchmesser die Eigenschaft, daß $AC : BC = AM : BM$ $(= AN : BN)$.

2) Zieht man von einem Punkte S des über den Aehnlichkeitspunkten 2er Kreise KK_1 erwähnten Kreises $\mathfrak{K}$ nach den Mittelpunkten Gerade cc_1, so schneiden 2 Strahlen aa_1 von S die von diesen Geraden gleichweit abstehen, d. h. für die Winkel $ac = a_1c_1$, entsprechend die Kreise KK_1 in

2 Punkten Paaren ab u. $a_1 b_1$ von der Beschaffenheit, daß $Sa : Sa_1 = Sb : Sb_1 = r : r_1$ *).

3) Der Kreis K von 2) ist der geometrische Ort aller Punkte, von denen aus K u. K_1 unter gleichem Winkel gesehen werden.

Den beiden an K zu ziehenden Tangenten entsprechen nämlich die beiden an K_1 zu ziehenden Tangenten, diese beiden Paare müssen also gleiche Winkel einschließen.

Zus. 1. Der obige Beweis galt für den Fall, daß die ebenen Gewebe, d. h. der ihnen entsprechend gemeinsame Strahlenbüschel S und die ihnen entsprechend gemeinsame unendlich ferne Gerade gegenläufig projekt., d. h. kongruent waren, allein der offenbar ganz allgemein giltige Satz 1) läßt alsbald erkennen, daß K auch der geometrische Ort der entsprechend gemeinsamen Punkte S für den Fall sei, daß die entsprechend gemeinsame unendlich ferne Gerade gleichläufig kongruent ist.

Zus. 2. Für den Fall, daß K u. K_1 sich im Punkte M berühren, und man für das S in 2) eben diesen Punkt M selbst wählt, fallen die nach K u. K_1 gehenden Geraden in einen zusammen, so daß man als besondern Fall erhält:

> Das Verhältniß der Sehnen, welche auf einem Strahl des Berührungspunktes 2er Kreise liegen, ist für alle dasselbe, nämlich das der beiden Halbmesser.

455. Es sei Fig. 76 $\mathfrak{K}_1$ ein Kreis **), der die Kreise $K_1 K_2$ zugleich berührt, so geht die Verbindungslinie der Berührungspunkte $a a_1$ für die Voraussetzung der Fig. 76 a_1 u. a_2 durch den innern, für die der Fig. 76 b_1 u. b_2 ***) durch den äußern Aehnlichkeitspunkt von $K_1 K_2$. Nun giebt es nach 15 u. 189 2 Kurven II E u. H, welche K_1 u. K_2 **) zu Brennpunkten haben und durch $\mathfrak{K}_1$ **) gehen, sucht

*) Zwar ist oben der Beweis dieses Satzes bloß unter der Voraussetzung gegenläufiger ähnlicher Gewebe geführt, allein er gilt, wie in nachfolgendem Zusatz noch ausdrücklich hervorgehoben wird, allgemein, eben so auch alle andern aus der Aehnlichkeit der Gewebe abzuleitenden Sätze.

**) Es sei hier noch einmal darauf aufmerksam gemacht, daß wir für einen Kreis selbst und für seinen Mittelpunkt stets dieselben Buchstaben gebrauchen.

***) Hiemit sind offenbar alle Möglichkeiten hinsichtlich der Berührung von K_1 u. K_2 erschöpft.

man ihre 2 Tangenten in $\mathfrak{K}_1$, so findet man sie als die Ordnungselemente derjenigen Involution, deren zugeordnete Strahlen nach den Gegenecken des 4 Seits gehen, welche die 2 Paar Normalstrahlen von K_1 u. K_2 bilden; es sind also K_1 u. K_2 ein Paar Gegenecken, die beiden andern sind konjungirt imagin. Punkte und zwar ist der Träger des einen Paares die unendlich ferne Gerade und die Punkte selbst die Normalpunkte, der Träger des andern Paares ist die Gerade, welche in der Mitte von $K_1 K_2$ senkrecht steht (s. I Th. 186); die beiden Tangenten in $\mathfrak{K}_1$ selbst sind also die 2 Geraden, welche die beiden Winkel, welche $K_1 \mathfrak{K}_1$ u. $K_2 \mathfrak{K}_1$ bilden, halbiren (nach I Th. 189 c. und II Th. 27, vergl. hiezu 458 Zus.). Bei der einen dieser beiden Kurven schneidet daher die Tangente in $\mathfrak{K}_1$ die endliche, bei der andern die unendliche Strecke $K_1 K_2$, d. h. die eine (H) ist eine Hyperbel, die andere (E) eine Ellipse. Jede dieser beiden Kurven kann man nun nach 21. Zus. 1 perspekt. projekt. auf den Kreis K_1 und K_2 beziehen, für K_1 oder K_2 als perspekt. Centrum, so daß dem $\mathfrak{K}_1$ oder a von E oder H die Berührungspunkte a_1 u. a_2 entsprechen. Betrachtet man nun je 2 Punkte $a_1 a_2$ der Kreise $K_1 K_2$, welche bei dieser perspekt. Beziehung je einer solchen Kurve II E oder H und der beiden Kreise K_1 u. K_2 demselben Punkt a von E oder H entsprechen, als entsprechende Punkte der beiden Kreise, so sind diese selbst projekt. auf einander bezogen, dabei ist aber nun das von besonderem Interesse, daß immer bei der einen Art der Beziehung, d. h. immer bei Benützung der einen der beiden möglichen Kurven II E oder H die projekt. Beziehung der beiden Kreise K_1 u. K_2 in die perspekt. Beziehung, d. h. in die Potenzialität übergeht.

Offenbar ist nämlich stets sowohl bei der durch E als auch bei der durch H vermittelten projekt. Beziehung die Centrallinie $K_1 K_2$ ein entsprechend gemeinsamer Strahl, so daß, wenn wir die 4 Schnittpunkte der Centrallinie und der beiden Kreise $K_1 K_2$ mit $b_1 c_1 b_2 c_2$ bezeichnen stets bei der einen projekt. Beziehung (d. h. für E Fig. 76 a_1 u. a_2 und für K Fig. 76 b_1 u. b_2) den 3 Punkten $a_1 b_1 c_1$ von K_1 die 3 Punkte $a_2 b_2 c_2$ von K_2 aber bei der andern projekt. Beziehung (d. h. für H in Fig. 76 a_1 u. a_2 und für E in Fig. 76 b_1 u. b_2) den 3 Punkten $a_1 b_1 c_1$ von K_1 die 3 Punkte $a_2 b_2 c_2$ von K_2 entsprechen. Die Punkte $a_1 a_2$ sind nach der Voraussetzung immer potenzhaltende Punkte (in Fig· 76 a_1 u. b_2 für den innern, in Fig 76 b_1 u. a_2 für den äußern Aehnlichkeitspunkt), ebenso sind für alle 4 Voraussetzungen d. h. Figuren $b_1 b_2$ u. $c_1 c_2$ potenzhaltende Punkte, die projekt. Beziehung der Kreise ist aber durch die entsprechenden 3 Punktenpaare $a_1 a_2 b_1 b_2 c_1 c_2$ vollständig fixirt und es sind also in diesem Falle die beiden Kreise perspekt. projekt. für den äußern Aehnlichkeitspunkt in Fig. 76 a_1 u. b_2, für den innern in Fig. 76 b_1 u. a_2. Will man nun untersuchen, welche der beiden in jedem einzelnen Fall möglichen Kurven II E oder H gerade gewählt werden müsse, daß die potenzhaltenden Punktenpaare b_1 b_2 und c_1 c_2 einander entsprechen, so könnte man wohl für alle einzelnen Fälle untersuchen, ob die beiden Kurvenpunkte b u. c auf der endlichen Strecke $K_1 K_2$ oder auf der unendlichen Strecke liegen müssen, damit gerade $b_1 b_2$ u. $c_1 c_2$ einander entsprechen, allein kürzer ist es, sich darauf zu stützen, daß für den Fall der Hyperbel immer 2 reelle Punkte der fraglichen Kurven unendlich entfernt sein müssen, so daß die beiden von ihnen nach den Mittelpunkten K_1 u. K_2 gehenden Strahlen, welche auf K_1 u. K_2 entsprechende, d. h. potenzhaltende Punkte bestimmen, parallel sein müssen. Die beiden potenzhaltenden Punkte müssen also in diesem Falle mit 2 Punkten identisch sein, die auch bei der Aehnlichkeit der Kreise K_1 u. K_2 entsprechende Punkte darstellen, dieß findet aber bloß Statt, wenn von dem fraglichen Aehnlichkeitspunkt reelle Tangenten an die Kreise sich ziehen lassen.

Bedenkt man nun, daß je 2 solche Gerade, die von den Mittelpunkten K_1 u. K_2 nach je ein Paar potenzhaltenden Punkten wie $a_1 a_2$ $b_1 b_2 \ldots$ gehen, und die sich also nach der obigen Entwicklung in einem Punkte der Kurve E oder H schneiden, durch ihren Schnitt stets den Mittelpunkt eines Kreises bestimmen, der K_1 u. K_2 in eben den Punkten $a_1 a_2$, $b_1 b_2 \ldots$ berührt, so kann man nun das wichtige Resultat der letzten Entwicklung in folgendem Satze zusammenfassen.

456. Die Mittelpunkte aller Kreise, welche 2 gegebene Kreise $K_1 K_2$ so berühren, daß die Berührungspunkte alle mit einem der beiden Aehnlichkeitsstrahlen in 1 Geraden

liegen, d. h. die aller der Kreise, welche $K_1 K_2$ gleichartig berühren, oder auch wieder diejenigen der Kreise, welche $K_1 K_2$ ungleichartig berühren, liegen je auf einer Kurve II, die $K_1 K_2$ zu Brennpunkten hat, und eine Ellipse oder Hyperbel ist, je nachdem der Aehnlichkeitspunkt, mit dem alle die verschiedenen Paare von Berührungspunkten je in einer Geraden liegen, innerhalb beider Kreise oder außerhalb beider Kreise sich befindet; wir nennen $K_1 K_2$ 2 Leitkreise von E oder H.

Aus dem obigen ganzen Beweisverfahren zu diesem letzten Satze ergeben sich nun entweder unmittelbar oder mit Hilfe der einfachsten Nebenbetrachtungen eine Anzahl charakteristischer Eigenschaften der Kurven II, deren hier die hauptsächlichsten kurz auf diesem Wege entwickelt werden sollen, wobei bemerkt werden soll, daß wir, um die Sätze unabhängig von den in den Fig. 76 a u. 76 b hervortretenden Unterschieden aussprechen zu können, den beiden Aehnlichkeitspunkten A u. J auch noch die gemeinsame Bezeichnung C und den Kurven E und H auch noch die gemeinsame Bezeichnung K geben werden, wie dieses auch die Figuren selbst andeuten.

457. Die Chordale c der Kreise $K_1 K_2$ ist die Axe der perspekt. Beziehung sowohl für K_1 und K als auch für K_2 u. K.

Es gilt nämlich, wie man sich ohne Weiteres überzeugt, ganz allgemein der Satz, daß wenn von 3 ebenen Geweben $E E_1 E_2$ je 2 zu einander perspekt. sind, dann entweder 1) die 3 Centra der perspekt. Beziehung oder 2) die 3 Axen der perspekt. Beziehung zusammenfallen oder 3) daß die unter 1) und 2) angeführten Fälle zugleich eintreten.

458. Jedem Strahle des Centrums C der perspekt. Beziehung von K_1 u. K_2 entspricht bei der perspekt. Beziehung von K_1 u. K, und bei der perspekt. Beziehung von K_2 u. K ein und derselbe Strahl des Punktes M, der in der Mitte von $K_1 K_2$ liegt und daher nach 15 der Mittelpunkt von K ist, so daß dem Aehnlichkeitspunkt C bei beiden Arten der perspekt. Beziehung der Mittelpunkt M entspricht.

Denn wenn wir mit m den Schnittpunkt des Strahles $C a_1 a_2$

und der gemeinsamen perspekt. Axe (nach 456) bezeichnen, so entsprechen für perspekt. Beziehung von $K_1 K$ den Punkten $a_1 m$ und bei der perspekt. Beziehung von $K_2 K$ den Punkten $a_2 m$ dieselben beiden Punkte $a m$, wodurch die erste Hälfte des Satzes erwiesen ist. Daß aber alle solche Strahlen wie $m a$ durch den Mittelpunkt M von K gehen, ergiebt sich also: Betrachtet man den von a verschiedenen 2ten Punkt b der K_1, welcher auf dem Strahle $m a$ liegt, d. h. betrachtet man neben dem Mittelpunkt a von $\mathfrak{K}_1$ den Mittelpunkt b von dem Berührungskreise $\mathfrak{K}_2$, dessen 2 Berührungspunkte $b_1 b_2$ auf demselben Aehnlichkeitsstrahle wie $a_1 a_2$ liegen (vgl. 452), so ist zu ersehen, daß die beiden Geraden $K_1 b_1$ u. $K_2 b_2$, durch deren Schnittpunkt der Mittelpunkt b bestimmt wird, den Geraden $K_2 a_2$ u. $K_1 a_1$, wodurch der Mittelpunkt a bestimmt wird, bei der Aehnlichkeit der Kreise $K_1 K_2$ entsprechen, so daß also $K_1 a K_2 b$ ein Parallelogramm ist, und also der Schnittpunkt der Diagonale $a b$ von dem Schnittpunkt der unendlich fernen Diagonale durch die Gegenecken $K_1 K_2$ harmonisch getrennt ist (nach 6b) w. z. b. w.

459. Die 3 Tangenten in den 3 entsprechenden Punkten $a a_1 a_2$ an $K K_1 K_2$ schneiden sich nach 456 in einem Punkte n der Chordale c von $K_1 K_2$. Es ist also $n a_2 = n a_1$ (nach 432), hieraus folgt aber unmittelbar, daß Dreieck $n a_1 a$ kongruent $n a_2 a$ ist und hieraus folgt:

> Die Tangente einer Kurve II K in ihrem Punkte a halbirt einen der Winkel, die die beiden Fahrstrahlen $K_1 a$ u. $K_2 a$ von den Brennpunkten $K_1 K_2$ nach dem Kurvenpunkt a mit einander bilden.

Zus. Hieraus folgt wieder, daß die Ellipse und die Hyperbel, welche doppelt konfokal sind und einen Punkt a gemein haben, sich in diesem Punkte senkrecht durchschneiden, wie wir dieses schon in 455 gefunden haben.

460. Da stets $a a_1 = a a_2$ (als Halbmesser des Berührungskreises) so ist, wie man sich alsbald überzeugt, der Werth von $K_1 a + K_2 a$ für die Ellipse und $\pm (K_1 a - K_2 a)$ für die Hyperbel konstant, nämlich für Fig. 76 a_1 u. b_2 gleich $r_1 + r_2$ für Fig. 76 a_2 u. b_1 gleich $r_1 - r_2$ wobei r_1 u. r_2 die beiden Halbmesser von K_1 u. K_2 bedeuten.

In der Ellipse ist die Summe der von den Brennpunkten nach einem Kurvenpunkt gehenden Radienvektoren, und in der Hyperbel deren Differenz konstant.

Zus. 1. Der konstante Werth der Summe (oder Differenz) ist offenbar in allen Fällen der doppelten großen Axe gleich, denn es ist offenbar $K_1\,b \pm K_2\,b = K_1\,M \pm M\,b + K_2\,b = 2.\,(M\,K_2 \pm K_2\,b) = 2\,M\,b$ in soferne $M\,K_2 = M\,K_1$ nach 458.

Zus. 2. Sucht man die Schnittpunkte von K und der Hauptaxe $K_1\,K_2$, so findet man alsbald, daß in allen 4 Fällen Fig. 76 a_1 u. a_2 und b_1 u. b_2 die Mitten der potenzhaltenden Punktenpaare $b_1\,b_2$ u. $c_1\,c_2$ diese Endpunkte der großen oder reellen Axe darstellen.

461. Betrachtet man Fig. 77 irgend 2 Kreise $\mathfrak{K}_1\,\mathfrak{K}_2$, welche die beiden Leitkreise $K_1\,K_2$ gleichartig berühren, so daß ihre Mittelpunkte auf der Kurve liegen, so befindet sich nach 446 ihr äußerer Aehnlichkeitspunkt A auf der Chordale von $K_1\,K_2$, bei der Aehnlichkeit beider Kreise entsprechen sich die Perpendikel von $\mathfrak{K}_1$ u. $\mathfrak{K}_2$ auf den entsprechend gemeinsamen Aehnlichkeitsstrahl, welchen die Chordale darstellt, d. h. den Punkten $\mathfrak{K}_1$ u. n_1 entsprechen die Punkte $\mathfrak{K}_2$ u. n_2 und es gilt daher $\mathfrak{K}_1\,n_1 : \mathfrak{K}_2\,n_2 = r_1 : r_2$ oder $\mathfrak{K}_1\,n_1 : r_1 = \mathfrak{K}_2\,n_2 : r_2$, woraus folgender Satz sich ergiebt:

Die Entfernung irgend eines Punktes einer Ellipse (oder Hyperbel) von der Chordale der beiden Leitkreise $K_1\,K_2$ steht in der kürzesten Entfernung desselben von einem dieser beiden Leitkreise in einem konstanten Verhältnisse.

462. Ein und dieselbe Ellipse oder Hyperbel läßt sich auf die in 455 angegebene Weise durch eine unendlich große Anzahl von zusammengehörigen Paaren von Leitkreisen entstanden denken.

Ist z B. eine Ellipse gegeben oder nur, was zu ihrer Fixirung und unserer hiesigen Betrachtung gleichermaßen genügt, ihre beiden Brennpunkte K_1 u. K_2 und ihre große Axe $b\,c$, so kann man zu einem beliebigen um K_1 als Mittelpunkt gezogenen Kreis mit dem Halbmesser r_1 einen Kreis um K_2 als Mittelpunkt ziehen, von dem Halbmesser r_2 von der Beschaffenheit, daß diese Kreise $K_1\,K_2$ gegenüber der gegebenen Ellipse K die Rolle von 455 übernehmen und zwar immer gerade in doppelter Weise, nämlich man kann den 2ten entweder so wählen, daß $r_1 + r_2 = bc$ *) ist oder man kann r_2 so wählen, daß $r_1 - r_2 = \pm bc$ ist; im 1sten Falle müssen die Berührungspunkte auf K_1 u. K_2 potenzhaltend sein für den innern im 2ten Fall für den äußern Aehnlichkeitspunkt. Genau dasselbe Resultat erhält man für die Hyperbel (s. Fig. 76 b_1 u. b_2). Die Figuren lassen nämlich nach 455 und 460 Zus. 2 alsbald erkennen, daß in allen 4 möglichen Fällen stets sowohl die Brennpunkte $K_1 K_2$ als auch die Endpunkte bc der Axe für alle nach 455 durch die der Art erhaltenen zusammengehörigen Leitkreise K_1 u. K_2 erzeugten Ellipsen oder Hyperbeln dieselben sind.

Zus. 1. Auf diesem soeben bewiesenen Satze ergiebt sich sowohl für die Ellipse als auch für die Hyperbel eine bekannte sehr einfache punktweise Konstruktionsmethode. Da nämlich nach 456 die Schnittpunkte von $K_1 K_2$ auch der K angehören, so hat man sich nur solche zusammengehörige Leitkreise zu verschaffen, welche reelle Schnittpunkte haben, um durch sie je ein Paar reeller Punkte von K zu haben. Solcher Leitkreise liefert aber sowohl für die Ellipse als auch für die Hyperbel von den beiden im obigen Satze besprochenen Systemen zusammengehöriger Leitkreise immer gerade das eine unendlich viel für die Ellipse, nämlich dasjenige System, für welches stets $r_1 + r_2 = bc$ sein muß, für die Hyperbel dasjenige, für welches $r_1 - r_2$ oder $r_2 - r_1 = bc$ sein muß, d. h. für die Ellipse immer gerade das System zusammengehöriger Leitkreise, welche je für ihren innern Aehnlichkeitspunkt perspekt. sind, bei der Hyperbel umgekehrt dasjenige, für welches je 2 zusammengehörige Leitkreise je für ihren äußern Aehnlichkeitspunkt perspekt. sind. (Die obige Entwicklung in Verbindung mit der Fig. 76 $a_1 a_2 b_1 b_2$ läßt dies ohne weiteres erkennen, wenn man bedenkt, daß b je in der Mitte zwischen b_1 u. b_2 und in der Mitte zwischen c_1 u. c_2 liegen müsse.)

Zus. 2. Der interessanteste Fall von einem Paar zusammengehöriger Leitkreise, wie sie soeben in 462 ermittelt wurden, ist der Grenzfall, in welchem der Halbmesser des kleineren K_2 unendlich klein, d. h. für die geometrische Betrachtung $= o$, und also der Halb-

*) Aus dieser Bedingungsgleichung leuchtet ein, daß die Auflösung illusorisch wird, wenn r_1 größer als bc ist.

messer des größeren K_1 gleich der Axe b c wird. Die Grenzbetrachtung lehrt, daß in diesem Falle die Berührung von $\mathfrak{K}_1$ und dem kleineren sich darauf reducirt, daß $\mathfrak{K}_1$ durch den Brennpunkt K_2 der Kurve II geht, und daß die Tangente von dem Punkte n der Chordale stets durch die Gerade $n K_2$ dargestellt wird.

Auch hier ergeben sich einige interessante Sätze über Ellipsen und Hyperbeln (s. Fig. 78).

463. Der Satz 456 lautet für diesen unsern speziellen Fall also:

> Die Mittelpunkte aller Kreise, die einen gegebenen Kreis K_1 berühren, und durch einen Punkt K_2 gehen, liegen auf einer Ellipse oder Hyperbel, je nachdem K_2 innerhalb oder außerhalb K_1 liegt, und in beiden sind $K_1 K_2$ die Brennpunkte dieser neuen Kurve II.

464. Auch für diesen Grenzfall ist Dreieck $n a_1 a$ kongruent $n K_2 a$, und daher halbirt die Tangente n a die Strecke $K_2 a_1$ in a_3 senkrecht und $n K_2 a$ ist wie $n a_1 a$ ein rechter Winkel; nach 15 ist daher n der Pol von $a K_2$, daher erhält man:

> Die Axe der perspekt. Beziehung von K u. K_1 ist in dem hier betrachteten Grenzfall die Direktrix desjenigen Brennpunkts K_2, der als unendlich kleiner Leitkreis zu betrachten ist.

465. Von der perspekt. Beziehung von K_1 u. K_2 kann selbstverständlich in diesem Grenzfall nicht mehr die Rede sein, da jedoch $K_2 a_3$ stets $= 1/2\ K_2 a_1$, so kann man a_3 u. a_1 als entsprechende Punkte 2er perspekt. ähnlicher Gewebe betrachten, deren perspekt. Centrum K_2 und für welche das Verhältniß entsprechender Strecken 1:2 ist, daher liegt a_2 auf einer Kreislinie, deren Mittelpunkt in der Mitte zwischen $K_1 K_2$ liegt und deren Halbmesser die Hälfte von dem des Kreises K_1 ist, man erhält also den Satz:

> Fällt man von einem Brennpunkt auf sämmtliche Tangenten einer Ellipse oder Hyperbel Perpendikel, so liegen deren Fußpunkte auf einem Kreis, dessen Durchmesser die Axe b c ist.

Zus. Dieses auf beide Brennpunkte und eine Tangente angewendet, ergibt Fig. 79 a u. b, da offenbar $K_1 a_{13} = K_2 a_{24}$ folgende Sätze:

Fällt man von den beiden Brennpunkten 2 Perpendikel auf eine Tangente, so hat das Produkt aus deren Längen nach 295 einen konstanten Werth, der, wie man sieht, wenn $K_2 a_{23}$ senkrecht auf $K_1 K_2$, gleich dem Quadrate der halben kleinen Axe ist.

Zieht man von 2 Punkten $K_1 K_2$ eines Kreisdurchmessers, die gleichweit vom Mittelpunkt abstehen, parallele Sehnen, so bestimmen diese noch 2 Sehnen, die eine Ellipse oder Hyperbel mit den Brennpunkten $K_1 K_2$ berühren, je nachdem K_1 u. K_2 innerhalb oder außerhalb des Kreises liegen.

466. Der Satz 461 lautet jetzt in Verbindung mit 464.

> Das Verhältniß der Entfernung eines Punktes einer Ellipse oder Hyperbel von einem Brennpunkt und von der zu demselben gehörigen Direktrix ist konstant.

Bei der Parabel fällt der eine Brennpunkt K_2 ins Unendliche, daher die letzte Entwicklung hier nicht mehr Platz greifen kann, und doch liefert auch für die Parabel eine ganz ähnliche Betrachtung ähnliche Resultate, wie die nachfolgenden Nummern zeigen werden.

467. Zieht man um den Brennpunkt K_1 einer Parabel K als Mittelpunkt einen beliebigen Kreis K_1 und bezieht ihn perspekt. projekt. auf dieselbe für das Centrum K_1*), so sind $a a_1$ (oder $a \alpha_1$) entsprechende Punkte 2er perspekt. ebener Gewebe, in welchen dem Strahlenbüschel c_1 der Parallelstrahlenbüschel entspricht, dessen Centrum der unendlich ferne Punkt der Parabel ist, wenn $K_1 c_1$ die Axe der Parabel ist. Die entsprechenden Strahlen $c_1 a_1$ u. $a_2 a$, $c_1 b_1$ u. $b_2 b$.... schneiden sich daher auf der Axe der perspekt. Beziehung von K_1 u. K. Hiebei gilt nun offenbar ganz wie in der letzten Entwicklung, daß wenn n der Schnittpunkt der entsprechenden Tangenten $a_1 a_1$ u. $a a$ ist, alsdann Dreieck $n a a_1$ kongruent $n a a_2$ und $a a_1 = a a_2$ und $a_3 a_1 = a_3 a_2$, wobei zugleich Winkel $n a_3 a_1 = n a_3 a_2 = 90°$, woraus sich wieder einige der Hauptsätze über die Parabel ableiten lassen, z. B.

---

*) Dieses kann auf doppelte Weise geschehen, unsre Fig. 80 berücksichtigt bloß die eine Art, da ein wesentlicher Unterschied durchaus nicht sich herausstellt, wie die in der Fig. 80 enthaltene Andeutung erkennen läßt.

468. Alle Punkte, welche von einem Kreise K_1 *) und einer Geraden gleich weit abstehen, liegen auf einer Parabel, die den Mittelpunkt des Kreises zum Brennpunkt hat, deren Axe auf der Geraden senkrecht steht, und deren Scheitel in der Mitte zwischen der Geraden und einem der beiden auf der Axe gelegenen Kreispunkte liegt, d. h. in der Mitte zwischen $b_1 b_2$ oder (bei der andern Art der perspekt. Beziehung s. die letzte Anm.) $c_1 c_2$.

Zus. Es läßt sich dieses offenbar auch so ausdrücken: die Parabel ist der geometrische Ort aller Kreise, welche einen gegebenen Kreis und eine gegebene Gerade berühren.

469. Jede Tangente $a a$ einer Parabel halbirt den einen der beiden Winkel, welche der Fahrstrahl $K_1 a$ mit dem durch a gehenden Durchmesser $a a_2$ bildet.

470. Auch hier läßt sich der Kreis K_1 und die Gerade $a_2 b_2$ durch unendlich viele andere Paare solcher zusammengehöriger Gebilde ersetzen.

Es kann nämlich offenbar jeder Kreis um K_1 beschrieben und jede der $a_2 b_2$ parallele Gerade die 2 ersterwähnten bei der Erzeugung der Parabel K ersetzen, wenn der Kreis und die Gerade die Axe K_1 b_2 in 2 Punkten schneiden, zwischen denen der Kurvenpunkt b (oder c) in der Mitte liegt.

Zus. 1. Diese letzte Eigenschaft giebt wieder ein einfaches Mittel an die Hand, die Parabel punktweise zu konstruiren, indem man nur einen Kreis zu konstruiren braucht, dessen einer Schnittpunkt b_1 über b hinausfällt, in welchem Falle die zugehörige Gerade den Kreis immer in 2 reellen der Parabel selbst angehörigen Punkten schneidet (selbstverständlich bloß bei der einen Art der perspekt. Beziehung von Kreis und Parabel.)

Zus. 2. Auch hier ist der Grenzfall, bei welchem der Kreis K_1 unendlich klein wird, von besonderm Interesse. Man erhält entsprechend 462 Zus. 2 ꝛc., wie man sich leicht überzeugt, folgende Sätze hiedurch:

**) Unter dem Abstande eines Punktes a von einem Kreise K verstehe ich die Entfernung des Punktes a von einem der beiden Endpunkte auf dem Durchmesser $a K_1$

471. Der geometrische Ort eines Kreises, der eine feste Gerade berührt und durch einen Punkt K_1 geht, ist eine Parabel, deren Brennpunkt K_1 und deren Direktrix die gegebene Gerade ist.

Daß in diesem Grenzfalle die perspekt. Axe von 467 in die Polare von K_1 übergeht, ist ganz ebenso wie in 464 zu beweisen, ergiebt sich aber auch schon daraus, daß die fragliche auf der Axe senkrechte Gerade in diesem Grenzfalle so liegt, daß sie von K_1 durch b und den unendlich fernen Punkt der Parabel harmonisch getrennt und also Polare von K_1 ist.

472. Jeder Punkt der Parabel liegt vom Brennpunkt und dessen Direktrix gleich weit ab.

Wir schließen diese Reihe von Betrachtungen, die nähere Ausführung dem Leser überlassend, und fügen hier eine Reihe verwandter Sätze über Brennpunkte 2c. unmittelbar an (vergl. hier 136 2c.)

473. Zieht man von den beiden Brennpunkten F u. F_1 (Fig. 81) einer Kurve II K nach dem Schnittpunkt S 2er Tangenten a u. b an K Gerade, nämlich FS u. F_1S, so ist der Winkel $FSa = F_1Sb$, wenn a u. b die beiden Berührungspunkte auf den Tangenten a u. b sind.

Zieht man nämlich durch S die beiden (nach 14 oder I Th. 40) immer existirenden, auf einander senkrechten und einander konjugirten Geraden p u. p_1 oder SP u. SP_1, so sind die beiden Geraden p u. p_1 harmonisch getrennt 1) durch a u. b nach 12 und 2) durch SF u. SF_1 nach 15, d. h. die beiden auf einander senkrechten Strahlen p u. p_1 sind die Ordnungsstrahlen einer Involution, in der ab einerseits und SF, SF_1 andrerseits zugeordnete Strahlen bilden, woraus nach 27 folgt, daß Winkel $FSa = F_1Sb$, und selbstverständlich auch Winkel $FSb = F_1Sa$.

Läßt man die beiden Tangenten a u. b einander unendlich nahe rücken, d. h. in 1 Tangente zusammenfallen, in welchem Fall ihr Schnittpunkt mit dem Berührungspunkt zusammenfällt, so erhält man als besondern Fall folgenden Satz:

474. Zieht man von den beiden Brennpunkten F u. F_1 nach dem Berührungspunkt S einer Tangente a 2 Gerade FS u. F_1S, so bilden dieselben mit a gleiche Winkel.

475. Bei der Parabel rückt der eine Brennpunkt auf der Axe ins Unendliche, da aber sonst an dem Beweise dadurch nichts geändert wird, so bleiben auch für sie alle diese Sätze richtig, nur muß statt des Strahles, der von S nach dem Brennpunkt F_1 geht, der durch S zur Axe parallele Strahl genommen werden.

476. Zieht man von einem Punkte F aus nach den 3 Ecken ABC eines Dreiecks die 3 Strahlen $a_1 b_1 c_1$ und nun noch durch dieselben Ecken 3 neue Strahlen $a_2 b_2 c_2$, so daß der Winkel, den die a_2 mit der einen Seite b des Dreiecks ABC bildet, gleich ist dem Winkel, den die a_1 mit der andern Seite c bildet und wobei noch außerdem $a_2 a_1$ durch bc nicht getrennt sein dürfen, so schneiden sich $a_2 b_2 c_2$ in einem 2ten Punkt F_1, wobei F u. F_1 2 Brennpunkte einer dem Dreieck eingeschriebenen Kurve II K darstellen.

Dieser Satz folgt unmittelbar aus 473, da durch die 3 Tangenten abc und den Brennpunkt F der Kurve II K unzweideutig fixirt ist.

Läßt man in 476 den einen Brennpunkt F auf einer Geraden fortrücken, so beschreibt der andere eine dem Dreieck ABC umschriebene Kurve II, da die Strahlenbüschel AF_1 u. BF_1 projekt. werden, insofern es die Büschel AF u. BF sind. Rückt diese Gerade ins Unendliche, so werden die beiden Büschel AF_1 u. BF_1 (oder AF_1 u. CF_1) kongruent und die Kurve, auf der der 2te Brennpunkt liegt, stellt daher nach 69 den dem Dreieck ABC umschriebenen Kreis dar, so daß wir hier wieder auf den Satz 235 stoßen*). Geht die erste Gerade durch einen Eckpunkt des Dreiecks, so geht die Kurve des 2ten Brennpunktes F_1 ebenfalls in eine durch

---

*) Es möge hier noch der Satz von 235, zu dem wir hier von einem andern Wege gelangt sind, auf eine 3te Art bewiesen werden:

Die beiden Normalpunkte stellen offenbar 2 Ecken eines einer Parabel umschriebenen Dreiecks dar, dessen 3tes Eck der Brennpunkt ist. Jeder Kreis, der daher durch die 3 Ecken eines einer Parabel umschriebenen Dreiecks geht, enthält von 2 solchen umschriebenen Dreiecken 5 Ecken, weßwegen er nach 222 auch das 6te, d. h. den Brennpunkt enthalten muß.

dasselbe Eck gehende Gerade über. Wird ABC gleichschenklig und die erste Gerade bildet die Senkrechte aus der Spitze auf die Grundlinie, so fällt die 2te Gerade mit ihr zusammen, d. h. alle fraglichen Kurven haben dieselbe Axe.

477. Zieht man von einem Brennpunkte F einer Ellipse oder Hyperbel an alle Tangenten Gerade p unter konstantem Winkel α *), so liegen ihre Schnittpunkte auf einem Kreise K, welcher die Ellipse oder Hyperbel doppelt berührt.

Anstatt daß wir diesen Beweis führen, möge der allgemeine Satz, von welchem dieser nur ein besonderer Fall ist, hier angegeben und bewiesen werden.

Eine Gerade m Fig. 82 schneide eine Kurve II K in den beiden Punkten m u. N und man beziehe nun die Gerade m so auf sich selbst projekt., daß den Punkten M a N die Punkte M a_1 N entsprechen, wobei a u. a_1 beliebig gelegen sind, während b b_1 c c_1 weitere entsprechende Punktenpaare darstellen sollen; schneiden nun die Strahlen p... eines Strahlenbüschels F die Gerade m einerseits und die Kurve K andrerseits entsprechend in den Punkten a b c d . . einerseits und in den Punktenpaaren $\alpha\alpha_1$, $\beta\beta_1$, $\gamma\gamma_1$ . . . andrerseits, so umhüllen die Paare von Geraden, welche die Punkte $\alpha\alpha_1$ mit dem Punkte a_1, die Punkte $\beta\beta_1$ mit dem Punkte b_1, die Punkte $\gamma\gamma_1$ mit dem Punkte c_1 ꝛc. verbinden, eine neue Kurve 𝔎, welche auch FM u. FN zu Tangenten hat, und die K doppelt berührt.

Schneiden die Geraden αa_1 βb_1 γc_1 . . . entsprechend die K noch in den Punkten $\alpha_2\beta_2\gamma_2$ . . . so ist vor Allem leicht zu erkennen, daß K $(\alpha_1\beta_1\gamma_1 \ldots) \pi$ K $(\alpha_2\beta_2\gamma_2 \ldots)$; denn zieht man von einem beliebigen Punkte wie α nach einem beliebigen Paar entsprechender Punkte von m wie a a_1 2 Strahlen, die die K zum zweiten Mal in α_1 u. α_2 schneiden, so treffen je 2 Strahlen der Büschel α_1 u. α_2

*) Es lassen sich unter dem Winkel α stets je 2 Gerade an eine Tangente ziehen, von diesen ist selbstverständlich nur je die eine zu nehmen, deren Wahl keine Zweideutigkeit zuläßt, wenn man zu jeder Tangente eine Parallele a durch F legt, und zu jedem a die Gerade p so wählt, daß F (p . . .) und F (a . . .) 2 gleichläufige kongruente Strahlenbüschel darstellen.

welche durch denselben Punkt δ von K gehen, die m stets in einem Paar Punkten $\mathfrak{b}\,\mathfrak{b}_1$ von der Beschaffenheit, daß $M\,\mathfrak{a}\,N\,\mathfrak{b}\,\pi\,M\,\mathfrak{a}_1\,N\,\mathfrak{b}_1$. Umgekehrt folgt aber nun hieraus, daß, wenn man von irgend einem andern Punkte β oder γ von K nach irgend einem andern Paare entsprechender Punkte $\mathfrak{b}\,\mathfrak{b}_1$ oder $\mathfrak{c}\,\mathfrak{c}_1$ von m Gerade zieht, diese immer die K in Punktenpaaren $\beta_1\beta_2$ $\gamma_1\gamma_2$ eines Kurvengebildes schneiden von der Beschaffenheit, daß $K\,(M\,\alpha_1\,N\beta_1\,\gamma_1\ldots)\,\pi\,K\,(M\,\alpha_2\,N\,\beta_2\,\gamma_2\ldots)$; denn zieht man z. B. $\beta\,\alpha_1$ u. $\beta\,\alpha_2$, welche die m in den Punkten $\mathfrak{e}\,\mathfrak{e}_1$ schneiden mögen, so ist nach dem soeben Bewiesenen wegen der projekt. Büschel $\alpha_1\,(M\,\alpha\,\beta\,N)\,\pi\,\alpha_2\,(M\,\alpha\,\beta\,N)$ $M\,\mathfrak{a}\,N\,\mathfrak{e}\,\pi\,M\,\mathfrak{a}_1\,N\,\mathfrak{e}_1$, also auch $M\,\mathfrak{a}\,N\,\mathfrak{b}\,\mathfrak{e}\,\pi\,M\,\mathfrak{a}_1\,N\,\mathfrak{b}_1\,\mathfrak{e}_1$. Also Strahlenbüschel $\beta\,(M\,N\,\mathfrak{b}\,\mathfrak{e})\,\pi\,\beta\,(M\,N\,\mathfrak{b}_1\,\mathfrak{e}_1)$, d. h. $K\,(M\,N\,\alpha_1\,\beta_1)$ $\pi\,K\,(M\,N\,\alpha_2\,\beta_2)$ w. z. b. w. Da nun aber ferner nach unserer Voraussetzung $K\,(\alpha_1\,\beta_1\,\gamma_1\ldots)\,\pi\,K\,(\alpha\,\beta\,\gamma\ldots)$ als involut. Kurvengebilde, so ist nun auch $K\,(\alpha\,\beta\,\gamma\ldots)\,\pi\,K\,(\alpha_2\,\beta_2\,\gamma_2\ldots)$.

Hiebei leuchtet alsbald ein, daß für die projekt. Beziehung $K\,(\alpha_1\,\beta_1\,\gamma_1\ldots)\,\pi\,K\,(\alpha_2\,\beta_2\,\gamma_2\ldots)$ die beiden Punkte M u. N entsprechend gemeinsame Elemente darstellen, weßwegen die Sehnen $\alpha_1\alpha_2$ $\beta_1\beta_2$ 2c. eine 2te Kurve II umhüllen, welche die K in den Punkten MN berühren *), woraus alsbald noch folgt, daß für die projekt. Beziehung $K\,(\alpha\,\beta\,\gamma\ldots)\,\pi\,K\,(\alpha_2\,\beta_2\,\gamma_2\ldots)$ die Geraden FM u. FN Tangenten der Kurve $\mathfrak{K}$ darstellen.

Derselbe Beweis, welcher hier für die Geraden $\alpha\,\mathfrak{a}_1\,\beta\,\mathfrak{b}_1\,\gamma\,\mathfrak{c}_1\ldots$ geführt wurde, gilt selbstverständlich auch für die Geraden $\alpha_1\mathfrak{a}_1$ $\beta_1\,\mathfrak{b}_1$ $\gamma_1\,\mathfrak{c}_1\ldots.$ von denen wir annehmen wollen, daß sie die K zum 2ten Mal in den Punkten $\alpha_3\,\beta_3\,\gamma_3\ldots$ schneiden. Betrachtet man nun aber die Kurvengebilde $K\,(\alpha_2\,\beta_2\,\gamma_2\ldots)$ u. $K\,(\alpha_3\beta_3\gamma_3\ldots)$, so ist alsbald zu erkennen, nicht nur daß sie unter sich projekt., sondern auch, daß sie involut. sind, wie letzteres sich ergiebt, wenn man α in die Lage von α_1 und umgekehrt gerückt denkt, in welchem Falle alsdann α_2 u. α_3 ebenfalls ihren Platz vertauschen. Das involut. Centrum F_1 dieser Involution $\alpha_2\,\alpha_3\,.\,\beta_2\,\beta_3\ldots$ steht nun offenbar der Kurve $\mathfrak{K}$ gegenüber in demselben Verhältniß wie F.

---

*) Für den Kreis heißt dieses: alle Sehnen eines Kreises, auf denen derselbe spitze oder stumpfe Winkel im Kreise steht, umhüllen einen concentrischen Kreis.

Für den oben in 477 angeführten besondern Fall dieses hier bewiesenen allgemeinen Satzes ist m die unendlich ferne Gerade, M u. N sind die Normalpunkte (nach 16), F u. F_1 sind die Brennpunkte der Kurve K (nach 15) und den 2ten Brennpunkt F_1 findet man leicht, wenn man bedenkt, daß jede Gerade $\alpha_2 \alpha_3$ mit der Geraden $\alpha_2 \alpha$ denselben Winkel α bildet wie $\alpha_1 \alpha$.

Zus. Der Satz 477 läßt sich, wenn man das zuletzt über F_1 erwiesene noch mit berücksichtigt, auch also aussprechen:

478. Berührt ein Kreis eine Ellipse oder Hyperbel K von außen doppelt, so ist jede Sehne des Kreises, welche K berührt, Grundlinie eines gleichschenkligen Dreiecks, dessen 2 Schenkel durch die beiden Brennpunkte F F_1 von K gehen.

479. Zieht man von einem Brennpunkt F einer Kurve II nach dem Schnittpunkte P 2er Tangenten a b eine Gerade p, so halbirt sie den Winkel, den die von F nach den beiden Berührungspunkten a u. b gehenden Geraden q u. q_1 bilden.

Ist nämlich der Strahl p_1 von F dem Strahle p konjugirt, so ist im Strahlenbüschel F der Wurf F (q p q_1 p_1) ein harmonischer, da aber nach 15 p u. p_1 auf einander senkrecht stehen, so folgt die Richtigkeit des Satzes aus 27.

480. Sind A u. B 2 Punkte einer Kurve II und schneidet die Gerade AB die Direktrix im Punkte C, so halbirt die Gerade CF den einen der beiden Winkel AFB, wenn F der zur fraglichen Direktrix gehörige Brennpunkt ist.

Denn zieht man nach dem Pole P von AB die Gerade FB, so ist nach 15 CFP ein rechter Winkel und da nach 479 Winkel AFP = BFB, so folgt die Richtigkeit des Satzes hieraus unmittelbar.

481. Verbindet man die 2 Punkte A u. B von 480 mit einem beliebigen 3ten Punkte M der Kurve, und sind C u. C_1 die Schnittpunkte der Sehnen AM u. BM mit der Direktrix, so ist der Sehwinkel CFC_1 für jedes M konstant und zwar = $^1/_2$ AFB.

Denn sind wie in 480 FP u. FP_1 die Linien, welche die Sehwinkel AFM u. BFM halbiren, so ist Winkel CFP und ebenso C_1FP_1 je ein rechter Winkel und also $CFC_1 = PFP_1$ w. z. b. w.

Dieser oben in 479 bewiesene Satz erscheint als besonderer Fall folgenden allgemeinen Satzes:

482. Hat man 2 feste Tangenten ab einer Kurve II, so erscheint das endliche Stück einer 3ten beweglichen Tangente, das zwischen den Tangenten a u. b liegt, von jedem Brennpunkte aus unter konstantem Winkel.

Die Betrachtung der Fig. 83a ergiebt nämlich über die Größenverhältnisse der hier in Betracht kommenden Winkel alsbald folgende Relationen: $aFN = NFc$, $cFM = MFb$, $aFP = PFb$. Da aber $aNF + NFc + cFM + MFb = aFP + PFb$, so erhält man $2(NFc + cFM) = 2 . aFP$ d. h. $NFM = aFP = bFP$ w. z. b. w.

Zus. 1. Der letzte Beweis stützte sich auf eine besondere Lage von c, liegt das endliche Stück von cd im Nebenwinkel des soeben betrachteten (s. Fig. 83b), so würde der Beweis eine kleine Modifikation erleiden; es ist nämlich in diesem Fall $NFM = cFM - cFN$, aber wie vorhin ist $2\,cFN + 2aFP = 2\,cFM$, woraus wieder $NFM = aFP = bFP$.

Eine andere wesentliche Aenderung erleidet jedoch der Satz, wenn bei stetiger Aenderung der Lage c allmählich die zu a (oder b) parallele Lage a_1 (oder b_1) annimmt oder resp. sie überschreitet*); an diesem Grenzfalle der parallelen Lage sieht man nämlich aus Fig. 83c alsbald, daß der eine der beiden unendlichen zwischen ab gelegenen Abschnitte von c unter einem Winkel erscheint, der den des andern zu 180° ergänzt und es theilen nun die beiden Strahlen a_1 u. b_1 den die Kurve umhüllenden Strahlenbüschel II in 2 Theile, deren einer dem einen der beiden Nebenwinkel angehört, während die Strahlen des andern Theils unter dem andern Nebenwinkel von F aus erscheinen, wie in Berücksichtigung der Fig. 83d hier noch näher gezeigt werden soll.

Es ist $MFN = \frac{1}{2}(bFM + MFc + cFN + NFa) = \frac{1}{2}(360 - aFP - PFb)$, woraus folgt $MFN = 180 - aFP = 180 - bFP$.

---

*) Dieses ist selbstverständlich bloß bei Ellipse oder Hyperbel möglich.

Zus. 2. Eine unmittelbare Folge des letzten Theils von 482 Zus. 1 ist:

Umschreibt man einer Ellipse oder Hyperbel ein einfaches 4Seit, so ist die Summe der Sehwinkel, unter denen 2 Gegenseiten von einem Brennpunkt aus erscheinen, $= 180^0$.

Zus. 3. Sind die beiden festen Tangenten a b die in den Scheiteln der großen oder reellen Axe errichteten Tangenten, so erscheint offenbar jedes von ihnen von einer 3ten beliebigen Tangente c abgeschnittene endliche Stück von jedem der beiden Brennpunkte unter 90^0, daher erhält man nach 81:

Errichtet man über dem Stück einer beliebigen Tangente, das zwischen den Hauptscheiteltangenten liegt, als Durchmesser einen Kreis, so geht derselbe durch die beiden Brennpunkte.

Zus. 4. Den Satz 480 kann man füglich auch so aussprechen:

Ein konstauter Winkel α, der sich um seinen festen Scheitel F dreht, schneidet 2 feste Gerade a b in Punkten, deren Verbindungslinien eine Kurve II berühren, deren einer Brennpunkt F ist (vergl. 139.)

483. Die beiden Winkel, unter denen dieselbe bewegliche zwischen a b gelegene Tangente von den beiden Brennpunkten aus erscheint, sind im Allgemeinen von einander verschieden, jedoch läßt sich für deren Summe oder Differenz eine merkwürdige Relation auffinden, wie aus Folgendem unter Berücksichtigung der Figg. 84 u. 85 zu ersehen ist.

Betrachtet man nämlich in den 8 Figuren 84 und 85, welche alle möglichen Fälle für die gegenseitige Lage von A und B darstellen, je die beiden Dreiecke F A P und F_1 A P so erhält man in allen Fällen

für die Ellipse $\alpha = 180 - \eta - \gamma - \varepsilon$ $\beta = 180 - \nu - \gamma - \varepsilon$ und also $\alpha + \beta = (180 - \eta - 2\gamma) + (180 - 2\,\varepsilon - \nu) = o + \mu$

für die Hyperbel $\alpha = 180 - \gamma - \varepsilon - \mu$ $\beta = 180 - \gamma - \varepsilon$ und also $\beta - \alpha = \mu$ d. h, mit Worten:

In der Ellipse ist die Summe der Sehwinkel, unter denen das endliche zwischen 2 festen Tangenten gelegene Stück einer beliebigen 3ten Tangente von den Brennpunkten aus erscheint (nach 482), gleich demjenigen Winkel a b der beiden Tangenten, in welchem die Kurve nicht enthalten ist. Bei der

Hyperbel findet dasselbe Resultat für die Differenz dieser Sehwinkel Statt.

Zus. Man kann statt des Sehwinkels, unter dem das Stück einer 3ten Tangente von den Brennpunkten aus erscheint, auch den Sehwinkel der Sehne AB selbst in den Satz einführen, insoferne, als bald aus den letzten Figg. einleuchtet, daß diese Sehwinkel AFB und AF_1B in der Ellipse immer $= 2\alpha$ u. 2β in der Hyperbel entweder $= 2\alpha$ u. 2β oder $= \pm(180 - 2\alpha)$ u. $\pm(180 - 2\beta)$ sind, so daß man, wenn diese Sehwinkel entsprechend mit α_1 u. β_1 bezeichnet werden, wieder erhält für die Ellipse $\alpha_1 + \beta_1 = 2\mu$ für die Hyperbel $\alpha_1 - \beta_1 = \pm 2\mu$.

484. Eine ganz ähnliche Relation ergiebt sich nun noch umgekehrt für die Sehwinkel, unter welchen der Abstand der Brennpunkte FF_1 von den beiden Punkten A u. B aus erscheint. Betrachtet man nämlich wieder für alle 8 Fälle der Figg. 84 und 85 die beiden Dreiecke F_1AC und FPC einerseits und F_1DB und FPD andrerseits und drückt auf diese Weise den Winkel bei C oder D auf doppelte Weise aus, so erhält man 1) für die Figuren 84a und b $\eta - \beta = \nu - \alpha$ und $\vartheta + \beta = \nu + \alpha$, woraus wird $\eta + \vartheta = 2\nu$ ebenso 2) für die Figuren 84c und d $\beta - \eta = \alpha - \nu$ und $\beta - \vartheta = \alpha + \nu$, woraus wird $\eta - \vartheta = 2\nu$ 3) für 85a $\eta - \beta = \alpha + \nu$ u. $\vartheta + \beta = \nu - \alpha$, woraus $\eta + \vartheta = 2\nu$ 4) für 85b $\beta + \eta = (180 - \alpha) + (180 - \nu)$ u. $\beta + \vartheta = \nu - \alpha$, woraus $\eta - \vartheta = 2.(180 - \nu)$ 5) für 85c $\alpha + \nu = (180 - \beta) + (180 - \eta)$ u. $\vartheta - \beta = \alpha - \nu$, woraus $\eta + \vartheta = 2\,(180 - \nu)$ 6) für 85d $\eta - \beta^1 = 180 - \nu - \alpha$ u. $\vartheta - \beta^1 = \nu + 180 - \alpha$, woraus: $\vartheta - \eta = 2\nu$. d. h.

Die Summe oder die Differenz der Sehwinkel unter denen der Abstand der beiden Brennpunkte von 2 Punkten A u. B einer Kurve II aus erscheint, ist gleich dem doppelten Sehwinkel ν, unter dem derselbe Abstand vom Schnittpunkte P der Tangenten AA u. BB aus erscheint, wobei die Summe zu setzen ist, wenn A u. B auf derselben Seite der großen oder reellen Axe liegen, die Differenz, wenn sie auf verschiedenen Seiten derselben liegen, und wobei noch außerdem bei der Hyperbel statt ν sein Nebenwinkel gesetzt werden muß, wenn im ersten Fall A u. B auf verschiedenen Seiten der imaginären Axe im 2ten, wenn A u. B auf derselben Seite derselben liegen.

Diejenigen der letzten Nummern, in denen die beiden Brennpunkte vorkommen, erleiden eine Modifikation für die Parabel, da hier eigentlich nur ein Brennpunkt vorhanden ist, betrachtet man aber den unendlich fernen Punkt der Axe als den 2ten Brennpunkt, so erleiden die obigen Beweise keine Aenderung, wie auch zum Theil oben schon gezeigt wurde, doch mögen hier diese Sätze noch direkt zusammengestellt und in Kürze bewiesen werden, da noch einige weitere sich an diese Eigenthümlichkeit der Parabel anschließende Sätze zugleich beigefügt werden sollen.

485. In der Parabel macht die Tangente AA mit dem Brennstrahl FA denselben Winkel wie mit der Axe s. Fig. 86 (vergl. 474.)

Zus. Es ist daher stets AFA_1 und BFB_1 ein gleichschenkliges Dreieck und also Winkel $BFU = 2 . BB_1F$ und Winkel $AFU = 2\ AA_1F$.

486. Derjenige Winkel μ der beiden Tangenten a u. b (oder AA u. BB), in welchem die Parabel nicht liegt, ist gleich dem Winkel, unter dem das zwischen a u. b gelegene Stück einer 3ten Tangente erscheint, oder was auf dasselbe herauskommt, gleich der Hälfte des Sehwinkels AFB, unter dem die Sehne AB erscheint. (Dieser Satz tritt an die Stelle von 483, in so ferne hier der eine der beiden Sehwinkel = o wird.

Es ist nämlich nach 485 Zus. Winkel $\mu = FA_1P - FB_1P = \frac{1}{2}\,UFA - \frac{1}{2}\,UFB = \frac{1}{2}\,AFB = AFP = BFP$ (nach 479).

Zus. Das Resultat dieses Satzes kann man also ausdrücken: Zieht man nach den Schnittpunkten ab einer beliebigen Tangente durch 2 feste Tangenten ab einer Parabel vom Brennpunkt aus die Geraden Fa Fb, so ergänzt der Sehwinkel aFb den Winkel APB der beiden Tangenten zu 2 rechten Winkeln.

487. Zieht man durch den Berührungspunkt A den Durchmesser, welcher die Direktrix im Punkte A_2 schneiden möge, so ist Winkel $A_2FA = A_2FA_1$; $FA = AA_2 = FA_1 = A_1A_2$; $Fa_1 = A_2a_1$; $Aa_1 = A_1a_1$; dabei liegt die Mitte a_1 von FA_2 auf der durch den Hauptscheitel gezogenen Tangente rc. rc. s. Fig. 87.

Alle diese einzelnen Wahrheiten ergeben sich unter Benützung der letzten Nummern, wenn man auf die Tangente AA von F aus einen Perpendikel Fa_1 fällt und diesen um dieselbe Länge Fa_1 über a_1 hinaus verlängert, wenn man bedenkt, daß in der Parabel die Hauptscheiteltangente in der Mitte zwischen dem Brennpunkt und dessen Polare, der Direktrix liegt.

488. Die Summe (oder Differenz) der beiden Winkel, welche die Fahrstrahlen FA u. FB in A u. B mit den Durchmessern in A u. B bilden, ist gleich dem doppelten Winkel, welchen der Fahrstrahl FP mit dem durch F gehenden Durchmesser bildet. (vgl. 484).

Der eine Winkel ist $= B_1FB$ der andere $= A_1FA$, also (für die Fig. 86) ihre Summe $= 2A_1FA + 2AFP = 2A_1FP$ w. z. b. w.

Es mögen nun noch einige Sätze oder Betrachtungen angeschlossen werden, für die theils kein passender Platz sich fand oder die am passenden Platz unbeachtet geblieben.

Vor allen möge als Ergänzung von 30 die dortige Betrachtung auf 6 beliebige Punkte einer Kurve II ausgedehnt werden:

489. Wir nennen die Verbindung von 6 Punkten abcdef einer Kurve II in einer bestimmten Ordnung ein der Kurve II eingeschriebenes 6 Eck, indem wir je 2 unmittelbar auf einander folgende Punkte durch eine (unbegrenzte) Gerade verbunden denken; dabei nennen wir in dem 6 Eck abcdef ab u. de, bc u. ef, cd u. af je ein Paar Gegenseiten. Die 6 Punkte bestimmen nun, wie man sich alsbald überzeugt, 60 verschiedene 6 Ecke, die also 60 Gerade liefern, in denen je die 3 Schnittpunkte ihrer 3 Paar Gegenseiten liegen; diese Linien nennen wir paskalische Linien und bezeichnen sie mit l, während wir jeden Schnittpunkt von ein Paar Gegenseiten durch p bezeichnen wollen; wir bezeichnen ferner eine der Linien l durch Angabe des 6 Ecks, zu dem es gehört und ebenso einen Punkt p durch Angabe der Gegenseiten, die ihn bestimmen; demnach hat z. B. die Linie l abcdef die 3 Punkte p (ab.de), (bc.af), (cd.af).

Wir können dieses kurz so ausdrücken:

A. Die 6 Punkte abcdef einer Kurve II bestimmen ein vollständiges 6 Eck, das 15 Seiten hat, die sich in 45 neuen Punkten p schneiden, von denen 60 Mal 3 in je 1 Geraden l liegen.

B. Durch jeden Punkt p gehen 4 Linien l.

Betrachten wir den Punkt (ab.de)*), so gehen nämlich durch ihn folgende 4 Linien l: abcdef, abfdec, bacdef, bafdec; die übrigen beiden scheinbar noch vorhandenen 6Ecke, in denen ab u. de Gegenseiten sind, fallen, wie man alsbald sieht, mit einem der erwähnten 4 zusammen, wenn sie in umgekehrter Ordnung geschrieben werden.

C. Je 3 Linien l schneiden sich in einem von 20 neuen Punkten, die wir mit g**) bezeichnen. Da nämlich durch jeden der 3 Punkte p einer Geraden l außer den 2 Gegenseiten, welche eben diesen Punkt p bestimmen, nach B je noch 3 Linien l gehen, so kann man je 3 solche Gerade, von denen jede durch einen andern dieser 3 Punkte p geht, als 3 Seiten eines Dreiecks betrachten, was also 125 Dreiecke giebt, von denen jedes als perspekt. zu jedem andern betrachtet werden kann, und kann nun versuchen, diese Dreiecke so zu wählen, daß die Ecken zu den 45 Punkten p gehören, wodurch man nach I. Th. 87 zu neuen Aufschlüssen über die Lagenverhältnisse derselben zu gelangen hoffen kann.

1) Der einfachste Fall, der sich hier darbietet, und unmittelbar zum erwünschten Ziele führt, ist der, daß man die 3 Paar Gegenseiten selbst als die 3 Paare entsprechender Seiten der beiden perspekt. Dreiecke betrachtet und zwar in der symmetrischen Aufeinanderfolge wie die Fig. 88 dies unmittelbar zeigt, denn sind für die Linie abcdef ab cd ef die Seiten des einen und de fa bc die entsprechenden Seiten des andern Dreiecks, so stellen die Verbindungslinien der 3 Paare entsprechender Ecken (ab.cd) und (de.fa), (cd.ef) u. (fa.bc), (ef.ab) u. (bc.de) offenbar 3 Linien l und zwar offenbar die der paskalischen Linien abedcf, adcbef, abcfed.

Wollen wir nun das Gesetz suchen, wodurch die Zusammengehörigkeit der 3 durch einen Punkt g gehenden Geraden l bestimmt ist, so schreiben wir diese 3 Linien l also: afcdeb, adcbef, abcfed

*) Der Beweis für einen besondern Fall genügt offenbar, da ja durch Vertauschung der Buchstaben aus ihm alle einzelnen Fälle sich ergeben.

**) Wir gehen von der gewöhnlichen Bezeichnung g ab, da wir gewöhnt sind, für Linien die kleinen lateinischen Buchstaben zu gebrauchen.

und es leuchtet ein, daß folgende Merkmale hier bestimmend sind: 1) die 3 getrennten Ecken a c e bleiben bei allen an derselben Stelle und 2) die 3 andern getrennten Ecken f d b erleiden die 3 einzigen möglichen cyklischen Versetzungen in demselben Sinne; soll aber hiedurch die Zusammengehörigkeit dieser Linien l wirklich unzweideutig fixirt sein, so muß die Wahl der 3 getrennten Ecken willkührlich sein, d. h. es muß f d b in die Stelle von a c e eintreten können, ohne eine Aenderung der Linien l zu bewirken, wie dieses auch einleuchtet, wenn man sie also schreibt: f a b e d c, f e b c d a, f c b a d e und es genügt daher die Ordnung der 3 ersten, so wie die Ordnung der 3 andern getrennten oder resp. den Sinn der cyklischen Versetzung derselben anzugeben, um die 3 Linien selbst fixirt zu haben, weßwegen auch der Inbegriff solcher 3 Linien l und auch der Punkt g selbst, in dem sie sich schneiden, füglich durch ein einfaches Schema bezeichnet werden kann, das auf unsern Fall angewendet also ist $\binom{a\,c\,e}{f\,d\,b}$; hiebei ist leicht zu erkennen, daß dieses Schema nur eines von 36 ist, welche sämmtlich dieselbe Gruppe von Geraden l oder denselben Schnittpunkt g bedeuten, denn es ist dieses Schema, um die Hauptänderungen hier anzuführen, identisch mit $\binom{c\,e\,a}{f\,d\,b}$ mit $\binom{c\,e\,a}{d\,b\,f}$ mit $\binom{f\,d\,b}{a\,c\,e}$ mit $\binom{e\,c\,a}{b\,d\,f}$, wohl ist aber das zu beachten, daß Schema $\binom{a\,c\,e}{f\,d\,b}$ und $\binom{a\,c\,e}{f\,b\,d}$ 2 wesentlich verschiedene Punkte g darstellen. Hieraus ist zugleich zu ersehen, daß jede Linie l nur einen einzigen solchen Punkt g in sich enthält, indem man von einer Linie stets nur zu identischen Schematen gelangt.

Zus. Es möge hier einschaltungsweise das schon in 30 angewendete Beweisverfahren auch bei dieser Erweiterung des dortigen Satzes Platz finden:

Die 3 Gegenseitenpaare des Kurven 6 Ecks a b c d e f schneiden sich in 3 Punkten einer Geraden, läßt sich nach I Th. 75a auch so ausdrücken: bezieht man das Kurvengebilde K derartig projekt. auf sich selbst, daß den Punkten a c e die Punkte d f b entsprechen, so liegen die Schnittpunkte von a b u. d e, a f u. d c, c b u. f e in der Geraden, welche die beiden ebenen Gewebe, deren projekt. Beziehung durch K (a c e) π K (d f b) fixirt ist, entsprechend gemein haben.

Nimmt man nun an K (ace..) π K (bfb..) π K (fbb...) π K (bbf...), so giebt es, wie dieses schon in 30 Zus. 3 aus I Th. 226 erwiesen wurde, 2 konjungirte imagin. Punkte MN in K, denen bei jeder dieser 3 Arten der projekt. Beziehung dieselben 2 konjungirt imagin. Punkte $M_1 N_1$ von K entsprechen, so daß der reelle (nach I Th. 186. 2) Schnittpunkt P von MN_1 und $M_1 N$ in jeder der 3 Linien l: abcfeb, afcbeb, abcbef liegt. Ganz auf dieselbe Weise findet man aber (vergl. dazu ebenfalls die Entwicklung von 30), daß der reelle Schnittpunkt Q von MM_1 u. NN_1 in jeder der 3 Linien l afcbeb, abcbef, abcfeb liegt. Die beiden Punkte g $\binom{a\,c\,e}{b\,f\,b}$ und $\binom{a\,c\,e}{b\,b\,f}$ liegen also in der Polare des Schnittpunktes R von MN u. $M_1 N_1$, die Punkte MN findet man aber nach I. Th. 226 also: Man sucht (s. Fig. 89) die 3 Punkte $a_1 c_1 e_1$ von der Beschaffenheit, daß $a c a_1 e$, $a c e c_1$, $a e_1 c e$ je einen ordentlichen harmonischen Wurf bilden, dann sind MN die Ordnungselemente, d. h. die Gerade MN oder m ist Involutionsaxe des involut. Kurvengebildes $a a_1 . c c_1 . e e_1$. Ebenso ist $M_1 N_1$ oder m_1 Involutionsaxe des involut. Kurvengebildes $b b_1 . b b_1 . f f_1$, wenn $b_1 b_1 f_1$ zu b b f auf dieselbe Weise gefunden werden, wie $a_1 c_1 e_1$ zu ace. Auf der Polare des Schnittpunktes von MN $M_1 N_1$ liegen nun aber offenbar auch die beiden Involutionscentra $C C_1$ der soeben angeführten Involutionen, welche man als Schnittpunkte von $a a_1$ $c c_1$ $e e_1$ einerseits und $b b_1$ $b b_1$ $f f_1$ andrerseits erhält; nun hat aber a_1 dem ace gegenüber die Lage, daß $a a_1$ nach 10.a durch den Schnittpunkt der beiden Tangenten cc ee geht, ebenso $e e_1$ durch den Schnittpunkt von aa u. cc 2c. 2c., so daß man hieraus folgenden weiteren Satz erhält.

D. Zu jedem Punkt g von dem Schema $\binom{a\,c\,e}{b\,b\,f}$ gehört ein Punkt g von dem Schema $\binom{a\,c\,e}{b\,f\,b}$ (man nennt sie gewöhnlich paskal'sche Gegenpunkte) und diese beiden Gegenpunkte liegen auf einer Geraden, die man also erhält: man ziehe in den Dreiecken, deren Seiten die 3 Tangenten in a c e einerseits und b b f anderseits sind, je von einer Ecke nach dem Berührungspunkt der Gegenseite eine Gerade, so schneiden sich diese 3 Transversalen nach I Th. 48

für jedes der beiden Dreiecke in 1 Punkte und diese 2 Punkte C u. C_1 liegen mit den beiden Gegenpunkten P Q in 1 Geraden; dabei ergiebt die Vergleichung von Fig. 89a b u. c, wobei 89b die Lage von $a_1 b_1 c_1 \ldots$, 89c die gegenseitige Lage von $M N M_1 N_1$ PQ für reelle Ordnungselemente bloß schematisch veranschaulichen soll, daß die Gegenpunkte PQ harmonisch getrennt sind, nicht nur durch die Kurve d. h. $\alpha \alpha_1$, sondern auch durch $C C_1$ u. $m m_1$.

Wenden wir uns nun wieder zu der durch diesen Zusatz unterbrochenen Untersuchung.

2) Läßt man s. Fig. 90 die Seiten des einen der beiden perspekt. Dreiecke ab cd ef und ebenso die beiden Seiten de u. fa des 2ten Dreiecks ungeändert wie in 1) sein, wählt aber statt der 3ten Seite des 2ten eine solche Linie l, welche mit ihr durch denselben Punkt p der Linie abcdef geht, so ist hiebei eine 3fache Wahl möglich, jedoch gelangt man nur bei 2 derselben zu einem gewünschten Resultat, nämlich dann, wenn man die Linie cbdefa (oder bcdefa) als 3te Seite wählt, auf der außer dem Schnittpunkte von bc u. ef noch die beiden Punkte p (bd.af) und (ac.de) liegen. Die 3 Paare entsprechender Ecken der beiden so erhaltenen perspekt. Dreiecke sind nämlich, um beim 1sten Fall zu bleiben *) (ab.cd) und (de.fa), (ab.ef) und (de.ac), (cd.ef) und (af.bd). Die Verbindungslinie der beiden 1sten Ecken liefert die Linie bafcde, die 2te die Linie bacfed, die 3te die Linie bdcafe und diese 3 Geraden l schneiden sich daher in 1 Punkte. Untersucht man nun die Zusammengehörigkeit dieser 3 Linien, so findet man, daß ihr Schnittpunkt nicht zu den 20 Punkten g von C gehört. Wir wollen daher das Gesetz ihrer Zusammengehörigkeit ermitteln: Schreibt man jede dieser 3 Geraden in doppelter Weise an, indem man sie also ordnet I 1 cfabed II 1. fcabde III 1 dbefac / I 2 afcdeb II 2. bdefca III 2 facdbe so erkennt man hieraus alsbald: geht man von I aus, so gelangt man von I 1 zu II 1, indem man die eine Seite ab der beiden Gegenseiten ab cd ungeändert läßt und nun die beiden Punkte rechts und ebenso die beiden Punkte links gerade je unter sich umstellt, durch das-

*) Der 2te Fall d. h. die Linie bcdefa liefert, wie man sich leicht überzeugt, ein nicht wesentlich verschiedenes Resultat.

selbe Verfahren gelangt man von I 2. zu III 2., wenn man die andere Seite cd der erwähnten beiden Gegenseiten ungeändert läßt; auf dieselbe Weise kommt man von II zu I u. III, wenn man mit den Gegenseiten ab ef und von III zu I u. II, wenn man mit den Gegenseiten ef und cd ebenso verfährt wie soeben mit ab und cd. Hieraus ist ersichtlich, daß, wenn man zu einer Geraden wie cfabed die beiden zugehörigen suchen will, hiebei die Wahl der beiden Gegenseiten, mit Hilfe derer man von der gegebenen Linie auf die beschriebene Weise zu den beiden übrigen gelangt, von wesentlichem Einfluß ist, oder mit andern Worten, daß man zu einer gegebenen Geraden l 3 verschiedene solcher Gruppen von je 3 Geraden l, die sich in einem Punkte schneiden, findet, je nachdem man von einem der 3 verschiedenen Paare von Gegenseiten ausgeht; auf jeder Geraden l liegen daher 3 solcher Punkte, die wir mit h bezeichnen und für die wir ebenfalls ein besonderes Schema einführen, indem wir die Linie, auf der der fragliche Punkt h liegt, hinschreiben, und dabei die beiden Paare Gegenseiten, welche beim Uebergang zur 2ten und 3ten der durch sie gehenden Geraden l ungeändert bleiben müssen, durch fette Buchstaben hervorheben, so daß die 3 auf abcdef liegenden Punkte h so zu bezeichnen sind: **ab**c**d**ef, **ab**cdef, **a**bc**d**ef; man erhält also den Satz:

E. Die 60 Linien l schneiden sich zu je 3 außer in den 20 Punkten g auch noch in 60 Punkten h, von denen auf jeder l 3 liegen.

3) Läßt man endlich wieder wie unter 1) und 2) die Seiten ab cd ef des einen Dreiecks ungeändert, wählt dagegen als Seiten des zu diesem perspekt. Dreiecks 3 Linien l, die mit ihnen durch dieselben Punkte der Geraden abcdef gehen, so ist hier eine 27fache Wahl möglich, allein nur in 1 Falle gelangt man zu einem für uns brauchbaren Resultat, nämlich wenn man den obigen 3 Seiten in derselben Ordnung folgende Linien l entsprechen läßt: 1) abfdec, bdceaf, efdbca. Allein auch hier ist das Resultat nicht wesentlich verschieden von dem so eben entwickelten Satz E, denn es geben die Verbindungslinien entsprechender Ecken die 3 Linien ecabdf, ceabfd, caefbd, d. h. das Schema: **ecab**df.

Weitere Kombinationen perspekt. Dreiecke, deren Axe eine Linie l ist, dürften wol nicht existiren, dagegen lassen sich nun die bisher erhaltenen Resultate wieder umgekehrt ganz auf ähnliche Weise als Grundlage neuer Untersuchungen benützen.

4) Betrachtet man die 3 Geraden l, welche sich nach C in einem Punkte g schneiden, so liegen auf jeder 3 Punkte p; von diesen haben wir in dem Beweise zu C auf jeder Geraden je 2 benützt, als entsprechende Ecken 2er persp. Dreiecke. Nimmt man nun die 3 übrigen als Eckpunkte eines 3 Ecks, das zu jedem der vorigen beiden perspekt. ist, so erhält man für je 2 dieser 3 perspekt. Dreiecke eine Axe der perspekt. Beziehung und diese 3 müssen sich nach dem Beweis von 457 in 1 Punkte schneiden. Diese 3 Axen sind aber offenbar die 3 Linien des Systems $\begin{pmatrix} a\,c\,e \\ b\,d\,f \end{pmatrix}$ so daß wir auf diesem Wege wieder zu dem Satze C selbst gelangen.

5) Schlagen wir in Bezug auf die 3 sich in einem Punkte h schneidenden Geraden denselben Weg ein (s. Fig. 91). Bezeichnen wir der Kürze wegen die 3 Eckpunkte (ab.cd) (ab.ef) (cd.ef) des 1sten in 2) betrachteten Dreiecks durch ABC und entsprechend die Ecken (ce.bf) (ac.fd) (ae.bd) durch $A_1B_1C_1$ und endlich die Ecken des 3ten hier noch in Betracht zu ziehenden Dreiecks nämlich (ae.fd) (ce.bd) (ac.fb) durch $A_2B_2C_2$, so liefern die perspekt. Dreiecke ABC u. $A_1B_1C_1$ als perspekt. Axe die Gerade abcdef, die perspekt. Dreiecke ABC u. $A_2B_2C_2$ die Gerade abefcd; dagegen liefern die perspekt. Dreiecke $A_1B_1C_1$ u. $A_2B_2C_2$ als Schnittpunkte entsprechender Seiten folgende 3 Punkte h: abfdec, efdbca, dceafb. Diese 3 perspekt. Dreiecke müssen sich ferner in 1 Punkt schneiden und man findet alsbald, daß dieser Schnittpunkt der Punkt g $\begin{pmatrix} a\,c\,e \\ b\,d\,f \end{pmatrix}$ ist.

Um das Gesetz der Zusammengehörigkeit dieser 3 Punkte h und des zugehörigen Punktes g zu ermitteln, schreibe man die ersteren also: ace dbf, cea fbd, eac bdf; beachtet man nun, daß die 3 Elemente ace einerseits und bdf andrerseits, welche als charakteristisch in dem zugehörigen Punkt g hervortreten, in jedem der 3 zusammengehörigen Punkte h stets beisammen stehen, und daß die cyklischen Veränderungen die in jeder dieser 2 Gruppen von je 3 Elementen unabhängig aber in beiden korrespondirend auf ähnliche Weise vorzunehmen sind, um von einem Punkt h zu den beiden andern zu gelangen, dasselbe Gesetz befolgen, welches in C_1, als charakteristisch für die Bezeichnung des Punktes $\left(\begin{smallmatrix} a & c & e \\ b & d & f \end{smallmatrix}\right)$ hervorgehoben wurde, so kann 1) kein Zweifel darüber sein, wie man unmittelbar zu einem Punkte h die 3 zugehörigen andern Punkte h und g derselben Geraden m findet, 2) daß zu einem Punkte h nur gerade eine solche neue Gerade m gehört, in der noch 2 Punkte h und 1 Punkt g liegt, und 3) wie eine solche Gerade m wie die obige unzweideutig durch das Schema $\left(\begin{smallmatrix} a & c & e \\ b & d & f \end{smallmatrix}\right)$ charakterisirt werden kann, wobei nur noch ausdrücklich hervorgehoben werden soll, daß jedes der 36 in C erwähnten Schemata eines und desselben Punktes h auf dieselbe mechanische Weise für ein Schema einer und derselben Geraden m benutzt werden könne, wie man sich leicht überzeugt, wenn man nur bedenkt, daß nach 2) folgende 3 Schemata für unsern obigen Punkt h: cfabed, fcabde, cafebd stets identisch sind; es sind also z. B. $\left(\begin{smallmatrix} a & c & e \\ b & d & f \end{smallmatrix}\right)$ $\left(\begin{smallmatrix} a & c & e \\ d & f & b \end{smallmatrix}\right)$ $\left(\begin{smallmatrix} a & e & c \\ b & f & d \end{smallmatrix}\right)$ identische Schemata einer Geraden m. Man hat also folgenden Satz:

F. Es giebt 20 Gerade, wir bezeichnen dieselben mit m, welche je 3 Punkte h und 1 Punkt g enthalten.

6) Nimmt man wieder $A_2 B_2 C_2$ als das eine der beiden perspekt. Dreiecke, dagegen als das andere das Dreieck $A_3 B_3 C_3$ (s. Fig. 91), dessen Ecken folgende 3 Punkte h: aedcbf, bdefac, acdbfe und dessen Seiten also die 3 Linien l: bafdec, aedcbf, acbdef sind, so erhalten wir als Axe der perspekt. Beziehung derselben die Verbindungslinie folgender 3 Punkte g: $\left(\begin{smallmatrix} a & b & d \\ e & f & c \end{smallmatrix}\right)$ $\left(\begin{smallmatrix} c & d & f \\ a & b & e \end{smallmatrix}\right)$ $\left(\begin{smallmatrix} a & c & d \\ e & f & b \end{smallmatrix}\right)$ die wir mit i bezeichnen. Nun ist die perspekt. Axe von A B C u. $A_3 B_3 C_3$ und ebenso die von $A_1 B_1 C_1$ u. $A_3 B_3 C_3$ die Linie abcdef, da aber nach 457 die 4 perspekt. Axen der 4 perspekt. Dreiecke ABC $A_1 B_1 C_1$ $A_2 B_2 C_2$ und $A_3 B_3 C_3$ durch einen Punkt gehen müssen, und die perspekt. Axe von ABC u. $A_2 B_2 C_2$ die Linie abefcd ist, so enthält die obige Gerade i auch noch den Punkt g $\left(\begin{smallmatrix} a & c & e \\ b & d & f \end{smallmatrix}\right)$, so daß also durch diesen Punkt g die 3 durch das Schema angezeigten Linien l, alsdann eine Linie m mit 3 Punkten h und 1 Linie i mit noch 3 Punkten g

gehen. Um noch das Gesetz der Zusammengehörigkeit der 4 Punkte g, die in 1 Geraden i liegen, zu erkennen, schreiben wir diese Schemata also: $\binom{a\,b\,d}{f\,c\,e}$ $\binom{a\,b\,e}{f\,c\,d}$ $\binom{a\,c\,d}{f\,b\,e}$ $\binom{f\,b\,d}{a\,c\,e}$, wobei das Gesetz alsbald in die Augen springt, insofern man von dem 1sten Schema zu allen übrigen gelangt, indem man nur je einen Punkt der obern Reihe mit dem gleichliegenden der untern zu vertauschen braucht, und man überzeugt sich leicht, daß es hiebei ganz einerlei ist, von welchem Schema man ausgeht; so erhält man z. B. bei Zugrundelegung des letzten Schema folgende Zusammenstellung: $\binom{f\,b\,d}{a\,c\,e}$ $\binom{f\,b\,e}{a\,c\,d}$ $\binom{f\,c\,d}{a\,b\,e}$ $\binom{a\,b\,d}{f\,c\,e}$, was dieselben Punkte g sind.

Aus dieser Art der Zusammengehörigkeit geht zugleich hervor, daß man von einem Punkte g ausgehend bloß auf 1 Art zu einer solchen Geraden i gelangt, so daß man also folgenden Satz erhält:

G. Es giebt 15 Linien i, von denen jede 4 Punkte g enthält.

7) Versucht man es, die 3 Punkte g, welche auf den 3 Linien des Schemas **abfdce** unsrer Figur liegen, als ein Dreieck auf eines der übrigen perspekt. zu beziehen, so findet man, daß die 3 Punkte $\binom{a\,f\,c}{b\,d\,e}$ $\binom{a\,d\,e}{b\,f\,c}$ $\binom{a\,d\,f}{c\,b\,e}$ der Bedingung entsprechen, welche 3 Punkte g erfüllen müssen, um in 1 Linie i zu liegen, so daß man folgenden Satz erhält.

H. Die 3 Punkte g, welche auf 3 Geraden l eines Punktes h liegen, sind immer in einer der Geraden i enthalten.

490. Sind ab Fig. 92 2 parallele Tangenten und c eine beliebige 3te Tangente einer Ellipse, deren Berührungspunkt C ist und die die a u. b in A u. B schneidet, so ist für jede Richtung von a u. b immer CA . CB einer konstanten Größe, nämlich dem Quadrate des zu c parallelen Halbmessers gleich.

Zieht man nämlich durch die Enden des zu c parallelen Durchmessers die beiden Tangenten de, die die c entsprechend in DE schneiden, so bestimmt nach 24b AB . DE immer ein involut. gerades Gebilde auf c, in dem dem Punkt C der unendlich ferne Punkt zugeordnet ist, woraus der Satz nach 25 unmittelbar folgt, da CD = CE = dem zu c parallelen Halbmesser.

Stellen die beiden in den Enden der großen Axe an die

Ellipse gezogenen Tangenten die soeben erwähnten parallelen Tangenten a u. b dar, und denkt man sich über AB als Durchmesser einen Kreis gezogen, der nach 482 Zus. 3 durch die Brennpunkte FF_1 geht, und denkt man sich ferner die beiden Fahrstrahlen FC u. F_1C gezogen, so ist nach 474 s. Fig. 93 Winkel $F_1CA = FCB = F_2CB$ und also $CF_2 = CF$, und da $CA . CB = CF_2 . CF_1 = CF . CF_1$, so erhält man im Zusammenhang mit dem letzten Satze folgenden interessanten Satz:

491. In jeder Ellipse ist das Produkt 2er Fahrstrahlen von den Brennpunkten nach einem Punkte C der Ellipse gleich dem Quadrate des zur Tangente CC parallelen Halbmessers.

492. Bewegt sich ein Punkt P... auf einer Geraden q fort, so dreht sich seine Polare p... in Bezug auf die Kurve II K um einen Punkt Q, der auf dem Durchmesser q_1 von K liegt, welcher der Richtung von q konjugirt ist. Zieht man nun von einem beliebigen Punkte Q_1 von q_1 nach dem Punkte P... je eine Gerade p..., so schneiden p u. p_1 die unendlich ferne in zugeordneten Punkten einer Involution, in welcher auch die Schnittpunkte von q u. q_1 einander zugeordnet sind.

Es ist nämlich Strahlenbüschel Q_1 (p...) als Schein des geraden Gebildes q (P...) projekt. zu Strahlenbüschel Q (p...) also auch die Schnitte dieser beiden Büschel mit der unendlich fernen Geraden, in diesen Schnitten entsprechen sich aber die unendlich fernen Punkte von q u. q_1 offenbar abwechselnd.

Es folgt aber nun offenbar hieraus umgekehrt, daß, wenn man durch P... Gerade p_1... zieht, von der Beschaffenheit, daß die Schnittpunkte von p_1 u. p mit der unendlich fernen Geraden zugeordnete Punkte einer Involution darstellen, in der auch die Schnittpunkte von q u. q_1 einander zugeordnet sind, daß alle diese Gerade durch denselben Punkt von q_1 gehen müssen.

Ein besonderer Fall dieser Umkehr lautet:

Fällt man von allen Punkten einer auf der Axe senkrechten Geraden Perpendikel auf ihre Polaren, so gehen diese durch einen festen Punkt der fraglichen Axe.

493. Schneidet man eine Hyperbel durch eine Gerade, so sind die Stücke, welche zwischen je einer Asymptote und der Kurve gelegen sind, einander gleich.

Ist nämlich Fig. 94 Cq der zu der Richtung der fraglichen Sekante konjugirte Durchmesser, so ist, wenn mit p der unendlich ferne Punkt mit q die Mitte der Sekante bezeichnet wird, pp . qq . $a a_1$. $b b_1$ eine Involution, wie der Vergleich mit Fig. 94 b alsbald erkennen läßt, wo die Asymptoten durch gewöhnliche Tangenten vertreten sind.

Zus. Läßt man die beiden Punkte a u. a_1 einander unendlich näher rücken, so erhält man:

Jedes Stück einer Hyperbel-Tangente zwischen den Asymptoten wird im Berührungspunkt halbirt.

494. Die Asymptotenchorde *) ab und Berührungschorde (Polare) cd eines Punktes A sind parallel und ab liegt in der Mitte zwischen A und cd.

Die Fig. 95 b, wo ef an die Stelle der unendlich fernen Geraden von 95 a tritt, liefert den Beweis des allgemeinen Satzes, von dem der erwähnte ein besonderer Fall ist: der Schnittpunkt von ab u. ef ist nämlich dem Punkte A konjugirt, und A ist von seiner Polare cd durch die Sekanten ab u. ef harmonisch getrennt.

495. Hat man 2 Systeme je unter sich ähnlicher und ähnlich liegender (s. 265) Kurven II nämlich $K K_1 K_2 \ldots$ u. $\mathfrak{K} \mathfrak{K}_1 \mathfrak{K}_2 \ldots$, so läßt sich durch die 4 Schnittpunkte einer beliebigen Kurve K und einer beliebigen Kurve $\mathfrak{K}$ entweder keine Parabel legen, oder 2 neue Systeme je unter sich ähnlicher oder ähnlich liegender Parabeln.

Schneiden nämlich die Kurven K... u. $\mathfrak{K}$... entsprechend die unendlich ferne Gerade in den Punkten $a a_1$ u. $b b_1$, so giebt es keine Parabel, wenn $a b a_1 b_1$ ein ordentlicher Wurf ist; dagegen sind die Axen der beiden Parabelsysteme nach den Ordnungspunkten der Involution $a a_1 . b b_1$ gerichtet, wenn $a a_1 \; b b_1$ ein ordentlicher Wurf ist (nach 188).

496. Aufg. Es soll eine Kurve II gefunden werden, die einem 4 Seit eingeschrieben ist, und von einem Punkte aus unter einem rechten Winkel gesehen wird.

Nach Nr. 323 werden alle Kurven II, die einem 4 Seit eingeschrieben sind, von 2 festen Punkten aus, die man durch die

*) So nennt man wohl der Kürze wegen die Sehne, welche 2 von 1 Punkte parallel den Asymptoten gezogene Geraden auf einer Hyperbel bestimmen.

Durchschnittspunkte der 3 über den 3 Diagonalen als Durchmessern beschriebenen Kreise erhält, unter einem rechten Winkel gesehen. Legt man nun durch diese 2 Punkte und den gegebenen eine Kreislinie, so hat man den Kreis, der die Ecken aller der gesuchten Kurve umschriebenen Rechtecken enthält und dessen Mittelpunkt nach Nr. 266 mit dem Mittelpunkt der gesuchten Kurve zusammenfällt, wodurch die Lösung als gefunden zu betrachten ist.

497. Geht eine Diagonale d eines einem Kreis K eingeschriebenen einfachen 4Ecks durch den Kreismittelpunkt, so steht sie auf einer Seite p des zum 4Eck gehörigen Poldreiecks senkrecht.

d ist nämlich offenbar die Polare des unendlich fernen Punkts von p. Hieraus löst man leicht die Aufgabe, durch einen Punkt einen Perpendikel p auf eine Gerade q zu ziehen, die man nicht bis zum Schnittpunkt pq verlängern kann.

498. Sind $K_1 K_2 K_3$ 3 Kreise und schneidet die gemeinsame Chorde $K_1 K_2$ den Kreis K_3 in den Punkten ab, die gemeinsame Chorde $K_1 K_3$ den Kreis K_2 in $a_1 b_1$, so liegen ab $a_1 b_1$ ebenfalls in einem Kreise.

Nehmen wir, um den Satz allgemeiner zu beweisen, an, es seien $\mathfrak{K}_1 \mathfrak{K}_2 \mathfrak{K}_3$ 3 durch dieselben 2 Punkte gehende Kurve II, so schneiden sich nach 142 die 3 gemeinsamen Sehnen $\mathfrak{K}_1 \mathfrak{K}_2$ $\mathfrak{K}_1 \mathfrak{K}_3$ $\mathfrak{K}_2 \mathfrak{K}_3$ in 1 Punkte; da dies aber nun in Folge dessen auch mit den 3 Sehnen ab $a_1 b_1$ und der Sehne $\mathfrak{K}_2 \mathfrak{K}_3$ der Fall ist, so giebt es immer auch eine Kurve, die durch ab $a_1 b_1$ und die beiden noch übrigen Schnittpunkte von $\mathfrak{K}_2 \mathfrak{K}_3$ geht.

499. Durch 3 Tangenten und 1 Brennpunkt ist nach 15 eine Kurve II vollkommen bestimmt; ist nun dieser Brennpunkt der Schnittpunkt der 3 Höhen des durch die 3 Tangenten gebildeten Dreiecks, so ist der andere der Schnittpunkt der in den Mitten der Seiten errichteten Perpendikel, wie dieses unmittelbar aus 465 und 477 in Verbindung mit 183 folgt. Hieraus:

500. Beschreibt man um einen Brennpunkt einer Ellipse oder Hyperbel als Mittelpunkt, mit der Haupt-Axe als Halbmesser einen Kreis, so lassen sich in denselben unendlich viele Dreiecke einschreiben, die zugleich der Kurve umschrieben sind, die Höhenschnittpunkte aller dieser Drei-

ecke fallen in einem Punkte zusammen, und die Mitten ihrer Seiten, so wie die Fußpunkte der Höhen liegen in einem festen Kreise.

501. Schließlich sei hier noch eine interessante Erweiterung der Betrachtungen und Sätze der Nummern 300—304, wobei die Fig. 40 (in Verbindung mit 38 und 39) Betreff der Bezeichnung ꝛc. zu Grunde gelegt ist.

Betrachtet man wieder ganz wie in 303 K und A B C A_1 B_1 C_1 d. h. V so wie a und also auch a_1 als fest, so ist bei veränderlichem b d. h. V_1 stets $B(b..) \pi C(c_1..)$, denn es ist $a(b_1...) \pi a_1(b..)$, da b und b_1 zugeordnete Punktenpaare eines in K gelegenen involut. Kurvengebildes sind, dessen Involutionscentrum S ist nach 302, woraus folgt, daß c_1 als Schnittpunkt von a_1 b und a b_1 auf einer durch a_1 und a gehenden Kurve II 𝔎 liegt. Auf dieser Kurve 𝔎 liegt aber nun auch C, denn die 2 Geraden a_1 C und a C, welche sich in dem Punkte C der K_1 schneiden, haben nach 292 eben gerade die Eigenschaft, daß sie die K in solchen 2 Punkten b und b_1 schneiden, deren Verbindungslinie durch S d. h. durch den Pol von A A_1 für K geht; daher ist denn nun $C(c_1..) \pi a_1(c_1...)$ d. h. $\pi a_1(b..)$ da aber auch $B(b..) \pi a_1(b..)$ so ist $C(c_1..) \pi B(b..)$. Läßt man b nach A_1 rücken, so fällt auch b_1 mit A_1 zusammen, da A_1 eines der Ordnungselemente des oben erwähnten invol. Kurvengebildes ist und die projekt. Büschel $B(b..)$ und $C(c_1..)$ sind daher auch perspekt; läßt man dabei noch b nach a oder A rücken, so fällt offenbar entsprechend ebenfalls c_1 mit a oder A zusammen, so daß A a sich als Axe der fraglichen perspekt. Beziehung herausstellt, und die 3 Geraden A a B b C c_1 schneiden sich daher stets in 1 in der Fig. 40 durch ein* bezeichneten Punkt. Derselbe Beweis läßt sich nun noch, wie man sich alsbald überzeugt, auf 15 andere Punktenpaare anwenden, so daß man nun als Fortsetzung von 304 noch folgenden Satz erhält:

Sind von den Gegenecken-Paaren A A_1 BB_1 CC_1 eines 4 Seits V K den 2 Paaren AA_1 BB_1 K_1 den 2 Paaren AA_1 CC_1 K_1 den 2 Paaren BB_1 CC_1 umschrieben, so haben die noch übrigen Schnittpunkte aa_1 von KK_1 bb_1 von KK_2 cc_1 von K_1 K_2 außer den in 300 enthaltenen Lageneigenthümlichkeiten noch die, daß je folgende 3 Gerade sich in 1 Punke schneiden 1) Aa Bb Cc_1 2) Aa Bb_1 Cc 3) Aa B_1b C_1c_1 4) Aa B_1b_1 C_1c 5) Aa_1 Bb Cc 6) Aa_1 B_1b C_1c 7) Aa_1 Bb_1 Cc_1 8) Aa_1 B_1b_1 C_1c_1 9) A_1a B_1b Cc_1 10) A_1a Bb_1 C_1c 11) A_1a Bb C_1c_1 12) A_1a B_1b_1 Cc 13) A_1a_1 Bb_1 C_1c_1 14) A_1a_1 Bb C_1c 15) A_1a_1 B_1b_1 Cc_1 16) A_1a_1 B_1b Cc.

* Diese Kurve 𝔎 hat gegenüber K eben die Eigenschaft wie die K_1 in den Nummern 292 ꝛc. 300 ꝛc.

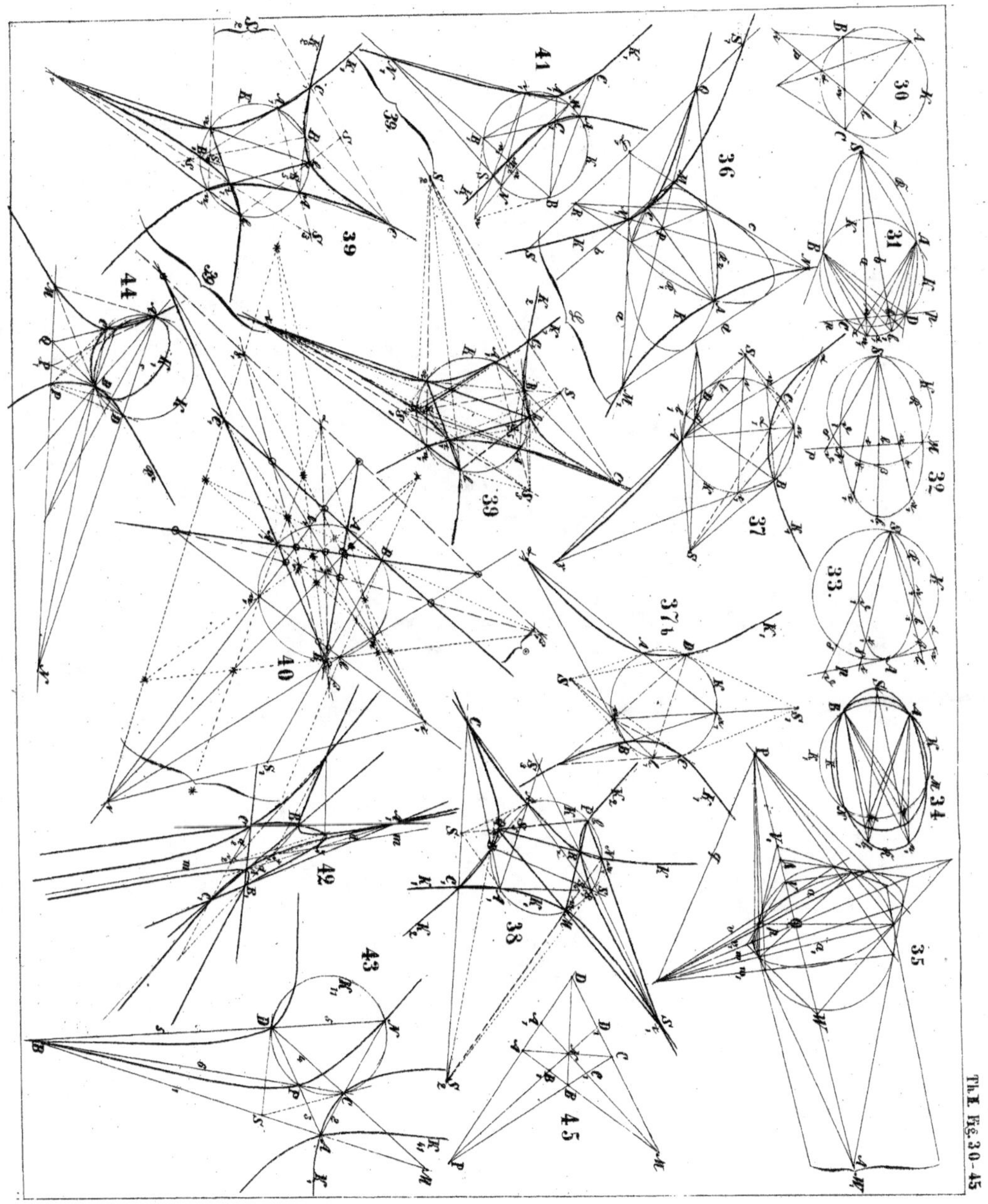

Th. I Fig. 1–52.

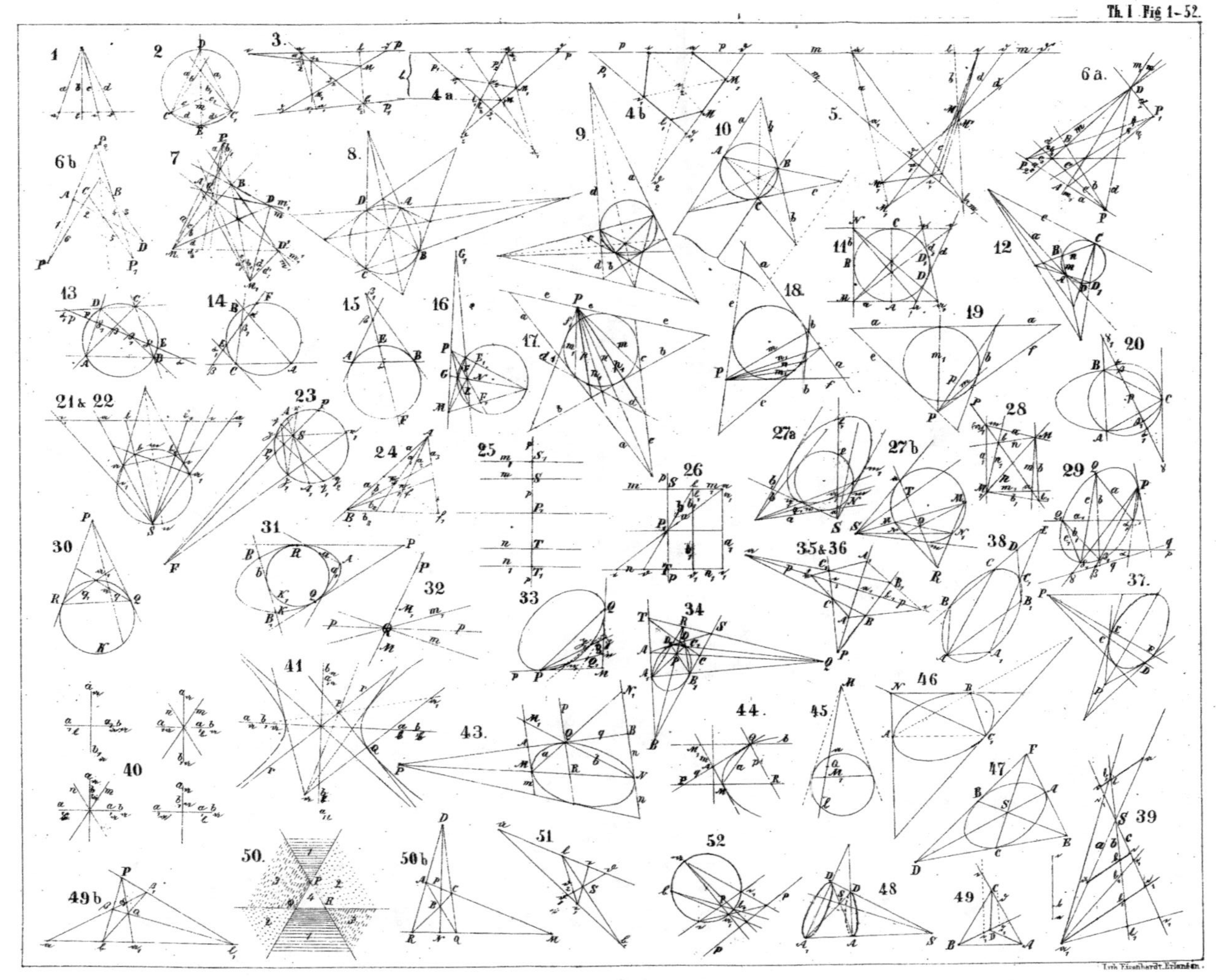

Lith. Eisenhardt, Erlangen.

Th. I Fig 53-63 Th. II Fig 1-29

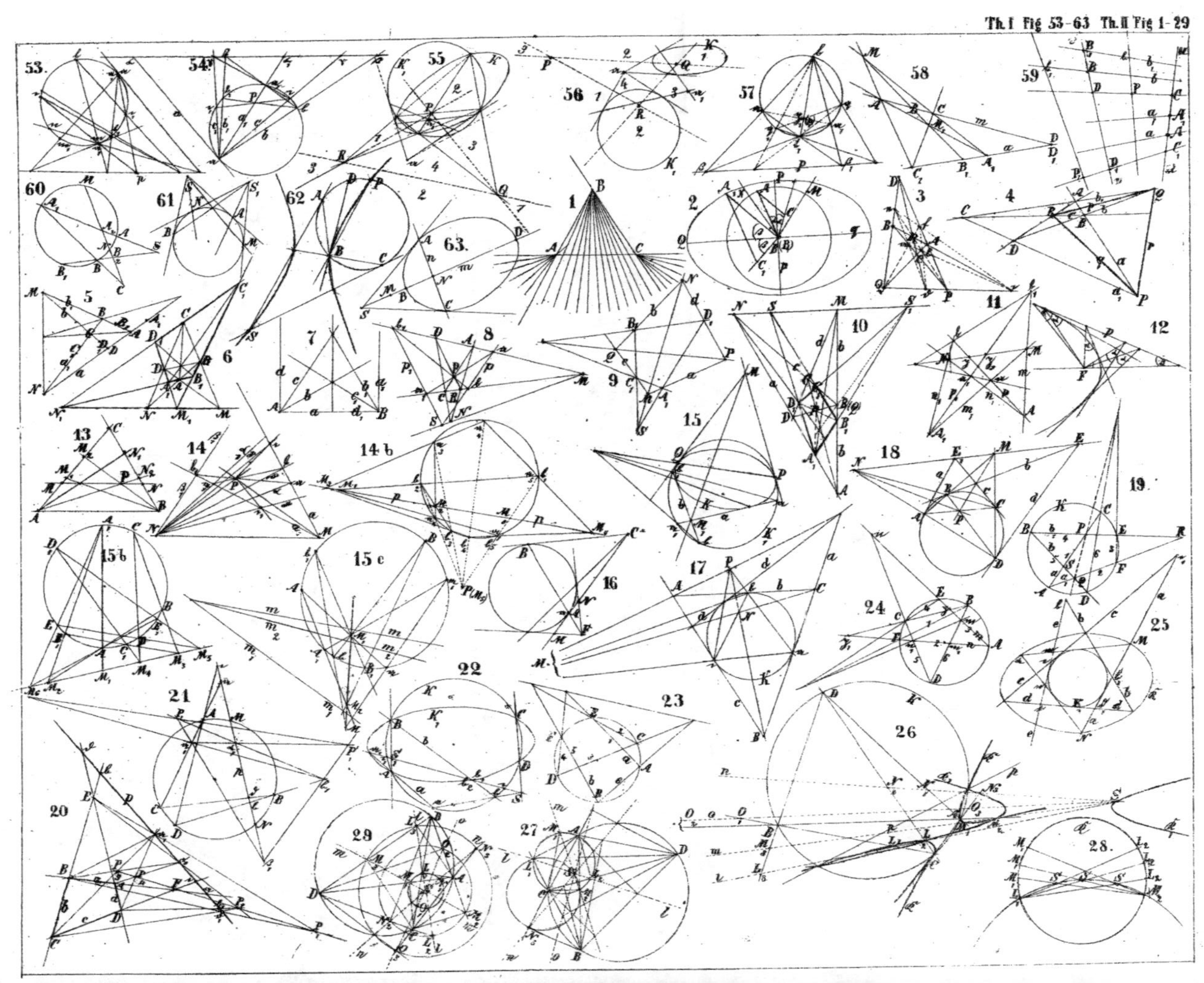

Th. II. Fig. 46 – 73.

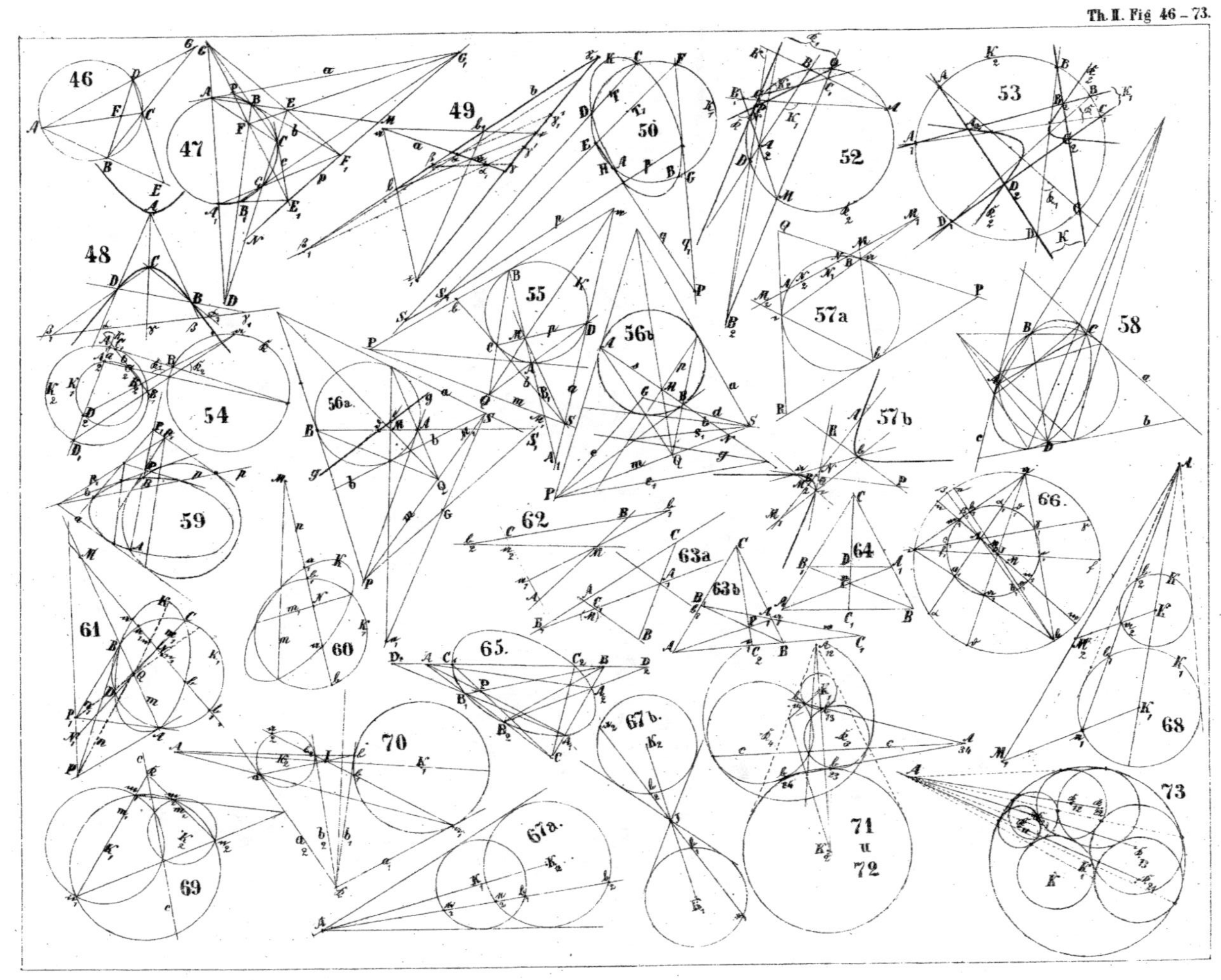

Thl. II. Fig. 74–85

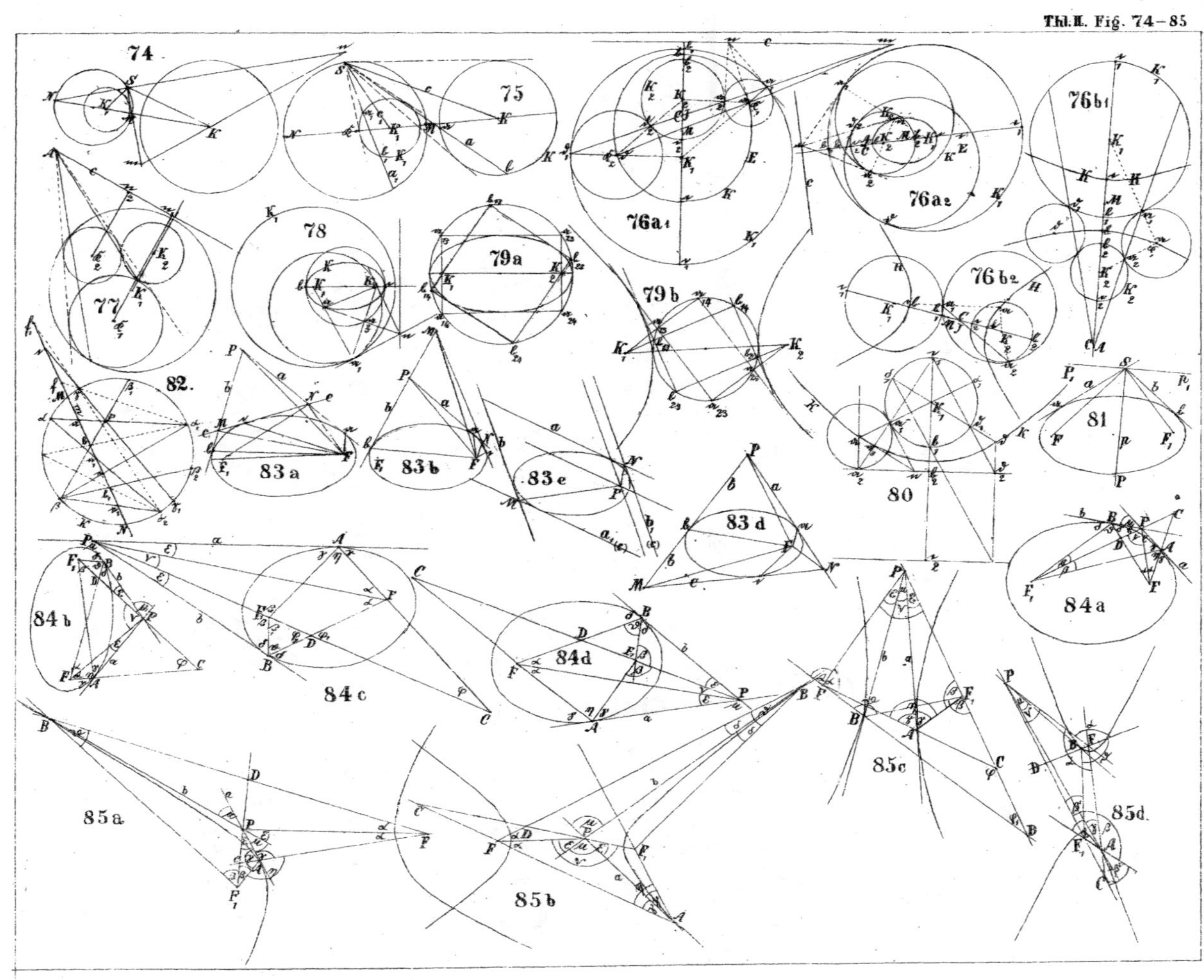

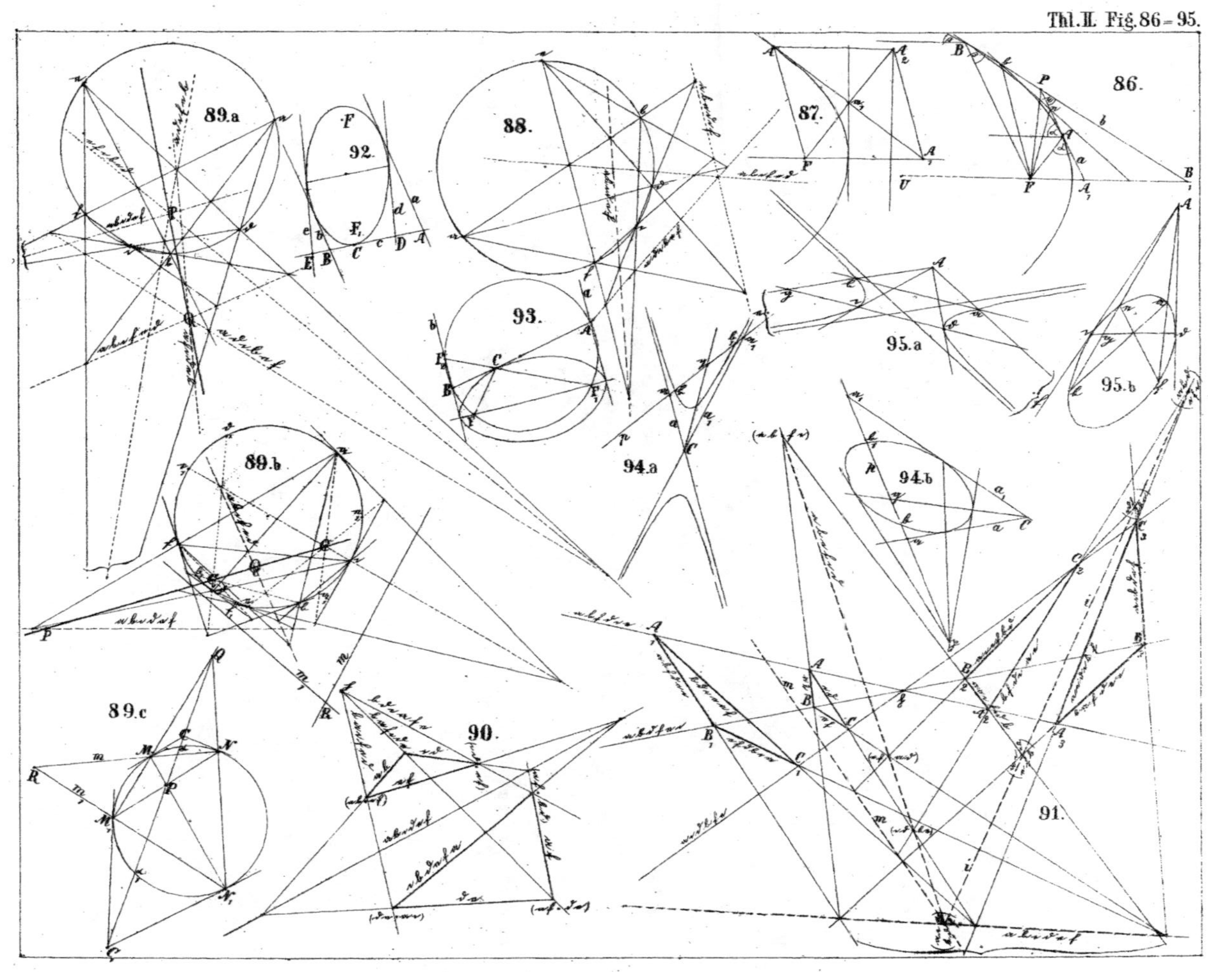
86.
87.
88.
89.a
89.b
89.c
90.
91.
92.
93.
94.a
94.b
95.a
95.b

Inhaltsverzeichniß des I. Theils.